AF066667

Eike Best

Semantik

Eike Best

Semantik

Theorie sequentieller und paralleler Programmierung

vieweg

ISBN-13:978-3-322-86824-4 e-ISBN-13:978-3-322-86823-7
DOI: 10.1007/978-3-322-86823-7

Softcover reprint of the hardcover 1st edition 1995

Das in diesem Buch enthaltene Programm-Material ist mit keiner Verpflichtung oder Garantie irgendeiner Art verbunden. Der Autor und der Verlag übernehmen infolgedessen keine Verantwortung und werden keine daraus folgende oder sonstige Haftung übernehmen, die auf irgendeine Art aus der Benutzung dieses Programm-Materials oder Teilen davon entsteht.

Der Verlag Vieweg ist ein Unternehmen der Bertelsmann Fachinformation GmbH.

Druck und buchbinderische Verarbeitung: Hubert & Co., Göttingen
Gedruckt auf säurefreiem Papier

Vorwort

Ich möchte mit zwei Behauptungen beginnen:

Die formale Semantik gehört zu den wichtigen Themen der Informatik.
Ein wichtiges Thema der Informatik ist die formale Semantik.

Anhand dieser beiden Behauptungen möchte ich Ihnen, lieber Leser, den Gegenstand dieses Buches erklären: man sagt, daß die beiden Sätze unterschiedliche Syntax, aber gleiche Semantik haben. Unter der *Syntax* eines Satzes versteht man seinen äußeren Aufbau, zum Beispiel als Folge *Subjekt-Prädikat-Objekt*. Vom rein satzbautechnischen Standpunkt aus besteht etwa zwischen den beiden Sätzen:

Die formale Semantik ist ein Thema der Informatik.
Das neue Buch begleitet eine Vorlesung des Studiengangs.

kein wesentlicher Unterschied. Der Inhalt, die Bedeutung oder eben die *Semantik*[1] eines Satzes umfaßt die Bedeutung der Wörter, aus denen er besteht. Sie ist jedoch mehr als nur deren Summe. In der Tat gehen zeitliche (z.B.: *formal* bedeutet heutzutage etwas anderes als vor 1000 Jahren), kontextuelle (z.B.: die Phrase *Das neue Buch* ist nur aus dem textuellen Zusammenhang heraus zu verstehen) und andere Aspekte, eventuell auch subjektive, in die Semantik eines Satzes ein. Die 'untersuchbare' Bedeutung ist daher stets eine Abstraktion vieler verschiedener Facetten ihrer Gesamtheit. Bei sehr genauer Untersuchung zeigen sich sogar zwischen den beiden Sätzen zu Beginn dieser Überlegungen unterschiedliche semantische Nuancen. Der erste legt stärker als der zweite die Idee nahe, daß es eine wohldefinierte Menge von wichtigen Themen der Informatik gibt. Nur wenn von diesem Unterschied abstrahiert wird, sind die Bedeutungen der beiden Sätze gleich.

Die erwähnte Unterscheidung zwischen Syntax und Semantik tritt auch bei Programmiersprachen für informationsverarbeitende Systeme - prägnanter als *Computer* bekannt - zutage. Zum Beispiel haben die beiden Programmstücke:

$x := 0;$ (gelesen: x_{neu} wird zu 0)
$x := x - x;$ (gelesen: x_{neu} wird zu x_{alt} minus x_{alt})

die gleiche Semantik, aber unterschiedliche Syntax. Beide Zuweisungen bedeuten, daß der neue Wert der Variablen x gleich 0 sein soll, unabhängig von ihrem alten Wert. Mit einem ganz feinen Mikroskop können sogar zwischen diesen beiden Zuweisungen semantische Unterschiede entdeckt werden - nämlich in der Art der Berechnung des Wertes 0, die bei beiden verschieden ist. Hier, wie auch schon oben, ist also die Abstraktionsebene wichtig, auf der man die semantischen Gegebenheiten betrachtet.

[1] Aus dem Brockhaus [62]: Semantik ist die *Lehre von den Bedeutungen, von der Beziehung der Zeichen zum bezeichneten Gegenstand.*

Im Unterschied zu einer natürlichen Sprache läßt sich bei einer Computersprache nicht nur die Syntax, sondern auch die Semantik streng mathematisch festlegen oder, wie man sagt, *formalisieren*, und zwar auf einem ganzen Spektrum von Abstraktionsstufen. Eine solche Festlegung dient mehreren Zwecken:

- Eine unmittelbar einleuchtende Aufgabe ist es, sicherzustellen, daß das gleiche Computerprogramm nicht verschiedenen Interpretationen ausgesetzt werden kann, zum Beispiel durch zwei verschiedene Computer. In der 'Urzeit' der Computerprogrammierung konnte es durchaus vorkommen, daß ein und dasselbe Programm auf zwei verschiedenen Maschinen verschiedene Ergebnisse lieferte[2].
- Eine weitere - meiner Meinung nach die wichtigste - Aufgabe der formalen Semantik ist es, Korrektheitsbeweise von Programmen zu ermöglichen. Denn wenn die Semantik eines Programms präzise gegeben ist und wenn die Spezifikation des Programms als ein Objekt vergleichbarer Präzision vorliegt, dann kann die Korrektheit eines Programms in bezug auf seine Spezifikation in der Form eines mathematischen Satzes ausgesprochen werden. Die Richtigkeit eines solchen Satzes kann entweder streng bewiesen werden, oder es kann seine Unrichtigkeit durch ein Gegenbeispiel gezeigt werden.

Als ich vor vielen Jahren als studentische Hilfskraft an der Universität Karlsruhe eine Stelle als Benutzerberater für die dort installierten Maschinen der Typen `UNIVAC` und `Burroughs` innehatte, lernte ich sehr schnell, daß die Benutzerfragen in zwei fast disjunkte Klassen zerfielen: syntaktische und semantische. Die Entdeckung syntaktischer Fehler ist bei guten Programmiersprachen wie dem damals benutzten `Algol-60` [199], und in geringerem Maße auch für `Fortran`- und `Cobol`-Programme überhaupt kein Problem. Die Entdeckung semantischer (oder, wie man auch oft sagt, logischer oder algorithmischer) Fehler ist für den Benutzer zwar ungleich wichtiger, denn sein Programm beschreibt ja einen Algorithmus, der zu einem bestimmten Zweck eingesetzt werden soll; sie ist aber auch ungleich schwieriger, denn sie läuft auf die getrennte Beantwortung der beiden Fragen:

- *Was soll das Programm leisten?*
- *Was leistet das Programm?*

hinaus und auf den Vergleich der beiden Antworten. Große und wichtige Teilgebiete der Informatik beschäftigen sich mit der Bereitstellung von Theorien und Methoden zur Beantwortung dieser Fragen: *Spezifikation* für die erste Frage, *Semantik* für die zweite Frage und *Verifikation* für die Beantwortung der Frage, ob ein Programm oder ein System seine Spezifikation auch wirklich erfüllt. Alle drei Gebiete sind miteinander verbunden und ergänzen sich gegenseitig.

Dieses Buch führt in das Gebiet der formalen Semantik ein und streift dabei auch die Gebiete der Spezifikation und der Verifikation, vor allem durch die Betrachtung von Beispielen und Fallstudien. Die Hauptkapitel 3, 5, 6, 7 und 8 dieses Buches sind ungefähr nach dem gleichen Muster aufgebaut:

wenig Syntax - viel Semantik - einige Beispiele.

Die Unterschiede (zum Beispiel in den Abstraktionsstufen) der Semantikdefinitionen werden immer durch qualifizierende Adjektiva unterschieden:

relationale Semantik - operationale Semantik - axiomatische Semantik - etc.

Eine genauere Erklärung dieser Begriffe erfolgt später.

[2]Den gleichen Effekt soll es auch heutzutage noch geben.

Das Buch ist eine stark überarbeitete Version verschiedener Vorlesungsunterlagen. Als Skriptum liegt es den Vorlesungen *Theorie der Programmierung I und II* zugrunde, die seit dem Wintersemester 1989/90 regelmäßig an der Universität Hildesheim gehalten werden. Die Vorlesung *Theorie der Programmierung I* umfaßt den Stoff der Kapitel 2, 3, 5 (soweit dieses Kapitel sequentielle Programme betrifft) und 6. Die Vorlesung *Theorie der Programmierung II* umfaßt den Rest von Kapitel 5 sowie die Kapitel 7 und 8. Das Buch kann im fünften und sechsten Semester zu Beginn des Hauptstudiums, aber auch im dritten und vierten Semester vor dem Vordiplom eingesetzt werden. Vom Leser werden Vorkenntnisse in nicht allzu großem Umfang erwartet. Grundkenntnisse in diskreter Mathematik und in der Theorie formaler Sprachen sind zum Verständnis von großem Vorteil. Programmierkenntnisse in einer imperativen Programmiersprache wie `C` [156] oder `Pascal` [260] sind hilfreich. Einige Lesehinweise für dieses Buch finden sich am Ende des Abschnitts 1.2 auf Seite 3.

Während der Revision des Textes habe ich mich bemüht, die Beweise verständlich darzustellen. In diesem Bemühen bin ich oft, aber nicht immer, dem von Wim H. Feijen, Edsger W. Dijkstra und Carel S. Scholten - zum Beispiel in [107, 237] - vorgeschlagenen Format gefolgt, nämlich in einem Beweis die Deduktionen auf neuen Zeilen, abwechselnd mit den Begründungen für ihre Gültigkeit, aufzuführen. Zum Beispiel ist:

$$
\begin{array}{ll}
\mathit{Formel}_0 & \Rightarrow \quad \langle \text{ Begründung für die erste Implikation } \rangle \\
 & \quad\quad \mathit{Formel}_1 \\
 & \Rightarrow \quad \langle \text{ Begründung für die zweite Implikation } \rangle \\
 & \quad\quad \mathit{Formel}_2 \\
 & \vdots \\
 & \Rightarrow \quad \langle \text{ Begründung für die } n\text{'te Implikation } \rangle \\
 & \quad\quad \mathit{Formel}_n
\end{array}
$$

das allgemeine Muster zur Darstellung einer Implikationskette der Länge n. Genauso werden Äquivalenzketten oder (Un-)Gleichungsketten dargestellt. Das Umschreiben der Beweise war eine mühsame Arbeit, hat sich aber für mich persönlich gelohnt. Generell habe ich beobachtet, daß sogenannte einfache Beweise, die früher kurz aussahen, jetzt etwas länger geworden sind, während andere sogar kürzer geworden sind.

Obwohl es auf Konferenzen und in Zeitschriften eine sehr rege Publikationstätigkeit gibt, ist die Anzahl der Lehrbücher und Monographien auf dem Gebiet der Mathematik speziell paralleler Programme noch recht überschaubar (unter anderen sind [8, 18, 116] zu erwähnen). Dieses Buch unterscheidet sich von seinen verdienstvollen Vorgängern vielleicht in erster Linie dadurch, daß ich auf fast jeder Betrachtungsebene versucht habe, der vor allem aus der Petrinetztheorie stammenden Idee, die Daten (Zustände) und die Algorithmen (Aktionen) wohl zu unterscheiden und trotzdem gleichwertig zu behandeln, Ausdruck zu geben, selbst wenn die reine Petrinetztheorie in diesem Buch keine Hauptrolle spielt. Petris Auffassung von Aktionen als Zustandsänderungen und umgekehrt von Zuständen als Ruhepunkten zwischen Aktionen [212] und die daraus folgende analoge Behandlung der beiden Konzepte habe ich stets als anschaulich und sinnvoll empfunden. Ich habe in diesem Buch an vielen Stellen versucht, diese Idee sinngemäß zu verwirklichen und auf realitätsgetreue Probleme anzuwenden. Ein anderer Gedanke aus der Petrinetztheorie findet in diesem Buch ebenfalls eine Anwendung: die Darstellung der Abläufe eines parallelen Programms als Menge von Halbordnungen.

Ich bin vielen Personen für ihre Mithilfe am Zustandekommen dieses Buches zu Dank verpflichtet. Claudia Toussaint hat für einige der Übungsaufgaben die Musterlösungen angefertigt. Javier Esparza hat einmal die Vorlesung übernommen und nicht nur zur Ergänzung, sondern auch zur besseren Organisation des Textes beigetragen. Hans-Günther Linde-Göers, Holger Schirnick und Bernd Grahlmann haben Übungsaufgaben und Musterlösungen beigesteuert. Karin Apitz hat die Übungsaufgaben zu den Vorlesungen gesammelt und geordnet. Barbara Sprick hat einige Zeichnungen angefertigt. Wolfgang Thomas hat mir freundlicherweise sehr detaillierte und hilfreiche Kommentare zu einer früheren Version des Textes zur Verfügung gestellt. Manfred Broy hat wertvolle Hinweise zur Glättung des Materials gegeben. Für weitere ausführliche Kommentare und erfolgreiche Fehlersuche bedanke ich mich vor allen bei Jörg Desel, der das Skriptum als Grundlage für eine Vorlesung an der Humboldt-Universität zu Berlin verwendet hat, und bei Javier Esparza, der oft freundlich genug war, kurzfristig als Korrekturleser zu helfen, des weiteren bei Joachim Biskup, Hans-Herrmann Brüggemann, Peter Deussen, Hans Fleischhack, Alexander Lawrow, Agathe Merceron, Arend Rensink, Peter H. Starke, Günther Stiege und Walter Vogler. Verschiedenen Generationen Hildesheimer und einem Jahrgang Berliner Studenten, besonders Stephan Melzer, Matthias Moeller, Sabine Klempt, Burkhard Bieber, Steffen Möller, Claus Reck und Andreas Benneke, bin ich für Kommentare und Fehlersuche dankbar. Ganz besonderen Dank schulde ich Thomas Thielke und Burkhard Graves für eine gründliche Schlußlektüre der Kapitel 1 bis 6. Carsten Bierans hat bei der Rechtschreibprüfung geholfen. Es ist vielleicht nötig, zu erwähnen, daß ich für Fehler, falls solche trotz all dieser Hilfe noch im Text verborgen sind, ganz allein verantwortlich bin.

Dem Verlag Vieweg - in der Person von Reinald Klockenbusch - danke ich für die Geduld mit meinen manchmal etwas optimistischen zeitlichen Vorstellungen und für die generelle Unterstützung bei der Produktion des Textes. Meiner Familie: Andreas, Benjamin, Simon, Robert, David und Monika, danke ich für die große Geduld und das mir entgegengebrachte Verständnis. Meinem Vater Herbert Best und meinen Söhnen David und Robert danke ich für hilfreiche und informative Gespräche über syntaktische Feinheiten und Fallen der deutschen Schriftsprache [110].

Wo im Text die Leserin und der Leser angesprochen werden, verwende ich immer die männliche Form; die deutsche Sprache verhindert es leider, eine kurze übergreifende Form zu bilden. So mögen Leserinnen sich denn immer mitgemeint fühlen, wenn im folgenden (und vorher) vom Leser die Rede ist.

Eike Best — Hildesheim, Oktober 1994

Dieses Buch wurde mit dem Programm *Textures*™ *1.6.2* der Firma Blue Sky Research gesetzt, einer Implementierung von Donald Knuths TeX [162] für den Apple Macintosh. Benutzt wurden auch Leslie Lamports LaTeX [168], das Makropaket AMS-TeX der American Mathematical Society [7], PICTeX von Michael J. Wichura sowie einige Makropakete von DANTE, der deutschen TeX-Benutzergruppe [82]. Mehrere Programme im *public* und *shareware domain* waren hilfreich, besonders *LaGrafix* von Brad Richards, *Excalibur 1.5* von Robert Gottshall und Rick Zaccone, *SearchFiles 1.3* von Robert Morris sowie *LaterLaser 1.0b* von Keith Stattenfield. Allen Genannten sei an dieser Stelle gedankt.

Inhaltsverzeichnis

Kapitel 1. Einleitung

1.1 Übersicht

Unter der formalen Semantik eines Computerprogramms versteht man eine Zusammenfassung dessen, was das Programm bewirkt, in einem oder mehreren mathematischen Objekten. Solche Objekte können zum Beispiel geeignete Funktionen oder Relationen über den Datenbereichen des Programms sein, aber auch Folgen, die die Wirkungsweise eines Computers modellieren, der das Programm ausführt, oder aber logische Ausdrücke, die die Bedeutung des Programms in der Sprache der Logik deutlich machen.

Dieses Buch beschreibt mehrere Programmiernotationen, die *SEQPROG*, *APROG* etc. genannt werden, und zu jeder dieser Notationen mehrere formale Semantiken. Die Notationen sind untereinander konsistent; Abbildung 1.1 stellt sie zusammenfassend dar. Die Semantiken sind ebenfalls miteinander verträglich. Im folgenden werden überblicksartig zuerst die Programmiernotationen und danach die verschiedenen Semantiken beschrieben.

Die in den Notationen ausdrückbaren Programme lassen sich in zwei Arten einteilen: *sequentielle* und *parallele*. Sequentielle Programme, die zur Ausführung auf einem einzigen Prozessor[1] vorgesehen sind, werden in den Kapiteln 3 und 6 des Buches betrachtet. Das Kapitel 3 ist rein sequentiellen Programmen gewidmet, die deterministischer oder nichtdeterministischer Natur sein können. In Kapitel 6 werden sequentielle Programme in einem etwas anderen Licht betrachtet, nämlich als Teile von größeren parallelen Programmen. Fragen, die sich beim Übergang von sequentiellen zu parallelen Programmen ergeben, werden in den Kapiteln 4 und 5 erörtert. Das Kapitel 4 motiviert anhand von Beispielen die Einführung parallelitätsspezifischer Begriffe, die dann in Kapitel 5 formal definiert werden. In den Kapiteln 7 und 8 werden parallele Programme, die zur gleichzeitigen Ausführung auf mehreren Prozessoren gedacht sind, betrachtet.

Wir definieren für die Programme, die Gegenstand unserer Betrachtungen sind, keine reale Programmiersprache, sondern immer nur eine Art Beispielsyntax. Die verschiedenen Notationen bilden, wie in Abbildung 1.1 gezeigt ist, eine Hierarchie. Sie erlauben es, Algorithmen sozusagen *pur* darzustellen, anstatt in einer direkt auf einer bestimmten Maschine ausführbaren Form. Das hat einerseits den Vorteil der Maschinenunabhängigkeit.

---

[1]So wird die ausführende Einheit in einem Computer bezeichnet.

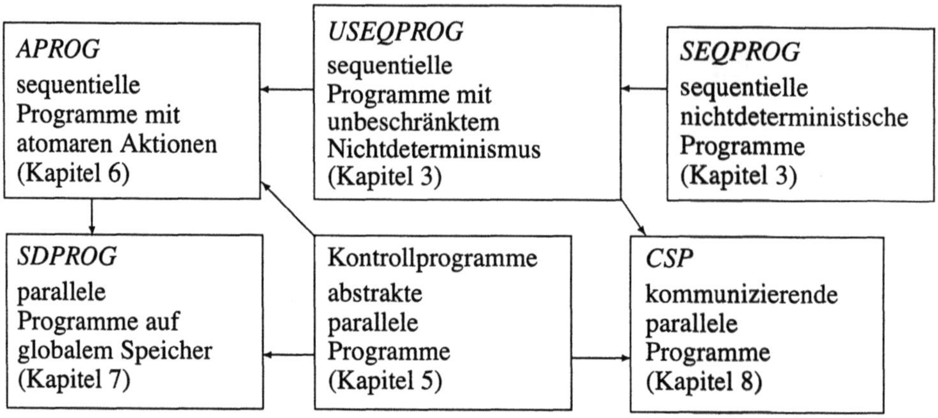

Abbildung 1.1. Überblick über die Programmiernotationen. Die Pfeile geben die Hierarchie an.

Um andererseits die Programme und Algorithmen, die wir untersuchen werden, wirklich ausführen lassen zu können, sind weitere Schritte der Auswahl einer real implementierten Programmiersprache und der Übersetzung in diese Sprache nötig.

Zu jedem in einer dieser Notationen formulierten Programm definieren wir, wie erwähnt, mehrere verschiedene Semantiken. Wir unterscheiden *operationale*, *relationale*, *axiomatische* und *prädikative* Semantiken. Die operationale Semantik eines Programms ist sehr konkret. Sie dient der formalen Beschreibung der Abläufe, die entstehen, wenn das Programm in einer Maschine ausgeführt wird. Die relationale Semantik ist eine unmittelbare Abstraktion der operationalen Semantik. Sie dient der Beschreibung der Beziehung zwischen den Anfangswerten und den Endergebnissen eines Ablaufs, unter Vernachlässigung der Zwischenergebnisse. In der axiomatischen Semantik wird ein Programm nicht vorrangig als ein ablauffähiges, sondern als ein logisches Objekt aufgefaßt. Diese Semantik dient vor allem der Verifikation von Programmeigenschaften. Auch die prädikative Semantik interpretiert ein Programm als ein logisches Objekt. Sie dient vor allem dem korrektheitsorientierten Entwurf von Programmen aus ihren Spezifikationen.

Ihre unterschiedliche Zweckbestimmung bringt es mit sich, daß die verschiedenen Semantiken in gewissen Aspekten differieren, zum Beispiel in ihren Definitionen, aber auch im Grad der Abstraktion. Je abstrakter eine Semantik ist, desto mehr Programme werden durch sie gleichgesetzt. Ziel dieses Buches ist es nicht, eine der Semantiken als die richtige in den Vordergrund zu stellen. Vielmehr wird die Existenzberechtigung von Semantiken unterschiedlicher Abstraktionsgrade anhand von Beispielen dadurch belegt, daß sie das Verständnis und den Entwurf von Programmen erleichtern. Anstelle einer Wertung der Semantiken werden ihre Wechselwirkungen einer Analyse unterzogen. So ist es ein Ziel dieser Untersuchungen, eine Reihe hilfreicher und untereinander kompatibler semantischer Formalismen mit Beispielen für ihre Verwendung vorzustellen.

Die Semantiken lassen sich auch nach einem weniger pragmatischen, etwas grundsätzlicheren Gesichtspunkt betrachten. Ein Programm besteht in der Regel aus Variablen und aus Anweisungen, mittels derer ein Algorithmus ausgedrückt wird. Dementsprechend können bei semantischen Betrachtungen, gleichgültig ob sie die operationale, die relationale, die axiomatische oder die prädikative Semantik betreffen, stets zwei Aspekte unterschieden werden: das Studium des *Datenflusses*, d.h. der Änderungen von Variablenwerten, und das Studium des *Kontrollflusses*, d.h. der Ausführungsreihenfolge der Anweisungen eines Programms. Sequentielle und parallele Programme unterscheiden sich unter anderem dadurch, daß für sequentielle Programme die Datenflußanalyse im Vordergrund steht, während für parallele Programme eine Kontrollflußanalyse in stärkerem Maße notwendig ist. Dieser Unterschied wird in Kapitel 4 ausführlich erörtert. Die formalen Mittel für die Datenflußanalyse eines Programms werden in Kapitel 3, die Methoden für die Kontrollflußanalyse eines Programms in Kapitel 5 bereitgestellt. Das Kapitel 6 kombiniert die Datenfluß- und die Kontrollflußanalyse zunächst nur für sequentielle Programme. In den Kapiteln 7 und 8 wird diese Kombination dann auf parallele Programme ausgedehnt.

1.2 Inhalt

Im einleitenden Kapitel 1 sind neben dem Überblick über die Struktur des Buches auch einige historische Anmerkungen zu finden. Grundlegende mathematische Konzepte sind in Kapitel 2 beschrieben und so weit ausgeführt, wie es für das Verständnis der Hauptteile nötig ist. Die Abschnitte 2.1 und 2.2 stellen die mathematische Notation zusammen. In den Abschnitten 2.3 und 2.4 findet sich eine Einführung in die Theorie der Halbordnungen und Verbände. Die Abschnitte 2.5 und 2.6 führen den Zustandsbegriff und Prädikate als Beschreibungsmittel für Zustandsmengen ein. Diese Abschnitte sind Voraussetzungen zum Verständnis von Kapitel 3. In den Abschnitten 2.7 und 2.8 wird weitere mathematische Notation eingeführt. Die Beweise der Sätze von Kapitel 2 sind in einem Anhang A.1 zusammengefaßt.

Kapitel 3 beschreibt drei Ansätze zur Semantik sequentieller Programme *SEQPROG*: eine operationale und relationale Semantik (Abschnitt 3.2), wodurch das *Verhalten* (oder, wie wir oft, auch bei parallelen Programmen, synonym sagen werden, die Menge der *Ausführungen*, der *Abläufe* oder der *Prozesse*) eines Programms beschrieben wird, eine axiomatische Semantik mittels logisch-deduktiver Beweisregeln (Abschnitt 3.3) und eine spezifikationsorientierte logisch-prädikative Semantik (Abschnitt 3.4). Alle diese Semantiken bauen auf dem Zustandsbegriff auf, sie unterscheiden sich aber erheblich voneinander. Iterationen in einem Programm werden zum Beispiel zuerst operational durch Folgen, danach axiomatisch durch Invarianten und dann prädikativ durch Fixpunkte beschrieben. Die Sätze in Kapitel 3 geben über die relative Ausdrucksstärke der verschiedenen Semantiken und ihre Beziehungen Auskunft. Nichtdeterminismus wird von Beginn an motiviert und mit einbezogen; auch unbeschränkter Nichtdeterminismus wird mit Hilfe einer erweiterten Syntax betrachtet (*USEQPROG*). Abschnitt 3.5 geht auf den korrektheitsorientierten Entwurf, auf die Spezifikation und auf die Verifikation von Programmen ein.

In Kapitel 4 wird anhand von Beispielen argumentiert, daß Ansätze, die allein auf den Zuständen der Programmvariablen beruhen, weder für weitergehende Untersuchungen bei sequentiellen Programmen (zum Beispiel Fairnessuntersuchungen) noch - umso weniger -

für die Analyse paralleler Programme ausreichen. Vielmehr ist für solche weitergehenden Untersuchungen die ausdrückliche Behandlung der möglichen Abläufe, d.h. des Kontrollflusses eines Programms, sinnvoll. Zwei Konzepte zur Beschreibung des Kontrollflusses eines Programms werden in Kapitel 5 vorgestellt. Das erste Konzept (Abschnitt 5.1) besteht aus einer Erweiterung regulärer Ausdrücke. Es steht in enger Beziehung zur Theorie der Petrinetze, die daher in Kapitel 5 ebenfalls eingeführt wird (Abschnitt 5.2). Wurde in Kapitel 3 vom Kontrollfluß abstrahiert und der Datenfluß umso ausführlicher betrachtet, so liefert dieses Kapitel 5 eine umgekehrte Abstraktion: der Datenfluß wird vernachlässigt und stattdessen der Kontrollfluß in aller Ausführlichkeit behandelt. Kontrollfluß wird erzeugt von abstrakten atomaren Aktionen, die auf ähnliche Weise Einheiten des Kontrollflusses darstellen, wie die Variablen eines Programms die Einheiten des Datenflusses sind.

Kapitel 6 kann als Dreh- und Angelpunkt zwischen sequentiellen und nichtsequentiellen Programmen angesehen werden, weil dort die beiden vorher getrennt betrachteten Aspekte (Datenfluß und Kontrollfluß) in einen Zusammenhang gebracht werden. Abschnitt 6.1 führt für sequentielle Programme den Begriff der konkreten atomaren Aktion (mit Datenfluß- und Kontrollflußwirkung) ein und definiert dafür eine Erweiterung der *SEQPROG*-Syntax (genannt *APROG*, sequentielle Programme mit atomaren Aktionen). In Abschnitt 6.2 wird für Programme mit atomaren Aktionen eine operationale Semantik definiert, die das Datenflußkonzept des Kapitels 3 und das Kontrollflußkonzept des Kapitels 5 miteinander verbindet. Einige Betrachtungen über Fairness bei sequentiellen nichtdeterministischen Programmen schließen das Kapitel ab (Abschnitt 6.3).

In den Kapiteln 7 und 8 wird die in Kapitel 6 vorgestellte operationale Semantik verwendet, um die Semantik paralleler statt sequentieller Programme zu beschreiben. Die in Kapitel 7 besprochene Programmiersprache *SDPROG* (*engl.*: shared data programs), eine Erweiterung von *APROG*, ist auf die Beschreibung nichtsequentieller Systeme zugeschnitten, in denen mehrere Prozessoren auf eine zentrale Speichereinheit zugreifen können. Nach der Definition von Syntax und operationaler Semantik (Abschnitte 7.1 und 7.2) werden in Abschnitt 7.4 einige kleinere Beispiele betrachtet. Ein Beweissystem für parallele Programme des Typs *SDPROG* wird in Abschnitt 7.5 vorgestellt; dort untersuchen wir auch den Zusammenhang dieses Beweissystems mit der operationalen Semantik von *SDPROG*. Einige kleinere und größere Fallstudien (Abschnitt 7.6) beenden dieses Kapitel.

In Kapitel 8 betrachten wir eine Programmiersprache *CSP* (*engl.*: communicating sequential processes), die zur Beschreibung verteilter Systeme, die durch das Vorhandensein vieler lokaler Prozessor- und Speichereinheiten gekennzeichnet sind, dient. Die Basissyntax dieser Sprache ist eine direkte Erweiterung der *SEQPROG*-Syntax mit implizit definierten atomaren Aktionen. Kapitel 8 hat einen ähnlichen Aufbau wie Kapitel 7. In den Abschnitten 8.1 und 8.2 werden die Syntax und die operationale Semantik der Sprache definiert, wozu der Abschnitt 8.4 ein kleines Beispiel bietet. In Abschnitt 8.5 wird ein Beweissystem vorgestellt. Der Abschnitt 8.6 diskutiert einige Fallbeispiele.

Jedes Kapitel schließt mit Literaturangaben und (außer Kapitel 1 und Anhang A.2) mit einer Reihe von Übungsaufgaben. Die Literaturangaben enthalten oft auch eine knappe Diskussion alternativer Ansätze und Motivation für den hier gewählten Weg, der natürlich nicht der einzig mögliche ist. Ein Anhang A.2 enthält Lösungen zu ausgewählten Aufgaben, die den Text zum Teil wesentlich ergänzen. Die Literatur ist gegen Ende des Buches aufgeführt. Ganz zum Schluß findet sich ein Index zum Nachschlagen der wichtigsten Begriffe.

Der Textzusammenhang soll durch einige Lektürehinweise verdeutlicht werden. Leser mit mathematischen Vorkenntnissen können zum Beispiel die Abschnitte 2.1-2.2 auslassen und erst bei Bedarf darauf zurückkommen. Leser, die sich hauptsächlich für die einfachste Art operationaler Semantik interessieren, können den Abschnitt 2.3.2 zunächst außer acht lassen. Das gilt auch für Leser, die sich nur für sequentielle Programme interessieren; diese können das Studium des Buches entweder nach Kapitel 3 ganz abbrechen oder danach noch die Abschnitte 4.2.1 und 5.1.1 sowie das Kapitel 6 lesen, wodurch - hoffentlich - ihr Interesse für den Rest des Buches geweckt wird. Der Abschnitt 2.4 bereitet für die prädikative Semantik sequentieller Programme den Boden und kann von Lesern weggelassen werden, die sich in erster Linie für parallele Programme interessieren. Der Abschnitt 2.6.4 kann beim ersten Lesen ohne Schaden ausgelassen werden. Leser, die sich nur für operationale Semantik interessieren, können von den Kapiteln 3, 6, 7 und 8 jeweils die ersten beiden Abschnitte lesen und den Rest auslassen oder überfliegen. Schließlich können Leser, die sich hauptsächlich für Fallstudien interessieren, von den jeweiligen Kapiteln die ersten Abschnitte mit den Syntaxdefinitionen und -erläuterungen lesen, danach direkt zu den Beispielen übergehen und bei Bedarf im theoretischen Teil des Buches nachschlagen.

Es wurde versucht, die syntaktischen und semantischen Untersuchungen auszubalancieren. Auf der syntaktischen Ebene vermeiden wir es einerseits, alle Details anzugeben. Wo syntaktische Formeln durch Analogieschlüsse auseinander hergeleitet werden können, geben wir nur eine oder zwei davon im Detail an und verweisen für die anderen auf die Analogie. Zum Beispiel werden in Abschnitt 2.6 arithmetische Ausdrücke nur unter Verwendung von *plus* (+) und *minus* (−) definiert; später aber werden auch die Multiplikation (·) und andere arithmetische Operationen betrachtet, deren Behandlung analog ist, deren Syntax aber undefiniert bleibt. Ein anderes Beispiel sind strukturierte Datentypen: in Kapitel 3 werden nur Feldvariablen streng eingeführt, in einem späteren Anwendungsbeispiel werden aber auch Verbundtypen benötigt (Abschnitt 7.6.6). Andererseits erheben die semantischen Studien den Anspruch, in bezug auf die angegebene Teilsyntax präzise ausgearbeitet zu sein.

1.3 Historisches zur Semantik sequentieller Programme

Ein wichtiger roter Faden, der das ganze Buch durchzieht, ist der Gedanke, ein Computerprogramm mit logischen Ausdrücken (die auch *Prädikate* heißen) in Verbindung zu bringen. Diese Idee reicht historisch sehr weit zurück, fast bis in die Ursprungstage moderner Rechenmaschinen [121, 152]. Ganz klar beschrieben wurde sie von Robert Floyd [113]. Wir stellen diese Idee zunächst an einem einfachen Beispiel dar und wählen sie als Mittelpunkt für unsere historische Darstellung, die, auch später, keinen Anspruch auf Vollständigkeit erhebt.

var A: **array** $[0\,..\,N-1]$ **of integer**; *allsix*: **Boolean**; j: **integer**;
allsix := **true**; $j := 0$;
while $((j \neq N)$ **and** *allsix*$)$ **do** *allsix* $:= (A[j] = 6)$; $j := j+1$ **end**.

Abbildung 1.2. Das Programm c_{allsix}

Floyds Idee besteht darin, den Kanten eines Flußdiagramms, das einen Algorithmus darstellt, Prädikate zuzuordnen, um derart die Korrektheit des Algorithmus beweisen zu können. Als Beispiel betrachten wir eine natürliche Zahl $N > 0$ und ein Programm c_{allsix} (siehe Abbildung 1.2). Es dient dazu, festzustellen, ob die Werte in dem Feld A alle gleich 6 sind oder nicht. Als Flußdiagramm und mit einigen geeigneten Prädikaten im Stil von [113] versehen ist c_{allsix} in Abbildung 1.3 dargestellt. Das Flußdiagramm wird vom oberen Eingangspfeil bis zum `stop`-Knoten streng sequentiell abgearbeitet. Die Anschrift ist so gewählt, daß jedesmal, wenn die Kontrolle (der Abarbeitungsschritte) sich an einem Pfeil mit Prädikatanschrift befindet, das diesem Pfeil zugeordnete Prädikat gültig ist. Insbesondere gilt das Prädikat $(0 \leq j \leq N) \wedge (allsix \Leftrightarrow \forall i, 0 \leq i < N \colon A[i] = 6)$, wenn die Kontrolle nach dem `nein`-Zweig den `stop`-Knoten erreicht hat. Daraus folgt, daß nach der Terminierung des Programms die Boolesche Variable *allsix* in der Tat den gewünschten Wert hat: **false**, falls es ein Feldelement ungleich 6 gibt, und **true** andernfalls.

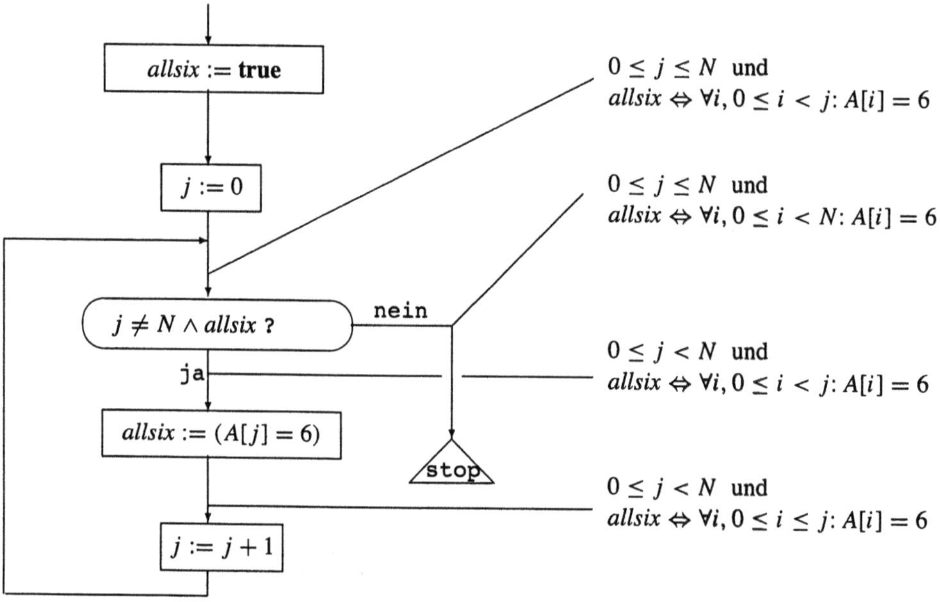

Abbildung 1.3. Mit Prädikaten versehenes Flußdiagramm von c_{allsix}

Eine derartige Zuordnung von Prädikaten an Flußdiagramme liefert Aussagen der Form:

> *Wenn die Kontrolle sich am Punkt p eines Flußdiagramms befindet, dann gilt das p zugeordnete Prädikat.*

Solche Aussagen bezeichnet man als Aussagen zur *partiellen Korrektheit* eines Programms. Aussagen der Art, daß ein gegebener Kontrollpunkt jemals erreicht wird, lassen sich im Rahmen partieller Korrektheit nicht machen. In der Tat wird der Nachweis, daß das Programm c_{allsix} terminiert, d.h., der `stop`-Knoten auf jeden Fall erreicht wird, durch die Anschrift in Abbildung 1.3 nicht erbracht. Um die Terminierung zu beweisen, muß ein zusätzliches Argument eingesetzt werden. Man spricht von *totaler Korrektheit*, wenn nicht nur die partielle Korrektheit (meist, wie auch hier, der Nachweis gewünschter Beziehungen zwischen Variablen), sondern zusätzlich eine Aussage zur Terminierung eines Programms gemeint ist.

Für die Argumentation, daß die vier in Abbildung 1.3 gezeigten Prädikate an ihrem jeweiligen Flußdiagrammpfeil gültig sind, spielen die Inschriften der Kästen des Flußdiagramms eine entscheidende Rolle. Besonders der Nachweis der Tatsache, daß die Anschrift am `nein`-Pfeil von Abbildung 1.3 logisch aus der Anschrift vor dem Abfragekasten, zusammen mit der Negation der Inschrift dieses Kastens, also $(j = N \vee \neg allsix)$, folgt, ist nicht ganz einfach (siehe Abbildung 1.4).

$$\underbrace{(0 \le j \le N) \wedge (allsix \Leftrightarrow \forall i, 0 \le i < j \colon A[i] = 6)}_{\text{Anschrift vor Abfragekasten}} \wedge \underbrace{(j = N \vee \neg allsix)}_{\texttt{nein}\text{-Ausgang}}$$

$\Rightarrow$ (Distributivität von $\wedge$ über $\vee$; Ersetzen N für j; Kommutativität von $\wedge$; $(A \Leftrightarrow B) \wedge (\neg A)$ ist logisch äquivalent mit $(\neg A) \wedge (\neg B)$; de Morgans Gesetz)

$$(0 \le j \le N) \wedge (\,(allsix \Leftrightarrow \forall i, 0 \le i < N \colon A[i] = 6) \\ \vee\ ((\neg allsix) \wedge \exists i, 0 \le i < j \colon A[i] \ne 6)\,)$$

$\Rightarrow$ (Distributivität von $\wedge$ über $\vee$; $\wedge$ bindet stärker als $\vee$)

$$(0 \le j \le N) \wedge (allsix \Leftrightarrow \forall i, 0 \le i < N \colon A[i] = 6) \\ \vee\ (0 \le j \le N) \wedge (\neg allsix) \wedge (\exists i, 0 \le i < j \colon A[i] \ne 6)$$

$\Rightarrow$ (wegen $((0 \le j \le N) \wedge \exists i, 0 \le i < j \colon A[i] \ne 6) \Rightarrow \exists i, 0 \le i < N \colon A[i] \ne 6$)

$$(0 \le j \le N) \wedge (allsix \Leftrightarrow \forall i, 0 \le i < N \colon A[i] = 6) \\ \vee\ (0 \le j \le N) \wedge (\neg allsix) \wedge (\exists i, 0 \le i < N \colon A[i] \ne 6)$$

$\Rightarrow$ (da $(A \wedge (B \Leftrightarrow C)) \vee (A \wedge \neg B \wedge \neg C)$ logisch äquivalent mit $A \wedge (B \Leftrightarrow C)$ ist; de Morgans Gesetz)

$$(0 \le j \le N) \wedge (allsix \Leftrightarrow \forall i, 0 \le i < N \colon A[i] = 6).$$

Abbildung 1.4. Logische Deduktion für das Endprädikat am `nein`-Ausgang von Abbildung 1.3

Es zeigt sich bei dieser Argumentation, daß man offenbar Sorge dafür tragen muß, daß am Beginn und am Ende einer Schleife das gleiche Prädikat steht. Ein Prädikat mit dieser Eigenschaft heißt eine *Invariante* der Schleife. Der Flußdiagrammpfeil vom Kasten mit $j := 0$ bis zum Kasten mit $j \ne N \wedge allsix$ teilt sich in zwei Teile, einen oberen, der nur einmal durchlaufen wird, und einen unteren, der genau $N+1$-mal durchlaufen wird. Man könnte sich durchaus fragen, wieso nur am unteren Teil, nicht aber am oberen Teil ein Prädikat angebracht werden muß. Diese Frage wird gegenstandslos, wenn eine so enge Beziehung zwischen den Prädikaten und der syntaktischen Struktur eines Programms besteht, daß die Flußdiagramme ganz eliminiert werden können. Es ist C.A.R. Hoares Verdienst [135], eine solche Beziehung als erster untersucht zu haben. Sein Ansatz besteht in einer genauen Fassung des Begriffs:

Ein Eingangsprädikat wird in ein Ausgangsprädikat transformiert.

Jedes Programm c, auch eine Schleife, wird als *Black Box*, d.h., als Input- / Output-Aktion aufgefaßt, wobei ein Prädikat P den Input und ein anderes Prädikat Q den Output beschreibt. Für diese Beziehung hat sich die folgende Schreibweise unter dem Namen *Hoare-Tripel* eingebürgert:

$$\{P\}\ c\ \{Q\}$$

(Hoares ursprüngliche Schreibweise war eigentlich $P\{c\}Q$, die sich aber als weniger günstig erwiesen hat.) Dies soll bedeuten: wenn die Ausführung von c mit gültigem Prädikat P (d.h., in einem Zustand, der P erfüllt) begonnen wird und wenn c terminiert, dann gilt das Prädikat Q, d.h., der Zustand bei Terminierung das Prädikat Q erfüllt. Diese Schreibweise drückt scheinbar nicht viel anderes aus als der Teil:

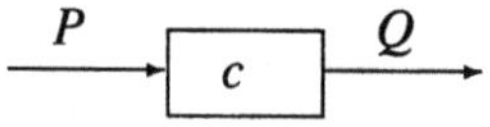

eines Floydschen Flußdiagramms mit Anschrift. Ein Vorteil der Tripelschreibweise ist allerdings, daß sie sich syntaktisch auch für zusammengesetzte Programme definieren läßt. In der Tat entspricht der zyklische Teil des Flußdiagramms aus Abbildung 1.3 einer Schleife des Programms; das Flußdiagramm verdeckt die Möglichkeit, die drei Kästchen dieses Zyklus selbst wieder zu einem größeren Kasten zusammenzufassen.

Die Herleitung größerer Hoare-Tripel aus kleineren Tripeln läßt sich in Form von logischen *Deduktionsregeln* angeben. Sucht man beispielsweise ein Hoare-Tripel für ein Programm $c = c_1; c_2$, das aus der Hintereinanderschaltung von zwei Programmen besteht, so muß man annehmen können, daß für die beiden letzteren bereits geeignete Hoare-Tripel vorliegen. Kennt man die beiden Tripel $\{P\}c_1\{R_1\}$ sowie $\{R_2\}c_2\{Q\}$ und gilt $R_1 = R_2$, dann darf offenbar auch das Tripel $\{P\}c_1; c_2\{Q\}$ daraus hergeleitet werden. Als logische Deduktions- oder Beweisregel ausgedrückt ist diese Herleitung in Abbildung 1.5 zu sehen (vereinfachend $R = R_1 = R_2$). Die beiden Tripel über dem waagrechten Strich heißen die *Prämissen*, das Tripel unter dem waagrechten Strich ist die *Konklusion* der Regel.

$$\frac{\{P\}\ c_1\ \{R\}\ ,\ \{R\}\ c_2\ \{Q\}}{\{P\}\ c_1; c_2\ \{Q\}}$$

Abbildung 1.5. Beweisregel für die Sequenz $c = c_1; c_2$

Hoare hat sein Deduktionssystem axiomatisch verstanden. Dieser Ansatz wird deswegen manchmal als *axiomatische Semantik* bezeichnet. Die obige Deduktionsregel entspricht offensichtlich einer allgemeinen Intuition über den Ablauf eines Programms. Ist andererseits eine präzise Fassung des Begriffs *Ablauf eines Programms* (oder, wie man sagt, eine *operationale Semantik*) zur Hand, dann kann man hoffen, die Deduktionsregeln (nicht nur die obige) auch als Sätze formulieren zu können. Diese Art Satz wird als *Konsistenzaussage* bezeichnet. Als *Vollständigkeitsaussage* bezeichnet man die Umkehrung der Konsistenzaussage, nämlich daß alles, was man überhaupt über ein Programm beweisen möchte, auch mit Hilfe der Regeln hergeleitet werden kann.

Operationale Ansätze waren historisch gesehen die ersten Versuche der Formalisierung von Computerprogrammabläufen (vgl. die Arbeiten von John McCarthy [193] und Goldstine / von Neumann [121]). Dies ist wenig verwunderlich, ist die Ausführung eines Programms doch die unmittelbarste Aktivität, die an einem Computer beobachtet werden kann. Die operationalen Ansätze waren häufig geprägt von der Idee, daß man zur präzisen Beschreibung von Programmabläufen auch die Abbildung von Variablen in Speicherplätze, eventuell die Akkumulatoren, den Programmzähler, andere Register, kurz die Verbindung zu einer konkreten Maschine benötige. Manche operationalen Ansätze waren recht kompliziert und nicht maschinenunabhängig.

Inzwischen aber steht die operationale Semantik in keiner Weise hinter anderen Formalisierungsansätzen zurück. Wir werden uns ihrer ausgiebig bedienen, indem wir sie zunächst zur Definition einer *Black Box*-Semantik von sequentiellen Programmen heranziehen. Letztere verbindet einen Eingangszustand eines Programms durch eine Relation mit einem oder mehreren Ausgangszuständen und wird daher *relationale Semantik* genannt.

Das Dijkstrasche System der schwächsten Vorbedingungen (wp für engl. *weakest precondition*) [97] stellt den Ansatz von Hoare auf den Kopf, indem nämlich zu einer Nachbedingung (Ausgabeprädikat) eine Vorbedingung (Eingabeprädikat) gesucht bzw. definiert wird. Diese Semantik heißt auch *prädikativ* (z.B. [69]). Dijkstra zeigt ausführlich in seinem Buch [97], daß diese Umkehrung, so unlogisch sie vom operationalen Standpunkt her klingen mag, sehr sinnvoll ist. Sie entspricht nämlich dem zielorientierten Programmieren, wobei von einer Spezifikation als Nachbedingung ausgegangen und versucht wird, im Verlauf der Suche nach einer geeigneten Vorbedingung ein Programm (teilweise) herzuleiten, welches diese Spezifikation implementiert - so, wie das Programm c_{allsix} die Spezifikation $allsix \Leftrightarrow \forall i, 0 \leq i < N : (A[i] = 6)$ implementiert. Diese Eigenschaft des wp-Systems hat eine ganze Schule des *systematischen Programmierens* begründet (zum Beispiel durch das Buch von David Gries [130], mit dem Buch [81] von Dahl, Dijkstra und Hoare als frühem Vorgänger).

Den genannten Ansätzen (operationaler und relationaler Semantik, axiomatischer und prädikativer Semantik) ist gemeinsam, daß die Semantik eines Programms c stets ein mathematisches Objekt in einem wohldefinierten Objektbereich ist und daß die Definition dieses Objekts per Induktion über den syntaktischen Aufbau von c erfolgt. Üblicherweise werden Semantiken, welche mindestens diese zwei Kriterien erfüllen, *kompositionell* genannt. Die Eigenschaft der Kompositionalität ist ein wichtiges Qualitätskriterium für eine Semantik. Sie ist für parallele Programme wesentlich schwerer herzustellen als für sequentielle [143, 224].

1.4 Historisches zur Semantik paralleler Programme

Von einem parallelen Computersystem spricht man, wenn mehrere aktive Einheiten (Prozessoren) in Kooperation miteinander eine Aufgabe erledigen. Wenn eine Rechenmaschine zum Beispiel aus einer Ein-/Ausgabeeinheit (die die Ein-/Ausgabe übernimmt) und einem Zentralprozessor (dem alle übrigen Rechnungen obliegen) besteht, dann liegt ein einfaches paralleles System vor. Kooperation zwischen diesen beiden Einheiten findet dann statt, wenn für die Rechnungen des Zentralprozessors Eingaben benötigt, bzw. wenn aus diesen Rechnungen Ausgaben produziert werden. Eine solche Konfiguration ist realistisch und kam schon, lange bevor es die ersten speziell auf Parallelverarbeitung zugeschnittenen Programmiersprachen gab, in der Praxis der Datenverarbeitung vor[2].

Bald wuchs das Bedürfnis, die mit Parallelverarbeitung einhergehenden Probleme genauer zu analysieren. Die wichtigsten parallelen Algorithmen, betreffend zum Beispiel das Problem des wechselseitigen Ausschlusses (ein Problem, auf das wir ausführlich zu sprechen kommen werden), wurden untersucht. Unvermeidlich mußte die Tatsache zur Kenntnis genommen werden, daß sich solche Algorithmen erheblich schwerer korrekt programmieren lassen und daß ihre Korrektheit sich noch schwieriger nachprüfen läßt als im rein sequentiellen Fall. Als Konsequenz entstanden die ersten halb-formalen Beschreibungsmethoden für parallele Systeme. E. Dijkstra hat in [94] vorgeschlagen, ein paralleles System als Ansammlung von kooperierenden sequentiellen Programmen anzusehen, wobei idealerweise jeder sequentielle Teil der Aktivität einer der beteiligten Prozessoreinheiten entspricht und die Kooperation über wohldefinierte Schnittstellen (Dijkstras P- und V-Operationen) abläuft.

Auch wenn nur eine einzige aktive Recheneinheit zur Verfügung steht, ist es häufig sinnvoll, ein System als eine Menge kooperierender sequentieller Programme zu strukturieren. Die sequentiellen Komponenten eines solchen Systems entsprechen dann verschiedenen Funktionalitäten dieser Einheit. Diese Sichtweise von Systemen ist längst Allgemeingut geworden. Während zum Beispiel dieser Satz in eine Maschine eingetippt wird, führt die Maschine außer dem LaTeX-Dienstprogramm noch viele andere sequentielle Programme, zum Beispiel ein Programm zum Anzeigen der Uhrzeit auf dem Bildschirm, nicht exakt zeitgleich, aber *quasi*-zeitgleich miteinander aus; diese Ausführungsweise ist deswegen auch unter der Bezeichnung *Quasiparallelität* bekannt.

Das Gedankengerüst der kooperierenden sequentiellen Programme hat sich zwar bewährt, es hat sich aber auch herausgestellt, daß das Spektrum der möglichen Rechnerkonfigurationen Raum für viele verschiedene Arten der Kooperation zwischen Prozessen, nicht nur solche, die auf den P- und V-Operationen beruhen, läßt. Eine wichtige Unterscheidung ist zu treffen zwischen Recheneinheiten, die sich im Innern einer einzigen Maschine befinden und auf ein Stück gemeinsamen Speichers zugreifen dürfen, und zwischen Einheiten, die in Form von mehreren vernetzten Maschinen miteinander kooperieren, die nur auf einen privaten Speicher zugreifen können und statt durch Wertablage im gemeinsamen Speicher durch Nachrichten- oder Botschaftenaustausch miteinander kooperieren. Die

[2]Ende der fünfziger Jahre [246].

Unterscheidung dieser beiden Kooperationsmodi führt zu zwei verschiedenen Typen von parallelen Programmen, die in den Kapiteln 7 bzw. 8 unterschiedlich erörtert werden.

Sobald der Begriff eines parallelen Programms oder Systems als Verallgemeinerung des Begriffs eines sequentiellen Programms oder Systems etabliert war[3], ergab sich folgerichtig die Aufgabe, die für letztere bereits anwendbaren Beweissysteme ebenfalls zu verallgemeinern. Eine Verallgemeinerung von Hoares Beweisregeln - und damit die erste *axiomatische Semantik* - für parallele Programme wurde von Susan Speer Owicki und David Gries im Jahre 1976 angegeben [205, 206]. Dieses erste Beweissystem für parallele Programme ist zugleich auch das erfolgreichste und wurde später an die verschiedenartigsten Typen von parallelen Programmen angepaßt. Es liegt auch unserer Darstellung zugrunde, soweit diese den *axiomatischen* Teil der Semantik betrifft.

Etwa zeitgleich mit der eben skizzierten Entwicklung hat Carl Adam Petri ein formales Konzept zur Beschreibung paralleler Abläufe vorgeschlagen [210], welches unter dem Namen *Petrinetz*-Modell bekannt ist und dessen Theorie inzwischen sehr intensiv untersucht worden ist [217]. Dieses Konzept versteht sich als Resultat einer aus Automatentheorie und Physik herstammenden Gedankenkette. Im Unterschied zu sequentiellen Programmen, für die der Begriff des globalen Zustands eine entscheidende Rolle spielt, besteht ein Petrinetz aus lokalen Zuständen, genannt *Stellen* (aus denen die globalen Zustände aufgebaut werden können), und lokal definierten atomaren Aktionen, genannt *Transitionen*. Diese Sichtweise trägt der Tatsache Rechnung, daß beobachtbarer Raum und beobachtbare Zeit zunächst immer lokale, keine globalen Größen sind.

Die Verhaltensbeschreibung, d.h. die operationale Semantik von Petrinetzen beruht nicht, wie bei sequentiellen Programmen, auf linear geordneten Zustandsfolgen, sondern auf Halbordnungen, einer Verallgemeinerung von Folgen [142, 211]. Petrinetze sind Graphen (auch im Wortsinn: graphische Objekte) und als solche besonders gut zur Darstellung von Verhaltensabläufen durch Halbordnungen geeignet. Soweit unsere Darstellung den *operationalen* Teil der Semantik paralleler Programme betrifft, werden wir uns deshalb eng an das Gedankengerüst der Petrinetze anlehnen. Zwischen den beiden erwähnten Ansätzen (dem axiomatischen, der auf Owicki und Gries zurückgeht und dem operationalen, der von Petri vorgeschlagen wurde) werden wir Zusammenhänge suchen und finden.

Der Aufbau der Kapitel 7 und 8 dieses Buches gleicht ungefähr dem Aufbau des Kapitels 3. Für zwei verschiedene parallele Programmiersprachen (die den beiden zu unterscheidenden Kooperationsmodi entsprechen) werden wir je eine operationale Semantik und je ein an Owicki / Griessche Konzepte angelehntes Beweissystem angeben. Die Konsistenz und die Vollständigkeit jedes der beiden Beweissysteme beweisen wir dann bezüglich der jeweiligen operationalen Semantik. Für die nötigen Verallgemeinerungen der in Kapitel 3 definierten Semantiken spielen die Begriffe der atomaren Aktion und des lokalen Zustands - in beiden parallelen Sprachen - eine wichtige Rolle. Deswegen liegt es nahe, eine Beziehung zwischen den lokalen Zuständen eines Programms (insbesondere seinen *Kontrollpunkten*, die ungefähr einer Verallgemeinerung der Pfeile des in Abschnitt 1.3

[3]Es ist dies in der Tat eine Verallgemeinerung, weil jedes sequentielle Programm trivialerweise auch ein paralleles Programm mit nur einer einzigen sequentiellen Komponente ist.

diskutierten Flußdiagramms entsprechen) und den Stellen eines Petrinetzes, sowie den atomaren Aktionen eines Programms und den Transitionen eines Petrinetzes herzustellen. Die Motivation für diese Beziehung ist in Kapitel 4 zu finden, ihre Definition ist Aufgabe der Kapitel 5 und 6.

In Kapitel 5 werden atomare Aktionen abstrakt als uninterpretierte Grundelemente ohne Bezug zu den Variablen eines Programms eingeführt. In Kapitel 6 zeigen wir, daß der Begriff der atomaren Aktion bereits für die Untersuchung gewisser Eigenschaften, nämlich von Fairness-Eigenschaften, sequentieller nichtdeterministischer Programme von Bedeutung ist. In diesem Kapitel werden atomare Aktionen konkret in Beziehung zu Variablen gesetzt (d.h., interpretiert); Kapitel 6 ist deswegen ein wichtiges vorbereitendes Kapitel für die Kapitel 7 und 8. In der Tat kann die in Kapitel 6 definierte operationale Semantik für *sequentielle* Programme fast ohne Änderung in beide nachfolgenden Kapitel über *parallele* Programme übernommen werden - eine Konsequenz der Tatsache, daß das Dijkstrasche Modell der kooperierenden sequentiellen Prozesse beiden dort betrachteten Programmiersprachen zugrundeliegt, und eine Rechtfertigung dieser grundlegenden Sichtweise von parallelen Programmen.

1.5 Literaturangaben

Der Artikel [152] von Jones enthält eine sehr gründlich recherchierte Darstellung der Geschichte der Semantik und (eng damit zusammenhängend) der Verifikation sequentieller Programme. Jones geht kurz auch auf parallele Programme und andere Erweiterungen ein.

Neben den hier erwähnten semantischen Ansätzen (relational, operational, axiomatisch, prädikativ) ist vor allem noch der *denotationale* Ansatz zu erwähnen [181, 227, 242, 259], der darauf abzielt, relationale Semantik (bzw. einen Spezialfall davon: funktionale Semantik) nicht nur kompositionell, sondern innerhalb von speziellen mathematischen Objektbereichen, den *Scott*-Bereichen [226], zu definieren. Die denotationale Semantik hat sich vor allem für die Behandlung von rekursiven Programmen bewährt (z.B. [27, 28, 185]), die in diesem Buch nicht untersucht werden. Sie benutzt dabei ähnliche Fixpunktmethoden, wie sie im vorliegenden Buch für die prädikative Semantik der Schleife angewendet werden.

Kapitel 2. Mathematische Grundlagen

Dieses Kapitel dient dazu, Begriffe allgemeiner Natur einzuführen und Sätze zu formulieren, die nicht spezifisch zum Hauptinhalt der nachfolgenden Kapitel zählen. Die Beweise der Sätze wurden in den Anhang A.1 verlagert, um das Kapitel möglichst knapp zu halten. Aus dem gleichen Grund wurde auch auf eine streng sequentielle Darstellung von Logik und Mengenlehre verzichtet; die Ausführungen sind in geringen Maße zirkulär, Begriffe werden manchmal benutzt, bevor sie formal eingeführt werden. Deshalb mag eine Vorbemerkung über den Verwendungszweck der eingeführten Begriffe angebracht sein.

In diesem Buch werden wir Logik und Mengenlehre in zwei verschiedenen Zusammenhängen benötigen: zum einen ganz allgemein als mathematische Grundlage für alle anderen Begriffe und zum anderen konkret als Mittel zur Beschreibung der Zustände eines Programms. Die mathematischen Grundbegriffe wie Mengen, Aussagen, Funktionen, usw. werden in den Abschnitten 2.1 und 2.2 eingeführt. Hier taucht der Begriff der logischen Aussage als unerklärtes Grundkonzept auf. Definitionen, die der Verwendung von Logik und Mengenlehre zur Beschreibung von Programmzuständen dienlich sind, werden nach einigen vorbereitenden Definitionen in den Abschnitten 2.3 und 2.4 erst in den Abschnitten 2.5 und 2.6 gegeben.

In Abschnitt 2.3 werden Halbordnungen eingeführt, die für weite Teile des Buches eine wichtige Grundlage bilden. Spezialisiert man Halbordnungen geeignet, erhält man Verbände. Diese Strukturen werden in Abschnitt 2.4 definiert. Uns interessieren vor allem die Fixpunkteigenschaften von Funktionen auf Verbänden.

Als eine weitere Spezialisierung von Verbänden definieren wir Booleschen Algebren in Abschnitt 2.5. Eine besonders wichtige Boolesche Algebra ist die Menge aller logischen Prädikate über einer gegebenen Grundmenge Z. Diese Struktur wird in Abschnitt 2.5 definiert. In Abschnitt 2.6 werden syntaktische und semantische Definitionen von Prädikaten einander gegenübergestellt. In Abschnitt 2.6 werden auch die Begriffe einer formalen Grammatik und der von ihr erzeugten Sprache, die später für die syntaktische Beschreibung von Programmen eine Rolle spielen, eingeführt. Die Abschnitte 2.7 und 2.8 dienen schließlich dazu, einige Grundbegriffe aus der Theorie der Graphen und der Theorie der Folgen zu definieren, die im Buch benötigt werden.

2.1 Logik, Gleichheit und Mengen

2.1.1 Logische Operatoren

Es seien A und B zwei logische Aussagen. Mit $A \wedge B$ bezeichnen wir die logische *Konjunktion*, d.h. die Aussage, die genau dann wahr ist, wenn sowohl A als auch B wahr sind. Wir sprechen auch von den *logischen Faktoren* oder *Konjunkten* A und B der Aussage $A \wedge B$. Mit $A \vee B$ wird die logische *Disjunktion* bezeichnet, d.h. die Aussage, die genau dann falsch ist, wenn sowohl A als auch B falsch sind. Wir sagen auch, daß A und B *logische Summanden* oder *Disjunkten* der Aussage $A \vee B$ sind.

$\neg A$ oder $\overline{A}$ bezeichnet die logische *Negation*, d.h. die Aussage, die genau dann wahr ist, wenn A falsch ist. $A \Rightarrow B$ bezeichnet die logische *Implikation*, d.h. die Aussage, die genau dann falsch ist, wenn A wahr und B falsch ist. $A \Leftrightarrow B$ bezeichnet die logische *Äquivalenz* von A und B, d.h. die Aussage, die genau dann wahr ist, wenn beide Aussagen $A \Rightarrow B$ und $B \Rightarrow A$ wahr sind. Mit **false** bzw. mit **true** bezeichnen wir die falsche bzw. die wahre Aussage. Mit dem *Allquantor* $\forall$ bezeichnen wir die *universelle Konjunktion*; zum Beispiel ist $\forall i((1 \leq i \leq n) \Rightarrow A_i)$ oder - in anderer Schreibweise - $\forall i, 1 \leq i \leq n$: A_i logisch äquivalent mit $A_1 \wedge \ldots \wedge A_n$. Mit dem *Existenzquantor* $\exists$ wird die *universelle Disjunktion* bezeichnet; z.B. ist $\exists i((1 \leq i \leq n) \wedge A_i)$ oder $\exists i, 1 \leq i \leq n$: A_i logisch äquivalent mit $A_1 \vee \ldots \vee A_n$. Die eingrenzende Menge braucht nicht unbedingt endlich zu sein. So formalisiert zum Beispiel:

$$\forall q \in \mathbb{Q}, m \in \mathbb{N}\ (q > 0 \Rightarrow \exists n \in \mathbb{N}: n \cdot q > m)$$

das *Archimedische Prinzip*, nach dem jede positive rationale Zahl q, oft genug zusammenaddiert, jede beliebige natürliche Zahl m übersteigt. Hier haben wir die Abkürzung $\forall q \in \mathbb{Q}, m \in \mathbb{N}$ für $\forall q \in \mathbb{Q} \forall m \in \mathbb{N}$ verwendet, die später oft in anderem Kontext vorkommt. Gilt $\exists x$: A, dann gibt es mindestens ein Objekt x, für das die Aussage A wahr wird. Ein solches Objekt wird auch ein *Zeuge* (engl.: *witness*) *für* A genannt.

Der Vorrang von Operatoren zur Vermeidung von Klammergebirgen ist durch die Folge $\neg, \wedge, \vee, \Rightarrow, \Leftrightarrow$ (von stärker bindend zu schwächer bindend) festgelegt. Zum Beispiel ist $\neg A \wedge B \vee C$ äquivalent zu $((\neg A) \wedge B) \vee C$, aber weder zu $\neg(A \wedge (B \vee C))$ noch zu $\neg(A \wedge B) \vee C$.

2.1.2 Gleichheits- und Äquivalenzbegriffe

Wir verwenden das *Gleichheitszeichen* $=$ im Sinne einer Funktion von $\Omega \times \Omega$ nach $\{$**false**, **true**$\}$, wobei Ω ein durch den Kontext bekannter Objektbereich ist. Wesentlich ist, daß links und rechts des Gleichheitszeichens der gleiche Objektbereich impliziert ist. Es kommt oft vor, daß in einer einzigen Formel verschiedene Objektbereiche verwendet werden. Es sei zum Beispiel x eine Variable über den ganzen Zahlen, was heißen soll, daß x eine Variable ist, deren mögliche Werte in $\mathbb{Z}$ liegen. Dann bedeutet in der Formel:

$$(x = 0) \;=\; ((x \leq 0) \wedge (x \geq 0))$$

das linke Gleichheitszeichen die Gleichheit in der Menge der ganzen Zahlen (der Objektbereich ist $\Omega = \mathbb{Z}$), während das andere Gleichheitszeichen die semantische Gleichheit in der Menge der Aussagen über ganzen Zahlen bedeutet (Ω als Menge der Funktionen von $\mathbb{Z}$ nach {**false**, **true**}). In der Formel:

$$M = \{x \in \mathbb{Z} \mid \neg(x = 0)\}$$

bedeutet das rechte Gleichheitszeichen die Gleichheit von Zahlen ($\Omega = \mathbb{Z}$), während das linke die Gleichheit von Mengen bezeichnet.

Im allgemeinen verwenden wir das Gleichheitszeichen im Sinne semantischer (statt syntaktischer) Gleichheit. So sind die zwei Aussagen $(x = 0)$ und $((x \leq 0) \wedge (x \geq 0))$ semantisch gleich, aber syntaktisch ungleich. Soll explizit syntaktische Gleichheit gemeint sein (wie z.B. wenn ein gerade zu untersuchendes Programm mit einem Buchstaben benannt wird), dann verwenden wir oft, aber nicht immer, das Zeichen $\equiv$ für *definitorisch gleich*. Wir verzichten darauf, die Gleichheit in verschiedenen Objektbereichen durch verschiedene Gleichheitszeichen zu unterscheiden, mit Ausnahme der Gleichheit im Bereich der logischen Aussagen, wofür auch das Zeichen $\Leftrightarrow$ zur Verfügung steht.

2.1.3 Mengen

Mit $\emptyset$ wird die *leere Menge* bezeichnet. Es seien X und Y zwei Mengen. $x \in X$ bedeutet, daß x ein *Element* von X ist; $x \notin X$ bedeutet, daß x kein Element von X ist. Mit $X \cap Y$ wird der *Durchschnitt* von X und Y bezeichnet. Mit $X \cup Y$ wird die *Vereinigung* von X und Y bezeichnet. Mit $X \uplus Y$ wird die *disjunkte Vereinigung* von X und Y bezeichnet, die wie die Vereinigung definiert ist, unter der zusätzlichen Annahme, daß X und Y disjunkt sind[1]. $X \setminus Y$ bezeichnet die *Differenzmenge*, d.h. die Menge $\{x \in X \mid x \notin Y\}$. $X \subseteq Y$ bedeutet, daß X *Teilmenge* von Y ist. Ist Z eine Grundmenge und gilt $X \subseteq Z$, dann ist das *Komplement* von X (bezüglich Z) definiert als $\overline{X} = Z \setminus X$. Eine Menge, die nur ein einziges Element hat, heißt *Einermenge*.

Mit 2^X bezeichnen wir die *Potenzmenge* von X, d.h. die Menge aller Teilmengen von X (einschließlich $\emptyset$ und X). Mit $X_1 \times \ldots \times X_n$ bezeichnen wir das *Kartesische Produkt* der Mengen $X_1, \ldots, X_n$, d.h. die Menge aller n-Tupel $(x_1, \ldots, x_n)$ mit $x_i \in X_i$ für $1 \leq i \leq n$. Gilt $n = 0$, dann setzen wir $X_1 \times \ldots \times X_n$ definitorisch gleich der Einermenge $\{\emptyset\}$ (*nicht* gleich der leeren Menge $\emptyset$[2]).

Werden Mengen explizit angegeben, so verwenden wir die Schreibweise mit Mengenklammern: $\{x \in X \mid E(x)\}$ ist die Menge aller Elemente x in X mit der Eigenschaft $E(x)$,

[1] Diese etwas seltsame Operation macht oft dann Sinn, wenn es auf die genaue Identität der zu vereinigenden Elemente nicht ankommt, sondern nur auf ihre Wohlunterschiedenheit. Dann läßt sich normalerweise vor der Vereinigung ein Zwischenschritt (Umbenennung) zur Herstellung der Disjunktheitsbedingung einfügen.

[2] Analogien: in der Arithmetik ist die leere Summe 0, das leere Produkt aber 1. In der Logik ist der leere Existenzquantor **false**, der leere Allquantor **true**.

oder aufzählend: $\{x_1, \ldots, x_m\}$ ist die Menge aller x_j mit $1 \leq j \leq m$ und $\{x_1, x_2, \ldots\}$ ist die Menge aller x_j mit $1 \leq j$. Einige spezielle Mengen sind:

$\mathbb{N} = \{0, 1, 2, 3, \ldots\}$	die Menge der *natürlichen Zahlen*
$\mathbb{Z}$	die Menge der *ganzen Zahlen*
$\mathbb{Q}$	die Menge der *rationalen Zahlen*
$\{0, \ldots, n-1\}$	die ersten n natürlichen Zahlen.

Gilt $n = 0$, dann setzen wir *per definitionem*: $\{0, \ldots, n-1\} = \emptyset$ (*nicht* $\{\emptyset\}$!).

Eine Menge X heißt *abzählbar*, wenn es eine surjektive Funktion von $\mathbb{N}$ nach X gibt. Eine Menge X heißt *endlich*, wenn es eine Zahl $n \in \mathbb{N}$ und eine surjektive Funktion von $\{0, \ldots, n-1\}$ nach X gibt. Speziell ist $\emptyset$ eine endliche Menge. Mit $|X|$ bezeichnen wir die *Kardinalität* von X; zum Beispiel: $|\{0, \ldots, n-1\}| = n$. Wir schreiben $|X| \in \mathbb{N}$, um die Endlichkeit einer Menge X auszudrücken, und $|X| \notin \mathbb{N}$, um die Unendlichkeit von X auszudrücken.

Gelegentlich werden wir *Mengensysteme* betrachten, das sind (eventuell unendliche) Mengen von Mengen. Genauer: Sei eine nichtleere Menge $I \neq \emptyset$ (von Indices) und eine Funktion α von I in die Klasse aller Mengen gegeben; der Funktionswert von $i \in I$ wird mit $\alpha(i)$ bezeichnet. Dann ist die Menge $\{\alpha(i) \mid i \in I\}$ das durch diese Funktion bestimmte Mengensystem. Beipiele: Ist $I = \{1, \ldots, n\}$ mit $n \geq 1$, dann handelt es sich bei dem System $\{\alpha(i) \mid i \in I\}$ um die endlich vielen Mengen $\alpha(1), \ldots, \alpha(n)$; ist $I = \mathbb{N}$, dann handelt es sich um die unendlich vielen Mengen $\alpha(0), \alpha(1), \alpha(2), \ldots$; etc. Das Symbol $\bigcap$ bezeichnet den *verallgemeinerten Durchschnitt*. Die Menge:

$$\bigcap \{\alpha(i) \mid i \in I\} \quad \text{oder, in abgekürzter Schreibweise,} \quad \bigcap_{i \in I} \alpha(i)$$

bezeichnet die Menge derjenigen Elemente, die Elemente aller $\alpha(i)$ mit $i \in I$ sind. Zum Beispiel bezeichnet $\bigcap \{X_i \mid 1 \leq i \leq n\}$ - oder abgekürzt auch $\bigcap_{i=1}^{n} X_i$ - den Durchschnitt $X_1 \cap \ldots \cap X_n$. Analog bezeichnet $\bigcup \{\ldots\}$ die *verallgemeinerte Vereinigung*.

2.2 Relationen, Funktionen und Operationen

2.2.1 Relationen

Eine *(binäre) Relation* ρ ist eine Teilmenge des Kartesischen Produkts $X \times Y$ zweier Mengen X und Y, d.h. $\rho \subseteq X \times Y$. Wir schreiben $(x, y) \in \rho$ oder auch $x \, \rho \, y$, um auszudrücken, daß die Elemente $x \in X$ und $y \in Y$ sich in der Relation ρ befinden. Mit $X_1 \subseteq X_2$ und $Y_1 \subseteq Y_2$ gilt auch $(X_1 \times Y_1) \subseteq (X_2 \times Y_2)$; jede Relation über $X_1 \times Y_1$ ist also auch eine Relation über $X_2 \times Y_2$. Die Abbildung 2.1 zeigt als Beispiel das Schaubild der Relation:

$$\rho_b = \{(x_1, y_1), (x_1, y_2), (x_3, y_1)\}$$

über den Mengen $X = \{x_1, x_2, x_3\}$ und $Y = \{y_1, y_2\}$.

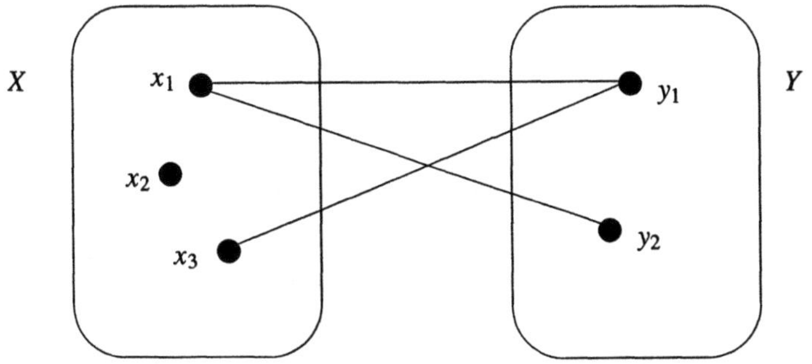

Abbildung 2.1. Die graphische Darstellung einer Relation ρ_b mit 3 Elementen

Der *Vorbereich* (*engl.*: domain) bzw. der *Nachbereich* (*engl.*: codomain) von ρ sind die Mengen:

$$\begin{aligned} dom(\rho) &= \{x \in X \mid \exists y \in Y{:}\, x\ \rho\ y\} \\ cod(\rho) &= \{y \in Y \mid \exists x \in X{:}\ x\ \rho\ y\}. \end{aligned}$$

Im Beispiel gilt $dom(\rho_b) = \{x_1, x_3\}$ und $cod(\rho_b) = \{y_1, y_2\}$. Die Menge der *Bilder* von $x \in X$ unter ρ wird mit $x\rho$ bezeichnet und ist durch $x\rho = \{y \in Y \mid (x, y) \in \rho\}$ definiert. Die Menge der *Urbilder* von $y \in Y$ unter ρ wird mit ρy bezeichnet und ist durch $\rho y = \{x \in X \mid (x, y) \in \rho\}$ definiert[3]. Zum Beispiel: $x_1\rho_b = \{y_1, y_2\}$, $x_2\rho_b = \emptyset$ und $\rho_b y_2 = \{x_1\}$.

Die Relation $\overline{\rho} = (X \times Y)\setminus\rho$ bezeichnet das *Komplement* von ρ. Die Relation ρ^{-1} bezeichnet die *Inverse* von ρ, die folgendermaßen definiert ist: $(y, x) \in \rho^{-1}$ genau dann, wenn $(x, y) \in \rho$; man beachte, daß ρ^{-1} eine Relation auf $Y \times X$ ist[4]. Im Beispiel gilt:

$$\overline{\rho_b} = \{(x_2, y_1), (x_2, y_2), (x_3, y_2)\} \text{ und } \rho_b^{-1} = \{(y_1, x_1), (y_1, x_3), (y_2, x_1)\}.$$

Die Relation ρ heißt *rechtseindeutig*, wenn gilt:

$$\forall x \in X\ \forall y, y' \in Y{:}\, ((x, y) \in \rho \wedge (x, y') \in \rho) \Rightarrow y = y'.$$

ρ heißt *rechtstotal*, wenn $cod(\rho) = Y$ gilt. ρ heißt *linkseindeutig*, wenn ρ^{-1} rechtseindeutig ist; ρ heißt *linkstotal*, wenn ρ^{-1} rechtstotal ist. ρ heißt *rechtsfinitär*, wenn für alle $x \in X$ gilt: $|x\rho| \in \mathbb{N}$; ρ heißt *linksfinitär*, wenn ρ^{-1} rechtsfinitär ist. Die Beispielrelation ρ_b ist finitär, weil sie auf endlichen Mengen definiert ist. Sie ist auch rechtstotal, aber weder linkstotal noch rechtseindeutig noch linkseindeutig.

Es seien X,Y und Z drei Mengen und es seien $\rho \subseteq X \times Y$ und $\tau \subseteq Y \times Z$ zwei Relationen. Die *relationale Komposition* $\rho \circ \tau \subseteq X \times Z$ von ρ und τ ist folgendermaßen definiert:

$$(x, z) \in \rho \circ \tau \text{ genau dann, wenn } \exists y \in Y{:}\, (x, y) \in \rho \wedge (y, z) \in \tau.$$

[3]Alternativ findet man in der Literatur auch die Schreibweise $\rho^{-1}(y)$ statt ρy, die wir hier nicht verwenden.

[4]In unserer Schreibweise gelten $\forall x \in X{:}\, x\rho = \rho^{-1}x$ und $\forall y \in Y{:}\, \rho y = y\rho^{-1}$.

Alle sechs vorgenannten Eigenschaften, von rechtseindeutig bis linksfinitär, bleiben über die relationale Komposition erhalten. Sind zum Beispiel ρ und τ beide rechtseindeutig, dann ist auch $\rho \circ \tau$ rechtseindeutig. Sei $\rho \subseteq X \times Y$ eine Relation über den Mengen X und Y und seien $X' \subseteq X$ und $Y' \subseteq Y$ zwei Teilmengen von X bzw. von Y. Die *Einschränkung* $\rho|_{X' \times Y'}$ von ρ ist eine Relation auf $X' \times Y'$ und ist folgendermaßen definiert: $\rho|_{X' \times Y'} = \rho \cap (X' \times Y')$. Im Fall $Y' = Y$ schreiben wir manchmal auch kurz $\rho|_{X'}$ statt $\rho|_{X' \times Y}$.

Nun nehmen wir zusätzlich $X = Y$ an, d.h., $\rho \subseteq X \times X$ ist eine Relation auf einer Grundmenge X. Mit id_X bezeichnen wir die *Identitätsrelation* auf X, die durch die Beziehung $(x, x') \in id_X$ genau dann, wenn $x = x'$ definiert ist. Für $n \in \mathbb{N}$ ist die *n'te Potenzierte* ρ^n von ρ induktiv folgendermaßen festgelegt:

$$\begin{aligned} \rho^0 &= id_X \\ \rho^{n+1} &= \rho \circ \rho^n. \end{aligned}$$

Die sechs vorgenannten Eigenschaften bleiben auch hier erhalten, denn id_X erfüllt alle sechs, und ρ^n ist mit Hilfe der relationalen Komposition definiert; ist ρ insbesondere rechtseindeutig und linkstotal, d.h. eine Funktion, dann gilt das gleiche für ρ^n.

Die *reflexive transitive Hülle* $\rho^\star$ von ρ ist definiert durch $\rho^\star = \bigcup_{n \in \mathbb{N}} \rho^n$. Die *transitive Hülle* ρ^+ von ρ ist definiert durch $\rho^+ = \bigcup_{n \in (\mathbb{N} \setminus \{0\})} \rho^n$. Die Relation $\rho \subseteq X \times X$ heißt:

reflexiv,	wenn gilt:	$id_X \subseteq \rho$.
irreflexiv,	wenn gilt:	$\rho \cap id_X = \emptyset$.
transitiv,	wenn gilt:	$\rho^2 \subseteq \rho$
symmetrisch,	wenn gilt:	$\rho = \rho^{-1}$
antisymmetrisch,	wenn gilt:	$\rho \cap \rho^{-1} \subseteq id_X$.

ρ heißt eine *Äquivalenzrelation*, wenn ρ reflexiv, transitiv und symmetrisch ist. Die maximal großen Teilmengen $W \subseteq X$ mit $\forall x, y \in W: (x, y) \in \rho$ heißen die *Äquivalenzklassen* von ρ. Für beliebige Relationen $\rho \subseteq X \times X$ gilt: $\rho^\star$ ist reflexiv; $\rho^\star$ und ρ^+ sind transitiv; $(\rho \cup \rho^{-1})^\star$ ist reflexiv, transitiv und symmetrisch; die letztgenannte Relation heißt die von ρ *erzeugte* oder *generierte* Äquivalenzrelation.

2.2.2 Funktionen und Operationen

Wir fassen Funktionen als spezielle Relationen auf. Seien X, Y Mengen und sei $f \subseteq X \times Y$ eine Relation über X und Y. Dann heißt f *partielle Funktion* von X nach Y, wenn f rechtseindeutig ist; f heißt *Funktion* von X nach Y, wenn f sowohl rechtseindeutig als auch linkstotal ist. Die Tatsache, daß f Funktion von X nach Y ist, wird kurz auch durch $f: X \to Y$ ausgedrückt. Um anzugeben, daß f eine Funktion von X nach Y ist, die das Element $x \in X$ in das Element $y \in Y$ abbildet, verwenden wir die Schreibweise:

$$f: \begin{cases} X & \to & Y \\ x & \mapsto & y. \end{cases}$$

Wenn X und Y endliche Mengen sind, dann gibt es genau $|Y|^{|X|}$ Funktionen von X nach Y; im Spezialfall $X = \emptyset$ - und nur dann - ist die leere Relation eine Funktion (und zwar die einzige) von X nach Y. Für partielle Funktionen gilt $|xf| \leq 1$ für jedes Element $x \in X$. Im Falle $|xf| = 1$ dürfen wir daher das einzige Element y aus xf den *Funktionswert* von f an der Stelle (oder dem *Argument*) x nennen und $y = f(x)$ statt $y \in xf$ schreiben. Werden die Werte einer Funktion f von X nach Y an einer Stelle $x_0 \in X$ in $y_0 \in Y$ geändert, heißt die resultierende Funktion eine *Funktionsvariation* von f und wird mit $f[x_0 \leftarrow y_0]$ bezeichnet. Formal lautet die Definition der Funktion $f[x_0 \leftarrow y_0]$:

$$f[x_0 \leftarrow y_0]: \begin{cases} X \rightarrow Y \\ x \mapsto \begin{cases} y_0 & \text{falls } x = x_0 \\ f(x) & \text{falls } x \neq x_0. \end{cases} \end{cases}$$

Es sei f eine Funktion von X nach Y. Dann heißt f *injektiv*, wenn f linkseindeutig ist; f heißt *surjektiv*, wenn f rechtstotal ist; f heißt *bijektiv*, wenn f sowohl injektiv als auch surjektiv ist. Es gilt also, daß f bijektiv genau dann ist, wenn sowohl f als auch f^{-1} Funktionen sind; und dann ist auch f^{-1} bijektiv.

Eine (partielle) Funktion $\otimes: X \times X \rightarrow X$, die je zwei Elemente einer Menge X in ein Element von X abbildet, heißt eine (partielle) binäre *Operation*. Die relationale Komposition $\circ$ ist zum Beispiel eine partielle Operation auf der Menge der Relationen. Generell schreibt man statt $\otimes(x, y) = w$ auch $x \otimes y = w$. Eine Operation $\otimes$ heißt:

kommutativ, wenn gilt: $\forall x, y \in X: x \otimes y = y \otimes x$.

assoziativ, wenn gilt: $\forall x, y, z \in X: (x \otimes y) \otimes z = x \otimes (y \otimes z)$.

2.3 Halbordnungen

Grundlegende Definitionen über Halbordnungen werden in Abschnitt 2.3.1 gegeben. Halbordnungen benötigen wir zu drei sehr verschiedenen Zwecken:

(1) Erstens um die Abläufe (die Prozesse oder die Ausführungen) eines Programms beschreiben zu können. Besonders für die Beschreibung des Verhaltens von parallelen Programmen, wie später in Kapitel 4, sind Halbordnungen relevant. Definitionen und Eigenschaften, die diesem Zweck dienen, sind in Abschnitt 2.3.2 zusammengestellt. Dieser Abschnitt kann von Lesern, die sich nur für sequentielle Semantik interessieren, zunächst übersprungen werden.

(2) Zweitens als Hilfe beim Nachweis der Terminierung eines Programms (siehe den späteren Abschnitt 3.4.6). Eine Eigenschaft, die für diesen Zweck interessiert, ist in Abschnitt 2.3.3 beschrieben.

(3) Zum dritten als semantischer Bereich, auf dem Fixpunkte definiert und berechnet werden können (späterer Abschnitt Abschnitt 3.4.2). Halbordnungen, die diesem Zweck dienen, müssen ganz andere - teils sogar konträre - Eigenschaften erfüllen als Halbordnungen, die als Prozesse im Sinne von (1) interpretiert werden sollen. Diesen anderen Eigenschaften widmen wir deshalb einen eigenen Abschnitt 2.4.

Der Leser wird gebeten, diese drei Interpretationen ungeachtet der Tatsache, daß wir eine einheitliche mathematische Notation für alle drei einführen werden, gut zu unterscheiden.

2.3.1 Grundbegriffe

Definition 2.3.1 HALBORDNUNGEN

Ein Paar $(D, \prec)$ heißt *Halbordnung* genau dann, wenn D eine Menge und:

$$\prec \;\subseteq\; D \times D \qquad (\prec \text{ gelesen als } \textit{kleiner})$$

eine irreflexive und transitive Relation auf $D \times D$ sind. ■2.3.1

Abgeleitete Relationen sind:

$$\begin{array}{lcll}
\preceq & = & \prec \cup\, id_D & \text{(kleiner oder gleich)} \\
\prec\!\!\cdot & = & (\prec \setminus \prec^2) & \text{(unmittelbar vor)} \\
li & = & \preceq \cup \preceq^{-1} & \text{(auf einer Linie)} \\
co & = & (D \times D) \setminus (\prec \cup \prec^{-1}) & \text{(ungeordnet, \textit{engl.}: concurrent).}
\end{array}$$

Die Abbildung 2.2 zeigt eine Halbordnung $(D_b, \prec_b)$ auf folgende Weise dar. Die Menge D_b besteht aus den fünf Punkten $D_b = \{d_1, d_2, d_3, d_4, d_5\}$. Die im Bild angegebenen Pfeile stellen die Relation $\prec\!\!\cdot_b$ dar, aus der sich die Menge $\prec_b$ durch Bilden der transitiven Hülle ergibt:

$$\prec_b \;=\; \{\underbrace{(d_1, d_2), (d_2, d_3), (d_3, d_5), (d_1, d_4), (d_4, d_5)}_{\prec\!\!\cdot_b}, (d_1, d_3), (d_2, d_5), (d_1, d_5)\}.$$

Es kommt oft vor, daß eine Relation $\prec$ zu groß oder zu umständlich zur graphischen Darstellung ist. Dann behilft man sich damit, wie in Abbildung 2.2 eine Menge von Paaren als Basis anzugeben, aus der $\prec$ durch Bilden der transitiven Hülle errechnet werden kann; auch wir werden dieser Konvention folgen. Die Relation $\prec\!\!\cdot$ ist oft, aber nicht immer, als Basis zur Darstellung von $\prec$ geeignet. In der Halbordnung $(\mathbb{Q}, <)$ ist zum Beispiel die Relation $<$ unendlich groß, während $<\!\!\cdot$ sogar leer ist.

In Abbildung 2.2 gilt $d_1 \prec_b d_3$, aber nicht $d_1 \prec\!\!\cdot_b d_3$. Es gilt $d_1 \prec\!\!\cdot_b d_2$. Es gelten sowohl $d_2\, co\, d_4$ als auch $d_3\, co\, d_4$, nicht jedoch $d_2\, co\, d_3$. Es gilt $d_1\, li\, d_5$, nicht aber $d_2\, li\, d_4$. Da co und li reflexive Relationen sind, gilt (z.B.) sowohl $d_1\, co\, d_1$ als auch $d_1\, li\, d_1$.

Ist $(D, \prec)$ eine Halbordnung, dann ist die Relation $\preceq$ reflexiv, transitiv und antisymmetrisch. Ist umgekehrt eine Relation $\sqsubseteq$ auf D reflexiv, transitiv und antisymmetrisch, dann ist das Paar $(D, \sqsubset \setminus id_D)$ eine Halbordnung im oben definierten Sinn. Statt $(D, \prec)$ könnte man also gleichwertigerweise auch $(D, \preceq)$ als Halbordnung definieren, wenn $\preceq$ reflexiv, transitiv und antisymmetrisch ist. Von dieser Gleichwertigkeit werden wir gelegentlich Gebrauch machen. Ist zum Beispiel Z eine beliebige Menge, dann ist die Relation $\subseteq$ reflexiv, transitiv und antisymmetrisch auf der Potenzmenge 2^Z; zur Abkürzung werden wir dann sagen, daß $(D, \preceq) = (2^Z, \subseteq)$ eine Halbordnung ist, ohne die ableitbare irreflexive Relation $\subset \;=\; \subseteq \setminus id_{2^Z}$ explizit zu betrachten.

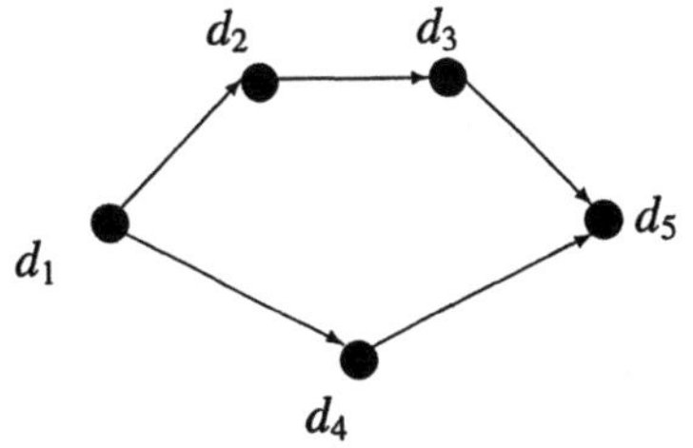

Abbildung 2.2. Graphische Darstellung einer Halbordnung $(D_b, \prec_b)$ auf 5 Elementen

Definition 2.3.2 KETTEN, ANTIKETTEN, LINIEN, SCHNITTE, TOTALORDNUNG
Eine Teilmenge $l \subseteq D$ heißt *li-Menge* (oder *Kette*), wenn gilt: $\forall x, y \in l{:}\, x\ li\ y$.
Eine Teilmenge $c \subseteq D$ heißt *co-Menge* (oder *Antikette*), wenn gilt: $\forall x, y \in c{:}\, x\ co\ y$.
Eine Teilmenge $l \subseteq D$ heißt *Linie*, wenn l eine maximale Kette ist, d.h., wenn sie eine Kette ist und zusätzlich gilt: $\forall x \in D \backslash l\ \exists z \in l{:}\, \neg(x\ li\ z)$.
Eine Teilmenge $c \subseteq D$ heißt *Schnitt*, wenn c eine maximale Antikette ist, d.h., wenn zusätzlich gilt: $\forall x \in D \backslash c\ \exists z \in c{:}\, \neg(x\ co\ z)$.
$(D, \prec)$ heißt *linear* oder *Totalordnung*, wenn $li = D \times D$ (oder äquivalent: $co = id_D$) gilt, wenn es also genau eine Linie gibt. ■2.3.2

Im Beispiel Abbildung 2.2 gibt es zwei Linien: $\{d_1, d_2, d_3, d_5\}$ und $\{d_1, d_4, d_5\}$ sowie vier Schnitte: $\{d_1\}, \{d_2, d_4\}, \{d_3, d_4\}$ und $\{d_5\}$. Ein Axiom der Mengenlehre, das Auswahlaxiom ([150] und Übungsaufgabe 2.10.4), zieht nach sich, daß generell jede li-Menge l_0 zu einer Linie $l \supseteq l_0$ erweitert werden kann und daß jede co-Menge c_0 zu einem Schnitt $c \supseteq c_0$ erweitert werden können. Ein Schnitt c teilt die Elemente einer Halbordnung in drei Klassen ein: Elemente x, die echt vor c liegen (d.h., für die $\exists y \in c{:}\, x \prec y$ gilt), Elemente y, die auf c liegen, und Elemente z, die echt nach c liegen (d.h., für die $\exists y \in c{:}\, y \prec z$ gilt).

Es sei $A \subseteq D$ eine Teilmenge von D. $\text{Min}(A) = \{x \in A \mid \neg\exists y \in A{:}\, y \prec x\}$ bezeichnet die *Menge der minimalen Elemente* von A, $\text{Max}(A) = \{x \in A \mid \neg\exists y \in A{:}\, x \prec y\}$ die *Menge der maximalen Elemente* von A. Insbesondere ist $\text{Min}(D)$ die Menge der minimalen Elemente von $(D, \prec)$. Um die Abhängigkeit dieser Definition von der Relation $\prec$ explizit anzugeben, schreiben wir auch manchmal ausführlicher $\text{Min}(D, \prec)$ statt $\text{Min}(D)$. Es seien $A_1, A_2 \subseteq D$ zwei Teilmengen von D. Dann bezeichnet:

$$[A_1, A_2] = \{z \in D \mid \exists x \in A_1, y \in A_2{:}\, x \preceq z \preceq y\}$$

das (abgeschlossene) *Intervall* zwischen A_1 und A_2. Falls A_1 eine Einermenge $A_1 = \{x\}$ ist, so kürzen wir $[\{x\}, A_2]$ zu $[x, A_2]$ ab. Analoges vereinbaren wir für A_2. Sei $x \in D$ ein Element von D. Die Menge der *unmittelbaren Vorgänger von* x ist ${}^\bullet x = \{y \in D \mid y \prec\!\!\cdot\ x\}$, die Menge der *unmittelbaren Nachfolger von* x ist $x^\bullet = \{y \in D \mid x \prec\!\!\cdot\ y\}$.

2.3.2 Eigenschaften von Halbordnungen zur Prozeßbeschreibung

Wir führen nun einige Begriffe ein, die später für die Beschreibung der Abläufe paralleler Programme von Bedeutung sein werden. Für das Verständnis dieser Konzepte ist es günstig, sich die Elemente einer Halbordnung als Ereignisse vorzustellen und die Halbordnung selbst als einen Prozeß, d.h. einen der möglichen Abläufe eines Programms. Gilt d_1 *co* d_2, dann sind d_1 und d_2 als zwei Ereignisse zu interpretieren, die unabhängig voneinander (oder parallel zueinander) ausgeführt werden. Gilt $d_1 \prec d_2$, dann liegt die Ausführung von d_1 zeitlich vor der Ausführung von d_2. Später, wenn die Verbindung zu einem Programm hergestellt sein wird, geben wir dieser Interpretation und auch der nächsten Definition, deren Interpretation hier recht unvollständig dargestellt werden muß, eine präzise Form.

Definition 2.3.3 DISKRETHEIT BEZÜGLICH EINES SCHNITTES

Sei c ein Schnitt einer Halbordnung $(D, \prec)$. Dann heißt $(D, \prec)$ *diskret bezüglich* c (oder c-*diskret*), wenn gilt:

$\forall x \in D\ \exists n \in \mathbb{N}\ \forall$ Linien l: $|l \cap [c, x]| \leq n$ und $|l \cap [x, c]| \leq n$. ■2.3.3

Wenn eine Halbordnung $(D, \prec)$ einen Schnitt c besitzt, bezüglich dessen sie diskret ist, dann kann dieser Schnitt in der Prozeß-Interpretation von $(D, \prec)$ als ein fester Zeitpunkt, willkürlich z.B. als der Zeitpunkt 0, angesehen werden; alle vor c liegenden Ereignisse gehören zur Vorgeschichte (Vergangenheit), alle nach c liegenden zur Nachgeschichte (Zukunft) dieses Zeitpunkts. Die Eigenschaft der c-Diskretheit bedeutet, daß alle Elemente x der Halbordnung in einem noch näher zu erläuternden Sinn von c aus schrittweise erreichbar sein müssen, sowohl bezüglich der Vergangenheit als auch bezüglich der Zukunft von c.

Die Abbildung 2.3 zeigt eine unendlich große Halbordnung, die diskret bezüglich c_1, nicht aber bezüglich c_2 ist; denn für das Element x und für jede Zahl $n \in \mathbb{N}$ existiert eine Linie l mit $|l \cap [x, c_2]| > n$ - je größer n, desto weiter oben in Abbildung 2.3 muß l liegen. Der Unterschied ist anschaulich so zu verstehen: Vom 'Zeitpunkt' c_1 aus läßt sich jedes Element schrittweise (durch aufeinanderfolgende Schnitte) erreichen; d.h., jedes Element liegt in der erreichbaren Zukunft von c_1. Von c_2 aus läßt sich rückwärts das Element x nicht auf diese Weise erreichen; d.h., x liegt nicht in der erreichbaren Vergangenheit von c_2. In Abbildung 2.3 gilt $|x^\bullet| \notin \mathbb{N}$; Die nächste Definition schließt dies aus.

Definition 2.3.4 UMGEBUNGSENDLICHKEIT

$(D, \prec)$ heißt *umgebungsendlich*, wenn gilt: $\forall x \in D$: $|{}^\bullet x| \in \mathbb{N} \wedge |x^\bullet| \in \mathbb{N}$. ■2.3.4

Wir betrachten nunmehr die Einbettbarkeit einer beliebigen Halbordnung in die Halbordnung der ganzen Zahlen $\mathbb{Z}$ mit der dort definierten *kleiner*-Relation $<$. Diese Einbettbarkeit ist interessant beim Vergleich von Verhaltensbeschreibungen durch Halbordnungen bzw. durch sequentielle Objekte, wie z.B. Folgen oder linearen Halbordnungen. Das Beispiel von Abbildung 2.4 zeigt, daß es lineare Halbordnungen gibt, die nicht im Sinn der nächsten Definition in $(\mathbb{Z}, <)$ einbettbar sind.

Definition 2.3.5 BEOBACHTER

Eine Funktion $f: D \to \mathbb{Z}$ heißt *Beobachter* einer Halbordnung $(D, \prec)$, wenn gilt:

$$\forall x, y \in D:\ x \prec y \Rightarrow f(x) < f(y).$$

f heißt *injektiver Beobachter* von $(D, \prec)$, wenn f zusätzlich injektiv ist. ■2.3.5

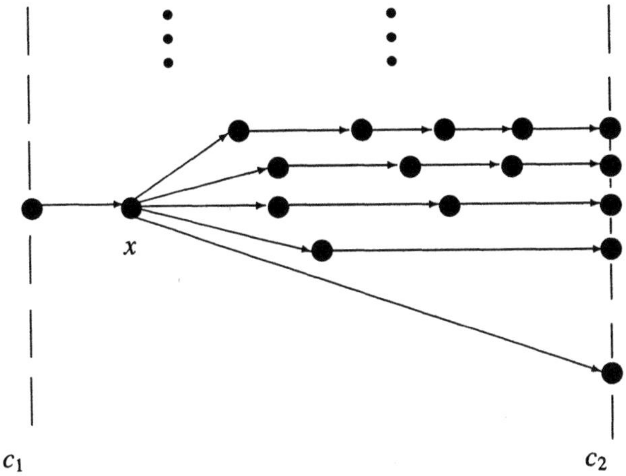

Abbildung 2.3. Ein Beispiel zum Begriff der c-Diskretheit

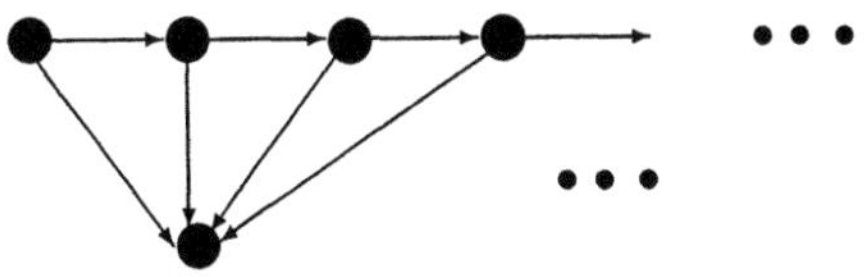

Abbildung 2.4. Eine bezüglich keines Schnittes diskrete lineare Ordnung ohne Beobachter

Die Halbordnung in Abbildung 2.4 hat keinen Beobachter. Denn wenn eine Funktion f ein Beobachter sein sollte, so müßte sie den Ereignissen im oberen Teil der Abbildung eine aufsteigende Kette von Zahlen in $(\mathbb{Z}, <)$ zuordnen, und für das untere Element bliebe keine Zahl übrig. Ein injektiver Beobachter definiert eine spezielle Linearisierung in folgendem Sinn:

Definition 2.3.6 ABSCHWÄCHEN UND ISOMORPHIE; LINEARISIERUNG

Es seien $(D_1, \prec_1)$ und $(D_2, \prec_2)$ zwei Halbordnungen mit einer Bijektion $\beta\colon D_1 \to D_2$. Dann heißt $(D_1, \prec_1)$ *stärker* als $(D_2, \prec_2)$, oder $(D_2, \prec_2)$ *schwächer* als $(D_1, \prec_1)$ (bezüglich β), wenn gilt: $\prec_1 \;\subseteq\; \beta \circ \prec_2 \circ \beta^{-1}$. Gilt statt der Teilmengenbeziehung die Gleichheit $\prec_1 = \beta \circ \prec_2 \circ \beta^{-1}$, dann heißen die beiden Halbordnungen *isomorph*. Ist $(D_1, \prec_1)$ stärker als $(D_2, \prec_2)$ und letzteres eine Totalordnung, dann heißt $(D_2, \prec_2)$ eine *Linearisierung* von $(D_1, \prec_1)$ (bezüglich β). ■2.3.6

Der Begriff schwächer rührt daher, daß eine schwächere Halbordnung eine kleinere *co*-Relation hat als eine stärkere; gemeint ist also 'schwach' (bzw. 'stark') im Sinne der *co*-Relation. Die beiden Bezeichnungen *stärker* und *schwächer* schließen die Isomorphie mit ein, entgegen ihrer umgangssprachlichen Bedeutung. Die Bedingung, daß $(D_1, \prec_1)$ stärker als $(D_2, \prec_2)$ ist, kann als $\forall d_1, d_2 \in D_1\colon d_1 \prec_1 d_2 \Rightarrow \beta(d_1) \prec_2 \beta(d_2)$ umgeschrieben werden. Sind $(D_1, \prec_1)$ und $(D_2, \prec_2)$ isomorph, dann wird aus dieser Implikation eine Äquivalenz. Besonders wichtig ist der Fall, daß $D_1 = D_2$ und $\beta = id_{D_1} = id_{D_2}$ gelten. Dann gehen die beiden Bedingungen einfach in $\prec_1 \subseteq \prec_2$ bzw. in $\prec_1 = \prec_2$ über.

Existiert ein injektiver Beobachter von $(D, \prec)$, dann läßt sich $(D, \prec)$ so linearisieren, daß das Resultat isomorph zu einer Teilhalbordnung von $(\mathbb{Z}, <)$ (das heißt einer Halbordnung $(A, < |_{A\times A})$ mit $A \subseteq \mathbb{Z}$) ist. Die Umkehrung gilt ebenfalls: ist eine Halbordnung so linearisierbar, dann hat sie einen injektiven Beobachter. Zum Beispiel hat die Halbordnung aus Abbildung 2.3 einen injektiven Beobachter: dem einzigen Element in c_1 kann die Zahl 0 zugeordnet werden, dem Element x die Zahl 1, und dann 'von unten nach oben' die anderen Zahlen in $\mathbb{N}$. Die Halbordnung aus Abbildung 2.4 hat im Gegensatz dazu keinen injektiven Beobachter und ist auch nicht zu einer Teilhalbordnung von $(\mathbb{Z}, <)$ linearisierbar; man beachte allerdings, daß sie trotzdem linear ist.

Der nächste Satz zeigt, wie die bis jetzt betrachteten Eigenschaften miteinander zusammenhängen.

Satz 2.3.7 EXISTENZ VON INJEKTIVEN BEOBACHTERN

Sei D abzählbar und sei $(D, \prec)$ eine umgebungsendliche Halbordnung. Falls es einen Schnitt gibt, bezüglich dessen $(D, \prec)$ diskret ist, dann existiert ein injektiver Beobachter von $(D, \prec)$. ■2.3.7

Ist D überabzählbar, dann kann keine injektive Funktion von D nach $\mathbb{Z}$ existieren (hier verwenden wir die Charakterisierung der Abzählbarkeit von Übung 2.10.4). Also ist die Abzählbarkeit für die Satzaussage unbedingt notwendig. Die Abbildung 2.5 zeigt, daß auch die beiden anderen Voraussetzungen des Satzes unbedingt notwendig sind (allerdings, so fügen wir ohne Beweis hinzu, genügt statt der Umgebungsendlichkeit eine der Forderungen $\forall x \in D\colon |{}^\bullet x| \in \mathbb{N}$ oder $\forall x \in D\colon |x^\bullet| \in \mathbb{N}$). Für keine der beiden Halbordnungen der Abbildung 2.5 existiert ein injektiver Beobachter.

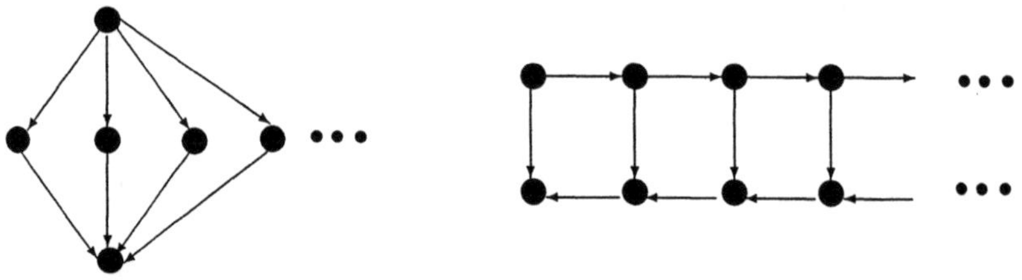

(i) Abzählbar und diskret bezüglich jedes Schnittes, aber nicht umgebungsendlich.

(ii) Abzählbar und umgebungsendlich, aber bezüglich keines Schnittes diskret.

Abbildung 2.5. Zwei unendliche Halbordnungen ohne injektive Beobachter

Zum Schluß dieses Abschnitts definieren wir Indexreihen, das sind spezielle Halbordnungen mit injektivem Beobachter.

Definition 2.3.8 KONVEXITÄT, INDEXREIHEN

Eine Teilmenge $A \subseteq D$ heißt *konvex*, wenn $\forall x, y \in A, z \in D\colon (x \prec z \prec y) \Rightarrow z \in A$ gilt. Eine Totalordnung $(D, \prec)$ ist eine *Indexreihe*, wenn es einen injektiven Beobachter $f\colon D \to \mathbb{N}$ gibt, so daß $cod(f)$ in $(\mathbb{N}, <)$ eine konvexe Menge ist. ■2.3.8

Zum Beispiel ist jedes Intervall $[A_1, A_2]$ einer Halbordnung konvex. Indexreihen sind stets abzählbar, wie aus der Definition direkt folgt. Die Forderung in der Definition, daß $cod(f)$ konvex sei, ist unwichtig; denn wenn es überhaupt einen injektiven Beobachter von $(D, \prec)$ nach $(\mathbb{N}, <)$ gibt, dann gibt es auch einen mit konvexer Bildmenge. Die Forderung der Konvexität und die Bezeichnung 'Indexreihe' rühren daher, daß eine nichtleere Indexreihe immer entweder zu dem endlichen Abschnitt $0 < 1 < \ldots < n$ (für eine Zahl $n \in \mathbb{N}$) oder zu der unendlichen Menge $0 < 1 < 2 < 3 < \ldots$ isomorph ist. Indexreihen können auch als $\mathrm{Min}(D)$-diskrete Totalordnungen charakterisiert werden:

Satz 2.3.9 CHARAKTERISIERUNG VON INDEXREIHEN

Sei $(D, \prec)$ eine Totalordnung. Dann sind äquivalent:
(i) $\mathrm{Min}(D)$ *ist ein Schnitt und* $(D, \prec)$ *ist* $\mathrm{Min}(D)$*-diskret.*
(ii) $(D, \prec)$ *ist eine Indexreihe.* ■2.3.9

2.3.3 Eine Eigenschaft von Halbordnungen zur Terminierung

In $(\mathbb{Z}, <)$ gibt es unendliche absteigende Ketten, z.B. die Kette $2 > 0 > -2 > -4 > \ldots$, nicht jedoch in $(\mathbb{N}, <)$, wo jede echt absteigende Kette spätestens bei der Zahl 0 abbricht. Diese Eigenschaft wird durch die folgende Definition verallgemeinert.

Definition 2.3.10 WOHLGEGRÜNDETHEIT

Eine Halbordnung $(D, \prec)$ heißt *wohlgegründet* (engl. *well-founded*), wenn für alle absteigenden Ketten $x_0 \succeq x_1 \succeq x_2 \succeq \ldots$ (mit $x_i \in D$) gilt: $|\{x_0, x_1, x_2, \ldots\}| \in \mathbb{N}$. ■2.3.10

Lemma 2.3.11

Ist eine Halbordnung $(D, \prec)$ wohlgegründet, dann ist $\mathrm{Min}(D)$ *ein Schnitt.* ■2.3.11

Eine wohlgegründete Halbordnung muß aber nicht auch $\mathrm{Min}(D)$-diskret sein oder einen Beobachter haben. Die Abbildung 2.4 zeigt eine wohlgegründete lineare Halbordnung, die sogar bezüglich überhaupt keines Schnittes diskret ist und auch keinen Beobachter besitzt. Für Indexreihen gilt:

Satz 2.3.12

Indexreihen sind wohlgegründet. ■2.3.12

2.4 Verbände

Verbände werden in diesem Abschnitt als Halbordnungen mit speziellen Eigenschaften eingeführt. Als Motivation dient nicht mehr der Prozeßbegriff, sondern die Frage, wie man iterative Programmkonstrukte, zum Beispiel eine Schleife oder eine rekursive Prozedur, semantisch beschreiben kann. Ordnet man einem Programm ein mathematisches Objekt, zum Beispiel eine Funktion oder eine Relation, zu, dann ist es wünschenswert, kompositionell vorzugehen, d.h. die Funktion eines aus kleineren Teilen aufgebauten Programms durch die Komposition der Funktionen dieser kleineren Teile zu erklären. Dies stößt bei iterativen Konstrukten auf die Schwierigkeit, daß die gewünschte Funktion in der Regel durch eine reflexive Anwendung der zum Schleifen- (oder Prozedur-)körper K gehörigen Funktion(en) definiert werden muß, zum Beispiel gemäß der Gleichung:

$$\textbf{while } \beta \textbf{ do } K \textbf{ end} \;=\; \textbf{if } \neg\beta \textbf{ then skip else } K;\ \textbf{while } \beta \textbf{ do } K \textbf{ end end}.$$

Diese Gleichung entspricht einer Funktionengleichung, in der auf beiden Seiten die zu bestimmende Funktion steht, links allein und rechts eingebettet in eine einmalige Ausführung der Iteration mit Hilfe eines **if**-Kommandos. Die Gleichung erinnert an eine Fixpunktgleichung $x = f(x)$, wobei die **while** β **do** K **end** beschreibende Funktion die Rolle von x spielt. Die Definition dieser Funktion als Fixpunkt einer geeigneten Struktur bietet sich also an, sofern dies möglich ist. In den folgenden Abschnitten definieren wir Verbände als dafür geeignete Strukturen und zitieren einige Sätze über die Existenz und die Berechnung von Fixpunkten auf Verbänden.

2.4.1 Grundlegende Definitionen

Sei $(D, \prec)$ eine nichtleere ($D \neq \emptyset$) Halbordnung und sei $A \subseteq D$ eine nichtleere Teilmenge von D. Ein Element $x \in D$ heißt *obere Schranke* von A, wenn $\forall a \in A\colon a \preceq x$ gilt. Mit $OS(A)$ bezeichnen wir die Menge aller oberen Schranken von A. Ein Element $x \in D$ heißt *untere Schranke* von A, wenn $\forall a \in A\colon x \preceq a$ gilt. Mit $US(A)$ bezeichnen wir die Menge aller unteren Schranken von A. Ein Element $x \in D$ heißt *kleinste obere Schranke* von A, wenn gilt: $\forall y \in OS(A)\colon x \preceq y$. Man beachte, daß diese Definition zwei Forderungen beinhaltet: erstens darf es keine obere Schranke von A geben, die kleiner als x ist, zweitens darf es keine andere obere Schranke geben, die in Relation *co* zu x liegt. Ein Element $x \in D$ heißt *größte untere Schranke* von A, wenn gilt: $\forall y \in US(A)\colon y \preceq x$. Wir bezeichnen die kleinste obere (bzw. die größte untere) Schranke von A - wenn sie existieren - mit $\sqcup A$ (bzw. mit $\sqcap A$).

Definition 2.4.1 VERBÄNDE

Eine Halbordnung $(D, \prec)$ heißt *Verband*, wenn sie nichtleer ist und jede endliche nichtleere Teilmenge A von D eine kleinste obere Schranke und eine größte untere Schranke besitzt. Eine Halbordnung $(D, \prec)$ heißt *vollständiger Verband*, wenn sie nichtleer ist und jede nichtleere Teilmenge A von D eine kleinste obere und eine größte untere Schranke besitzt.

■2.4.1

Die Halbordnung in Abbildung 2.6 ist zum Beispiel kein Verband; die Menge $\{x_1, x_2\}$ hat keine eindeutige kleinste obere Schranke. Die Halbordnung von Abbildung 2.2 ist hingegen ein (vollständiger) Verband. Beide Halbordnungen von Abbildung 2.5 sind Verbände, von denen der erste vollständig, der zweite nicht vollständig sind. Die Halbordnung von Abbildung 2.3 ist kein Verband. Falls $(D, \prec)$ ein vollständiger Verband ist, so hat insbesondere D selbst eine größte untere Schranke und eine kleinste obere Schranke, die mit den speziellen Symbolen $\bot = \sqcap D$ (*engl.* bottom) und $\top = \sqcup D$ (*engl.* top) bezeichnet werden. In diesem

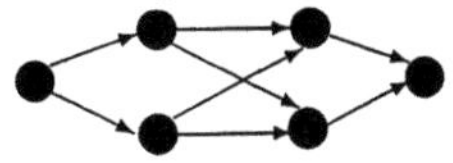

Abbildung 2.6. Kein Verband

Fall gelten such die Beziehungen $\top = \sqcap\emptyset$ und $\bot = \sqcup\emptyset$ (vergleiche auch Übungsaufgabe 2.10.13).

Wir betrachten einige weitere Beispiele:

- $(\mathbb{Z}, <)$ ist ein Verband, aber kein vollständiger Verband; seine Struktur ist durch das Bild $\ldots \to \bullet \to \bullet \to \bullet \to \ldots$ gekennzeichnet. Die Teilmenge $\{0, 2, 4, \ldots\}$ hat z.B. keine kleinste obere Schranke; $\mathbb{Z}$ selbst hat weder eine kleinste obere noch eine größte untere Schranke.
- Die Menge $\mathbb{Z}$ kann durch Hinzufügen zweier Elemente, die wir hier mit $\{-\mathbb{Z}, +\mathbb{Z}\}$ bezeichnen[5], zu einem vollständigen Verband erweitert werden. Wir erweitern auch die Relation $<$ gemäß $-\mathbb{Z} < z < +\mathbb{Z}$ für alle $z \in \mathbb{Z}$. Dann ist die resultierende Struktur ein vollständiger Verband.
- Für jede Menge Z ist $(D, \preceq) = (2^Z, \subseteq)$ ein vollständiger Verband mit folgenden Besonderheiten: Falls $\emptyset \neq A \subseteq 2^Z$ ist, dann gelten $\sqcap A = \bigcap\{Y \mid Y \in A\}$ sowie $\sqcup A = \bigcup\{Y \mid Y \in A\}$ und $\bot = \emptyset$ sowie $\top = Z$.

2.4.2 Verbandsoperationen und -funktionen

Für $x, y \in D$ schreiben wir statt $z = \sqcup\{x, y\}$ auch $z = x \sqcup y$ und statt $z = \sqcap\{x, y\}$ auch $z = x \sqcap y$. Dadurch werden zwei binäre Operationen auf D definiert, die leicht als kommutativ und assoziativ zu erkennen sind. Weiterhin gilt:

Lemma 2.4.2 UMRECHNUNG ZWISCHEN $\sqcap$, $\preceq$ UND $\sqcup$

Die drei Aussagen $x \sqcap y = x$, $x \preceq y$ und $x \sqcup y = y$ sind äquivalent. ■2.4.2

Diese Äquivalenzen zeigen, daß sich die Relation $\preceq$ und damit auch die Relation $\prec$ aus jeder der beiden Operationen $\sqcup$ und $\sqcap$ zurückbestimmen läßt. Oft werden Verbände nicht als spezielle Halbordnungen, sondern mit Hilfe geeigneter Axiome für die beiden Operationen $\sqcap$ und $\sqcup$ definiert, dergestalt, daß die Relation $\prec$ dann eine abgeleitete Halbordnungsrelation ist. Die Notation für einen Verband ist dann:

$$(D, \sqcap, \sqcup) \quad \text{statt} \quad (D, \prec).$$

Wir wollen solcherart Umrechnungen als gegeben hinnehmen und die Verbandsschreibweise mittels Ordnungsrelation bzw. mittels $\sqcup$- und $\sqcap$-Operationen als äquivalent betrachten.

[5] Oft findet man stattdessen $\{-\infty, +\infty\}$.

Als nächstes untersuchen wir einige Eigenschaften von Verbandsfunktionen. Es seien $(D, \prec)$ ein Verband und f eine Funktion von D nach D. f heißt:

strikt,	wenn gilt:	$f(\bot) = \bot$.
monoton,	wenn gilt:	$\forall x, y \in D\colon\ x \preceq y \Rightarrow f(x) \preceq f(y)$.
multiplikativ,	wenn gilt:	$\forall x, y \in D\colon\ f(x \sqcap y) = f(x) \sqcap f(y)$.
additiv,	wenn gilt:	$\forall x, y \in D\colon\ f(x \sqcup y) = f(x) \sqcup f(y)$.

Man beachte, daß aus der Monotonie von f keineswegs folgt, daß stets $x \preceq f(x)$ gilt. Beispielsweise ist die Funktion $f\colon \mathbb{Z} \to \mathbb{Z}$ mit $\forall z \in \mathbb{Z}\colon f(z) = z - 1$ monoton auf $(\mathbb{Z}, <)$, aber es gilt $f(z) < z$ für alle $z \in \mathbb{Z}$. Zwischen Monotonie, Additivität und Multiplikativität gibt es eine Beziehung:

Satz 2.4.3

Sei $(D, \prec)$ ein vollständiger Verband und sei $f\colon D \to D$ eine Funktion.
(i) *f ist monoton genau dann, wenn für alle $x, y \in D$ gilt:*
$f(x \sqcap y) \preceq f(x) \sqcap f(y)$.
(ii) *f ist monoton genau dann, wenn für alle $x, y \in D$ gilt:*
$f(x) \sqcup f(y) \preceq f(x \sqcup y)$. ■2.4.3

Aus diesem Satz folgt insbesondere, daß die Multiplikativität und die Additivität jeweils stärkere Eigenschaften als die Monotonie sind. Die Operationen $\sqcap$ und $\sqcup$ sind monoton in beiden Argumenten, d.h.:

Satz 2.4.4

Sei $(D, \prec)$ ein Verband und seien $x_1, x_2, y_1, y_2 \in D$ mit $x_1 \preceq x_2$ und $y_1 \preceq y_2$.
Dann gilt $(x_1 \sqcap y_1) \preceq (x_2 \sqcap y_2)$ und $(x_1 \sqcup y_1) \preceq (x_2 \sqcup y_2)$. ■2.4.4

Für zwei weitere Eigenschaften von Interesse benötigen wir die Vollständigkeitseigenschaft von Verbänden. Sei $(D, \prec)$ ein vollständiger Verband und sei $f\colon D \to D$ eine Funktion auf D. Die unendliche Multiplikativität ist als Verschärfung der (endlichen) Multiplikativität definiert: f heißt *unendlich multiplikativ*, wenn für alle nichtleeren Indexmengen $I \neq \emptyset$ und Mengen $\{x_i \in D \mid i \in I\}$ von Elementen von D gilt:

$$f(\sqcap\{x_i \in D \mid i \in I\}) = \sqcap\{f(x_i) \mid x_i \in D \land i \in I\}.$$

D.h., Funktionswertbildung kann mit $\sqcap$-Bildung vertauscht werden. Die *unendliche Additivität* kann analog unter Verwendung von $\sqcup$ statt $\sqcap$ definiert werden. Die Stetigkeit ist als Abschwächung der unendlichen Additivität definiert: f heißt *stetig*, wenn gilt:

$$\forall x_0, x_1, x_2, \ldots \in D\colon\ (x_0 \preceq x_1 \preceq x_2 \preceq \ldots) \Rightarrow f(\sqcup\{x_i \mid i \in \mathbb{N}\}) = \sqcup\{f(x_i) \mid i \in \mathbb{N}\}.$$

Die Stetigkeit ist stärker als die Monotonie:

Satz 2.4.5

Sei $(D, \prec)$ ein vollständiger Verband und sei $f\colon D \to D$ eine stetige Funktion. Dann ist f monoton. ■2.4.5

Die Umkehrung von Satz 2.4.5 gilt nicht allgemein. Um ein Gegenbeispiel zu konstruieren, vervollständigen wir den Verband $(\mathbb{N}, <)$ der natürlichen Zahlen mit der *kleiner*-Relation um zwei neue Elemente $\{\mathbb{N}, \mathbb{N}+1\}$ und die Festlegung $n < \mathbb{N} < \mathbb{N}+1$ für alle $n \in \mathbb{N}$. Die Funktion

$$f : \begin{cases} \mathbb{N} \cup \{\mathbb{N}, \mathbb{N}+1\} & \to \quad \mathbb{N} \cup \{\mathbb{N}, \mathbb{N}+1\} \\ x & \mapsto \quad \begin{cases} x+1 & \text{falls } x \in \mathbb{N} \\ \mathbb{N}+1 & \text{falls } x \in \{\mathbb{N}, \mathbb{N}+1\} \end{cases} \end{cases}$$

ist monoton, aber nicht stetig; denn die Zahlen $x_i = i$ $(i \in \mathbb{N})$ bilden eine aufsteigende Kette $x_0 \le x_1 \le x_2 \le \ldots$ und es gilt:

$$f(\sqcup\{x_i \mid i \ge 0\}) = f(\mathbb{N}) = \mathbb{N}+1 \ne \mathbb{N} = \sqcup\{f(x_i) \mid i \ge 0\}.$$

Die Abbildung 2.7 gibt diese Verhältnisse graphisch wieder.

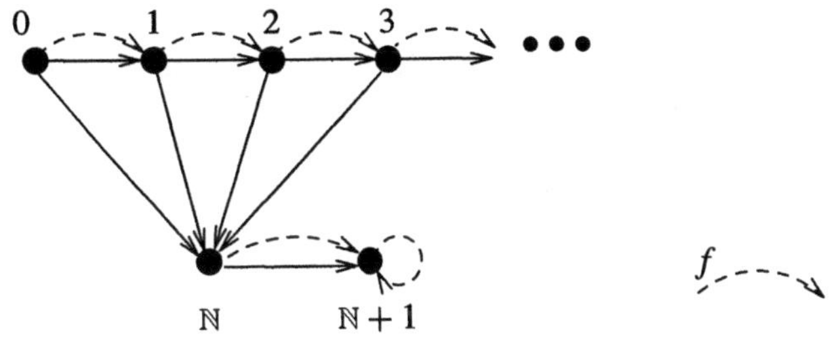

Abbildung 2.7. Ein vollständiger Verband und eine monotone, nicht stetige Funktion f

Ein Element $x \in D$ heißt ein *Fixpunkt* von f, wenn $f(x) = x$ gilt. Die soeben definierte Funktion f hat einen Fixpunkt an der Stelle $\mathbb{N}+1$. Im nächsten Abschnitt wird gezeigt, daß dies kein Zufall ist.

2.4.3 Über die Existenz von Fixpunkten

Für diesen Abschnitt sei $f\colon D \to D$ eine monotone Funktion auf einem vollständigen Verband $(D, \prec)$. Wegen der Vollständigkeit von $(D, \prec)$ existieren die beiden Elemente $\top$ und $\bot$. Dann sind die beiden Mengen $\{x \in D \mid f(x) \preceq x\}$ und $\{x \in D \mid x \preceq f(x)\}$ nicht leer, denn $\top$ gehört zur ersten und $\bot$ zur zweiten. Deswegen sind auch die beiden folgenden Elemente von D wohldefiniert:

$$\begin{aligned} \mu f &= \sqcap\{x \in D \mid f(x) \preceq x\} \\ \nu f &= \sqcup\{x \in D \mid x \preceq f(x)\}. \end{aligned}$$

Es kann - muß aber nicht - $\mu f = \nu f$ gelten.

Satz 2.4.6 EXISTENZ VON FIXPUNKTEN MONOTONER FUNKTIONEN

μf und νf sind Fixpunkte von f. ■2.4.6

Die Voraussetzung der Vollständigkeit ist unabdingbar für die Gültigkeit des Satzes. Zum Beispiel ist die Funktion $f: \mathbb{Z} \to \mathbb{Z}$ mit $f(z) = z - 1$ auf dem Verband $(\mathbb{Z}, <)$ monoton, hat aber keinen Fixpunkt. Es gilt stets:

$$\forall y \in D\colon\ y = f(y)\ \Rightarrow\ \mu f \preceq y \preceq \nu f.$$

Denn sei $y = f(y)$; dann gilt $y \in \{x \mid f(x) \preceq x\} \cap \{x \mid x \preceq f(x)\}$ und daher auch $\mu f \preceq y \preceq \nu f$, weil μf und νf untere bzw. obere Schranken der Mengen $\{x \mid f(x) \preceq x\}$ bzw. $\{x \mid x \preceq f(x)\}$ sind. Der Fixpunkt μf ist also kleiner als jeder andere Fixpunkt von f. Umgekehrt ist νf größer als jeder andere Fixpunkt von f. Allgemeiner gilt der folgende Satz:

Satz 2.4.7 SATZ VON KNASTER-TARSKI [243]

Die Menge der Fixpunkte von f bildet einen nichtleeren vollständigen Verband mit μf als kleinstem und νf als größtem Element. ■2.4.7

Ausformuliert lautet dieser Satz: sei $A \neq \emptyset$ eine Menge von Fixpunkten von f, dann existiert ein Element $y \in D$, die größte untere Schranke von A, so daß gilt:

(i) y ist Fixpunkt von f;

(ii) *y ist untere Schranke von A*: $\forall a \in A\colon y \preceq a$;

(iii) *y ist größte* untere Schranke von A: $y' = f(y')$ und $\forall a \in A\colon y' \preceq a$ impliziert $y' \preceq y$.

Analog existiert ein Fixpunkt z mit Eigenschaften der kleinsten oberen Schranke von A.

2.4.4 Iterative Berechnung von Fixpunkten

Falls f nicht nur monoton, sondern sogar stetig ist, kann eine Art Berechnungsvorschrift für den kleinsten Fixpunkt angegeben werden.

Satz 2.4.8 ITERATIVE BERECHNUNG DES KLEINSTEN FIXPUNKTS

Sei $f: D \to D$ eine stetige Funktion auf einem vollständigen Verband $(D, \prec)$. Dann gilt $\mu f = \sqcup\{f^i(\bot) \mid i \in \mathbb{N}\}$. ■2.4.8

Dieser Satz besagt, daß man (im Falle f stetig) den kleinsten Fixpunkt durch Iterieren 'von $\bot$ herauf', als Grenzwert der Folge $\bot$, $f(\bot)$, $f(f(\bot))$, ... berechnen kann. Die Richtung $\succeq$ der Gleichung in der Satzaussage gilt übrigens schon unter der Annahme der Monotonie von f, nur für $\preceq$ ist die Stetigkeit notwendig. Unter Zuhilfenahme der Ordinalzahlentheorie [132] läßt sich dieses Iterieren auf monotone (nicht notwendig stetige) Funktionen transfinit fortsetzen. Diese Idee wird uns später helfen, ein Beispiel zu erläutern; wir zitieren sie hier deswegen, ohne ins Detail zu gehen. Unter einer Ordinalzahl stellt man sich den Zählprozeß als über $\mathbb{N}$ hinaus nach folgendem Schema fortgesetzt vor:

$$\begin{array}{ll}
0, 1, 2, 3, & \ldots \ \} \ \mathbb{N} \\
\mathbb{N}, \mathbb{N}+1, \mathbb{N}+2, \mathbb{N}+3, & \ldots \ \} \ \mathbb{N}2 \\
\mathbb{N}2, \mathbb{N}2+1, \mathbb{N}2+2, \mathbb{N}2+3, & \ldots \ \} \ \mathbb{N}3 \\
\vdots & \ldots
\end{array}$$

'Unterhalb' dieses Schemas befindet sich die Ordinalzahl $\mathbb{N}^2$, danach die Zahl $\mathbb{N}^2+1$, usw. usf. Eine Ordinalzahl α ist entweder gleich 0 (im Schema links oben); oder unmittelbarer Nachfolger einer anderen Ordinalzahl, etwa $6 = 5+1$ oder $\mathbb{N}+2 = (\mathbb{N}+1)+1$ (in einer - verallgemeinerten - Zeile des Schemas); oder eine echte Limeszahl[6], wie z.B. $\mathbb{N} = \bigsqcup_{\beta<\mathbb{N}} \beta$ oder $\mathbb{N}2 = \bigsqcup_{\beta<\mathbb{N}2} \beta$ (am linken Rand des Schemas) oder $\mathbb{N}^2$ (am - verallgemeinerten - linken Rand des Schemas). Die Beziehung $<$ (*kleiner*) ist auch für Ordinalzahlen eine wohldefinierte Totalordnung. Zum Beispiel ist $i < \mathbb{N}$ ($\mathbb{N}$ als Ordinalzahl) gleichbedeutend mit $i \in \mathbb{N}$ ($\mathbb{N}$ als Menge).

Definition 2.4.9 TRANSFINITE POTENZIERUNG VON FUNKTIONEN

Sei $(D, \prec)$ ein vollständiger Verband, sei $f: D \to D$ und sei α eine Ordinalzahl. Die α'te Potenzierte von f ist induktiv definiert; sei $x \in D$ ein Argument:

$$f^{\alpha}(x) = \begin{cases} x & \text{falls } \alpha = 0 \\ f(f^{\beta}(x)) & \text{falls } \alpha = \beta + 1 \\ \bigsqcup\{f^{\beta}(x) \mid \beta < \alpha\} & \text{falls } \alpha = \bigsqcup_{\beta<\alpha} \beta \neq 0. \end{cases}$$

■2.4.9

Zum Beispiel gilt nach dieser Definition:

$$\begin{aligned} f^{\mathbb{N}}(\bot) &= \bigsqcup\{f^{\beta}(\bot) \mid \beta < \mathbb{N}\} & \quad f^{\mathbb{N}+1}(\bot) &= f(f^{\mathbb{N}}(\bot)) \\ &= \bigsqcup\{f^{i}(\bot) \mid i \in \mathbb{N}\} & &= f(\textstyle\bigsqcup_{i\in\mathbb{N}} f^{i}(\bot)). \end{aligned}$$

Satz 2.4.10 VERALLGEMEINERUNG VON SATZ 2.4.8

Sei f eine monotone Funktion auf einem vollständigen Verband $(D, \prec)$. Dann gibt es eine Ordinalzahl α, so daß $\mu f = f^{\alpha}(\bot)$ gilt. ■2.4.10

Ist f nicht nur monoton, sondern stetig, dann geht der Satz 2.4.10 mit $\alpha = \mathbb{N}$ in den Satz 2.4.8 über.

2.5 Boolesche Algebren, Teilmengen und Prädikate

Für die logische Analyse von Programmeigenschaften müssen Mengen von Zuständen logisch beschrieben werden. Ein Ausdrucksmittel dafür sind Prädikate; in der Einleitung

[6] Die 0 kann als eine unechte Limeszahl aufgefaßt werden.

wurde an einem Beispiel ihre Verwendung illustriert. Dieser Abschnitt gibt eine semantische Definition von Prädikaten, während ihre Syntax und der Zusammenhang zwischen Syntax und Semantik im nächsten Abschnitt 2.6 diskutiert werden.

Der Verband der Teilmengen einer Menge besitzt einige wichtige Eigenschaften zusätzlich zu den Verbandseigenschaften, die ihn als vollständige Boolesche Algebra kennzeichnen. Sei $(D, \prec)$ ein vollständiger Verband mit den abgeleiteten Operationen $\sqcap$ und $\sqcup$. $(D, \prec)$ mit seinen abgeleiteten Operationen $\sqcup$ und $\sqcap$ heißt eine (vollständige) *Boolesche Algebra*, wenn zusätzlich zu den Verbandseigenschaften das allgemeine Distributivgesetz:

$$\forall x \in D \, \forall A \subseteq D\colon\ x \sqcap (\sqcup \{y \mid y \in A\}) = \sqcup \{x \sqcap y \mid y \in A\}$$

gilt, und wenn jedem Element $x \in D$ ein *komplementäres Element* $\overline{x}$ mit den beiden Eigenschaften $x \sqcup \overline{x} = \top$ und $x \sqcap \overline{x} = \bot$ zugeordnet ist. Das zu diesem Distributivgesetz duale Gesetz, das sich durch Vertauschen von $\sqcap$ und $\sqcup$ ergibt, kann aus den anderen Axiomen abgeleitet werden (siehe auch Übungsaufgabe 2.10.21(i)).

Die Operationen $\sqcap$, $\sqcup$ und $^-$ und die ausgezeichneten Elemente $\bot$ und $\top$ sind in einer Booleschen Algebra von ebensolcher Wichtigkeit wie die Relation $\preceq$, so daß man Boolesche Algebren oft in der Form einer Struktur:

$$(D, \preceq, \sqcap, \sqcup, ^-, \bot, \top)$$

angibt. Es sei zum Beispiel Z eine beliebige, fest vorgegebene Grundmenge. Dann ist die Struktur $(2^Z, \subseteq, \cap, \cup, ^-, \emptyset, Z)$ eine vollständige Boolesche Algebra; beide Distributivgesetze gelten rein mengentheoretisch, und die Rolle des Komplementärelements zu $X \subseteq Z$ spielt die Komplementmenge $\overline{X} = Z \backslash X$. Wir definieren ein *Prädikat* P über einer Grundmenge Z als eine Funktion:

$$P\colon Z \to \{\textbf{false}, \textbf{true}\}.$$

Man sagt auch, daß P auf dem Element $z \in Z$ *gilt*, wenn $P(z) = \textbf{true}$ gilt, und schreibt dafür einfach nur $P(z)$. Auf der Menge der Prädikate über Z können die logischen Operationen $\wedge$ und $\vee$ komponentenweise definiert werden:

$$\begin{aligned} (P \wedge Q)(s) &= P(s) \wedge Q(s) \\ (P \vee Q)(s) &= P(s) \vee Q(s) \end{aligned}$$

für $s \in Z$. Mit **false** und **true** bezeichnen wir das identisch falsche bzw. das identisch wahre Prädikat über Z:

$$\begin{aligned} \textbf{false}(s) &= \textbf{false} \\ \textbf{true}(s) &= \textbf{true}. \end{aligned}$$

Man beachte, daß wir hier die konstanten Funktionen **false**, **true**: $Z \to \{\textbf{false}, \textbf{true}\}$ mit den gleichen Bezeichnungen wie die Wahrheitswerte **false**, **true** belegen. Dieser Mangel an Unterscheidung wird später jedoch nicht zu Mißverständnissen führen. Die Negation $\overline{P}$ oder $\neg P$ eines Prädikats P über Z wird ebenfalls komponentenweise definiert; für alle $s \in Z$:

$$(\neg P)(s) = \neg(P(s)).$$

Wir sagen, daß ein Prädikat Q aus einem Prädikat P logisch folgt oder daß $P \Rightarrow Q$ gilt, wenn für alle $s \in Z$ gilt:

$$P(s) \quad \Rightarrow \quad Q(s).$$

Die Menge der Prädikate $P: Z \rightarrow$ {**false**, **true**} über Z bilden ebenfalls - wie die Menge der Teilmengen von Z - eine vollständige Boolesche Algebra:

$$(\text{Prädikate über } Z, \Rightarrow, \wedge, \vee, \neg, \textbf{false}, \textbf{true}).$$

Zwischen dieser Algebra und der Algebra der Teilmengen von Z kann eine natürliche Bijektion hergestellt werden. Es sei eine Teilmenge $X \subseteq Z$ gegeben. Mittels:

$$\forall s \in Z: \ \chi(X)(s) = \textbf{true} \ \Leftrightarrow \ s \in X$$

kann man der Menge X ein Prädikat $\chi(X)$ zuordnen. Sei umgekehrt ein Prädikat P gegeben, das Z in {**false**, **true**} abbildet. Dann kann man P eine Teilmenge $\Gamma(P)$ gemäß:

$$\forall s \in Z: \ s \in \Gamma(P) \ \Leftrightarrow \ P(s) = \textbf{true}$$

zuordnen. $\chi(X)$ wird das *charakteristische Prädikat* von X genannt, $\Gamma(P)$ die P zugrundeliegende Menge oder der *Gültigkeitsbereich* von P. Die Zuordnungen χ und Γ sind Inverse voneinander, d.h., für Teilmengen $X \subseteq Z$ gilt $X = \Gamma(\chi(X))$ und für Prädikate P über Z gilt $P = \chi(\Gamma(P))$. Die dadurch definierte Bijektion ist sogar vollständig operations- und relationstreu; $\wedge$ entspricht $\cap$, $\vee$ entspricht $\cup$, $\Rightarrow$ entspricht $\subseteq$ (wenn $\Rightarrow$ nicht als binäre Operation, sondern als Relation zwischen Prädikaten aufgefaßt wird), die Negation entspricht der Komplementmenge, das konstante Prädikat **false** entspricht der leeren Menge $\emptyset$ und das konstante Prädikat **true** entspricht der ganzen Menge Z. Γ und χ definieren also eine Isomorphie zwischen Booleschen Algebren. Dies rechtfertigt, daß wir - bei gegebener Grundmenge Z - manchmal zwischen Prädikaten über Z und Teilmengen von Z kaum unterscheiden und je nach Bedarf von der einen in die andere Algebra überwechseln. Wir verwenden die Begriffe *stärker* und *schwächer*, bezogen auf Prädikate, im Sinne von *kleiner* bzw. *größer*, bezogen auf ihre Gültigkeitsbereiche; die mögliche Gleichheit der Komparanden ist stets mitgemeint.

2.6 Variablen, Zustände und Ausdrücke

Die syntaktischen Manipulationen und die speziellen Booleschen Algebren, die in diesem Abschnitt diskutiert werden, sind für die Semantik von Deklarationen und Wertzuweisungen relevant.

2.6.1 Variablendeklarationen und Zustände

Im Deklarationsteil eines Programms werden Namen für die im Programm verwendbaren *Variablen* eingeführt und mit je einer Wertemenge in Verbindung gebracht. Zum Beispiel führt die Deklaration **var** j : **integer**; *allsix* : **Boolean** eine Variable namens j mit der

Wertemenge $\mathbb{Z}$ und eine zweite Variable namens *allsix* mit der Wertemenge {**false**, **true**} ein. Weil es sich bei einer Deklaration generell so verhält (Zuordnung von Wertemengen zu Variablennamen), verzichten wir später auf die deskriptiven Wörter **integer** und **Boolean** und betrachten stattdessen nur die weniger deskriptive - dafür aber allgemeine - Deklarationsform:

$$\textbf{var}\ x_1 : SET_1;\ \ldots;\ x_n : SET_n\,.$$

Dadurch werden Variablennamen x_i mit zugehörigen Wertemengen SET_i deklariert. Zweck dieses Abschnitts ist es, diese Zuordnung von Wertemengen zu Variablen genauer zu untersuchen. Zuerst gehen wir auf den durch sie induzierten Begriff des Zustands und der Zustandsmenge ein. Danach definieren wir Prädikate und andere Ausdrücke syntaktisch und stellen mit den Sätzen 2.6.2-2.6.5 eine Beziehung her zwischen der syntaktischen und der semantischen Definition von Ausdrücken und Prädikaten.

Wir nehmen für den Rest des Abschnitts als gegeben an: eine endliche Menge[7] von Variablennamen (oder einfach nur *Variablen*):

$$Var = \{x_1, \ldots, x_n\},$$

von denen jeder eine zugeordnete *Wertemenge*[8] $Val(x_i)$ (*engl.* Value Set) hat ($1 \leq i \leq n$). Die Menge $Val(x_i)$ heißt auch der *Typ* von x_i. Eine Funktion $s : Var \rightarrow \bigcup_{x \in Var} Val(x)$, die jeder Variablen einen Wert zuordnet, heißt ein *Zustand*, wenn gilt:

$$\forall x \in Var\colon s(x) \in Val(x).$$

Man nennt $s(x)$ den *Wert* der Variablen x *im Zustand* s. Die *Zustandsmenge* Z ist definiert als die Menge aller Zustände.

Eine alternative, fast gleichwertige Definition der Zustandsmenge ist als Kartesisches Produkt $Z' = Val(x_1) \times \ldots \times Val(x_n)$. Jeder Funktion $s \in Z$, die der Variablen x_i den Wert v_i zuordnet, entspricht der Vektor $(v_1, \ldots, v_n) \in Z'$. Ist umgekehrt ein Vektor $(v_1, \ldots, v_n) \in Z'$ gegeben, so kann man daraus eine Funktion $s \in Z$ gemäß $s(x_i) = v_i$ herstellen. Diese Korrespondenz ist auch im Grenzfall $n = 0$ stimmig. Wenn speziell $n = 0$ und damit $Var = \emptyset$ gelten, dann ist Z' ein leeres Kartesisches Produkt und damit (Abschnitt 2.1) gleich $\{\emptyset\}$. Auf der anderen Seite ist dann auch die Menge aller Werte $\bigcup_{x \in Var} Val(x)$ leer, und von $\emptyset$ nach $\emptyset$ gibt es eine einzige Funktion, nämlich die leere. Der einzige wesentliche Unterschied zwischen den beiden Definitionen ist, daß die zweite eine feste Abzählung der Variablen voraussetzt.

[7] Es gibt keinen Grund, stattdessen nicht auch eine abzählbar unendliche Menge von Variablennamen zuzulassen, außer daß unsere Syntax uns später diese Endlichkeitsbeschränkung auferlegt.

[8] Wir erlauben hier unendliche Mengen als Wertemengen. Dies ist zwar eine Abstraktion von den physikalischen Gegebenheiten einer Maschine, aber eine sinnvolle; denn sonst müßte man bei jeder **integer**-Variablen auch noch die Ober- und die Untergrenze mitbetrachten, und es gäbe potentiell unendlich viele verschiedene ganzzahlige Variablen.

In konkreten Beispielen geben wir Z oft in der Form eines mit Variablennamen versehenen Kartesischen Produkts an, weil sich das schöner schreiben und leichter verstehen läßt als die Angabe einer Menge von Funktionen. Zum Beispiel soll:

$$Z \;=\; \underbrace{\mathbb{N}}_{x} \times \underbrace{\{\textbf{false}, \textbf{true}\}}_{y} \times \underbrace{\mathbb{Z}}_{z}$$

bedeuten, daß die Zustandsmenge Z aus einer Variablen x des Typs $\mathbb{N}$, einer Booleschen Variablen y und einer **integer**-Variablen z aufgebaut ist. Z ist trotz der anderen Schreibweise zu verstehen als die Menge aller Funktionen:

$$\{\, s \mid s: \{x, y, z\} \to \mathbb{N} \cup \{\textbf{false}, \textbf{true}\} \cup \mathbb{Z} \,\}$$

mit den Eigenschaften $s(x) \in \mathbb{N}$ und $s(y) \in \{\textbf{false}, \textbf{true}\}$ sowie $s(z) \in \mathbb{Z}$.

2.6.2 Arithmetische und Boolesche Ausdrücke; Syntaxdefinitionen

Über der so definierten Grundmenge Z von Zuständen ist die Menge der Prädikate definierbar wie in Abschnitt 2.5. Diese Definition ist semantischer Natur. Objekte wie etwa das in der Einleitung benutzte Prädikat $\forall i\colon (0 \le i < N) \Rightarrow A[i] = 6$ oder, in einer etwas anderen Schreibweise:

$$P_b \equiv \quad \forall i \;((0 \le i < N) \Rightarrow A[i] = 6)$$

können aber auch syntaktisch verstanden werden: P_b besteht aus einem äußeren Allquantor mit einer gebundenen Variablen i und freien Vorkommen der Variablen N und A, sowie den Konstanten 0 und 6 und einigen Klammern und Operationszeichen, die sich zu einem sinnvollen Ganzen zusammenfügen. In jedem Zustand, der den freien Variablen N und A Werte zuordnet, kann P_b ausgewertet werden und liefert einen Wert aus der Menge {**false**, **true**}. Somit stellt P_b ein Prädikat im Sinne von Abschnitt 2.5 dar; das semantisch gleiche Prädikat kann sich durchaus auf andere Weise (zum Beispiel durch Hinzufügen eines weiteren Faktors ... $\wedge$ **true**) syntaktisch darstellen lassen.

Der syntaktische Gesichtspunkt ist von Bedeutung, weil die konkreten Objekte, die im Verlauf des Argumentierens über die Korrektheit eines Programms manipuliert werden, syntaktischer Natur sind. Auf ihnen sind syntaktische Operationen erlaubt und sinnvoll. Dies wird am Beispiel der Wertzuweisung besonders deutlich. Sucht man zum Beispiel ein Prädikat P_0, welches das Hoare-Tripel (siehe dazu Abschnitt 1.3):

$$\{P_0\} \;\; x := y - 5 \;\; \{x \ge 0\}$$

wahr macht, dann sind $P_0 = (y = 10)$ oder sogar $P_0 =$ **false** sicherlich zwei richtige, aber nicht sehr sinnvolle Antworten. Eine gute Antwort ist $P_0 = (y \ge 5)$, denn $y \ge 5$ ist das *schwächste* Prädikat, das das gegebene Tripel wahr macht. Wie kommt man vom Ausgabeprädikat $(x \ge 0)$ auf $(y \ge 5)$ als Eingabeprädikat? Die Antwort lautet, durch die folgende Manipulation:

$$\begin{array}{rlll}
\{(x \ge 0)[x \leftarrow y-5]\} & x := y-5 & \{x \ge 0\} & (\text{ Axiom; ersetze } x \text{ durch } y-5\ ) \\
\{y - 5 \ge 0\} & x := y-5 & \{x \ge 0\} & (\text{ Ersetzung }) \\
\{y \ge 5\} & x := y-5 & \{x \ge 0\} & (\text{ Logische Umformung }).
\end{array}$$

Axiomatisch nehmen wir zunächst an, daß an die Stelle von P_0 eine Kopie des Endprädikats $(x \geq 0)$ gesetzt werden darf, worin alle freien Vorkommen der linken Seite der Wertzuweisung (hier das eine x) durch die rechte Seite der Zuweisung (also $y - 5$) ersetzt werden. Syntaktisch wird dies durch $(x \geq 0)[x \leftarrow y - 5]$ ausgedrückt. Durch das Ersetzen von x durch $y - 5$ erhält man das Prädikat $(y - 5 \geq 0)$, das semantisch äquivalent mit $(y \geq 5)$ ist.

An diesem Beispiel zeichnet sich die Beschreibung der Wertzuweisung durch syntaktische Ersetzung von Ausdrücken für freie Variablen in Prädikaten ab. Diese Beschreibung bedarf allerdings einer Untermauerung, weil *a priori* nicht klar ist, daß die syntaktische Ersetzung tatsächlich der 'Intuition über die Wertzuweisung' entspricht; daß es in der Tat so ist, legt Zeugnis ab von der grundlegenden Bedeutung und von der mathematischen Klarheit der Wertzuweisung. Diese Untermauerung geben wir im Rest dieses Abschnitts. Es würde allerdings entschieden zu weit führen, alle möglichen syntaktischen Formen für Prädikate und für Ausdrücke hier zu definieren und zu untersuchen; wir beschränken uns daher auf einen repräsentativen Spezialfall. Als Einschränkung nehmen wir ab jetzt alle Wertemengen als gleich $\mathbb{Z}$ an, betrachten also nur ganzzahlige Variablen[9]. Diese Vereinfachung erlaubt uns unter anderem eine Umgehung der Frage, was geschieht, wenn zum Beispiel eine Variable x des Typs {**false**, **true**} in einem Ausdruck der Art $x + 1$ vorkommt. Die Behandlung solcher *Typfehler* ist im Prinzip einfach, aber zeitraubend und gehört nicht eigentlich zum Thema unserer Ausführungen.

Wir definieren Boolesche Ausdrücke und arithmetische Ausdrücke Hand in Hand, denn die beiden Ausdrucksformen können ineinander verschränkt vorkommen. Z.B. ist die Konstante 6 in obigem Beispiel P_b definitiv ein arithmetischer Ausdruck, nicht ein Boolescher Ausdruck wie P_b selbst. Wir verwenden nachfolgend den Terminus 'Boolescher Ausdruck' (statt Prädikat), um den Unterschied zur Terminologie des vorigen Abschnitts hervorzuheben. Die beiden Begriffe sind allerdings eng verknüpft. Wir werden zu jedem Booleschen Ausdruck eine Auswertungsfunktion definieren, die zeigt, daß er für ein Prädikat steht. Für ein beliebiges Prädikat P ist umgekehrt nicht sicher, daß ein P beschreibender Boolescher Ausdruck existiert. Ist Z unendlich, dann ist die Menge der Prädikate, die sich als Boolesche Ausdrücke schreiben lassen, sogar verschwindend klein; denn die Menge aller Funktionen $P: Z \to$ {**false**, **true**} ist dann überabzählbar groß, während die Menge der Booleschen Ausdrücke aus abzählbar vielen Dingen definiert ist und daher eine abzählbare Menge bleibt.

$$
\begin{array}{lll}
Q & ::= & \mathbf{true} \mid Q_1 \wedge Q_2 \mid \neg Q_0 \mid \exists x\, Q_0 \mid E_1 \leq E_2 \\
E & ::= & v \mid x \mid E_1 + E_2 \mid -E_0
\end{array}
$$

Abbildung 2.8. Syntax für Boolesche und arithmetische Ausdrücke Q bzw. E

[9]Der geneigte Leser, der den Abschnitt unter dieser Voraussetzung durcharbeitet, wird anschließend nicht die geringsten konzeptionellen Schwierigkeiten haben, diese Einschränkung wieder aufzuheben; das ist dann nur mit etwas mehr Detailarbeit der gleichen Art, wie sie jetzt bevorsteht, verbunden.

Zur Definition Boolescher und arithmetischer Ausdrücke benutzen wir eine *abstrakte Syntax* (Abbildung 2.8). Syntaktische Variablen sind dadurch gekennzeichnet, daß sie auf der linken Seite einer Regel (vor dem Zeichen ::=) vorkommen. In Abbildung 2.8 gibt es zwei syntaktischen Variablen: Q für *Boolesche Ausdrücke* und E für *arithmetische Ausdrücke*. Jede syntaktische Variable ist durch die ihr entsprechende rechte Seite der Regeln (nach dem Zeichen ::=) definiert. Das Symbol | auf der rechten Seite einer Regel trennt syntaktische Alternativen. Hat eine der rechten Seiten zwei syntaktische Variablen gleichen Namens, verwenden wir die Indices 1 und 2 dafür, hat sie nur eine syntaktische Variable, den Index 0. Diese Indizierung erlaubt einen raschen Zugriff auf die syntaktischen Formeln und die direkte Unterscheidung zwischen binären und unären syntaktischen Klauseln.

Die von der Syntax aus einer syntaktischen Variablen erzeugte *Sprache* besteht, *per definitionem*, aus durch sukzessive Regelanwendungen ableitbaren Zeichenketten, in denen keine syntaktischen Variablen mehr vorkommen. Im vorliegenden Fall bedeutet das, daß alle Zeichenketten zur Sprache von Q bzw. E gehören, die ableitbar sind und in denen weder Q noch E, sondern nur die Zeichen **true**, $\wedge$, $\neg$, $\exists$, x, $\leq$, v, $+$ oder $-$ vorkommen. Dabei stehen x für eine Variable aus *Var* (mit $Val(x) = \mathbb{Z}$ nach unserer einschränkenden Konvention) und v für eine arithmetische Konstante, d.h. eine Zahl aus $\mathbb{Z}$. So sind z.B. die Zeichenketten $5 + 7 + -1$ und $E + 5$ aus E herleitbar, aber nur die erste davon gehört zur von E erzeugten Sprache. Die Zeichenkette $+5-$ ist nicht aus E ableitbar und gehört deswegen auch nicht zur Sprache. Die Syntax heißt abstrakt, weil sie von der genauen Struktur einer erzeugten Zeichenkette abstrahiert. Der herleitbare Ausdruck $5 + 7 + -1$ steht zum Beispiel eigentlich für den Ausdruck $5 + 7 + (-1)$. Falls nötig, konkretisieren wir die Struktur einer herleitbaren Zeichenkette durch Klammerung.

Die Abbildung 2.8 definiert nur eine Teilmenge der arithmetischen und Booleschen Operatoren, die im Buch verwendet werden. Andere Operatoren (wie etwa die logische Disjunktion $Q_1 \vee Q_2$, die arithmetische Differenz $E_1 - E_2$ oder die Gleichheit $E_1 = E_2$) können daraus hergeleitet werden. Genauso kann der Allquantor aus dem Existenzquantor und der Negation hergeleitet werden. Zu weiteren Operatoren vergleiche man auch die Übungsaufgabe 2.10.2. Alle folgenden Betrachtungen, insbesondere die später zu formulierenden Substitutionssätze, können vollkommen analog auf alle anderen Operatoren übertragen werden.

Jedem arithmetischen Ausdruck E ordnen wir eine Funktion $val(E)$ mit der folgenden Funktionalität $val(E) : Z \to \mathbb{Z}$ zu. Ist s ein Zustand, dann ist $val(E)(s)$ ein Element von $\mathbb{Z}$ (wie man sagt, ist dies der *Wert* (*engl.* value) *des Ausdrucks im Zustand* s). Statt $val(E)(s)$ schreiben wir abkürzend auch $val(E, s)$; $val(E)$ wird induktiv über die Syntax von E definiert:

$$\begin{aligned} val(v, s) &= v \\ val(x, s) &= s(x) \\ val(E_1 + E_2, s) &= val(E_1, s) + val(E_2, s) \\ val(-E_0, s) &= -val(E_0, s). \end{aligned}$$

Jedem Booleschen Ausdruck Q ordnen wir eine Funktion $val(Q)$ mit der Funktionalität $val(Q) : Z \rightarrow \{\mathbf{false}, \mathbf{true}\}$ zu. $val(Q)$ ist das durch Q beschriebene Prädikat. Anstelle von $val(Q)(s)$ schreiben wir abkürzend auch $val(Q, s)$ oder manchmal auch $Q(s)$[10]. Zur induktiven Definition von $val(Q)$, insbesondere des Existenzquantors, benötigen wir das Konzept der *syntaktischen Ersetzung* einer frei vorkommenden Variablen durch einen ihrer Werte:

Definition 2.6.1 FREIES VORKOMMEN

Induktiv definieren wir, wann eine Variable in einem arithmetischen Ausdruck E *frei vorkommt*: in v kommt keine Variable frei vor; in x kommt x frei vor; in $E_1 + E_2$ kommt y frei vor, wenn y in E_1 oder in E_2 frei vorkommt; in $-E_0$ kommt y frei vor, wenn y in E_0 frei vorkommt. Für einen Booleschen Ausdruck Q lautet die analoge Definition: in **true** kommt keine Variable frei vor; in $Q_1 \wedge Q_2$ kommt y frei vor, wenn y in Q_1 oder in Q_2 frei vorkommt; in $\neg Q_0$ kommt y frei vor, wenn y in Q_0 frei vorkommt; in $\exists x\, Q_0$ kommt y frei vor, wenn $x \neq y$ gilt und y in Q_0 frei vorkommt; in $E_1 \leq E_2$ kommt y frei vor, wenn y in E_1 oder in E_2 frei vorkommt. ■2.6.1

Gegeben seien nun ein Boolescher Ausdruck Q und ein arithmetischer Ausdruck E. Der neue Boolesche Ausdruck: $Q[x \leftarrow E]$ ist definiert durch die Festlegung, daß in Q *jedes* freie Vorkommen von x durch E syntaktisch ersetzt wird. Es ist leicht zu sehen, daß - mit geeigneter Klammerung - die Zeichenfolge $Q[x \leftarrow E]$ in der Tat wieder ein Boolescher Ausdruck ist. Genauso definiert man den neuen Ausdruck $E'[x \leftarrow E]$, wenn zwei arithmetische Ausdrücke E' und E gegeben sind; er ist wieder ein arithmetischer Ausdruck. Als Beispiele dienen:

$$\begin{aligned}((x+x) \leq 0)[x \leftarrow y-x] &= (((y-x)+(y-x)) \leq 0)\\ (\exists z((x+x) \leq 0))[x \leftarrow y-x] &= (\exists z(((y-x)+(y-x)) \leq 0))\\ (x+x)[x \leftarrow 5] &= (5+5).\end{aligned}$$

Besondere Vorsicht ist bei der syntaktischen Ersetzung freier Variablen innerhalb eines Existenzquantors vonnöten. Zum Beispiel ist im Ausdruck $Q = \exists x(x = y)$ die Variable y frei. Ersetzt man y syntaktisch durch den Ausdruck $(x+1)$, in dem x frei vorkommt, dann erhält man den Ausdruck $Q[y \leftarrow x+1] = \exists x(x = (x+1))$ und stellt damit eine Verbindung her zwischen der (vorher freien) Variablen x im Ausdruck $x+1$ und der gebundenen Variablen x. Dieser Effekt ist unerwünscht. Wir führen daher als generelle *Ersetzungsbedingung* ein, daß die Ersetzung:

$$(\exists x\, Q_0)[y \leftarrow E] \quad (x \neq y)$$

nur dann erlaubt sein soll, wenn x in E nicht frei vorkommt. Glücklicherweise ist diese Eigenschaft keine starke Einschränkung, denn man kann sie stets durch geeignete konsistente Umbenennung innerhalb des Ausdrucks $\exists x\, Q_0$ herstellen. Im obigen Beispiel ist $\exists x(x = y)$ äquivalent zu $\exists z(z = y)$, und danach ist die folgende Ersetzung:

$$(\exists z(z = y))[y \leftarrow (x+1)] = \exists z(z = (x+1))$$

[10]Die Schreibweise $Q(s)$ erinnert daran, daß Q für das Prädikat $val(Q)$ steht, also für eine Funktion, die auf s als Argument angewendet werden kann.

wohldefiniert. Nach dieser Vorbereitung kann auch die Funktion $val(Q)$ induktiv definiert werden:

$$
\begin{aligned}
val(\mathbf{true}, s) &= \mathbf{true}\\
val(Q_1 \wedge Q_2, s) &= val(Q_1, s) \wedge val(Q_2, s)\\
val(\neg Q_0, s) &= \neg val(Q_0, s)\\
val(\exists x\, Q_0, s) &= \begin{cases} \mathbf{true} & \text{falls es eine Zahl } v \in \mathbb{Z}\\ & \text{mit } val(Q_0[x \leftarrow v], s) = \mathbf{true} \text{ gibt}\\ \mathbf{false} & \text{falls für alle Zahlen } v \in \mathbb{Z}\\ & \text{gilt: } val(Q_0[x \leftarrow v], s) = \mathbf{false}\end{cases}\\
val(E_1 \le E_2, s) &= \begin{cases} \mathbf{true} & \text{falls } val(E_1, s) \le val(E_2, s)\\ \mathbf{false} & \text{falls } val(E_1, s) > val(E_2, s).\end{cases}
\end{aligned}
$$

Die Definition von $val(Q, s)$ dupliziert die Definition aus Abschnitt 2.5 nicht, denn bei Q handelt es sich um einen Ausdruck und nicht um ein Prädikat. Jetzt kann allerdings ein Boolescher Ausdruck Q mit Fug und Recht auch als ein Prädikat angesehen werden. Die soeben eingeführten Operatoren $\wedge$, $\neg$ etc. sind aufgrund ihrer Definition konsistent mit den im vorigen Abschnitt semantisch definierten gleichlautenden Operationen.

$$
\begin{aligned}
v[x \leftarrow E] &= v\\
x[y \leftarrow E] &= \begin{cases} E & \text{falls } x = y\\ x & \text{falls } x \neq y\end{cases}\\
(E_1 + E_2)[x \leftarrow E] &= E_1[x \leftarrow E] + E_2[x \leftarrow E]\\
(-E')[x \leftarrow E] &= -(E'[x \leftarrow E])\\
\mathbf{true}[x \leftarrow E] &= \mathbf{true}\\
(Q_1 \wedge Q_2)[x \leftarrow E] &= Q_1[x \leftarrow E] \wedge Q_2[x \leftarrow E]\\
(\neg Q_0)[x \leftarrow E] &= \neg(Q_0[x \leftarrow E])\\
(\exists x\, Q_0)[y \leftarrow E] &= \begin{cases} (\exists x\, Q_0) & \text{falls } x = y\\ (\exists x (Q_0[y \leftarrow E])) & \text{falls } x \neq y\end{cases}\\
(E_1 \le E_2)[x \leftarrow E] &= E_1[x \leftarrow E] \le E_2[x \leftarrow E]
\end{aligned}
$$

Falls $x \neq y, x$ nicht frei in E und y nicht frei in E', dann gilt:

$$(Q[x \leftarrow E'])[y \leftarrow E] \;=\; (Q[y \leftarrow E])[x \leftarrow E'].$$

Abbildung 2.9. Eigenschaften der syntaktischen Ersetzung

Die syntaktische Ersetzung $[x \leftarrow E]$ hat einige induktive Eigenschaften, die in Abbildung 2.9 dargestellt sind. Man hätte die Ersetzungsoperation sogar formaler, als wir es getan haben, unter Heranziehung dieser Eigenschaften definieren können. Die unter der Voraussetzung $x \neq y$ in Abbildung 2.9 angegebene Gleichung für den Existenzquantor ist inkonsist, wenn die Ersetzungsbedingung nicht beachtet wird. In der Tat kann z.B. für $Q = (\exists x(x = y))$ und $Q_0 = (x = y)$ die linke Seite dieser Gleichung so ausgewertet werden:

$$\underbrace{(\exists x\ \overbrace{(x = y)}^{Q_0})}_{Q}[y \leftarrow x + 1] \underset{Q=\mathbf{true}}{\underbrace{\Leftrightarrow}} \mathbf{true}[y \leftarrow x + 1] \Leftrightarrow \mathbf{true}.$$

Die rechte Seite der Gleichung wird - falls die in Q gebundene Variable x nicht umbenannt wird - folgendermaßen ausgewertet:

$$\exists x(\overbrace{(x = y)}^{Q_0}[y \leftarrow x + 1]) \Leftrightarrow \exists x(x = (x + 1)) \Leftrightarrow \mathbf{false}.$$

Wird die Ersetzungsbedingung beachtet, ergeben die beiden Auswertungen keine unterschiedlichen Werte.

Die definierenden Gleichungen für $val(E)$ und $val(Q)$ scheinen eine Berechnungsvorschrift für arithmetische beziehungsweise Boolesche Ausdrücke zu beinhalten. Dies ist jedoch für den Existenzquantor nicht ohne weiteres der Fall, denn auf der rechten Seite der Definition von $val(\exists x\, Q_0, s)$ stehen der Nebensatz 'falls es eine Zahl mit ... gibt' bzw. seine Negation. Diese Definitionen lassen sich nicht unmittelbar in einen stets terminierenden Algorithmus zur Berechnung von $val(\exists x\, Q_0, s)$ übersetzen. Im Gegenteil: nach der allgemeinen Theorie der Berechenbarkeit gibt es sogenannte nicht-entscheidbare Prädikate Q, für die beweisbar ist, daß es im Prinzip keine stets terminierende Berechnungsvorschrift für die Funktion $val(Q)$ geben kann. Das Prädikat zum Beispiel, das über der Menge der *Turingmaschinen* definiert ist und das zu einer Turingmaschine *TM* als Argument genau dann den Wert **true** liefert, wenn *TM*, angesetzt auf das leere Band, anhält, ist unentscheidbar. Solche Prädikate interessieren uns jedoch weder hier noch im folgenden. Wir nehmen daher einschränkend an, daß alle zukünftig zu betrachtenden Prädikate Q *entscheidbar* sind, d.h., daß ein stets terminierender Algorithmus existiert, der die Funktion $val(Q)$ berechnet.

2.6.3 Substitutionssätze

Die Sätze dieses Abschnitts charakterisieren die drei Ausdrücke $E'[y \leftarrow E]$, $Q[y \leftarrow E]$ und $\forall i \in \mathbb{N}$: $Q[y \leftarrow i]$ semantisch. Hierzu benötigen wir das Konzept der *Variation eines Zustands* an einer durch eine Variable definierten Stelle. Es sei s' ein beliebiger Zustand[11]. Gegeben seien auch eine Variable y und ein Wert $v \in Val(y)$. Dann ist der neue Zustand $s = s'[y \leftarrow v]$ als Funktionsvariation von s' definiert, siehe Abschnitt 2.2.2. Mit anderen Worten, $s = s'[y \leftarrow v]$ ergibt sich aus s' durch Ändern des Wertes an der Stelle y in v und Beibehalten aller anderen Variablenwerte.

[11]Wir benutzen die Schreibweise s' statt s im Hinblick auf das nächste Kapitel. Dort führen wir die Konvention ein, Anfangszustände mit einem Strich zu versehen. Aus dem Blickwinkel von Kapitel 3 handelt es sich bei dem Zustand, um den es hier geht, um einen Anfangszustand.

Satz 2.6.2 SUBSTITUTIONSSATZ FÜR ARITHMETISCHE AUSDRÜCKE

Mit den oben eingeführten Bezeichnungen gilt:
$\forall s' \in Z\colon \underbrace{val(E'[y \leftarrow E], s')}_{LS} = \underbrace{val(E', s'[y \leftarrow val(E, s')])}_{RS}.$ ■2.6.2

Der Satz besagt, daß die syntaktische Ersetzung auf der linken Seite *LS* genau der - semantisch definierten - Zustandsvariation auf der rechten Seite *RS* entspricht. Ein analoger Satz gilt für Boolesche Ausdrücke:

Satz 2.6.3 SUBSTITUTIONSSATZ FÜR BOOLESCHE AUSDRÜCKE

Mit den oben eingeführten Bezeichnungen gilt:
$\forall s' \in Z\colon \underbrace{val(Q[y \leftarrow E], s')}_{LS} = \underbrace{val(Q, s'[y \leftarrow val(E, s')])}_{RS}.$ ■2.6.3

Später benötigen wir noch folgenden leicht abgewandelten Satz, der die syntaktische Ersetzung innerhalb eines Allquantors semantisch beschreibt:

Satz 2.6.4 ERWEITERTER SUBSTITUTIONSSATZ FÜR BOOLESCHE AUSDRÜCKE

Mit den oben eingeführten Bezeichnungen sind für alle $s' \in Z$ die beiden folgenden Wahrheitswerte gleich:
(A) $val(\forall i \in \mathbb{N}\colon Q[y \leftarrow i], s')$.
(B) $\forall s \in Z\colon (\exists v \in \mathbb{N}\colon s = s'[y \leftarrow v]) \Rightarrow val(Q, s)$. ■2.6.4

2.6.4 Felddeklarationen und Feldausdrücke

Die Deklaration einer Feldvariablen A durch **var** A : **array** *RANGE* **of** *SET*, wobei *RANGE* und *SET* zwei Mengen bezeichnen, kann analog den einfachen Deklarationen (Abschnitt 2.6.1) behandelt werden, mit der Besonderheit, daß die Wertemenge $Val(A)$ des durch eine solche Deklaration eingeführten Feldes A als die Menge aller Funktionen von *RANGE* nach *SET* definiert ist. Jeder Zustand s ordnet der Variablen A einen *Wert* $s(A)$, d.h. eine dieser Funktionen zu. Für Argumente $r \in RANGE$ und einen beliebigen Zustand s ist der Wert $(s(A))(r)$ also stets ein wohldefiniertes Element von *SET*. Zur Abkürzung schreiben wir diesen Wert auch als $s(A, r)$. Hier ist also zu unterscheiden: $s(A)$, der Wert von A im Zustand s, ist eine Funktion von *RANGE* nach *SET*; dagegen ist $s(A, r)$, der Wert von A an der Stelle r im Zustand s, ein Element von *SET*. Es sei zum Beispiel die Deklaration:

var A : **array** $\{0, 1\}$ **of** $\{0, 1\}$

betrachtet. Die Menge aller Zustände besteht aus den vier Funktionen von $\{0, 1\}$ nach $\{0, 1\}$. Ein Zustand s kann zum Beispiel A die Identitätsfunktion i mit $i(0) = 0$ und $i(1) = 1$ zuordnen. Dann gelten $s(A) = i$, $s(A, 0) = 0$ und $s(A, 1) = 1$. Für die nächsten Ausführungen nehmen wir zur Vereinfachung an, daß sowohl $RANGE = \mathbb{Z}$ als auch $SET = \mathbb{Z}$ gelten. Das ist zwar insbesondere für die Menge *RANGE*, die normalerweise endlich ist, unrealistisch, erlaubt es aber, genauso wie oben, von Typfehlern und sonstigen Komplikationen, die mit dem Kern der Sache nichts zu tun haben, abzusehen.

Die Abbildung 2.10 zeigt eine abstrakte Beispielsyntax für *Feldausdrücke* F, d.h. Ausdrücke, deren Auswertung in einem Zustand s eine Funktion von *RANGE* nach *SET* ergibt. In der Syntax stellen v einen Wert in $\mathbb{Z}$, A eine Feldvariable, F_1 und F_2 Feldausdrücke und E_1 und E_2 arithmetische Ausdrücke dar.

$$F \quad ::= \quad v \mid A \mid F_1 + F_2 \mid F\{E_1 \leftarrow E_2\}$$

Abbildung 2.10. Syntax für Feldausdrücke F

Z sei die Zustandsmenge, d.h. die Menge aller Funktionen, die einfachen Variablen einen Wert in $\mathbb{Z}$ und Feldvariablen eine Funktion von *RANGE* nach *SET* zuordnen. Jedem Feldausdruck F ordnen wir eine Funktion $val(F)$ mit der Funktionalität:

$$val(F): \quad Z \rightarrow \{ f \mid f{:}RANGE \rightarrow SET \}$$

induktiv über die Syntax von F zu:

$$\begin{aligned} val(v, s) &= \underline{v} \\ val(A, s) &= s(A) \\ val(F_1 + F_2, s) &= val(F_1, s) + val(F_2, s) \\ val(F\{E_1 \leftarrow E_2\}, s) &= (val(F, s))[val(E_1, s) \leftarrow val(E_2, s)]. \end{aligned}$$

Dabei bezeichnet $\underline{v}$ die konstante Funktion, die jedem Argument den Wert v zuordnet, und das Zeichen $+$ auf der rechten Seite der Definition von $val(F_1 + F_2)$ bedeutet die komponentenweise Addition von Funktionen. Intuitiv soll der Ausdruck $F\{E_1 \leftarrow E_2\}$ als 'F, an der Stelle E_1 in den Wert E_2 geändert' interpretiert werden. Die Auswertung von $F\{E_1 \leftarrow E_2\}$ im Zustand s ergibt eine Funktion $s(F\{E_1 \leftarrow E_2\})$, die fast mit $s(F)$ übereinstimmt, außer daß sie an der Stelle $val(E_1, s)$ den Wert $val(E_2, s)$ hat. Zum Beispiel ist der Wert von:

$$A\{j + 5 \leftarrow k + 1\}$$

im Zustand s eine Funktion, die fast überall mit $s(A)$ übereinstimmt, außer an der Stelle $j + 5$, wo der Funktionswert $k + 1$ anstatt $s(A, j + 5)$ ist.

Die Syntax für arithmetische Ausdrücke muß erweitert werden. Sind F ein Feldausdruck und E ein arithmetischer Ausdruck, dann ist, *per definitionem*, auch $F[E]$ ein arithmetischer Ausdruck mit folgender Semantik:

$$val(F[E], s) \;=\; (val(F, s))(val(E, s)).$$

Zum Beispiel ist für $r \in RANGE$ folgendes die Semantik von $A[r]$:

$$val(A[r], s) = (val(A, s))(val(r, s)) = (s(A))(r) = s(A, r),$$

nämlich der Wert von A an der Stelle r im Zustand s. Sind Q ein Boolescher Ausdruck und F ein Feldausdruck, dann ist der neue Boolesche Ausdruck $Q[A \leftarrow F]$ genau wie vorher als die syntaktische Ersetzung aller in Q freien Vorkommen von Variablen A durch den Ausdruck F definiert. Zum Beispiel ist:

$$(\forall i, 0 \leq i \leq j\colon A[i] = 6)[A \leftarrow A_1 + A_2] \;=\; (\forall i, 0 \leq i \leq j\colon (A_1 + A_2)[i] = 6).$$

Für eine Funktion f von *RANGE* nach *SET* ist die Zustandsvariation $s = s'[A \leftarrow f]$ genau wie oben definiert. Ohne Beweis erwähnen wir, daß der folgende analoge Substitutionssatz gilt:

Satz 2.6.5 ERWEITERUNG VON SATZ 2.6.3

Mit den oben eingeführten Bezeichnungen gilt:
$\forall s' \in Z\colon \underbrace{val(Q[A \leftarrow F], s')}_{LS} = \underbrace{val(Q, s'[A \leftarrow val(F, s')])}_{RS}.$ ■2.6.5

2.7 Graphen

Graphen werden in diesem Buch verschiedentlich benötigt. Die Menge der erreichbaren Zustände eines Programms läßt sich vorteilhaft als beschrifteter Graph auffassen. Jedes Petrinetz ist ein bipartiter Graph. Alle später in Betracht kommenden Graphen sind gerichtet; auf den Begriff des ungerichteten Graphen gehen wir daher nicht ein.

Definition 2.7.1 GRAPH, KNOTEN, KANTEN

Ein *Graph* ist ein Paar $G = (V, E)$, wobei V eine Menge und $E \subseteq V \times V$ eine Relation auf $V \times V$ ist. V wird die Menge der *Knoten* und E die Menge der *Kanten* genannt. Man sagt, daß die Kante $e = (x, y) \in V \times V$ von x nach y führt. ■2.7.1

Jede Halbordnung $(D, \prec)$ kann auch als ein spezieller Graph aufgefaßt werden, indem die Menge D als Knotenmenge V und die Menge $\prec$ als Kantenmenge E interpretiert werden. Dies ist jedoch im allgemeinen unüblich. Wenn die Relation $\prec$ sich als die transitive Hülle einer kleineren Relation ρ schreiben läßt, d.h. $\prec = \rho^+$, dann wird die Halbordnung $(D, \prec)$ üblicherweise durch den Graphen (D, ρ) und nicht durch den Graphen $(D, \prec)$ dargestellt - siehe das Beispiel $(D_b, \prec_b)$ in Abschnitt 2.3, wo $\prec_b$ die Rolle von ρ spielt. Im folgenden sei $G = (V, E)$ ein Graph.

Definition 2.7.2 PFAD, WEG, ZYKLUS, KREIS

Ein endlicher (bzw. unendlicher) *Pfad* in G ist eine Folge:

$$x_0 e_1 x_1 \ldots e_m x_m \quad \text{bzw.} \quad x_0 e_1 x_1 e_2 x_2 \ldots$$

mit $x_j \in V$ und $e_j \in E$ derart, daß gilt: $e_i = (x_{i-1}, x_i)$ für alle $1 \leq i \leq m$ (bzw. für alle $1 \leq i$). Ist der Pfad endlich, heißt m seine *Länge*. Ein Pfad heißt *Zyklus*, wenn gilt: $0 \neq m$ und $x_0 = x_m$. Ein Pfad heißt *einfach*, wenn kein Knoten in ihm doppelt vorkommt (außer eventuell $x_0 = x_m$, dann aber nur an diesen beiden Endstellen). Ein endlicher (bzw. unendlicher) *Weg* ist ein endlicher (bzw. unendlicher) einfacher Pfad. Ein *Kreis* ist ein einfacher Zyklus. Ein *beidseitig unendlicher Pfad* ist von der Form:

$$\ldots x_{-2} x_{-1} x_0 e_1 x_1 e_2 x_2 \ldots$$

derart, daß $e_i = (x_{i-1}, x_i)$ für alle $i \in \mathbb{Z}$ gilt. ■2.7.2

G erbt, *per definitionem*, Eigenschaften von der Relation E. So heißt G *reflexiv* (*irreflexiv*, *symmetrisch*), wenn E reflexiv (irreflexiv, symmetrisch) ist. G heißt *zusammenhängend*, wenn $V \times V = (E \cup E^{-1})^\star$ gilt. G heißt *stark zusammenhängend*, wenn $V \times V = E^\star$ gilt.

Definition 2.7.3 BAUM, WURZEL, BLATT, WALD

G heißt *Baum* mit *Wurzel* $y \in V$, wenn G zusammenhängt und $|Ey| = \emptyset$ sowie $|Ex| = 1$ für alle $x \in V \setminus \{y\}$ gelten. Ein Knoten x eines Baumes ist ein *Blatt*, wenn $|xE| = 0$ gilt. Ein *Wald* ist eine Menge von wechselseitig disjunkten Bäumen. ■2.7.3

G heißt *gradendlich*, wenn $|xE| \in \mathbb{N}$ und $|Ex| \in \mathbb{N}$ für alle $x \in V$ gelten. Der Leser beachte den Zusammenhang zwischen der hier definierten Gradendlichkeit und der Umgebungsendlichkeit von Halbordnungen. Wenn eine Halbordnung $(D, \prec)$ umgebungsendlich ist, dann muß $G = (D, \prec)$, als Graph betrachtet, nicht auch gradendlich sein; die Abbildung 2.4 zeigt ein Gegenbeispiel, d.h. eine umgebungsendliche Halbordnung, die - als Graph betrachtet - nicht gradendlich ist. Es gilt allerdings, daß $(D, \prec)$ (als Halbordnung) umgebungsendlich genau dann ist, wenn $(D, \prec\!\!\cdot)$ (als Graph) gradendlich ist.

Ein Graph $G = (V, E)$ heißt *bipartit*, wenn es zwei Mengen V_1, V_2 mit $V_1 \uplus V_2 = V$ und $E \subseteq (V_1 \times V_2) \cup (V_2 \times V_1)$ gibt. G heißt *knotenbeschriftet* (bzw. *kantenbeschriftet*), wenn eine Funktion $\lambda \colon V \to L$ (bzw. eine Funktion $\lambda' \colon E \to L'$) in eine Menge von Beschriftungen L (bzw. L') angegeben wird. G heißt *beschriftet*, wenn G sowohl knotenbeschriftet als auch kantenbeschriftet ist. Ein Graph $G' = (V', E')$ heißt *Spannbaum* von $G = (V, E)$, wenn G' ein Baum ist und es gilt: $V' = V$, $E' \subseteq E$.

Lemma 2.7.4 LEMMA VON KÖNIG [160]

Ein gradendlicher Baum mit unendlicher Knotenmenge enthält einen unendlichen Weg. ■2.7.4

2.8 Folgen

Folgen werden in erster Linie für die operationale Semantik benötigt. Zum Beispiel wird eine Ausführung eines sequentiellen Programms als Folge von Zuständen beschrieben.

2.8.1 Grundlegende Definitionen

Es sei A eine endliche Menge, genannt eine Menge von Buchstaben oder ein *Alphabet*. Wir definieren:

$A^\star = \{a_1 \ldots a_m \mid m \geq 0 \wedge a_j \in A\}$
(die Menge der *endlichen Folgen* von Elementen von A einschließlich - im Falle $m = 0$ - der *leeren Folge* ε)

$A^\omega = \{a_1 a_2 a_3 \ldots \mid a_j \in A\}$
(die Menge der *nach rechts unendlichen Folgen* über A)

$A^\infty = A^\star \cup A^\omega$ (die Menge der Folgen oder *Wörter* über A).

Eine *Sprache* ist eine Teilmenge $L \subseteq A^\infty$. Für $x \in A^\star$ und $y \in A^\infty$ ist die *Konkatenation* xy definiert als die Hintereinanderschreibung von x und y; es gilt $xy \in A^\infty$, d.h., xy ist wieder ein Wort. Für $x \in A^\star$ bezeichnen wir die *Länge* von x mit $|x|$; induktiv: $|\varepsilon| = 0$ und $|ax| = 1 + |x|$ für $a \in A$. Für $a \in A$ und $x = a \ldots a \in A^\star$ schreiben wir auch $x = a^{|x|}$. Der letzte Buchstabe von $x \in A^\star \setminus \{\varepsilon\}$ wird mit $last(x)$ bezeichnet. Weiter definieren wir für $X \subseteq A^\star$ und $Y \subseteq A^\infty$:

$$XY = \{xy \mid x \in X \wedge y \in Y\} \qquad X^\star = \{x_1 \ldots x_m \mid m \geq 0 \wedge x_j \in X\}$$
$$X^\omega = \{x_1x_2x_3 \ldots \mid x_j \in X\} \qquad X^\infty = X^\star \cup X^\omega.$$

Es mag naheliegen, Folgen mit den in Abschnitt 2.3 eingeführten Totalordnungen zu vergleichen. Das kann jedoch irreführend sein, weil lineare Ordnungen von der Ordnungsstruktur her viel allgemeiner sind (wie z.B. die Abbildung 2.4 zeigt), andererseits aber lauter verschiedene Elemente definieren, während die Folgen dieses Abschnitts gleiche Elemente an verschiedenen Stellen haben können. Eine adäquate Sichtweise ist es vielmehr, jede Folge $a_1a_2a_3 \ldots$ im Sinne dieses Abschnitts als eine *beschriftete Indexreihe* anzusehen, in der die Elemente den Indexpositionen[12] entsprechen, die Halbordnung der Relation $<$ innerhalb der natürlichen Zahlen und die Beschriftung einer Funktion von den Indexpositionen in die Menge A. Zum Beispiel entspricht die Folge $aabacba$ der Halbordnung $(\{1, 2, 3, 4, 5, 6, 7\}, <)$ mit der Beschriftung:

$$\lambda(1) = \lambda(2) = \lambda(4) = \lambda(7) = a \quad \text{und} \quad \lambda(3) = \lambda(6) = b \quad \text{und} \quad \lambda(5) = c.$$

2.8.2 Präfixstruktur

Definition 2.8.1 PRÄFIXE

Es seien $v, w \in A^\infty$ zwei Folgen. v ist ein *echter Präfix* von w, wenn gilt:

$$\exists v' \in A^\infty \setminus \{\varepsilon\}: vv' = w.$$

v ist ein *Präfix* von w, geschrieben $v \lesssim w$, wenn $v = w$ oder v ein echter Präfix von w ist. ■2.8.1

Ist w unendlich, dann hat w unendlich viele verschiedene endliche, aber nur einen einzigen unendlichen Präfix, nämlich w selbst. Es gelten zum Beispiel $\varepsilon \lesssim abacca$, $abac \lesssim abacca$ und $abacca \lesssim abacca$, aber $\neg(aac \lesssim abacca)$. Eine Sprache L heißt *präfix-abgeschlossen*, wenn mit $w \in L$ und $v \lesssim w$ immer auch $v \in L$ gilt. Für eine beliebige Sprache L nennen wir eine Folge $w \in L$ *maximal in* L oder L-maximal, wenn es keine Folge $w' \in L$ gibt, so daß w ein echter Präfix von w' ist. Zum Beispiel sei:

$$L = \{b, ab, aab, aaab, \ldots, a, aa, aaa, aaaa, \ldots\}.$$

Dann sind die Folgen $b, ab, aab, \ldots$ L-maximal, nicht aber die Folgen $a, aa, aaa, \ldots$

[12] D.h., den konvexen Teilmengen von $(\mathbb{N}, <)$, meist mit 0 oder mit 1 beginnend.

Die Präfixrelation $\lesssim$ ist transitiv, reflexiv und antisymmetrisch. Also ist die Struktur $(A^\infty, \lesssim)$ eine Halbordnung. Für $w, w' \in A^\infty$ sind die Relationen *li* und *co* gemäß Abschnitt 2.3 folgendermaßen definiert:

$$\begin{aligned} & w \; li \; w' && \Leftrightarrow && (w \lesssim w') \vee (w' \lesssim w) \\ \text{und} \quad & w \; co \; w' && \Leftrightarrow && (w = w') \vee \neg(w \; li \; w'). \end{aligned}$$

Jeder Folge $w \in A^\infty$ ordnen wir die Menge:

$$PR(w) = \{v \in A^\star \mid v \lesssim w\}$$

ihrer endlichen Präfixe zu. Diese Menge ist eine präfix-abgeschlossene li-Menge; je zwei Präfixe von w sind miteinander vergleichbar, denn mindestens einer davon ist ein Präfix vom anderen. Es gilt sogar noch mehr, denn mittels der Zuordnung von w und $PR(w)$ kann man Aussagen über unendliche Folgen auf Aussagen über endliche Folgen zurückführen. Insbesondere ist die Präfixrelation auf eine Teilmengenrelation zurückführbar:

Lemma 2.8.2

$v \lesssim w \;\Leftrightarrow\; PR(v) \subseteq PR(w).$ ■2.8.2

Für $A' \subseteq A$ und $w \in A^\infty$ sei $proj(w, A')$ (die *Projektion von w auf A'*) diejenige Folge, die sich aus w durch Streichen aller Buchstaben ergibt, die nicht in A' enthalten sind. Es gilt zum Beispiel $proj(abacca, \{a, c\}) = aacca$, $proj(abacca, \{a, d\}) = aaa$ und $proj(abacca, \emptyset) = \varepsilon$. Projektionsbildung ist mit Präfixmengenbildung vertauschbar:

Lemma 2.8.3

Sei $A' \subseteq A$. Dann gilt $PR(proj(w, A')) = \{proj(v, A') \mid v \in PR(w)\}$. ■2.8.3

Außerdem kann w aus der Menge $PR(w)$ zurückgewonnen werden. Ist $PR(w)$ eine endliche Menge, suche man nach dem längsten Element; dieses ist eindeutig bestimmt und gleich w. Falls $PR(w)$ unendlich ist, ist auch w unendlich und ergibt sich induktiv: für jede Länge $l \in \mathbb{N}$ enthält $PR(w)$ genau eine endliche Folge der Länge l. Außerdem ist jede Folge der Länge $k < l$ ein Präfix der Folge der Länge l. Es folgt, daß die Zusammensetzung von w aus seinen endlichen Präfixen wohldefiniert und eindeutig ist. Projektionsbildung ist präfixerhaltend und transitiv in folgendem Sinn:

Lemma 2.8.4

(i) *Mit $A' \subseteq A$, $w \in A^\infty$ und $v \lesssim w$ gilt auch $proj(v, A') \lesssim proj(w, A')$.*
(ii) *Mit $A_0 \subseteq A_1 \subseteq A$ und $w \in A^\infty$ gilt $proj(w, A_0) = proj(proj(w, A_1), A_0)$.*

2.9 Literaturangaben

Zum Stoff dieses Kapitels gibt es viele weiterführende Lehrbücher. Zu den Abschnitten 2.1 und 2.2 erwähnen wir die Bücher von Schöning [229] und Boolos / Jeffrey [56], die klassische Abhandlung von Halmos [132] und das Buch von Schmidt [228]. Der Abschnitt 2.3 zitiert in Kurzform einige Resultate aus [50] und [233]. Weiterführendes Material findet sich in Smiths Dissertation [234]. Unsere Verwendung der Begriffe 'stärker' und 'schwächer' für Halbordnungen stimmt mit [128] überein. Die Verwendung von wohlgegründeten Halbordnungen zum Nachweis von Terminierungseigenschaften geht auf Floyd [113] und Manna zurück [185].

Das in Abschnitt 2.4 ausgewählte Material findet sich in verschiedenen Lehrbüchern über Verbände und Halbordnungen, zum Beispiel in [83], aber auch in Büchern über Semantik, so in Stoys frühem Monograph [242], in Schmidts Buch [227] und in Olderogs Habilitationsarbeit [202]. Die Fixpunktsätze lassen verschiedene Verallgemeinerungen zu. Beispielsweise kann eine zwischen Halbordnungen und vollständigen Verbänden gelegene Struktur, die vollständigen Halbordnungen [83] definiert werden, auf denen eine Verallgemeinerung von Satz 2.4.6 gilt (siehe Übungsaufgabe 2.10.14).

Der in den Abschnitten 2.5 und 2.6 vorgestellte Stoff ist - zum Teil ausführlicher - in den Büchern von Bergmann und Noll [36], Alber und Struckmann [4], Loeckx und Sieber [179] und Apt / Olderog [18] behandelt. Etwas knapp kommen die Substitutionslemmata in Gries' Buch [130] zur Sprache, aber das Buch von Gries / Schneider [131] macht dies mehr als wett. Zur Entscheidbarkeit von Prädikaten und dem Begriff der Turingmaschine vergleiche man zum Beispiel [56].

Zu den Definitionen des Abschnitts 2.7 vergleiche man etwa [108, 109]. Die Stoffzusammenstellung des Abschnitts 2.8 ist, wie alles andere auch, speziell für die Zwecke dieses Buches gewählt worden. Der Leser wird zur vertiefenden Literaturstudie auf Thomas' Übersichtsartikel [248] und die Arbeiten von Courcelle [76] und von Boasson / Nivat [54] verwiesen. Die Aussage von Aufgabe 2.10.16 ist bekannt als der Satz von Bernstein. Der in Anhang A.2 reproduzierte Beweis aus [228] stellt eine besonders elegante Anwendung des Fixpunktsatzes dar.

An mehr als einer Stelle dieses Buches mußte eine Entscheidung über die Frage getroffen werden, ob ein benötigtes Konzept so allgemein wie möglich oder in einer noch hinreichend allgemeinen speziellen Form definiert werden solle. Meist ist diese Entscheidung zugunsten der spezielleren Form ausgefallen, in der Hoffnung, daß die zugrundeliegende Motivation dann so klar wie möglich herausgearbeitet werden kann. Das Konzept der c-Diskretheit einer Halbordnung bildet eines der wenigen Beispiele für eine Abweichung von diesem Grundsatz. Oft wird in der Literatur statt der c-Diskretheit für Prozesse die in Übung 2.10.11 definierte Vorgängerendlichkeit gefordert, denn beide Eigenschaften charakterisieren in gewissem Sinn die 'vernünftigen' Prozeßstrukturen. Es wird sich in den Kapiteln 4 und 5 herausstellen, daß es für die Zwecke des Buches ausgereicht hätte, Vorgängerendlichkeit zu betrachten. Trotzdem haben wir aus zwei Gründen für das allgemeinere Konzept der c-Diskretheit entschieden: erstens um die prinzipielle Symmetrie von Halbordnungen bezüglich der Vergangenheit und der Zukunft eines Prozesses zu betonen, zweitens weil in [48] ein Satz zu finden ist, der im wesentlichen besagt, daß die Eigenschaft der c-Diskretheit diejenigen Halbordnungen charakterisiert, die noch sinnvoll linearisierbar sind.

2.10 Übungsaufgaben

Vorbemerkung.

Wo Bezeichnungen im folgenden nicht genau angegeben werden, beziehen sie sich auf den Text. Zum Beispiel bedeutet D stets die Grundmenge einer Halbordnung, A eine Teilmenge davon (oder, wo es sich um Folgen handelt, das Alphabet), etc.

1. Der Quantor $\exists! \ldots$ bedeutet *es gibt genau ein* ... Man drücke $\exists! x\, P(x)$ mit Hilfe von $\exists, \forall, \wedge, \Rightarrow$ und $=$ aus.

2. Man gebe prädikatenlogische Formeln für die folgenden umgangssprachlich formulierten Aussagen an. In den Formeln dürfen neben den Symbolen der Logik nur $=, \cdot$ (Multiplikation) und Konstanten vorkommen. x, y, z_1 und z_2 sind ganzzahlige Variablen.

   (i) x teilt y (in Zeichen: $x|y$).
   (ii) x ist gerade ($even(x)$) und y ist ungerade ($odd(y)$).
   (iii) $y = |x|$ (Absolutbetrag).
   (iv) x ist eine Primzahl.
   (v) $z_1 = x$ **div** y.
   (vi) $z_2 = x$ **mod** y.

   Die letzten beiden Operationen sind so definiert: $x = z_1 \cdot y + z_2$ und $0 \leq |z_2| < |y|$.

3. Man berechne die Negation von folgender Aussage:

   $\forall x \in A\ \ \forall \epsilon > 0\ \ \exists \delta > 0\ \ \forall y \in A\colon\ \ (|x - y| < \delta \Rightarrow |f(x) - f(y)| < \epsilon).$

4. Man zeige, daß eine Menge X abzählbar im Sinn von Abschnitt 2.1.3 genau dann ist, wenn es eine injektive Funktion von X nach $\mathbb{N}$ gibt. Benötigt man das Auswahlaxiom? (Das Auswahlaxiom besagt: zu jedem Mengensystem $\{\alpha(i) \mid i \in I\}$ existiert eine Funktion f, die als Argument eine der Mengen $\alpha(i)$ hat und als Wert ein Element aus $\alpha(i)$ liefert.)

5. Sei X eine Menge mit $|X| = n$. Wieviele binäre Relationen (Totalordnungen, reflexive Relationen, symmetrische Relationen) gibt es auf X?

6. Welche Beziehung besteht zwischen ρ^+ und $\rho^* \backslash id_X$?

7. Man zeige, daß es keine surjektive Funktion von X auf 2^X gibt.

8. Zu einer Halbordnung $(D, \prec)$ definiere man $D' = D \backslash \mathrm{Min}(D, \prec)$ und $\prec' = \prec \cap (D' \times D')$. Man zeige:

   (i) $(D', \prec')$ ist eine Halbordnung.
   (ii) $\mathrm{Min}(D', \prec') \subseteq \bigcup \{y^\bullet \mid y \in \mathrm{Min}(D, \prec)\}$.

   Man zeige anhand eines Gegenbeispiels, daß in (ii) die Beziehung $(\supseteq)$ nicht gilt.

9. Sei $\boldsymbol{C}$ die Menge der Schnitte einer Halbordnung $(D, \prec)$. Für $c_1, c_2 \in \boldsymbol{C}$ definiere:

   $$c_1 \sqsubseteq c_2 \;\Leftrightarrow\; \forall x \in c_1\, \exists y \in c_2 \colon x \preceq y.$$

   Man zeige, daß $(\boldsymbol{C}, \sqsubseteq)$ eine Halbordnung ist.

10. $(D, \prec)$ sei eine Halbordnung, $\mathrm{Min}(D, \prec)$ sei ein endlicher Schnitt, $(D, \prec)$ sei $\mathrm{Min}(D, \prec)$-diskret, und für jedes Element $x \in D$ gelte $|x^\bullet| \in \mathbb{N}$. Dann kann jede endliche co-Menge c_0 zu einem endlichen Schnitt $c \supseteq c_0$ erweitert werden.

11. $(D, \prec)$ heißt *vorgängerendlich* (engl. *finitely preceded*), wenn $|\{y \in D \mid y \preceq x\}| \in \mathbb{N}$ für alle $x \in D$ gilt. Man zeige:
    (i) Sei $\mathrm{Min}(D)$ ein endlicher Schnitt und sei $(D, \prec)$ umgebungsendlich. Dann ist $(D, \prec)$ $\mathrm{Min}(D)$-diskret genau dann, wenn $(D, \prec)$ vorgängerendlich ist.
    (ii) Beide Voraussetzungen in (i) sind notwendig.

    Man zeige auch: aus der Vorgängerendlichkeit folgt die Wohlgegründetheit, aber nicht umgekehrt.

12. $(D, \prec)$ sei eine nichtleere Halbordnung, so daß zu jeder nichtleeren Teilmenge $A \subseteq D$ die größte untere Schranke $\sqcap A$ existiert. Außerdem existiere die kleinste obere Schranke $\sqcup D$ von D. Man zeige, daß dann für jede beliebige nichtleere Teilmenge $B \subseteq D$ die kleinste obere Schranke $\sqcup B$ existiert. Wieso ist die Voraussetzung, daß $\sqcup D$ existiert, notwendig?

13. Man zeige, daß die im Text gegebene Definition vollständiger Verbände äquivalent zur folgenden Definition ist: Eine Halbordnung $(D, \prec)$ heißt vollständiger Verband genau dann, wenn jede Teilmenge $A \subseteq D$ eine größte untere und eine kleinste obere Schranke hat. Kann man eine analoge Vereinfachung auch für nicht notwendigerweise vollständige Verbände finden?

14. Eine Halbordnung $(D, \prec)$ heißt *vollständig* oder *cpo* (*engl.* complete partially ordered set), wenn das Element $\perp$ existiert und wenn für jede gerichtete Teilmenge $A \subseteq D$ die kleinste obere Schranke existiert; dabei heißt A gerichtet, wenn gilt:
    $\forall x, y \in A\, \exists z \in A: z \in OS(\{x, y\})$.

    Man zeige, daß jede monotone Funktion auf einer *cpo* einen Fixpunkt hat.

15. Man bestimme alle (es gibt 25) Verbände mit 1 bis 6 Elementen in Diagrammform.

16. Falls es zwei injektive Funktionen $f: X \to Y$ und $g: Y \to X$ gibt, dann gibt es auch eine Bijektion $i: X \to Y$.

17. Auf dem vollständigen Verband $(2^{\mathrm{N}}, \subseteq)$ ist die Funktion $f: 2^{\mathrm{N}} \to 2^{\mathrm{N}}$ mit der Definition $f(Y) = Y \cup \mathrm{Min}\{\mathbb{N} \backslash Y\}$ für $Y \in 2^{\mathrm{N}}$ zu betrachten.
    (i) Man bestimme $f^0(\perp)$, $f^1(\perp)$, $f^2(\perp)$, $f^3(\perp)$ und $f^i(\perp)$ allgemein.
    (ii) Man zeige, daß f monoton ist und bestimme den kleinsten Fixpunkt von f. Besitzt f noch weitere Fixpunkte?

18. (i) Man definiere die Eigenschaft der co-Stetigkeit analog zur Stetigkeit und formuliere ein Analogon von Satz 2.4.8 für die iterative Berechnung von νf statt von μf. Man zeige, daß die Stetigkeit und die co-Stetigkeit auseinanderfallen.
    (ii) Macht der Begriff co-Monotonie Sinn?

19. Man beweise die Assoziativität $((x \sqcap y) \sqcap z) = (x \sqcap (y \sqcap z))$.

20. $(D, \prec)$ sei eine Totalordnung und $f: D \to D$ sei eine monotone Funktion. Man zeige, daß $(D, \prec)$ ein Verband und daß f additiv und multiplikativ ist.

21. (i) Man folgere das Distributivgesetz $\forall x, y, z \in D \colon x \sqcup (y \sqcap z) = (x \sqcup y) \sqcap (x \sqcup z)$ aus dem im Text genannten Distributivgesetz und den Verbandseigenschaften.
    (ii) Man folgere auch Eindeutigkeit des Komplements und die Beziehung $\overline{\overline{x}} = x$.

22. Man beweise Satz 2.6.5.

23. Es sei $x_0 e_1 \dots e_m x_m$ ein Zyklus in einem Graph (V, E). Man nehme an, daß E antisymmetrisch sei und außerdem noch folgende Eigenschaft besitzt:

$$\forall x, y \in V \colon (x, y) \in E \vee (y, x) \in E.$$

Man zeige: Falls (V, E) einen Zyklus besitzt, dann hat (V, E) einen Zyklus der Länge 3.

24. Es sei $G = (V, E)$ ein (endlicher oder unendlicher) Graph mit $\forall x \in V \colon |xE| = 1 = |Ex|$. Man zeige, daß G in starke Zusammenhangskomponenten zerfällt, von denen jede entweder ein Kreis oder ein einfacher beidseitig unendlicher Pfad ist.

25. Sei (V, E) ein Baum mit Wurzel y. Man zeige, daß (V, E^+) eine wohlgegründete Halbordnung mit $\mathrm{Min}(V) = \{y\}$ ist.

26. Man zeige für Sprachen L_1, L_2, L_1' und L_2':
$L_1(L_2 \cup L_2') = (L_1L_2) \cup (L_1L_2')$ und $(L_1 \cup L_1')L_2 = (L_1L_2) \cup (L_1'L_2)$.

27. Man hätte die Eigenschaft eines Wortes w, maximal in einer Sprache L zu sein, auch so definieren können: $\neg \exists a \in A \colon wa \in L$. Man zeige, daß für präfix-abgeschlossene Sprachen L diese alternative Definition auf das gleiche herauskommt wie die im Text gegebene.

Kapitel 3. Semantik sequentieller Programme

Die wichtigsten Daten- und Kontrollstrukturen, die sich in sequentiellen Programmiersprachen wie etwa `C` [156], `Pascal` [260] oder `Modula-2` [261] finden, werden in der von E.W.Dijkstra eingeführten *guarded-command*-Notation [97] widergespiegelt. Das ist Grund genug, diese Notation an den Anfang unserer Betrachtungen zu setzen. Die Definition ihrer Syntax und einige Erläuterungen finden sich in Abschnitt 3.1. Für die *guarded-command*-Notation definieren wir drei Semantiken:

- Eine operationale und eine relationale Semantik in Abschnitt 3.2.
- Eine axiomatische Semantik in Abschnitt 3.3.
- Eine prädikative Semantik in Abschnitt 3.4.

Diese drei Semantiken genügen verschiedenen Ansprüchen.

Die operationale Semantik und ihre Abstraktion, die relationale Semantik, stehen in unmittelbarer Nähe zum intuitiven Verständnis der Geschehnisse in einer Rechenmaschine. Zwar definieren wir diese Art von Semantik unabhängig von irgendeinem der existierenden Computermodelle, aber sie kann doch als Abbild der Abläufe in einer Maschine gelten. Sie stellt auch einen Bezugsrahmen her, in den die anderen beiden Semantiken eingepaßt werden können.

Die axiomatische Semantik erlaubt das Verständnis der Korrektheit eines Programms durch die Zuordnung von Prädikaten an den Programmtext. Ein solches Verständnis ist vor allem bei Schleifen, die Wiederholungen gleichartiger Programmstücke ausdrücken, wichtig. Die Gleichartigkeit der Wiederholungen kann oft besser mit Hilfe von logischen anstelle von operationalen Methoden ausgedrückt werden. Durch die axiomatische Sichtweise gerät die Tatsache, daß ein Programm auch auf einer Maschine ausgeführt werden kann, in den Hintergrund der Betrachtungen.

Die prädikative Semantik ist der axiomatischen sehr verwandt, dreht aber den Ansatz in gewisser Weise um. Zu einer gegebenen Spezifikation wird eine Bedingung gesucht, die anfänglich gelten muß, damit die Terminierung eines Programms garantiert und die Spezifikation nach Terminierung erfüllt ist. Im Gegensatz zur axiomatischen bezieht die prädikative Semantik die Terminierung von Programmen mit ein. Diesen und andere Unterschiede arbeiten wir heraus, wenn wir die Ausdrucksstärken von axiomatischer, prädikativer und relationaler Semantik miteinander vergleichen.

Die prädikative Semantik ist besonders gut zum korrektheitsorientierten Entwurf von Programmen geeignet. Diesen Aspekt diskutieren wir kurz in Abschnitt 3.5. Dort beschreiben wir auch den sinnvollen Umgang mit Programminvarianten, der durch die Theorie der anderen Abschnitte nicht unmittelbar deutlich wird. Bis auf den Abschnitt 3.5 ist Kapitel 3 relativ stark mathematisch ausgerichtet. Anders als im vorigen Kapitel werden alle Beweise direkt im Text angegeben.

3.1 Sequentielle nichtdeterministische Programme

3.1.1 Syntax und Erläuterungen

Die Abbildung 3.1 zeigt die Kernsyntax der Programmiernotation, die wir als erstes untersuchen. Ein Wort der von der syntaktischen Variablen *SEQPROG* erzeugten Sprache[1] heißt ein sequentielles Programm. Es besteht laut Syntax aus einer (eventuell leeren) Reihe von Deklarationen *DECL*, genauer erläutert in den Abschnitten 2.6.1 und 2.6.4, und einer (nichtleeren) Reihe von Kommandos *CMD*. In einer Deklaration **var** $x : t$ bedeutet x den Namen einer Variablen und t ihren *Typ*, d.h. die ihr zugeordnete Wertemenge. Optional lassen wir auch die Angabe eines Anfangswerts *VALUE* zu und verwenden hierfür die Syntax ... (**init** *VALUE*); ... direkt nach einer Deklaration. Der Anfangswert einer Variablen muß in ihrem Wertebereich liegen. Für die Benennung von Variablen halten wir uns an die übliche Konvention, sie als nichtleere Folge von Buchstaben oder Ziffern zu bilden, beginnend mit einem Buchstaben. Die Kommandotypen werden im nächsten Abschnitt erklärt. *EXPR* bezeichnet - je nach Verwendungskontext - einen arithmetischen oder einen Booleschen Ausdruck; im Kontext $V := EXPR$ müssen die Typen von V und von *EXPR* übereinstimmen. Hier und im folgenden bezeichnet β einen Ausdruck, der Boolesch sein muß.

$$
\begin{array}{lll}
\mathit{SEQPROG} & ::= & \mathit{DECL};\ \mathit{CMD} \mid \mathit{CMD} \\
\mathit{DECL} & ::= & \mathbf{var}\ V\!:\ \mathit{SET} \mid \mathbf{var}\ A\!:\mathbf{array}\ \mathit{RANGE}\ \mathbf{of}\ \mathit{SET} \mid \mathit{DECL}_1;\ \mathit{DECL}_2 \\
\mathit{CMD} & ::= & \mathbf{skip} \mid \mathbf{abort} \mid V := \mathit{EXPR} \mid A[\mathit{EXPR}_1] := \mathit{EXPR}_2 \mid \mathit{CMD}_1;\ \mathit{CMD}_2 \mid \\
 & & \mathbf{if}\ \beta_1 \rightarrow \mathit{CMD}_1 \ \square \ \ldots \ \square \ \beta_m \rightarrow \mathit{CMD}_m\ \mathbf{fi} \mid \mathbf{do}\ \beta \rightarrow \mathit{CMD}_0\ \mathbf{od}
\end{array}
$$

Kontextbedingungen:

(i) Jede in *CMD* frei vorkommende Variable ist in *DECL* deklariert.

(ii) In *DECL* darf keine Variable doppelt deklariert sein.

(iii) Im Kontext $V := EXPR$ muß die Auswertung von *EXPR* stets einen Wert im V zugeordneten Wertebereich *SET* ergeben. Im Kontext $A[EXPR_1] := EXPR_2$ muß die Auswertung von $EXPR_1$ einen Wert in *RANGE* und die Auswertung von $EXPR_2$ einen Wert in der A zugeordneten Menge *SET* ergeben.

Abbildung 3.1. Syntax und Kontextbedingungen von *SEQPROG*

[1] Wir verweisen auf den Abschnitt 2.6.2, in dem dieser Begriff erklärt ist.

Wir schlüsseln die Syntax von *SET* (Menge), *RANGE* (endliche Menge), *EXPR* (Ausdruck) und β (Boolescher Ausdruck) nicht weiter auf, sondern verweisen stattdessen auf den Abschnitt 2.6.2. Leichte syntaktische Variationen und Verallgemeinerungen werden ohne ausführliche Erläuterung zugelassen. Eine einzige **var**-Klausel kann zum Beispiel mehrere Variablendeklarationen beherbergen, wie im c_{allsix}-Programm (Abbildung 1.2). Haben zwei Variablen den gleichen Typ, dürfen sie auch durch Komma getrennt vorkommen, wie z.B. in der Deklaration **var** x, y: $\mathbb{Z}$.

Für sequentielle Programme der Syntax *SEQPROG* verwenden wir meist die Buchstaben c, c_1, c_2 oder c' (für engl.: *command*). Wir verwenden die Begriffe *Programm* und *Kommando* synonym, aber nur dann, wenn der Deklarationsteil vernachlässigt werden kann. Wir schreiben auch - ungenau - $c \in$ *SEQPROG* für die Tatsache, daß c ein Wort der von *SEQPROG* erzeugten Sprache ist. Manchmal verkürzen wir die Schreibweise dadurch, daß der Deklarationsteil eines Programms ganz oder teilweise weggelassen wird. Die nicht deklarierten Variablen sind dann per Konvention entweder **integer**-Variablen, d.h. vom Typ $\mathbb{Z}$, oder Boolesche Variablen, d.h. vom Typ {**false**, **true**}. Welcher der beiden Typen gemeint ist, ergibt sich jeweils aus dem Kontext.

Das Kommando **skip** stellt eine Anweisung dar, die immer korrekt und ohne Zustandsänderung terminiert. Das Kommando **abort** stellt eine Anweisung dar, die nie korrekt terminiert. Dies kann als Abstraktion für Anweisungen wie z.B. $x := 1/0$, die zu Fehlern führen, angesehen werden. Das Kommando V := *EXPR* und das Kommando $A[EXPR_1] := EXPR_2$ stellen die *Wertzuweisungen* dar, die den Wert von V bzw. den Wert von A gemäß dem Wert von *EXPR* bzw. den Werten von $EXPR_1$ und $EXPR_2$ verändern. Die Kommandofolge $c_1; c_2$ stellt die Hintereinanderausführung von c_1 und c_2 dar. Das allgemeine Alternativkonstrukt **if** ... **fi** bezieht die Möglichkeit *nichtdeterministischer* Abläufe ein. Das Programm:

$$\textbf{var}\ x\colon \mathbb{N};\ \textbf{if true} \to x := 0 \ \square\ \textbf{true} \to x := 1\ \textbf{fi}$$

soll zum Beispiel bedeuten, daß der Wert von x nach der Ausführung entweder 0 oder 1 ist, daß aber vor der Ausführung nicht schon in irgendeiner Weise festgelegt sein soll, welcher der beiden Fälle nach der Ausführung tatsächlich vorliegt. Diese Art von Nichtdeterminismus kann besonders während der Entwicklung eines Programms wichtig sein. Sucht man zum Beispiel ein Element einer Menge mit einer bestimmten Eigenschaft, so kommt es häufig vor, daß im ersten Lösungsansatz offen gelassen wird, welches der eventuell mehreren Elemente ausgewählt wird, und daß die nähere Bestimmung dieser Auswahl erst gegen Ende der Implementierung getroffen oder sogar ganz den Zufällen im Maschinenablauf überlassen wird. Aus diesem Grund kann der Begriff *nichtdeterministisches Programm* im weiteren Sinne auch als *nichtdeterministische Spezifikation* verstanden werden. Allgemein lassen wir für das Konstrukt:

$$\textbf{if}\ \beta_1 \to c_1\ \square\ \ldots\ \square\ \beta_m \to c_m\ \textbf{fi}$$

die folgende operationale Interpretation zu. Es wird eine der (möglicherweise mehreren) Eingangsbedingungen β_j $(1 \leq j \leq m)$ ausgewählt, deren Auswertung **true** ergibt, und das entsprechende Kommando c_j wird ausgeführt. Für die Auswahl existiert kein *a priori*-Prinzip, das angibt, wie sie zu treffen wäre; jede Möglichkeit ist gleichberechtigt. Falls keine Auswahl getroffen werden kann (weil keins der β_j zu **true** ausgewertet wird), so terminiert das **if**-Kommando nicht. Das Alternativkonstrukt **if** β **then** c_1 **else** c_2 **end** geht als Spezialfall **if** $\beta \rightarrow c_1 \,\Box\, \overline{\beta} \rightarrow c_2$ **fi** aus dem allgemeinen Konstrukt hervor. Für Programme mit zwei oder mehr **true**-bewachten Alternativen führen wir eine Abkürzung ein: c_1 **or** c_2 steht, *per definitionem*, für das Programmstück **if true** $\rightarrow c_1 \,\Box\,$ **true** $\rightarrow c_2$ **fi**.

Die Schleife **do** $\beta \rightarrow c_0$ **od** stellt die wiederholte Ausführung von c_0, solange die Auswertung von β den Wert **true** ergibt, dar. Dieses Konstrukt ist äquivalent zur bekannteren Form **while** β **do** c_0 **end** der Schleife. In [97] findet sich auch ein nichtdeterministisches Schleifenkonstrukt der Form **do** $\beta_1 \rightarrow c_1 \,\Box \ldots \Box\, \beta_m \rightarrow c_m$ **od**. Diese erweiterte Schleife kann einerseits durch das Programm:

$$\mathbf{do}\ (\beta_1 \vee \ldots \vee \beta_m) \rightarrow \mathbf{if}\ \beta_1 \rightarrow c_1 \;\Box\; \ldots \;\Box\; \beta_m \rightarrow c_m\ \mathbf{fi}\ \mathbf{od}$$

simuliert werden. Andererseits lassen sich die formalen Methoden, die wir später für die deterministische Schleife **do** $\beta \rightarrow c_0$ **od** definieren werden, immer auf die nichtdeterministische Form der Schleife erweitern. Darauf werden wir dann im einzelnen zurückkommen (siehe zum Beispiel Übungsaufgabe 3.7.8 und ihre Lösung).

3.2 Operationale und relationale Semantik

3.2.1 Motivation und Grundbegriffe

Was ist die Semantik eines sequentiellen Programms c? Eine naheliegende Antwort lautet, daß, ausgehend von einem Anfangszustand, während eines Ablaufs von c Variablenwerte überprüft und verändert werden, bis eventuell ein Endzustand erreicht wird. Ein Zustand ist dabei, wie in Abschnitt 2.6 ausführlich besprochen wurde, als Gesamtheit der Variablenwerte zu verstehen. Es bietet sich der Versuch an, den Ablauf eines Programms c als Folge von nacheinander durchlaufenen Zuständen darzustellen. Eine solche Beschreibung heißt *operationale Semantik* von c.

Es ist sinnvoll, von dieser Vorstellung etwas zu abstrahieren und ein Programm c als eine *Black Box* zu begreifen, die einen Anfangszustand in einen Endzustand überführt. Denn bei einem sequentiellen Programm interessiert in erster Linie das Input- / Outputverhalten ('Welchen *Output* bekommt man bei gegebenem *Input*'?). Die im Verlauf einer Rechnung auftretenden Zwischenzustände sind von geringerem Interesse. Auch im Sinne der Kompositionalität sind die Anfangs- und Endzustände von primärer Bedeutung; zum Beispiel interessiert bei dem zusammengesetzten Programm $c_1; c_2$, wie der Endzustand von c_1 mit dem Anfangszustand von c_2 zusammenpaßt.

Ist ein Programm deterministisch, dann gibt es für jeden Anfangszustand nur einen einzigen möglichen Endzustand. In diesem Fall genügt zur Beschreibung des Input- / Outputverhaltens eine partielle Funktion von der Menge von Anfangszuständen in die Menge der Endzustände; eine solche Semantik heißt dann auch *funktional*. Da unsere Notation aber nichtdeterministische Programme zuläßt, kann es zu einem Anfangszustand mehrere mögliche Endzustände geben. Wir fassen statt einer Funktion deswegen eine *Relation*, die Anfangs- und Endzustände eines Programms miteinander in Beziehung setzt, ins Auge; die sich daraus ergebende Semantik heißt *relational*. Im folgenden sei c ein syntaktisch wohlgeformtes, d.h. aus der *SEQPROG*-Syntax ableitbares *SEQPROG*-Programm.

Definition 3.2.1 VARIABLEN, WERTEMENGE, ZUSTANDSMENGE

$Var(c)$ ist die Menge der im Deklarationsteil von c vorkommenden Variablen(namen). Für $V \in Var(c)$ bezeichnet $Val(V)$ den Typ von V, d.h. die der Variablen V zugeordnete Wertemenge[2]. Ein *Zustand* s von c ist eine Funktion, die jeder Variablen $V \in Var(c)$ einen Wert $s(V) \in Val(V)$ zuordnet. Die Menge aller Zustände von c wird mit $Z(c)$ (oder einfach nur Z, wenn keine Verwechslung möglich ist) bezeichnet. ■3.2.1

Aufgrund der Kontextbedingungen (i) und (ii) aus Abbildung 3.1 ist die Menge $Val(V)$ für jede Variable $V \in Var(c)$ eindeutig bestimmt. In Übereinstimmung mit Abschnitt 2.6 wird der Wert einer Variablen V (eines Ausdrucks *EXPR*, eines Booleschen Ausdrucks β) im Zustand s als $s(V)$ (als $val(EXPR, s)$ bzw. als $val(\beta, s)$oder $\beta(s)$) bezeichnet. Die Menge $Z(c)$ ist abzählbar, wenn alle Mengen $Val(x)$ für einfache Variablen abzählbar sind und wenn für alle Feldvariablen A die Mengen *RANGE* endlich und die Mengen *SET* abzählbar sind. Auf der anderen Seite ist, wie in Abschnitt 2.6 erwähnt worden ist, die Menge $Z(c)$ nie leer, selbst wenn in c überhaupt keine Variablen vorkommen. Der formalen Homogenität wegen erweitern wir Definition 3.2.1 auf die einzelnen (im Sinne der syntaktischen Kategorie *CMD* wohlgeformten) Teilkommandos von c. Für das Programm:

$$c \equiv \textbf{var}\ x, y{:}\ \mathbb{Z};\ \underbrace{x := x - 1}_{c_1};\ \underbrace{\textbf{skip}}_{c_2}$$

gelten zum Beispiel $Var(c) = Var(c_1) = Var(c_2) = \{x, y\}$ und:

$$Z(c) = Z(c_1) = Z(c_2) = \underbrace{\mathbb{Z}}_{x} \times \underbrace{\mathbb{Z}}_{y} \qquad (\textit{nicht}\ Z(c_1) = \underbrace{\mathbb{Z}}_{x}, Z(c_2) = \{\emptyset\}).$$

Wir untersuchen nunmehr die Beziehungen zwischen den Anfangs- und den Endzuständen eines Programms c. Für einen gegebenen Anfangzustand $s' \in Z(c)$ gibt es folgende Möglichkeiten:

(i) c terminiert in einem Endzustand.

(ii) c trifft irgendwann auf ein **abort**-Kommando oder auf ein Alternativkommando **if**...**fi**, dessen Eingangsbedingungen alle **false** sind.

(iii) c führt eine unendliche Schleife aus.

(iv) Eine nichtdeterministische Kombination der Möglichkeiten (i)-(iii).

Offenbar ist man hauptsächlich an den tatsächlichen produzierten Endzuständen interessiert. Man könnte also die Fälle (ii) und (iii) zu einem einzigen, Nichtterminierung

[2] Es sei daran erinnert, daß für eine Feldvariable A die Menge $Val(A)$ eine Menge von Funktionen ist.

genannten Fall zusammenfassen. Daraus folgt, daß die Beziehung zwischen den Anfangs- und den Endzuständen von c eventuell durch eine Relation $m(c)$ über $Z \times Z$ beschreibbar ist (den Buchstaben m benutzen wir, um an das englische Wort *meaning* zu erinnern). Dabei stehen in $Z \times Z$ das erste Z für die Menge der Anfangszustände und das zweite Z für die Menge der Endzustände von c. Falls c stets terminiert, ist dies ein akzeptabler Ansatz. Auch wenn c für einen Anfangszustand s' nicht terminiert, scheint dieser Ansatz zunächst akzeptabel zu sein; denn dem Zustand s' kann dann einfach die leere Menge von Endzuständen zugeordnet werden. Wenn c allerdings nur möglicherweise terminiert, dann ergibt sich eine Schwierigkeit. Betrachten wir nämlich die drei prototypischen Programme:

$$\begin{aligned} c_s &\equiv \textbf{skip}, \\ c_{sa} &\equiv \textbf{skip or abort} = \textbf{if true} \rightarrow \textbf{skip} \,\square\, \textbf{true} \rightarrow \textbf{abort fi}, \\ c_a &\equiv \textbf{abort}. \end{aligned}$$

Sinnvollerweise sollten im Ansatz $m(c) \subseteq Z \times Z$ die Relationen $m(c_s)$ als die Identitätsrelation id_Z und $m(c_a)$ als die leere Relation $\emptyset$ definiert werden. Es bleibt dann aber keine Möglichkeit, um das Programm c_{sa}, das nur möglicherweise, aber nicht notwendigerweise terminiert, von den beiden anderen semantisch zu unterscheiden. Dies gilt selbst dann, wenn man die Programme als Teil eines größeren Programms ansieht und die Zustandsmenge dementsprechend groß wählt.

Die einfachste Art, um eine Unterscheidung zwischen c_s, c_{sa} und c_a zu erreichen, ist der Kunstgriff, die Menge der möglichen Endzustände um ein Symbol, das wir hier δ nennen, zu erweitern. Dieses Symbol wird als *Nichtterminierungssymbol* interpretiert. Es muß $\delta \notin Z$ gelten, damit δ nicht mit einem echten Endzustand verwechselt werden kann. Wir setzen als Konsequenz dieser Überlegung fest, daß $m(c)$ eine Teilmenge des Kartesischen Produkts $Z \times (Z \uplus \{\delta\})$ sein soll.

3.2.2 Induktive Definition der relationalen Semantik

In diesem Abschnitt definieren wir zu einem *SEQPROG*-Programm c die Relation:

$$m(c) \subseteq Z \times (Z \uplus \{\delta\})$$

so, wie sie im letzten Abschnitt motiviert worden ist. Die Definition erfolgt induktiv über die Syntax des *CMD*-Teils von c. Das bedeutet, daß sie für die primitiven Kommandos (**skip**, **abort** und die Zuweisungen) direkt angegeben wird und für die zusammengesetzten Kommandos gemäß der Art der Komposition. Für den Rest des Abschnitts seien c ein *SEQPROG*-Programm, $Z = Z(c)$ die Zustandsmenge von c und $\delta \notin Z$ das Symbol für Nichtterminierung.

Definition 3.2.2 RELATIONALE SEMANTIK VON *SEQPROG*

Es seien $s' \in Z$ und $s \in Z \uplus \{\delta\}$; s' wird als Anfangszustand, s als Endzustand von c interpretiert.

(i) $(s', s) \in m(\textbf{skip}) \quad \Leftrightarrow s = s'$.

(ii) $(s', s) \in m(\textbf{abort}) \Leftrightarrow s = \delta$.

(iiia) $(s', s) \in m(V := EXPR) \Leftrightarrow s = s'[V \leftarrow val(EXPR, s')]$.
Die Definition dieser Zustandsmodifikation findet sich in Abschnitt 2.6; sie ist hier wohldefiniert, weil laut Kontextbedingung (iii) in Abbildung 3.1 die Auswertung von *EXPR* im Zustand s' einen Wert in der Wertemenge $Val(V)$ von V ergibt.

(iiib) $(s', s) \in m(A[EXPR_1] := EXPR_2) \Leftrightarrow s = s'[A \leftarrow val(A\{EXPR_1 \leftarrow EXPR_2\}, s')]$.

(iv) $(s', s) \in m(c_1; c_2) \Leftrightarrow [(s', s) \in m(c_1) \circ m(c_2)] \vee [s = \delta \wedge (s', \delta) \in m(c_1)]$.
D.h., es muß entweder einen Zwischenzustand t geben, der sowohl Endzustand von c_1 als auch Anfangszustand von c_2 ist (dies deckt auch die mögliche Nichtterminierung von c_2 ab); oder es gilt - wenn c_1 nicht terminiert - $s = \delta$, d.h., auch $c_1; c_2$ terminiert nicht.

(v) Sei $IF \equiv \textbf{if } \beta_1 \rightarrow c_1 \,\square\, \ldots \,\square\, \beta_m \rightarrow c_m \textbf{ fi}$.

$$(s', s) \in m(IF) \Leftrightarrow [\exists j \in \{1, \ldots, m\}: val(\beta_j, s') \wedge (s', s) \in m(c_j)] \vee [s = \delta \wedge \forall j \in \{1, \ldots, m\}: \neg val(\beta_j, s')].$$

Der erste Term deckt sowohl die normale Terminierung als auch die mögliche Nichtterminierung einer der Alternativen c_j ab, während der zweite Term die Nichtterminierung im Fall, daß alle β_j zu **false** ausgewertet werden, beschreibt.

(vi) Sei $DO \equiv \textbf{do } \beta \rightarrow c_0 \textbf{ od}$.
Der intuitiven Bedeutung der Schleife gemäß geschieht die Definition von $m(DO)$ durch eine Hilfsdefinition, die die operationale Semantik der Schleife angibt. Eine endliche Folge von Zuständen $s_0, \ldots, s_r$ heißt *gültig* (bezüglich *DO*), wenn gilt:

$$\forall j, 0 \leq j < r: val(\beta, s_j) \wedge (s_j, s_{j+1}) \in m(c_0).$$

Man beachte, daß $r = 0$ zugelassen ist; die Folge s_0 ist *per definitionem* gültig. Eine unendliche Folge $s_0, s_1, \ldots$ heißt *gültig* (bzgl. *DO*), wenn gilt:

$$\forall j, 0 \leq j: val(\beta, s_j) \wedge (s_j, s_{j+1}) \in m(c_0).$$

Die relationale Semantik der Schleife wird wie angekündigt als eine Abstraktion dieser operationalen Definition festgelegt:

$$\begin{aligned} &(s', s) \in m(DO) \\ \Leftrightarrow \quad & [s \neq \delta \wedge \exists \text{ gültige Folge } s_0, \ldots, s_r \text{ mit } s' = s_0, s_r = s \text{ und } \neg val(\beta, s_r)] \\ \vee \quad & [s = \delta \wedge \exists \text{ gültige Folge } s_0, \ldots, s_r \text{ mit } s' = s_0 \text{ und } s_r = \delta] \\ \vee \quad & [s = \delta \wedge \exists \text{ unendliche gültige Folge } s_0, s_1, \ldots \text{ mit } s' = s_0]. \end{aligned}$$

In dieser Definition beschreiben der erste Term die reguläre Terminierung der Schleife, der zweite Term den Fall, daß der Schleifenkörper c_0 zur Nichtterminierung führt, und der dritte Term die unendliche Ausführung der Schleife. ■3.2.2

Bevor wir die Relation $m(c)$ näher untersuchen, betrachten wir zwei einfache Beispiele. Die Abbildung 3.2 zeigt durch Anwendung der Definitionen 3.2.2(i,ii,v), daß das Programm $c_{sa} = \textbf{skip or abort}$ durch seine zugeordnete Relation $m(c_{sa})$ in der Tat sowohl von $c_s = \textbf{skip}$ als auch von $c_a = \textbf{abort}$ unterschieden wird. In Abbildung 3.3 sind x' und y' zwei feste Werte, d.h. Elemente von $\mathbb{Z}$; s' ist der Zustand mit $s'(x) = x'$ und $s'(y) = y'$, s ist der Zustand mit $s(x) = y'$ und $s(y) = x'$. In diesem Beispiel wird die Transitivität $m(c_1; (c_2; c_3)) = m((c_1; c_2); c_3)$ benutzt (siehe Übungsaufgabe 3.7.3).

Durch das nächste Lemma wird festgestellt, daß die durch 3.2.2 definierte Semantik jedem Anfangszustand mindestens einen Endzustand zuordnet.

$$
\begin{array}{lll}
(s', s) \in m(c_{sa}) & \Leftrightarrow & (\text{ Definition von } c_{sa}\ ) \\
 & & (s', s) \in m(\textbf{skip or abort}) \\
 & \Leftrightarrow & (\text{ Definition von } \textbf{or} \text{ und } IF\ ) \\
 & & [(\textbf{true} \wedge (s', s) \in m(\textbf{skip})) \vee (\textbf{true} \wedge (s', s) \in m(\textbf{abort}))] \\
 & & \vee\ [s = \delta\ \wedge\ (\neg\textbf{true} \wedge \neg\textbf{true})] \\
 & \Leftrightarrow & (\text{ Definition von } \textbf{skip} \text{ und } \textbf{abort}, \neg\textbf{true} = \textbf{false}; \text{ Logik }) \\
 & & s = s'\ \vee\ s = \delta.
\end{array}
$$

Abbildung 3.2. Berechnung von $m(c_{sa} = m(\textbf{skip or abort})$

$$
\begin{array}{rll}
c_{tausch} & \equiv\ x := x - y;\ y := x + y;\ x := y - x & \\
s': & (x, y) = (x', y') & (x', y' \in \mathbb{Z} \text{ Anfangswerte von } x, y) \\
 & x := x - y; & \downarrow \\
 & (x, y) = (x' - y', y') & (\text{ Zwischenzustand }) \\
 & y := x + y; & \downarrow \\
 & (x, y) = (x' - y', x' - y' + y') = (x' - y', x') & (\text{ Zwischenzustand }) \\
 & x := y - x & \downarrow \\
s: & (x, y) = (x' - (x' - y'), x') = (y', x') & (\text{ Endzustand }) \\
 & (x, y) = (y', x') & (\text{ Umformung })
\end{array}
$$

Somit: $(s', s) \in m(c_{tausch}) \Leftrightarrow (val(x, s) = val(y, s')) \wedge (val(y, s) = val(x, s'))$.

Abbildung 3.3. Ein Wertetauschprogramm

Lemma 3.2.3 $m(c)$ IST LINKSTOTAL

Sei $s' \in Z(c)$ ein Anfangszustand von c. Dann gilt $|s'm(c)| \geq 1$.

Beweis: Elementar durch Inspektion der Semantikdefinition. ■3.2.3

Der nächste Satz untersucht die Umstände, unter denen $s'm(c)$ eine unendlich große Menge ist. Er besagt, daß es kein *SEQPROG*-Programm gibt, das auf jeden Fall terminiert und unendlich viele verschiedene mögliche Endzustände hat. Zum Beispiel kann das Programm:

$$
\begin{array}{llll}
goon := \textbf{true};\ x := 0; & \textbf{do}\ goon \rightarrow & \textbf{if} & \textbf{true} \rightarrow x := x + 1 \\
 & & \Box & \textbf{true} \rightarrow goon := \textbf{false} \\
 & & \textbf{fi} & \\
 & \textbf{od} & &
\end{array}
$$

zwar unendlich viele Endzustände produzieren (jeder Wert $v \in \mathbb{N}$ von x ist Teil eines möglichen Endzustands), aber es enthält auch eine unendliche Schleife; d.h., δ ist ebenfalls ein möglicher Endzustand.

Satz 3.2.4 SATZ ÜBER DEN ENDLICHEN NICHTDETERMINISMUS

Sei $s' \in Z(c)$ ein Anfangszustand von c. Dann gilt $|s'm(c)| \in \mathbb{N} \vee \delta \in s'm(c)$.

Beweis: Durch Induktion über den syntaktischen Aufbau von c.

• Falls c eins der Kommandos **skip**, **abort** oder eine Zuweisung ist, dann gilt in jedem Fall $|s'm(c)| = 1$, also der linke Teil der Behauptung.

• Sei $c = c_1; c_2$. Wir nehmen $\delta \notin s'm(c_1; c_2)$ an und beweisen $|s'm(c_1; c_2)| \in \mathbb{N}$.
Die Abschätzung:

$$|s'm(c_1; c_2)| \leq \Big(\sum_{t \in s'm(c_1)} |tm(c_2)| \Big)$$

gilt aufgrund der Definition 3.2.2(iv) von $m(c_1; c_2)$. Aus $\delta \notin s'm(c_1; c_2)$ folgen sowohl $\delta \notin s'm(c_1)$ als auch, sofern $t \in s'm(c_1)$, $\delta \notin tm(c_2)$, und dann sind nach Induktionsvoraussetzung sowohl $s'm(c_1)$ als auch $tm(c_2)$ endliche Mengen. Also sind die Summe auf der rechten Seite der Ungleichung und damit auch $|s'm(c_1; c_2)|$ natürliche Zahlen.

• Sei IF = **if** $\beta_1 \rightarrow c_1 \,\square\, \ldots \,\square\, \beta_m \rightarrow c_m$ **fi**. Wir nehmen $\delta \notin s'm(IF)$ an und beweisen $|s'm(IF)| \in \mathbb{N}$. Es gilt analog:

$$|s'm(IF)| \leq \Big(\sum_{(1 \leq j \leq m) \wedge val(\beta_j, s') = \mathbf{true}} |s'm(c_j)| \Big) \in \mathbb{N},$$

denn nach Induktionsvoraussetzung sind alle Mengen $s'm(c_j)$ endlich.

• Sei zuletzt DO = **do** $\beta \rightarrow c_0$ **od**. Wir nehmen $\delta \notin s'm(DO)$ an und beweisen $|s'm(DO)| \in \mathbb{N}$. Dazu definieren wir induktiv einen Baum, dessen Knoten mit Zuständen beschriftet sind. Die Wurzel des Baumes ist mit s' beschriftet. Zu einem Knoten k des Baumes mit der Beschriftung $t \in Z$ betrachten wir die folgende Menge von Zuständen:

$$Y = \{ s \in Z \cup \{\delta\} \mid val(\beta, t) = \mathbf{true} \wedge (t, s) \in m(c_0) \};$$

diese Menge ist wegen der Induktionsvoraussetzung für c_0 endlich und enthält δ nicht, da $\delta \notin tm(c_0)$ gilt (sonst gälte $\delta \in s'm(DO)$ nach dem zweiten logischen Summanden in der Formel für $m(DO)$ in Definition 3.2.2(vi)). Wir definieren die Menge der unmittelbaren Nachfolger von k als eine neue, mit Y gleichmächtige Menge, deren Beschriftung gerade Y entspricht.

Der so definierte Baum ist gradendlich und hat keinen unendlichen Weg, sonst wäre δ ein Element von $s'm(DO)$ nach dem dritten logischen Summanden in der Formel für $m(DO)$. Also ist er nach dem Lemma von König (Lemma 2.7.4) ein endlicher Baum. Weiter gilt aber nach dem ersten Summanden in der Definition von DO und wegen $\delta \notin s'm(DO)$:

$$s'm(DO) = \{s \in Z \mid s \text{ ist Beschriftung eines Blatts des Baumes } \}.$$

Da der Baum endlich ist, folgt $|s'm(DO)| \in \mathbb{N}$. ■3.2.4

3.2.3 Unendlich nichtdeterministische Programme

Wir definieren eine Erweiterung der Programmklasse *SEQPROG* durch die sogenannte *Zufallszuweisung* $V :=?$ (engl.: *random assignment*). Deren Effekt soll es sein, daß der

Variablen V eine beliebig gewählte, aber zu Beginn nicht feststehende natürliche Zahl als Wert zugewiesen wird. Die Zufallszuweisung soll für jeden Anfangszustand terminieren. Wegen dieser Eigenschaft wird das Kommando $V :=?$ *unendlich nichtdeterministisch* genannt. Wie alle anderen Zuweisungen auch soll $V :=?$ die Werte von Variablen ungleich V gleich lassen.

Aus Satz 3.2.4 folgt, daß die Zufallszuweisung mit den durch *SEQPROG* zur Verfügung stehenden Mitteln nicht exakt implementiert werden kann. Jede endliche Zuweisungsauswahl **if true** $\rightarrow V := 0 \; \Box \; \ldots \; \Box$ **true** $\rightarrow V := N$ **fi** (mit $N \geq 0$) ist eine mehr oder weniger gute Annäherung an die Zuweisung $V :=?$, und zwar je größer N, eine desto bessere. Die Zufallszuweisung kann als eine Spezifikation gedeutet werden, die alle diese endlichen Alternativkonstrukte umfaßt. Dessenungeachtet kann die relationale Semantik des Programms $V :=?$ analog Definition 3.2.2 definiert werden. Es sei *USEQPROG* (siehe Abbildung 3.4) die entsprechend erweiterte Kategorie von Programmen.

Definition 3.2.5 RELATIONALE SEMANTIK VON *USEQPROG*

Sei c ein *USEQPROG*. Wir erweitern die Definition 3.2.2 durch:
$(s', s) \in m(V :=?) \Leftrightarrow \exists v \in \mathbb{N}: s = s'[V \leftarrow v].$ ■3.2.5

$$\begin{array}{rcl} \textit{USEQPROG} & ::= & \ldots \text{ wie } \textit{SEQPROG}, \text{ mit dem zusätzlichen Kommando} \\ \textit{CMD} & ::= & \ldots \mid V :=? \mid \ldots \end{array}$$

Abbildung 3.4. Syntax von *USEQPROG*

3.2.4 Angelischer, dämonischer und erratischer Nichtdeterminismus

Wir leiten als nächstes zwei Relationen m_1 und m_2 über $Z \times Z$ (ohne das Nichtterminierungssymbol δ) von $m(c)$ ab, die jeweils Teilaspekte von $m(c)$ ausdrücken und von anderen Aspekten abstrahieren. Die Einführung dieser beiden Relationen wird durch die nachfolgenden Abschnitte 3.3 und 3.4 motiviert: es wird sich dort herausstellen, daß die axiomatische Semantik äquivalent mit m_1, die prädikative Semantik äquivalent mit m_2 ist. Die beiden Relationen m_1 und m_2 'vergessen' die anhand der Programme:

$$\begin{array}{rcl} c_s & = & \textbf{skip} \\ c_{sa} & = & \textbf{skip or abort} \\ c_a & = & \textbf{abort} \end{array}$$

erklärten Unterschiede, d.h., die Relation m_1 wird so definiert, daß sie die Programme c_s und c_{sa} gleichsetzt, die Relation m_2 dagegen so, daß sie die Programme c_{sa} und c_a gleichsetzt.

Definition 3.2.6 DIE RELATIONEN m_1 UND m_2

Seien $c \in USEQPROG$ ein Programm und $m(c) \subseteq Z \times (Z \uplus \{\delta\})$ die relationale Semantik von c. Die Relation $m_1(c) \subseteq Z \times Z$ ist definiert als die Einschränkung:

$$m_1(c) \;=\; m(c) \cap (Z \times Z).$$

Die Relation $m_2(c) \subseteq Z \times Z$ ist definiert durch:

$$m_2(c) \;=\; m(c) \cap ((Z \setminus (m(c)\delta)) \times Z),$$

d.h.: $\forall s', s \in Z\colon (s', s) \in m_2(c) \Leftrightarrow [\delta \notin s'm(c) \wedge (s', s) \in m(c)]$. ■3.2.6

Wir nehmen also ein Paar $(s', s) \in m(c)$ mit $s \neq \delta$ in $m_2(c)$ nur dann auf, wenn im Anfangszustand s' die Terminierung garantiert ist, d.h., $(s', \delta) \notin m(c)$ gilt. Dagegen werden Paare (s', s) mit $s \neq \delta$ in $m_1(c)$ ohne Rücksicht auf Terminierung aufgenommen.

Man sagt, daß m_1 den *angelischen* Nichtdeterminismus beschreibt, weil mögliche Terminierung mit sicherer Terminierung gleichgesetzt wird - so, als ob ein Engel die gute Alternative auswählt. Demgegenüber beschreibt m_2 den sogenannten *dämonischen* Nichtdeterminismus, weil mögliche Nichtterminierung mit sicherer Nichtterminierung gleichgesetzt wird, so, als ob ein Dämon im Spiel wäre, der immer die schlechte Alternative auswählt. Der durch m ausgedrückte Nichtdeterminismus wird im Unterschied zu beiden als *erratisch* bezeichnet, weil er der Vorstellung nahekommt, daß alle Alternativen, gute wie schlechte, gleichberechtigt sind.

Für $c \in SEQPROG$ leiten wir aus Satz 3.2.4 sofort die Rechtsfinitarität von $m_2(c)$ ab. Im Gegensatz dazu muß die Relation $m_1(c)$ nicht rechtsfinitär sein. Das *goon*-Programm vor Satz 3.2.4 ist ein Gegenbeispiel.

Korollar 3.2.7 $m_2(c)$ IST RECHTSFINITÄR

Sei $c \in SEQPROG$ und sei s' ein Anfangszustand. Dann gilt $|s'm_2(c)| \in \mathbb{N}$.

Beweis: Durch Fallunterscheidung:

$$\begin{aligned}
\delta \in s'm(c) \;&\Rightarrow\; (\text{ Definition von } m_2\,)\\
&\quad\; |s'm_2(c)| = 0 \in \mathbb{N}.\\
\delta \notin s'm(c) \;&\Rightarrow\; (\text{ Satz 3.2.4 })\\
&\quad\; |s'm(c)| \in \mathbb{N}\\
&\Rightarrow\; (\text{ Definition von } m_2\,)\\
&\quad\; |s'm_2(c)| \in \mathbb{N}.
\end{aligned}$$

■3.2.7

Die Semantik $m(c)$ ist, wie wir gesehen haben, mächtiger als $m_1(c)$ oder $m_2(c)$ einzeln. Kennt man aber sowohl $m_1(c)$ als auch $m_2(c)$, dann ist $m(c)$ durch die folgende Beziehung ableitbar: $m \;=\; m_1 \cup ((Z \setminus dom(m_2)) \times \{\delta\})$. Demzufolge kann der Terminierungsanteil von $m(c)$ aus $m_1(c)$, der Nichtterminierungsanteil aus $m_2(c)$ errechnet werden. Diese Formel ist nicht die einzige, die dies leistet, denn für Anfangszustände, für die c stets terminiert, bleibt es gleich, ob m_1 oder m_2 zur Rückrechnung herangezogen werden. Zusammengenommen sind $m_1(c)$ und $m_2(c)$ also gleich ausdrucksstark wie $m(c)$.

3.3 Beweisregeln

Die Idee, die Anfangs- und Endzustände eines Programms jeweils durch Prädikate zu beschreiben, birgt eine Reihe von Vorteilen gegenüber der relationalen Semantik: eine engere Beziehung zur Logik, eine weitergehende Abstraktion von Rechenmodellen, und damit die Möglichkeit, formal-logische Methoden zur Verifikation auch komplexer Programme heranziehen zu können. Ein Programm c wird in diesem Ansatz als zur Konklusion einer logischen Deduktionsregel gehörig betrachtet, deren Prämissen den syntaktischen Bausteinen von c entsprechen. Ein *logischer Schluß über c* bedeutet in diesem System eine wahre Aussage der folgenden Form (genannt *Hoare-Tripel*):

$$\{P\}\ c\ \{Q\}.$$

Die Interpretation dieser Aussage ist: Wenn c in einem Zustand ausgeführt wird, der P erfüllt, dann gilt Q nach der Terminierung von c, sofern c terminiert. Wir gehen in diesem Abschnitt so vor: zuerst, in Abschnitt 3.3.1, definieren wir die soeben gegebene Interpretation formal. Dann, in Abschnitt 3.3.2, definieren wir eine Menge von Deduktionsregeln induktiv über die *USEQPROG*-Syntax. Die restlichen Abschnitte 3.3.3-3.3.7 dienen der Erläuterung dieser Regeln und der Untersuchung ihrer Beziehung zur relationalen Semantik des Abschnitts 3.2. Für den Rest des Abschnitts seien $c \in \mathit{USEQPROG}$ ein Programm und $Z = Z(c)$ seine Zustandsmenge.

3.3.1 Hoare-Tripel

Ausgestattet mit der relationalen Semantik $m(c)$ von c und mit der Definition eines Prädikats über $Z(c)$ formulieren wir zunächst, was unter einer wahren Aussage $\{P\}\ c\ \{Q\}$ über c *semantisch* zu verstehen ist.

Definition 3.3.1 SEMANTISCHE DEFINITION VON HOARE-TRIPELN

Seien P und Q zwei Prädikate über Z und sei $m_1(c) \subseteq Z \times Z$ die in 3.2.6 definierte, von $m(c)$ abgeleitete Relation. Dann heißt $\{P\}\ c\ \{Q\}$ eine *(wahre) Aussage über c* (oder einfach *wahr*), wenn gilt: $\forall s', s \in Z: (P(s') \wedge (s', s) \in m_1(c)) \Rightarrow Q(s)$. ∎3.3.1

Da die Relation $m_1(c)$ mit der Relation $m(c)$ auf $Z \times Z$ übereinstimmt, käme es auf das gleiche heraus, wenn in der letzten Zeile von Definition 3.3.1 $m_1(c)$ durch $m(c)$ ersetzt würde. Wir haben die Relation $m_1(c)$ und nicht die Relation $m(c)$ verwendet, weil wir später eine Äquivalenz zwischen den Hoare-Regeln und der Relation $m_1(c)$ - nicht der Relation $m(c)$ - beweisen wollen.

3.3.2 Hoare-Beweisregeln

Das Hoaresche Beweissystem erlaubt es, wahre Aussagen auf kompositionelle Art ohne den Umweg über die Relation $m_1(c)$ herzuleiten. Um zu unterscheiden, daß eine Aussage abgeleitet (und nicht wie in 3.3.1 definiert) ist, verwenden wir das Symbol $\vdash_H$:

$$\vdash_H\ \{P\}\ c\ \{Q\}$$

bedeutet, daß die Formel $\{P\}\ c\ \{Q\}$ im Hoareschen Kalkül ableitbar ist[3]. Die Regeln des Systems werden nach folgendem *Regelschema* definiert:

$$\frac{A_1\ ,\ \ldots\ ,\ A_m}{\vdash_H\ A}$$

Eine solche Regel bedeutet, daß, wenn die Formeln $A_1, \ldots A_m$ (die *Prämissen*) bereits $\vdash_H$-abgeleitet wurden, es zulässig ist, auch die Formel A (die *Konklusion*) $\vdash_H$-abzuleiten. Fehlen die Prämissen und der Strich, dann bedeutet das, daß die als Konklusion angegebene Formel A primitiv ist[4] und am Anfang einer Ableitung stehen darf. Eine prämissenlose Regel heißt auch *Axiom*. Eine *Ableitung* ist eine Folge von Regelanwendungen, die mit einem oder mehreren Axiomen beginnt.

Die folgende Definition zählt die Regeln des Hoareschen Kalküls für *SEQPROG*-Programme zunächst ohne Erläuterung auf. Die Erklärung folgt dann anhand von Beispielen in den beiden Abschnitten nach der Definition. Die Definition erfolgt induktiv über die Syntax von *USEQPROG*, also *syntaktisch*, im Gegensatz zur vorher gegebenen semantischen Definition von Hoare-Tripeln.

Definition 3.3.2 HOARE-BEWEISSYSTEM

Seien P, Q, R, P', Q' Prädikate über Z, von denen wir annehmen, daß sie sich durch Boolesche Ausdrücke darstellen lassen. Im folgenden sind (i)-(iiic) die Axiome, (iv)-(vii) die Regeln des Hoare-Kalküls.

(i) $\vdash_H\ \{P\}\ \textbf{skip}\ \{P\}$

(ii) $\vdash_H\ \{P\}\ \textbf{abort}\ \{\textbf{false}\}$

(iiia) $\vdash_H\ \{Q[V \leftarrow EXPR]\}\ V := EXPR\ \{Q\}$

(iiib) $\vdash_H\ \{Q[A \leftarrow A\{EXPR_1 \leftarrow EXPR_2\}]\}\ A[EXPR_1] := EXPR_2\ \{Q\}$

(iiic) $\vdash_H\ \{\forall i \in \mathbb{N}\colon Q[V \leftarrow i]\}\ V :=?\ \{Q\}$

(iv) Sequenzregel: $\dfrac{\{P\}\,c_1\,\{R\}\ ,\ \{R\}\,c_2\,\{Q\}}{\vdash_H\ \{P\}\,c_1;\,c_2\,\{Q\}}$

(v) Regel für das Alternativkonstrukt: $\dfrac{\{P \wedge \beta_j\}\,c_j\,\{Q\}\ \text{für alle}\ j \in \{1, \ldots, m\}}{\vdash_H\ \{P\}\ \textbf{if}\ \beta_1 \rightarrow c_1\ \square\ \ldots\ \square\ \beta_m \rightarrow c_m\textbf{fi}\ \{Q\}}$

(vi) Schleifenregel: $\dfrac{\{P \wedge \beta\}\,c_0\,\{P\}}{\vdash_H\ \{P\}\ \textbf{do}\ \beta \rightarrow c_0\ \textbf{od}\ \{\overline{\beta} \wedge P\}}$

Das Prädikat P heißt eine *Invariante* der Schleife; diese Bezeichnung wird später erklärt.

(vii) Konsequenzregel: $\dfrac{P \Rightarrow P'\ ,\ \{P'\}\ c\ \{Q'\}\ ,\ Q' \Rightarrow Q}{\vdash_H\ \{P\}\ c\ \{Q\}}$

Das Hoare-Tripel $\{P\}\ c\ \{Q\}$ heißt *ableitbar*, wenn gilt: $\vdash_H\ \{P\}\ c\ \{Q\}$. ■3.3.2

---

[3] Daß $\{P\}\ c\ \{Q\}$ dann auch eine wahre Aussage im Sinne von Definition 3.3.1 sei, ist Gegenstand eines späteren Satzes. Zunächst aber sollte $\vdash_H\ \{P\}\,c\,\{Q\}$ als eine von Definition 3.3.1 vollkommen losgelöste Formel interpretiert werden.

[4] Rein formal betrachtet, ist eine prämissenlose Ableitungsregel äquivalent zu einer Regel mit lauter konstant wahren Prämissen, $A_j = \textbf{true}$ für $1 \leq j \leq m$.

3.3.3 Erläuterung der Regeln anhand von Beispielen

Für das folgende seien x und y zwei Variablen vom Typ $\mathbb{Z}$. Wir erklären zunächst die beiden Axiome (i) und (ii) für **skip** bzw. **abort** in Verbindung mit der Sequenzregel (iv). Wenn das Prädikat P die spezielle Form $x = y$ hat, darf folgendermaßen abgeleitet werden:

(1)	$\vdash_H \{x = y\}$ **skip** $\{x = y\}$	(**skip**-Regel 3.3.2(i))
(2)	$\vdash_H \{x = y\}$ **abort** {**false**}	(**abort**-Regel 3.3.2(ii))
(1)+(2)	$\vdash_H \{x = y\}$ **skip; abort** {**false**}	(Sequenzregel 3.3.2(iv)).

Das in der dritten Zeile stehende Hoare-Tripel ist als Konklusion der Sequenzregel ableitbar, wenn die beiden Prämissen (1) und (2) bereits abgeleitet worden sind; das kann direkt geschehen, weil beide prämissenlos sind.

Wir erklären nun das sogenannte *Zuweisungsaxiom* (iii) in Verbindung mit der Konsequenzregel (vii). Ohne die Konsequenzregel wäre es nicht möglich, ableitbare Aussagen abzuschwächen; zum Beispiel kann die Aussage $\{x \geq 1\}\, y := x + 1\, \{y \geq 0\}$, die semantisch wahr im Sinne von Definition 3.3.1 ist, ohne (vii) nicht aus den anderen Regeln (i)-(vi) abgeleitet werden. Die folgende Ableitung, in der die Regel 3.3.2(vii) wesentlich benutzt wird, ist aber möglich:

$\vdash_H \{(y \geq 1)[y \leftarrow x + 1]\}\, y := x + 1\, \{y \geq 1\}$	(Zuweisungsaxiom (iiia), $V = y$, $EXPR = x + 1$, $Q = (y \geq 1)$)
$\vdash_H \{(x + 1) \geq 1\}\, y := x + 1\, \{y \geq 1\}$	(Ersetzung)
$\vdash_H \{x \geq 0\}\, y := x + 1\, \{y \geq 1\}$	(Logische Umformung)
$\vdash_H \{x \geq 1\}\, y := x + 1\, \{y \geq 0\}$	(Konsequenzregel).

$$
\begin{aligned}
P \;=\;& (\text{ denn } P = Q[A \leftarrow A\{EXPR_1 \leftarrow EXPR_2\}] \text{ nach Feldzuweisungsaxiom (iiib) })\\
& (A[i] = A[j])[A \leftarrow A\{i \leftarrow 3\}]\\
=\;& (\text{ Ersetzung })\\
& (A\{i \leftarrow 3\})[i] = (A\{i \leftarrow 3\})[j]\\
=\;& (\text{ Ausrechnen })\\
& 3 = \begin{cases} 3 & \text{falls } i = j \\ A[j] & \text{falls } i \neq j \end{cases}\\
=\;& (\text{ Logik })\\
& (3 = 3 \wedge i = j) \vee (3 = A[j] \wedge i \neq j)\\
=\;& (\text{ nochmals Logik })\\
& (i = j) \vee (A[j] = 3).
\end{aligned}
$$

Abbildung 3.5. Eine Anwendung des Zuweisungsaxioms (iiib) für Feldvariablen

Eine allzu direkte Übertragung des Zuweisungsaxioms (iiia) auf Feldzuweisungen kann zu unerwünschten Effekten führen. Um dies zu verdeutlichen, betrachten wir das Beispiel:

$$\{P\}\; A[i] := 3\; \underbrace{\{A[i] = A[j]\}}_{Q}$$

Axiom:	$\vdash_H$	$\{(0 \leq x \leq 1)[x \leftarrow 1]\}\ x := 1\ \{0 \leq x \leq 1\}$	(Zuweisungsaxiom)
	$\vdash_H$	$\{0 \leq 1 \leq 1\}\ x := 1\ \{0 \leq x \leq 1\}$	(Ersetzung)
(1):	$\vdash_H$	$\{\mathbf{true} \wedge \mathbf{true}\}\ x := 1\ \{0 \leq x \leq 1\}$	(Logische Umformung)
Axiom:	$\vdash_H$	$\{x = 0\}\ \mathbf{skip}\ \{x = 0\}$	(**skip**-Axiom)
	$\vdash_H$	$\{x = 0\}\ \mathbf{skip}\ \{0 \leq x \leq 1\}$	(Konsequenzregel)
(2):	$\vdash_H$	$\{\mathbf{true} \wedge x = 0\}\ \mathbf{skip}\ \{0 \leq x \leq 1\}$	(Logische Umformung)
(1)+(2)	$\vdash_H$	$\{\mathbf{true}\}\ c_{if}\ \{0 \leq x \leq 1\}$	(Alternativkonstruktregel).

Abbildung 3.6. Eine Ableitung für $c_{if} \equiv \mathbf{if\ true} \rightarrow x := 1 \,\Box\, x = 0 \rightarrow \mathbf{skip\ fi}$

und fragen nach der schwächsten Bedingung P, die dieses Hoare-Tripel wahr macht. Die Ersetzung $Q[A[i] \leftarrow 3] = (A[i] = A[j])[A[i] \leftarrow 3] = (3 = A[j])$, die von der Form des Zuweisungsaxioms (iiia) nahegelegt wird, führt zu einer Bedingung $P = (3 = A[j])$, die für $i = j$ nicht notwendig ist, also nicht die *schwächste* Vorbedingung darstellt, die Q nach Ausführung von $A[i] := 3$ wahr macht. Das Zuweisungsaxiom (iiib) bewirkt demgegenüber, wie in Abbildung 3.5 gezeigt ist, die richtige Formel für P.

Als nächstes erklären wir die Regel (v) für das Alternativkonstrukt. Diese Regel hat m Prämissen, die logisch konjunktiv miteinander verknüpft sind. Das hat seinen operationalen Grund darin, daß vor einer Ausführung eines Alternativkommandos mit m Alternativen unbekannt ist, welche der Alternativen im Verlauf der Ausführung ausgewählt wird. Deshalb muß für jede der Möglichkeiten Vorsorge getroffen werden. Zum Beispiel ist die Hoare-Aussage:

$$\{\mathbf{true}\}\ \mathbf{if\ true} \rightarrow x := 1 \,\Box\, x = 0 \rightarrow \mathbf{skip\ fi}\ \{0 \leq x \leq 1\}$$

wahr. Sie sollte sich also auch aus den Regeln herleiten lassen. Die Abbildung 3.6 zeigt eine mögliche Ableitung.

Das Zuweisungsaxiom 3.3.2(iiic) für die Zufallszuweisung kann als eine gleichzeitige Erweiterung und Spezialisierung der Alternativkonstruktregel verstanden werden. Denn man kann die Zufallszuweisung $V :=?$ als eine unendliche Alternative der Form:

$$\mathbf{if\ true} \rightarrow V := 0 \,\Box\, \mathbf{true} \rightarrow V := 1 \,\Box\, \mathbf{true} \rightarrow V := 2 \,\Box\, \ldots\ \mathbf{fi}$$

auffassen. Die endliche konjunktive Prämisse der Regel (v) entspricht für diese unendliche Alternative dem Allquantor in Axiom (iiic). Die Ersetzung $Q[V \leftarrow i]$ in Axiom (iiic) entspricht dem Teil $P \wedge \beta_j$ unter der gegebenen Voraussetzung, daß alle β_j gleich **true** sind und alle c_j die Zuweisung $V := j$ bezeichnen.

Der Leser mag bemerkt haben, daß die Herleitungen, die oben gegeben wurden, auch sozusagen Hoare-fremde Argumente enthalten. Überall da, wo 'Logische Umformung' erwähnt ist, wurden logische Regeln benutzt, wie zum Beispiel die rein logisch beweisbare Tatsache, daß $\neg\exists x(x = y)$ äquivalent mit **false** ist. Auch Gleichheitsaxiome wie das *Leibnizsche Ersetzungsaxiom*:

$$(P(x) \wedge x = y) \Rightarrow P(y)$$

können eine Rolle spielen. Es ist ein Vorteil des Hoareschen Systems, daß sich solche Schlußweisen nahtlos einfügen lassen. Rein formal kann eine logische Umformung auch als eine spezielle Anwendung der Konsequenzregel angesehen werden.

Die Schleifenregel (vi) wird im nächsten Abschnitt an einem Beispiel ausführlich erläutert. Wir beschränken uns an dieser Stelle auf eine allgemeine Erklärung. Durch die Prämisse $\{P \wedge \beta\}\, c_0\, \{P\}$ der Regel ist gesichert, daß, sofern P zu Beginn einer Ausführung von c_0 gilt, jede Folge von Wiederholungen des Schleifenkörpers c_0 immer wieder die Gültigkeit von P herstellt. P gilt dann vor der Ausführung, zwischen je zwei Ausführungen von c_0 und nach der Ausführung. Aus diesem Grund heißt P eine *Invariante* der Schleife. Der zusätzliche Faktor $\overline{\beta}$ in der Konklusion:

$$\{P\}\ \mathbf{do}\ \beta \rightarrow c_0\ \mathbf{od}\ \{\overline{\beta} \wedge P\}$$

von Regel (vi) ergibt sich als Terminierungsbedingung der Schleife.

3.3.4 Schleifenregel und Invarianten (Beispiel)

Als Anwendung insbesondere der Schleifenregel (vi) wollen wir die Aussage:

$$\underbrace{\{x \geq 0 \wedge y \geq 0\}}_{P_0} \qquad \left.\begin{array}{l} r := x;\ d := 0; \\ \mathbf{do}\ r \geq y \rightarrow r := r - y;\ d := d + 1\ \mathbf{od} \end{array}\right\} DO$$

$$\underbrace{\{r < y \wedge dy + r = x\}}_{Q_0}$$

$\vdash_H$-herleiten. Das Programm berechnet zu zwei gegebenen Zahlen $x, y \geq 0$ den Divisor $d = x\,\mathbf{div}\,y$ und den Rest $r = x\,\mathbf{mod}\,y$. Die Herleitung der gewünschten Aussage geschieht in zwanzig Schritten:

(1) Definiere $R_1 = (P_0 \wedge (r = x))$.
(2) Es gilt $R_1[r \leftarrow x] = (P_0 \wedge (x = x)) = (P_0 \wedge \mathbf{true}) = P_0$.
(3) $\vdash_H\ \{P_0\}\ r := x\ \{R_1\}$, wegen (2) aus dem Zuweisungsaxiom.
(4) Definiere $R_2 = (R_1 \wedge (d = 0))$.
(5) Dann gilt $R_2[d \leftarrow 0] = (R_1 \wedge (0 = 0)) = (R_1 \wedge \mathbf{true}) = R_1$.
(6) $\vdash_H\ \{R_1\}\ d := 0\ \{R_2\}$, wegen (5) aus dem Zuweisungsaxiom.
(7) $\vdash_H\ \{P_0\}\ r := x;\ d := 0\ \{R_2\}$, wegen (3), (6) und der Sequenzregel.
(8) Definiere $P' = (dy + r = x)$. *Kommentar*: das Ziel der nächsten Schritte ist der Nachweis einer Prämisse $\{P' \wedge (r \geq y)\}\ r := r - y; d := d + 1\ \{P'\}$ der Schleifenregel; P' ist die hier relevante Schleifeninvariante.
(9) Definiere $R_3 = ((d + 1)y + r = x)$.
(10) Dann gilt $R_3[r \leftarrow r - y] = ((d + 1)y + r - y = x) = (dy + r = x) = P'$.
(11) $\vdash_H\ \{P'\}\ r := r - y\ \{R_3\}$, wegen (10) und Zuweisungsaxiom.
(12) Es gilt $P'[d \leftarrow d + 1] = ((d + 1)y + r = x) = R_3$.
(13) $\vdash_H\ \{R_3\}\ d := d + 1\ \{P'\}$, wegen (12) und Zuweisungsaxiom.
(14) $\vdash_H\ \{P'\}\ r := r - y;\ d := d + 1\ \{P'\}$, wegen (11), (13) und Sequenzregel.

(15) $(P' \wedge (r \geq y)) \Rightarrow P'$ (Logik).
(16) $\vdash_H \{P' \wedge (r \geq y)\}\ r := r - y;\ d := d + 1\ \{P'\}$, wegen (14), (15) und der Konsequenzregel. *Kommentar*: das in Schritt (8) angekündigte Ziel ist jetzt erreicht.
(17) $\vdash_H \{P'\}\ DO\ \{P' \wedge \neg(r \geq y)\}$, wegen (16) und der Schleifenregel.
(18) Es gilt $R_2 = ((x \geq 0) \wedge (y \geq 0) \wedge (d = 0) \wedge (r = x))$ und daher $R_2 \Rightarrow P'$.
(19) $\vdash_H \{R_2\}\ DO\ \{Q_0\}$, wegen (17), (18) und der Konsequenzregel.
(20) $\vdash_H \{P_0\}\ d := 0;\ r := x;\ DO\ \{Q_0\}$, wegen (7), (19) und der Regel für die Sequenz.

Der besseren Lesbarkeit halber wird oft der Programmtext mit den in einer solchen Herleitung definierten Prädikaten *annotiert* (d.h. beschriftet). Zum Beispiel zeigt die Abbildung 3.7, wie sich die Zwischenprädikate R_1, R_2, R_3 und P' in das Programm einfügen. Die Klausel **inv** soll auf die Tatsache hinweisen, daß P' eine Invariante der Schleife ist.

$$\underbrace{\{(x \geq 0) \wedge (y \geq 0)\}}_{P_0} \quad r := x\,\{P_0 \wedge (r = x)\};\ d := 0\,\{P_0 \wedge (r = x) \wedge (d = 0)\};$$

$$\begin{array}{l} \{\,\textbf{inv}\ P' \equiv\ (dy + r = x)\} \\ \textbf{do}\ \ r \geq y\,\{P' \wedge (r \geq y)\} \rightarrow \\ \qquad r := r - y\,\{\,(d+1)y + r = x\,\};\ d := d + 1 \\ \textbf{od}\ \ \{P' \wedge (r < y)\} \end{array}$$

$$\underbrace{\{(r < y) \wedge (dy + r = x)\}}_{Q_0}$$

Abbildung 3.7. Kurzschreibweise (Annotation) für die Herleitung

Die Herleitung einer Aussage wie dieser ist im allgemeinen baumförmig strukturiert. Die Blätter des Baumes - der manchmal auch *Tableau* genannt wird - bestehen aus den direkt herleitbaren Aussagen, d.h. den Aussagen ohne Prämissen, die zu **skip**, **abort** und der Zuweisung gehören. Die Wurzel des Baumes besteht aus der endgültig herzuleitenden Aussage. Die Abbildung 3.8 zeigt den Baum für das oben angeführte Beispiel. Wegen der Azyklizität und der Endlichkeit dieses Baumes können die einzelnen Aussagen der Ableitung (einschließlich Aussagen der Form $P \Rightarrow Q$, die für die Konsequenzregel nötig sind) in einer Ableitungsfolge derart hintereinandergeschrieben werden, daß die Aussagen in der Folge entweder prämissenlos sind oder aus in der Ableitungsfolge früher vorkommenden Aussagen durch eine der Regeln folgen.

Das Beispiel demonstriert zugleich eine Stärke und eine Schwäche des Beweissystems. Die Stärke liegt darin, daß durch die Einführung und Benutzung einer Invarianten die gewünschte Tatsache über ein Programm hergeleitet werden kann, ohne daß die Rede von seinen Ausführungen zu sein braucht. Die Schwäche liegt darin, daß die Herleitung (1) bis (20) eine logische Struktur hat, nämlich die Baumstruktur, die nicht mit der Reihenfolge des Hinschreibens der einzelnen Schritte übereinstimmt. Am deutlichsten wird das im Schritt (8), wo ein Vorwärtsverweis auf die herzuleitende Invariante eingefügt wurde. Die Herleitung von Hoare-Aussagen ist viel mehr vom Ziel, der Wurzel des Baumes, ferngesteuert, als durch die Regeln des Systems suggeriert wird. Aus diesem Grund ist es besonders für den praktischen Umgang mit Invarianten sinnvoll, die Schlußrichtung umzudrehen. Diese Änderung steht im Abschnitt 3.4 an.

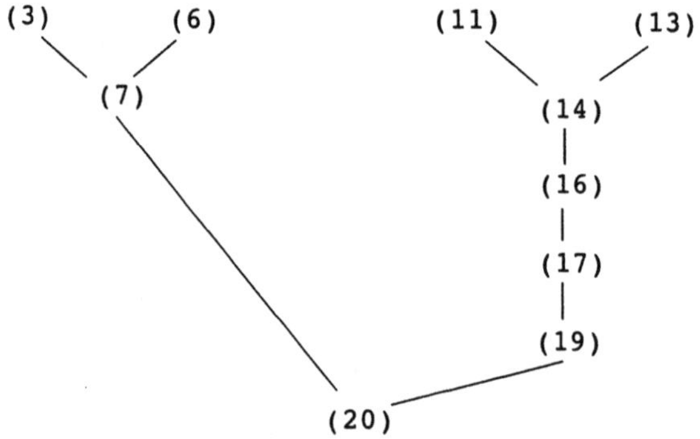

Abbildung 3.8. Ein Baum, der die logische Struktur der Deduktion (1)-(20) anzeigt

3.3.5 Konsistenz und Vollständigkeit

Es soll nun gezeigt werden, daß die beiden Definitionen 3.3.1 und 3.3.2 im wesentlichen äquivalent sind, d.h. genauer, daß alle $\vdash_H$-ableitbaren Formeln im Sinne von Definition 3.3.2 wahr im Sinne von Definition 3.3.1 sind, und daß umgekehrt auch alle wahren Aussagen im $\vdash_H$-Regelschema ableitbar sind. Diese beiden Resultate sind bekannt als der Konsistenzsatz bzw. der Vollständigkeitssatz des Hoare-Kalküls.

Satz 3.3.3 KONSISTENZ DER BEWEISREGELN

Seien P, Q zwei Prädikate über der Zustandsmenge Z.
Falls das Hoare-Tripel $\{P\}\ c\ \{Q\}$ ableitbar ist, dann ist es wahr.

Beweis: Die Satzbehauptung lautet ausgeschrieben:

$$[\vdash_H \{P\}\ c\ \{Q\}\ ] \ \Rightarrow\ [\,\forall s', s \in Z: (P(s') \wedge (s', s) \in m_1(c)) \Rightarrow Q(s)\ ].$$

Weil die Induktionshypothese in dieser Implikation den Schluß von links nach rechts erlauben muß, erfolgt der Beweis durch Induktion über die linke Seite der Implikation, d.h. über die Länge einer Ableitungsfolge in der Herleitung von $\{P\}\ c\ \{Q\}$. Dieser Induktionsansatz ist möglich, weil - wie oben erwähnt - alle Herleitungen als lineare Folgen aufgeschrieben werden können. Wir betrachten die möglichen letzten Schritte in einer solchen Folge. Jedesmal seien $s', s \in Z$ zwei beliebige Zustände. In diesem Beweis und auch später benutzen wir die Definition von m_1, die durch die Definition von m induziert wird, implizit, ohne sie explizit auszurechnen. Der letzte Schritt war:

- $\vdash_H\ \{P\}$ **skip** $\{P\}$.

$$\begin{aligned} P(s') \wedge (s', s) \in m_1(\textbf{skip}) \ &\Rightarrow\ (\text{ Definition von } m_1 \text{ }) \\ &\ \ P(s') \wedge s = s' \\ &\Rightarrow\ (\text{ Logik }) \\ &\ \ P(s). \end{aligned}$$

• $\vdash_H \{P\}$ **abort** $\{$**false**$\}$.

$P(s') \wedge (s', s) \in m_1(\textbf{abort}) \Rightarrow$ (Definition von m_1 und $s \neq \delta$)
$\Rightarrow$ **false**(s).

• $\vdash_H \{Q[V \leftarrow EXPR]\}\ V := EXPR\ \{Q\}$.

$(Q[V \leftarrow EXPR])(s') \wedge (s', s) \in m_1(V := EXPR)$
$\Rightarrow$ (Definition von m_1)
$(Q[V \leftarrow EXPR])(s') \wedge s = s'[V \leftarrow val(EXPR, s')]$
$\Rightarrow$ (Satz 2.6.3($LS \Rightarrow RS$) mit $y = V$ und $E = EXPR$)
$Q(s)$.

• $\vdash_H \{Q[A \leftarrow A\{EXPR_1 \leftarrow EXPR_2\}]\}\ A[EXPR_1] := EXPR_2\ \{Q\}$.

Analog unter Verwendung von Satz 2.6.5($LS \Rightarrow RS$).

• $\vdash_H \{\forall i \in \mathbb{N}\colon Q[V \leftarrow i]\}\ V :=?\ \{Q\}$.

$(\forall i \in \mathbb{N}\colon Q[V \leftarrow i])(s') \wedge (s', s) \in m_1(V :=?)$
$\Rightarrow$ (Definition 3.2.5 und Satz 2.6.4(A)$\Rightarrow$(B))
$Q(s)$.

• $(\{P\}\ c_1\ \{R\}\ ,\ \{R\}\ c_2\ \{Q\})\ \vdash_H\ \{P\}\ c_1; c_2\ \{Q\}$.

$P(s') \wedge (s', s) \in m_1(c_1; c_2)$
$\Rightarrow$ (Definition von m_1 für die Sequenz)
$\exists t \in Z\colon (s', t) \in m_1(c_1) \wedge (t, s) \in m_1(c_2)$
$\Rightarrow$ (Induktionsvoraussetzung für $\vdash_H \{P\}\,c_1\,\{R\}$, $P(s')$, $(s', t) \in m_1(c_1)$)
$\exists t \in Z\colon R(t) \wedge (t, s) \in m_1(c_2)$
$\Rightarrow$ (Induktionsvoraussetzung für $\vdash_H \{R\}\,c_2\,\{Q\}$, $R(t)$, $(t, s) \in m_1(c_2)$)
$Q(s)$.

• $(\{P \wedge \beta_j\}\,c_j\,\{Q\}$ für alle $j \in \{1, \ldots, m\})\ \vdash_H\ \{P\}\ IF\ \{Q\}$,

wobei $IF = \textbf{if}\ \beta_1 \rightarrow c_1 \,\square\, \ldots \,\square\, \beta_m \rightarrow c_m\ \textbf{fi}$.

$P(s') \wedge (s', s) \in m_1(IF)$
$\Rightarrow$ (Definition von m_1 für IF)
$\exists j_0\colon \beta_{j_0}(s') \wedge (s', s) \in m_1(c_{j_0})$
$\Rightarrow$ (Induktionsvoraussetzung für $\vdash_H \{P \wedge \beta_{j_0}\}c_{j_0}\{Q\}$)
$Q(s)$.

• $(\{P \wedge \beta\}\ c_0\ \{P\})\ \vdash_H\ \{P\}\ DO\ \{\overline{\beta} \wedge P\}$, wobei $DO = \textbf{do}\ \beta \rightarrow c_0\ \textbf{od}$.

$P(s') \wedge (s', s) \in m_1(DO)$

$\Rightarrow$ (Definition von m_1 für DO)
es existiert eine gültige Folge $s_0, \ldots, s_r$ mit $s' = s_0,\ s_r = s$ und $\overline{\beta}(s_r)$

$\Rightarrow$ (P ist Invariante; siehe untenstehende Nebenrechnung)
$s_r = s \wedge \overline{\beta}(s_r) \wedge \forall j, 0 \leq j \leq r \colon P(s_j)$

$\Rightarrow$ (speziell $j = r$)
$s_r = s \wedge \overline{\beta}(s_r) \wedge P(s_r)$

$\Rightarrow$ (Logik)
$\overline{\beta}(s) \wedge P(s)$.

Nebenrechnung:
Wir zeigen $\forall j, 0 \leq j \leq r \colon P(s_j)$ durch Induktion über j von 0 nach r.

Basis $j = 0$: $P(s_j)$ wegen $P(s')$ und $s_j = s_0 = s'$.

Schritt $j \rightsquigarrow j + 1 \leq r$:

$P(s_j)$ $\Rightarrow$ (da $j < r$; Definition einer gültigen Folge)
$P(s_j) \wedge \beta(s_j) \wedge (s_j, s_{j+1}) \in m_1(c_0)$

$\Rightarrow$ (Induktionsvoraussetzung für $\vdash_H \{P \wedge \beta\}\ c_0\ \{P\}$)
$P(s_{j+1})$.

• $(P \Rightarrow P' ,\ \{P'\}\ c\ \{Q'\} ,\ Q' \Rightarrow Q)\ \vdash_H\ \{P\}\ c\ \{Q\}$.

$P(s') \wedge (s', s) \in m_1(c)$ $\Rightarrow$ (wegen $P \Rightarrow P'$)
$P'(s') \wedge (s', s) \in m_1(c)$

$\Rightarrow$ (Induktionsvoraussetzung für $\vdash_H \{P'\}\ c\ \{Q'\}$)
$Q'(s)$

$\Rightarrow$ (wegen $Q' \Rightarrow Q$)
$Q(s)$. ■3.3.3

Satz 3.3.4 VOLLSTÄNDIGKEIT DER BEWEISREGELN

Seien P, Q zwei Prädikate über der Zustandsmenge Z.
Falls das Hoare-Tripel $\{P\}\ c\ \{Q\}$ wahr ist, dann ist es ableitbar.

Beweis: Ausgeschrieben lautet die Satzbehauptung:

$$[\forall s', s \in Z \colon (P(s') \wedge (s', s) \in m_1(c)) \Rightarrow Q(s)] \ \Rightarrow\ [\vdash_H \{P\}\ c\ \{Q\}].$$

Der Beweis erfolgt durch Induktion über die Syntax von c.

• $c =$ **skip**.

Wir setzen $\forall s', s \in Z \colon (P(s') \wedge (s', s) \in m_1(\textbf{skip})) \Rightarrow Q(s)$ voraus; diese Voraussetzung vereinfacht sich zu $\forall s' \in Z \colon P(s') \Rightarrow Q(s')$, da $(s', s) \in m_1(\textbf{skip})$ gleichbedeutend mit $s' = s$ ist. Wir haben also unter der Voraussetzung $P \Rightarrow Q$ die Formel $\{P\}$ **skip** $\{Q\}$ herzuleiten. Dies kann folgendermaßen geschehen:

$\vdash_H\ \{P\}$ **skip** $\{P\}$ (**skip**-Regel)

$\vdash_H\ \{P\}$ **skip** $\{Q\}$ (Konsequenzregel, $P \Rightarrow Q$).

• $c =$ **abort**.

Wegen $(s', s) \in m_1(\mathbf{abort}) = \mathbf{false}$ ist die Satzprämisse ein leerer Allquantor und daher immer erfüllt. Also muß für beliebige P, Q die Beziehung $\{P\}$ **abort** $\{Q\}$ hergeleitet werden; dies kann so geschehen:

$\vdash_H \{P\}$ **abort** $\{$**false**$\}$ (**abort**-Regel)

$\vdash_H \{P\}$ **abort** $\{Q\}$ (Konsequenzregel, **false** $\Rightarrow Q$).

• $c = V := EXPR$.

Wir setzen $\forall s', s \in Z: P(s') \wedge (s', s) \in m_1(V := EXPR) \Rightarrow Q(s)$ voraus. Aus $(s', s) \in m_1(V := EXPR)$ folgt $s = s'[V \leftarrow val(EXPR, s')]$. Nach Teil $LS \Leftarrow RS$ von Satz 2.6.3 gilt $P \Rightarrow Q[V \leftarrow EXPR]$ und man kann folgendermaßen ableiten:

$\vdash_H \{Q[V \leftarrow EXPR]\}\ V := EXPR\ \{Q\}$ (Zuweisungsregel)

$\vdash_H \{P\}\ V := EXPR\ \{Q\}$ (Konsequenzregel).

• $c = A[EXPR_1] := EXPR_2$ oder $V :=?$.

Analog unter Verwendung von Satz 2.6.5($LS \Leftarrow RS$) bzw. Satz 2.6.4((A)$\Leftarrow$(B)).

• $c = c_1; c_2$.

Wir setzen $\forall s', s \in Z: (P(s') \wedge (s', s) \in m_1(c_1; c_2)) \Rightarrow Q(s)$ voraus und wollen die Aussage $\{P\}\ c_1; c_2\ \{Q\}$ herleiten. Dazu definieren wir eine Menge von Zwischenzuständen ρ wie folgt:

$$\rho = \{t \in Z \mid \exists s' \in Z: P(s') \wedge (s', t) \in m_1(c_1)\}$$

und bezeichnen das charakteristische Prädikat $\chi(\rho)$ von ρ mit R.
Seien nun $s', t \in Z$, $P(s')$ und $(s', t) \in m_1(c_1)$; dann gilt $R(t)$ nach Definition von R, und nach Induktionsvoraussetzung kann $\{P\}\ c_1\ \{R\}$ $\vdash_H$-abgeleitet werden.
Seien andererseits $t, s \in Z$, $R(t)$ und $(t, s) \in m_1(c_2)$; dann gilt:

$$\exists s': P(s') \wedge (s', t) \in m_1(c_1)$$

nach der Definition von R, also auch $\exists s': (s', s) \in m_1(c_1; c_2)$ nach der Definition von $m_1(c_1; c_2)$, also $Q(s)$ nach Voraussetzung. Jetzt kann nach Induktionsvoraussetzung auch $\{R\}\ c_2\ \{Q\}$ $\vdash_H$-abgeleitet werden.
Schließlich kann, nachdem $\{P\}\ c_1\ \{R\}$ und $\{R\}\ c_2\ \{Q\}$ beide $\vdash_H$-abgeleitet sind, die Sequenzregel einmal angewendet werden, um $\{P\}\ c_1; c_2\ \{Q\}$ $\vdash_H$-abzuleiten.

• $c = IF$ (mit $IF =$ **if** $\beta_1 \rightarrow c_1 \,\Box\, \ldots \,\Box\, \beta_m \rightarrow c_m$ **fi**).

Wir setzen $\forall s', s \in Z: (P(s') \wedge (s', s) \in m_1(IF)) \Rightarrow Q(s)$ voraus und wollen $\{P\}\,IF\,\{Q\}$ $\vdash_H$-herleiten. Wir zeigen zunächst:

$$\forall j \in \{1, \ldots, m\}\, \forall s', s \in Z: (P(s') \wedge \beta_j(s') \wedge (s', s) \in m_1(c_j)) \Rightarrow Q(s).$$

Dies folgt aus der Voraussetzung, denn für alle j gilt wegen der Definition von $m_1(IF)$: $P(s') \wedge \beta_j(s') \wedge (s', s) \in m_1(c_j) \Rightarrow P(s') \wedge (s', s) \in m_1(IF)$. Nach Induktionsvoraussetzung ist daher für jedes j die folgende Aussage $\vdash_H$-herleitbar:

$$\{P \wedge \beta_j\}\ c_j\ \{Q\}$$

Eine einmalige Anwendung der *IF*-Regel zeigt, daß dann auch $\{P\}\, c\, \{Q\}\ \vdash_H$-herleitbar ist.

• $c = DO$ (mit $DO = \mathbf{do}\ \beta \rightarrow c_0\ \mathbf{od}$).

Wir setzen $\forall s', s \in Z\colon (P(s') \wedge (s', s) \in m_1(DO)) \Rightarrow Q(s)$ voraus und wollen $\{P\}\ DO\ \{Q\}$ $\vdash_H$-ableiten. Dazu definieren wir eine Menge π' von Zwischenzuständen folgendermaßen:

$$\pi' = \{t \in Z \mid \exists \text{ endliche gültige Folge } s_0, \ldots, s_r\colon P(s_0) \wedge s_r = t\}.$$

Es sei $P' = \chi(\pi')$ das charakteristische Prädikat von π'. Wir beweisen:

(a) $P \Rightarrow P'$,
(b) $(P' \wedge \overline{\beta}) \Rightarrow Q$ und
(c) $\forall t_1, t_2 \in Z\colon (\beta(t_1) \wedge P'(t_1) \wedge (t_1, t_2) \in m_1(c_0)) \Rightarrow P'(t_2)$.

Beweis:

(a): Sei $P(s')$; dann ist $s_0 = s'$ eine endliche gültige Folge und daher $P'(s')$ nach der Definition von P'.

(b): Sei $s_0, \ldots, s_r$ eine gültige Folge mit $P'(s_0)$ und $\overline{\beta}(s_r)$; dann gilt:
$(s_0, s_r) \in m_1(DO)$
nach der Definition von m_1, und $Q(s_r)$ nach Voraussetzung.

(c): Falls $P'(t_1)$ gilt, dann gilt $t_1 = s_r$ für eine gültige Folge $s_0, \ldots, s_r$ mit $P(s_0)$. Falls $\beta(t_1) \wedge (t_1, t_2) \in m_1(c_0)$, dann ist mit $s_{r+1} = t_2$ die Folge $s_0, \ldots, s_r, s_{r+1}$ wieder gültig. Also gilt $P'(t_2)$ nach der Definition von P'.

Wegen (c) kann nach Induktionsvoraussetzung die Formel $\{\beta \wedge P'\}\ c_0\ \{P'\}$ $\vdash_H$-abgeleitet werden. Danach kann nach der *DO*-Regel die Formel:

$$\{P'\}\ \mathbf{do}\ \beta \rightarrow c_0\ \mathbf{od}\ \{\overline{\beta} \wedge P'\}$$

$\vdash_H$-abgeleitet werden. Schließlich kann wegen (a) und (b) die Konsequenzregel angewandt werden, um $\{P\}\ \mathbf{do}\ \beta \rightarrow c_0\ \mathbf{od}\ \{Q\}\ \vdash_H$-abzuleiten. ■3.3.4

3.3.6 Die Relativität der Vollständigkeitsaussage

Der Vollständigkeitsbeweis benutzt in den Fällen $c = c_1; c_2$ und $c = DO$ ein Zwischenprädikat (ρ im Fall $c = c_1; c_2$ und π' im Fall $c = DO$), welches nicht syntaktisch, sondern über einen Umweg mit Hilfe einer Menge von Zwischenzuständen, nämlich der Menge aller von einer Ausgangsmenge aus erreichbaren Zwischenzustände, definiert worden ist. Es ist *a priori* nicht klar, daß die so definierten Zwischenprädikate tatsächlich syntaktisch als Boolesche Ausdrücke darstellbar sind. Tatsächlich kann man Ausdruckssprachen finden, so daß sich Beispiele konstruieren lassen, in denen alle Prädikate außer diesen Zwischenprädikaten syntaktisch darstellbar sind. Die Vollständigkeitsaussage ist also nur *relativ* zur Mächtigkeit der Sprache der Booleschen Formeln gültig. Wegen dieser einschränkenden Bemerkung wird die Vollständigkeitsaussage Satz 3.3.4 manchmal der Satz von der *relativen* oder von der *semantischen* Vollständigkeit genannt.

Wir konstruieren zur Verdeutlichung ein Beispiel. Man betrachte eine Variable x vom Typ $\mathbb{N}$ und nehme einschränkend an, daß als primitive logische Aussagen nur **true** und $x = n$ (für $n \in \mathbb{N}$) und als logische Operation nur die Konjunktion zur Verfügung stehen. Dann läßt sich die wahre Hoare-Aussage:

$$\begin{array}{lllll} \{x = 0\} & \textbf{if} & \textbf{true} \to x := 0 & \square \;\; \textbf{true} \to x := 1 & \textbf{fi}; \\ & \textbf{if} & x > 1 \to x := 2 & \square \;\; x \leq 1 \to x := 1 & \textbf{fi} \\ \{x = 1\} & & & & \end{array}$$

zwar formulieren, aber nicht herleiten. Denn das benötigte Zwischenprädikat, das die Menge $\{x = 0, x = 1\}$ von Zwischenzuständen beschreibt, läßt sich syntaktisch in der eingeschränkten Logiksprache, in der die Disjunktion fehlt, nicht darstellen.

Wenn die zugrundeliegende Menge Z endlich ist, dann können im Prinzip bereits mit der Aussagenlogik alle Prädikate syntaktisch dargestellt werden. Ist Z aber unendlich (und wir haben gute Gründe genannt, dies zuzulassen), dann schiebt das Semientscheidbarkeitsresultat der Prädikatenlogik erster Stufe [56] einen prinzipiellen Riegel vor die syntaktische Darstellbarkeit von Prädikaten. Trotz dieser Beschränkung nehmen wir für den weiteren Verlauf unserer Untersuchungen an, daß jedes interessierende Prädikat auch syntaktisch durch einen Booleschen Ausdruck darstellbar ist. Die Sprache der Prädikatenlogik ist so mächtig, daß guten Gewissens gesagt werden kann: Prädikate, die nicht syntaktisch darstellbar sind, interessieren uns (hier in diesem Buch) nicht.

3.3.7 Äquivalenz von relationaler und axiomatischer Semantik

Ungeachtet der einschränkenden Bemerkung in Abschnitt 3.3.6 zeigt Satz 3.3.4 in Verbindung mit Satz 3.3.3 einen engen semantischen Zusammenhang zwischen dem $\vdash_H$-Beweissystem und der in 3.2.6 definierten operationalen Semantik $m_1(c)$. Kennt man $m_1(c)$, so kennt man aufgrund der Sätze 3.3.3 und 3.3.4 im Prinzip alle $\vdash_H$-ableitbaren Aussagen über c. Kennt man umgekehrt alle $\vdash_H$-ableitbaren Aussagen über c, so kann man $m_1(c)$ im Prinzip daraus gewinnen. Denn wie wir als nächstes unter Benutzung beider bisher bewiesenen Sätze zeigen, kann die Menge der zu s' vermöge m_1 gehörigen Endzustände auch als Durchschnitt aller Endzustandsmengen ausgedrückt werden, die vermöge $\vdash_H$ zu dem $\{s'\}$ beschreibenden Prädikat gehören:

Satz 3.3.5 GEWINNUNG DER RELATION m_1 AUS DEN BEWEISREGELN

Es sei c ein Programm mit Zustandsmenge Z und es sei $s' \in Z$ ein beliebiger Zustand. Dann gilt $s'm_1(c) = \bigcap \{ Y \subseteq Z \mid \underbrace{\vdash_H \{\chi(\{s'\})\}\, c\, \{\chi(Y)\}}_{(V)} \}$.

Beweis:

Ad ($\subseteq$): Es sei Y eine beliebige Teilmenge von Z, die die Bedingung (V) erfüllt. Wir zeigen $s'm_1(c) \subseteq Y$:

$$\begin{aligned} s \in s'm_1(c) \quad &\Rightarrow \quad (\text{ Definition von } \chi \text{ und Umschreiben }) \\ &\quad\quad (\chi(\{s'\}))(s') \ \wedge \ (s',s) \in m_1(c) \\ &\Rightarrow \quad (\text{ Voraussetzung } (V) \text{ und Konsistenzsatz 3.3.3 }) \\ &\quad\quad (\chi(Y))(s) \\ &\Rightarrow \quad (\text{ Definition von } \chi \text{ }) \\ &\quad\quad s \in Y. \end{aligned}$$

Da Y beliebig gewählt war, ist $s'm_1(c)$ eine Teilmenge jeder Menge, die (V) erfüllt; demzufolge ist $s'm_1(c)$ auch im Durchschnitt aller solcher Mengen enthalten.

Ad ($\supseteq$): Wir zeigen, daß die Menge $s'm_1(c)$ unter den Mengen Y, die die Bedingung (V) erfüllen, vorkommt. Zu zeigen ist demnach $\vdash_H \{\chi(\{s'\})\}\, c\, \{\chi(s'm_1(c))\}$. Wir zeigen stattdessen $\forall t', t \in Z$: $(\chi(\{s'\}))(t') \wedge (t',t) \in m_1(c) \ \Rightarrow \ (\chi(s'm_1(c)))(t)$, weil die erste Behauptung daraus mit Hilfe des Vollständigkeitssatzes 3.3.4 folgt:

$$\begin{aligned} (\chi(\{s'\}))(t') \wedge (t',t) \in m_1(c) \quad &\Rightarrow \quad (\text{ Definition von } \chi \text{ }) \\ &\quad\quad t' = s' \wedge (t',t) \in m_1(c) \\ &\Rightarrow \quad (\text{ Eliminieren von } t' \text{ und Umschreiben }) \\ &\quad\quad t \in s'm_1(c) \\ &\Rightarrow \quad (\text{ Definition von } \chi \text{ }) \\ &\quad\quad (\chi(s'm_1(c)))(t). \end{aligned}$$

Also ist der Durchschnitt aller Mengen, die die Eigenschaft (V) erfüllen, in $s'm_1(c)$ enthalten, was zu zeigen war. ■3.3.5

Dieser Zusammenhang berechtigt dazu, das Hoaresche Beweissystem und die Relation $m_1(c)$ *semantisch äquivalent* zu nennen. Insbesondere ist das Beweissystem nicht äquivalent zur Relation $m(c)$, wie anhand der Programme c_s = **skip**, c_{sa} = **skip or abort** und c_a = **abort** nachprüfbar ist; durch die Hoare-Beweisregeln werden die beiden Programme c_s und c_{sa} gleichgesetzt. Es ist möglich, das Beweissystem so zu modifizieren, daß es äquivalent zu $m_2(c)$, bzw. so zu erweitern, daß es äquivalent zu $m(c)$ wird (siehe auch Übungsaufgabe 3.7.13).

3.4 Die *wp*-Semantik

Programmiert man ein sequentielles Programm c, dann möchte man normalerweise sowohl, daß c, gestartet in einem Anfangszustand, terminiert, als auch, daß nach der Terminierung von c eine gewisse Bedingung Q, meist die gewünschte Spezifikation, erfüllt ist; ein anderes Verhalten von c würde normalerweise als Fehler aufgefaßt. Deswegen ist es sinnvoll, nach der Menge aller Anfangszustände zu fragen, die ebendies garantieren.

Dieses praktische *Desideratum* läuft dem Ansatz des letzten Abschnitts tendenziell zuwider. War dort ein Anfangsprädikat P primär, ist beim Programmentwurf eine Spezifikation Q, d.h. ein Ausgabeprädikat, primär gegeben. Die *wp-Semantik* nimmt darauf Rücksicht, indem der relationale und der Hoaresche Ansatz sozusagen vom Kopf auf die Füße gestellt werden. Das Prädikat P, das die Menge aller Anfangszustände, die die Terminierung eines Programms c mit Q garantieren, beschreibt, heißt die *schwächste Vorbedingung* (von c, gegeben Q). Das Wort *schwächste* ist deswegen gewählt, weil P die Menge aller Anfangszustände mit der oben genannten Eigenschaft beschreibt, nicht nur eine Teilmenge davon. Die wp-Semantik ordnet jedem Programm c eine Funktion $wp(c)$ von der Menge der Prädikate in die Menge der Prädikate zu. Ein Argument dieser Funktion wird als Endprädikat Q, ihr Wert als das Q zugeordnete Anfangsprädikat P interpretiert.

In seiner Struktur ähnelt dieser Abschnitt dem vorangehenden. In Abschnitt 3.4.1 wird die wp-Funktion zunächst semantisch formalisiert, indem eine Funktion $\widetilde{wp}(c)$ mit Hilfe der Relation $m_2(c)$ definiert wird. Abschnitt 3.4.2 gibt dann eine syntaktische Definition induktiv über den Aufbau von c. Die Gleichwertigkeit von $m_2(c)$, $\widetilde{wp}(c)$ und $wp(c)$ ist Gegenstand zweier Sätze in den Abschnitten 3.4.3 und 3.4.4. Danach folgen eine Reihe von zusätzlichen Bemerkungen zu den algebraischen Eigenschaften der wp-Funktion (Abschnitt 3.4.5), eine Diskussion der Beziehung zwischen Korrektheits- und Terminierungseigenschaften (Abschnitt 3.4.6) und eine Vereinfachung der wp-Semantik für Programme aus der Klasse *SEQPROG* (Abschnitt 3.4.7).

Bei der Definition der wp-Funktion kommt die Fixpunkttheorie des Abschnitts 2.4 zur Geltung. Die dem Abschnitt 3.4 zugrundeliegenden Verbände sind die vollständigen Booleschen Algebren der Teilmengen von Z mit der Teilmengenrelation $\subseteq$ bzw. die Menge der Prädikate über Z mit der Implikation $\Rightarrow$. War im letzten Abschnitt die Unterscheidung zwischen den beiden Verbänden noch durchgehalten worden, so handhaben wir die Unterscheidung von jetzt an nicht mehr ganz so streng.

Für den Rest des Abschnitts 3.4 seien $c \in \mathit{USEQPROG}$ ein beliebiges, aber fest vorgegebenes Programm und $Z = Z(c)$ seine Zustandsmenge. Im folgenden benutzen wir den Buchstaben Q stets für ein Endprädikat und den Buchstaben X für eine Endzustandsmenge von c. Wahlweise werden Q oder X als Argument der wp-Funktion verwendet. Dann wird immer angenommen, daß Q und X in der Beziehung $Q = \chi(X)$ bzw. $X = \Gamma(Q)$ stehen, ohne daß dies jedesmal explizit erwähnt wird.

3.4.1 Die semantische Funktion $\widetilde{wp}$

Definition 3.4.1 SEMANTISCHE DEFINITION DER wp-FUNKTION

Die Funktion $\widetilde{wp}(c)\colon 2^Z \to 2^Z$ ist durch:

$$(\widetilde{wp}(c))(X) \quad = \quad \{s' \in Z \mid \emptyset \neq s'm_2(c) \wedge s'm_2(c) \subseteq X\}$$

für alle $X \subseteq Z$ definiert. ■3.4.1

Wir kürzen $(\widetilde{wp}(c))(X)$ zu $\widetilde{wp}(c, X)$ ab. Die Bedingung $\emptyset \neq s'm_2(c)$ in der definierenden Gleichung für $\widetilde{wp}(c, X)$ beschreibt laut Definition von $m_2(c)$ diejenigen Anfangszustände s', für die $(s', \delta) \notin m(c)$ gilt, d.h., die Terminierung von c ist bei Ausführungsbeginn im Zustand s' garantiert. Die andere Bedingung $s'm_2(c) \subseteq X$ beschreibt diejenigen Anfangszustände s', deren zugeordnete Endzustände alle in X liegen. Zu einer gegebenen Menge X von Endzuständen werden durch $\widetilde{wp}(c, X)$ also genau diejenigen Anfangszustände s'

erfaßt, welche die Terminierung von c garantieren und außerdem gewährleisten, daß jeder mögliche Endzustand in X liegt.

Betrachtet man den Spezialfall $X = Z$ als Endzustandsmenge, dann gilt die zweite Bedingung $s'm_2(c) \subseteq X$ trivialerweise, und die Formel für $\widetilde{wp}(c, Z)$ geht in die folgende Gleichung über:

$$\widetilde{wp}(c, Z) \;=\; \{s' \in Z \mid \emptyset \neq s'm_2(c)\}.$$

Das ist - laut Interpretation von $m_2(c)$ - die Menge aller Anfangszustände, für die c garantiert terminiert. Gleichwertigerweise kann man speziell $Q = \mathbf{true} = \chi(Z)$ als Endprädikat betrachten. Dann beschreibt das Prädikat $\widetilde{wp}(c, \mathbf{true})$, wie eben gezeigt, die Menge aller Anfangszustände, für die c terminiert.

Betrachtet man andererseits den Spezialfall $X = \emptyset$ als Endzustandsmenge (oder $Q = \mathbf{false}$ als Endprädikat), dann findet man durch Ausrechnen:

$$\begin{aligned} \widetilde{wp}(c, \emptyset) \;&=\; (\text{ Definition 3.4.1 }) \\ &\;\; \{s' \in Z \mid \emptyset \neq s'm_2(c) \subseteq \emptyset\} \\ &=\; (\text{ wegen } s'm_2(c) \subseteq \emptyset \Rightarrow s'm_2(c) = \emptyset\ ) \\ &\;\; \{s' \in Z \mid \emptyset \neq \emptyset\} \\ &=\; \emptyset, \end{aligned}$$

beziehungsweise in Prädikatschreibweise: $\widetilde{wp}(c, \mathbf{false}) = \mathbf{false}$. Anschaulich entspricht diese Gleichung der Tatsache, daß es keinen Anfangszustand gibt, der die Terminierung von c in einem nichtexistenten Endzustand garantiert. Die Definition der Funktion $\widetilde{wp}$ kann man unter Verwendung der Relation $m(c)$ - statt $m_2(c)$ - etwas anders darstellen:

$$\widetilde{wp}(c, X) \;=\; \{s' \in Z \mid s'm(c) \subseteq X\}.$$

Die rechte Seite dieser Gleichung ist tatsächlich äquivalent mit der rechten Seite der Gleichung in Definition 3.4.1. Aus $\emptyset \neq s'm_2(c)$ folgt $\delta \notin s'm(c)$ und zieht wegen $s'm_2(c) \subseteq X$ auch $s'm(c) \subseteq X$ nach sich. In der umgekehrten Richtung impliziert $s'm(c) \subseteq X$ zuerst $s'm_2(c) \subseteq X$ und dann (wegen $X \subseteq Z$) $\delta \notin s'm(c)$ und daher schließlich auch $\emptyset \neq s'm_2(c)$. Wir haben jedoch in Definition 3.4.1 die Relation $m_2(c)$ und nicht die Relation $m(c)$ verwendet, weil wir später eine Äquivalenz zwischen der syntaktisch definierten Funktion wp und der Relation $m_2(c)$, nicht jedoch der Relation $m(c)$, beweisen wollen.

3.4.2 Das wp-Kalkül

In diesem Abschnitt definieren wir zuerst die Funktion $wp(c)$ induktiv über den Aufbau von c (Definition 3.4.2) und veranschaulichen diese Definition dann anhand von Beispielen. Der Teil (vi) der Definition, die Schleife betreffend, stellt eine starke formale Abweichung von der entsprechenden Hoareschen Beweisregel dar. Zum Verständnis der Hilfsfunktion f_Q ist es sinnvoll, sich die einmalige Abwicklung:

$$\mathbf{while}\ \beta\ \mathbf{do}\ c_0\ \mathbf{end} \;=\; \mathbf{if}\ \neg\beta\ \mathbf{then\ skip\ else}\ c_0;\ \mathbf{while}\ \beta\ \mathbf{do}\ c_0\ \mathbf{end\ end}$$

der Schleife (siehe auch die Motivation zu Beginn des Abschnitts 2.4) vor Augen zu halten. Die Funktion f_Q entspricht in logischer Form der rechten Seite dieser Gleichung. Konsequenterweise ist die wp-Funktion der Schleife in der folgenden Definition als ein Fixpunkt dieser Funktion definiert. Wir kommen später noch darauf zu sprechen, warum es der kleinste Fixpunkt sein muß.

Definition 3.4.2 INDUKTIVE DEFINITION DER wp-FUNKTION

Sei Q ein Prädikat, zu interpretieren als Endprädikat von c.

(i) $wp(\mathbf{skip}, Q) = Q$.
(ii) $wp(\mathbf{abort}, Q) = \mathbf{false}$.
(iiia) $wp(V := EXPR, Q) = Q[V \leftarrow EXPR]$.
(iiib) $wp(A[EXPR_1] := EXPR_2, Q) = Q[A \leftarrow A\{EXPR_1 \leftarrow EXPR_2\}]$.
(iiic) $wp(V :=?, Q) = (\forall i \in \mathbb{N}: Q[V \leftarrow i])$.
(iv) $wp(c_1; c_2, Q) = wp(c_1, wp(c_2, Q))$.
(v) Sei $IF = \mathbf{if}\ \beta_1 \rightarrow c_1 \,\square \ldots \square\, \beta_m \rightarrow c_m\ \mathbf{fi}$.
$wp(IF, Q) = (\exists j, 1 \leq j \leq m: \beta_j) \wedge (\forall j, 1 \leq j \leq m: \beta_j \Rightarrow wp(c_j, Q))$.
(vi) Sei $DO = \mathbf{do}\ \beta \rightarrow c_0\ \mathbf{od}$. Es sei die Funktion f_Q definiert durch:

$$f_Q : \begin{cases} \text{Prädikate über } Z & \rightarrow \quad \text{Prädikate über } Z \\ \qquad\qquad R & \mapsto \quad (\overline{\beta} \wedge Q) \vee (\beta \wedge wp(c_0, R)). \end{cases}$$

$wp(DO, Q) = \mu f_Q$. ■3.4.2

Diese Definition wurde der besseren Lesbarkeit halber in Prädikatschreibweise und nicht in Teilmengenschreibweise formuliert. Es steht dem Leser, wie erwähnt, frei, die zwischen Prädikaten und Zustandsmengen vermittelnden Funktionen χ und Γ heranzuziehen, um sie in Teilmengenschreibweise umzuformulieren. Zum Beispiel kann Teil (iiia) der Definition in Mengenschreibweise (X statt Q) auch so formuliert werden:

$$wp(V := EXPR, X) = \Gamma(\chi(X)[V \leftarrow EXPR]).$$

Die Formel (i) der Definition 3.4.2 besagt: die Menge von Anfangszuständen, die Terminierung des Programms **skip** mit Endprädikat Q garantieren, ist genau durch Q beschrieben. Die Formel (ii) besagt: kein Anfangszustand garantiert Terminierung des Programms **abort** mit Endprädikat Q. Die Zuweisungsaxiome (iii) sind *mutatis mutandis* die gleichen wie in Definition 3.3.2. Die Erläuterungen, die für sie in Abschnitt 3.3 gegeben wurde, gelten weiter. Die Sequenz $c_1; c_2$ wird durch die Komposition der wp-Funktionen beschrieben, denn um Q ganz zum Schluß zu garantieren, muß die Gültigkeit eines entsprechenden Zwischenprädikats R mit $R = wp(c_2, Q)$ (und damit $wp(c_1, R)$) garantiert werden. Die Formel (v) für das Alternativkonstrukt IF besteht aus zwei Konjunkten. Das erste Konjunkt besagt, daß mindestens eine Eingangsbedingung der Alternative gangbar sein muß. Das zweite Konjunkt beinhaltet die gleiche Forderung wie die entsprechende Hoare-Beweisregel, daß nämlich alle Ausführungsmöglichkeiten des IF-Kommandos zum richtigen Resultat Q führen müssen. Der Fixpunkt μf_Q in Teil (vi) der Definition ist nur dann wohldefiniert, wenn f_Q monoton ist. Dies ist wegen des folgenden Lemmas, das die Monotonie von f_Q zugleich mit der Monotonie von $wp(c)$ zeigt, stets der Fall.

Lemma 3.4.3 WOHLDEFINIERTHEIT VON $wp(c)$

$wp(c)$ ist wohldefiniert und monoton.

Beweis: Zu zeigen ist: aus $Q_1 \Rightarrow Q_2$ folgt $wp(c, Q_1) \Rightarrow wp(c, Q_2)$. Im Beweis zeigen wir stattdessen die entsprechende Aussage in Mengenschreibweise: aus $X_1 \subseteq X_2$ folgt $wp(c, X_1) \subseteq wp(c, X_2)$. Insofern ist dieser Beweis der erste in einer Reihe von gleichartigen. Während es für die Definitionen und die Beispiele normalerweise günstiger ist, die wp-Funktion als Funktion von (End-) Prädikaten in (Anfangs-) Prädikate aufzufassen, ist für die Beweise die Teilmengensichtweise generell günstiger.

Die Behauptung wird induktiv über die Syntax von c bewiesen. Die Fälle (i), (ii), (iiia), (iiib) und (iiic) sind elementar abzuhandeln: für (i) folgt die Behauptung des Lemmas aus der Monotonie der Identitätsrelation, für (ii) aus der Monotonie konstanter Funktionen, für (iii) aus der Vertauschbarkeit von syntaktischer Ersetzung und logischer Konjunktion (Abbildung 2.9, Zeile 6) und der logischen Äquivalenz $(Q_1 \Rightarrow Q_2) \Leftrightarrow ((Q_1 \wedge Q_2) = Q_1)$.

Fall (iv):
$$\begin{aligned} X_1 \subseteq X_2 \quad &\Rightarrow \quad (\text{ Induktionsvoraussetzung für } c_2 \text{ }) \\ &\quad wp(c_2, X_1) \subseteq wp(c_2, X_2) \\ &\Rightarrow \quad (\text{ Induktionsvoraussetzung für } c_1 \text{ }) \\ &\quad wp(c_1, wp(c_2, X_1)) \subseteq wp(c_1, wp(c_2, X_2)) \\ &\Rightarrow \quad (\text{ Definition von } wp(c_1; c_2) \text{ }) \\ &\quad wp(c_1; c_2, X_1) \subseteq wp(c_1; c_2, X_2). \end{aligned}$$

Fall (v): Analog.

Fall (vi): Zunächst zeigen wir, daß unter der Induktionsvoraussetzung, daß $wp(c_0)$ monoton ist, auch f_X monoton ist. Sei $Y_1 \subseteq Y_2$. Dann gilt:

$$\begin{aligned} f_X(Y_1) &= (\text{ Definition von } f_X \text{ }) \\ &\ (\overline{\beta} \cap X) \cup (\beta \cap wp(c_0, Y_1)) \\ &\subseteq (\text{ Monotonie von } wp(c_0), \text{ Satz 2.4.4 }) \\ &\ (\overline{\beta} \cap X) \cup (\beta \cap wp(c_0, Y_2)) \\ &= (\text{ Definition von } f_X \text{ }) \\ &\ f_X(Y_2). \end{aligned}$$

Also ist μf_X und damit $wp(DO)$ wohldefiniert. Schließlich ist zu zeigen, daß auch $wp(DO)$ monoton ist, damit der Induktionsanschluß gewahrt ist. Es gelte $X_1 \subseteq X_2$; zu zeigen ist $\mu f_{X_1} \subseteq \mu f_{X_2}$. Wir schreiben diese Fixpunkte explizit laut Abschnitt 2.4.3:

$$\begin{aligned} \mu f_{X_1} &= \bigcap\{Y \mid Y \supseteq ((\overline{\beta} \cap X_1) \cup (\beta \cap wp(c_0, Y)))\} \\ \mu f_{X_2} &= \bigcap\{Y \mid Y \supseteq ((\overline{\beta} \cap X_2) \cup (\beta \cap wp(c_0, Y)))\}. \end{aligned}$$

Es gelte $s \in \mu f_{X_1}$. Um $s \in \mu f_{X_2}$ zu beweisen, nehmen wir:

$$Y \supseteq ((\overline{\beta} \cap X_2) \cup (\beta \cap wp(c_0, Y)))$$

an und beweisen $s \in Y$. Wegen $X_1 \subseteq X_2$ gilt $Y \supseteq ((\overline{\beta} \cap X_1) \cup (\beta \cap wp(c_0, Y)))$ und wegen $s \in \mu f_{X_1}$ gilt $s \in Y$. Da Y beliebig war, ist der Zustand s in jeder solchen Menge enthalten, also auch im Durchschnitt aller dieser Mengen - was zu zeigen war. ■3.4.3

Es folgen drei kleine Beispiele. Als erstes soll durch Anwendung des wp-Kalküls belegt werden, daß das Programm $c_{tausch} = x := x - y;\; y := x + y;\; x := y - x$ die Werte von x und y vertauscht (Abbildung 3.9). Im Vergleich mit Abbildung 3.3 zeigt sich deutlich die Umkehrung der semantischen Schlußweise. Die jeweils in einem Schritt von unten nach oben ersetzten Prädikatteile sind durch Klammerung hervorgehoben; hier bezeichnet x_1 den Endwert von x, im Unterschied zu x' für den Anfangswert von x in Abbildung 3.3. Als zweites Beispiel wird $wp(\textbf{skip or abort}, \textbf{true}) = \textbf{false}$ hergeleitet, siehe Abbildung 3.10. In der Tat garantiert kein Anfangszustand, daß das Programm **skip or abort** überhaupt terminiert.

$\{y = x_1 \wedge x = y_1\}$	Umschreiben von P
$\{y = x_1 \wedge (x - y) + y = y_1\}$	$wp(x := x - y, R_2) = P$
$x := x - y;$	$\uparrow$
$\{y = x_1 \wedge x + y = y_1\}$	Umschreiben von R_2
$\{(x + y) - x = x_1 \wedge (x + y) = y_1\}$	$wp(y := x + y, R_1) = R_2$
$y := x + y;$	$\uparrow$
$\{(y - x) = x_1 \wedge y = y_1\}$	$wp(x := y - x, Q) = R_1$
$x := y - x$	$\uparrow$
$\{x = x_1 \wedge y = y_1\}$	Nachbedingung Q

Abbildung 3.9. wp-Beweis des Programms c_{tausch}

$$
\begin{aligned}
wp(\textbf{skip or abort}, \textbf{true}) \;=\;& (\text{ Definition von } \textbf{or}, \text{Definition von } wp\ ) \\
& (\textbf{true} \vee \textbf{true}) \wedge [\ (\textbf{true} \Rightarrow wp(\textbf{skip}, \textbf{true})) \\
& \qquad\qquad \wedge\ (\textbf{true} \Rightarrow wp(\textbf{abort}, \textbf{true}))\ ] \\
=\;& (\text{ Logik }) \\
& wp(\textbf{skip}, \textbf{true}) \wedge wp(\textbf{abort}, \textbf{true}) \\
=\;& (\text{ Definition von } wp\ ) \\
& \textbf{true} \wedge \textbf{false} \\
=\;& \textbf{false}.
\end{aligned}
$$

Abbildung 3.10. Berechnung von $wp(\textbf{skip or abort}, \textbf{true})$

Unser drittes Beispiel schließlich erläutert den Teil (vi) der Definition 3.4.2:

$$wp(\textbf{do}\ \underbrace{x \neq 0}_{\beta} \rightarrow \underbrace{x := x - 1}_{c_0}\ \textbf{od}, \underbrace{\textbf{true}}_{Q}) \;=\; P.$$

Gesucht ist das Prädikat P, das die Menge aller Anfangszustände beschreibt, für die dieses Programm terminiert. Intuitiv wäre $P = (x \geq 0)$ zu erwarten. Die in 3.4.2(vi) definierte Funktion f_Q, die hier $f_{\textbf{true}}$ heißt, vereinfacht sich folgendermaßen:

$$
\begin{aligned}
f_{\textbf{true}}(R) \;=\;& (\text{ Definition }) \\
& ((x = 0) \wedge \textbf{true}) \vee ((x \neq 0) \wedge (wp(x := x - 1, R))) \\
=\;& (\text{ Vereinfachung }) \\
& (x = 0) \vee wp(x := x - 1, R).
\end{aligned}
$$

Um den kleinsten Fixpunkt dieser Funktion zu finden, betrachten wir die folgende Berechnungskette, die mit dem $\bot$-Element des Verbandes der Prädikate über Z, also mit **false**, beginnt:

$$
\begin{array}{lllllll}
Q_0 & = & f^0_{\mathbf{true}}(\mathbf{false}) & = & \mathbf{false} & & \\
Q_1 & = & f^1_{\mathbf{true}}(\mathbf{false}) & = & (x = 0) \vee \mathbf{false} & = & (x = 0) \\
Q_2 & = & f^2_{\mathbf{true}}(\mathbf{false}) & = & (x = 0) \vee (x = 1) & = & (0 \le x \le 1) \\
 & \vdots & & & & & \\
Q_i & = & f^i_{\mathbf{true}}(\mathbf{false}) & = & (0 \le x \le i - 1). & &
\end{array}
$$

Keines dieser Prädikate Q_i ist ein Fixpunkt von $f_{\mathbf{true}}$. Wir gehen daher zur kleinsten oberen Schranke der Menge aller Q_i über:

$$P' \;=\; (\exists i, i \in \mathbb{N}{:}\, Q_i) \;=\; (0 \le x).$$

Durch Einsetzen des Prädikats $(0 \le x)$ in die Funktion $f_{\mathbf{true}}$ rechnet man leicht aus, daß P' in der Tat ein Fixpunkt dieser Funktion ist. Aufgrund von Satz 2.4.8 (und zwar desjenigen Teils dieses Satzes, für den nur die Monotonie, nicht die Stetigkeit von $f_{\mathbf{true}}$ maßgeblich ist) ist P' der kleinste Fixpunkt von $f_{\mathbf{true}}$. Also gilt $P = P'$, d.h., die Formel in Definition 3.4.2(vi) liefert in der Tat das intuitiv zu erwartende Ergebnis.

3.4.3 Äquivalenz zwischen wp-Kalkül und $\widetilde{wp}$-Funktion

Wir nehmen nun den ersten Hauptsatz dieses Abschnitts in Angriff, nämlich die Beziehung:

$$wp(c) \;=\; \widetilde{wp}(c),$$

die *modulo* der Umrechnung von Prädikaten über Z (links des Gleichheitszeichens) in Teilmengen von Z (rechts des Gleichheitszeichens) gültig ist. Diese Gleichung besagt in allgemeiner Form, was am Ende des letzten Abschnitts nur anhand des dritten Beispiels veranschaulicht wurde, daß nämlich die induktive Definition 3.4.2 der wp-Funktion mit dem in der Definition 3.4.1 ausgedrückten operationalen / relationalen Verständnis übereinstimmt.

Satz 3.4.4 GLEICHWERTIGKEIT VON wp UND $\widetilde{wp}$

Sei $X \subseteq Z$ eine Menge von Endzuständen. Dann gilt:
$\widetilde{wp}(c, X) = \{s' \in Z \mid \emptyset \ne s'm_2(c) \subseteq X\}$.

Beweis: Wir schreiben die rechte Seite der zu beweisenden Gleichung um, damit die Relation $m(c)$ statt $m_2(c)$ darin vorkommt: $\underbrace{\widetilde{wp}(c, X)}_{LS} = \underbrace{\{s' \in Z \mid s'm(c) \subseteq X\}}_{RS}$.

Daß diese Umformulierung erlaubt ist, wurde am Ende von Abschnitt 3.4.1 gezeigt. Der Beweis von $LS = RS$ erfolgt durch Induktion über die Syntax von c.

$$\bullet\ \textbf{skip}: \quad \begin{array}{rcl} LS &=& wp(\textbf{skip}, X) \\ &=& (\text{ Definition von } wp(\textbf{skip}) \text{ }) \\ && X \\ RS &=& \{s' \mid s'm(\textbf{skip}) \subseteq X\} \\ &=& (\text{ Definition von } m(\textbf{skip}) \text{ }) \\ && \{s' \mid \{s'\} \subseteq X\} \\ &=& (\text{ Umschreiben }) \\ && X. \end{array}$$

$$\bullet\ \textbf{abort}: \quad \begin{array}{rcl} LS &=& wp(\textbf{abort}, X) \\ &=& (\text{ Definition von } wp(\textbf{abort}) \text{ }) \\ && \emptyset \\ RS &=& \{s' \mid s'm(\textbf{abort}) \subseteq X\} \\ &=& (\text{ Definition von } m(\textbf{abort}) \text{ }) \\ && \{s' \mid \{\delta\} \subseteq X\} \\ &=& (\ \delta \notin X\ ) \\ && \emptyset. \end{array}$$

• $V := EXPR$ oder $A[EXPR_1] := EXPR_2$ oder $V :=?$:

Unter Ausnutzung der Sätze 2.6.3 bzw. 2.6.5 bzw. 2.6.4.

• $c_1; c_2$:

$$\begin{array}{rcl} LS &=& wp(c_1; c_2, X) \\ &=& (\text{ Definition von } wp(c_1; c_2) \text{ }) \\ && wp(c_1, wp(c_2, X)) \\ &=& (\text{ Induktionsvoraussetzung für } c_1 \text{ }) \\ && \{s' \in Z \mid s'm(c_1) \subseteq wp(c_2, X)\} \\ &=& (\text{ Induktionsvoraussetzung für } c_2 \text{ }) \\ && \{s' \in Z \mid s'm(c_1) \subseteq \{t \in Z \mid tm(c_2) \subseteq X\}\} \\ &=& (\text{ Umschreiben }) \\ && \{s' \in Z \mid \delta \notin s'm(c_1)\ \wedge \forall t \in Z\colon [(s', t) \in m(c_1) \Rightarrow tm(c_2) \subseteq X]\} \end{array}$$

$$\begin{array}{rcl} RS &=& \{s' \in Z \mid s'm(c_1; c_2) \subseteq X\} \\ &=& (\text{ Umschreiben, } \delta \notin X \text{ }) \\ && \{s' \in Z \mid \delta \notin s'm(c_1; c_2)\ \wedge \forall s \in Z\colon (s', s) \in m(c_1; c_2) \Rightarrow s \in X\} \\ &=& (\text{ Definition von } m(c_1; c_2) \text{ }) \\ && \{s' \in Z \mid \delta \notin s'm(c_1) \wedge \delta \notin s'(m(c_1) \circ m(c_2)) \wedge \\ && \quad \forall s \in Z\colon (s', s) \in (m(c_1) \circ m(c_2)) \Rightarrow s \in X\} \\ &=& (\text{ Umschreiben }) \\ && \{s' \in Z \mid \delta \notin s'm(c_1)\ \wedge \forall t \in s'm(c_1)\colon (\delta \notin tm(c_2) \wedge \forall s \in tm(c_2)\colon s \in X)\} \\ &=& (\text{ Umschreiben }) \\ && \{s' \in Z \mid \delta \notin s'm(c_1)\ \wedge \forall t \in Z\colon ((s', t) \in m(c_1) \Rightarrow tm(c_2) \subseteq X)\}. \end{array}$$

• $IF = \textbf{if}\ \beta_1 \rightarrow c_1 \,\square\, \ldots \,\square\, \beta_m \rightarrow c_m\ \textbf{fi}$: Ähnlich.

• $DO = \textbf{do}\ \beta \rightarrow c_0\ \textbf{od}$:

Die beiden Teile der zu beweisenden Gleichung lauten folgendermaßen:

$$LS = wp(DO, X) = \mu f_X \text{ mit } f_X(Y) = (\overline{\beta} \cap X) \cup (\beta \cap wp(c_0, Y))$$
$$RS = \{s' \in Z \mid s'm(DO) \subseteq X\}.$$

Der Fixpunkt lautet: $\mu f_X \;=\; \bigcap \{Y \subseteq Z \mid Y \supseteq ((\overline{\beta} \cap X) \cup (\beta \cap wp(c_0, Y)))\}$.

Als generelle globale Induktionsannahme steht zur Verfügung:

Annahme 1: Für alle $Y \subseteq Z$ gilt $wp(c_0, Y) = \{t \in Z \mid tm(c_0) \subseteq Y\}$.

Wir spalten den Beweis von $LS = RS$ in die beiden Teile $LS \subseteq RS$ und $RS \subseteq LS$.

- $LS \subseteq RS$ (für DO).

Sei $s' \in Z$ ein beliebiger Anfangszustand; wir zeigen $s' \in LS \;\Rightarrow\; s' \in RS$.

Annahme 2: $s' \in LS$, d.h. $s' \in \mu f_X = wp(DO, X)$.

Wir haben $s'm(DO) \subseteq X$ zu beweisen, d.h.: **(a)** $(s'm(DO) \cap Z) \;\subseteq\; X$;
(b) $\delta \;\notin\; s'm(DO)$.

Beweis von **(a)**.

Wir betrachten einen Endzustand $s \in s'm(DO) \cap Z$. Dann gibt es eine gültige Folge $s_0, \ldots, s_r$ $(r \geq 0)$ mit $s_0 = s'$, $s_r = s$ und $\overline{\beta}(s_r)$. Zu beweisen ist $s \in X$.
Wir beweisen zuerst durch Induktion, daß $s_j \in \mu f_X$ für alle j mit $0 \leq j \leq r$ gilt.

Basis $j = 0$: $s_j \in \mu f_X$ nach Annahme 2, denn aus $j = 0$ und $s_0 = s'$ folgt $s_j = s'$.

Schritt $j \rightsquigarrow j + 1 \leq r$: siehe Abbildung 3.11.

Speziell mit $j = r$ gilt $s_r = s \in \mu f_X$. Wegen

$$\mu f_X = f_X(\mu f_X) = (\overline{\beta} \cap X) \;\cup\; (\beta \cap wp(c_0, \mu f_X))$$

und $\overline{\beta}(s_r)$ folgt daraus auch $s_r = s \in X$, was in Teil **(a)** zu beweisen war. ■**(a)**

$$\begin{array}{lll}
s_j \in \mu f_X & \Rightarrow & (\, j < r \text{ und } s_0, \ldots, s_r \text{ gültige Folge }) \\
& & s_j \in \mu f_X \wedge \beta(s_j) \wedge (s_j, s_{j+1}) \in m(c_0) \\
& \Rightarrow & (\text{ da } \mu f_X = f_X(\mu f_X) = (\overline{\beta} \cap X) \cup (\beta \cap wp(c_0, \mu f_X)) \,) \\
& & s_j \in wp(c_0, \mu f_X) \wedge (s_j, s_{j+1}) \in m(c_0) \\
& \Rightarrow & (\text{ Annahme 1, Teil } (\subseteq), \text{ speziell } Y = \mu f_X \,) \\
& & s_j \in \{t \in Z \mid tm(c_0) \subseteq \mu f_X\} \wedge (s_j, s_{j+1}) \in m(c_0) \\
& \Rightarrow & (\text{ Umschreiben }) \\
& & s_j m(c_0) \subseteq \mu f_X \wedge (s_j, s_{j+1}) \in m(c_0) \\
& \Rightarrow & (\text{ Logik }) \\
& & s_{j+1} \in \mu f_X.
\end{array}$$

Abbildung 3.11. Herleitung von $s_j \in \mu f_X$ (Induktionsschritt)

Beweis von **(b)**. (*Durch Widerspruch*)

Es sei angenommen, daß $\delta \in s'm(DO)$ gilt. Nach der Definition von $m(DO)$ gibt es zwei Möglichkeiten: entweder es gibt eine endliche gültige Folge $s_0, \ldots, s_r$ von $s' = s_0$

nach $s_r = \delta$, oder es gibt eine unendliche mit s' beginnende gültige Folge. Die erste Möglichkeit kann durch das unter Teil (a) beschriebene Induktionsargument *ad absurdum* geführt werden. Denn man kann mit genau dem gleichen Argument $s_r \in \mu f_X$ herleiten, aber es gilt $s_r = \delta$, und $\delta \in \mu f_X$ ist wegen $\mu f_X \subseteq Z$ nicht möglich.

Wir führen nun die zweite Möglichkeit, d.h. die Existenz einer unendlichen mit $s_0 = s'$ beginnenden gültigen Folge $s_0, s_1, s_2, \ldots$, zum Widerspruch. Die Definition besagt, daß für diese Folge $\beta(s_j)$ und $(s_j, s_{j+1}) \in m(c_0)$ für alle $j \geq 0$ gilt. Aus der Existenz dieser Folge werden wir zunächst - durch ein etwas längeres Argument - $s' \notin wp(DO, Z)$ folgern. Dazu vereinfachen wir zunächst einige Beziehungen für die spezielle Nachbedingung Z:

$$\begin{aligned} wp(DO, Z) &= (\text{ Definition von } wp(DO)\ ) \\ &\quad \mu f_Z \\ &= (\text{ weil } \overline{\beta} \cap Z = \overline{\beta} \text{ und } \overline{\beta} \cup (\beta \cap A) = \overline{\beta} \cup A\ ) \\ &\quad \bigcap \{Y \mid Y \supseteq (\overline{\beta} \cup wp(c_0, Y))\}. \end{aligned}$$

Die Fixpunktgleichung $\mu f_Z = f_Z(\mu f_Z)$ vereinfacht sich außerdem:

$$\mu f_Z = \overline{\beta} \cup wp(c_0, \mu f_Z).$$

Nun definieren wir die Menge $W = \mu f_Z \backslash \{s_0, s_1, s_2, \ldots\}$ von Zuständen und behaupten:

(b1) $s' \notin W$.

(b2) $(\overline{\beta} \cup wp(c_0, W)) \subseteq W$.

Beweis:

(b1) Es gilt $s' = s_0$ nach Definition von s_0 und $s_0 \notin W$ nach Definition von W.

(b2) Durch Fallunterscheidung:

$$\begin{aligned} \overline{\beta}(s) &\Rightarrow (\text{ da } \mu f_Z = \overline{\beta} \cup wp(c_0, \mu f_Z)\ ) \\ &\quad \overline{\beta}(s) \wedge s \in \mu f_Z \\ &\Rightarrow (\text{ weil } \beta(s_j) \text{ für alle } j\ ) \\ &\quad s \in \mu f_Z \wedge s \notin \{s_0, s_1, \ldots\} \\ &\Rightarrow (\text{ Definition von } W\ ) \\ &\quad s \in W. \end{aligned}$$

$$\begin{aligned} s \in wp(c_0, W) &\Rightarrow (\text{ weil } W \subseteq \mu f_Z, \text{Monotonie von } wp\ ) \\ &\quad s \in wp(c_0, W) \wedge s \in wp(c_0, \mu f_Z) \\ &\Rightarrow (\text{ da } \mu f_Z = \overline{\beta} \cup wp(c_0, \mu f_Z)\ ) \\ &\quad s \in wp(c_0, W) \wedge s \in \mu f_Z \\ &\Rightarrow (\text{ Annahme 1, Teil } (\subseteq)\ ) \\ &\quad s \in \mu f_Z \wedge s m(c_0) \subseteq W \\ &\Rightarrow (\text{ Definition von } W\ ) \\ &\quad s \in \mu f_Z \wedge s m(c_0) \subseteq \mu f_Z \backslash \{s_0, s_1, \ldots\} \\ &\Rightarrow (\text{ wegen } \forall j\colon s_j m(c_0) \cap \{s_0, s_1, \ldots\} \supseteq \{s_{j+1}\} \neq \emptyset)\ ) \\ &\quad s \in \mu f_Z \wedge s \notin \{s_0, s_1, \ldots\} \\ &\Rightarrow (\text{ Definition von } W\ ) \\ &\quad s \in W. \end{aligned}$$

■(b1,b2)

Ein Rückblick auf die bisher angesammelten Tatsachen erlaubt den Schluß, daß der Zustand s' in der Tat - wie behauptet - außerhalb von $wp(DO, Z)$ liegt:

$$
\begin{aligned}
(\text{b1}) \;\Rightarrow\;& s' \notin W \\
\Rightarrow\;& (\text{ wegen (b2) ist } W \in \{Y \mid Y \supseteq (\overline{\beta} \cup wp(c_0, Y))\} \text{ }) \\
& s' \notin \bigcap \{Y \mid Y \supseteq (\overline{\beta} \cup wp(c_0, Y))\} \\
\Rightarrow\;& (\text{ vereinfachte Formel für } wp(DO, Z) \text{ }) \\
& s' \notin wp(DO, Z).
\end{aligned}
$$

Wegen der Monotonie der wp-Funktion und wegen $X \subseteq Z$ folgt aus $s' \notin wp(DO, Z)$ auch $s' \notin wp(DO, X)$, im Widerspruch zu Annahme 2. ∎**(b)**

- $RS \subseteq LS$ (für DO).

Wir nehmen $s' \in Z$ sowie $s'm(DO) \subseteq X$ an und beweisen $s' \in \mu f_X$, d.h.:

$$s' \in \bigcap \{ Y \mid Y \supseteq ((\overline{\beta} \cap X) \cup (\beta \cap wp(c_0, Y))) \}.$$

Dazu betrachten wir eine beliebige Menge Y mit:

$$Y \supseteq ((\overline{\beta} \cap X) \cup (\beta \cap wp(c_0, Y))) \tag{3.1}$$

und zeigen $s' \in Y$. Die Voraussetzung $s'm(DO) \subseteq X$ zieht nach sich:

(1) $\delta \notin s'm(DO)$.
(2) Für jede gültige Folge $s_0, \ldots, s_r$ mit $s_0 = s'$ und $\overline{\beta}(s_r)$ gilt $s_r \in X$.

Wir definieren den folgenden knotenbeschrifteten Baum:

- Die Wurzel ist ein mit s' beschrifteter Knoten.
- Die Menge der unmittelbaren Nachfolger eines mit t beschrifteten Knotens ist eine Knotenmenge mit der Beschriftungsmenge $\{s \in Z \cup \{\delta\} \mid \beta(t) \wedge (t, s) \in m(c_0)\}$.

Wegen der Eigenschaft (1) kommt δ in diesem Baum als Knotenbeschriftung nicht vor, und es existiert auch kein unendlicher Weg in ihm. Wegen (2) umfaßt X die Menge der Blattknotenbeschriftungen des Baumes. Außerdem gilt für jede Beschriftung t eines Blattknotens: $\overline{\beta}(t)$. Wegen $(\overline{\beta} \cap X) \subseteq Y$ (siehe (3.1)) ist daher die Beschriftung eines jeden Blattknotens auch in Y enthalten.

Wir beweisen nun, daß auch die Beschriftung der Wurzel, d.h. s', in der Menge Y enthalten ist. Dazu nehmen wir an, daß $s' \notin Y$ und leiten einen Widerspruch her. Wegen $s' \notin Y$ ist die Wurzel nicht zugleich Blattknoten und es gilt $\beta(s')$; also gilt wegen der Eigenschaft (3.1) von Y auch $s' \notin wp(c_0, Y)$. Dies impliziert laut Induktionsvoraussetzung für c_0 (genauer, wegen Annahme 1, Teil ($\supseteq$)), daß $s' \notin \{t \mid tm(c_0) \subseteq Y\}$; also $s'm(c_0) \not\subseteq Y$. Da aber $s'm(c_0)$ die Menge der unmittelbaren Nachfolger von s' im oben definierten Baum beschriftet, gibt es mindestens einen unmittelbaren Nachfolger der Wurzel, dessen Beschriftung ebensowenig in Y liegt und der daher auch wiederum kein Blattknoten ist.

Diese Argumentation läßt sich nun wiederholen und liefert einen unendlichen Weg im Baum, im Gegensatz zu der aus (1) abgeleiteten Tatsache, daß keine unendlichen Wege existieren. Es gilt also $s' \in Y$. Da Y beliebig gewählt war, ist s' in allen Mengen Y mit

(3.1) enthalten, also auch in deren Durchschnitt, d.h. in $\mu f_X = \bigcap \{Y \mid Y \supseteq f_X(Y)\}$.
■3.4.4

Der im Beweis von Satz 3.4.4 konstruierte Baum ist für ein Programm $c \in SEQPROG$ stets endlich und fällt mit dem im Beweis von Satz 3.2.4 definierten Baum zusammen. Falls der in Satz 3.4.4 konstruierte Baum unendlich ist, dann als Konsequenz des durch die Zuweisung $V :=?$ eingeführten möglichen unendlichen Nichtdeterminismus. Der Satz 3.4.4 hat, außer daß er zeigt, daß die syntaktische wp-Definition mit der semantischen übereinstimmt, auch noch einen Nutzen technischer Art. Möchte man zum Beispiel eine Eigenschaft der wp-Funktion beweisen, dann kann man jetzt wählen, ob dies per Induktion über die Definition 3.4.2 oder unter Verwendung der Formel 3.4.1 geschehen soll. Dies nutzen wir im nächsten Abschnitt aus.

3.4.4 Äquivalenz von relationaler und wp-Semantik

Satz 3.4.4 besagt, daß die wp-Funktion aus der m_2-Relation folgendermaßen ableitbar ist:

$$wp(c, X) = \{s' \in Z \mid \emptyset \neq s'm_2(c) \subseteq X\}. \qquad (3.2)$$

Diese Aussage könnte man als Analogie der Konsistenz- und Vollständigkeitssätze im Hoare-Kalkül bezeichnen. Zweck des jetzigen Abschnitts ist es, zur Formel (3.2) eine Umkehrformel anzugeben, wonach die $m_2(c)$-Relation in Abhängigkeit der $wp(c)$-Funktion ausgedrückt werden kann, also eine Analogie von Satz 3.3.5. Wir untersuchen diese Frage auf allgemeiner Ebene zunächst unter Vernachlässigung des Programms c, von dem wp und m_2 abhängen. Dieser Parameter stört hier, weil die Überlegungen von ihm unabhängig sind. Bis auf weiteres sei Z eine beliebige, aber feste Menge.

Wir beginnen mit der Beobachtung, daß es größenordnungsmäßig mehr Funktionen von 2^Z nach 2^Z (zu denen die wp-Funktion gehört) als Relationen auf $Z \times Z$ (von denen m_2 eine ist) gibt. Ist Z endlich, dann gibt es $(2^{|Z|})^{2^{|Z|}}$, d.h. $2^{|Z| \cdot 2^{|Z|}}$ Funktionen von 2^Z nach 2^Z, aber nur $2^{|Z| \cdot |Z|} = 2^{(|Z|^2)}$ Relationen auf $Z \times Z$. Es kann daher im Prinzip keine Bijektion zwischen den Funktionen von 2^Z nach 2^Z und den Teilmengen von $Z \times Z$ geben, erst recht nicht, wenn Z unendlich ist. Wir beschränken uns deshalb auf eine echte Teilmenge der Funktionen von 2^Z nach 2^Z, nämlich speziell auf diejenigen Funktionen, die sowohl strikt als auch unendlich multiplikativ sind. Zwischen diesen Funktionen und den Relationen auf $Z \times Z$ werden wir eine Bijektion definieren, die die gewünschte Umkehrformel der Gleichung (3.2) vermittelt. Den beiden zu betrachtenden Mengen geben wir folgende Namen:

Notation 3.4.5

(i) $\mathcal{M} = \{\mu \mid \mu \subseteq Z \times Z\}$.
(ii) $\Phi = \{\varphi: 2^Z \to 2^Z \mid \varphi \text{ ist strikt und unendlich multiplikativ}\}$. ■3.4.5

Jede Relation $m_2(c)$ liegt *per definitionem* in $\mathcal{M}$, denn $\mathcal{M}$ ist nichts anderes als die Menge $2^{(Z \times Z)}$. Wie wir sehen werden, liegt auch jede Funktion $wp(c)$ in Φ. Umgekehrt ist jedes Element von $\mathcal{M}$ eine potentielle m_2-Relation, und jedes Element von Φ ist eine potentielle wp-Funktion. Die nächste Definition stellt eine Bijektion zwischen $\mathcal{M}$ und Φ her.

Definition 3.4.6 ZUORDNUNG ZWISCHEN $\mathcal{M}$ UND Φ

(i) Einer Relation $\mu \in \mathcal{M}$ ist die Funktion $\hat{\mu}: 2^Z \to 2^Z$ zugeordnet durch die Festsetzung:
$\hat{\mu}(X) = \{s' \in Z \mid \emptyset \neq s'\mu \subseteq X\}$
für alle $X \subseteq Z$.

(ii) Einer Funktion $\varphi \in \Phi$ ist die Relation $\hat{\varphi} \subseteq Z \times Z$ zugeordnet durch die Festsetzung:
$$s'\hat{\varphi} = \begin{cases} \emptyset & \text{falls } s' \notin \varphi(Z) \\ \bigcap \{Y \subseteq Z \mid s' \in \varphi(Y)\} & \text{falls } s' \in \varphi(Z) \end{cases}$$
für alle $s' \in Z$. ■3.4.6

Unsere Absicht ist zu zeigen, daß die beiden Formeln in Definition 3.4.6 Inverse voneinander sind. Ist das gezeigt, dann kann man daraus die gewünschte Umkehrformel von (3.2) ableiten, denn setzt man $wp(c)$ statt $\hat{\mu}$ und $m_2(c)$ statt μ, dann steht in Teil (i) von Definition 3.4.6 die Formel (3.2). Mit der gleichen Identifikation steht in Teil (ii) der Definition die Umkehrformel von (3.2). Zuerst zeigen wir aber, daß die Beziehung ^ in der Tat die beiden Mengen $\mathcal{M}$ und Φ einander zuordnet und nicht etwa eine Relation μ auf ein außerhalb von Φ liegendes Objekt abbildet.

Satz 3.4.7 DIE FUNKTION $\hat{\mu}$ IST STRIKT

Für alle Relationen $\mu \in \mathcal{M}$ gilt $\hat{\mu}(\emptyset) = \emptyset$.

Beweis: Einfaches Ausrechnen, wie in Abschnitt 3.4.1. ■3.4.7

Satz 3.4.8 DIE FUNKTION $\hat{\mu}$ IST UNENDLICH MULTIPLIKATIV

Sei $\mu \in \mathcal{M}$, sei $I \neq \emptyset$ eine Indexmenge und sei $\{X_i \mid i \in I \wedge X_i \subseteq Z\}$ eine Menge von Teilmengen von Z. Dann gilt $\hat{\mu}\ (\bigcap_{i\in I} X_i) = \bigcap_{i\in I} \hat{\mu}(X_i)$.

Beweis: Sei $s' \in Z$. $s' \in \hat{\mu}\ (\bigcap_{i\in I} X_i)$
$\Leftrightarrow$ (Definition von $\hat{\mu}$)
$\emptyset \neq s'\mu \subseteq (\bigcap_{i\in I} X_i)$
$\Leftrightarrow$ ($\bigcap$ ist untere Schranke)
$\forall i \in I: \emptyset \neq s'\mu \subseteq X_i$
$\Leftrightarrow$ (Definition von $\hat{\mu}$)
$\forall i \in I: s' \in \hat{\mu}(X_i)$
$\Leftrightarrow$ ($\bigcap$ ist größte untere Schranke)
$s' \in \bigcap_{i\in I} \hat{\mu}(X_i)$. ■3.4.8

Also liegt für jede Relation $\mu \in \mathcal{M}$ die ihr gemäß Definition 3.4.6(i) zugeordnete Funktion $\hat{\mu}$ innerhalb der Menge Φ. Daß umgekehrt jede Relation $\hat{\varphi}$ (für $\varphi \in \Phi$) in $\mathcal{M}$ liegt, ist unmittelbar klar.

Korollar 3.4.9

(a) *Die Funktion $\hat{\mu}$ ist multiplikativ und monoton.*

(b) *Für alle $c \in USEQPROG$ ist $wp(c)$ strikt und (unendlich) multiplikativ.*

Beweis: Die Behauptung (a) ist eine direkte Folge des vorangegangenen Satzes 3.4.8 und der Tatsache (Satz 2.4.3), daß die unendliche Multiplikativität sowohl die endliche Multiplikativität als auch die Monotonie impliziert. Die Behauptung (b) folgt aus den beiden vorangegangenen Sätzen 3.4.7 und 3.4.8, weil vermöge Satz 3.4.4 gilt: $wp(c) = \widehat{m_2(c)}$.
■3.4.9

Der nächste Satz besagt, daß die in Definition 3.4.6 eingeführte Beziehung ^ eine Bijektion zwischen den Mengen $\mathcal{M}$ und Φ ist und daß die beiden Formel in Definition 3.4.6 Inverse voneinander sind.

Satz 3.4.10 ^ IST EINE BIJEKTION ZWISCHEN $\mathcal{M}$ UND Φ

(i) *Für* $\mu \in \mathcal{M}$ *gilt* $\mu = \hat{\hat{\mu}}$.
(ii) *Für* $\varphi \in \Phi$ *gilt* $\varphi = \hat{\hat{\varphi}}$.

Beweis:

Beweis von (i). Wir zeigen für jedes Element $s' \in Z$: $s'\mu = s'\hat{\hat{\mu}}$. Aus der Definition 3.4.6(i) von $\hat{\mu}$ folgt: $s' \in \hat{\mu}(Z) \Leftrightarrow s'\mu \neq \emptyset$. Daher geht die Gleichung $s'\mu = s'\hat{\hat{\mu}}$ über in:

$$s'\mu = \begin{cases} \emptyset & \text{falls } s'\mu = \emptyset \\ \bigcap \{Y \mid \emptyset \neq s'\mu \subseteq Y\} & \text{falls } s'\mu \neq \emptyset. \end{cases}$$

Der erste Teil dieser Gleichung ist trivialerweise gültig. Der zweite Teil geht, weil in ihm $s'\mu \neq \emptyset$ gilt, über in: $s'\mu = \bigcap \{Y \mid s'\mu \subseteq Y\}$ Dies ist eine rein durch mengentheoretische Gesetze[5] beweisbare Identität.

Beweis von (ii). Für eine beliebige Teilmenge $X \subseteq Z$ und für ein beliebiges Element $s' \in Z$ muß die folgende Äquivalenz nachgewiesen werden:

$$\underbrace{s' \in \varphi(X)}_{LS} \Leftrightarrow \underbrace{\emptyset \neq \left\{ \begin{array}{ll} \emptyset & \text{falls } s' \notin \varphi(Z) \\ \bigcap \{Y \mid s' \in \varphi(Y)\} & \text{falls } s' \in \varphi(Z) \end{array} \right\} \subseteq X}_{RS}$$

Wir unterscheiden zwei Fälle: die obere und die untere Zeile dieser Äquivalenz.

Fall 1: $s' \notin \varphi(Z)$. Dann gilt $RS = (\emptyset \neq \emptyset \subseteq X) =$ **false**. Andererseits gilt wegen der Multiplikativität von φ und wegen $X \subseteq Z$:

$$\varphi(X) = \varphi(Z \cap X) = \varphi(Z) \cap \varphi(X),$$

und daher wegen $s' \notin \varphi(Z)$: $LS = (s' \in \varphi(X)) = (s' \in \varphi(Z) \wedge s' \in \varphi(X)) =$ **false**.

Fall 2: $s' \in \varphi(Z)$. Dann vereinfacht sich die zu beweisende Äquivalenz folgendermaßen:

$$\underbrace{s' \in \varphi(X)}_{LS} \Leftrightarrow \underbrace{\emptyset \neq \bigcap \{Y \mid s' \in \varphi(Y)\} \subseteq X}_{RS}.$$

[5] Beziehungsweise durch verbandstheoretische; denn jedes Element x eines vollständigen Verbandes ist die größte untere Schranke der Menge der Elemente $\{y \mid x \preceq y\}$.

Zunächst beweisen wir, daß $\varphi(\emptyset) \neq \bigcap\{Y \mid s' \in \varphi(Y)\}$ gilt:

$$\begin{array}{rl} \varphi(\emptyset) & = \quad (\text{ wegen der Striktheit von } \varphi \text{ }) \\ & \quad\; \emptyset \\ & \neq \quad (\text{ weil } s' \in \bigcap\{\varphi(Y) \mid s' \in \varphi(Y)\} \text{ }) \\ & \quad\; \bigcap\{\varphi(Y) \mid s' \in \varphi(Y)\} \\ & = \quad (\text{ unendliche Multiplikativität von } \varphi, \text{ anwendbar} \\ & \quad\quad \text{weil } \{Y \mid s' \in \varphi(Y)\} \neq \emptyset \text{ wegen } s' \in \varphi(Z) \text{ }) \\ & \quad\; \varphi(\bigcap\{Y \mid s' \in \varphi(Y)\}). \end{array}$$

Aus $\varphi(\emptyset) \neq \varphi(\bigcap\{Y \mid s' \in \varphi(Y)\})$ folgt $\emptyset \neq \bigcap\{Y \mid s' \in \varphi(Y)\}$, d.h. der erste Teil von *RS*. Jetzt muß nur noch bewiesen werden, daß gilt:

$$\underbrace{s' \in \varphi(X)}_{LS} \;\Leftrightarrow\; \underbrace{\bigcap\{Y \mid s' \in \varphi(Y)\} \subseteq X}_{RS}.$$

Es gelte *LS*. $s' \in \varphi(X) \;\Rightarrow\;$ (Umschreiben) $X \in \{Y \mid s' \in \varphi(Y)\}$ $\;\Rightarrow\;$ (Mengenlehre) $X \supseteq \bigcap\{Y \mid s' \in \varphi(Y)\}$.

Es gelte *RS*. $\bigcap\{Y \mid s' \in \varphi(Y)\} \subseteq X \;\Rightarrow\;$ (Monotonie von φ) $\varphi(\bigcap\{Y \mid s' \in \varphi(Y)\}) \subseteq \varphi(X)$ $\;\Rightarrow\;$ (unendliche Multiplikativität) $\bigcap\{\varphi(Y) \mid s' \in \varphi(Y)\} \subseteq \varphi(X)$ $\;\Rightarrow\;$ (da $s' \in \bigcap\{\varphi(Y) \mid s' \in \varphi(Y)\}$) $s' \in \varphi(X)$. ■3.4.10

Wir fassen die Ergebnisse dieses und des letzten Abschnitts zusammen und betrachten die Spezialfälle $\mu = m_2(c)$ und $\varphi = wp(c)$:

Korollar 3.4.11 ZUSAMMENHANG ZWISCHEN $wp(c)$ UND $m_2(c)$

Sei $c \in USEQPROG$ ein Programm und $Z = Z(c)$. Dann gilt:

$$wp(c, X) = \{ t' \in Z \mid \emptyset \neq t'm_2(c) \subseteq X \}$$

$$s'm_2(c) = \begin{cases} \emptyset & \textit{falls } s' \notin wp(c, Z) \\ \bigcap\{Y \subseteq Z \mid s' \in wp(c, Y)\} & \textit{falls } s' \in wp(c, Z) \end{cases}$$

für alle $X \subseteq Z$ und für alle $s' \in Z$. ■3.4.11

Der erste Teil dieser Behauptung - die Herleitung von wp aus m_2 - folgt aus Satz 3.4.4, der zweite - die Herleitung von m_2 aus wp - aus Satz 3.4.10. Die Fallunterscheidung in der zweiten Behauptung, d.h. die Unterscheidung zwischen $s' \notin wp(c, Z)$ und $s' \in wp(c, Z)$, unterteilt die Anfangszustände in zwei für den wp-Ansatz relevante Klassen: solche, für die c eventuell nicht terminiert und solche, für die die Terminierung von c garantiert ist. Im ersten Fall wird die Formel zu $s'm_2(c) = \emptyset$, im Einklang mit der Definition von $m_2(c)$. Im zweiten Fall kann der Leser unschwer die Formel aus Satz 3.3.5, der zwischen dem Hoareschen Ableitungssystem $\vdash_H$ und der $m_1(c)$-Relation vermittelt, in ähnlicher Form wiedererkennen; auch das steht im Einklang mit den relationalen Definitionen, denn wenn c für s' garantiert terminiert, dann besteht zwischen $s'm_1(c)$ und $s'm_2(c)$ kein Unterschied.

Da m_1 und m_2 nur Teilaspekte der in Abschnitt 3.2 definierten Semantik $m(c)$ von sequentiellen nichtdeterministischen Programmen sind, gilt das gleiche für das Regelsystem von Hoare und für die wp-Semantik. Ersteres ist zugeschnitten auf partielle, letzteres auf totale Korrektheit. Die Relation m_1 und das $\vdash_H$-Regelsystem identifizieren die beiden Programme c_s = **skip** und c_{sa} = **skip or abort**, während die Relation m_2 und die Funktion wp die beiden Programme c_a = **abort** und c_{sa} = **skip or abort** identifizieren. Die vorausgegangenen Überlegungen und die Überlegungen des Abschnitts 3.2.4 zeigen, daß die wp-Semantik und das $\vdash_H$-Regelsystem zusammengenommen semantisch so ausdrucksmächtig wie die $m(c)$-Semantik sind.

Durch eine Konsequenz von Korollar 3.4.9(b), die wir als nächstes betrachten, wird die Eigenschaft der unendlichen Multiplikativität veranschaulicht. Für den Verband $(2^Z, \subseteq)$ heiße die Menge $X \in 2^Z$ ein *Atom*, wenn gilt: $|X| = 1$, und ein *Antiatom*, wenn gilt: $|Z \backslash X| = 1$. Atome sind die Einermengen, Anti-Atome deren Gegenstücke. Leicht zu sehen ist, daß jedes Element $X \in 2^Z$ außer $\emptyset$ als (eventuell unendliche) nichtleere Vereinigung von Atomen ausgedrückt werden kann. Genauso kann jedes Element $X \in 2^Z$ außer Z als (eventuell unendlicher) nichtleerer Durchschnitt von Antiatomen ausgedrückt werden. Kennt man die Werte einer Funktion von 2^Z nach 2^Z auf allen Antiatomen und weiß man außerdem, daß diese Funktion unendlich multiplikativ ist, dann kennt man die Werte der Funktion auf allen Argumenten außer Z. Denn aufgrund der unendlichen Multiplikativität kann jeder beliebige Funktionswert (außer der für Z) aus den Funktionswerten für die Antiatome errechnet werden. Daraus folgt, daß eine Funktion $wp(c)$ bereits durch ihre Werte auf Z und auf allen Antiatomen vollständig festgelegt ist; man vergleiche hierzu die Übungsaufgabe 3.7.14. Ist Z endlich, dann gibt es $|Z|$ Antiatome, aber $2^{|Z|}$ Elemente von $(2^Z, \subseteq)$. Eingangs hatten wir bemerkt, daß für die Bijektion zwischen m_2 und wp eine Reduktion der Menge der Funktionen von 2^Z nach 2^Z um eine Kardinalitätsstufe benötigt wird. Die eben angestellte Überlegung erklärt, wie maßgeblich die Eigenschaft der unendlichen Multiplikativität an dieser Reduktion beteiligt ist.

3.4.5 Spezialfälle: stetige und additive wp-Funktionen

Wir untersuchen in diesem Abschnitt einige Spezialfälle innerhalb des durch Korollar 3.4.11 gesteckten Rahmens. Die Resultate, die als nächste bewiesen werden sollen, sind in Abbildung 3.12 im Überblick dargestellt.

Als erste Spezialisierung betrachten wir die Klasse *SEQPROG* der endlich nichtdeterministischen Programme c und die Menge ihrer m_2-Relationen. Aus Korollar 3.2.7 folgt, daß $m_2(c)$ dann rechtsfinitär ist. Wir zeigen, daß die Teilklasse der rechtsfinitären Elemente von $\mathcal{M}$ vermöge der Beziehung $\hat{}$ genau der Teilklasse der stetigen Funktionen $\varphi \in \Phi$ entspricht. Um die Resultate dieses Abschnitts zu beweisen, wird die Abzählbarkeit der Menge Z benötigt, die wir ab jetzt voraussetzen wollen.

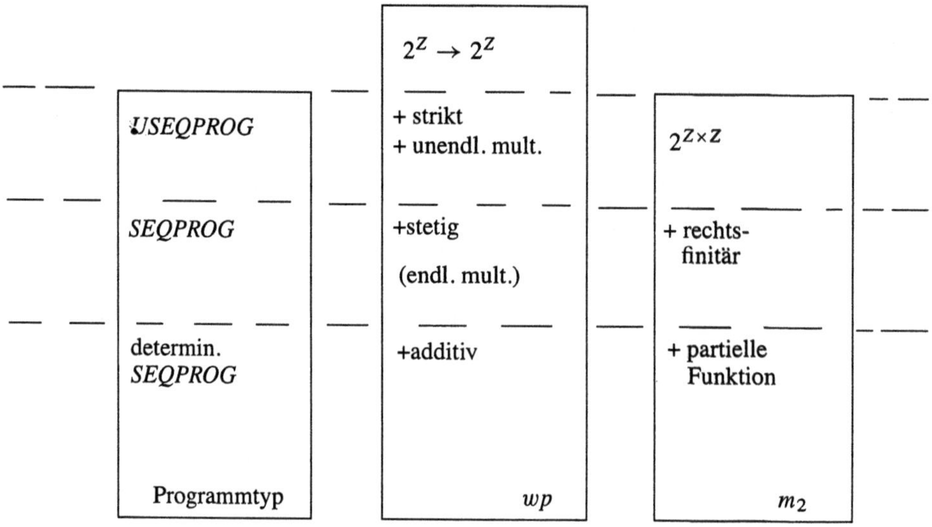

Abbildung 3.12. Eigenschaften der wp-Funktion und der m_2-Relation

Satz 3.4.12 STETIGKEIT UND RECHTSFINITARITÄT

Seien $\mu \in \mathcal{M}$ und $\varphi \in \Phi$ so, daß μ und φ in der durch Definition 3.4.6 *gegebenen Beziehung stehen, d.h. $\mu = \hat{\varphi}$ (oder äquivalent: $\varphi = \hat{\mu}$).*
μ ist rechtsfinitär genau dann, wenn φ stetig ist.

Beweis:

($\Rightarrow$): Sei μ rechtsfinitär, d.h., für alle $s' \in Z$ gelte $|s'\mu| \in \mathbb{N}$. Wir beweisen, daß $\hat{\mu}$ stetig ist, d.h., für jedes Mengensystem $\{X_i \subseteq Z \mid i \in \mathbb{N}\}$ mit $X_0 \subseteq X_1 \subseteq X_2 \subseteq \ldots$ gilt:

$$\underbrace{\hat{\mu}(\bigcup_{i\in\mathbb{N}} X_i)}_{ls} \;=\; \underbrace{\bigcup_{i\in\mathbb{N}} \hat{\mu}(X_i)}_{rs}.$$

$(ls \subseteq rs)$: $s' \in \hat{\mu}(\bigcup_{i\in\mathbb{N}} X_i) \;\Rightarrow\;$ (Definition von $\hat{\mu}$)
$\emptyset \neq s'\mu \subseteq \bigcup_{i\in\mathbb{N}} X_i$
$\Rightarrow$ (da $|s'\mu| \in \mathbb{N}$ und $X_0 \subseteq X_1 \subseteq \ldots$)
$\emptyset \neq s'\mu \wedge \exists i \in \mathbb{N}: s'\mu \subseteq X_i$
$\Rightarrow$ (Umschreiben)
$\exists i \in \mathbb{N}: \emptyset \neq s'\mu \subseteq X_i$
$\Rightarrow$ (Definition von $\hat{\mu}$)
$\exists i \in \mathbb{N}: s' \in \hat{\mu}(X_i)$
$\Rightarrow$ (Umschreiben)
$s' \in \bigcup_{i\in\mathbb{N}} \hat{\mu}(X_i)$.

$$
\begin{array}{llll}
(ls \supseteq rs): & \forall j\colon (\bigcup_{i\in\mathbb{N}} X_i) \supseteq X_j & \Rightarrow & (\text{ Monotonie von } \hat{\mu}\ )\\
& & & \forall j\colon \hat{\mu}(\bigcup_{i\in\mathbb{N}} X_i) \supseteq \hat{\mu}(X_j)\\
& & \Rightarrow & (\ \bigcup \text{ ist kleinste obere Schranke }) \\
& & & \hat{\mu}(\bigcup_{i\in\mathbb{N}} X_i) \supseteq \bigcup_{j\in\mathbb{N}} \hat{\mu}(X_j).
\end{array}
$$

($\Leftarrow$): Sei φ stetig. Wir beweisen, daß für alle $s' \in Z$ gilt: $|s'\hat{\varphi}| \in \mathbb{N}$. Wegen der Abzählbarkeit von Z gibt es eine Folge von endlichen Mengen $X_0, X_1, X_2, \ldots$ mit $Z = \bigcup_{i\in\mathbb{N}} X_i$ derart, daß $X_0 \subseteq X_1 \subseteq X_2 \subseteq \ldots$ gilt. Nach der Definition und den Eigenschaften der Funktion $\hat{}$ gilt $s' \in \varphi(s'\hat{\varphi})$; dann folgt:

$$
\begin{array}{lll}
s' \in \varphi(s'\hat{\varphi}) & \Rightarrow & (\text{ wegen } s'\hat{\varphi} \subseteq Z \text{ und der Monotonie von } \varphi\ )\\
& & s' \in \varphi(Z)\\
& \Rightarrow & (\text{ da } Z = \bigcup_{i\in\mathbb{N}} X_i\ )\\
& & s' \in \varphi(\bigcup_{i\in\mathbb{N}} X_i)\\
& \Rightarrow & (\text{ Stetigkeit von } \varphi \text{ und } X_0 \subseteq X_1 \subseteq \ldots)\\
& & s' \in \bigcup_{i\in\mathbb{N}} \varphi(X_i)\\
& \Rightarrow & (\text{ Umschreiben in } \exists i\colon s' \in \varphi(X_i); \text{ Zeuge } i\ )\\
& & s' \in \varphi(X_i)\\
& \Rightarrow & (\text{ wegen } \varphi = \hat{\hat{\varphi}}\ )\\
& & \emptyset \neq s'\hat{\varphi} \subseteq X_i\\
& \Rightarrow & (\text{ wegen } |X_i| \in \mathbb{N}\ )\\
& & |s'\hat{\varphi}| \in \mathbb{N}.
\end{array}
$$

■3.4.12

Korollar 3.4.13 wp IST STETIG FÜR *SEQPROG*

Sei $c \in$ SEQPROG ein Programm mit endlichem Nichtdeterminismus.
Dann gilt: $m_2(c)$ ist rechtsfinitär und $wp(c)$ ist stetig.

Beweis: Direkt aus Satz 3.2.4, seinem Korollar 3.2.7 und Satz 3.4.12. ■3.4.13

Die folgende Beispielrechnung zeigt, inwiefern die Stetigkeit der wp-Funktion den unendlichen Nichtdeterminismus ausschließt. Wir betrachten die Zuweisung $x :=?$ und zeigen, daß die Funktion $wp(x :=?)$ nicht stetig ist. Sei nämlich Q_i für $i \in \mathbb{N}$ definiert als das Prädikat $(0 \le x \le i)$. Dann ist wegen $(0 \le x \le i) \Rightarrow (0 \le x \le i+1)$ die Folge $Q_0, Q_1, Q_2, \ldots$ aufsteigend. Die kleinste obere Schranke der Menge $\{Q_i \mid i \in \mathbb{N}\}$ ist das Prädikat $(0 \le x)$. Es gilt aber:

$$
\begin{array}{lll}
wp(x :=?, \exists i \in \mathbb{N}\colon Q_i) & = & wp(x :=?, 0 \le x)\\
& = & \forall j \in \mathbb{N}\colon (0 \le x)[x \leftarrow j]\\
& = & \forall j \in \mathbb{N}\colon (0 \le j)\\
& = & \mathbf{true}\\
\exists i \in \mathbb{N}\colon wp(x :=?, 0 \le x \le i) & = & \exists i \in \mathbb{N}\ (\forall j \in \mathbb{N}\colon\ (0 \le x \le i)[x \leftarrow j])\\
& = & \exists i \in \mathbb{N}\, \forall j \in \mathbb{N}\colon\ (0 \le j \le i)\\
& = & \mathbf{false}.
\end{array}
$$

Wir zeigen als nächstes, daß es in der Klasse der stetigen Funktionen bei abzählbarer Menge Z keinen Unterschied mehr macht, ob man die unendliche oder die endliche Multiplikativität fordert:

Satz 3.4.14 ENDLICHE UND UNENDLICHE MULTIPLIKATIVITÄT

Sei Z eine abzählbare Menge und sei $f: 2^Z \to 2^Z$ stetig und multiplikativ. Dann ist f unendlich multiplikativ.

Beweis: Sei $I \neq \emptyset$ eine Indexmenge und sei $\{X_i \subseteq Z \mid i \in I\}$ eine Menge von Teilmengen von Z. Wir brauchen nur $\bigcap_{i\in I} f(X_i) \subseteq f(\bigcap_{i\in I} X_i)$ zu beweisen, denn der Beweis der anderen Inklusion folgt - dual zum ersten Teil des Beweises von Satz 3.4.12 - aus der Monotonie von f. Z ist abzählbar; also gibt es eine Kette von endlichen Mengen Z_j mit $Z_0 \subseteq Z_1 \subseteq Z_2 \subseteq \ldots$ derart, daß $Z = \bigcup_{j\in\mathbb{N}} Z_j$ gilt. Wegen der Stetigkeit von f gilt $f(Z) = f(\bigcup_{j\in\mathbb{N}} Z_j) = \bigcup_{j\in\mathbb{N}} f(Z_j)$.

$$
\begin{aligned}
s' \in \textstyle\bigcap_{i\in I} f(X_i) \quad &\Rightarrow \quad (\text{ mit } I \neq \emptyset \text{ folgt } \exists i_0 : s' \in f(X_{i_0}); \text{ Zeuge } i_0 \,)\\
& \quad (\forall i \in I : s' \in f(X_i)) \wedge (s' \in f(X_{i_0}))\\
&\Rightarrow \quad (\text{ Monotonie von } f;\ X_{i_0} \subseteq Z \,)\\
& \quad (\forall i \in I : s' \in f(X_i)) \wedge (s' \in f(Z))\\
&\Rightarrow \quad (\text{ Stetigkeit von } f;\ Z = \textstyle\bigcup_{j\in\mathbb{N}} Z_j \,)\\
& \quad (\forall i \in I : s' \in f(X_i)) \wedge (\exists j : s' \in f(Z_j))\\
&\Rightarrow \quad (\text{ Zeuge } j \,)\\
& \quad (\forall i \in I : s' \in f(X_i)) \wedge (s' \in f(Z_j))\\
&\Rightarrow \quad (\text{ endliche Multiplikativität von } f \,)\\
& \quad \forall i \in I : s' \in f(X_i \cap Z_j)\\
&\Rightarrow \quad (\text{ Umschreiben })\\
& \quad s' \in \textstyle\bigcap_{i\in I} f(X_i \cap Z_j).
\end{aligned}
$$

Der Zeuge j wird festgehalten. Weil Z_j endlich ist, ist das Mengensystem $\{X_i \cap Z_j \mid i \in I\}$ eine endliche Menge von endlichen Teilmengen von Z; sie hat höchstens $2^{|Z_j|}$ Elemente, weil jede der Mengen eine Teilmenge von Z_j ist.

$$
\begin{aligned}
s' \in \textstyle\bigcap_{i\in I} f(X_i \cap Z_j) \quad &\Rightarrow \quad (\text{ endliche Multiplikativität von } f \,)\\
& \quad s' \in f(\textstyle\bigcap_{i\in I}(X_i \cap Z_j))\\
&\Rightarrow \quad (\text{ Distributivität von } \cap;\ \text{endliche Multiplikativität })\\
& \quad s' \in f(\textstyle\bigcap_{i\in I} X_i) \wedge (s' \in f(Z_j))\\
&\Rightarrow \quad (\text{ Abschwächen })\\
& \quad s' \in f(\textstyle\bigcap_{i\in I} X_i),
\end{aligned}
$$

was zu zeigen war. ■3.4.14

Der nächste Satz grenzt eine noch kleinere Klasse ein. Er zeigt, daß Relationen m_2, die nicht nur rechtsfinitär, sondern sogar partielle Funktionen sind, vermöge ^ genau den additiven wp-Funktionen entsprechen. Die m_2-Relationen, die partielle Funktionen sind, entsprechen ungefähr den deterministischen Programmen, für die jeder Anfangszustand höchstens einen zugeordneten Endzustand hat[6].

[6] Diese Terminologie ist jedoch mit Vorsicht zu genießen. Denn das Programm **skip or abort** hat eine partielle m_2-Funktion, kann aber nur m_2*-relational*, nicht operational (und auch nicht m-relational) als deterministisch angesehen werden.

Satz 3.4.15 ADDITIVITÄT UND PARTIALITÄT

Mit den gleichen Voraussetzungen wie in Satz 3.4.12 *gilt:*
μ *ist eine partielle Funktion genau dann, wenn* $\varphi = \hat{\mu}$ *additiv ist.*

Beweis:

($\Rightarrow$): Sei μ partielle Funktion, d.h., für alle $s' \in Z$ gelte $|s'\mu| \leq 1$. Wir beweisen, daß $\hat{\mu}$ additiv ist, d.h., für alle $X, Y \subseteq Z$ die Mengengleichung $\hat{\mu}(X \cup Y) = \hat{\mu}(X) \cup \hat{\mu}(Y)$ gilt.

($\subseteq$): $s' \in \hat{\mu}(X \cup Y) \Rightarrow$ (Definition von $\hat{\mu}$)
$\emptyset \neq s'\mu \subseteq (X \cup Y)$
$\Rightarrow$ (wegen $|s'\mu| \leq 1$)
$\emptyset \neq s'\mu \wedge (s'\mu \subseteq X \vee s'\mu \subseteq Y)$
$\Rightarrow$ (Umschreiben)
$(\emptyset \neq s'\mu \subseteq X) \vee (\emptyset \neq s'\mu \subseteq Y)$
$\Rightarrow$ (Definition von $\hat{\mu}$)
$s' \in \hat{\mu}(X) \vee s' \in \hat{\mu}(Y)$
$\Rightarrow$ (Umschreiben)
$s' \in (\hat{\mu}(X) \cup \hat{\mu}(Y))$.

($\supseteq$): Folgt aus der Monotonie von $\hat{\mu}$, Satz 2.4.3(ii).

($\Leftarrow$): Sei $\hat{\mu}$ additiv. Wir beweisen, daß μ eine partielle Funktion ist.

$|s'\mu| > 1 \Rightarrow$ (Definition von $|s'\mu|$)
$\exists s, t \in Z: s \neq t \wedge (s', s) \in \mu \wedge (s', t) \in \mu$
$\Rightarrow$ (Zeugen $s, t, s \neq t$; definiere $X = Z \backslash \{t\}$ und $Y = Z \backslash \{s\}$)
$(s'\mu \subseteq X \cup Y) \wedge (s'\mu \not\subseteq X) \wedge (s'\mu \not\subseteq Y)$
$\Rightarrow$ (Definition von $\hat{\mu}$; $\emptyset \neq s'\mu$)
$(s' \in \hat{\mu}(X \cup Y)) \wedge (s' \notin \hat{\mu}(X)) \wedge (s' \notin \hat{\mu}(Y))$
$\Rightarrow$ (Logik)
$\hat{\mu}(X \cup Y) \not\subseteq (\hat{\mu}(X) \cup \hat{\mu}(Y))$
$\Rightarrow$ (Definition der Additivität)
$\hat{\mu}$ nicht additiv.

Durch Kontraposition dieser Ableitungskette erhält man das Ergebnis. ■3.4.15

Wir erinnern hier an die Abbildung 3.12, die die in den letzten Sätzen bewiesenen Verhältnisse zusammenfassend darstellt. Im unteren Teil der Abbildung (sobald die Stetigkeit hinzukommt) geht aufgrund von Satz 3.4.14 die unendliche in die endliche Multiplikativität über. Die beiden anderen Sätze 3.4.12 und 3.4.15 und Korollar 3.4.11 liefern die in der Abbildung horizontal dargestellten Beziehungen.

3.4.6 *Liveness* und *Safety*, Invarianz und Terminierung

Wir formulieren nun zwei Gruppen von Sätzen, die im wp-Kalkül eine große Rolle spielen. Der erste - der *Invarianzsatz* - bildet eine Brücke zum Hoare-Kalkül, indem er eine Beziehung zwischen der Fixpunktdefinition 3.4.2(vi) und dem Hoareschen Invariantenaxiom 3.3.2(vi) herstellt. Die anderen Sätze - die *Terminierungssätze* - liefern eine Methode, um die Terminierung von Programmen nachzuweisen. Diese Sätze bilden die Grundlage für die systematische Programmentwicklung im *wp*-Kalkül (siehe Abschnitt 3.5). Die Unterscheidung zwischen ihnen ist prototypisch für einen wichtigen Unterschied zwischen zwei verschiedenen Typen von Programmeigenschaften:

(A) *Safety*-Eigenschaften. Diese sind von der Art:

Etwas Schlechtes wird nicht passieren.

Zum Beispiel sind die Aussagen: *Dieses Programm läßt die Werte von x immer positiv* oder: *Dieser Schleifenkörper läßt das Prädikat P invariant* typische *safety*-Eigenschaften.

(B) *Liveness*-Eigenschaften. Diese sind von der Art:

Etwas Gutes wird passieren.

Zum Beispiel ist die Aussage: *Diese Schleife wird mit Sicherheit terminieren* eine typische *liveness*-Eigenschaft.

Für den Rest dieses Abschnitts 3.4.6 sei $DO = \mathbf{do}\ \beta \rightarrow c_0\ \mathbf{od} \in USEQPROG$ eine Schleife und $Z = Z(DO)$ ihre Zustandsmenge.

Satz 3.4.16 SCHLEIFENINVARIANZSATZ IM *wp*-KALKÜL

Sei P ein Prädikat, und es gelte die Invarianzbedingung $(P \wedge \beta) \Rightarrow wp(c_0, P)$. *Dann gilt* $(P \wedge wp(DO, Z)) \Rightarrow wp(DO, \overline{\beta} \wedge P)$.

Dieser Satz besagt: Falls P eine Schleifeninvariante ist $((P \wedge \beta) \Rightarrow wp(c_0, P))$, falls P anfänglich gilt und falls die Schleife überhaupt terminiert $(P \wedge wp(DO, Z))$, dann terminiert sie mit der Endbedingung $\overline{\beta} \wedge P$. Er ähnelt durch die Form seiner Prämisse der Hoareschen Beweisregel für die Schleife, unterscheidet sich von dieser Beweisregel aber dadurch, daß Terminierung als eine weitere Voraussetzung vorkommt - natürlich deswegen, damit auch in der Konklusion des Satzes die sichere Terminierung gefolgert werden kann.

Beweis: Wir verwenden die Umrechnung zwischen der *wp*-Funktion und der m_2- und dadurch auch der m-Relation, die durch Satz 3.4.4 gegeben ist. Die zu beweisende Schlußfolgerung $wp(DO, \overline{\beta} \wedge P)$ zerfällt in zwei Teile, die für jeden Anfangszustand $s' \in Z$ zu zeigen sind:

Terminierung (*liveness*):	$\delta \notin s'm(DO)$
Korrektheit (*safety*):	$\forall s \in s'm(DO): \overline{\beta}(s) \wedge P(s)$.

Der erste Teil folgt direkt aus der Prämisse $wp(DO, Z)$ - *modulo* der Umrechnung von m in wp. Der Nachweis für den zweiten Teil kann ebenso leicht per Induktion über die Länge einer gültigen Folge von s' nach s geführt werden. Dieses Argument findet sich analog auch in den Beweisen der Sätze 3.3.3 und 3.4.4 (siehe z.B. Abbildung 3.11) und wird deswegen hier nicht weiter ausgeführt. ■3.4.16

Der Schleifeninvarianzsatz kann besonders sinnvoll in Zusammenhängen angewendet werden, in denen die Beziehung $P \Rightarrow wp(DO, Z)$ getrennt bewiesen werden kann. Denn hat man diese Beziehung gezeigt, dann geht die Behauptung von Satz 3.4.16 in die folgende einfachere Implikation über:

$$P \Rightarrow wp(DO, \overline{\beta} \wedge P),$$

in der kein wp-Ausdruck als Prämisse mehr vorkommt. Allgemeine Methoden zur Herleitung der Beziehung $P \Rightarrow wp(DO, Z)$ liefern die folgenden Schleifenterminierungssätze. Dazu betrachten wir Funktionen, die Zustände, in denen P gilt, in eine geeignete Halbordnung $(D, \prec)$ abbilden:

Definition 3.4.17 SCHLEIFENTERMINIERUNGSFUNKTIONEN

Sei P ein Prädikat über Z. Eine Funktion τ heißt *Varianzfunktion* oder *Schleifenterminierungsfunktion* für P, wenn $\tau\colon \Gamma(P) \rightarrow D$ gilt. ■3.4.17

Die Halbordnungen $(D, \prec) = (\mathbb{Z}, <)$ oder $(D, \prec) = (\mathbb{N}, <)$ kommen dabei in erster Linie in Betracht, zum Beispiel in folgendem Satz, der den Namen Varianzfunktion erklärt:

Satz 3.4.18 ERSTER SCHLEIFENTERMINIERUNGSSATZ

Sei P ein Prädikat und sei $\tau\colon \Gamma(P) \rightarrow \mathbb{N}$ eine Varianzfunktion für P mit der Eigenschaft

$$\forall n \in \mathbb{N}: \quad (P \wedge \beta \wedge \underbrace{(n = \tau)}_{R}) \Rightarrow wp(c_0, \underbrace{P \wedge (n > \tau)}_{Q}).$$

Dann gilt $P \Rightarrow wp(DO, Z)$.

Der Ausdruck R ist dabei als das Prädikat $(n = \tau)$ zu verstehen, das in jedem Zustand aus $\Gamma(P)$ ausgewertet werden kann und einen Wahrheitswert liefert. Analog ist als Q Prädikat zu verstehen. Man beachte, daß der Faktor $P \wedge \ldots$ auf beiden Seiten der Voraussetzung nötig ist, damit τ überhaupt definiert ist.

Beweis: Unter Zuhilfenahme von Satz 3.4.4 ist zu beweisen, daß unter den Voraussetzungen des Satzes 3.4.18 für alle $s' \in Z$ gilt: $P(s') \Rightarrow \delta \notin s'm(DO)$. Dazu sei s' ein Anfangszustand mit $P(s')$ und sei $s_0, s_1, \ldots, s_r$ $(s' = s_0)$ eine beliebige, endliche, gültige Folge, die mit s' beginnt. Es läßt sich leicht zeigen:

(a) Die Länge der Folge ist beschränkt: $r \leq \tau(s')$.
(b) Die Folge führt nicht auf den Zustand δ: $s_r \neq \delta$.

Beweis von (a): In s_0 ist der Wert von τ größer oder gleich 0 laut Voraussetzung. Beim Übergang von s_{j-1} auf s_j $(1 \leq j \leq r)$ wird der Wert von τ wegen der Satzprämisse um mindestens 1 verringert, bleibt aber größer oder gleich 0. Die Behauptung folgt, weil es zwischen 0 und $\tau(s_0)$ (*inklusive*) nur $\tau(s_0) + 1$ verschiedene natürliche Zahlen gibt. Die Funktion τ ist auf allen Zuständen s_j definiert, weil alle diese Zustände laut Satzvoraussetzung im Gültigkeitsbereich von P liegen. Beweisskizze von (b): Gälte $s_r = \delta$, dann würden auch $r > 0$ und $s_{r-1} \notin wp(c_0, Z)$ gelten, ein Widerspruch zur Satzprämisse.

Aus (a) folgt, daß es keine unendliche gültige Folge gibt. Aus (b) folgt, daß keine gültige Folge auf δ führt. Zusammen folgt die Behauptung. ■3.4.18

Wie der Beweis zeigt, kommt es wesentlich darauf an, daß die Funktion τ mit jeder Zustandsänderung durch den Schleifenkörper streng monoton fällt, jedoch stets durch den

Wert 0 nach unten beschränkt ist. Ersichtlich würde statt 0 auch irgendein anderer fester Wert den gleichen Zweck erfüllen. Man kann den Wertebereich von τ stark verallgemeinern, ohne die relevanten Eigenschaften von τ zu verlieren. Eine solche Verallgemeinerung ist sogar nötig, um die Terminierung von Programmen in der Klasse *USEQPROG* zu beweisen. Das Programm:

$$c_f \equiv \quad \textbf{do } x \neq 0 \rightarrow \textbf{if } x < 0 \rightarrow x := ? \ \square\ x > 0 \rightarrow x := x - 1 \textbf{ fi od}$$

terminiert für jeden Anfangszustand, und dennoch gibt es keine Terminierungsfunktion $\tau: Z \rightarrow \mathbb{N}$, die diese Tatsache gemäß Satz 3.4.18 nachweist. Denn jede solche Funktion τ liefert anfänglich einen nichtnegativen Wert n auch für negative Anfangswerte von x. Die Zuweisung $x := ?$ in der ersten Alternative von c_f kann diesen Wert überschreiten und dadurch bewirken, daß die Schleife mehr als n Schritte zur Terminierung benötigt.

Um die Terminierung solcher Programme nachzuweisen, kann man einen etwas verallgemeinerten Wertebereich von τ verwenden. Es sei $(D, \prec)$ im folgenden eine wohlgegründete Halbordnung, d.h. eine Halbordnung, die keine unendlichen absteigenden Ketten besitzt; $(\mathbb{N}, <)$ ist ein spezielles Beispiel, aber nicht das einzige.

Satz 3.4.19 ZWEITER SCHLEIFENTERMINIERUNGSSATZ

Seien P ein Prädikat und $\tau: \Gamma(P) \rightarrow D$ *eine Varianzfunktion für P mit der Eigenschaft* $\forall d \in D\colon\ (P \wedge \beta \wedge (d = \tau)) \ \Rightarrow\ wp(c_0, P \wedge (d \succ \tau))$.
Dann gilt $P \ \Rightarrow\ wp(DO, Z)$.

Beweis: Wie der Beweis von Satz 3.4.18, mit dem Unterschied, daß die τ-Werte nicht eine mit $\tau(s') \in \mathbb{N}$ als Maximum startende, durch 0 nach unten beschränkte monoton fallende Kette in $(\mathbb{N}, <)$, sondern eine mit $\tau(s') \in D$ als Maximum startende, nach unten beschränkte echt monoton fallende Kette in $(D, \prec)$ bilden. Diese Kette ist wegen der Eigenschaft der Wohlgegründetheit eine endliche Menge. Daraus folgt wie in Satz 3.4.18 die Behauptung. ■3.4.19

Um zum Beispiel die Terminierung des Programms c_f zu zeigen, verwenden wir die wohlgegründete Halbordnung $(D_f, \prec_f)$ mit $D_f = \{d_-, d_0, d_1, d_2, \ldots\}$ aus Abbildung 3.13 und die Varianzfunktion $\tau_f: Z(c_f) \rightarrow D_f$ mit der Definition:

$$\tau_f(s') = \begin{cases} d_i & \text{falls } s'(x) = i \in \mathbb{N} \\ d_- & \text{falls } s'(x) < 0. \end{cases}$$

In der Tat wird bei jedem Schleifendurchlauf von c_f der Wert von τ_f (ein Element von D_f) im Sinne der Halbordnung $\prec_f$ echt verringert. Die Funktion τ_f wird, wenn sie anfänglich den Wert d_- hat, in einem Schritt auf ein geeignetes Element d_i zurückgesetzt, je nachdem welchen Wert das Kommando $x := ?$ der Variablen x zuweist; dieser Effekt ist mit der Halbordnung $(\mathbb{N}, <)$ nicht zu realisieren.

Satz 3.4.20 UMKEHRUNG DES SCHLEIFENTERMINIERUNGSSATZES 3.4.19

Sei $DO = \textbf{do}\ \beta \rightarrow c_0\ \textbf{od} \in USEQPROG$ *eine Schleife mit Zustandsmenge Z, und es gelte* $P \Rightarrow wp(DO, Z)$. *Dann gibt es eine wohlgegründete Halbordnung* $(D, \prec)$ *und eine Varianzfunktion* $\tau: \Gamma(P) \rightarrow D$, *die die Voraussetzungen des Satzes* 3.4.19 *erfüllen.*

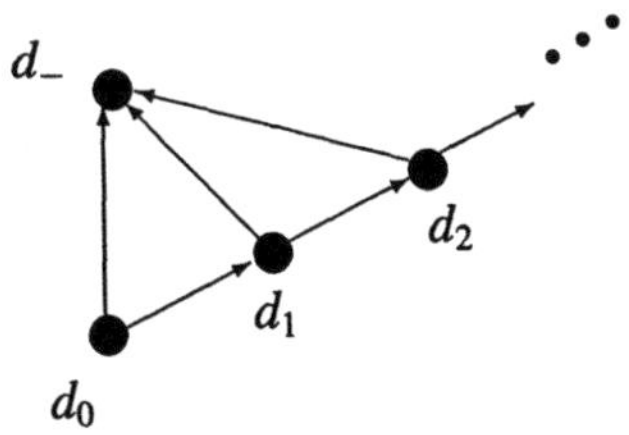

Abbildung 3.13. Eine Terminierungshalbordnung $(D_f, \prec_f)$ für das Programm c_f

Beweis: Es sei s' ein Anfangszustand im Gültigkeitsbereich von P. Dann gilt wegen der Satzprämisse $s' \in wp(DO, Z)$ und wegen Satz 3.4.4 auch $\delta \notin s'm(DO)$. Deshalb hat der im Beweis von Satz 3.4.4 konstruierte Baum, dessen Wurzel mit s' beschriftet ist, nur endliche Wege von der Wurzel zu seinen Blattknoten (ohne daß er deswegen insgesamt endlich zu sein braucht). Dies nennen wir die Eigenschaft (0).

Wir betrachten nunmehr den Wald aller dieser Bäume, einen für jeden Anfangszustand $s' \in \Gamma(P)$. Die Abbildung 3.14 zeigt diesen Wald für das Beispielprogramm c_f[7]. Wird die Schleife c_f in einem Zustand gestartet, der einen Knoten eines dieser Bäume beschriftet, dann ist nach einem Iterationsschritt ein Zustand erreicht, der einen der Nachfolgeknoten dieses Knotens beschriftet. Diese Eigenschaft gilt allgemein, nicht nur für Abbildung 3.14. Daraus folgt unmittelbar: Kommt ein Wegstück mit der Zustandsbeschriftung $s_0, \ldots, s_m$ in einem der Bäume vor, dann kommt das gleiche Wegstück in allen Bäumen jedesmal dann vor, wenn s_0 vorkommt. Zum Beispiel kommt das Wegstück vom Zustand $x = 1$ bis zum Zustand $x = 0$ in allen Bäumen des Waldes von c_f, außer im Baum für den Anfangszustand $x = 0$ vor; im linken Baum kommt dieses Wegstück sogar unendlich oft vor, weil es unendlich viele Knoten mit der Beschriftung $x = 1$ gibt. Wir nennen dies die Eigenschaft (1).

Es gilt außerdem: wenn ein Zustand s_2 in einem dieser Bäume *nach* einem Zustand s_1 vorkommt, dann kann s_2 nicht in einem dieser Bäume *vor* s_1 vorkommen (weder im gleichen Baum noch in anderen Bäumen); denn sonst hätten dieser Baum (bzw. diese Bäume) auch unendliche Wege. Insbesondere kann in einem Baum auf einem Weg ein Zustand nicht doppelt vorkommen. Wir nennen dies die Eigenschaft (2).

Aus diesem Wald konstruieren wir folgendermaßen eine Halbordnung $(D, \prec)$:

D ist die Menge aller Mengen von Knoten im Wald, die den gleichen Zustand als Beschriftung tragen.

$d_1 \prec d_2$ wenn $d_1 \neq d_2$ und es in einem der Bäume einen Weg von einem Knoten in d_2 zu einem Knoten in d_1 gibt (die Pfeilrichtung wird hier umgedreht).

[7] Von den unendlich vielen Bäumen zeigt diese Abbildung nur drei. Dem Anfangszustand s' mit $x = -1$ entspricht der linke unendlich große Baum. Dem Anfangszustand $x = 0$ entspricht der mittlere Baum, dessen Wurzel auch Blattknoten ist. Dem Anfangszustand $x = 1$ entspricht der rechte Baum mit einer Wurzel und einem Blattknoten. Die Bäume mit Anfangszustand $x < 0$ sind unendlich und unterscheiden sich vom Baum für $x = -1$ nur durch die Beschriftung der Wurzel. Die Bäume für $x = i \in \mathbb{N}$ sind endlich und haben genau $i + 1$ Knoten und i Kanten.

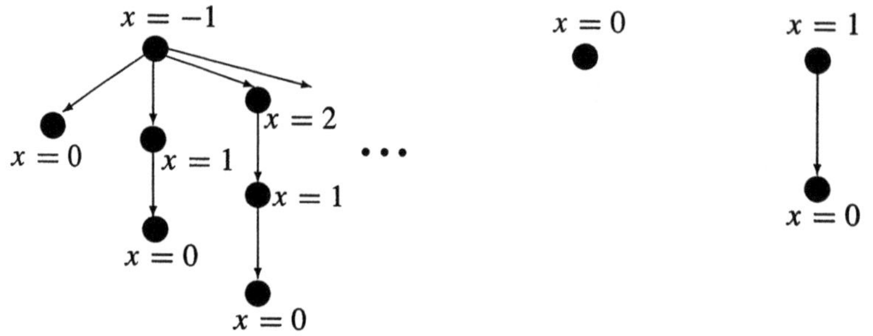

Abbildung 3.14. Ein Beispielwald für das Programm c_f (nur 3 Bäume sind gezeigt)

Wegen der Eigenschaft (2) des Waldes kann die Relation $\prec \subseteq D \times D$ keine Kreise bilden und ist daher irreflexiv. Wegen der Eigenschaft (1) finden sich Wege von $d_3 \in D$ nach $d_2 \in D$ und von d_2 nach $d_1 \in D$ in einem einzigen Baum wieder, so daß die Relation $\prec$ auch transitiv ist. $(D, \prec)$ ist also eine Halbordnung. In Abbildung 3.15 ist die Halbordnung gezeigt, die gemäß der angegebenen Konstruktion vom Wald aus Abbildung 3.14 herstammt[8].

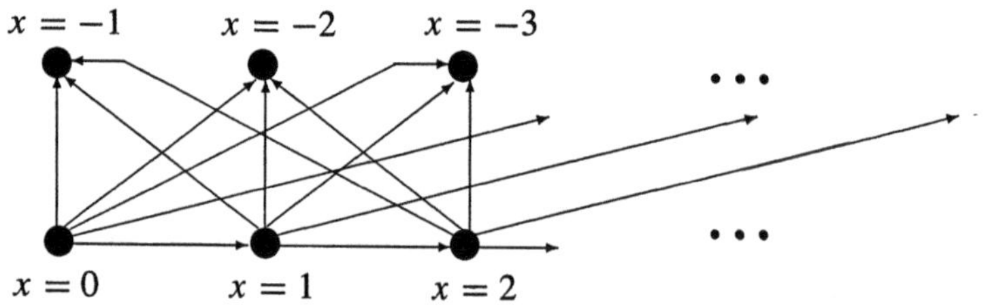

Abbildung 3.15. Die kanonisch aus dem c_f-Wald konstruierte wohlgegründete Halbordnung

Gilt $d_0 \succeq d_1 \succeq d_2 \succeq \ldots$ in $(D, \prec)$, dann gibt es einen Baum mit Weg von einem Knoten in d_0 zu einem Knoten in d_1, einen zweiten Baum mit Weg von einem Knoten in d_1 zu einem Knoten in d_2, usw. Die Eigenschaft (1) erlaubt es, alle diese Wege zu einem Weg in einem einzigen Baum zusammenzusetzen. Wenn die Folge $d_0 \succeq d_1 \succeq d_2 \succeq \ldots$ also nicht irgendwann stationär werden würde ($d_i = d_{i+1} = \ldots$), dann könnte man einen Baum mit einem unendlichen Weg finden, im Widerspruch zur Eigenschaft (0). Also ist $(D, \prec)$ wohlgegründet.

Eine geeignete Varianzfunktion $\tau\colon \Gamma(P) \to D$ läßt sich folgendermaßen definieren:

$\tau(s')$ = dasjenige Element $d \in D$, dessen Elemente mit s' beschriftet sind.

Ein solches Element d existiert, weil jeder Anfangszustand $s' \in \Gamma(P)$ irgendwo im Wald vorkommt. $(D, \prec)$ und τ erfüllen die Bedingungen des Satzes 3.4.19. ∎3.4.20

[8] Sie ist etwas komplizierter als die vorher in Abbildung 3.13 angegebene Halbordnung, die noch dahingehend minimiert worden ist, daß alle Knoten mit den Beschriftungen $x < 0$ zu einem einzigen, genannt d_-, zusammengefaßt worden sind. Beide Halbordnungen erfüllen aber genau den gleichen Zweck: den Nachweis, daß c_f terminiert.

Speziell für die Teilklasse *SEQPROG* von endlich nichtdeterministischen Programmen kann gezeigt werden, daß die Halbordnung $(\mathbb{N}, <)$ stets ausreicht (Übungsaufgabe 3.7.21).

3.4.7 wp-Semantik endlich nichtdeterministischer Programme

Wir bleiben bei der Betrachtung endlich nichtdeterministischer Programme und geben der Semantik der Schleife eine fixpunktfreie Form. Die Prädikate Q_i des nächsten Satzes haben eine intuitive Bedeutung: Q_i beschreibt die Menge aller Anfangszustände, die garantieren, daß die gegebene Schleife nach höchstens $i - 1$ Durchläufen mit Q als Endprädikat terminiert.

Satz 3.4.21 FIXPUNKTFREIE DEFINITION DER SCHLEIFE FÜR *SEQPROG*

> *Gegeben sei eine Schleife* $DO = \textbf{do } \beta \rightarrow c_0 \textbf{ od}$, *wobei* c_0 *(und damit auch DO) ein SEQPROG ist. Sei* Q *ein Endprädikat. Dann gilt* $wp(DO, Q) = (\exists i \in \mathbb{N}: Q_i)$ *mit* $Q_0 = \textbf{false}$ *und* $Q_{i+1} = (\overline{\beta} \wedge Q) \vee (\beta \wedge wp(c_0, Q_i))$.

Beweis: Siehe Übungsaufgabe 3.7.22 und ihre Lösung. ■3.4.21

Die Sätze 3.4.14 und 3.4.21 bilden den Anschluß der in diesem Abschnitt vorgestellten Theorie an die von Dijkstra [97] zuerst angegebenen Definitionen. Dort wurde die Programmklasse *SEQPROG* betrachtet und die einfache (nicht die unendliche) Multiplikativität sowie die Stetigkeit der wp-Funktion gefordert; die Semantik der Schleife wurde wie in Satz 3.4.21 angegeben. Die genannten Sätze zeigen, daß für *SEQPROG* diese Spezialisierungen äquivalent mit den hier gegebenen allgemeineren Definitionen sind.

Zum Schluß zeigen wir anhand des Beispielprogramms c_f aus der Klasse *USEQPROG* die Unterschiede zwischen der Formel des Satzes 3.4.21 und der Fixpunktdefinition der Schleife: $c_f \equiv \textbf{do } x \neq 0 \rightarrow \underbrace{\textbf{if } x < 0 \rightarrow x :=? \,\square\, x > 0 \rightarrow x := x - 1 \textbf{ fi}}_{c_f^0} \textbf{ od}$.

Wir wenden zunächst 3.4.21 an und berechnen $\exists i \in \mathbb{N}: Q_i$ nach diesem Satz, wobei wir das Endprädikat Q als **true** festsetzen:

$$\begin{aligned}
Q_0 &= \textbf{false}\\
Q_1 &= (((x = 0) \wedge \textbf{true}) \vee (x \neq 0 \wedge wp(c_f^0, \textbf{false}))) \;=\; (x = 0)\\
Q_2 &= (0 \leq x \leq 1)\\
&\vdots\\
Q_i &= (0 \leq x \leq i - 1)\\
(\exists i \in \mathbb{N}: Q_i) &= (0 \leq x).
\end{aligned}$$

Diese Berechnung liefert das Prädikat $(0 \leq x)$, das weder intuitiv noch operational mit $wp(c_f, \textbf{true})$ übereinstimmt, denn c_f terminiert für alle $x \in \mathbb{Z}$ und nicht nur für die Zahlen größer oder gleich 0. In der Tat ist $(0 \leq x)$ kein Fixpunkt der Funktion:

$$\begin{aligned}
f_{\textbf{true}}(R) &= (\overline{\beta} \wedge \textbf{true}) \vee (\beta \wedge wp(c_f^0, R))\\
&= (x = 0) \vee wp(c_f^0, R).
\end{aligned}$$

Um $\mu f_{\mathbf{true}}$ zu berechnen, betrachten wir weitere (transfinite) Iterationen der Kette:

$$Q_0 = \mathbf{false},\ Q_1 = f_{\mathbf{true}}(\mathbf{false}),\ Q_2 = f_{\mathbf{true}}(f_{\mathbf{true}}(\mathbf{false})), \ldots$$

Aus der vorangegangenen Berechnung folgt, daß gilt: $f^{\mathrm{N}}_{\mathbf{true}}(\mathbf{false}) = (0 \leq x)$. Wir gehen einen Iterationsschritt weiter und berechnen:

$$\begin{aligned} f^{\mathrm{N}+1}_{\mathbf{true}}(\mathbf{false}) &= f_{\mathbf{true}}(f^{\mathrm{N}}_{\mathbf{true}}(\mathbf{false})) \\ &= f_{\mathbf{true}}(0 \leq x) \\ &= (x = 0) \vee wp(c_f^0, 0 \leq x) \\ &= (x = 0) \vee (x \neq 0) \\ &= \mathbf{true}. \end{aligned}$$

Da aber **true** ein Fixpunkt ist: $f_{\mathbf{true}}(\mathbf{true}) = \mathbf{true}$, wie man durch Einsetzen sieht, gilt nach Satz 2.4.10, daß **true** der kleinste Fixpunkt ist: $\mathbf{true} = \mu f_{\mathbf{true}}$, und somit $wp(c_f, \mathbf{true}) = \mathbf{true}$ - in der Tat auch operational das korrekte Ergebnis.

3.5 Bemerkungen zum Entwurf von Programmen

3.5.1 Spezifikationen und Invarianten

Wie man, ausgehend von einer gegebenenfalls sehr informellen Problemstellung, zu einer formalen Spezifikation eines Problems gelangt, ist meistens stark von der Natur des Problems abhängig und nicht unbedingt nur Sache der Informatik. Wir wollen eine formale Spezifikation als einen logischen Ausdruck ansehen und einen solchen als gegeben annehmen. Wir definieren *Programmentwurf* als die Aufgabe, ein Programm zu konstruieren, das dieser Spezifikation genügt, d.h., die Gültigkeit des logischen Ausdrucks herstellt.

Erst mit Hilfe von iterativen Programmkonstrukten können die dem Variablenbegriff innewohnenden Möglichkeiten voll ausgenutzt werden. Abstrakt gesehen dient die Schleife der Produktion vieler gleichartiger Zustandsübergänge. Die Gleichartigkeit der Übergänge kann durch die Schleifeninvariante beschrieben werden, die oft eng mit der vorgegebenen Spezifikation verknüpft ist. Wir betrachten als Beispiel ein Programm, das für eine ganze Zahl $n \geq 1$ die Fakultät $fac = n!$ berechnet, d.h. die n Zahlen $\{1, \ldots, n\}$ miteinander multipliziert. Die Spezifikation lautet:

$$Q_{fac} \equiv \left(fac = \prod_{j=1}^{n} j \right).$$

Das folgende Programm löst das Problem:

$$i := 1;\ fac := 1;\ \mathbf{do}\ i \neq n \rightarrow i := i + 1;\ fac := fac \cdot i\ \mathbf{od}.$$

Man kann sich von seiner Korrektheit anhand einiger Testfälle für n überzeugen. Diese Methode ist aber unzureichend, denn:

> *Durch Testen kann zwar das Vorhandensein von Fehlern, nicht aber deren vollständige Abwesenheit bewiesen werden* (E.W.Dijkstra, zitiert nach [25] und sinngemäß nach [95]),

jedenfalls nicht in den praktisch interessierenden Fällen. Wünschenswert wäre ein hieb- und stichfester Nachweis, daß das Programm tut, was es tun soll. Dieser Nachweis kann für das Fakultätsprogramm folgendermaßen geführt werden. Man erkennt die Formel:

$$I_{fac} \equiv \quad (1 \leq i \leq n) \wedge \left(fac = \prod_{j=1}^{i} j \right)$$

zunächst als Schleifeninvariante. Denn es gilt die Rekursionsformel:

$$\prod_{j=1}^{i+1} j \; = \; (i+1) \cdot \prod_{j=1}^{i} j \, ,$$

aus der die Invarianz des zweiten logischen Faktors von I_{fac} leicht zu folgern ist. Auch der erste Faktor von I_{fac} ist invariant; denn aus der Gültigkeit von $1 \leq i \leq n$ vor der Schleife und der Schleifeneingangsbedingung $i \neq n$ folgert man $1 \leq i < n$ vor der Zuweisung $i := i + 1$, und dann gilt $1 \leq i \leq n$ auch nach dieser Zuweisung. Falls I_{fac} also vor einer Ausführung der Schleife gilt, dann gilt I_{fac} auch nach der (einmaligen) Ausführung der Schleife.

Die Ähnlichkeit zwischen I_{fac} und der Spezifikation Q_{fac} ist von Interesse. Nach der Beendigung der Schleife gilt $i = n$ als Negation der Schleifeneingangsbedingung; und damit geht der zweite Faktor von I_{fac} in Q_{fac} über. Der Beweis, daß nach der Ausführung der ganzen Schleife Q_{fac} gilt, ist damit noch nicht vollständig erbracht, denn es könnte ja sein, daß vor der allerersten Iteration I_{fac} nicht gilt und auch nicht durch einen der Iterationsschritte gültig wird. Das ist jedoch nicht der Fall, weil die Initialisierung:

$$i := 1; \; fac := 1$$

die anfängliche Gültigkeit von I_{fac} bewirkt. Damit ist immer noch nicht alles bewiesen, denn es muß noch gezeigt werden, daß die Schleife überhaupt terminiert. Dies folgt daraus, daß 'die Variable i den Grenzwert n nicht überschreiten kann'. Formaler sieht man das durch die Definition einer Terminierungsfunktion:

$$\tau \; = \; (n - i)$$

und den Nachweis der Eigenschaften des Satzes 3.4.18. Es gilt erstens, daß die Schleifeninvariante I_{fac} die Ungleichung $\tau \geq 0$ impliziert, daß also τ in der Tat eine Funktion von $\Gamma(P)$ in die natürlichen Zahlen ist. Das impliziert, daß der Wert von τ durch 0 nach unten beschränkt ist. Zweitens gilt auch, daß der Wert von τ mit jedem Schleifendurchlauf um genau 1 verringert wird. Es kann also höchstens (und in diesem Fall genau) $(n - 1)$ Iterationsschritte geben; mithin terminiert die Schleife, und das Programm ist in der Tat bezüglich Q_{fac} total korrekt.

Dieses kleine Beispiel ist nur deswegen so ausführlich behandelt worden, weil sich die Beweisargumentation umkehren und als Entwurfsrichtlinie verallgemeinern läßt. Eine Spezifikation Q läßt sich oft in eine Formel P dergestalt umwandeln, daß zwei Anforderungen Genüge geleistet wird:

(i) Die anfängliche Gültigkeit von P ist durch primitive Kommandos leicht herzustellen.

(ii) Es gibt eine - möglichst leicht zu berechnende - Formel B (die als Schleifeneingangsbedingung fungieren kann), so daß $P \wedge \neg B$ die gewünschte Spezifikation Q impliziert.

Wenn ein solches Prädikat P existiert, dann besteht die Chance, daß eine Schleife der Art:

Initialisierung $\{P$ gilt$\}$; **do** $B \rightarrow$ Schleifenkörper **od**

eine Lösung des Problems ist. An den Körper der Schleife müssen zwei weitere Forderungen gestellt werden:

(iii) Er muß P invariant lassen.
(iv) Er muß zur Terminierung beitragen.

Die Forderung (iv) bedeutet, daß eine Varianzfunktion τ für P existieren muß, für die laut Satz 3.4.18 gilt:

(iv1) P impliziert $\tau \geq 0$.
(iv2) Falls $\tau \leq n$ vor der Ausführung des Schleifenkörpers, dann $\tau \leq n - 1$ nach der (einmaligen) Ausführung des Schleifenkörpers.

Wie müssen die Invariante P und die Spezifikation Q miteinander in Beziehung stehen? Jedenfalls kann P nicht Q implizieren, sonst wäre das Problem trivial; Q wäre durch die gleiche Initialisierung wie P herstellbar. Der Fall, daß P und Q 'quer' liegen, also keins das andere impliziert, ist uninteressant. Es bleibt der Fall übrig, daß P schwächer ist als Q. Wir suchen daher nach Möglichkeiten, eine gegebene Spezifikation Q abzuschwächen (oder zu 'verallgemeinern'), um eine Invariante P zu gewinnen. Es gibt unter anderen die folgenden drei Methoden:

(1) *Löschung eines logischen Faktors.*
Zum Beispiel kann $Q = A \wedge B \wedge C$ zu $P = A \wedge B$ abgeschwächt werden.
(2) *Addieren eines logischen Summanden.*
Zum Beispiel kann $Q = A \wedge B$ zu $P = (A \wedge B) \vee C$ oder zu $P = A \wedge (B \vee C)$ abgeschwächt werden.
(3) *Vergrößern des Wertebereichs einer Variablen.*
Zum Beispiel kann $Q = (1 \leq i \leq n)$ zu $P = (0 \leq i \leq n + 1)$ abgeschwächt werden.

Eigentlich kann (3) als Unterfall von (1) oder (2) aufgefaßt werden, ist aber wegen seiner Bedeutung eigens aufgeführt. Es gibt noch eine vierte Methode, aus Q eine geeignete Invariante P zu gewinnen, die ebenfalls große praktische Bedeutung hat:

(4) *Ersetzen einer Konstanten durch eine Variable.*
Zum Beispiel kann $Q \equiv (fac = \prod_{j=1}^{n} j)$ in die Formel:
$$P \equiv \quad (1 \leq i \leq n) \wedge (fac = \prod_{j=1}^{i} j)$$
umgewandelt werden; die Konstante n ist durch eine Variable i ersetzt worden. P ist insofern schwächer als Q, als es, wenn Q gilt, einen Wert für i gibt (nämlich $i = n$, d.h. genau die ersetzte Konstante), so daß auch P gilt.

Die neue Variable sollte natürlich die ersetzte Konstante in ihrem Wertbereich enthalten. Es ist daher immer sinnvoll, den Wertebereich neu eingeführter Variablen explizit einzugrenzen, wie es oben geschehen ist. Zur Illustration der Entwurfsmethode wenden wir sie Schritt für Schritt (sozusagen mechanisch) aus das folgende Problem an.

> **Problembeschreibung**:
> Gegeben seien zwei $\mathbb{Z}$-wertige Variablen x und y. Auf einer Maschine, die nur die Addition und die Subtraktion kennt, soll die Zuweisung $z := x \cdot y$ implementiert werden. Das Programm soll korrekt, muß aber nicht effizient sein.

Die Spezifikation ist $Q \equiv (z = x \cdot y)$. Das $z := x \cdot y$ implementierende Programm muß x und y konstant lassen, darf aber z verändern. Wir fassen die Invariante $P \equiv (z = i \cdot y)$ ins Auge, die sich aus Q durch Ersetzen von x durch eine Variable i ergibt. Der Wertebereich von i umfaßt $\mathbb{Z}$. Die Eingrenzung dieses Bereichs wird daher in P nicht erwähnt. P kann leicht anfänglich wahr gemacht werden, z.B. (aber nicht nur) durch die Zuweisung $i := 0$; $z := 0$. Ein erster Entwurf des Programms ergibt sich:

$i := 0;\ \ z := 0\ \{P \text{ gilt}\};$ **do** $B \rightarrow\ \ldots$ **od.**

Weil P bei $i = x$ in Q übergeht, ergibt sich die Schleifeneingangsbedingung B folgendermaßen:

$i := 0;\ \ z := 0\ \{P \text{ gilt}\};$ **do** $i \neq x \rightarrow\ SK$ **od.**

Um die Terminierung der Schleife zu garantieren, muß i im Schleifenkörper SK näher an x herangebracht werden. Da x konstant ist, i aber verändert werden kann, bieten sich die Zuweisungen $i := i + 1$ und $i := i - 1$ an:

```
i := 0;  z := 0 {P gilt};  do i ≠ x  →  if   B₊  →  i := i + 1; ...
                                         ▯    B₋  →  i := i − 1; ...
                                         fi
                           od.
```

Die Bedingungen B_+ und B_- müssen dafür sorgen, daß der Abstand zwischen i und x nicht größer, sondern kleiner wird. Implizit wird damit die Terminierungsfunktion $\tau = |x - i|$ ins Auge gefaßt. Die beiden Bedingungen ergeben sich deswegen wie folgt:

```
i := 0;  z := 0 {P gilt};  do i ≠ x  →  if   i < x  →  i := i + 1;  c₊
                                         ▯    i > x  →  i := i − 1;  c₋
                                         fi
                           od.
```

Die beiden Programmstücke c_+ und c_- müssen dafür sorgen, daß die Gültigkeit von P, die durch die Veränderungen des Wertes von i in Gefahr gerät, bestehen bleibt. Die Zuweisung $i := i + 1$ bewirkt, daß der Wert y zur rechten Seite der Gleichung von P hinzuaddiert wird. Das muß c_+ durch eine entsprechende Addition zur linken Seite dieser Gleichung aufheben. Genauso ergibt sich c_-:

```
i := 0;  z := 0;  {inv P}  do i ≠ x  →  if   i < x  →  i := i + 1;  z := z + y
                                         ▯    i > x  →  i := i − 1;  z := z − y
                                         fi
                           od.
```

Man beachte, daß die Frage, ob anfänglich x bzw. y größer bzw. kleiner als 0 sind, im Argument zur Herleitung dieser Lösung nicht die geringste Rolle spielt. Es folgen weitere Beispiele für die Methoden (1)-(4) zur Abschwächung von Spezifikationen.

3.5.2 Löschen eines logischen Faktors

Problembeschreibung:
Gegeben sei eine natürliche Zahl $n \geq 0$ und gesucht ist die ganze Wurzel von n, also eine Zahl x, so daß $x^2 \leq n < (x+1)^2$ gilt. Wir betrachten die Spezifikation:
$Q \equiv \quad (x^2 \leq n) \ \wedge \ (n < (x+1)^2)$.

Weil der erste Faktor $(x^2 \leq n)$ von Q leicht durch $x := 0$ herstellbar ist, liegt es nahe, den zweiten Faktor $(n < (x+1)^2)$ zu löschen und negiert als Eingangsbedingung einer Schleife zu verwenden. Also setzen wir an:

$$P \equiv \quad (x^2 \leq n), \qquad B \equiv \quad (n \geq (x+1)^2)$$

und der erste Programmentwurf wird:

$$x := 0 \ \ \{P \text{ gilt jetzt}\}; \ \ \mathbf{do} \ \ (n \geq (x+1)^2) \rightarrow \ SK \ \ \mathbf{od}.$$

Um den Schleifenkörper SK zu bestimmen, erkennt man, daß die naheliegende Erhöhung $x := x + 1$ die Formel P aufgrund von B invariant läßt und außerdem die Funktion $\tau = n - x^2$ (≥ 0 wegen P) verkleinert. Das Programm:

$$x := 0; \ \{\mathbf{inv}\ P\} \ \ \mathbf{do} \ \ (n \geq (x+1)^2) \rightarrow x := x + 1 \ \ \mathbf{od}$$

ist also gefunden und bereits bewiesen. Die manchmal auftretenden Zweifel bei derartigen Trivialprogrammen ('Soll x anfänglich zu 0 oder zu 1 gesetzt werden?', 'Soll die Schleifeneingangsbedingung $(n \geq (x+1)^2)$ oder $(n > (x+1)^2)$ lauten?') erübrigen sich.

3.5.3 Ersetzen einer Konstanten durch eine Variable

Klassisches Beispiel ist die Ersetzung von Feldgrenzen durch Variablen.

Problembeschreibung:
Es sei für eine Konstante $n \geq 1$ die Feldvariable **var** A : **array** $\{1, \ldots, n\}$ **of** $\mathbb{Z}$ definiert und die Aufgabe gegeben, die Elemente von A zu summieren:
$Q \equiv \quad (s = \sum_{j=1}^{n} A[j])$.

Wenn die Konstante n durch eine Variable i ersetzt wird, dann ergibt sich eine mögliche Invariante P:

$$P \equiv \quad (s = \sum_{j=1}^{i} A[j])$$

P ist leicht herzustellen (etwa durch $i := 1; s := A[1]$, aber auch durch $i := 0; s := 0$) und leicht invariant zu halten. Die Schleifenbedingung ergibt sich aus der Negation von $i = n$, weil dann P in Q übergeht:

$$i := 1; s := A[1] \ \{P \text{ gilt}\}; \ \{\mathbf{inv}\ P) \ \mathbf{do}\ i \neq n \rightarrow i := i + 1; s := s + A[i] \ \mathbf{od}.$$

Wäre i benutzt worden, um in Q die Konstante 1 statt n zu ersetzen, so wäre ein analoges Programm entstanden, das die Summe iterativ von n nach 1 (statt von 1 nach n) bildet. Der Beweis des Programms ist bereits in seinen Entwurf eingebaut.

Die Methode der Ersetzung von Konstanten durch Variablen ist sehr flexibel und kann zu überraschenden Programmiereffekten führen. Betrachten wir noch einmal das Beispiel der ganzen Wurzel von n; zu $n \geq 0$ ist eine Zahl x gesucht, so daß:

$$Q_1 \equiv \quad (x^2 \leq n) \ \wedge \ (n < (x+1)^2)$$

gilt. Die Ersetzung der Konstanten n durch eine Variable bringt nicht viel, weil diese genau wie x hochgezählt werden müßte. Q könnte aber auch dahingehend verallgemeinert werden, daß das zweite Vorkommen von x durch eine neue Variable y ersetzt wird:

$$P_1 \equiv \quad (x^2 \leq n) \ \wedge \ (n < (y+1)^2).$$

Um P_1 in Q_1 übergehen zu lassen, muß $B \equiv \ (x \neq y)$ gewählt werden. Außerdem kann P_1 leicht anfänglich durch $x := 0;\ y := n$ hergestellt werden. Es kann versuchsweise gelten: $0 \leq x \leq y \leq n$, weil eine Erhöhung von x und / oder eine Verringerung von y, solange, bis $x = y$ gilt, ins Auge gefaßt werden muß. Eine mögliche Terminierungsfunktion ist daher $\tau = (y - x)$, und ein Entwurf sieht folgendermaßen aus:

$x := 0;\ \ y := n;$ **do** $x \neq y \rightarrow$ 'verkleinere τ unter Invarianz von P_1' **od**.

Eine allgemeine Art, $\tau = (y - x)$ zu verringern, ist entweder durch $x := x + d$ oder durch $y := y - d$ für einen geeigneten Wert d. Weil P_1 dadurch invariant gelassen werden soll, berechnen wir zunächst durch zweimalige Anwendung des Zuweisungsaxioms:

$$\begin{aligned} wp\,(x := x + d,\ P_1) &= wp\,(x := x + d,\ (x^2 \leq n) \wedge (n < (y+1)^2)) \\ &= ((x+d)^2 \leq n) \wedge (n < (y+1)^2). \\ wp\,(y := y - d,\ P_1) &= (x^2 \leq n) \wedge (n < (y - d + 1)^2). \end{aligned}$$

Ein zweiter Entwurf ist also[9]:

$$\begin{array}{lll} x := 0;\ \ y := n;\ \ \textbf{do}\ x \neq y \rightarrow & d := \text{'ein geeigneter Wert'}; & \\ & \textbf{if}\ \ \underbrace{(x+d)^2 \leq n}_{(1)} & \rightarrow x := x + d \\ & \ \square\ \ \underbrace{(y - d + 1)^2 > n}_{(2)} & \rightarrow y := y - d \\ & \textbf{fi} & \\ \qquad\qquad\qquad\textbf{od} & & \end{array}$$

Der Wert von d muß ausreichend groß sein, um Terminierung zu garantieren (also $d > 0$) und außerdem so, daß das **if** – **fi**-Kommando ausgeführt werden kann; also muß:

$$(x + d)^2 > n \ \Rightarrow \ (y - d + 1)^2 > n$$

[9]Man beachte, daß an den Stellen (1) und (2) nur diejenigen Anteile der eben ausgerechneten Ausdrücke zu stehen brauchen, die von der ins Auge gefaßten Invarianten P_1 nicht impliziert werden.

gelten. Eine hinreichende Bedingung, damit letzteres gilt, ist $x + d \leq y - d + 1$, oder umgeformt: $2 \cdot d \leq y - x + 1$. Aus $y \geq x$ und $x \neq y$ (Schleifeneingangsbedingung) folgt $y - x + 1 \geq 2$. Je größer d ist, desto schneller terminiert das Programm. Es bietet sich also die Zuweisung $d := (y - x + 1)$ **div** 2 an. Diese Wahl garantiert $d > 0$ und ist damit akzeptabel. Das fertige Programm ist:

```
x := 0;  y := n;  do x ≠ y →  d := (y − x + 1) div 2;
                              if (x + d)² ≤ n       → x := x + d
                              □ (y − d + 1)² > n    → y := y − d
                              fi
                  od.
```

Man beachte, daß die Frage, ob die **if**-Anweisung deterministisch ist oder nicht, weder beim Entwurf noch beim Beweis eine Rolle spielt. Das obige Programm ist mit seiner Laufzeit proportional zu $\log(n)$ um eine Größenordnung effizienter als das in Abschnitt 3.5.2 entwickelte.

3.5.4 Vergrößern des Wertebereichs einer Variablen

Typisches Beispiel hierfür sind Spezifikationen mit frei vorkommenden Variablen.

> **Problembeschreibung**:
> Es sei bekannt, daß in einem Feld A (mit Definitionsbereich wie vorher) der Wert x vorkommt. Gesucht ist der Index i des ersten Vorkommens von x:
> $Q \equiv \; (A[i] = x) \wedge (\forall j, 1 \leq j < i : A[j] \neq x).$

Um den kleinsten Index zu finden, muß A in aufsteigender Reihenfolge durchsucht werden. Wenn also i_0 der gesuchte Index ist, kann der Wertebereich von i statt $i = i_0$ (eine implizit in Q enthaltene Eingrenzung von i) auf $1 \leq i \leq i_0$ vergrößert werden. Weil bei $i = 1$ der zweite Term von Q wahr wird, wählen wir folgende Invariante, deren erster Faktor die Eingrenzung des Wertebereichs von i ist und deren zweiter Faktor der zweite Faktor von Q ist:

$$P \equiv \; (1 \leq i \leq i_0) \wedge (\forall j, 1 \leq j < i : A[j] \neq x)$$
$$B \equiv \; (A[i] \neq x),$$

also ergibt sich als fertiges Programm:

$i := 1 \; \{P \text{ gilt}\}; \; \{\textbf{inv } P\} \; \textbf{do } A[i] \neq x \rightarrow i := i + 1 \textbf{ od}.$

3.5.5 Addieren eines logischen Summanden

Weil kein *a-priori*-Prinzip existiert, um geeignete Summanden auszuwählen, scheint diese Methode weniger nützlich zu sein als die zuvor besprochenen. Manchmal kann ein geeigneter Summand jedoch aus der Analyse des Problems gewonnen werden.

Problembeschreibung:
Es sei angenommen, daß ein Compiler für eine blockstrukturierte Sprache einen Zwischencode **var** A : **array** $\{1, \ldots, n\}$ **of** (*Zeichen* $\cup \mathbb{N}$) ($n \geq 2$) erstellt. A enthält (unter anderen) die Zeichen B (für **begin**) und E (für **end**) so, daß für jedes B auch ein im Sinne der Blockstruktur entsprechendes E vorkommt. Steht im Feldelement $A[j]$ ein B, dann ist das nachfolgende Element $A[j+1]$ ein spezielles Element für einen Feldindex. Ein Programm ist zu schreiben, so daß, wenn immer $A[j] = B$, dann in $A[j+1]$ ein Verweis auf das B entsprechende E eingefügt wird:

$$Q \equiv \quad \forall j, 1 \leq j \leq n \colon A[j] = B \;\Rightarrow\; A[j+1] = Match(j),$$

wobei $Match(j) = \min\{\, k \mid k > j \wedge A[k] = E \wedge nb(B, j, k) = nb(E, j, k) \,\}$ und:

$$nb(B, j, k) \;=\; |\{i \mid j \leq i \leq k \wedge A[i] = B\}|$$
$$nb(E, j, k) \;=\; |\{i \mid j \leq i \leq k \wedge A[i] = E\}|.$$

Nach den Voraussetzungen des Problems ist $Match(j)$ ein Index zwischen j und n (*inklusive*), so daß $A[Match(j)]$ ein E enthält, das dem B in $A[j]$ entspricht. Zunächst bietet sich das Ersetzen von n durch eine Variable i und damit die folgende Formel an:

$$P \equiv \quad \forall j, 1 \leq j \leq i \colon\; A[j] = B \;\Rightarrow\; A[j+1] = Match(j).$$

Durch $i := 0$ ist P leicht herstellbar. Wenn i auf n hochgezählt wird, dann muß jedesmal, wenn $A[i] = B$ ist, der Index $Match(i)$ bestimmt werden. Dies muß ebenfalls durch Hochzählen geschehen, weil ein minimaler Index gesucht wird. Es können zwei ineinander geschachtelte Schleifen oder ein Keller benutzt werden, um die nachzutragenden Indices aufzunehmen. Dann wäre aber P keine Invariante mehr. Erst dann kann $A[j+1] = Match(j)$ sein, wenn i groß genug ist, und das bedeutet, wenn $Match(j) \leq i$ gilt. Wir betrachten also die schwächere Formel P', die sich aus P durch die logische Addition der Negation von $Match(j) \leq i$ ergibt:

$$P' \equiv \quad \forall j, 1 \leq j \leq i \colon A[j] = B \;\Rightarrow\; ((A[j+1] = Match(j)) \vee (Match(j) > i)).$$

Wiederum geht P' für $i = n$ in Q über, weil $Match(j) > n$ nach Problemvoraussetzung unmöglich ist. Wir haben dafür zu sorgen, daß $A[j+1] = Match(j)$ wahr wird, sobald $Match(j) > i$ falsch wird, also (bei linearem Vorgehen) sobald $i = Match(j)$. Letzteres vereinfacht sich zu $A[i] = E$. Das Programm lautet folgendermaßen, wobei *maxdepth* die maximale Schachtelungstiefe von B-E-Paaren angibt. Hier und in späteren Beispielen kennzeichnet % einen nicht zum Programm gehörigen Kommentar:

```
var s: array {1, ..., maxdepth} of {1, ..., n};   % s ist ein Keller
i := 0;  p := 1;  {inv P'}  do i ≠ n →  i := i + 1;
                                         if  A[i] = B → s[p] := i + 1;  p := p + 1
                                         ▯  A[i] = E → p := p − 1;  A[s[p]] := i
                                         ▯  A[i] ∉ {B, E} → skip
                                         fi
                                od.
```

3.6 Literaturangaben

Operationale und relationale Semantik kommen den tatsächlichen Abläufen in einer konkreten Maschine am nächsten. In der Literatur werden je nach Bedarf eine Funktion, eine partielle Funktion, die Relation m_1, die Relation m_2 oder auch eine Relation über $(Z \uplus \{\delta\}) \times (Z \uplus \{\delta\})$ definiert. Man vergleiche z.B. die Bücher von Alber / Struckmann [4], de Bakker [28] oder Schmidt [227], den Artikel von Wand [253] und die Arbeit [68] von Broy und Wirsing, und viele andere. Das Nichtterminierungssymbol δ wird manchmal mit $\perp$ bezeichnet. Wir haben das Symbol $\perp$ allgemein für das unterste Element eines (beliebigen, keines speziellen) vollständigen Verbandes reserviert. Oft wird die Schreibweise $[\![c]\!]$ statt $m(c)$ gewählt [4]. Wir haben auf diese Schreibweise bewußt verzichtet, um uns keine notationellen Probleme bei der Unterscheidung zwischen m, m_1 und m_2 einzuhandeln. Außerdem ist die Verwendung der Doppelklammern in der Literatur nicht einheitlich.

Zum Begriff des unendlichen Nichtdeterminismus vergleiche man die Arbeit [19] von Apt / Plotkin. Der Begriff *erratisch* im Zusammenhang mit Nichtdeterminismus taucht wahrscheinlich zum ersten Mal in Dijkstras Buch [97] auf. Die Begriffe *angelisch* und *dämonisch* werden Hoare zugeschrieben [198]. In [68] werden alle drei Konzepte zusammen erwähnt. Eine andere Formalisierung mit ähnlicher Bedeutung findet man in Backs Artikel [23].

Die Konsistenz und die Vollständigkeit von Hoares Beweisregeln wurden unter anderem in [127], [140] und in [171] untersucht. Das Buch [116] von Francez enthält eine gute Bibliographie zu den Beweisregeln. Jones' Artikel [152] erzählt die Geschichte der Regeln in spannend zu lesender Weise. Die Arbeiten [11] und [179] enthalten eine ausführliche Diskussion des Relativitätsaspekts des Vollständigkeitssatzes. Zu den Begriffen Tableau und logische Deduktion vergleiche man [141].

Das wp-Kalkül ist in [97] und in einem im Jahre 1975 erschienenen Artikel [96] zuerst beschrieben worden. Man vergleiche auch [29]. Ein Artikel von Boom [55] hat auf die Notwendigkeit aufmerksam gemacht, die Dijkstrasche Definition der Schleifensemantik für unendlich nichtdeterministische Programme zu verallgemeinern. Dijkstra selbst hat sein wp-Kalkül in seinem mit Scholten zusammen geschriebenen Buch [107] (und in einigen vorangegangenen Artikeln [103]) auf eine entsprechende Grundlage gestellt. Für die wp-Semantik von Feldvariablen ist Gries [130] eine gute Referenz mit vielen Beispielen. Die Äquivalenzsätze der Abschnitte 3.4.3 und 3.4.4 gehen auf [41], [182], [214] und [253] zurück. Keine dieser Arbeiten enthält den vollen Äquivalenzbeweis für unendlich nichtdeterministische Programme. Eine moderne Einführung in die denotationale Semantik bietet Winskels Buch [259]. Ein kategorientheoretischer Zugang zur prädikativen Semantik ist bei Manes [184] zu finden.

Die Unterscheidung zwischen *safety*- und *liveness*-Eigenschaften wurde von Lamport [164, 170] eingeführt. Im Rückblick und im Vorgriff ist festzustellen, daß fast alle Eigenschaften, die wir untersucht haben bzw. untersuchen werden, sich in einen *safety*- und einen *liveness*-Anteil aufspalten. Diese Unterscheidung liegt zum Beispiel auch den Begriffen partielle Korrektheit (eine *safety*-Eigenschaft), Terminierung (eine *liveness*-Eigenschaft) und totale Korrektheit (eine *safety- und liveness*-Eigenschaft) zugrunde. Daß das kein Zufall ist, haben Alpern und Schneider gezeigt [5, 6].

Der Schleifeninvarianzsatz und der erste Schleifenterminierungssatz stammen aus [96, 97]. Die Argumente und Beispiele des Abschnitts 3.5 zur systematischen Programmentwicklung sind in vielen Lehrbüchern zu finden, zum Beispiel (zum Teil leicht abgewandelt) in Gries' Buch [130]. Auch die Bücher von Alagić / Arbib [3] und Backhouse [25] sind gute Quellen für Beispiele; [35]

führt überblicksartig in das Gebiet ein. Diese Methode der Programmentwicklung hat inzwischen in konventionelle Informatik-Grundlehrbücher Einzug gehalten [10]. Die Methode der schrittweisen Verfeinerung haben Back und von Wright [24] ganz innerhalb des wp-Kalküls formalisiert. Man vergleiche auch [80]. Einen Invariantenbeweis des kleinen Programms aus Abschnitt 3.5.5 findet der Leser in [47].

In diesem Kapitel haben wir bewußt zugunsten der genauen Untersuchung der Beziehungen zwischen verschiedenen Semantiken auf eine gewisse Ausdrucksstärke der Programmiernotation verzichtet. Der Leser findet zum Beispiel die semantische Beschreibung von Rekursion in [179], die semantische Beschreibung komplexerer Datentypen in [111] und die semantische Beschreibung des **goto**-Kommandos in [3]. Andere Erweiterungen wie zum Beispiel Blockstrukturierung können in den Formalismus eingebaut werden.

Auch die Definition der Relationen m, m_1 und m_2 kann denotational, d.h. mittels Fixpunkten geleistet werden (Übungsaufgabe 3.7.7). In diesem Buch wurde auf eine solche Definition verzichtet, weil der Grundsatz befolgt wurde, wenigstens eine der semantischen Definitionen elementar zu geben. Zu Übungsaufgabe 3.7.19 und ihrer Lösung vergleiche man [104] und [107].

3.7 Übungsaufgaben

1. Man bestimme die relationale Semantik $m(c)$ von:

   $c \equiv$ **var** $x, y{:}\,\mathbb{Z};\; y := 1;$ **do** $x > 0 \rightarrow y := 2 \cdot y; x := x - 1$ **od**.

2. Man berechne die relationalen Semantiken $m(c), m_1(c)$ und $m_2(c)$ von:

   $c \equiv$ **var** $x, y{:}\,\mathbb{Z};$ **if** $x \leq y \rightarrow$ **abort** $\square\; x > 0 \rightarrow$ **skip** $\square\; x > y \rightarrow x := y$ **fi**.

3. Man zeige $m((c_1; c_2); c_3) = m(c_1; (c_2; c_3))$.

4. Die *simultane Zuweisung* $(V_1, V_2) := (EXPR_1, EXPR_2)$ bedeutet operational, daß im Zustand s' beide Ausdrücke $EXPR_1$ und $EXPR_2$ ausgewertet und danach jeweils V_1 bzw. V_2 zugewiesen werden. So bedeutet zum Beispiel $(x, y) := (y, x)$ die Vertauschung der Werte von x und y. Man gebe eine wp-Semantik für diese Zuweisung und berechne danach $wp(\,(x, y) := (y, x)\,,\,(x < 0 \wedge y \geq 0)\,)$.

5. Man definiere Relationen $\tilde{m}_1(c)$ und $\tilde{m}_2(c)$ induktiv über die Syntax von $c \in SEQPROG$, ohne die Relation $m(c)$ zu benutzen, so daß $\tilde{m}_1 = m_1$ und $\tilde{m}_2 = m_2$ gilt; letzteres ist zu beweisen.

6. Man gebe ein *USEQPROG*-Programm an, das terminiert und eine beliebige gerade ganze Zahl produzieren kann.

7. Man gebe eine Fixpunktdefinition für die Semantik $m(DO)$ (bzw. $m_1(DO)$ und $m_2(DO)$) einer Schleife $DO =$ **do** $\beta \rightarrow c_0$ **od**.

8. Man erweitere die relationale Semantik auf die allgemeine Schleife:

   do $\beta_1 \rightarrow c_1 \;\square\; \dots \;\square\; \beta_m \rightarrow c_m$ **od**,

   desgleichen die Beweisregeln und die wp-Semantik.

9. Man konstruiere den im Beweis von Satz 3.2.4 definierten Baum explizit für folgende Programme (für einen beliebigen Anfangszustand):

   (a) **do** $x < N \rightarrow x := x + 1$ **od** (mit $N \geq 0$)

   (b) **do** $goon \rightarrow$ **if** $B \rightarrow x := x + 1 \,\square\, B \rightarrow B :=$ **false** $\square\, \neg B \rightarrow goon :=$ **false fi od**

10. Man beweise für das folgende Programm c der Form:

$$\{P_0\}\ \textbf{init};\ \{\textbf{inv}\ P,\ \textbf{term}\ \tau\}\ \textbf{do}\ \beta \rightarrow c_0\ \textbf{od}\ \{Q\}$$

die folgenden Beziehungen:

$$\{P_0\}\ \textbf{init}\ \{P\};\quad P \text{ ist Schleifeninvariante, d.h. } \{P \wedge \beta\}\ c_0\ \{P\};$$
$$P \wedge \neg\beta \Rightarrow Q;\quad P \wedge \beta \Rightarrow \tau \geq 0;$$
$$\forall n \in \mathbb{N}: \{P \wedge \beta \wedge \tau = n\}\ c_0\ \{\tau \leq n - 1\}.$$

$$\begin{aligned} c \equiv\ & \{P_0 : N > 0\}\ i := 1;\ k := 0; \\ & \{\textbf{inv}\ P : 0 < i \leq N \wedge \forall j, 0 \leq j < i: A[k] \geq A[j],\ \textbf{term}\ \tau = (N - i)\} \\ & \textbf{do}\ i \leq N \rightarrow\ \textbf{if}\ A[i] \geq A[k] \rightarrow k := i\ \square\ A[i] \leq A[k] \rightarrow \textbf{skip fi}; \\ & \qquad\qquad\quad i := i + 1 \\ & \textbf{od}\ \{Q : \forall j, 0 \leq j < N: A[k] \geq A[j]\} \end{aligned}$$

11. Das folgende Programm:

$$\begin{aligned} c \equiv\ \textbf{var}\ i, a, b: \mathbb{N};\ \ & i := 1;\ (a, b) := (1, 0); \\ & \textbf{do}\ i < n \rightarrow i := i + 1;\ (a, b) := (a + b, a)\ \textbf{od} \end{aligned}$$

berechnet für $n > 0$ die n'te Fibonacci-Zahl f_n, mit der Definition $f_1 = 1$, $f_2 = 1$ und $f_n = f_{n-1} + f_{n-2}$ für $n > 2$. Man leite die Aussage $\{n > 0\}\ c\ \{a = f_n\}$ im Hoare-Beweissystem her. (Zur simultanen Zuweisung siehe Aufgabe 4.)

12. Man finde ein Beispiel dafür, daß die Hoare-Regeln inkonsistent werden, sobald die Ersetzungsbedingung des Abschnitts 2.6.2 nicht beachtet wird.

13. Man definiere $[P]\ c\ [Q]$ als wahr, wenn gilt: $\forall s', s \in Z: (P(s') \wedge (s', s) \in m_2(c)) \Rightarrow Q(s)$ und diskutiere Beweisregeln für $[P]\ c\ [Q]$, sowie gegebenenfalls deren Konsistenz und Vollständigkeit. Ist $[P]\ c\ [Q]$ äquivalent mit $P \Rightarrow wp(c, Q)$?

14. Man betrachte eine Zustandsmenge $Z = \{0, 1, 2, 3\}$ und eine Funktion $\varphi: 2^Z \rightarrow 2^Z$ mit

$$\begin{aligned} \varphi(\{0,1,2,3\}) &= \{1,2,3\} && \\ \varphi(\{0,1,2\}) &= \{1,2\} & \varphi(\{0,1,3\}) &= \{1,3\} \\ \varphi(\{0,2,3\}) &= \{2,3\} & \varphi(\{1,2,3\}) &= \{2,3\}. \end{aligned}$$

Man ergänze die fehlenden Werte von φ unter der Voraussetzung, daß φ multiplikativ ist. Ist φ strikt? Man berechne die Relation $\hat{\varphi}$ (Schaubild). Man finde ein Programm c mit der Deklaration **var** x : $\{0, 1, 2, 3\}$, so daß $\varphi = wp(c)$ gilt.

15. Gegeben seien die Programme:

$$c_1 \equiv \quad \textbf{var } i, s : \mathbb{N};\ i := i + 3;\ s := s \cdot i$$
$$c_2 \equiv \quad \textbf{var } x, y : \mathbb{Z};\ \textbf{if } x > y \to x := x - y \ \square\ y > x \to y := y - x \textbf{ fi}.$$

Man berechne $wp(c_1, s = 18)$, $wp(c_1, i = 5 \wedge s = 15)$, $wp(c_1, i = 5 \wedge s = 13)$, $wp(c_2, \emptyset)$, $wp(c_2, \textbf{true})$ und $wp(c_2, (x = 4) \wedge (y = 3))$.

16. Man berechne für eine Feldvariable A, deren Werte Funktionen von $RANGE = \{-1, 0, 1\}$ nach $SET = \{-1, 0, 1\}$ sind:

(a) $wp(\,A[A[1]] := 0\,,\ A[A[1]] = 0\,)$.
(b) $wp(\,A[A[1]] := 0\,,\ A[A[0]] = 0\,)$.

17. Man berechne $wp(\textbf{do } (x = 6) \to x := 4 \textbf{ od}\,,\ x = 4)$.

18. Es seien a und b zwei natürliche Zahlen. Man betrachte das folgende Programm c:

$$\begin{array}{lllll}
\textbf{var } x, y, z\text{: } \mathbb{Z}; & x := a;\ y := b;\ z := 1; & & & \\
\textbf{do } \ y > 0 \to & \textbf{if} & odd(y) & \to & y := y - 1;\ z := z \cdot x \\
 & \square & even(y) & \to & x := x \cdot x;\ y := y/2 \\
 & \textbf{fi} & & & \\
\textbf{od} & & & &
\end{array}$$

Man berechne $wp(c, z = a^b)$ durch die folgenden Schritte:

(a) Berechnung von $wp(IF, P)$ für die **if**-Anweisung innerhalb der **do**-Schleife, wobei P ein beliebiges Prädikat sein soll.

(b) Berechnung der Funktion f_Q. Angewendet auf diesen speziellen Fall ist $f(P)$ mit $f = f_{z=a^b}$ zu berechnen.

(c) Beweis durch Induktion, daß gilt:

$$f^n(\textbf{false}) \Leftarrow (y \leq 0 \wedge z = a^b) \vee (0 < y \leq n - 1 \wedge z \cdot x^y = a^b)$$

(d) Jetzt berücksichtige man, daß $wp(c)$ stetig ist und berechne den kleinsten Fixpunkt von f durch Anwendung des Satzes zur Iteration von Fixpunkten stetiger Funktionen.

(e) Man wende schließlich die Semikolon-Regel an, um das gesuchte Ergebnis endgültig zu berechnen.

19. Man zeige: Stetigkeit und endliche Multiplikativität impliziert Co-Stetigkeit (man braucht die Abzählbarkeit der Grundmenge hier nicht). Zur Definition von Co-Stetigkeit siehe Aufgabe 2.10.18(i) und ihre Lösung.

20. Man definiere $\widetilde{wlp}(c, X) = \{s' \in Z \mid s' m_1(c) \subseteq X\}$. Die Buchstaben wlp stehen für *weakest liberal precondition*.

(i) Gilt $P \Rightarrow \widetilde{wlp}(c, Q)$ genau dann, wenn $\{P\}\, c\, \{Q\}$?
(ii) Man beweise: $\widetilde{wlp}(c)$ ist unendlich multiplikativ, co-stetig und *co-strikt* (d.h., es gilt $\widetilde{wlp}(c, \textbf{true}) = \textbf{true}$).

(iii) Man definiere $wlp(c, Q)$ induktiv, derart, daß $wlp(c) = \widetilde{wlp}(c)$ gilt.
(iv) Gibt es eine Umkehrformel, die m_1 durch wlp ausdrückt?

21. Man zeige: Sei $DO = \mathbf{do}\, \beta \to c_0\, \mathbf{od} \in SEQPROG$, und es gelte $P \Rrightarrow wp(DO, Z)$. Dann gibt es eine Varianzfunktion $\tau: \Gamma(P) \to \mathbb{N}$, die die Voraussetzungen des Satzes 3.4.18 erfüllen. *Hinweis:* Es genügt nicht, den Beweis von Satz 3.4.20 zu modifizieren, denn die darin konstruierte Halbordnung muß nicht notwendigerweise linear sein.

22. Man beweise Satz 3.4.21.

23. (*Ad* Abschnitt 3.5.2.) Man leite ein Programm her, das sich ergibt, wenn nicht der zweite, sondern der erste Faktor von Q gelöscht wird.

24. Ist die **if**-Anweisung im zweiten Programm für die Quadratwurzel (Abschnitt 3.5.3) deterministisch oder nicht?

Kapitel 4. Von sequentiellen zu parallelen Systemen

Beginnend mit diesem Kapitel gehen wir allmählich von sequentiellen zu parallelen Programmen über und diskutieren zunächst einige allgemeine und grundlegende Begriffe im Hinblick auf diesen Übergang. Im Vergleich mit Kapitel 3 spielen jetzt vor allem das Konzept einer *atomaren Aktion* und der Begriff des *Kontrollflusses* eines Programms neue, wichtige Rollen. Beide Begriffe werden in diesem Kapitel erklärt und motiviert.

Abschnitt 4.1 geht anhand eines einfachen Modells für parallele Systeme (Abschnitt 4.1.1) darauf ein, wie die operationale Semantik, also der Ausführungs-, Ablaufs- bzw. Verhaltens- oder Prozeßbegriff (das Analogon von gültigen Folgen und Relationen) von parallelen Systemen zu definieren ist. Die Diskussion kommt zu dem vielleicht überraschenden Schluß, daß für ein und dasselbe parallele Programm durchaus verschiedene Arten von Verhaltensbegriffen definiert werden können (Abschnitt 4.1.2). Als Oberbegriff für diese verschiedenen Arten von Verhalten wird in Abschnitt 4.1.3 eine geeignete Klasse von Halbordnungen eingeführt. Aufgabe des Abschnitts 4.1.4 ist es, den Semantik- und Korrektheitsbetrachtungen, denen dieses Buch, wie bereits erwähnt, in erster Linie gewidmet ist, eine Effizienzbetrachtung bei parallelen Programmen gegenüberzustellen.

In Abschnitt 4.2 wird verdeutlicht, daß für die Analyse bestimmter Eigenschaften sequentieller und um so mehr paralleler Programme die in Definition 3.2.2 vorgenommene sofortige Abstraktion von operationaler zu relationaler Semantik nicht mehr sinnvoll ist. Vielmehr wird ein formales Verständnis weiterer Konzepte wichtig, insbesondere solcher, die den Kontrollfluß eines Programms zu beschreiben gestatten. Hier, wie auch schon in Abschnitt 4.1, erläutern wir die Verwendung und die Semantik atomarer Aktionen. In Abschnitt 4.3 zeigen wir schließlich, daß sich Kontroll- und Datenfluß gegenseitig ergänzen und geben einen knappen Ausblick auf die nachfolgenden Kapitel.

4.1 Zur operationalen Semantik paralleler Programme

4.1.1 Ein disjunkt-paralleles Modell

Jeder Computer nach heutigem Standard, auch die *sequentiellen von-Neumann-Rechner* [246] (worunter fast alle gängigen Modelle fallen), ist bei genügend genauer Betrachtung ein paralleles System mit vielen arbeitsteilig eingerichteten aktiven und passiven Einheiten. Eine der aktiven Einheiten ist der *Hauptprozessor* (engl. *central processing unit*, CPU). Um ein sequentielles Programm der Art *SEQPROG* oder *USEQPROG* zur Ausführung auf einer konkreten Maschine zu bringen, sind, mit Abweichungen von Maschine zu Maschine, folgende, hier nur prototypisch beschriebene, Schritte nötig (siehe auch [262]):

- Übersetzung des Programms in eine auf der Maschine implementierte Programmiersprache; dabei eventuell Auflösung des Nichtdeterminismus.
- Kompilieren des Programms in eine für die CPU verständliche Form (*Binärcode*).
- Binden mit anderen bereits in Binärcode vorliegenden Programmen.
- Ansetzen und Starten der CPU.

Danach arbeitet die CPU den Binärcode nacheinander in der Reihenfolge ab, die von der operationalen Semantik vorgezeichnet ist, und liefert den durch die relationale Semantik beschriebenen Effekt. Auf dieser Abstraktionsebene ist es sinnvoll, die Maschine und ihre CPU als rein sequentiell zu verstehen. Schon zwei solche Maschinen sind auf der gleichen Abstraktionsebene ein paralleles System, selbst wenn sie nichts weiter miteinander zu tun haben als z.B. im gleichen Raum zu stehen. Denn beide Maschinen haben je eine CPU, die im Prinzip gleichzeitig oder, wie man auch sagt, *parallel* jeweils ihre sequentiellen Befehlsstränge abarbeiten können.

Um konkret zu werden, stellen wir uns eine Testperson P in einem Raum mit zwei Maschinen M_1 und M_2 vor. Die Testperson erstellt auf der Maschine M_1 ein Manuskript von ca. 380 Seiten Länge. Um dieses Manuskript zu formatieren, benötigt das LaTeX-Formatierungsprogramm auf M_1 ca. 20 Minuten, Zeit genug für P, eine Partie Schach gegen die Maschine M_2 zu spielen. Beide Abläufe, Formatierung und Schachspiel, bestehen jeweils aus einer sequentiellen Abfolge von Verarbeitungsschritten, sind aber gegenseitig nicht - jedenfalls nicht offensichtlich, wenn man nicht eine gemeinsame Uhr hinzuziehen möchte - geordnet; man sagt auch, die beiden Abläufe sind *disjunkt parallel*. Die zeitliche Struktur des Gesamtverhaltens kann als eine Halbordnung beschrieben werden, in der die beiden Prozesse als zwei disjunkte Linien auftauchen. In Abbildung 4.1 ist der Beginn einer solchen - natürlich noch viel längeren - Halbordnung dargestellt. Die kleinen Kästchen, d.h. die Elemente der Halbordnung, stellen die Ereignisse in diesem Ablauf dar; ihre Beschriftungen geben an, von welchen Befehlen der beiden Programme sie Ausführungen darstellen.

Der Ablauf auf der Maschine M_2 in Abbildung 4.1 ist bildlich etwas mehr in die Länge gezogen, um anzudeuten, daß, etwa vom Standpunkt einer Uhr aus betrachtet, die zwischen beiden Maschinen steht, die einzelnen Schachspielschritte zeitlich weiter auseinanderliegen als die einzelnen Formatierungsschritte. In der Halbordnung taucht diese zeitliche Versetzung nicht auf, wenn die gemeinsame Uhr nicht mitmodelliert wird. Vom logischen Standpunkt ('Gewinnt Weiß oder Schwarz? Liefert die Formatierung einen Fehler oder nicht?') ist es sowieso irrelevant, wie schnell die einzelnen Schritte aufeinanderfolgen.

Verfolgen wir den Lebenslauf der Testperson noch einen Tag weiter. Am nächsten Tag ist die Versuchsanordnung etwas geändert: die Maschine M_2 läßt sich aus irgendeinem Grund nicht mehr benutzen. Zum Glück ist das gleiche Schachprogramm aber auch auf

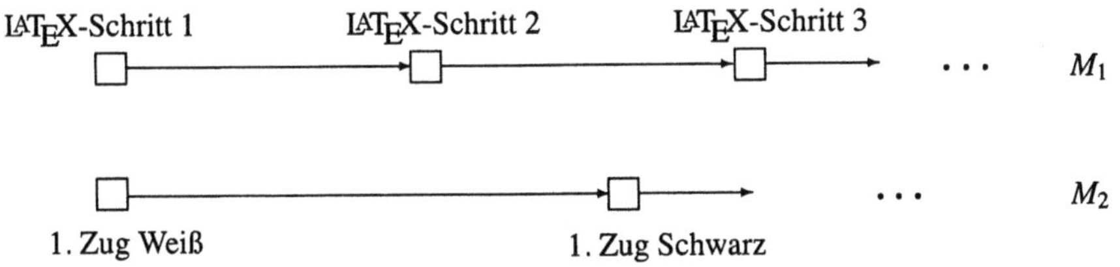

Abbildung 4.1. Parallele Ausführung auf den Maschinen M_1 und M_2

der Maschine M_1 installiert. Sobald der LaTeX-Formatierungsdurchlauf angestoßen ist, kann auch das Schachprogramm aufgerufen werden. Von diesem Zeitpunkt an arbeitet die CPU von M_1, wie man sagt, *quasiparallel*: erst werden einige Schritte des Formatierungsprogramms, dann einige Schritte des Schachprogramms, dann wieder das Formatierungsprogramm, usw., ausgeführt. Vom Standpunkt der CPU von M_1 aus gesehen, ist diese quasiparallele Abarbeitung rein sequentiell genau wie die am Vortag, die nur aus LaTeX-Schritten bestand. Vom Standpunkt der Testperson aus allerdings entsteht wegen der ungeheuren Geschwindigkeit, mit der die M_1-CPU ihre quasiparallelen Arbeitsschritte ausführt, der Eindruck, daß es sich dabei um echt gleichzeitige Verarbeitung handelt. Eine der vielen möglichen Ausführungen - wie man sagt, eins der möglichen *Interleaving*s - ist in Abbildung 4.2 graphisch dargestellt.

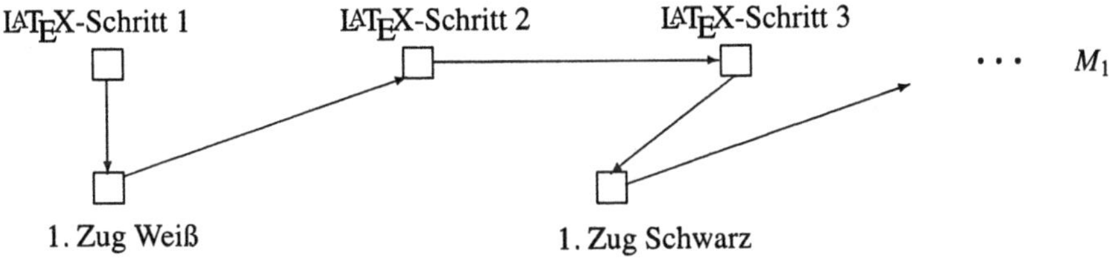

Abbildung 4.2. Eine quasiparallele Ausführung (Interleaving) des gleichen Systems auf M_1

Die Testperson P kann erwarten, daß bei gleicher Eingabe - wenn man einmal außer acht läßt, daß das Schachprogramm einen Zufallsgenerator hat - bei der quasiparallelen Ausführung (Abbildung 4.2) das gleiche Ergebnis wie bei der echt parallelen Ausführung (Abbildung 4.1) herauskommt. Der einzige Unterschied ist, daß die Maschine M_1 natürlich insgesamt länger braucht, um sowohl Formatierungs- als auch Schachprogramm auszuführen, als die zwei Maschinen am Tag zuvor. Die *Korrektheit* dieses Systems ist also unabhängig von der Ausführungsart auf einem oder auf zwei Prozessoren, nicht aber die *Effizienz*.

Aus der Sicht von P, der Benutzersicht, handelt es sich an beiden Versuchstagen um ein System, das aus zwei logisch scharf getrennten Teilen, dem Formatierungsprogramm und dem Schachprogramm, besteht. Aus der Sicht von M_1, der Maschinensicht, handelt es sich um zwei rein sequentielle Systeme, die an beiden Tagen verschieden sind: einmal nur Formatierung, am nächsten Tag Formatierung und Schachprogramm zusammen. Der

Paralleloperator $\|$, den wir als neuen Operator einführen und der von nun an im Mittelpunkt der Betrachtungen steht, soll die Benutzersicht, nicht die Maschinensicht eines solchen Systems widerspiegeln. Die Spezifikation $c_1 \| c_2$ soll generell bedeuten, daß sowohl das Programm c_1 als auch das Programm c_2 ausgeführt werden sollen. Wie genau die Implementierung geschieht, ob mit einer oder zwei (oder mehr) Maschinen, wird von dieser Spezifikation offengelassen. Das oben diskutierte System kann aus der Sicht von P also folgendermaßen spezifiziert werden:

$$\text{\LaTeX-Formatierung} \quad \| \quad \text{Schachprogramm.} \tag{4.1}$$

Diese Spezifikation suggeriert zwar, daß im Normalfall zwei Prozessoren zur Ausführung des Systems verwendet werden sollen, aber sie macht auch Sinn, wenn nur ein Prozessor verwendet wird, der dann quasiparallel arbeitet. Die Korrektheit des Systems muß unabhängig von der Anzahl der Prozessoren definiert werden können, die tatsächlich zur Ausführung herangezogen werden. Im Beispiel ist die Spezifikation (4.1) für beide Tage gleich gültig; sie ist nur verschieden implementiert: am ersten Tag durch zwei Maschinen, am zweiten Tag durch nur eine Maschine. Am zweiten Tag wird eine lineare Halbordnung als Prozeß des Systems generiert, am ersten Tag dagegen eine echte, nicht lineare Halbordnung.

4.1.2 Sequentielle, parallele und kausale Semantik

Wir diskutieren nun, wie diese informelle Unterscheidung zwischen der Spezifikation eines Programms (z.B. als $c_1 \| c_2$) und seiner Implementierung (z.B. durch verschiedene Anzahlen von Prozessoren) formal erfaßt werden kann, ohne daß der Begriff eines Prozessors dabei eine Rolle spielt. Dazu verlegen wir die Betrachtung, die bislang auf makroskopischer Ebene (ganze Programme) geführt wurde, auf die mikroskopische Ebene (einzelne Programmanweisungen). Betrachten wir das folgende parallele Programm:

$$(x := x + 1;\ x := -x) \quad \| \quad (y := y + 1) \quad \| \quad (z := z + 1)\ .$$

Es besteht aus drei sequentiellen Programmen, die durch den Operator $\|$ miteinander verknüpft sind. Die drei Programme enthalten keine gemeinsamen Variablen, sind also wechselseitig disjunkt. Wenn drei Prozessoren zur Ausführung benutzt werden, je einer für eines der Programme, dann ergibt sich ein Gesamtverhalten, das aus drei Einzelverhalten besteht, die völlig unabhängig voneinander sind. Wenn andererseits nur ein Prozessor zur Ausführung benutzt wird, sind anfänglich alle drei Teilprogramme gleichberechtigt in dem Sinne, daß eine nichtdeterministische Wahl getroffen werden muß, mit welchem Programm die Ausführung beginnt, und danach auch, wie in der Ausführung weitergemacht werden soll.

Es ergibt sich jetzt eine konzeptuelle Neuerung, denn es muß festgelegt werden, was unter einem *Ausführungsschritt*, d.h. einer Einheit einer solchen Ausführung, zu verstehen ist. Soll es zum Beispiel erlaubt sein, daß ein Prozessor, der das Programm quasiparallel ausführt, zuerst die Zuweisung $x := x + 1$ des ersten Programms rechnet, danach die

Zuweisung $y := y + 1$ des zweiten Programms, danach die Zuweisung $z := z + 1$ des dritten Programms, um danach das erste Programm durch Ausführen der Zuweisung $x := -x$ zu beenden? Um diesbezüglich klare Verhältnisse zu schaffen, führen wir *atomare Aktionen* als ein neues Sprachmittel ein. Atomare Aktionen werden syntaktisch durch das Klammerpaar $\langle \ldots \rangle$ umschlossen, und semantisch sind sie zu verstehen als Ausführungseinheiten[1]. Wir spezifizieren das System nun unter Verwendung solcher Klammern:

$$(\langle x := x+1\rangle; \langle x := -x\rangle) \quad \| \quad \langle y := y+1\rangle \quad \| \quad \langle z := z+1\rangle\ .$$

Dadurch wird, *per definitionem*, unzweideutig festgelegt, daß die eben genannte Rechnung, in der die Ausführung von $x := x + 1$ von der Ausführung von $x := -x$ getrennt wird, tatsächlich erlaubt ist, denn die beiden Zuweisungen sind als zwei aufeinanderfolgende atomare Aktionen festgelegt, deren Ausführungen einzeln nicht unterbrochen werden dürfen, die aber nicht unbedingt ganz direkt aufeinanderfolgen müssen. Als *Ereignisse* bezeichnen wir die Ausführungen atomarer Aktionen. Eine erlaubte Aufeinanderfolge von Ereignissen heißt ein *Interleaving* oder eine *sequentielle Ausführung* eines Programms. Die folgende Liste (4.2) stellt alle Interleavings des Beispielprogramms zusammen:

$$\begin{array}{l}
\langle x := x+1\rangle\ \langle y := y+1\rangle\ \langle z := z+1\rangle\ \langle x := -x\rangle \\
\langle x := x+1\rangle\ \langle x := -x\rangle\ \langle y := y+1\rangle\ \langle z := z+1\rangle \\
\langle y := y+1\rangle\ \langle z := z+1\rangle\ \langle x := x+1\rangle\ \langle x := -x\rangle \\
\langle y := y+1\rangle\ \langle x := x+1\rangle\ \langle x := -x\rangle\ \langle z := z+1\rangle \\
\langle x := x+1\rangle\ \langle z := z+1\rangle\ \langle y := y+1\rangle\ \langle x := -x\rangle \\
\langle x := x+1\rangle\ \langle x := -x\rangle\ \langle z := z+1\rangle\ \langle y := y+1\rangle \\
\langle z := z+1\rangle\ \langle y := y+1\rangle\ \langle x := x+1\rangle\ \langle x := -x\rangle \\
\langle z := z+1\rangle\ \langle x := x+1\rangle\ \langle x := -x\rangle\ \langle y := y+1\rangle \\
\langle y := y+1\rangle\ \langle x := x+1\rangle\ \langle z := z+1\rangle\ \langle x := -x\rangle \\
\langle x := x+1\rangle\ \langle y := y+1\rangle\ \langle x := -x\rangle\ \langle z := z+1\rangle \\
\langle z := z+1\rangle\ \langle x := x+1\rangle\ \langle y := y+1\rangle\ \langle x := -x\rangle \\
\langle x := x+1\rangle\ \langle z := z+1\rangle\ \langle x := -x\rangle\ \langle y := y+1\rangle .
\end{array} \tag{4.2}$$

Dagegen ist die Folge:

$$\langle x := -x\rangle\ \langle z := z+1\rangle\ \langle x := x+1\rangle\ \langle y := y+1\rangle$$

keine erlaubte Ausführung des Programms, weil die beiden Aktionen des ersten Programms in der falschen Reihenfolge vorkommen.

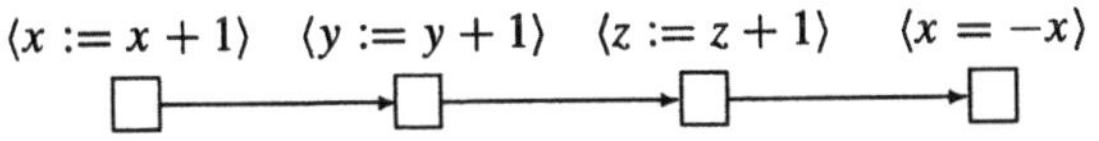

Abbildung 4.3. Das erste Interleaving von (4.2) als beschriftete Ereignishalbordnung

Die Ausführungsfolgen von atomaren Aktionen können auch als lineare beschriftete Halbordnungen interpretiert werden. Die Abbildung 4.3 zeigt zum Beispiel die dem ersten Interleaving von (4.2) entsprechende Halbordnung. Darin werden die Ereignisse, die in den

[1]Es versteht sich, daß diese informelle Semantik später formalisiert wird.

Folgen nur implizit vorkommen, explizit verdeutlicht. Sie sind hier wieder durch Kästchen dargestellt. In unserem Beispiel gibt es so viele Ereignisse wie atomare Aktionen, nämlich vier. Das ist aber nur ein Zufall. Wird ein Programm, das Schleifen und Alternativen enthält, ausgeführt, dann gibt es keine allgemeine Beziehung zwischen der Anzahl der Ereignisse einer Ausführung und der Anzahl der atomaren Aktionen des Programms. Einerseits kann eine einzelne Aktion innerhalb einer Schleife mehrfach ausgeführt werden, andererseits kann es vorkommen, daß eine Aktion in einer Alternative überhaupt nicht ausgeführt wird. Es kann natürlich auch vorkommen, daß eine Ausführung nicht abbricht. Dann hat sie unendlich viele Ereignisse, und weil ein Programm nur endlich viele atomare Aktionen haben kann, kommt mindestens eine davon unendlich oft in einer solchen Folge vor.

Die Abbildung 4.4 zeigt kein Interleaving, sondern eine mögliche Ausführung unseres Beispielprogramms durch drei Prozessoren 1, 2 und 3. Als Beschriftung der als Kästchen dargestellten Ereignisse sind, genau wie in Abbildung 4.3, jeweils die atomaren Aktionen angegeben, deren Ausführung sie beschreiben. Die beiden Abbildungen 4.3 und 4.4 unterscheiden sich durch die unterschiedliche zeitliche Anordnung der Ereignisse. In Abbildung 4.3 ist die Relation *co* trivial, d.h. gleich *id*. In der Abbildung 4.4 ist *co* wesentlich größer und reflektiert dadurch die größere Parallelität dieser Ausführung. Die Relation *co* ist hier sogar maximal groß, denn die *li*-Beziehung zwischen den beiden Ausführungen von $\langle x := x+1 \rangle$ und $\langle x := -x \rangle$ (oberer Teil von Abbildung 4.4) wird durch das Programm vorgeschrieben.

Auch zwei Prozessoren können sich die Arbeit teilen, dieses Programm auszuführen, wenn auch mit etwas Koordinationsaufwand. Stehen zum Beispiel zwei Prozessoren 1 und 2 zur Verfügung, dann kann der erste Prozessor das erste Teilprogramm ausführen, während der zweite die beiden anderen Teilprogramme abarbeitet (und zwischen diesen sozusagen ein Teil-Interleaving herstellt). Eine solche Ausführung ist in der Abbildung 4.5 gezeigt.

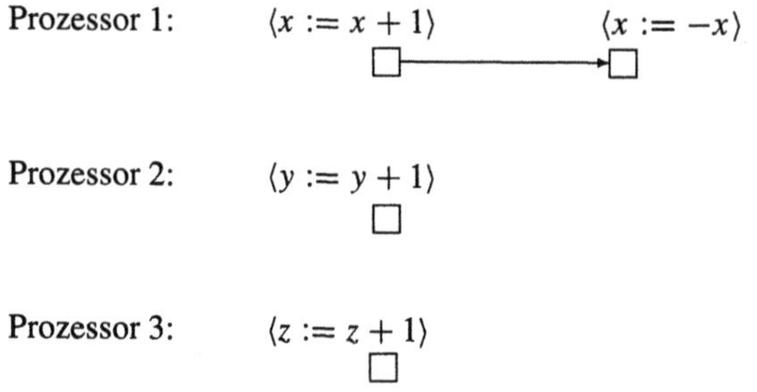

Abbildung 4.4. Eine (kausale) Ausführung des Beispielprogramms mit 3 Prozessoren

So ist es möglich und sinnvoll, für ein und dasselbe Programm verschiedene Ausführungsbegriffe zu definieren, wobei der Begriff einer beschrifteten Halbordnung alle davon umfaßt. Eine einzelne Ausführung wird oft ein *Prozeß* genannt, vor allem dann, wenn es sich um eine echt parallele Halbordnung und nicht um ein Interleaving handelt, oft auch ein *Ablauf*, besonders wenn nicht präjudiziert werden soll, ob es sich um ein Interleaving oder um eine echt parallele Ausführung handelt. Versucht man ein (paralleles) Programm

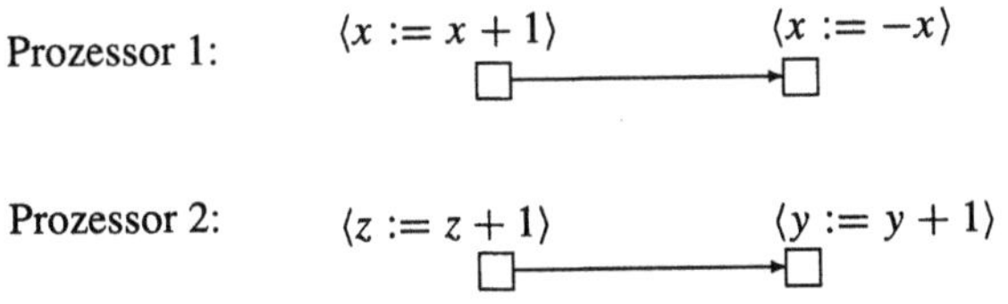

Abbildung 4.5. Eine (parallele) Ausführung des Beispielprogramms mit 2 Prozessoren

zu falsifizieren, also zu zeigen, daß es in einem bestimmten Fall nicht korrekt funktioniert, dann gibt man in der Regel einen entsprechenden Ablauf an, der die Inkorrektheit aufzeigt. In diesem Kontext heißt ein Ablauf auch oft ein *Szenario* des Programms. In diesem Buch haben wir uns dafür entschieden, die Begriffe Programm (als zeitunabhängiges statisches Objekt) und Prozeß (als zeitliches Verhalten eines Programms) zu trennen. Diese Festlegung ist willkürlicher Natur und dient allein zur Vereinheitlichung der Begriffsbildung und der Vorbeugung möglicher Mißverständnisse. Oft wird in der Literatur kaum ein Unterschied gemacht zwischen einem Programm und einem Prozeß, der als Ablauf des Programms erzeugt wird. Zum Beispiel heißt die Programmiersprache des Kapitels 8 'communicating sequential processes' und nicht 'communicating sequential programs', obwohl sie direkt nur Programme, Abläufe aber nur indirekt zu formulieren gestattet.

In einem als beschriftete Halbordnung dargestellten Prozeß eines Programms gibt die Beschriftung den Bezug zum Programm wieder, die Ordnungsrelation die zeitliche Beziehung zwischen den Ereignissen. Man kann generell unterscheiden zwischen definitiven und zufälligen Reihenfolgen von Ereignissen. Zum Beispiel ist, wie erwähnt, die Reihenfolge der beiden oberen Ereignisse in Abbildung 4.4 durch den Sequenzoperator ; des Programms vorgeschrieben, also definitiv, denn in keinem anderen Prozeß dürfen diese beiden Ereignisse ungeordnet oder gar in umgekehrter Reihenfolge auftreten. Dagegen sind die beiden unteren Ereignisse in der Abbildung 4.5 zufällig so geordnet. Es gibt einen anderen Prozeß, in dem sie ungeordnet auftreten, nämlich den aus Abbildung 4.4, und auch mehrere Prozesse, in denen die Reihenfolge umgedreht ist, zum Beispiel die ersten vier Folgen in (4.2) (aufgefaßt als beschriftete Halbordnungen).

Unter einer *operationalen Semantik* eines parallelen Programms c verstehen wir generell die Angabe einer Menge von Prozessen oder Abläufen von c. Wir unterscheiden drei Typen operationaler Semantik: die *parallele Semantik*, auch *Halbordnungssemantik* genannt, die aus der Gesamtmenge aller erlaubten Prozesse besteht, die *sequentielle Semantik*, die nur aus den Interleavings oder den linear geordneten Prozessen besteht, und die *kausale Semantik*, die nur aus Prozessen besteht, deren Ordnungsbeziehungen definitiv im oben genannten Sinne sind. Die sequentielle und die kausale Semantik bilden zwei Grenzfälle innerhalb des durch die parallele Semantik beschriebenen Spektrums der operationalen Semantik. Für sequentielle Programme fallen alle drei Begriffe zusammen.

Der Prozeß in Abbildung 4.4 gehört zum Beispiel zur kausalen und zur parallelen, aber nicht zur sequentiellen Semantik des Beispielprogramms. Der Prozeß in Abbildung 4.5 gehört zur parallelen, aber weder zur sequentiellen noch zur kausalen Semantik des Programms. Die zwölf Interleavings (4.2) gehören zur sequentiellen und zur parallelen, aber nicht zur kausalen Semantik des Programms. Und um schließlich auf das Eingangsbeispiel (4.1) zurückzukommen: der Prozeß in Abbildung 4.1 gehört zu seiner kausalen, der Prozeß in Abbildung 4.2 zu seiner sequentiellen, und beide zu seiner parallelen Semantik.

Steht nur ein Prozessor zur Ausführung eines parallelen Systems oder Programms zur Verfügung, dann ist jeder entstehende Prozeß linear. Die sequentielle Interleaving-Semantik kann anschaulich also als eine Formalisierung der Ein-Prozessorausführung verstanden werden, in der alle Ereignisse sequentialisiert werden. Je mehr Prozessoren zur Verfügung stehen, um so mehr kann tatsächlich parallel ausgeführt werden. Im Extremfall, wenn genügend viele Prozessoren bereitstehen, sind die einzigen Sequentialisierungen diejenigen, die im Programmtext explizit vorgeschrieben werden. Die kausale Semantik kann also als Formalisierung einer optimal parallelen Ausführungsweise verstanden werden.

4.1.3 Ereignishalbordnungen und Halbwörter

Alle Verhaltensbeschreibungen, die im letzten Abschnitt untersucht worden sind, vom Interleaving hin bis zu echt parallelen und kausalen Ausführungen, wurden mit Hilfe von Halbordnungen definiert, deren Elemente als Ereignisse zu interpretieren waren. Jetzt formalisieren wir diesen Begriff.

Definition 4.1.1 EREIGNISHALBORDNUNGEN

Eine Halbordnung $(E, \prec)$ heißt *Ereignishalbordnung*, wenn gilt:

- E ist abzählbar.
- $\mathrm{Min}(E)$ ist ein Schnitt.
- $(E, \prec)$ ist $\mathrm{Min}(E)$-diskret (siehe Definition 2.3.3). ■4.1.1

Die Forderung, daß $\mathrm{Min}(E)$ ein Schnitt ist, geschieht im Hinblick darauf, daß $\mathrm{Min}(E)$ als 'Zeitpunkt 0' einer durch die Halbordnung $(E, \prec)$ beschriebenen Ausführung gelten soll. Die Forderung der $\mathrm{Min}(E)$-Diskretheit besagt, daß alle Elemente der Halbordnung von $\mathrm{Min}(E)$ aus schrittweise durch eine Folge von Schnitten erreichbar sein sollen, so wie es in Abschnitt 2.3.2 genauer erklärt worden ist. Ausgeschlossen sind durch diese Forderung Halbordnungen wie etwa die aus Abbildung 2.4 und die aus Abbildung 2.5(ii), in denen ein Element (d.h. hier: ein Ereignis) hinter einer unendlichen Kette anderer Elemente (Ereignisse) liegt. Aus Satz 2.3.9 folgt, daß die linearen Ereignishalbordnungen genau die Indexreihen sind. Dann ist jedes Ereignis auch ein Schnitt. Die Ereignisse sind dann so hintereinander angeordnet, daß sie den Zeitpunkten $0, 1, 2$ usw. entsprechen.

Die Verbindung zu den atomaren Aktionen eines konkreten Programms wird durch eine Beschriftung der Ereignisse hergestellt. Wir nehmen daher eine Menge A von atomaren Aktionen als gegeben an und definieren:

Definition 4.1.2 HALBWÖRTER

Ein Tripel $\vartheta = (E, \prec, \lambda)$ heißt *Halbwort*, wenn $(E, \prec)$ eine Ereignishalbordnung und $\lambda\colon E \to A$ eine Beschriftungsfunktion von E in die Menge A sind. ■4.1.2

In den Abbildungen 4.3, 4.4 und 4.5 sind zum Beispiel je ein Halbwort angegeben, wobei A die Menge der konkreten durch $\langle\ldots\rangle$ eingeschlossenen atomaren Aktionen des Beispielprogramms ist. Im Spezialfall, wenn $(E, \prec)$ linear ist, kann die Ereignismenge als $E = \{e_0, e_1, e_2, \ldots\}$ mit:

$$e_0 \prec e_1 \prec e_2 \prec \ldots$$

geschrieben werden. Das Halbwort $\vartheta = (E, \prec, \lambda)$ heißt dann *linear* und kann mit dem Wort:

$$\lambda(e_0)\lambda(e_1)\lambda(e_2)\ldots \in A^\infty,$$

gleichgesetzt werden. In diesem Sinne sind Halbwörter Verallgemeinerungen von Wörtern.

Zwei Halbwörter $(E_1, \prec_1, \lambda_1)$ und $(E_2, \prec_2, \lambda_2)$ heißen *isomorph* bezüglich einer Bijektion $\beta\colon E_1 \to E_2$, wenn β beschriftungstreu ist, d.h., es gilt $\lambda_1 = \beta \circ \lambda_2$, und wenn die beiden Halbordnungen $(E_1, \prec_1)$ und $(E_2, \prec_2)$ bezüglich β isomorph sind (Definition 2.3.6). Ein Halbwort $\vartheta_1 = (E_1, \prec_1, \lambda_1)$ heißt *stärker* als ein Halbwort $\vartheta_2 = (E_2, \prec_2, \lambda_2)$, oder $\vartheta_2 = (E_2, \prec_2, \lambda_2)$ heißt *schwächer* als $\vartheta_1 = (E_1, \prec_1, \lambda_1)$ (in Zeichen: $\vartheta_1 \blacktriangleright \vartheta_2$), wenn es eine beschriftungstreue Bijektion $\beta\colon E_1 \to E_2$ gibt und wenn $(E_1, \prec_1)$ stärker als $(E_2, \prec_2)$ bezüglich β ist (siehe Definition 2.3.6). Zum Beispiel ist das Halbwort aus Abbildung 4.4 echt stärker als das Halbwort aus Abbildung 4.5, und beide sind echt stärker als die zwölf Interleavings (4.2), aufgefaßt als Halbwörter. Zufällig sind alle diese Ausführungen im Sinne von $\blacktriangleright$ vergleichbar; das muß aber nicht immer der Fall sein.

Die Relation $\blacktriangleright$ ist transitiv (Übungsaufgabe 4.5.4). Sie ist aber bezüglich Isomorphie nicht antisymmetrisch, denn es kann vorkommen, daß sowohl $\vartheta_1 \blacktriangleright \vartheta_2$ als auch $\vartheta_2 \blacktriangleright \vartheta_1$ gelten, ohne daß ϑ_1 und ϑ_2 isomorph sind. Die Abbildung 4.6 zeigt ein Beispiel: die Präzedenzrelationen der beiden Halbordnungen sind durch ausgezogene waagrechte Pfeile dargestellt, die Bijektion β_1 durch gestrichelte Pfeile von oben nach unten und die Bijektion β_2 durch gestrichelte Pfeile von unten nach oben; β_1 zeigt, daß $\vartheta_1 \blacktriangleright \vartheta_2$ gilt, und β_2 zeigt, daß $\vartheta_2 \blacktriangleright \vartheta_1$ gilt. Aber die beiden Halbordnungen sind nicht isomorph, weil die Minima der beiden unendlichen Linien verschieden beschriftet sind, in ϑ_1 mit b und in ϑ_2 mit a.

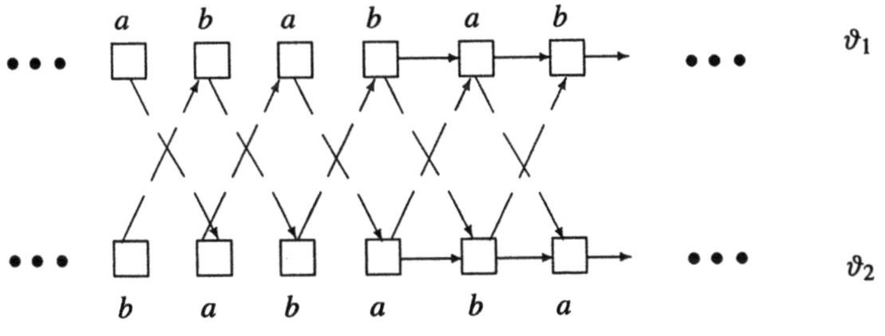

Abbildung 4.6. ϑ_1 und ϑ_2 sind wechselseitig schwächer, aber nicht isomorph

Wegen dieses und ähnlich gearteter Beispiele schränken wir die Klasse der Halbwörter etwas weiter ein und gewinnen den folgenden Satz, der zeigt, daß $\blacktriangleright$ unter den gegebenen Voraussetzungen eine Halbordnung auf der Menge der Halbwörter ist:

Satz 4.1.3 ANTISYMMETRIE VON $\blacktriangleright$

Seien $\vartheta_1 = (E_1, \prec_1, \lambda_1)$ *und* $\vartheta_2 = (E_2, \prec_2, \lambda_2)$ *Halbwörter, für die gilt:*

- *Die beiden Schnitte* $\mathrm{Min}(\vartheta_1)$ *und* $\mathrm{Min}(\vartheta_2)$ *sind endlich.*
- *Für jedes Ereignis* $e \in E_1$ *gilt* $|e^\bullet| \in \mathbb{N}$ *in* ϑ_1 *und für jedes Ereignis* $e \in E_2$ *gilt* $|e^\bullet| \in \mathbb{N}$ *in* ϑ_2.

Dann gilt $\vartheta_1 \blacktriangleright \vartheta_2 \wedge \vartheta_2 \blacktriangleright \vartheta_1$ *genau dann, wenn* ϑ_1 *und* ϑ_2 *isomorph sind.*

Beweis: Siehe Anhang A.1. ■4.1.3

4.1.4 Korrektheit und Effizienz paralleler Programme

Zwei der entscheidenden Qualitätskriterien für ein Computerprogramm sind *Korrektheit* und *Effizienz*. Betrachtet man eine Spezifikation als eine Realisierung ihrer selbst, dann ist dieses 'Programm' trivialerweise korrekt, normalerweise aber hoffnungslos ineffizient. Jede Programmentwicklung kann als eine konkrete Instanz des Meta-Problems:

Erhöhe die Effizienz unter Invarianz der Korrektheit.

angesehen werden, bis am Ende unter Umständen ein sehr effizientes Programm mit äußerst schwierigem Korrektheitsnachweis resultiert. Oft spielen Korrektheit und Effizienz in diesem Sinn entgegengesetzte Rollen. Jeder Programmierer weiß um die Schwierigkeit, ein Programm so zu entwickeln, daß es sowohl korrekt als auch effizient wird[2]. Wir diskutieren jetzt kurz, welche Effizienzbegriffe man einem parallelen Programm zugrundelegen kann. Bei einem sequentiellen Programm ist die Sache im Prinzip einfach (wenngleich die Analyse in konkreten Fällen schwierig sein kann): man zählt die Anzahl der Einzelschritte, d.h. der Ausführungen von Wertzuweisungen und Tests in einer sequentiellen Ausführung, und bildet darüber entweder den Mittelwert (für eine *average-case*-Analyse der Laufzeit), das Maximum (für eine *worst-case*-Analyse) oder das Minimum (für eine *best-case*-Analyse).

Der Effizienzbegriff stützt sich bei sequentiellen Programmen also auf deren operationale Semantik. Das ist auch bei parallelen Programmen nicht anders. Unser Programm:

$$(\langle x := x+1\rangle; \langle x := -x\rangle) \;\|\; \langle y := y+1\rangle \;\|\; \langle z := z+1\rangle \;.$$

zum Beispiel hat bei Betrachtung von sequentieller Semantik einen Gesamtaufwand von 4 Zeiteinheiten, wenn man jede Ausführung einer atomaren Aktion als eine Zeiteinheit zählt. Das entspricht der tatsächlichen Ausführungszeit durch einen Prozessor, wobei man die Dauer der Auswahl der nächsten Aktion als klein gegenüber der Dauer einer atomaren Aktionsausführung rechnet und annimmt, daß der Prozessor keine Pausen macht. Bei gleichen Voraussetzungen und bei Betrachtung von kausaler Semantik zeigt Abbildung 4.4 demgegenüber eine vollständige Ausführung, deren Aufwand insgesamt nur 2 Zeiteinheiten ist. Das ist die Zeit, die insgesamt von drei Prozessoren gebraucht wird,

[2]Es erscheint generell vernünftig, zu verlangen, daß die Korrektheit eines Programms absolute Priorität vor seiner Effizienz hat, selbst wenn dies in der Praxis der Programmierung nicht leicht zu befolgen ist.

um das Programm ohne Pausen abzuarbeiten. Formaler berechnet sich dieser Aufwand von insgesamt 2 Zeiteinheiten als die Länge der längsten (nämlich der oberen) Linie des Prozesses in Abbildung 4.4, so wie auch die Zahl 4, die Dauer eines Interleavings, als die Länge der längsten Linie (z.B.) in Abbildung 4.3 verstanden werden kann (dort gibt es ja nur eine Linie). Es macht für diese Effizienzbetrachtungen, im Gegensatz zu den semantischen Betrachtungen, die wir anstellen werden, also durchaus einen Unterschied, ob man nur die sequentielle oder insgesamt die parallele oder nur die kausale Semantik eines Programms betrachtet.

Um ein Maß für die Effizienz eines parallelen Programms zu definieren, das unabhängig sowohl von der Anzahl der zur Ausführung verwendeten Prozessoren als auch von der Art der betrachteten operationalen Semantik ist, legen wir ein Programm:

$$c_1 \parallel \ldots \parallel c_n,$$

wobei alle c_i sequentiell sind, zugrunde und betrachten zunächst dessen kausale Semantik, die, wie erwähnt, von günstigsten Umständen, also von einer genügend hohen Anzahl zur Verfügung stehender Prozessoren ausgeht. Der *günstigste Zeitaufwand* des Programms wird als die Zeit vom Beginn der Rechnung des ersten Prozessors bis zur Beendigung der Rechnung des letzten Prozessors definiert, gemittelt oder durch Maximum bzw. Minimum bestimmt, um durchschnittliche bzw. schlechteste bzw. bestmögliche Laufzeiten abzuschätzen. Formaler ist dieser günstigste Zeitaufwand wie im obigen Beispiel bestimmt als der Mittelwert (bzw. das Maximum bzw. das Minimum) der Längen von längsten Linien in den Verhalten der kausalen Semantik.

Hat man solcherart die günstigste Laufzeit L für ein System ermittelt, dann kann das gleiche System offenbar quasiparallel, also sequentiell durch nur einen Prozessor, mit einer Laufzeit, die bis auf mehr oder weniger große Abweichungen proportional zu dem Produkt $L \cdot n$ ist, ausgeführt werden. Es ist also sinnvoll, für ein Programm $c = c_1 \parallel \ldots \parallel c_n$ das Produkt:

$$\mathit{Kosten} = (L \cdot n)$$

als eine semantik- und prozessorinvariante Größe für den Zeitaufwand zu betrachten. Stehen m Prozessoren zur Verfügung, um ein Programm $c_1 \parallel \ldots \parallel c_n$ mit den Kosten K auszuführen (alle c_i sequentiell), dann darf man erwarten, daß der Quotient K/m eine gute Schätzung für die zu erwartende Laufzeit darstellt - mit den beiden Extremfällen K für einen Prozessor ($m = 1$) und L für n Prozessoren ($m = n$).

Unser bisher betrachtetes Beispiel hat keine Schleife und eine konstante Laufzeit, weswegen diese approximative Überlegung an ihm nicht sehr gut nachzuvollziehen ist. Die günstigste Laufzeit L, die unter Verwendung von kausaler Semantik definiert ist, berechnet sich, wie gesehen, hier zu $L = 2$; die Anzahl der Prozessoren ist $n = 3$, die Kosten also $K = 6$. Die erwartete sequentielle Laufzeit ist somit 6, eine schlechte Approximation der tatsächlichen Laufzeit von 4. Später, zum Beispiel in Abschnitt 7.6.3, betrachten wir realistischere Beispiele mit Schleifen und weniger trivialen Aufwandsabschätzungen.

4.2 Atomare Aktionen und Kontrollfluß

Die in Kapitel 3 definierten Semantiken, denen der Begriff der von den Variablen eines Programms aufgespannten Zustandsmenge zugrundeliegt, abstrahieren sehr weitgehend von den Details der Ausführungen des Programms. Der Begriff des Zwischenzustandes kommt nur implizit vor. Beispielsweise wurde in der Formel:

$$wp(c_1; c_2, X) = wp(c_1, wp(c_2, X))$$

die Hintereinanderausführung von Programmen als Komposition von Funktionen gedeutet. Zwar haben wir die relationale Semantik einer Schleife operational unter Heranziehung von Zwischenzuständen definiert, aber der Begriff der gültigen Folge fungiert in dieser Definition nur als Hilfsmittel. Die Idee, daß diese Folgen eigentlich die Ausführungen der Schleife beschreiben, blieb von zweitrangiger Bedeutung.

Es gibt mehrere Gründe, von den Details der Ausführungen eines Programms so zu abstrahieren. Zum einen soll die Semantik so einfach wie möglich gehalten sein. Zum anderen will man der Tatsache Rechnung tragen, daß in Programmen wie z.B. $x := 1; y := 1$ die Reihenfolge der Ausführung wenig wichtig ist; von hauptsächlichem Interesse ist die Belegung $x = 1 = y$ der Variablen nach der Ausführung. In der Tat setzt die relationale Semantik das Input / Output-Verhalten von $x := 1; y := 1$ und $y := 1; x := 1$ gleich:

$$m(x := 1; y := 1) \quad = \quad m(y := 1; x := 1).$$

Die Abstraktion von den Ausführungsdetails eines Programms legt eine Art Schnittstelle zwischen Semantik und Implementierung fest. Um die Relation $m(x := 1; y := 1)$ zu implementieren, sind nicht nur beide möglichen Reihenfolgen gleich gut geeignet; es wäre auch denkbar, diese Aufgabe an zwei verschiedene Rechner zu vergeben, von denen der eine die Zuweisung $x := 1$, der andere die Zuweisung $y := 1$ ausführt. Diese Trennung ist wichtig. Denn was mit Hilfe der Semantik abstrakt gezeigt werden kann, ist in jeder konkreten Implementierung gültig.

Daß eine so schnelle und direkte Abstraktion von operationaler zu relationaler (und axiomatischer und prädikativer) Semantik überhaupt möglich ist, liegt nicht zuletzt daran, daß das **goto**-Kommando in der Sprache nicht vorkommt. Zum Beispiel wäre die relationale Semantik des Programmstücks:

$$\ldots\ x := x + 1;\ \ \textbf{goto}\ L;\ \ x := x + 1\ \ldots$$

ohne eine eingehendere Betrachtung des Kontrollflusses, als wir sie vorgenommen haben, nicht gut zu definieren. In Sprachen ohne **goto** nimmt der Kontrollfluß eine relativ übersichtliche Form an. Deswegen sind Relationen über der Zustandsmenge ein geeignetes Mittel zur semantischen Beschreibung, sogar für nichtdeterministische Programme - außer daß ein neues Symbol δ sozusagen als Rudiment des Kontrollflusses der Endzustandsmenge beigefügt werden muß.

Durch die relationale Semantik wird einem sequentiellen Programm eine Art *Black-Box*-Verhalten zugeschrieben: Anfangszustände gehen in Endzustände über, und was dazwischen liegt, interessiert nicht. Diese *Black-Box*-Sicht ist für parallele Programme nur in bedingtem Ausmaß beizubehalten. Denn wenn zwei Programme parallel ablaufen und miteinander kommunizieren, dann muß zu den Zeitpunkten der Kommunikation das eine Programm sich eben doch dafür interessieren, welche Zustände im anderen Programm vorliegen. Diejenigen Programmteile, die nach *Black-Box*-Manier ablaufen sollen, sind genau die atomaren Aktionen. Dieser Begriff und der Begriff des Kontrollflusses sind daher eng miteinander verknüpft. In den vier Abschnitten 4.2.1-4.2.4 wird diese Beobachtung anhand von Beispielen konkretisiert.

4.2.1 Fairness-Betrachtungen bei sequentiellen Programmen

Der nichtdeterministische Operator $\Box$, der zwei oder mehrere Alternativen miteinander verknüpft, soll nicht eine Anforderung an Compiler oder Hardware darstellen, einen perfekten Würfel zu implementieren. Vielmehr kann er als Spezifikationshilfe aufgefaßt werden. Durch ihn kann man ausdrücken, daß es auf der Spezifikationsebene uninteressant ist, welche der nichtdeterministischen Alternativen ausgewählt wird. Zum Beispiel spezifiziert das Maximum-Programm $\mathbf{if}\, y \geq z \rightarrow x := y \;\Box\; z \geq y \rightarrow x := z\, \mathbf{fi}$ es für den Fall $y = z$ als entscheidend, daß x entweder zu y oder zu z gesetzt wird, jedoch als unwichtig, genau welche der beiden Variablen benutzt wird. Eine deterministische Implementierung, die x im Fall $y = z$ stets zu y setzt, ist genauso akzeptabel wie eine, die x zu z setzt; der Nichtdeterminismus im Programm präjudiziert keinen Nichtdeterminismus in der Implementierung.

Für eine Anweisung $\mathbf{if}\, \beta_1 \rightarrow c_1 \,\Box \ldots \Box\, \beta_m \rightarrow c_m\, \mathbf{fi}$ ist eine Implementierung, die die Eingangsbedingungen $\beta_1, \ldots, \beta_m$ sequentiell von 1 bis m absucht, im Prinzip genauso akzeptabel wie eine, die von m nach 1 absucht, oder eine, die in irgendeiner anderen Reihenfolge sucht. Falls eine nichtdeterministische Anweisung in einer bestimmten Art und Weise abgearbeitet wird, kann es allerdings vorkommen, daß eine der Alternativen bevorzugt bzw. benachteiligt wird:

$$
\begin{array}{llll}
c_{goon} \equiv & \mathbf{do}\ goon \rightarrow & \mathbf{if} & \mathbf{true} \rightarrow x := x + 1 \\
& & \Box & \mathbf{true} \rightarrow goon := \mathbf{false} \\
& & \mathbf{fi} & \\
& \mathbf{od}. & &
\end{array}
$$

Falls eine Implementierung dieses Programms die **if**-Anweisung 'von vorn nach hinten' abarbeitet, wird die zweite Alternative nie ausgeführt, und das Programm terminiert nicht bzw. stößt *realiter* an die Grenze der Maschinenrepräsentierbarkeit für Werte der Variablen x. Man sagt, daß dies der zweiten Alternative gegenüber *unfair* sei. Eine beliebige andere Implementierungsstrategie würde die zweite Alternative einschließen und das Programm terminieren lassen.

Um diesen Effekt zu untersuchen, ist es nötig, die Teile eines Programms, die entweder bevorzugt oder benachteiligt werden, genau abzugrenzen. Faßt man in obigem Beispielprogramm die beiden Alternativen des **if**-Kommandos jeweils als Aktionseinheiten auf, dann kommt man zu dem Schluß, daß eine unfaire Ausführung möglich ist (nämlich die erwähnte, in der stets nur die erste Alternative ausgeführt wird). Faßt man aber das **if**-Kommando selbst als eine Aktionseinheit auf, durch die die Kontrolle vom Punkt vor dem **if**-Kommando in einem einzigen Schritt direkt an den Punkt nach dem **if**-Kommando versetzt wird, dann sind keine unfairen Ausführungen möglich; denn das **if**-Kommando selbst wird ja bei jedem Schleifendurchlauf genau einmal ausgeführt, selbst wenn immer nur die erste Alternative in dieser Ausführung vorkommt.

Der Begriff der *Aktionseinheit*, der bei dieser Analyse eine Rolle spielt, entspricht dem der *atomaren Aktion* und wird syntaktisch wie schon zuvor durch das Klammerpaar $\langle$ und $\rangle$, das den Anfang bzw. das Ende einer atomaren Aktion angeben soll, ausgedrückt. Die folgenden Klammerungen entsprechen den beiden gerade erwähnten Möglichkeiten, wie Aktionseinheiten im Beispielprogramm festgelegt werden können:

$$\begin{array}{llll} c_{goon1} \equiv & \textbf{do}\ \langle goon \rangle \rightarrow & \textbf{if} & \langle \textbf{true} \rightarrow x := x + 1 \rangle \\ & & \square & \langle \textbf{true} \rightarrow goon := \textbf{false} \rangle \\ & & \textbf{fi} & \\ & \textbf{od} & & \end{array}$$

$$\begin{array}{llll} c_{goon2} \equiv & \textbf{do}\ \langle goon \rangle \rightarrow \langle & \textbf{if} & \textbf{true} \rightarrow x := x + 1 \\ & & \square & \textbf{true} \rightarrow goon := \textbf{false} \\ & & \textbf{fi} & \rangle \\ & \textbf{od}. & & \end{array}$$

In c_{goon1} ist eine Ausführung möglich, die einer der angegebenen Aktionseinheiten gegenüber unfair ist, nicht jedoch in c_{goon2}. Läßt man allerdings die Aktionsklammern weg, so gehen c_{goon1} und c_{goon2} ineinander über. Daraus folgt, daß mit den Mitteln des Kapitels 3 die gewünschte Fairness-Untersuchung nicht geleistet werden kann. Vielmehr muß zur Beschreibung der Zustandsübergänge auch noch eine Beschreibung des durch die Aktionsklammerung induzierten Kontrollflusses kommen. In Kapitel 6 stellen wir die entsprechenden Überlegungen an. Wenn eine Fairnessbedingung *gefordert* wird, dann stellt c_{goon1} (mit Anfangswerten $x = 0$ und $goon = \textbf{true}$) eine genaue Implementierung der Zuweisung $x :=?$ dar. Diese Beobachtung vertiefen wir in Kapitel 6.

4.2.2 Die UND-Regel

Wir betrachten ein Programm mit dem Paralleloperator:

$$x := x + 1 \quad \| \quad y := y + 1.$$

Wir suchen nach einer Beweisregel im Hoareschen Sinn. Die Ausgabebedingung soll $(x = x' + 1) \wedge (y = y' + 1)$ lauten, wenn x' und y' die Eingabewerte von x bzw. y sind. Von diesem einfachen Fall ausgehend, liegt eine UND-Regel nach folgendem Muster nahe:

$$\frac{\{P_1\}\ c_1\ \{Q_1\}\ ,\ \{P_2\}\ c_2\ \{Q_2\}}{\{P_1 \wedge P_2\}\ c_1 \parallel c_2\ \{Q_1 \wedge Q_2\}.} \tag{4.3}$$

In der Tat, aus den beiden wahren Hoare-Aussagen:

$$\begin{array}{lll} \{x = x'\} & x := x + 1 & \{x = x' + 1\} \\ \{y = y'\} & y := y + 1 & \{y = y' + 1\} \end{array}$$

(die beide leicht aus dem Zuweisungsaxiom hergeleitet werden können) kann man mit Hilfe der UND-Regel die gewünschte Aussage folgern. Leider läßt sich diese Regel nicht direkt verallgemeinern. Sie gilt jedenfalls in der Form (4.3) dann nicht allgemein, wenn auf den beiden Seiten eines $\|$-Operators die gleiche Variable auftreten darf, wie etwas in dem folgenden Beispiel:

$$c_{erh} \quad \equiv \quad \langle x := x + 1 \rangle \quad \| \quad \langle x := x + 1 \rangle .$$

Die spitzen Klammern sollen hier wieder bedeuten, daß jedes in $\langle \ldots \rangle$ eingeschlossene Kommando als atomare Aktion ausgeführt werden soll. Zum Beispiel darf es *nicht* vorkommen, daß für die Zuweisung links der Wert von x zu 5 festgestellt wird, die rechte Zuweisung dann den Wert von x auf 6 verändert, und die linke Zuweisung daraufhin den Wert von x ebenfalls auf 6 setzt (noch vom ursprünglich festgestellten Wert ausgehend). Operational erwarten wir stattdessen, daß die folgende Hoare-Aussage gilt:

$$\{x = 5\} \quad \langle x := x + 1 \rangle \| \langle x := x + 1 \rangle \quad \{x = 7\}.$$

Mit der UND-Regel (4.3) bekommt man aber ein anderes Ergebnis, nämlich:

$$\{x = 5\} \quad \langle x := x + 1 \rangle \| \langle x := x + 1 \rangle \quad \{x = 6\},$$

denn auf beiden Seiten hat man $\{x = 5\} \langle x := x+1 \rangle \{x = 6\}$. Trotz dieses Problems ist die UND-Regel in abgewandelter Form die Grundlage so gut wie jedes Beweisregelsystems für parallele Programme. Wir wollen gleich an diesem Beispiel verdeutlichen, wie eine solche Abwandlung aussehen könnte. Betrachten wir das Programm:

$$\underbrace{\langle x := x + 1 \rangle}_{c_1} \quad \| \quad \underbrace{\langle x := x + 1 \rangle}_{c_2}$$

genauer und gehen von einem Anfangswert von 5 für x aus. Das Problem liegt ja darin, daß das linke Teilprogramm c_1 nicht nur einen, sondern zwei mögliche Anfangszustände hat, nämlich $x = 5$, wenn c_2 noch nicht ausgeführt wurde, beziehungsweise $x = 6$, wenn c_2 schon ausgeführt wurde. Diese beiden Fälle müssen unterschieden werden. Führen wir deshalb, zunächst informell, neue Prädikate ein: 'vor c_2' soll bedeuten, daß c_2 noch nicht ausgeführt wurde; 'nach c_2' soll bedeuten, daß c_2 schon ausgeführt wurde; und ähnlich: 'vor c_1' bzw. 'nach c_1'. Dann können wir das folgende Beweisschema betrachten:

$$P_1 \left\{ \begin{array}{l} \text{'vor } c_1\text{'} \wedge [(x = 5 \wedge \text{'vor } c_2\text{'}) \\ \quad \vee (x = 6 \wedge \text{'nach } c_2\text{'})] \end{array} \right. \qquad \left\{ \begin{array}{l} \text{'vor } c_2\text{'} \wedge [(x = 5 \wedge \text{'vor } c_1\text{'}) \\ \quad \vee (x = 6 \wedge \text{'nach } c_1\text{'})] \end{array} \right\} P_2$$

$$\underbrace{\langle x := x + 1 \rangle}_{c_1} \quad \| \quad \underbrace{\langle x := x + 1 \rangle}_{c_2}$$

$$Q_1 \left\{ \begin{array}{l} \text{'nach } c_1\text{'} \\ \wedge [(x = 6 \wedge \text{'vor } c_2\text{'}) \\ \quad \vee (x = 7 \wedge \text{'nach } c_2\text{'})] \end{array} \right. \qquad \left\{ \begin{array}{l} \text{'nach } c_2\text{'} \\ \wedge [(x = 6 \wedge \text{'vor } c_1\text{'} \\ \quad \vee (x = 7 \wedge \text{'nach } c_1\text{'})] \end{array} \right\} Q_2$$

Die Prädikate P_1 und Q_1 berücksichtigen die mögliche Ausführung von c_2. Formal ausgedrückt, sind P_1 und Q_1 *invariant* oder *stabil* gegenüber den möglichen Ausführungen von c_2. Das gleiche gilt reziprok für P_2, Q_2 und die möglichen Ausführungen von c_1. In diesem Fall kann die UND-Regel angewendet werden, und wir erhalten:

$$Q_1 \wedge Q_2 \;=\; (\text{'nach } c_1\text{'} \wedge \text{'nach } c_2\text{'} \wedge x = 7\,),$$

weil sich alle anderen Terme wegen

$$(\text{'vor } c_1\text{'} \wedge \text{'nach } c_1\text{'}) = \mathbf{false} \quad \text{und} \quad (\text{'vor } c_2\text{'} \wedge \text{'nach } c_2\text{'}) = \mathbf{false}$$

gegenseitig aufheben. Das ist genau das gewünschte Ergebnis.

Das an diesem Beispiel eingeführte Prinzip wird in den Kapiteln 7 und 8 ausführlich untersucht. Hier merken wir nur an, daß die Ausdrücke 'vor c_1' usw., die im Beweis eine wesentliche Rolle gespielt haben, dem möglichen Kontrollfluß in c_1 bzw. c_2 Rechnung tragen. Diese Überlegung verdeutlicht die Notwendigkeit der Einbeziehung des Kontrollflusses auch in die axiomatische Beschreibung paralleler Programme.

4.2.3 Eine Bemerkung zur Kompositionalität

Wir betrachten das parallele Programm $c_{sem} = c_1 \| c_2$:

$$c_{sem} \;\equiv\; \underbrace{\begin{array}{l} \langle x := 0\rangle;\ \ \mathbf{if}\ \langle x \neq 0 \rightarrow x := 2\rangle \\ \qquad\qquad\ \ \Box\ \langle x = 0 \rightarrow x := 3\rangle \\ \qquad\qquad\ \ \mathbf{fi} \end{array}}_{c_1} \;\;\|\;\; \underbrace{\langle x := 1\rangle}_{c_2}.$$

Die Schreibweise $\langle x \neq 0 \rightarrow x := 2\rangle$ soll bedeuten, daß der Test von x auf $\neq 0$ und das Setzen von x auf 2 als eine einzige atomare Aktion anzusehen sind. Intuitiv sollen für dieses Programm die folgenden sequentiellen Ausführungen zulässig sein.

(A1) x wird zu 0 gesetzt (durch c_1), x wird zu 0 festgestellt und zu 3 gesetzt (durch c_1), x wird zu 1 gesetzt (durch c_2); Endzustand: $x = 1$.

(A2) x wird zu 0 gesetzt (durch c_1), x wird zu 1 gesetzt (durch c_2), x wird zu $\neq 0$ festgestellt und zu 2 gesetzt (durch c_1); Endzustand: $x = 2$.

(A3) x wird zu 1 gesetzt (durch c_2), x wird zu 0 gesetzt (durch c_1), x wird zu 0 festgestellt und zu 3 gesetzt (durch c_1); Endzustand $x = 3$.

Dabei entsprechen (A1) und (A3) gerade den Ausführungen von $c_1; c_2$, bzw. von $c_2; c_1$. Die Ausführung (A2) verdient besondere Beachtung. Denn wenn man c_1 nur isoliert betrachtet, so könnte man zu dem Schluß gelangen, daß die erste Alternative des **if**-Kommandos von c_1 nie ausgeführt werden kann ($x \neq 0$ kann nicht vorkommen). Durch das Vorhandensein eines parallel auszuführenden Programms ändert sich diese Überlegung jedoch. Zwischen der Anweisung $\langle x := 0\rangle$ und der ersten Alternative $\langle x \neq 0 \rightarrow x := 2\rangle$ von c_1 kann c_2 den Wert von x auf 1 setzen und so bewirken, daß die erste Alternative von c_1 dann doch ausgeführt wird.

Ein Formalismus für den Kontrollfluß muß uns also in die Lage versetzen, die Tatsache zu beschreiben, daß sich die Kontrolle in c_1 zwischen den beiden atomaren Aktionen $\langle x := 0 \rangle$ und $\langle x \neq 0 \rightarrow x := 2 \rangle$ befindet. Es muß auch auf den Zustand zwischen Aktionen Rücksicht genommen werden; die Möglichkeit muß offenbleiben, daß der Zustand durch andere Komponenten geändert wird. Analysiert man c_1 für sich alleine, so könnte man versucht sein, c_1 mit $x := 3$ gleichzusetzen, denn c_1 (ohne Aktionsklammern) hat die gleiche relationale Semantik wie $x := 3$. Eine solche Gleichsetzung wäre im parallelen Kontext jedoch inkorrekt. Mit anderen Worten, aus $m(c_1)$ und $m(c_2)$ alleine ist $m(c_1 \| c_2)$ nicht ableitbar. Die atomaren Aktionen, und nicht die sequentiellen Komponenten, stellen sich als diejenigen Teile eines parallelen Programms heraus, für die eine Beschreibung durch die Relation $m(c)$ adäquat ist. Im obigen Beispiel dürfte die Aktion $\langle x := 0 \rangle$ ohne semantische Änderung durch $\langle x := x - x \rangle$ ersetzt werden, nicht jedoch die erste Komponente c_1 durch $\langle x := 3 \rangle$. Im Gegensatz dazu steht das folgende Beispiel, in dem die erste Komponente sehr wohl durch $\langle x := 3 \rangle$ ersetzt werden könnte:

$$\underbrace{\langle\, x := 0;\ \ \begin{array}{l} \textbf{if}\ \ x \neq 0 \rightarrow x := 2 \\ \ \square\, x = 0 \rightarrow x := 3 \\ \textbf{fi}\ \rangle \end{array}}_{c_1} \quad \| \quad \underbrace{\langle x := 1 \rangle}_{c_2} .$$

4.2.4 Deadlock-Betrachtungen

Das nächste Beispiel ist in einer anderen Programmiersprache formuliert, nämlich in einer von C.A.R.Hoare definierten Sprache namens CSP (*Communicating Sequential Processes*, siehe Kapitel 8). Wir werden hier zeigen, daß auch für CSP die formale Behandlung des Kontrollflusses wichtig ist. Wir stellen die beiden Programme $c_{dl1} = c_1 \| c_2$ und $c_{dl2} = c_1' \| c_2$ einander gegenüber, die in Figur 4.7 definiert sind.

$$c_{dl1} \equiv \underbrace{\textbf{if}\ c_2?x \rightarrow \textbf{skip}\ \square\ c_2!4 \rightarrow c_2?x\ \textbf{fi}}_{c_1} \ \ \| \ \ \underbrace{c_1?y;\ c_1!3}_{c_2}$$

$$c_{dl2} \equiv \underbrace{\textbf{if}\ \textbf{true} \rightarrow c_2?x\ \square\ c_2!4 \rightarrow c_2?x\ \textbf{fi}}_{c_1'} \ \ \| \ \ \underbrace{c_1?y;\ c_1!3}_{c_2}$$

Abbildung 4.7. Zwei CSP-Programme

Intuitiv kann die Semantik des Eingabekommandos $c_j?V$ und des Ausgabekommandos $c_i!EXPR$ so beschrieben werden: falls $c_j?V$ in c_i vorkommt und falls $c_i!EXPR$ in c_j vorkommt ($c_i \| c_j$ und $i \neq j$) und falls beide Anweisungen individuell ausgeführt werden könnten, dürfen sie zusammen (man sagt auch: *synchron*) als eine atomare Aktion ausgeführt werden und haben den Effekt einer Wertzuweisung $V := EXPR$. Dabei muß V eine Variable in c_i sein, während $EXPR$ nur Variablen aus c_j enthalten darf.

In obigem Beispiel läßt die Semantik von CSP folgende Möglichkeiten zu. In $c_1 \| c_2$ kann die erste Alternative von c_1 weder ganz noch teilweise ausgeführt werden; es ist nur die (synchronisierte) Ausführung $c_2!4 \| c_1?y$ mit dem Effekt $y := 4$ möglich, worauf das Programm nach einer weiteren (ebenfalls synchronisierten) Aktion $c_2?x \| c_1!3$ mit dem Effekt $x := 3$ terminiert. In $c_1' \| c_2$ hingegen ist es außerdem noch möglich, daß die erste Alternative von c_1' teilweise ausgeführt wird (... **true** $\rightarrow$ ...). Die Ausführung endet dann, das heißt, c_1' bleibt vor dem Eingabekommando $c_2?x$ stecken, und auch c_2 kann nicht weiter ausgeführt werden. Eine solche Situation wird Verklemmung oder Blockierung (*engl.* deadlock) genannt.

Das Programm c_{dl1} ist deadlock-frei, während das ähnlich aussehende Programm c_{dl2} nicht deadlock-frei ist. Dies gilt, obwohl c_1 und c_1', für sich betrachtet, semantisch fast gleich sind. Wieder ist es nötig, den Kontrollfluß zu betrachten: es macht hier einen großen Unterschied, ob die Kontrolle sich (in c_1 bzw. c_1') vor der ersten Alternative befindet oder (in c_1') zwischen **true** und $c_2?x$.

4.3 Kontrollfluß und Datenfluß

Wie den Beispielen des letzten Abschnitts zu entnehmen ist, laufen die grundsätzlichen Untersuchungen zum Kontrollfluß paralleler Programme auf die Beantwortung zweier Fragen hinaus:

- *Welches sind die atomaren Aktionen eines Programms?*
- *Wie dürfen die Ausführungen atomarer Aktionen (d.h. die Ereignisse) untereinander zeitlich geordnet sein?*

Die erste Frage wird für die in den nachfolgenden Kapiteln zu betrachtenden Notationen unterschiedlich beantwortet. Einmal sind die atomaren Aktionen unstrukturierte Objekte wie die Elemente einer Menge A, ein anderes Mal explizit durch $\langle$ und $\rangle$ eingegrenzte Anweisungen, dann wieder implizit definierte Anweisungsgruppen. Die zweite Frage wird jeweils durch die Angabe einer operationalen Semantik, zum Beispiel der zulässigen Menge von Programm-Interleavings oder auch einer parallelen oder kausalen Semantik beantwortet.

Als nächstes gehen wir auf den Unterschied oder vielmehr den Zusammenhang zwischen einer ereignisorientierten operationalen Semantik, wie sie in Abschnitt 4.1 eingeführt worden ist, und der in Kapitel 3 bevorzugten zustandsorientierten Semantik ein. Betrachten wir zum Beispiel eine gültige Folge:

$$s_0, s_1, s_2, \ldots, s_r$$

im Sinne von Definition 3.2.2 für die Schleife **do** $\beta \rightarrow c_0$ **od**. Diese Folge ist so zu verstehen, daß zwischen den Zuständen s_j und s_{j+1} je eine Ausführung des Schleifenkörpers c_0 steht. Dieser wird somit implizit als eine atomare Aktion und seine Ausführung als ein Ereignis interpretiert. Die Folge $s_0, s_1, s_2, \ldots, s_r$ beschreibt indirekt also eine Folge von genau r Ereignissen.

Auf der anderen Seite kann eine Folge von Ereignissen generell so verstanden werden, daß während ihres Ablaufs Zustandsänderungen eintreten. Betrachten wir zum Beispiel noch einmal das Programm:

$$(\langle x := x+1\rangle; \langle x := -x\rangle) \quad \| \quad \langle y := y+1\rangle \quad \| \quad \langle z := z+1\rangle$$

und eines seiner Interleavings: $\langle x := x+1\rangle\ \langle y := y+1\rangle\ \langle z := z+1\rangle\ \langle x := -x\rangle$. Dieses Interleaving hat eine wohldefinierte Wirkung auf die Werte der Programmvariablen x, y und z. Startet man das Programm z.B. in dem Zustand $(x = 0, y = 0, z = 0)$, dann ist der Endzustand nach der Folge: $(x = -1, y = 1, z = 1)$. Die Zustandänderung insgesamt kann durch die um Zwischenzustände erweiterte Folge:

$$\begin{pmatrix} x=0 \\ y=0 \\ z=0 \end{pmatrix} \langle x := x+1\rangle \begin{pmatrix} x=1 \\ y=0 \\ z=0 \end{pmatrix} \langle y := y+1\rangle \begin{pmatrix} x=1 \\ y=1 \\ z=0 \end{pmatrix}$$

$$\ldots \ \langle z := z+1\rangle \begin{pmatrix} x=1 \\ y=1 \\ z=1 \end{pmatrix} \langle x := -x\rangle \begin{pmatrix} x=-1 \\ y=1 \\ z=1 \end{pmatrix}$$

beschrieben werden, d.h. einer Folge, die mit einem Zustand beginnt und in der Zustände und Ereignisse abwechselnd vorkommen. Die Form dieser Folge ähnelt stark der vorher betrachteten Folge $s_0, \ldots, s_r$ mit ihren impliziten Ereignissen. In Abbildung 4.8 ist die eben beschriebene Ausführung in graphischer Form als lineare Halbordnung dargestellt - allerdings nicht mehr als Ereignishalbordnung, sondern als eine Halbordnung mit zwei verschiedenen Arten von Elementen: Kreisen, die Zustände symbolisieren und Kästchen, die Ereignisse symbolisieren. Solche Objekte werden wir später *Kausalnetze* nennen (Abschnitt 5.2.4). Ignoriert man die Kreise, ergibt sich das Halbwort aus Abbildung 4.3. Ignoriert man die Kästchen, ergibt sich eine für das Programm gültige Folge von Zuständen. Auf diese Weise ergänzen sich die operationale Semantik mit Hilfe von Zustandsfolgen und die sequentielle Interleaving-Semantik gegenseitig.

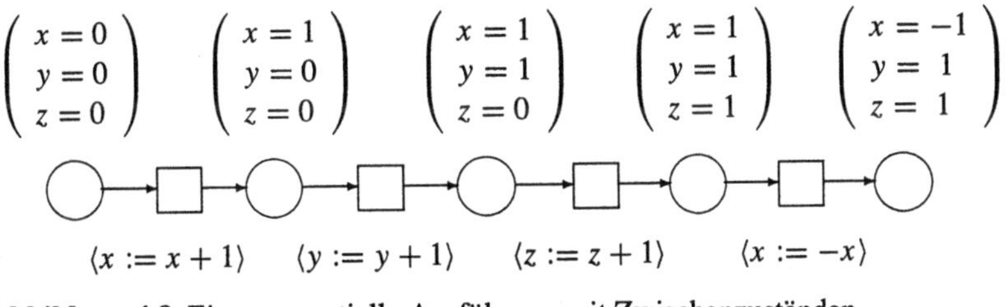

Abbildung 4.8. Eine sequentielle Ausführung mit Zwischenzuständen

Die zustandsorientierte und die ereignisorientierte Sichtweisen sind jedenfalls in der Interleaving-Semantik auf die beschriebene Art offenbar sehr gut zu vereinbaren. Es erhebt sich die Frage, ob diese beiden Sichtweisen auch in einer nicht-Interleaving-Semantik vereinbar sind. Die Antwort ist im Prinzip positiv, aber wir gehen darauf nur mit äußerster Knappheit ein. Es ist nötig, die Menge $Z(c)$ von Zuständen eines Programm nicht mehr pauschal als Grundmenge, sondern strukturiert - aufgebaut aus den Variablenwerten - aufzufassen. Jede atomare Aktion wirkt auf den Variablen, die frei in ihr vorkommen, und Aktionen, die weder durch gemeinsame Variablen noch durch den Kontrollfluß miteinander verknüpft sind, können im Prinzip parallel ausgeführt werden und werden in der kausalen Semantik nicht in eine zeitliche Reihenfolge gebracht.

Die Abbildung 4.9 zeigt einen Prozeß mit zwischengeschalteten Zuständen, die diesmal nicht global, sondern lokal sind; sie entsprechen keinen Elementen von $Z(c)$, sondern jeweils gewissen Elementen der Wertemengen der drei Variablen x, y und z. Der Prozeß beginnt mit einem Schnitt, der aus drei lokalen Zuständen, nämlich $x = 0$, $y = 0$ und $z = 0$ besteht. Dieser Schnitt entspricht dem globalen Zustand $(x, y, z) = (0, 0, 0)$. Überhaupt entsprechen alle Schnitte der Abbildung 4.9, die nur Kreise berühren, gewissen globalen Zuständen. Der letzte Schnitt der Halbordnung entspricht zum Beispiel dem Zustand $(x, y, z) = (-1, 1, 1)$. Ignoriert man die Kreise, dann entspricht dieser Prozeß dem Halbwort der Abbildung 4.4. Die Ereignisse zu ignorieren, macht hier offenbar wenig Sinn, denn sonst 'hängen die Kreise in der Luft'.

Ein globaler Zustand in Abbildung 4.8, der Werte für alle Variablen definiert, entspricht in Abbildung 4.9 einem Schnitt, der nur Kreise (lokale Zustände) enthält. Der minimale Schnitt der Halbordnung von Abbildung 4.9 entspricht zum Beispiel dem Zustand $(x = 0, y = 0, z = 0)$ und der maximale Schnitt dem Zustand $(x = -1, y = 1, z = 1)$. Man sagt, daß das Interleaving 4.8 eine *Linearisierung* der Halbordnung von Abbildung 4.9 ist. Dieser Begriff entspricht nicht ganz exakt dem in Definition 2.3.6 eingeführten. Die Kästchen der Abbildung 4.8 entsprechen zwar den Kästchen der Abbildung 4.9, die Kreise der Abbildung 4.8 aber nicht den Kreisen der Abbildung 4.9, sondern nur gewissen Schnitten dieser Abbildung. Wenn wir sagen, daß ein Interleaving eine Linearisierung einer Halbordnung ist, dann ist damit stets nur eine Linearisierung der Ereignisse gemeint. Jede solche Linearisierung legt eindeutig auch eine Folge von Schnitten fest. Zum Beispiel ist jedes der zwölf Interleavings aus (4.2) eine Linearisierung der Halbordnung in Abbildung 4.9. Der Leser mag überprüfen, welche Folge von Schnitten jeweils zu einem Interleaving gehört. Jede dieser zwölf Zustandsfolgen hat fünf Elemente, wie z.B. die Kreise in Abbildung 4.8, und führt vom Zustand $(x, y, z) = (0, 0, 0)$ zum Endzustand $(x, y, z) = (-1, 1, 1)$; aber die Zwischenzustände sind immer verschieden.

Die Entsprechung zwischen Prozessen und ihren Linearisierungen, und speziell zwischen Schnitten und den ihnen zugeordneten globalen Zuständen, ist weitgehend gültig. Wir werden für die zu untersuchenden Programmiernotationen zeigen, daß jeder beliebige Prozeß sich durch mindestens ein geeignet gewähltes Interleaving linearisieren läßt und daß alle globalen Zustände, die in der Form von Schnitten des Prozesses aus einem gegebenen Anfangszustand aus erreichbar sind, durch ein linearisierendes Interleaving vom gleichen Zustand her erreicht werden können. Daraus folgt, daß es sich für die Menge der erreichbaren Zustände - die, wie wir gesehen haben, maßgebend ist für den Begriff der partiellen Korrektheit - gleichbleibt, ob man sie über sequentielle oder über parallele bzw. kausale Semantiken definiert.

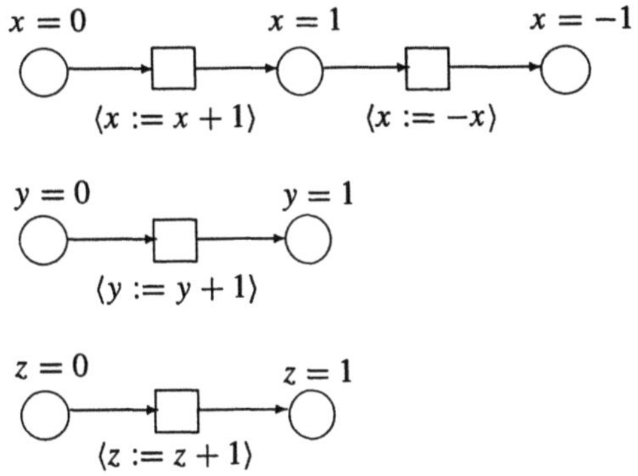

Abbildung 4.9. Eine kausale Ausführung mit lokalen Zuständen und Ereignissen

Für alle Notationen, die in den nachfolgenden Kapiteln betrachtet werden, geben wir eine Interleaving-Semantik im Detail, aber nicht für alle auch eine parallele oder eine kausale Semantik. Insgesamt werden wir vier Beschreibungssprachen bzw. -formalismen für parallele Systeme vorstellen: Kontrollprogramme und Petrinetze in Kapitel 6, die Sprache *SDPROG* in Kapitel 7 und die Sprache *CSP* in Kapitel 8. Die operationalen Semantiken, die für diese vier Sprachen definiert werden, sind in der folgenden Liste zusammengefaßt:

Für Kontrollprogramme:	Sequentielle und parallele Semantik.
Für Petrinetze:	Sequentielle und kausale Semantik.
Für *SDPROG*:	Sequentielle (und nur informell: kausale) Semantik.
Für *CSP*:	Sequentielle (und nur informell: kausale) Semantik.

4.4 Literaturangaben

Kosaraju [161] hat als einer der ersten eine syntaktische Notation (eckige Klammern) für atomare Aktionen vorgeschlagen. Unsere Notation mit spitzen Klammern geht vermutlich auf Lamport (z.B. in [165], aber auch in früheren Arbeiten) zurück. Auch in [100] kommen die spitzen Klammern vor. Die Beobachtung, daß atomare Aktionen schon bei sequentiellen Programmen eine Rolle spielen, stammt aus [41]. Zu atomaren Aktionen siehe auch [180].

Die Verwendung der Begriffe sequentiell, parallel und kausal wie in diesem Kapitel wurde in [45] vorgeschlagen. Halbwörter (engl. *partial words*) und Semiwörter [128, 240], sind den *Traces* von Mazurkiewicz [190, 191], den *pomsets* (partially ordered multisets) von Pratt [219] und vielen anderen Ansätzen (zum Beispiel [158, 200]) verwandt; man siehe auch das von Diekert und Rozenberg herausgegebene Buch [91].

Zwischen Interleaving-Semantik und kausaler Semantik werden manchmal noch Abstufungen betrachtet (siehe Übungsaufgabe 4.5.2). Schritthalbordnungen haben eine transitive *co*-Relation. Solche Verhalten können als von einem globalen Taktgeber generiert gelten. Veranschaulicht man sich einen parallelen Prozeß zum Beispiel als ein Orchesterkonzert, bei dem die sequentiellen Komponenten den Musikern entsprechen, dann spielt der Dirigent die Rolle des globalen Taktgebers. Intervallhalbordnungen haben eine lineare Ordnung ihrer Schnitte. Dann sind, wenn man wie vorher jeden Schnitt als 'Zeitpunkt' interpretiert, diese Zeitpunkte in Folge hintereinander angeordnet. Zu einer ausführlichen Motivation und zur Verwendung von Schritthalbordnungen und Intervallhalbordnungen vergleiche man zum Beispiel [48, 146, 147, 167, 250, 252].

Das **goto**-Kommando wurde zuerst in einem Brief von Dijkstra an die Zeitschrift *Communications of the ACM* [93] scharfen Zweifeln ausgesetzt. Die danach entstandene Diskussion trug dazu bei, daß sequentielle Programmiersprachen ohne **goto**-Kommando definiert wurden (zum Beispiel `Modula-2` [261]). Es gibt jedoch auch für das **goto**-Kommando gute Semantiken (siehe z.B. [3, 21, 254]). Die denotationale Beschreibung des Kontrollflusses ist dann als *continuation*-Semantik bekannt [227], die im Falle von *exception handling* besonders durchsichtig wird [78].

4.5 Übungsaufgaben

1. Man zeige, daß Abbildung 4.2 einen injektiven Beobachter für Abbildung 4.1 definiert und gebe noch einen weiteren an.

2. Eine Halbordnung $(D, \prec)$ heißt *Schritthalbordnung*, wenn die abgeleitete Relation *co* transitiv ist. Eine Halbordnung $(D, \prec)$ heißt *Intervallhalbordnung*, wenn die abgeleitete Halbordnung $(\mathcal{C}, \sqsubseteq)$ auf der Menge der Schnitte von $(D, \prec)$ (siehe Übungsaufgabe 2.10.9) linear ist. Man zeige:

   (i) Jede Schritthalbordnung ist auch eine Intervallhalbordnung, aber nicht umgekehrt.

   (ii) Mit $D = \{(q_1, q_2) \mid q_1, q_2 \in \mathbb{Q}, q_1 < q_2\}$ und $(q_1, q_2) = \{q \in \mathbb{Q} \mid q_1 < q < q_2\}$ sowie $(q_1, q_2) \prec (r_1, r_2)$ genau dann, wenn $q_2 \leq r_1$, ist $(D, \prec)$ eine Intervallhalbordnung.

   (iii) Man zeige das gleiche wie in (ii), wenn nicht die offenen Intervalle (q_1, q_2) in den rationalen Zahlen, sondern die echten geschlossenen Intervalle:
   $D = \{[z_1, z_2] \mid z_1, z_2 \in \mathbb{Z}, z_1 < z_2\}$
   mit $[z_1, z_2] = \{z \in \mathbb{Z} \mid z_1 \leq z \leq z_2\}$ betrachtet werden.

3. Man zeige, daß (ii)($\supseteq$) von Aufgabe 2.10.8 für Ereignishalbordnungen gilt.

4. Man zeige, daß $\blacktriangleright$ transitiv ist.

5. Sei $\vartheta = (E, \prec, \lambda)$ ein Halbwort mit $|\mathrm{Min}(\vartheta)| \in \mathbb{N}$ und $\forall e \in E$: $|e^\bullet| \in \mathbb{N}$. Man zeige, daß ϑ vorgängerendlich ist (Aufgabe 2.10.11).

6. Man zeige, daß Halbwörter mit den in Satz 4.1.3 vorausgesetzten Eigenschaften wie folgt aus endlichen Präfixen aufgebaut sind.

   Sei $\vartheta = (E, \prec, \lambda)$ ein Halbwort mit $|\mathrm{Min}(\vartheta)| \in \mathbb{N}$ und $\forall e \in E$: $|e^\bullet| \in \mathbb{N}$. Definiere induktiv: $E^0 = \mathrm{Min}(\vartheta)$ und $E^{i+1} = E^i \cup \{e \in E \mid {}^\bullet e \subseteq E^i\}$, sowie für alle $i \geq 0$: $\prec^i = \prec \cap (E^i \times E^i)$ und $\lambda^i = \lambda|_{E^i}$. Dann gilt:

   (i) Für alle $i \in \mathbb{N}$: E^i ist eine endliche Menge.

   (ii) Für alle $i \in \mathbb{N}$: $(E^i, \prec^i)$ ist eine konvexe Halbordnung.

   (iii) $(E, \prec, \lambda) = (\bigcup_{i=0}^{\infty} E^i, \bigcup_{i=0}^{\infty} \prec^i, \bigcup_{i=0}^{\infty} \lambda^i)$.

Kapitel 5. Kontrollprogramme und Petrinetze

Wir führen in diesem Kapitel zwei Formalismen ein, einen algebraischen (Kontrollprogramme) und einen graphischen (Petrinetze), die später vornehmlich zur Beschreibung des Kontrollflusses paralleler Programme dienen werden. Kontrollprogramme können als das Ergebnis einer Abstraktion gelten, in der die Variablen und der Datenfluß innerhalb atomarer Aktionen vernachlässigt werden. Sie erlauben stattdessen das Studium der Beziehungen atomarer Aktionen untereinander. Petrinetze stellen eine ähnliche, aber etwas weniger radikale Abstraktion zur Verfügung. Die Aktionen werden hier Transitionen genannt. Im Unterschied zu Kontrollprogrammen werden bei Petrinetzen die Beziehungen zwischen Transitionen nicht implizit, sondern explizit durch zwischen Transitionen liegende lokale Zustände (genannt Stellen) beschrieben.

Wir legen eine unstrukturierte Grundmenge von atomaren Aktionen zugrunde. Durch diese Menge, die erst in späteren Kapiteln konkretisiert wird, wird die erwähnte Abstraktion ausgedrückt. Der Abschnitt 5.1 definiert die Klasse der Kontrollprogramme über der Menge atomarer Aktionen und ihr Verhalten. Petrinetze und Teile ihrer Theorie (darunter auch ihr Verhalten) werden in Abschnitt 5.2 eingeführt. In Abschnitt 5.3 geben wir dann eine kanonische Übersetzung von Kontrollprogrammen in Netze an. Das Kapitel 5 schließt mit einigen Bemerkungen über die Benutzung von Kontrollprogrammen und Petrinetzen in Abschnitt 5.4. Weil dieser Abschnitt sich auf die Beispiele des Kapitels 4 bezieht, kann seine Lektüre zur Motivation eventuell vorgezogen werden.

5.1 Kontrollprogramme und ihr Verhalten

Mit A sei eine beliebige, aber feste endliche Menge, genannt das *Alphabet*, bezeichnet. Diese stellt die Menge der atomaren Aktionen, die in späteren Kapiteln explizit aufgeschlüsselt wird, abstrakt dar. In Abschnitt 5.1.1 werden sequentielle, in Abschnitt 5.1.2 parallele Kontrollprogramme jeweils zusammen mit ihrer sequentiellen Interleaving-Semantik eingeführt. In Abschnitt 5.1.3 wird die parallele Semantik von Kontrollprogrammen definiert. Abschnitt 5.1 endet mit einem Satz, der die Beziehung zwischen sequentieller und paralleler Semantik von Kontrollprogrammen angibt.

5.1.1 Sequentielle Kontrollprogramme

Ein Programm γ heißt ein *sequentielles Kontrollprogramm über A*, wenn γ ein Wort der durch die abstrakte Syntax:

$$\gamma \ ::= \ a \mid \gamma_1; \gamma_2 \mid \gamma_1 \Box \gamma_2 \mid (\gamma_0 \mid b_1 \Box \ldots \Box b_m)^\infty$$

erzeugten Sprache ist, wobei $m \in \mathbb{N}$ und $a, b_1, \ldots, b_m \in A$. Um bei mehrdeutigen Kontrollprogrammen wie z.B. $a; b \Box d$ die Präzedenz festzulegen, verwenden wir - wie üblich - Klammerung (z.B. $(a; b) \Box d$ oder $a; (b \Box d)$). $A(\gamma)$ bezeichnet die Menge der in γ vorkommenden Aktionsnamen und wird induktiv definiert:

$$\begin{array}{lcl} A(a) & = & \{a\} \\ A(\gamma_1; \gamma_2) & = & A(\gamma_1) \cup A(\gamma_2) \\ A(\gamma_1 \Box \gamma_2) & = & A(\gamma_1) \cup A(\gamma_2) \\ A((\gamma_0 \mid b_1 \Box \ldots \Box b_m)^\infty) & = & A(\gamma_0) \cup \{b_1, \ldots, b_m\}. \end{array}$$

Als Beispiele betrachten wir:

$$\begin{array}{lclcl} \gamma_1 & = & (a; b) \Box c & A(\gamma_1) & = & \{a, b, c\} \\ \gamma_2 & = & ((d|e)^\infty; b); g & A(\gamma_2) & = & \{b, d, e, g\}. \end{array}$$

Beabsichtigt ist, daß das Kontrollprogramm $\gamma = a$ die Ausführung der einzelnen Aktion a spezifiziert. Das zusammengesetzte Kontrollprogramm $\gamma_1; \gamma_2$ spezifiziert die Ausführung von γ_1, gefolgt von der Ausführung von γ_2. Das Programm $\gamma_1 \Box \gamma_2$ spezifiziert die nichtdeterministische Auswahl zwischen γ_1 und γ_2. Das Programm $(\gamma_0|b_1 \Box \ldots \Box b_m)^\infty$ spezifiziert eine Schleife, genauer: die wiederholte Ausführung von γ_0, möglicherweise gefolgt von einer der *Terminierungsaktionen* b_j $(1 \leq j \leq m)$.

Formal definieren wir dies durch die Angabe zweier Mengen von Folgen $cs(\gamma)$ und $ccs(\gamma)$. Die Menge $cs(\gamma)$ der *Kontrollfolgen* von γ (*engl.* control sequences) beschreibt die angefangenen oder vollständigen Ausführungen von γ; die Menge $ccs(\gamma)$ (*engl.* complete control sequences) beschreibt die Menge der vollständigen (im Sinne von terminierenden) Ausführungen von γ. Hier benutzen wir die elementaren Definitionen von Operationen auf Mengen von Folgen (siehe Abschnitt 2.8).

Definition 5.1.1 SEMANTIK SEQUENTIELLER KONTROLLPROGRAMME

Sei γ ein sequentielles Kontrollprogramm über A. Die beiden Sprachen $cs(\gamma) \subseteq A^\infty$ und $ccs(\gamma) \subseteq A^\star$ sind induktiv über die Syntax von γ so definiert:

- $cs(a) = \{\varepsilon, a\}$ (d.h., ε ist die leere, a die vollständige Ausführung von a);
  $ccs(a) = \{a\}$.
- $cs(\gamma_1; \gamma_2) = cs(\gamma_1) \cup ccs(\gamma_1)cs(\gamma_2)$ (d.h., eine Ausführung von $\gamma_1; \gamma_2$ ist entweder eine Ausführung von γ_1 oder eine vollständige Ausführung von γ_1, gefolgt von einer Ausführung von γ_2);
  $ccs(\gamma_1; \gamma_2) = ccs(\gamma_1)ccs(\gamma_2)$.
- $cs(\gamma_1 \Box \gamma_2) = cs(\gamma_1) \cup cs(\gamma_2)$;
  $ccs(\gamma_1 \Box \gamma_2) = ccs(\gamma_1) \cup ccs(\gamma_2)$.

- $cs((\gamma_0 \mid b_1 \,\square\, \ldots \,\square\, b_m)^\infty) = (ccs(\gamma_0))^\star.(cs(\gamma_0) \cup \{b_1, \ldots, b_m\}) \cup ccs(\gamma_0)^\omega$
(d.h., eine Ausführung von $(\gamma_0|b)^\infty$ ist eine Wiederholung vollständiger Ausführungen von γ_0, gefolgt von einer nicht notwendigerweise vollständigen Ausführung von γ_0 oder von einer der Aktionen b_j, oder eine unendlich oft wiederholte vollständige Ausführung von γ_0);
$ccs((\gamma_0 \mid b_1 \,\square\, \ldots \,\square\, b_m)^\infty) = (ccs(\gamma_0))^\star\{b_1, \ldots, b_m\}$. ■5.1.1

Die Abbildung 5.1 verdeutlicht diese Definition anhand zweier Beispiele. Im zweiten Beispiel nutzen wir die Assoziativität des ;-Operators aus, siehe Satz 5.1.5. Der Leser beachte den Spezialfall $m = 0$ (keine Terminierungsaktion der Schleife) im letzten Teil von Definition 5.1.1. Dann ergibt sich speziell:

$$cs((\gamma_0|\,)^\infty) = (ccs(\gamma_0))^\infty \quad \text{und} \quad ccs((\gamma_0|\,)^\infty) = \emptyset,$$

die Schleife ohne Terminierungsaktion hat also keine vollständigen Ausführungen. Außerdem möge der Leser den Unterschied zwischen den beiden Programmen:

$$\gamma^1 \equiv a \,\square\, (c|b)^\infty \qquad \text{und} \qquad \gamma^2 \equiv (c|a \,\square\, b)^\infty$$

beachten. Die Folge ca ist laut Definition 5.1.1 eine Kontrollfolge von γ^2, aber nicht von γ^1. Es gilt $cs(\gamma^1) \subseteq cs(\gamma^2)$, aber nicht umgekehrt.

- $\gamma_1 = a;\, (b \,\square\, c)$:

$$\begin{aligned} cs(\gamma_1) &= cs(a) \cup ccs(a)cs(b \,\square\, c) & ccs(\gamma_1) &= ccs(a)ccs(b \,\square\, c) \\ &= \{\varepsilon, a\} \cup \{a\}\{\varepsilon, b, c\} & &= \{a\}\{b, c\} \\ &= \{\varepsilon, a, ab, ac\} & &= \{ab, ac\}. \end{aligned}$$

- $\gamma_2 = (d|e)^\infty;\, b;\, g$:

$$\begin{aligned} cs(\gamma_2) &= cs((d|e)^\infty; b) \cup ccs((d|e)^\infty; b)\{\varepsilon, g\} \\ cs((d|e)^\infty; b) &= cs((d|e)^\infty) \cup ccs((d|e)^\infty)\{\varepsilon, b\} \\ &= \{\varepsilon, d, dd, \ldots, ddd\ldots, e, de, dde, \ldots, eb, deb, ddeb, \ldots\} \\ cs(\gamma_2) &= \{\varepsilon, d, dd, \ldots, ddd\ldots, e, de, dde, \ldots, eb, deb, ddeb, \ldots, \\ &\quad\; ebg, debg, ddebg, \ldots\} \\ ccs(\gamma_2) &= ccs((d|e)^\infty; b)ccs(g) \\ &= \{d^k ebg \mid k \in \mathbb{N}\}. \end{aligned}$$

Abbildung 5.1. Zwei Beispiele $\gamma_1 = a;\, (b \,\square\, c)$ und $\gamma_2 = (d|e)^\infty;\, b;\, g$

Aus der Definition kann direkt $ccs(\gamma) \subseteq cs(\gamma)$ abgeleitet werden. Außerdem gilt stets $\varepsilon \notin ccs(\gamma)$. Weiter gilt der folgende Satz:

Satz 5.1.2 PRÄFIX-ABGESCHLOSSENHEIT VON $cs(\gamma)$

Sei γ ein sequentielles Kontrollprogramm. Sei $w \in cs(\gamma)$ und sei $v \lesssim w$. Dann gilt $v \in cs(\gamma)$.

Beweis:

Induktiv über die Syntax von γ. Wir führen jedoch nur die ersten beiden Fälle aus.

• $\gamma = a$:

$$
\begin{aligned}
w \in cs(\gamma) \;&\Rightarrow\; (\text{ Definition von } cs(a) \text{ })\\
&\;\; w = \varepsilon \vee w = a\\
&\Rightarrow\; (\text{ Definition von Präfix })\\
&\;\; (w = \varepsilon \wedge v = \varepsilon) \vee (w = a \wedge v = \varepsilon) \vee (w = a \wedge v = a)\\
&\Rightarrow\; (\text{ Definition von } cs(a) \text{ })\\
&\;\; v \in cs(\gamma).
\end{aligned}
$$

• $\gamma = \gamma_1; \gamma_2$:

$$
\begin{aligned}
w \in cs(\gamma) \;&\Rightarrow\; (\text{ Definition von } cs(\gamma_1; \gamma_2))\\
&\;\; w \in cs(\gamma_1) \vee w \in ccs(\gamma_1)cs(\gamma_2)\\
&\Rightarrow\; (\text{ Induktionsvoraussetzung für } \gamma_1 \text{ })\\
&\;\; v \in cs(\gamma_1) \vee w \in ccs(\gamma_1)cs(\gamma_2)\\
&\Rightarrow\; (\text{ Definition von } ccs(\gamma_1)cs(\gamma_2) \text{ })\\
&\;\; v \in cs(\gamma_1) \vee (w = w_1 w_2 \wedge w_1 \in ccs(\gamma_1) \wedge w_2 \in cs(\gamma_2))\\
&\Rightarrow\; (\; v \lesssim w_1 w_2 \;)\\
&\;\; v \in cs(\gamma_1) \vee (v \lesssim w_1 \wedge w_1 \in ccs(\gamma_1)) \vee (v = w_1 v_2 \wedge v_2 \lesssim w_2)\\
&\Rightarrow\; (\text{ Induktionsvoraussetzung für } \gamma_1 \text{ und } \gamma_2 \text{ })\\
&\;\; v \in cs(\gamma_1) \vee (v \in cs(\gamma_1)) \vee (v = w_1 v_2 \wedge v_2 \in cs(\gamma_2))\\
&\Rightarrow\; (\; w_1 \in ccs(\gamma_1) \;)\\
&\;\; v \in cs(\gamma_1) \vee v \in ccs(\gamma_1)cs(\gamma_2)\\
&\Rightarrow\; (\text{ Definition von } cs(\gamma_1; \gamma_2) \text{ })\\
&\;\; v \in cs(\gamma).
\end{aligned}
$$

Die beiden anderen Fälle sind analog. ■5.1.2

Der Satz gilt natürlich nicht für die Menge $ccs(\gamma)$; beispielsweise gilt $a \in ccs(a)$, aber $\varepsilon \lesssim a$ und $\varepsilon \notin ccs(a)$.

Wir wollen von vornherein Probleme mit der Interpretation von sequentiellen Kontrollprogrammen wie etwa $a; a$ oder $(a; b) \square (a; c)$, in denen ein Aktionsname doppelt vorkommt, vermeiden[1]. Daher betrachten wir eine Eigenschaft, die wir *Regularität* nennen und die induktiv so definiert ist: $\gamma = a$ ist *per definitionem* regulär; $\gamma = \gamma_1; \gamma_2$ und $\gamma = \gamma_1 \square \gamma_2$ sind regulär, wenn γ_1 und γ_2 regulär sind und $A(\gamma_1) \cap A(\gamma_2) = \emptyset$ gilt, und $(\gamma_0 \mid b_1 \square \ldots \square b_m)^\infty$ ist regulär, wenn γ_0 regulär ist, wenn unter den b_j kein Aktionsname doppelt vorkommt, und wenn kein b_j in der Menge $A(\gamma_0)$ enthalten ist. Mit anderen Worten, γ ist regulär, wenn es keinen Aktionsnamen mehr als einmal enthält.

Das folgende Lemma zieht eine Konsequenz aus der Regularität; in ihm kommt die Relation Relation *co* auf der Halbordnung $(A^\infty, \lesssim)$, definiert in Abschnitt 2.8, zum Einsatz. Es besagt, daß zwei vollständige Folgen keine echten Präfixe voneinander sein können.

[1]Eine beliebte Streitfrage ist zum Beispiel, ob die beiden Programme $(a; b) \square (a; c)$ und $a; (b \square c)$ als gleich zu gelten haben oder nicht; siehe Abschnitt 5.5.

Lemma 5.1.3

Sei γ regulär. Dann gilt für alle $w, w' \in A^\star$: $w \notin ccs(\gamma) \vee w \, co \, w' \vee w' \notin ccs(\gamma)$.

Beweis: Wir nehmen $w, w' \in ccs(\gamma)$ an und beweisen $w \; co \; w'$ induktiv über den Aufbau von γ; die Beziehung $w \, co \, w'$ wird durch die folgende Implikation bewiesen:

$$(w \lesssim w' \vee w' \lesssim w) \Rightarrow w = w'$$

- $\gamma = a$. Dann gilt $w = a = w'$. Es gilt $w \; co \; w'$, denn co ist reflexiv.

- $\gamma = \gamma_1; \gamma_2$.

Dann gilt $w = w_1 w_2$ und $w' = w_1' w_2'$ mit $w_1, w_1' \in ccs(\gamma_1)$ und $w_2, w_2' \in ccs(\gamma_2)$.

$$\begin{array}{lll}
w \lesssim w' \vee w' \lesssim w & \Rightarrow & (\text{Definition von } \lesssim) \\
& & w_1 \lesssim w_1' \vee w_1' \lesssim w_1 \\
& \Rightarrow & (\text{Induktionsvoraussetzung für } \gamma_1) \\
& & w_1 = w_1' \\
& \Rightarrow & (\text{wegen } w \lesssim w' \vee w' \lesssim w, \text{Definition von } \lesssim) \\
& & w_2 \lesssim w_2' \vee w_2' \lesssim w_2 \\
& \Rightarrow & (\text{Induktionsvoraussetzung für } \gamma_2) \\
& & w_2 = w_2' \\
& \Rightarrow & (\text{wegen } w = w_1 w_2 \text{ und } w' = w_1' w_2') \\
& & w = w'.
\end{array}$$

- $\gamma = \gamma_1 \Box \gamma_2$.

$$\begin{array}{lll}
w \lesssim w' \vee w' \lesssim w & \Rightarrow & (\text{Regularität und } w \neq \varepsilon \neq w') \\
& & (w, w' \in ccs(\gamma_1)) \vee (w, w' \in ccs(\gamma_2)) \\
& \Rightarrow & (\text{Induktionsvoraussetzung für } \gamma_1 \text{ bzw. } \gamma_2) \\
& & w = w'.
\end{array}$$

- $\gamma = (\gamma_0 | b)^\infty$. Dann lassen sich w und w' so schreiben:

$$w = w_0 b \text{ und } w' = w_0' b \text{ mit } w_0, w_0' \in ccs(\gamma_0)^\star.$$

$$\begin{array}{lll}
w \lesssim w' \vee w' \lesssim w & \Rightarrow & (\text{Regularität}) \\
& & (w_0 b \lesssim w_0' b \vee w_0' b \lesssim w_0 b) \wedge (b \notin w_0) \wedge (b \notin w_0') \\
& \Rightarrow & (\text{Eigenschaft von } \lesssim) \\
& & w_0 = w_0' \\
& \Rightarrow & w = w'.
\end{array}$$

■5.1.3

Aus diesem Lemma leiten wir unter Heranziehung des Maximalitätsbegriffs von Folgen eine Beziehung zwischen den Mengen $cs(\gamma)$ und $ccs(\gamma)$ her.

Satz 5.1.4 CHARAKTERISIERUNG DER MENGE $ccs(\gamma)$

Sei γ ein reguläres sequentielles Kontrollprogramm.
Dann gilt $w \in ccs(\gamma)$ genau dann, wenn w endlich und maximal in $cs(\gamma)$ ist.

Beweis:

($\Rightarrow$): Sei $w \in ccs(\gamma)$. Die Endlichkeit von w und die Tatsache, daß $w \in cs(\gamma)$, folgen direkt aus Definition 5.1.1. Die Maximalität von w kann induktiv bewiesen werden; wir zeigen, daß w maximal ist, durch die Herleitung von $wa \in cs(\gamma) \Rightarrow$ **false**, wobei $a \in A$.

- $\gamma = a$. Dann ist $w = a$ das einzige maximale Element von $cs(\gamma) = \{\varepsilon, a\}$.
- $\gamma = \gamma_1; \gamma_2$. Dann läßt sich w als $w = w_1 w_2$ mit $w_1 \in ccs(\gamma_1)$, $w_2 \in ccs(\gamma_2)$ schreiben.

$$\begin{array}{rll}
wa \in cs(\gamma) & \Rightarrow & (\text{ Definition von } cs(\gamma) \text{ und } ccs(\gamma_1) \subseteq ccs(\gamma_1)cs(\gamma_2)\ )\\
& & wa \in cs(\gamma_1) \vee (wa = w_1'w_2'a \wedge w_1' \in ccs(\gamma_1) \wedge w_2'a \in cs(\gamma_2))\\
& \Rightarrow & (\text{ wegen } w = w_1w_2\ )\\
& & w_1w_2a \in cs(\gamma_1) \vee (\text{ wie letzte Zeile })\\
& \Rightarrow & (\text{ wegen } w_1 \in ccs(\gamma_1), \text{Induktionsvoraussetzung für } \gamma_1\ )\\
& & wa = w_1'w_2'a \wedge w_1' \in ccs(\gamma_1) \wedge w_2'a \in cs(\gamma_2)\\
& \Rightarrow & (\text{ wegen } w_1w_2 = w = w_1'w_2'\ )\\
& & w_1 \lesssim w_1' \vee w_1' \lesssim w_1\\
& \Rightarrow & (\text{ wegen } w_1, w_1' \in ccs(\gamma_1), \text{Lemma 5.1.3 })\\
& & w_1\ co\ w_1'\\
& \Rightarrow & (\text{ wegen } w_1 \lesssim w_1' \vee w_1' \lesssim w_1\ )\\
& & w_1 = w_1'\\
& \Rightarrow & (\text{ wegen } w_1w_2 = w_1'w_2'\ )\\
& & w_2 = w_2'\\
& \Rightarrow & (\text{ wegen } w_2'a \in cs(\gamma_2)\ )\\
& & w_2a \in cs(\gamma_2)\\
& \Rightarrow & (\text{ wegen } w_2 \in ccs(\gamma_2), \text{Induktionsvoraussetzung für } \gamma_2\ )\\
& & \textbf{false}.
\end{array}$$

- $\gamma = \gamma_1 \square \gamma_2$. Dann gilt $w \in ccs(\gamma_1) \cup ccs(\gamma_2)$.

$$\begin{array}{rll}
wa \in cs(\gamma) & \Rightarrow & (\text{ Definition von } cs\ )\\
& & wa \in cs(\gamma_1) \vee wa \in cs(\gamma_2)\\
& \Rightarrow & (\text{ Regularität}, w \neq \varepsilon, \text{Präfixabgeschlossenheit })\\
& & (wa \in cs(\gamma_1) \wedge w \in ccs(\gamma_1)) \vee (wa \in cs(\gamma_2) \wedge w \in ccs(\gamma_2))\\
& \Rightarrow & (\text{ Induktionsvoraussetzung für } \gamma_1 \text{ und } \gamma_2\ )\\
& & \textbf{false} \vee \textbf{false}.
\end{array}$$

- $\gamma = (\gamma_0|b)^\infty$. Dann $w = w_0 b$ mit $w_0 \in ccs(\gamma_0)^\star$.

$$\begin{array}{rll}
wa \in cs(\gamma) & \Rightarrow & (\text{ Definition von } cs, |w| \in \mathbb{N}\ )\\
& & (wa \in ccs(\gamma_0)^\star\{b\}) \vee (wa \in ccs(\gamma_0)^\star cs(\gamma_0))\\
& \Rightarrow & (\text{ wegen } w = w_0b\ )\\
& & (a = b \wedge w_0b \in ccs(\gamma_0)^\star) \vee (w_0ba \in ccs(\gamma_0)^\star cs(\gamma_0))\\
& \Rightarrow & (\text{ wegen } b \notin A(\gamma_0), \text{Regularität })\\
& & \textbf{false} \vee \textbf{false}.
\end{array}$$

($\Leftarrow$): Es sei $w \in cs(\gamma)$ eine endliche Folge, die maximal in $cs(\gamma)$ ist. Zu zeigen ist: $w \in ccs(\gamma)$. Wir gehen wieder per Induktion über die Struktur von γ vor.

• $\gamma = a$. Dann ist $w = a$, die einzige maximale Folge von $cs(\gamma) = \{\varepsilon, a\}$; direkt aus der Definition von $ccs(\gamma)$ ergibt sich $w \in ccs(\gamma)$.

• $\gamma = \gamma_1; \gamma_2$.

$$\begin{aligned}
w \in cs(\gamma) \Rightarrow\ & (\text{ Definition von } cs\ ) \\
& w \in cs(\gamma_1) \vee w \in ccs(\gamma_1)cs(\gamma_2) \\
\Rightarrow\ & (\text{ Maximalität von } w, \text{ Induktionsvoraussetzung für } c_1\ ) \\
& w \in ccs(\gamma_1) \vee w \in ccs(\gamma_1)cs(\gamma_2) \\
\Rightarrow\ & (\text{ wegen } ccs(\gamma_1) \subseteq ccs(\gamma_1)cs(\gamma_2)\ ) \\
& w = w_1 w_2 \wedge w_1 \in ccs(\gamma_1) \wedge w_2 \in cs(\gamma_2) \\
\Rightarrow\ & (\text{ Maximalität von } w, \text{ Induktionsvoraussetzung für } c_2\ ) \\
& w = w_1 w_2 \wedge w_1 \in ccs(\gamma_1) \wedge w_2 \in ccs(\gamma_2) \\
\Rightarrow\ & (\text{ Definition von } ccs\ ) \\
& w \in ccs(\gamma).
\end{aligned}$$

• $\gamma = \gamma_1 \,\square\, \gamma_2$.

$$\begin{aligned}
w \in cs(\gamma) \Rightarrow\ & (\text{ Definition von } cs\ ) \\
& w \in cs(\gamma_1) \vee w \in cs(\gamma_2) \\
\Rightarrow\ & (\text{ Maximalität von } w, \text{ Induktionsvoraussetzung }) \\
& w \in ccs(\gamma_1) \vee w \in ccs(\gamma_2) \\
\Rightarrow\ & (\text{ Definition von } ccs\ ) \\
& w \in ccs(\gamma).
\end{aligned}$$

• $\gamma = (\gamma_0 | b)^\infty$. Analog. ■5.1.4

Die Regularität wird nur in der Richtung ($\Rightarrow$) dieses Satzes benötigt. Das Kontrollprogramm $a \,\square\, (a; a)$ zeigt den Grund. Wir berechnen

$$\begin{aligned}
ccs(a \,\square\, (a; a)) &= ccs(a) \cup ccs(a; a) \\
&= \{a\} \cup \{aa\} \\
&= \{a, aa\}.
\end{aligned}$$

Die Folge $w = a$ ist also in $ccs(a \,\square\, (a; a))$; w ist aber offensichtlich nicht maximal in $cs(a \,\square\, (a; a))$. Ein ähnlicher Effekt tritt auch in der Schleife $(a|a)^\infty$ auf. Eine nähere Untersuchung der Beweise von Lemma 5.1.3 und Satz 5.1.4 zeigt, daß anstelle der Regularität eine schwächere Eigenschaft den gleichen Zweck erfüllt hätte; man braucht nur zu fordern, daß Alternativen nicht mit dem gleichen Aktionsnamen beginnen und daß die Schleifenterminierungsaktion nicht zu Beginn des Schleifenkörpers vorkommt.

Wir untersuchen nunmehr die Kommutativitäts- bzw. Assoziativitätseigenschaften der Operatoren $\square$ (Auswahl) und ; (Sequenz).

Satz 5.1.5 ALGEBRAISCHE EIGENSCHAFTEN

In bezug auf $cs(.)$ und $ccs(.)$ sind $\square$ kommutativ sowie ; und $\square$ assoziativ.

Beweis: Die Behauptungen für $\square$ lauten, daß gilt:

$$\begin{aligned}
cs(\gamma_1 \,\square\, \gamma_2) &= cs(\gamma_2 \,\square\, \gamma_1) \\
cs((\gamma_1 \,\square\, \gamma_2) \,\square\, \gamma_3) &= cs(\gamma_1 \,\square\, (\gamma_2 \,\square\, \gamma_3)),
\end{aligned}$$

und die entsprechenden Gleichungen für ccs. Diese Gleichungen folgen direkt aus den Definitionen und der Kommutativität bzw. Assoziativität des Mengenoperators $\cup$.

Die Assoziativität der Sequenz weisen wir durch Ausrechnen nach:

$$\begin{aligned} cs(\gamma_1; (\gamma_2; \gamma_3)) &= cs(\gamma_1) \cup (ccs(\gamma_1)cs(\gamma_2; \gamma_3)) \\ &= cs(\gamma_1) \cup ccs(\gamma_1)(cs(\gamma_2) \cup ccs(\gamma_2)cs(\gamma_3)) \\ &= cs(\gamma_1) \cup (ccs(\gamma_1)cs(\gamma_2)) \cup (ccs(\gamma_1)ccs(\gamma_2)cs(\gamma_3)) \\ cs((\gamma_1; \gamma_2); \gamma_3) &= cs(\gamma_1; \gamma_2) \cup (ccs(\gamma_1; \gamma_2)cs(\gamma_3)) \\ &= cs(\gamma_1) \cup (ccs(\gamma_1)cs(\gamma_2)) \cup (ccs(\gamma_1)ccs(\gamma_2)cs(\gamma_3)). \end{aligned}$$

Ein analoges Argument liefert $ccs((\gamma_1; \gamma_2); \gamma_3) = ccs(\gamma_1; (\gamma_2; \gamma_3))$. ■5.1.5

Es dürfen also die Klammern weggelassen werden, und die Kontrollprogramme $(\gamma_1; \gamma_2; \gamma_3)$ und $(\gamma_1 \,\square\, \gamma_2 \,\square\, \gamma_3)$ haben eine wohldefinierte Semantik.

5.1.2 Parallele und Top-Level-Kontrollprogramme

κ heißt ein (nichtsequentielles oder paralleles) *Kontrollprogramm über* A, wenn κ von der folgenden Form ist:

$$\kappa \quad ::= \quad a \mid \kappa_1; \kappa_2 \mid \kappa_1 \,\square\, \kappa_2 \mid \kappa_1 \| \kappa_2 \mid (\kappa_0 \mid b_1 \,\square\, \ldots \,\square\, b_m)^\infty,$$

wobei $m \in \mathbb{N}$ und $a, b_1, \ldots, b_m \in A$. Natürlich ist jedes sequentielle Kontrollprogramm auch ein paralleles. Nur die syntaktische Alternative $\kappa ::= \kappa_1 \| \kappa_2$ ist neu. Wir erweitern die in Abschnitt 5.1.1 gegebenen Definitionen jeweils dafür. Mit $A(\kappa)$ bezeichnen wir die Menge der in κ vorkommenden Aktionsnamen:

$$A(\kappa_1 \| \kappa_2) = A(\kappa_1) \cup A(\kappa_2).$$

Das Programm $\kappa = \kappa_1 \| \kappa_2$ heißt *regulär*, wenn sowohl κ_1 als auch κ_2 regulär sind. Diese Definition schließt nicht aus, daß ein Aktionsname (z.B. a) sowohl in κ_1 als auch in κ_2 auftaucht, wie z.B. in dem Programm $(a; c) \| (b; a)$. Anschaulich soll dies bedeuten, daß nur solche Verhalten zugelassen werden, die beiden Seiten des $\|$-Operators Genüge leisten. Zum Beispiel schreibt die linke Seite $(a; c)$ vor, daß a vor c ausgeführt werden muß, die rechte Seite $(b; a)$ aber, daß a nach b ausgeführt werden muß. Die einzigen sequentiellen Verhalten, die beiden Forderungen genügen, sind die Folge bac und ihre Präfices. In dieser Interpretation wird a also als eine einzige *synchrone* Aktion gedeutet. Formal erfaßt wird diese Anschauung durch die folgende Definition, die die Definition der Mengen $cs(.)$ und $ccs(.)$ unter Benutzung des Projektionsbegriffs (Abschnitt 2.8) auf den Paralleloperator erweitert:

Definition 5.1.6 SEQUENTIELLE SEMANTIK VON KONTROLLPROGRAMMEN

Sei $\kappa = \kappa_1 \| \kappa_2$ ein Kontrollprogramm. Die beiden Mengen $cs(\kappa)$ und $ccs(\kappa)$ werden wie folgt festgelegt:

$$\begin{aligned} cs(\kappa) &= \{\, w \in A(\kappa)^\infty \mid \mathit{proj}(w, A(\kappa_1)) \in cs(\kappa_1) \;\wedge \mathit{proj}(w, A(\kappa_2)) \in cs(\kappa_2) \,\} \\ ccs(\kappa) &= \{\, w \in A(\kappa)^\infty \mid \mathit{proj}(w, A(\kappa_1)) \in ccs(\kappa_1) \wedge \mathit{proj}(w, A(\kappa_2)) \in ccs(\kappa_2) \,\}. \end{aligned}$$

■5.1.6

Als Beispiel betrachten wir:

$$\kappa = \gamma_1 \| \gamma_2 \quad \text{mit} \quad \gamma_1 = a; (b \,\Box\, c) \quad \text{und} \quad \gamma_2 = (d|e)^\infty; b; g.$$

Die Kontrollfolgen von γ_1 und γ_2 wurden bereits in der Abbildung 5.1 angegeben. Die Folge $w = addebg$ ist eine vollständige sequentielle Ausführung von κ, denn es gilt:

$$\begin{aligned} proj(w, A(\gamma_1)) &= proj(addebg, \{a, b, c\}) \\ &= ab \qquad\qquad \in\; ccs(\gamma_1) \\ proj(w, A(\gamma_2)) &= proj(addebg, \{b, d, e, g\}) \\ &= ddebg \qquad\quad \in\; ccs(\gamma_2). \end{aligned}$$

$w' = addeb$ ist ein nicht-vollständiges Verhalten von κ, denn die Projektion auf γ_1, $proj(w', A(\gamma_1)) = ab$, aber nicht die Projektion auf γ_2, $proj(w', A(\gamma_2)) = ddeb$, ist vollständig. An diesem Beispiel wird klar, daß Definition 5.1.6 die sogenannte *konjunktive Terminierung* beinhaltet: $\kappa_1 \| \kappa_2$ terminiert dann und nur dann, wenn sowohl κ_1 als auch κ_2 terminieren. Schließlich ist die Folge $w'' = ddabg$ überhaupt kein Verhalten von κ, denn es gilt $proj(w'', A(\gamma_2)) = ddbg \notin cs(\gamma_2)$, d.h., die zweite Projektion ist kein Verhalten der zweiten Komponente. Wir betrachten vier weitere Beispiele:

$$\begin{aligned} \kappa_1 &= (a; b) \,\|\, (c; d) \\ \kappa_2 &= (a; b) \,\|\, (c; a) \\ \kappa_3 &= (a; b) \,\|\, (a; c) \\ \kappa_4 &= (a \,\Box\, b) \,\|\, a. \end{aligned}$$

Es gilt zum Beispiel:

$acb \in cs(\kappa_1)$	(Interleaving ohne Synchronisation)
$acb \notin cs(\kappa_2)$	(weil a wegen $(c; a)$ nach c stattfinden muß)
$acb \in cs(\kappa_3)$	(Synchronisation über a)
$ab \notin cs(\kappa_4)$	(weil die Wahl von a wegen $(a \,\Box\, b)$ die Ausführung von b verhindert)
$ac \notin cs(\kappa_4)$	(wegen $ac \notin A(\kappa_4)^\infty$ - siehe Definition 5.1.6)
$b \in cs(\kappa_4)$	(b ist sogar endlich, maximal, aber nicht vollständig).

Das letzte Beispiel zeigt, daß der Satz 5.1.4 für parallele Kontrollprogramme nicht mehr gültig ist, denn κ_4 ist regulär, aber nicht jede endliche, maximale Folge ist auch vollständig. In Abschnitt 4.2.4 haben wir für solche Ausführungen die folgende Definition motiviert:

Definition 5.1.7 DEADLOCKFOLGEN

Eine Folge $w \in cs(\kappa)$, die endlich und maximal in $cs(\kappa)$ ist, aber nicht in $ccs(\kappa)$ liegt, heißt eine *Deadlock*-Folge. ■5.1.7

Leicht zu sehen ist, daß der Satz 5.1.2 (die Abgeschlossenheit der Menge $cs(.)$ gegenüber der Präfixbildung) weiterhin gilt. Die Kommutativität des Operators $\|$ gilt auch, trivialerweise. Wir weisen nunmehr die Assoziativität von $\|$ nach.

Satz 5.1.8 ASSOZIATIVITÄT VON $\|$ BZGL. SEQUENTIELLEM VERHALTEN

Es gelten die Gleichungen:

$$\begin{aligned} cs(\kappa_1 \| (\kappa_2 \| \kappa_3)) &= cs((\kappa_1 \| \kappa_2) \| \kappa_3) \\ ccs(\kappa_1 \| (\kappa_2 \| \kappa_3)) &= ccs((\kappa_1 \| \kappa_2) \| \kappa_3). \end{aligned}$$

Beweis: Seien $\kappa = \kappa_1 \| (\kappa_2 \| \kappa_3)$ und $\kappa' = (\kappa_1 \| \kappa_2) \| \kappa_3$. Es gilt $A(\kappa) = A(\kappa')$; wir definieren $A = A(\kappa)$ $(= A(\kappa'))$. Unter Zuhilfenahme von Lemma 2.8.4 leiten wir ab:

$$\begin{aligned}
cs(\kappa) &= \{w \in A^\infty \mid proj(w, A(\kappa_1)) \in cs(\kappa_1) \wedge proj(w, A(\kappa_2 \| \kappa_3)) \in cs(\kappa_2 \| \kappa_3)\} \\
&= \{w \in A^\infty \mid proj(w, A(\kappa_1)) \in cs(\kappa_1) \\
&\qquad \wedge proj(w, A(\kappa_2 \| \kappa_3)) \in \{v \in A(\kappa_2 \| \kappa_3)^\infty \mid \\
&\qquad proj(v, A(\kappa_2)) \in cs(\kappa_2) \wedge proj(v, A(\kappa_3)) \in cs(\kappa_3)\}\} \\
&= \{w \in A^\infty \mid proj(w, A(\kappa_1)) \in cs(\kappa_1) \\
&\qquad \wedge proj(proj(w, A(\kappa_2 \| \kappa_3)), A(\kappa_2)) \in cs(\kappa_2) \\
&\qquad \wedge proj(proj(w, A(\kappa_2 \| \kappa_3)), A(\kappa_3)) \in cs(\kappa_3)\} \\
&= \{w \in A^\infty \mid proj(w, A(\kappa_1)) \in cs(\kappa_1) \\
&\qquad \wedge proj(w, A(\kappa_2)) \in cs(\kappa_2) \wedge proj(w, A(\kappa_3)) \in cs(\kappa_3)\}.
\end{aligned}$$

Dabei wurde die letzte Gleichung durch das Lemma 2.8.4(ii) gewonnen, dessen zweimalige Anwendung in der Tat wegen:

$$\begin{aligned}
& A(\kappa_2) \subseteq A(\kappa_2 \| \kappa_3) \subseteq A(\kappa_1 \| (\kappa_2 \| \kappa_3)) \\
\text{und} \quad & A(\kappa_3) \subseteq A(\kappa_2 \| \kappa_3) \subseteq A(\kappa_1 \| (\kappa_2 \| \kappa_3))
\end{aligned}$$

möglich ist. Der resultierende Term ist symmetrisch in κ_1, κ_2 und κ_3. Zusammen mit der Symmetrie der Definition von $cs(\ldots \| \ldots)$ beweist dies die gewünschte Gleichung $cs(\kappa) = cs(\kappa')$. Die Gleichung für $ccs(.)$ läßt sich entsprechend herleiten. ■5.1.8

Es dürfen also die Klammern weggelassen werden. Zum Beispiel hat das Kontrollprogramm $(\gamma_1 \| \gamma_2 \| \gamma_3)$ (alle γ_i sequentiell) eine wohldefinierte Kontrollfolgensemantik. In diesem Programm kommt der Paralleloperator nur auf der äußersten Ebene vor. Wegen ihrer speziellen Bedeutung geben wir solchen Programmen einen besonderen Namen: κ heißt ein *top-level-Kontrollprogramm*, wenn κ von der Form $\kappa = \gamma_1 \| \ldots \| \gamma_n$ ist, wobei alle γ_i sequentiell sind. Die γ_i heißen die *sequentiellen Komponenten* von κ. Kommt insbesondere ein Aktionsname a in k der n Komponenten γ_i vor, dann bedeutet das eine Synchronisation *aller* k Komponenten. Was das im nicht-regulären Fall bedeuten kann, macht das folgende Beispiel klar:

$$\underbrace{(a \mid b)^\infty}_{\gamma_1} \;\|\; \underbrace{(a; a \mid b)^\infty}_{\gamma_2} \;\|\; \underbrace{(a; a; a \mid b)^\infty}_{\gamma_3}$$

Die Anzahlen der Schleifendurchläufe von γ_1, γ_2 und γ_3 stehen in den vollständigen Ausführungen dieses Programms immer im Verhältnis 6 : 3 : 2 zueinander. Ein typisches nicht-top-level-Programm ist zum Beispiel κ_0:

$$\kappa_0 = (a \| c) \,;\, (b \| d).$$

Hierfür berechnet man leicht:

$$\begin{aligned}
cs(\kappa_0) &= \{\varepsilon, a, c, ac, ca, acb, acd, cab, cad, acbd, acdb, cabd, cadb\}, \\
ccs(\kappa_0) &= \{acbd, acdb, cabd, cadb\}
\end{aligned}$$

aus den Definitionen. Zum Beispiel ist die Folge $w = cabd$ deswegen in $ccs(\kappa_0)$, weil $w = w_1 w_2$ mit $w_1 = ca \in ccs(a \| c)$ und $w_2 = bd \in ccs(b \| d)$ gilt.

5.1.3 Parallele Semantik von Kontrollprogrammen

Die Elemente der Mengen $cs(\kappa)$ und $ccs(\kappa)$ beschreiben die zulässigen sequentiellen Ausführungen, d.h. die Interleavings im Sinne von Kapitel 4 eines Kontrollprogramms κ. In diesem Abschnitt definieren wir die parallele Semantik von κ derart, daß $cs(\kappa)$ und $ccs(\kappa)$ als Teilmengen davon einen Spezialfall darstellen. Grundlage der Definition sind Halbwörter, d.h. beschriftete Ereignishalbordnungen, siehe Abschnitt 4.1.3. Nach den Erläuterungen in Abschnitt 4.1.3 kann jedes Wort in $cs(\kappa)$ als eine beschriftete Indexreihe, d.h. ein lineares Halbwort, aufgefaßt werden. Ist $\kappa = \gamma$ sequentiell, dann definieren wir das parallele Verhalten von γ als die beiden Mengen $cs(\kappa)$ und $ccs(\kappa)$, aufgefaßt als lineare Halbwörter[2]. Für $\kappa = \kappa_1 \| \kappa_2$ wird diese Definition folgendermaßen ergänzt.

Definition 5.1.9 PROJEKTION EINES HALBWORTES

Sei $\vartheta = (E, \prec, \lambda)$ mit $\lambda\colon E \to A$ ein Halbwort und sei $A' \subseteq A$. Die *Projektion von* ϑ *auf* A' ist definiert als die Struktur $proj(\vartheta, A') = \vartheta' = (E', \prec', \lambda')$ mit:

$$\begin{aligned} E' &= \{e \in E \mid \lambda(e) \in A'\} \\ \prec' &= \prec \cap (E' \times E') \\ \lambda' &= \lambda|_{E'}. \end{aligned}$$

■5.1.9

ϑ' ist wieder ein Halbwort, denn ϑ' erbt die Eigenschaften der Definition 4.1.1 von ϑ. Ist ϑ linear und entspricht damit einem Wort, dann ist auch ϑ' linear. Aus diesem Grund geht der eben definierte Projektionsbegriff dann in den spezielleren des Abschnitts 2.8 über (siehe Übungsaufgabe 5.6.4).

Definition 5.1.10 PARALLELE SEMANTIK VON KONTROLLPROGRAMMEN

Sei $\kappa = \kappa_1 \| \kappa_2$ ein Kontrollprogramm. Ein Halbwort $\vartheta = (E, \prec, \lambda)$ mit $\lambda\colon E \to A(\kappa)$ heißt ein *paralleles Verhalten* (oder, wenn keine Mißverständnisse zu befürchten sind, nur ein *Verhalten*) *von* κ, wenn mit $\vartheta_i = proj(\vartheta, A(\kappa_i))$ (für $i \in \{1, 2\}$) gilt: ϑ_i ist ein Verhalten von κ_i. ϑ heißt darüber hinaus *vollständig*, wenn beide Verhalten ϑ_i ($i = 1, 2$) vollständig sind. ■5.1.10

Als Beispiel zeigt die Abbildung 5.2 ein paralleles nicht-vollständiges Verhalten des Programms $(a; b)\|(c; d)$ (links) und ein paralleles vollständiges Verhalten von $(a\|c); (b\|d)$ (rechts). Wie vorher ist die Menge E durch Kästchen dargestellt, die Relation $\prec$ durch die Pfeile, die Beschriftung λ durch die Anschriften. Das linke Verhalten ist kausal, denn die zeitlichen Beziehungen zwischen allen Ereignissen sind vom Programm $(a; b)\|(c; d)$ festgelegt. Das rechte Verhalten ist nicht kausal, denn die zeitliche Beziehung zwischen dem a-Ereignis und dem c-Ereignis ist durch das Programm $(a\|c); (b\|d)$ nicht vorgeschrieben.

Satz 5.1.11 ASSOZIATIVITÄT VON $\|$ BZGL. PARALLELEM VERHALTEN

Die Menge der Verhalten von $\kappa_1\|(\kappa_2\|\kappa_3)$ *ist gleich der Menge der Verhalten von* $(\kappa_1\|\kappa_2)\|\kappa_3$.

[2] In diesem Fall ist das parallele Verhalten natürlich gleich dem sequentiellen Verhalten.

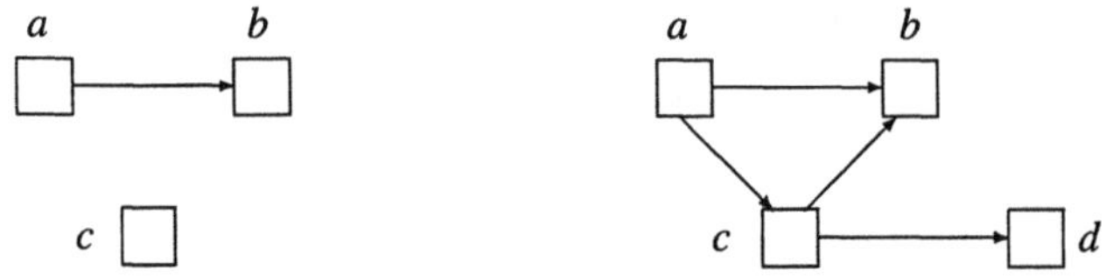

Abbildung 5.2. Verhalten von $(a; b)\|(c; d)$ (links) und von $(a\|c); (b\|d)$ (rechts)

Beweis: (*Skizze*) Unter Verwendung von Übungsaufgabe 5.6.5 sowie Übungsaufgabe 4.5.6, die für Halbwörter der hier betrachteten Art einen Präfixbegriff festlegt, lassen sich den Lemmata 2.8.2, 2.8.3 und 2.8.4 analoge Tatsachen beweisen. Dann greift der Beweis des Satzes 5.1.8. ∎5.1.11

Ein Verhalten ϑ von κ heißt *kausal*, wenn es in bezug auf die Relation ► kein echt stärkeres Verhalten von κ gibt. Wir sagen dann auch kurz, daß ϑ *►-minimal* ist. Umgekehrt heißt ein Verhalten *sequentiell*, wenn es *►-maximal* ist. Wie in Abschnitt 4.1.3 erwähnt wurde, ist die zugrundeliegende Ereignishalbordnung dann eine Totalordnung. Der nächste Satz beschreibt die Beziehung zwischen den so definierten sequentiellen Verhalten von κ und den vorher definierten Mengen $cs(\kappa)$ und $ccs(\kappa)$.

Satz 5.1.12 KONSISTENZ SEQUENTIELLER UND PARALLELER VERHALTEN VON κ

Die Kontrollfolgen eines Kontrollprogramms κ, aufgefaßt als beschriftete Indexreihen, sind genau die der Relation ► gegenüber maximalen (und damit linearen) Verhalten von κ.

Beweis: (*Skizze*) Sei $w = a_1 a_2 \ldots \in cs(\kappa)$. Man betrachte die Ereignishalbordnung

$$\vartheta = (\{1, 2 \ldots\}, <, \{(1, a_1), (2, a_2), \ldots\}).$$

Aus dem Vergleich von Definition 5.1.6 mit den Definitionen des Abschnitts 5.1.3 folgt, daß ϑ ein Verhalten von κ ist. Als lineares Verhalten ist ϑ auch maximal bezüglich ►.

Die umgekehrte Richtung des Satzes ist durch Induktion über die Struktur von κ zu beweisen. Wir betrachten nur den Fall $\kappa = \kappa_1 \| \kappa_2$. Sei $\vartheta = (E, \prec, \lambda)$ ein bezüglich ► maximales Verhalten von κ. Dann ist ϑ linear. Jede der beiden Projektionen $proj(\vartheta, A(\kappa_i))$ $(i = 1, 2)$ ist wieder linear und damit bezüglich ► maximal. Aus der Induktionsvoraussetzung folgt, daß beide Projektionen in $cs(\kappa_i)$ liegen $(i = 1, 2)$. Aus der Definition folgt, daß ϑ in $cs(\kappa)$ liegt. ∎5.1.12

Die Abbildung 5.3 zeigt diese Zusammenhänge in einer übersichtlichen Darstellung. Die Umrechnung zwischen Wörtern und Halbwörtern ist vorausgesetzt.

5.2 Petrinetze und ihr Verhalten

Hauptziel dieses Abschnitts ist die Entwicklung der Theorie der Petrinetze bis zu dem Grad, daß später eine Übersetzung von Kontrollprogrammen in Petrinetze angegeben werden kann. Der Abschnitt 5.2.1 enthält grundlegende Definitionen - die eines Netzes

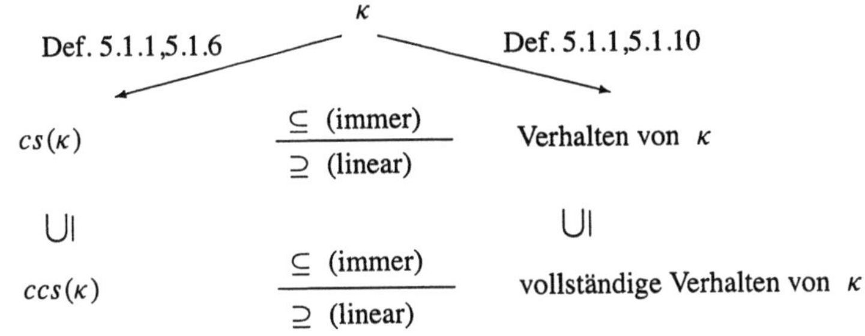

Abbildung 5.3. Konsistenz der Semantiken eines Kontrollprogramms κ

aus Stellen und Transitionen, der Markierung eines Netzes, der Transitionsregel, der sequentiellen Semantik sowie der Sicherheit eines markierten Netzes. Abschnitt 5.2.2 enthält die Definition der Klassen der S-Systeme und der SND-Systeme, die für die beabsichtigte Übersetzung besonders relevant sind. In Abschnitt 5.2.3 wird ein kleiner Teil netztheoretischer Analysemethoden vorgestellt - gerade so viel, wie später für ein Beispiel benötigt wird. Abschnitt 5.2.4 geht auf die kausale Semantik von markierten Netzen ein. Zum Schluß dieses Abschnitts formulieren wir ein Resultat, das, nicht unähnlich Satz 5.1.12 für Kontrollprogramme, die Beziehung zwischen sequentieller und kausaler Semantik von Netzen beschreibt.

5.2.1 Grundlegende Definitionen

Ein *Netz* ist ein Tripel $N = (S, T, F)$, wobei S (die *Stellen*) und T (die *Transitionen*) zwei disjunkte Mengen sind und F die *Verbindungsrelation* (oder Flußrelation) mit der Eigenschaft:

$$F \subseteq ((S \times T) \cup (T \times S))$$

ist. Die Stellenmenge S wird als die Menge der Zustandselemente interpretiert, die Transitionenmenge T als die Menge der Aktionselemente und F als eine Relation, die angibt, welche Zustandselemente s von einer Aktion t betroffen sind ($(s, t) \in F$ oder $(t, s) \in F$). Bildlich werden Objekte $s \in S$ durch Kreise und Objekte $t \in T$ durch Quadrate dargestellt (siehe Abbildung 5.4).

Für $(s, t) \in F$ sagt man, daß s ein lokaler Eingabezustand von t sei. Wenn $(t, s) \in F$ gilt, dann heißt s ein Ausgabezustand von t. Es ist üblich, die Relation F durch eine Menge von Pfeilen von s nach t (bzw. von t nach s) darzustellen. Ein Netz kann daher auch als bipartiter Graph angesehen werden. Falls sowohl $(s, t) \in F$ als auch $(t, s) \in F$ gelten, so wird s sowohl als Ein- als auch als Ausgabezustand von t angesehen und als *Nebenbedingung* von t bezeichnet.

Ein Netz (S, T, F) heißt *endlich*, wenn die Mengen S und T und damit auch die Relation F endlich sind. Wir lassen unendliche Netze zu, beschränken unsere Betrachtungen aber auf abzählbare, d.h. solche, deren Mengen S und T (also auch F) abzählbar sind. Der

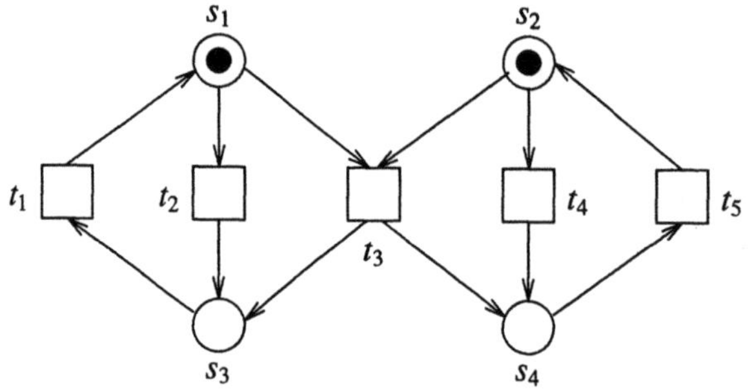

Abbildung 5.4. Ein markiertes Petrinetz $\mathcal{N}_b$ mit Anfangsmarkierung M^0

Vorbereich $\{y \in S \cup T \mid (y,x) \in F\}$ eines Elements $x \in S \cup T$ wird mit ${}^\bullet x$, der *Nachbereich* $\{y \in S \cup T \mid (x,y) \in F\}$ mit $x^\bullet$ bezeichnet. Für $X \subseteq S \cup T$ verallgemeinern wir: ${}^\bullet X = \bigcup_{x \in X} {}^\bullet x$ und $X^\bullet = \bigcup_{x \in X} x^\bullet$. Randtransitionen (d.h. Transitionen t mit ${}^\bullet t = \emptyset$ oder $t^\bullet = \emptyset$) werden im weiteren keine Rolle spielen. Wir vereinbaren daher, daß für alle Netze gilt: $\forall t \in T{:}\, {}^\bullet t \neq \emptyset \neq t^\bullet$.

Um die Zustände und das Verhalten eines durch ein Netz modellierten Systems zu beschreiben, benutzt man Markierungen. Eine *Markierung* eines Netzes $N = (S, T, F)$ ist eine Funktion $M{:}\, S \to \mathbb{N}$. Durch M wird ein globaler Zustand von N angegeben, dessen lokale Zustände $s \in S$ durch $M(s)$ beschrieben werden. Gilt insbesondere $M(s) = 0$, dann sagt man, daß s zum Zustand M nichts beiträgt. Markierungen werden bildlich als schwarze Punkte in den den Stellen entsprechenden Kreisen dargestellt; die Punkte selbst heißen *Marken*. Beispielsweise stellt die in Abbildung 5.4 gezeigte Markierung den Zustand mit den lokalen Zuständen s_1 und s_2 (aber nicht s_3 und s_4) dar. Ein *S/T-System* ist definiert als ein Quadrupel $\mathcal{N} = (S, T, F, M^0)$, wobei (S, T, F) ein Netz ist und M^0 eine Markierung, genannt die *Anfangsmarkierung* von $\mathcal{N}$. Meist verwenden wir die abkürzende Bezeichnung *System* statt S/T-System.

Die Grundregel der Netztheorie, nach der die Zustandsänderungen in einem markierten Netz vonstatten gehen, heißt *Transitionsregel*. Seien $N = (S, T, F)$ ein Netz, M eine Markierung von N und $t \in T$ eine Transition. Zur Formulierung der Regel ist es günstig, die charakteristische Funktion $\chi(F)$ der Relation F zu betrachten:

$$\chi(F){:} \begin{cases} (S \times T) \cup (T \times S) \;\to\; \{0, 1\} \\ (x, y) \;\mapsto\; \begin{cases} 0 & \text{falls } (x, y) \notin F \\ 1 & \text{falls } (x, y) \in F. \end{cases} \end{cases}$$

Die Markierung M *aktiviert* die Transition t, wenn gilt: $\forall s \in S{:}\; M(s) \geq \chi(F)(s, t)$.
M' entsteht aus M durch *Schalten* oder *Eintreten* von t (in Zeichen: $M \xrightarrow{t} M'$), wenn gilt:

$$M \text{ aktiviert } t \quad \text{und} \quad \forall s \in S{:}\; M'(s) = M(s) + \chi(F)(t, s) - \chi(F)(s, t). \tag{5.1}$$

Beispielsweise sind in der Markierung M^0 der Abbildung 5.4 die Transitionen t_2, t_3, t_4 aktiviert, nicht jedoch die Transitionen t_1 und t_5. Durch Schalten von t_2 entsteht eine neue Markierung M^1, die die Stellen s_2, s_3, nicht aber die Stellen s_1, s_4 mit Marken belegt. In

M^1 sind t_1, t_4 aktiviert (und können wieder schalten), nicht aber t_2, t_3, t_5. Man beachte, daß das Schalten von t_2 nicht nur t_2 selbst, sondern auch die Transition t_3 deaktiviert. Man sagt, daß t_2 und t_3 bei M^0 in einem *Konflikt* stehen. Sukzessives Schalten wird in der folgenden Definition formalisiert. Dafür seien $\mathcal{N} = (S, T, F, M^0)$ ein S/T-System, $N = (S, T, F)$ das zugrundeliegende Netz, $\mathcal{M}$ die Menge aller Markierungen von N (von denen M^0 eine spezielle ist), $M_0, M_1, M_2, \ldots$ Markierungen in $\mathcal{M}$ und $t_1, t_2, \ldots$ Transitionen in T.

Definition 5.2.1 SEQUENTIELLE SEMANTIK VON S/T-SYSTEMEN

Die Folge $\sigma = M_0 t_1 M_1 \ldots t_m M_m \in (\mathcal{M}T)^\star \mathcal{M}$ $(m \geq 0)$ heißt von M_0 ausgehende *endliche (sequentielle) Ausführung*, wenn gilt:

$\forall i, 1 \leq i \leq m\colon M_{i-1} \xrightarrow{t_i} M_i$.

Die Folge $\sigma = M_0 t_1 M_1 t_2 \ldots \in (\mathcal{M}T)^\omega$ heißt von M_0 ausgehende *unendliche Ausführung*, wenn gilt:

$\forall i, 1 \leq i\colon M_{i-1} \xrightarrow{t_i} M_i$.

Die Folge $\tau = t_1 t_2 \ldots t_m \in T^\star$ heißt *von M_0 ausgehende endliche Schaltfolge*, wenn Markierungen $M_1, M_2, \ldots, M_m \in \mathcal{M}$ existieren, so daß $M_0 t_1 M_1 t_2 \ldots t_m M_m$ eine Ausführung ist. Man schreibt auch $M_0 \xrightarrow{\tau} M_m$, um auszudrücken, daß M_0 durch die Schaltfolge τ in M_m übergeht.

Die Folge $\tau = t_1 t_2 \ldots \in T^\omega$ heißt *von M_0 ausgehende unendliche Schaltfolge*, wenn Markierungen $M_1, M_2, \ldots \in \mathcal{M}$ existieren, so daß $M_0 t_1 M_1 t_2 \ldots$ eine (unendliche) Ausführung ist. $M' \in \mathcal{M}$ heißt *Folgemarkierung* von $M \in \mathcal{M}$, wenn eine von M ausgehende endliche Schaltfolge existiert, die M in M' überführt. Die Menge der Folgemarkierungen von M wird mit $[M\rangle$ bezeichnet. Die Menge der *erreichbaren Markierungen* des Systems $\mathcal{N} = (S, T, F, M^0)$ ist als $[M^0\rangle$ definiert. Die Menge aller Schaltfolgen von M^0 aus wird mit $\mathcal{L}(\mathcal{N})$ (für *engl.* language) bezeichnet. ■5.2.1

Aus einer Markierung M und einer Schaltfolge τ von M aus läßt sich eindeutig eine zugehörige Ausführung errechnen, denn Folgemarkierungen sind nach der Transitionsregel (5.1) eindeutig; insbesondere ist die nach τ erreichte Folgemarkierung M' von M durch M und τ eindeutig bestimmt. In diesem Sinn sind die Menge der Ausführungen und die Menge der Schaltfolgen gleichwertig.

Definition 5.2.2 BESCHRÄNKTHEIT UND SICHERHEIT

Sei $\mathcal{N} = (S, T, F, M^0)$ ein S/T-System. Es seien $n \in \mathbb{N}$ eine Zahl und $s \in S$ eine Stelle. Die Stelle s heißt *n-beschränkt*, wenn gilt: $\forall M \in [M^0\rangle\colon M(s) \leq n$. Das System $\mathcal{N}$ heißt *n-beschränkt*, wenn alle seine Stellen n-beschränkt sind. $\mathcal{N}$ heißt *sicher*, wenn es 1-beschränkt ist. ■5.2.2

Das in Abbildung 5.4 gezeigte System $\mathcal{N}_b$ ist sicher. Die Eigenschaft der Sicherheit hat eine technische Konsequenz: alle erreichbaren Markierungen M sind dann Funktionen $M\colon S \to \{0, 1\}$ und können mit Teilmengen $\gamma(M) \subseteq S$ der Stellenmenge gemäß

$s \notin \gamma(M) \Leftrightarrow M(s) = 0$

und (folglich) $s \in \gamma(M) \Leftrightarrow M(s) = 1$ identifiziert werden. Die Teilmengenschreibweise von sicheren Markierungen wird sich oft als vorteilhaft herausstellen. Für endliche S/T-Systeme gilt ein einfacher Satz:

Satz 5.2.3 CHARAKTERISIERUNG BESCHRÄNKTER SYSTEME

Sei (S, T, F) ein endliches Netz. Dann ist $\mathcal{N} = (S, T, F, M^0)$ n-beschränkt für eine Zahl n genau dann, wenn $[M^0\rangle$ eine endliche Menge ist.

Beweis: Sei $\mathcal{N}$ n-beschränkt. Dann ist die Gesamtzahl aller erreichbaren Markierungen von $\mathcal{N}$ nach oben beschränkt durch die Zahl $(n+1)^{|S|}$, denn jede Stelle kann höchstens $n+1$ verschiedene Markenanzahlen tragen. Sei umgekehrt die Menge $[M^0\rangle$ endlich. Dann ist die Zahl:

$$n = \max\{\, M(s) \mid s \in S,\, M \in [M^0\rangle \,\}$$

eine wohldefinierte natürliche Zahl. Ersichtlicherweise ist $\mathcal{N}$ n-beschränkt. ■5.2.3

5.2.2 S-Systeme und SND-Systeme

Parallele Programme bestehen aus sequentiellen Komponenten mit den folgenden Eigenschaften:

- Jede Komponente hat stets einen eindeutigen Kontrollzustand.
- Jede Variable hat stets einen eindeutigen Wert.

S/T-Systeme mit ähnlichen Eigenschaften heißen im sequentiellen Fall S-Systeme (*engl.* sequential systems). Parallelkompositionen von S-Systemen heißen SND-Systeme (*engl.* state net decomposable systems).

Definition 5.2.4 S-SYSTEME

Ein Netz $N = (S, T, F)$ heißt *S-Netz*, wenn gilt: $\forall t \in T$: $|{}^\bullet t| = 1 = |t^\bullet|$.
Eine Markierung M eines S-Netzes N heißt *regulär*, wenn gilt: $\sum_{s \in S} M(s) = 1$.
$\mathcal{N} = (S, T, F, M^0)$ heißt *S-System*, wenn (S, T, F) ein S-Netz und M^0 eine reguläre Markierung von (S, T, F) sind. ■5.2.4

Die Eigenschaft $|{}^\bullet t| = 1 = |t^\bullet|$ eines S-Netzes N zieht nach sich, daß sich die Gesamtzahl $\sum_{s \in S} M(s)$ aller Marken einer Markierung M von N durch das Schalten von Transitionen nicht verändert; ist eine Markierung insbesondere regulär, so hat jede Folgemarkierung ebenfalls genau eine Marke und ist somit wieder regulär. Selbstverständlich ist deswegen auch jedes S-System sicher. Wir betrachten nunmehr Kompositionen von n S-Systemen derart, daß die n Stellenmengen paarweise disjunkt sind, die Transitionenmengen sich aber überschneiden dürfen.

Definition 5.2.5 SND-SYSTEME

Ein Netz $N = (S, T, F)$ heißt *SND-Netz*, wenn es n S-Netze $N_i = (S_i, T_i, F_i)$ (mit $n \in \mathbb{N}$ und $1 \leq i \leq n$) gibt, so daß gilt:

$$S = \biguplus_{i=1}^{n} S_i, \quad T = \bigcup_{i=1}^{n} T_i \quad \text{und} \quad F = \biguplus_{i=1}^{n} F_i.$$

Die N_i heißen die S-Netz-Komponenten (oder die *S-Komponenten*) von N.
$\mathcal{N} = (S, T, F, M^0)$ heißt *SND-System*, wenn (S, T, F) ein S-Netz mit n S-Komponenten N_i ist, so daß M^0 bezüglich dieser S-Komponenten eine reguläre Markierung von (S, T, F) ist. Dabei heißt eine Markierung M von (S, T, F) (bezüglich der n Komponenten) *regulär*, wenn für alle Indices i $(1 \leq i \leq n)$ $M|_{S_i}$ eine reguläre Markierung von N_i ist. ■5.2.5

Jedes S-System ist ein spezielles SND-System mit $n = 1$. Ein gegebenes SND-System (S, T, F, M^0) läßt sich im allgemeinen auf viele verschiedene Arten in S-Systeme zerlegen; die Zahl n der S-Systeme einer Zerlegung ist dabei allerdings konstant - nämlich gleich $\sum_{s \in S} M^0(s)$. Diese Vielfalt der Zerlegungsmöglichkeiten wird uns aber nicht weiter interessieren, da wir stets nur eine spezielle Zerlegung untersuchen werden. Bei gegebenem $\mathcal{N}$ ist jede spezielle Zerlegung bereits eindeutig bestimmt durch die Angabe der (wechselseitig disjunkten) Stellenmengen der Netze N_i, denn deren Transitionenmengen und die F-Relationen können daraus eindeutig rekonstruiert werden. Der folgende Satz zeigt, daß - wie bei S-Systemen - die Menge der Folgemarkierungen eines SND-Systems ganz in der Menge der regulären Markierungen liegt.

Satz 5.2.6 DIE FOLGEMARKIERUNGEN EINES SND-SYSTEMS SIND REGULÄR

Sei $\mathcal{N} = (S, T, F, M^0)$ ein SND-System.
Dann gilt für alle $M \in [M^0\rangle$: M ist eine reguläre Markierung von $\mathcal{N}$.

Beweis: Sei $t \in T$. Es genügt offenbar zu zeigen, daß aus $M^0 \xrightarrow{t} M$ folgt, daß M eine reguläre Markierung von $\mathcal{N}$ ist; die Eigenschaft setzt sich nämlich fort. Wir betrachten eine beliebige S-Netz-Komponente $N_i = (S_i, T_i, F_i)$ von $\mathcal{N}$. Es gibt zwei Fälle:

Fall 1: $t \notin T_i$. Dann gilt ${}^\bullet t \cap S_i = \emptyset$ und $t^\bullet \cap S_i = \emptyset$, weswegen die Markierung $M^0|_{S_i}$ von S_i durch das Schalten von t nicht verändert wird; daher:
$$\sum_{s \in S_i} M(s) = \sum_{s \in S_i} M^0(s) = 1.$$

Fall 2: $t \in T_i$. Dann folgt aus Definition 5.2.5: $|{}^\bullet t \cap S_i| = 1 = |t^\bullet \cap S_i|$; d.h., es gibt Stellen s_1 und s_2 mit ${}^\bullet t \cap S_i = \{s_1\}$ und $t^\bullet \cap S_i = \{s_2\}$ (nicht notwendigerweise $s_1 \neq s_2$). Da M^0 die Transition t aktiviert, gilt $M^0(s_1) = 1$, und da M^0 das Netz N regulär markiert, gilt $M^0(s) = 0$ für alle $s \in S_i \backslash \{s_1\}$. Nach der Transitionsregel gilt $M(s_2) = 1$ und $M(s) = 0$ für alle $s \in S_i \backslash \{s_2\}$; d.h., die Markenzahl auf S_i ist wiederum über das Schalten von t konstant. ■5.2.6

Korollar 5.2.7

Jedes SND-System ist sicher. ■5.2.7

Man kann sich das Schalten einer Transition t in einem SND-System anschaulich so vorstellen, daß die Markierungen derjenigen S-Komponenten, die t enthalten, gemäß der lokalen S-System-Regel verändert, die Marken auf allen anderen S-Komponenten aber festgehalten werden. Diese Schaltweise ähnelt der Projektionsregel aus Abschnitt 5.1.3; daß es in der Tat eine enge Beziehung gibt, werden wir später noch genauer feststellen. Als Beispiel möge das SND-System $\mathcal{N}_b$ dienen (Abbildung 5.5). Wir betrachten die Zerlegung in N_1 (von $S_1 = \{s_1, s_3\}$ aufgespannt) und N_2 (von $S_2 = \{s_2, s_4\}$ aufgespannt) - zwei S-Systeme, die sich nur in der Transition t_3 überschneiden[3]. Die Folge:

$$\sigma = \begin{pmatrix} s_1 \\ s_2 \end{pmatrix} t_3 \begin{pmatrix} s_3 \\ s_4 \end{pmatrix} t_1 \begin{pmatrix} s_1 \\ s_4 \end{pmatrix} t_5 \begin{pmatrix} s_1 \\ s_2 \end{pmatrix} t_2 \begin{pmatrix} s_3 \\ s_2 \end{pmatrix}$$

ist eine Ausführung des Systems $\mathcal{N}_b$. Die Projektionen von σ auf N_1 bzw. N_2 lauten:

$$\begin{aligned} \sigma_1 &= (s_1)\, t_3\, (s_3)\, t_1\, (s_1)\, t_2\, (s_3) \quad &&\text{(Projektion auf } N_1\text{)} \\ \sigma_2 &= (s_2)\, t_3\, (s_4)\, t_5\, (s_2) \quad &&\text{(Projektion auf } N_2\text{).} \end{aligned}$$

In der Tat sind σ_1, σ_2 Ausführungen von $\mathcal{N}_1$ beziehungsweise von $\mathcal{N}_2$. Die Umkehrung gilt auch: eine Folge, deren Projektionen Ausführungen von $\mathcal{N}_1$ bzw. von $\mathcal{N}_2$ sind, ist eine Ausführung von $\mathcal{N}_b$. Diese Eigenschaft gilt allgemein (Übungsaufgabe 5.6.8), nicht nur in diesem Beispiel.

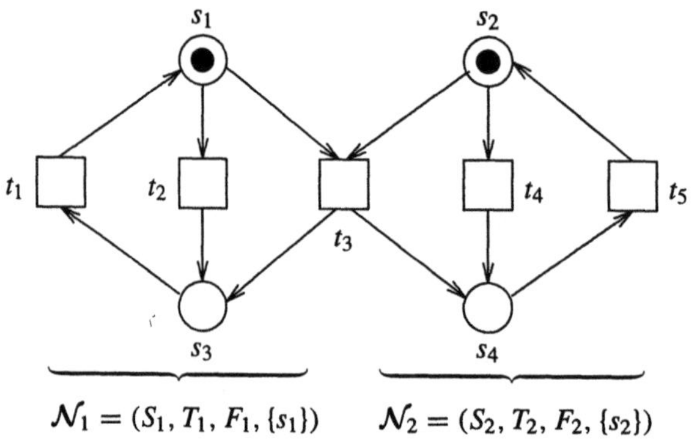

Abbildung 5.5. Das System $\mathcal{N}_b$ mit S-System-Zerlegung

5.2.3 Invarianten in Petrinetzen

Invarianten in Petrinetzen sind strukturelle Objekte, z.B. Stellenvektoren oder Stellenmengen bzw. Transitionenvektoren oder Transitionenmengen. Diese Objekte besitzen gewisse invariante Verhaltenseigenschaften, die ihren Namen rechtfertigen. Im folgenden betrachten wir zuerst Invarianten, die die Stellen eines Netzes betreffen, dann Invarianten, die die Transitionen betreffen. Später werden wir sehen, daß diese Unterteilung auch mit

[3] In diesem Beispiel ist dies übrigens die einzig mögliche S-System-Zerlegung.

der Unterscheidung von Programmeigenschaften in *safety*-Eigenschaften und in *liveness*-Eigenschaften (Abschnitt 3.4.6) zusammenhängt.

Es sei $N = (S, T, F)$ ein gradendliches Netz. Eine Funktion $\mathcal{I}: S \to \mathbb{Q}$ heißt eine *S-Invariante* von N, wenn gilt:

$$\forall t \in T: \sum_{s \in {}^{\bullet}t} \mathcal{I}(s) = \sum_{s \in t^{\bullet}} \mathcal{I}(s). \tag{5.2}$$

Von besonderer Wichtigkeit sind ganzzahlige S-Invarianten, darunter besonders diejenigen, die S in die Menge $\{0, 1\}$ abbilden; diese wollen wir $\{0, 1\}$-*S-Invarianten* nennen. Eine $\{0, 1\}$-S-Invariante $\mathcal{I}$ kann mit einer Stellenmenge $\mathcal{I} \subseteq S$ identifiziert werden. Die Gleichung (5.2) geht, wenn $\mathcal{I} \subseteq S$ eine als Stellenmenge umgedeutete $\{0, 1\}$-S-Invariante ist, über in:

$$\forall t \in T: |{}^{\bullet}t \cap \mathcal{I}| = |t^{\bullet} \cap \mathcal{I}|. \tag{5.3}$$

Die Stellenmenge einer beliebigen S-Komponente eines SND-Netzes entspricht zum Beispiel einer $\{0, 1\}$-S-Invariante.

Satz 5.2.8 KONSTANZ DER MARKENZAHL BEI S-INVARIANTEN

Es sei $\mathcal{I}$ eine S-Invariante eines Netzes N mit endlicher Stellenmenge, und es seien M_1, M_2 zwei Markierungen von N. Dann gilt:
$M_2 \in [M_1\rangle \quad \Rightarrow \quad \sum_{s \in S}(\mathcal{I}(s) \cdot M_2(s)) = \sum_{s \in S}(\mathcal{I}(s) \cdot M_1(s))$.

Beweis: Direkt aus der Transitionsregel und der Balancegleichung (5.2). ■5.2.8

Für $\{0, 1\}$-S-Invarianten $\mathcal{I} \subseteq S$ geht die Summenbalance des Satzes 5.2.8 über in:

$$M_2 \in [M_1\rangle \quad \Rightarrow \quad \sum_{s \in \mathcal{I}} M_2(s) = \sum_{s \in \mathcal{I}} M_1(s).$$

Eine Stellenmenge $\mathcal{F} \subseteq S$ heißt *Falle* von N, wenn gilt:

$$\mathcal{F}^{\bullet} \subseteq {}^{\bullet}\mathcal{F}. \tag{5.4}$$

Für eine Markierung M von N schreiben wir $M(\mathcal{F}) > 0$, wenn gilt: $\exists s \in \mathcal{F}: M(s) > 0$.

Satz 5.2.9 NICHTLEERBARKEIT VON FALLEN

Sei $\mathcal{F}$ eine Falle von N und seien M_1, M_2 zwei Markierungen von N. Dann gilt:
$(M_1(\mathcal{F}) > 0 \wedge M_2 \in [M_1\rangle) \quad \Rightarrow \quad M_2(\mathcal{F}) > 0$.

Beweis: Direkt aus der Transitionsregel und der Beziehung (5.4). ■5.2.9

Eine Funktion $\mathcal{J}: T \to \mathbb{Q}$ heißt *T-Invariante* von N, wenn gilt:

$$\forall s \in S: \sum_{t \in {}^{\bullet}s} \mathcal{J}(t) = \sum_{t \in s^{\bullet}} \mathcal{J}(t). \tag{5.5}$$

$\mathcal{J}$ heißt *semipositiv*, wenn gilt: $\forall t \in T: \mathcal{J}(t) \geq 0$. Von besonderer Wichtigkeit sind die T-Invarianten, die T in die Menge $\{0, 1\}$ abbilden; diese wollen wir $\{0, 1\}$-*T-Invarianten* nennen und mit ihrer Grundmenge (einer Teilmenge von T) identifizieren. Nicht jede

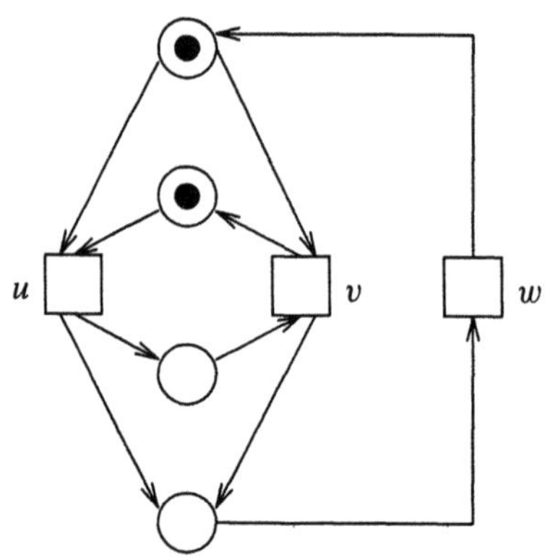

Abbildung 5.6. Ein SND-System mit minimaler nicht-{0, 1}-T-Invariante

ganzzahlige semipositive T-Invariante läßt sich als Summe von {0, 1}-T-Invarianten schreiben. Die Abbildung 5.6 zeigt ein Gegenbeispiel; die T-Invariante $\mathcal{J}$ mit:

$$\mathcal{J}(u) = 1 = \mathcal{J}(v) \quad \text{und} \quad \mathcal{J}(w) = 2$$

ist minimal, d.h., sie läßt sich nicht nichttrivial als Summe zweier {0, 1}-T-Invarianten ausdrücken.

Es sei $\tau = t_1 \ldots t_m \in T^\star$ eine beliebige endliche Folge von Transitionen von N. Die Funktion $\mathcal{P}_\tau : T \to \mathbb{N}$, die zu jeder Transition t angibt, wie oft t in τ vorkommt, heißt der *Parikh-Vektor* von τ.

Satz 5.2.10 REPRODUZIERUNG VON MARKIERUNGEN BEI T-INVARIANTEN

Es seien M_1 und M_2 zwei Markierungen von N mit $M_1 \xrightarrow{\tau} M_2$, wobei $\tau \in T^\star$ eine Schaltfolge von M_1 aus ist. Dann gilt $M_1 = M_2$ genau dann, wenn der Parikh-Vektor $\mathcal{P}_\tau$ eine T-Invariante ist.

Beweis: $M_1 = M_2$ $\Leftrightarrow$ (Gleichheit zweier Funktionen)
$\forall s \in S\colon M_1(s) = M_2(s)$
$\Leftrightarrow$ (Die Markenzahl auf s ist vor und nach τ ausbalanciert)
$\forall s \in S\colon \sum_{t \in {}^\bullet s} \mathcal{P}_\tau(t) = \sum_{t \in s^\bullet} \mathcal{P}_\tau(t)$
$\Leftrightarrow$ (Definition von T-Invarianten)
$\mathcal{P}_\tau$ ist eine T-Invariante. ■5.2.10

Satz 5.2.11 EXISTENZ SEMIPOSITIVER T-INVARIANTEN

Seien M eine beschränkte Markierung von N und $\tau = t_1 t_2 t_3 \ldots$ eine unendliche Schaltfolge von M aus. T_τ sei definiert als die Menge von Transitionen, die in τ unendlich oft vorkommen. Dann gibt es eine semipositive ganzzahlige T-Invariante $\mathcal{J}_\tau$ mit:
$T_\tau = \{ t \in T \mid \mathcal{J}_\tau(t) > 0 \}$.

Beweis: Es sei τ' ein beliebiger Suffix von τ, in dem nur Transitionen aus T_τ, aber keine anderen Transitionen vorkommen. τ' läßt sich (mit Zwischenmarkierungen) als:

$$M_0\tau_1 M_1\tau_2 M_2\tau_3 \ldots (\text{ wobei } M_0 \in [M\rangle \text{ und } \tau' = \tau_1\tau_2\tau_3 \ldots)$$

schreiben, so daß in jeder Teilfolge τ_j alle Transitionen von T_τ vorkommen. Weil (N, M) und damit auch (N, M_0) beschränkt sind, ist laut Satz 5.2.3 $[M_0\rangle$ eine endliche Menge. Daher können nicht alle Markierungen $M_0, M_1, M_2, \ldots$ verschieden sein. Also gibt es Indizes j und k mit $j < k$ und $M_j = M_k$. Laut Satz 5.2.10 ist der Parikh-Vektor $\mathcal{P} = \mathcal{P}_{\tau_{j+1}\ldots\tau_k}$ eine T-Invariante, und aus $\mathcal{P}(t) > 0$ für alle $t \in T_\tau$ folgt mit $\mathcal{J}_\tau = \mathcal{P}$ die Satzbehauptung. ∎5.2.11

5.2.4 Kausale Semantik von Petrinetzen

Die Netztheorie stellt eine spezielle Netzklasse als ein Mittel zur Definition kausaler Semantik zur Verfügung. Ein Netz $K = (B, E, G)$ heißt *Kausalnetz*, wenn gilt:

Keine Konflikte: $\forall b \in B\colon |{}^\bullet b| \leq 1 \geq |b^\bullet|$.

Keine Zyklen: Die Relation G^+ ist irreflexiv.

Aus Gründen, die gleich klar werden, heißen die Elemente von B nicht Stellen, sondern *Bedingungen* und die Elemente von E nicht Transitionen, sondern *Ereignisse*. Aufgrund der Zyklenfreiheit sind die beiden aus einem Kausalnetz $K = (B, E, G)$ abgeleiteten Strukturen:

$$(D, \prec) = (B \cup E, G^+) \quad \text{(die zu } K \text{ gehörige Halbordnung)}$$

$$(E, \prec) = (E, (G^+) \cap (E \times E)) \quad \text{(die zu } K \text{ gehörige Ereignishalbordnung)}$$

zwei Halbordnungen. Wenn auf ein Kausalnetz K Halbordnungsterminologie angewendet wird, so ist darunter stets ein Bezug auf die Halbordnung $(D, \prec)$ zu verstehen. Die Menge $\mathrm{Min}(K)$ ist zum Beispiel als $\mathrm{Min}(D, \prec)$ zu verstehen. Diese Menge besteht übrigens immer nur aus Bedingungen, ist also eine Teilmenge von B, weil per früherer Konvention kein Netz Randtransitionen, also auch kein Kausalnetz Randereignisse hat. Die zu K gehörige Halbordnung $(E, \prec)$ kann als eine Abstraktion von $(D, \prec)$ verstanden werden, in der die Bedingungen ignoriert worden sind.

Wir schränken die Netzklasse noch etwas weiter ein: ein Kausalnetz $K = (B, E, G)$ heißt *Prozeßnetz*, wenn zusätzlich gilt:

Beginn mit Schnitt: $\mathrm{Min}(K)$ ist ein Schnitt.

Alle Elemente erreichbar: K ist $\mathrm{Min}(K)$-diskret.

Ist K ein Prozeßnetz, dann besitzt $(E, \prec)$ in der Tat die Eigenschaften einer Ereignishalbordnung (Definition 4.1.1), weil diese laut Übungsaufgabe 5.6.17 aus den oben genannten Eigenschaften von Prozeßnetzen und der angenommenen Abzählbarkeit aller Netze folgen. Die beiden Strukturen $(D, \prec)$ und $(E, \prec)$ stehen in der gleichen allgemeinen Beziehung zueinander wie zum Beispiel die Abbildung 4.8 mit dem in Bild 4.3 gezeigten ersten Interleaving aus (4.2) oder die Abbildung 4.9 mit der Abbildung 4.4.

Ein kausales Verhalten eines Systems $\mathcal{N} = (S, T, F, M^0)$ wird in der folgenden Definition als ein Prozeßnetz $K = (B, E, G)$ festgelegt, das mit Hilfe einer Beschriftungsfunktion:

$$p: (B \cup E) \to (S \cup T)$$

auf $\mathcal{N}$ abgebildet wird. Die Funktion p muß sortentreu sein, d.h., es müssen $p(B) \subseteq S$ und $p(E) \subseteq T$ gelten. Als Beispiel betrachte man das linke Prozeßnetz in Abbildung 5.7, das ein kausales Verhalten von $\mathcal{N}_b$ (Abbildung 5.5) darstellt. Die Funktion p ist dort als Anschrift von Bedingungen und Ereignissen angegeben.

Es seien ein System $\mathcal{N}$, ein Prozeßnetz K und eine zwischen den beiden Netzen vermittelnde Funktion p gegeben. Wir erweitern p auf die Schnitte c von K mit $c \subseteq B$, d.h. Schnitte, die nur Kreise berühren; einem solchen Schnitt c ordnen wir die Markierung $p(c): S \to \mathbb{N}$ mit:

$$(p(c))(s) = |p^{-1}(s) \cap c|$$

für alle $s \in S$ zu. Zum Beispiel entspricht dem Anfangsschnitt des linken Kausalnetzes in der Abbildung 5.7 die Markierung $M^0 = \{s_1, s_2\}$ des Systems $\mathcal{N}_b$, dem Endschnitt des gleichen Netzes die Markierung $\{s_2, s_3\}$.

Definition 5.2.12 KAUSALE VERHALTEN EINES MARKIERTEN NETZES

Mit den eben eingeführten Bezeichnungen heißt das Paar (K, p) ein *Prozeß* des Systems $\mathcal{N} = (S, T, F, M^0)$, wenn gilt:

(1) $p(\mathrm{Min}(K)) = M^0$.

(2) Die Abbildung p ist ereignisumgebungserhaltend; d.h., für alle $e \in E$ und $s \in S$ gilt: $(|{}^\bullet e \cap p^{-1}(s)| = \chi(F)(s, p(e))) \wedge (|e^\bullet \cap p^{-1}(s)| = \chi(F)(p(e), s))$. ■5.2.12

Die Bedingung (1) besagt, daß der Prozeß (K, p) mit der Anfangsmarkierung von $\mathcal{N}$ beginnt. Die Bedingung (2) besagt, daß die Ereignisse des Prozesses (K, p) Ausführungen der Transitionen des Netzes $\mathcal{N}$ sind. Wir werden gleich anhand eines Beispiels sehen, warum eine ähnliche Forderung wie (2) für die Bedingungen des Kausalnetzes und die Stellen des Systems nicht aufgestellt wird. Betrachtet man die Transitionenmenge T von $\mathcal{N}$ als eine Menge von atomaren Aktionen und schränkt die Funktion p auf die Ereignisse E ein, dann kann man die Struktur $(E, \prec, \lambda)$ mit $\prec = (G^+) \cap (E \times E)$ und $\lambda = p|_E$ als ein Halbwort über T interpretieren. Es heißt *das von (K, p) abgeleitete Halbwort*.

Die Abbildung 5.7 zeigt einen endlichen (links) und einen unendlichen (rechts) Prozeß des SND-Systems aus Abbildung 5.5 im Sinne der Definition 5.2.12. Die Mengen B und E sind in diesem Bild als Kreise bzw. Kästchen dargestellt; im linken Prozeß gilt $|B| = 7$ und $|E| = 4$, im rechten sind beide Mengen unendlich groß. Man beachte, daß die Funktion p in keinem der beiden Prozesse injektiv ist. Im zweiten Prozeß gibt es zum Beispiel unendlich viele Ereignisse, die eine Ausführung der $\mathcal{N}_b$-Transition t_3 beschreiben. Die beiden Prozesse zeigen deutlich, warum für Bedingungen die Eigenschaft der Umgebungserhaltung *nicht* gefordert wird. In beiden Prozeßnetzen sind keine Alternativen dargestellt, und die Schleifen des Systems erscheinen in abgewickelter Form.

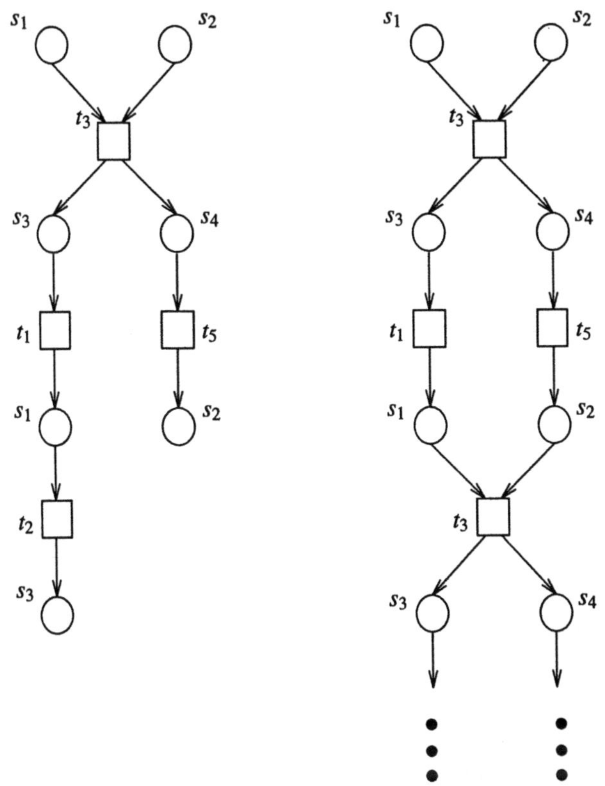

Abbildung 5.7. Zwei Prozesse des Systems $\mathcal{N}_b$ von Abbildung 5.5

Wie schon vorher (in Abschnitt 4.3) diskutiert, können die sequentiellen Ausführungen eines Netzes als Linearisierungen von Prozessen verstanden werden. Zum Beispiel ist die Ausführung:

$$\sigma = \begin{pmatrix} s_1 \\ s_2 \end{pmatrix} t_3 \begin{pmatrix} s_3 \\ s_4 \end{pmatrix} t_1 \begin{pmatrix} s_1 \\ s_4 \end{pmatrix} t_5 \begin{pmatrix} s_1 \\ s_2 \end{pmatrix} t_2 \begin{pmatrix} s_3 \\ s_2 \end{pmatrix} \tag{5.6}$$

eine Linearisierung (der Ereignisse) des linken Prozesses aus Abbildung 5.7. Die Transitionenfolge $t_3t_1t_5t_2$ dieser Ausführung entspricht einer Linearisierung der Ereignisse des Prozesses, die Markierungsfolge entspricht der dadurch bestimmten Folge von Schnitten des Prozesses.

Wir untersuchen nun diese Beziehung zwischen den Prozessen, ihren Linearisierungen und den sequentiellen Ausführungen eines Systems im allgemeinen. Es ist leicht zu sehen, daß es zu jeder Ausführung immer mindestens einen Prozeß gibt, dessen Linearisierung sie ist (siehe den Beweis von Satz 5.2.13). Umgekehrt muß es nicht zu jedem Prozeß eine linearisierende Ausführung geben. Die Abbildung 5.8 zeigt ein Gegenbeispiel. Das linke Netz ist von unendlich vielen S-Komponenten überdeckt. Der Prozeß auf der rechten Seite kann nicht in eine Ausführungsfolge linearisert werden, weil er - mit den Worten von

Abschnitt 2.3 - keinen injektiven Beobachter hat. Wie der folgende Satz zeigt, tritt ein solcher Effekt bei SND-Systemen nicht auf.

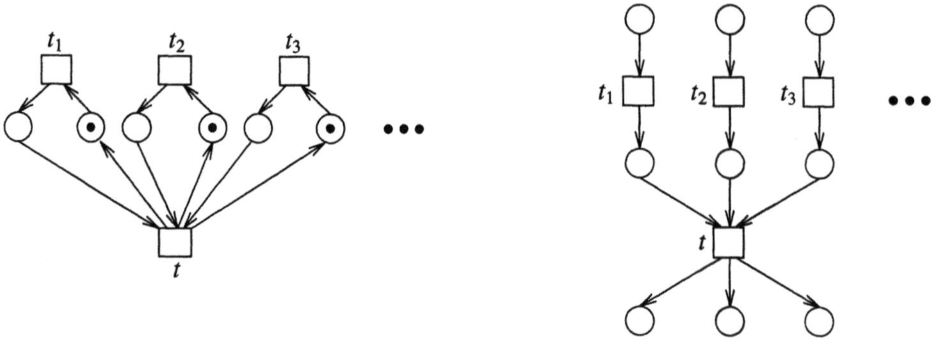

Abbildung 5.8. Ein unendliches System (links) und ein nicht linearisierbarer Prozeß (rechts)

Satz 5.2.13 LINEARISIERBARKEIT

$\mathcal{N}$ sei ein SND-System. Die Ausführungen von $\mathcal{N}$ sind genau die Linearisierungen (im oben definierten Sinn) der Prozesse von $\mathcal{N}$.

Beweis: (*Skizze*) Sei $\sigma = M^0 t_1 M_1 t_2 \dots$ eine Ausführung von $\mathcal{N}$. Man konstruiert einen Prozeß, dessen Linearisierung σ ist, induktiv: beginnend mit einer geeigneten Menge von Bedingungen, um M^0 darzustellen, fortfahrend mit einem Ereignis e_1 (durch t_1 beschriftet), dessen Eingangsbedingungen eine Teilmenge der bereits definierten Bedingungen bilden und dessen Ausgangsbedingungen Teil der M_1 darstellenden Bedingungsmenge sind; usw.

Umgekehrt sei (K, p) ein Prozeß von $\mathcal{N}$. Wir nutzen aus, daß $\mathcal{N}$ als SND-System nur endlich viele S-Komponenten hat. Daraus folgt, daß jede Transition von $\mathcal{N}$ im graphentheoretischen Sinne gradendlich ist. Aus der Umgebungserhaltung 5.2.12(2) und aus der Eigenschaft $|{}^\bullet b| \leq 1 \geq |b^\bullet|$ von Kausalnetzen folgt, daß K gradendlich ist. Der Satz 2.3.7 ist nun anwendbar, denn seine beiden anderen Voraussetzungen sind wegen der vorausgesetzten Abzählbarkeit aller Netze und wegen den Eigenschaften von Prozeßnetzen erfüllt. Aus Satz 2.3.7 folgt die Existenz eines injektiven Beobachters von K, der (*modulo* der Übersetzung zwischen Ereignissen / Transitionsfolgen und Schnitten / Markierungen) die Linearisierung von (K, p) in eine Ausführung, deren Existenz in der Satzaussage behauptet wurde, leistet. ■5.2.13

Das System aus Abbildung 5.8 verletzt die Voraussetzung des Satzes 5.2.13, denn die Transition t ist nicht gradendlich. Im Gegensatz dazu erfüllt das SND-System $\mathcal{N}_b$ der Abbildung 5.5 die Voraussetzungen des Satzes. Wir überprüfen die Behauptung des Satzes, indem wir für beide Prozesse der Abbildung 5.7 zeigen, daß sie sich in der Tat in sequentielle Ausführungen linearisieren lassen. Wir geben zunächst die Schaltfolgen an, dann die Ausführungen.

$\tau_1 = t_3t_1t_5t_2$ linearisiert den linken Prozeß von Abbildung 5.7;

$\tau_2 = t_3t_5t_1t_2$ linearisiert den linken Prozeß von Abbildung 5.7;

$\tau_3 = t_3t_5t_1t_3t_5t_1t_3t_5t_1t_3\ldots$ linearisiert den rechten Prozeß von Abbildung 5.7.

Die der Schaltfolge τ_1 entsprechende Ausführung ist in (5.6) angegeben, die zu τ_2 gehörige Ausführung ist:

$$\sigma = \begin{pmatrix} s_1 \\ s_2 \end{pmatrix} t_3 \begin{pmatrix} s_3 \\ s_4 \end{pmatrix} t_5 \begin{pmatrix} s_3 \\ s_2 \end{pmatrix} t_1 \begin{pmatrix} s_1 \\ s_2 \end{pmatrix} t_2 \begin{pmatrix} s_3 \\ s_2 \end{pmatrix}$$

Die zu τ_3 gehörige Ausführung ergibt sich entsprechend. Der Leser beachte, daß alle Zwischenmarkierungen dieser Folgen eindeutig einer Folge von Schnitten im jeweiligen Prozeß entsprechen. Die drei angegebenen Linearisierungen sind nicht die einzig möglichen. Der rechte Prozeß in Abbildung 5.7 hat sogar unendlich viele Linearisierungen. Der Satz 5.2.13 behauptet die Existenz mindestens einer Linearisierung, nicht ihre Eindeutigkeit.

Dieser Satz und die mit ihm eng zusammenhängende Aussage der Übungsaufgabe 5.6.19 zeigen eine prinzipielle Äquivalenz der sequentiellen und der kausalen Semantik von markierten Netzen. Die Menge der erreichbaren Markierungen eines markierten Netzes, definiert über Schaltfolgen, ist gleich der Menge der erreichbaren Markierungen, definiert mit Hilfe von Prozessen. Denn ist eine Markierung durch eine endliche Schaltfolge erreichbar, dann taucht sie laut Satz 5.2.13($\subseteq$) auch als Beschriftung eines Schnittes in einem Prozeß auf. Ist eine Markierung umgekehrt durch einen Schnitt eines Prozesses definiert, dann ist dieser Prozeß laut Satz 5.2.13($\supseteq$) linearisierbar, und die Markierung taucht auch in mindestens einer der möglichen lineariserenden Ausführungen auf.

5.3 Netzsemantik von Top-Level-Kontrollprogrammen

In Abschnitt 5.3.1 geben wir eine Übersetzung an, die jedem regulären top-level-Kontrollprogramm κ ein SND-System $\mathcal{N}(\kappa)$ zuordnet. Durch diese Zuordnung entsteht die Frage nach der Konsistenz zweier Semantiken:

(1) der Semantik von κ, sequentiell mittels der Ausführungsmengen $cs(\kappa)$ und $ccs(\kappa)$ und parallel mit Hilfe von Halbwörtern;

(2) der Semantik des zugeordneten Systems $\mathcal{N}(\kappa)$ sequentiell mittels seiner Schaltfolgen und parallel mit Hilfe von Prozessen bzw. daraus abgeleiteten Halbwörtern.

Diese Konsistenz untersuchen wir in Abschnitt 5.3.2. Es wird sich herausstellen, daß dafür eine Eigenschaft von Kontrollprogrammen, die wir Wohlgeformtheit nennen, von Bedeutung ist. In Abschnitt 5.3.3 diskutieren wir die Rolle dieser Eigenschaft und auch die Rolle der bisher normalerweise vorausgesetzten Eigenschaft der Regularität.

5.3.1 Übersetzung von Kontrollprogrammen in SND-Systeme

Die Übersetzung von κ in $\mathcal{N}(\kappa)$ geschieht in zwei Schritten: zuerst für sequentielle Kontrollprogramme γ und dann für parallele top-level-Kontrollprogramme κ. Die Abbildung

5.9 zeigt die erste der beiden Übersetzungen in schematischer Weise. Die folgende Definition formalisiert sie.

Definition 5.3.1 NETZSEMANTIK VON SEQUENTIELLEN KONTROLLPROGRAMMEN

γ sei ein reguläres sequentielles Kontrollprogramm über A. Wir definieren induktiv ein unmarkiertes Netz $N(\gamma)$:

- $\gamma = a$ $(a \in A)$. $N(\gamma)$ hat zwei Stellen $\mathit{first}(\gamma)$ und $\mathit{last}(\gamma)$ sowie eine Transition a; die Verbindungsrelation ist definiert als $\{(\mathit{first}(\gamma), a), (a, \mathit{last}(\gamma))\}$.
- $\gamma = \gamma_1; \gamma_2$. $N(\gamma)$ ergibt sich aus $N(\gamma_1)$ und $N(\gamma_2)$ durch Identifikation von $\mathit{last}(\gamma_1)$ mit $\mathit{first}(\gamma_2)$; $\mathit{first}(\gamma)$ ist definiert als $\mathit{first}(\gamma_1)$, $\mathit{last}(\gamma)$ als $\mathit{last}(\gamma_2)$.
- $\gamma = \gamma_1 \square \gamma_2$. $N(\gamma)$ ergibt sich aus $N(\gamma_1)$ und $N(\gamma_2)$ durch Identifikation von $\mathit{first}(\gamma_1)$ mit $\mathit{first}(\gamma_2)$ und $\mathit{last}(\gamma_1)$ mit $\mathit{last}(\gamma_2)$; $\mathit{first}(\gamma)$ ist definiert als $\mathit{first}(\gamma_1)$ $(= \mathit{first}(\gamma_2))$, $\mathit{last}(\gamma)$ als $\mathit{last}(\gamma_1)$ $(= \mathit{last}(\gamma_2))$.
- $\gamma = (\gamma_0 \mid b_1 \square \ldots \square b_m)^\infty$. $N(\gamma)$ ergibt sich aus $N(\gamma_0)$ und $N(b_1), \ldots, N(b_m)$ durch Identifikation von $\mathit{first}(\gamma_0)$ mit $\mathit{last}(\gamma_0)$ und mit allen m Stellen $\mathit{first}(b_j)$, sowie durch Identifikation aller m Stellen $\mathit{last}(b_j)$; $\mathit{first}(\gamma)$ ist definiert als $\mathit{first}(\gamma_0)$ $(= \mathit{last}(\gamma_0) = \mathit{first}(b_1) = \ldots = \mathit{first}(b_m))$, und $\mathit{last}(\gamma)$ ist definiert als $\mathit{last}(b_1)$ $(= \ldots = \mathit{last}(b_m))$.

Das zu γ gehörige S/T-System $\mathcal{N}(\gamma)$ ist definiert als $\mathcal{N}(\gamma) = (N(\gamma), M^0)$ mit (in Teilmengenschreibweise) $M^0 = \{\mathit{first}(\gamma)\}$. ■5.3.1

Der Leser beachte den Spezialfall $m = 0$ im letzten Teil der Definition 5.3.1. Dann ist die Stelle $\mathit{last}(\gamma)$ isoliert; anfänglich ist sie unmarkiert und bleibt wegen ihrer Isolierung stets unmarkiert.

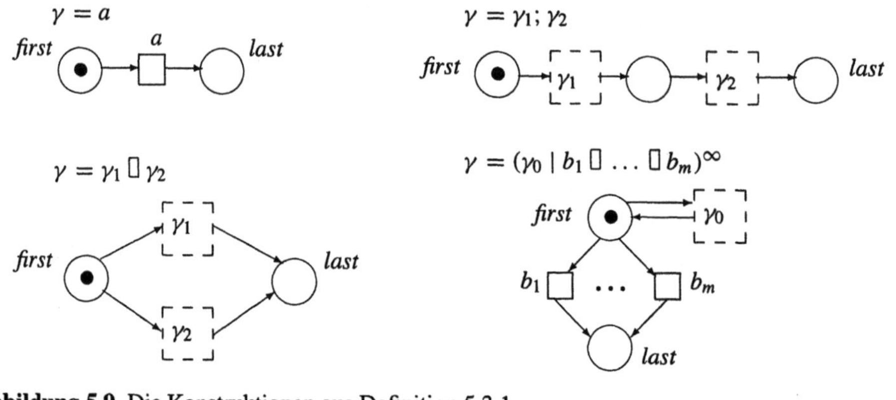

Abbildung 5.9. Die Konstruktionen aus Definition 5.3.1

Für die Konstruktion 5.3.1 gelten die Kommutativitäts- und Assoziativitätseigenschaften:

$$\begin{aligned}
\mathcal{N}((\gamma_1; \gamma_2); \gamma_3) &= \mathcal{N}(\gamma_1; (\gamma_2; \gamma_3)) \\
\mathcal{N}(\gamma_1 \square \gamma_2) &= \mathcal{N}(\gamma_2 \square \gamma_1) \\
\mathcal{N}((\gamma_1 \square \gamma_2) \square \gamma_3) &= \mathcal{N}(\gamma_1 \square (\gamma_2 \square \gamma_3)).
\end{aligned}$$

Aus der Konstruktion folgt auch direkt, daß $\mathcal{N}(\gamma)$ ein S-System mit dessen Eigenschaften (z.B. Sicherheit) ist. Außerdem folgt aus der Regularität von γ, daß jeder Aktion a von $A(\gamma)$ *genau eine* Transition t von $\mathcal{N}(\gamma)$ entspricht. Der Grund dafür ist an der Abbildung 5.9 abzulesen. Keine der vier Konstruktionen kann bei regulärem γ zu zwei verschiedenen Transitionen mit dem gleichen Aktionsnamen führen. Wegen dieser eindeutigen Entsprechung, der wichtigsten Konsequenz aus der Regularität, darf und wird die Menge $A(\gamma)$ mit der Transitionenmenge T von $N(\gamma)$ identifiziert werden. Es folgt insbesondere daraus, daß die Menge der Kontrollfolgen von γ und die Menge der Schaltfolgen von $\mathcal{N}(\gamma)$ auf gegenseitiges Enthaltensein verglichen werden können. Darauf kommen wir in Abschnitt 5.3.2 zu sprechen.

Im zweiten Schritt vervollständigen wir nun die Übersetzung von Kontrollprogrammen in Netze, indem wir einem nichtsequentiellen Kontrollprogramm κ ein SND-System $\mathcal{N}(\kappa)$ zuordnen. Dies führen wir jedoch nur für top-level-Kontrollprogramme durch, die von der Form $\kappa = \gamma_1 \| \ldots \| \gamma_n$ sind (alle γ_i sequentiell); für den allgemeinen Fall verweisen wir auf die Übungsaufgabe 5.6.21.

Definition 5.3.2 NETZSEMANTIK VON PARALLELEN KONTROLLPROGRAMMEN

Sei $\kappa = \gamma_1 \| \ldots \| \gamma_n$ ein reguläres top-level-Kontrollprogramm und seien:

$$\mathcal{N}_i = \mathcal{N}(\kappa_i) = (S_i, T_i, F_i, M_i^0)$$

die zu κ_i gehörigen markierten Netze ($1 \le i \le n$). Die Mengen T_i brauchen nicht wechselseitig disjunkt zu sein. Das κ zugeordnete markierte Netz $\mathcal{N}(\kappa)$ ist definiert als:

$$\mathcal{N}(\kappa) = (S, T, F, M^0) = (\biguplus_{i=1}^n S_i, \bigcup_{i=1}^n T_i, \biguplus_{i=1}^n F_i, \biguplus_{i=1}^n M_i^0). \quad \blacksquare 5.3.2$$

Da die Vereinigung von n S-Systemen, die sich höchstens an Transitionen überschneiden, ein SND-System ist, und da das System $\mathcal{N}(\gamma_i)$ für jeden Index i ein S-System ist, folgt, daß $\mathcal{N}(\kappa)$ stets ein SND-System ist. Aus Korollar 5.2.7 folgt, daß $\mathcal{N}(\kappa)$ sicher ist. Nach Konstruktion gelten auch die Kommutativität und die Assoziativität:

$$\begin{aligned} \mathcal{N}(\kappa_1 \| \kappa_2) &= \mathcal{N}(\kappa_2 \| \kappa_1) \\ \mathcal{N}((\kappa_1 \| \kappa_2) \| \kappa_3) &= \mathcal{N}(\kappa_1 \| (\kappa_2 \| \kappa_3)), \end{aligned}$$

wegen der entsprechenden Eigenschaften der Vereinigung und der disjunkten Vereinigung. Die Abbildung 5.10 zeigt das SND-System zu folgendem Beispiel:

$$\gamma_1 = (a \,\square\, b), \quad \gamma_2 = (a; b), \quad \kappa = \gamma_1 \| \gamma_2.$$

Jeder Aktion in $A(\kappa)$ entspricht *genau eine* Transition in T; diese Eigenschaft übernimmt κ auf Grund der Definition durch die (nicht-disjunkte) Vereinigung der Transitionenmengen T_i von den Netzen $\mathcal{N}(\gamma_i)$. Daher können die beiden Mengen $A(\kappa)$ und T wie bei sequentiellen Kontrollprogrammen identifiziert werden.

Mit $\mathcal{L}(\mathcal{N}(\kappa))$ bezeichnen wir - konsistent mit der in Definition 5.2.1 eingeführten Bezeichnungsweise - die Menge der Schaltfolgen von $\mathcal{N}(\kappa)$. Mit $\mathcal{CL}(\mathcal{N}(\kappa))$ (für *engl.* complete language) bezeichnen wir diejenige Menge von endlichen Schaltfolgen τ von $\mathcal{N}(\kappa)$ mit der Eigenschaft, daß die nach τ erreichte Markierung alle *last*-Stellen von $\mathcal{N}(\kappa)$ (und nur diese) mit einer Marke belegt - d.h. die vollständigen Schaltfolgen. Der Begriff der vollständigen Schaltfolge macht nur bei einem Netz mit *last*-Stellen Sinn, weswegen er erst hier und nicht schon in Definition 5.2.1 eingeführt wird.

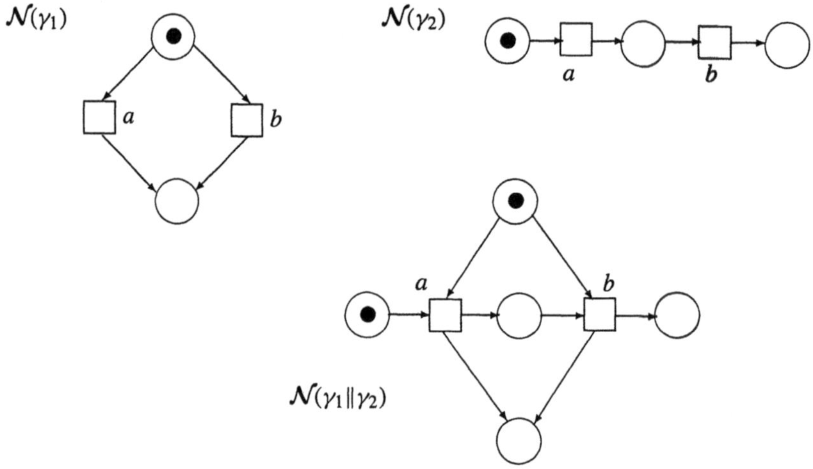

Abbildung 5.10. Beispiel zur Definition 5.3.2 mit $\gamma_1 = (a \square b)$ und $\gamma_2 = (a; b)$

5.3.2 Semantikvergleich von Kontrollprogrammen und Petrinetzen

Aufgrund der Identifikation von Aktionsnamen von κ und Transitionen von $\mathcal{N}(\kappa)$ kann die sequentielle Semantik von κ (d.h. die Mengen $cs(\kappa)$ und $ccs(\kappa)$) mit der sequentiellen Semantik von $\mathcal{N}(\kappa)$ (d.h. den Schaltfolgen $\mathcal{L}(\mathcal{N}(\kappa))$ bzw. $\mathcal{CL}(\mathcal{N}(\kappa))$) verglichen werden. Genauso können die Halbwörter des parallelen Verhaltens von κ mit den aus den Prozessen von $\mathcal{N}(\kappa)$ abgeleiteten Halbwörtern verglichen werden. Abgesehen davon, daß es im allgemeinen ohnehin mehr parallele als kausale Verhalten gibt, sind die einander entsprechenden Mengen noch aus einem anderen Grund nicht immer gleich. Betrachten wir zunächst nur die sequentielle Semantik eines sequentiellen Kontrollprogramms γ und seines Netzes $\mathcal{N}(\gamma)$. Zwar ist, wie sich im späteren Satz 5.3.5(i)($\subseteq$) herausstellen wird, jede Kontrollfolge von γ stets auch eine Schaltfolge von $\mathcal{N}(\gamma)$, aber nicht umgekehrt. Zwei Gegenbeispiele sind in Abbildung 5.11 gezeigt:

$$\begin{aligned}\gamma_1 &= a \square (c|b)^\infty \\ \gamma_2 &= ((a|c)^\infty|b)^\infty.\end{aligned}$$

Die markierten Netze $\mathcal{N}(\gamma_1)$ und $\mathcal{N}(\gamma_2)$ haben jeweils mehr Schaltfolgen als es Elemente in den Mengen $cs(\gamma_1)$ bzw. $cs(\gamma_2)$ gibt. In der Tat ist ca eine Schaltfolge von $\mathcal{N}(\gamma_1)$, aber kein Element von $cs(\gamma_1)$. Die Folge cab ist eine Schaltfolge von $\mathcal{N}(\gamma_2)$, aber kein Element von $cs(\gamma_2)$. Diese Unverträglichkeit rührt daher, daß in beiden Fällen eine innere Schleife an schlechter Position vorkommt. Da dieser Fall bei den Programmiernotationen, die wir noch betrachten werden, nicht auftritt, schließen wir ihn mittels der folgenden Definition auch für Kontrollprogramme aus.

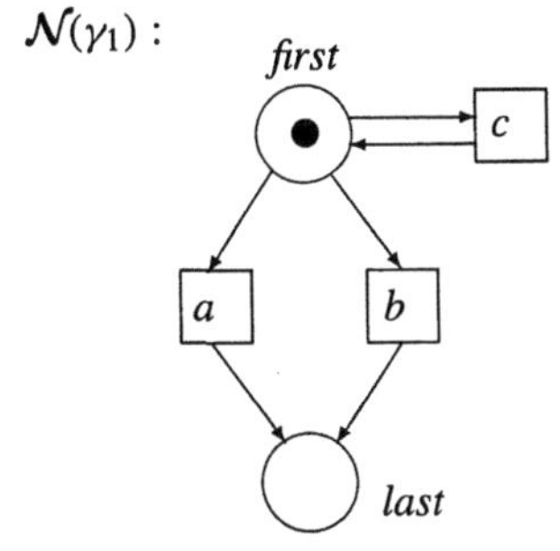

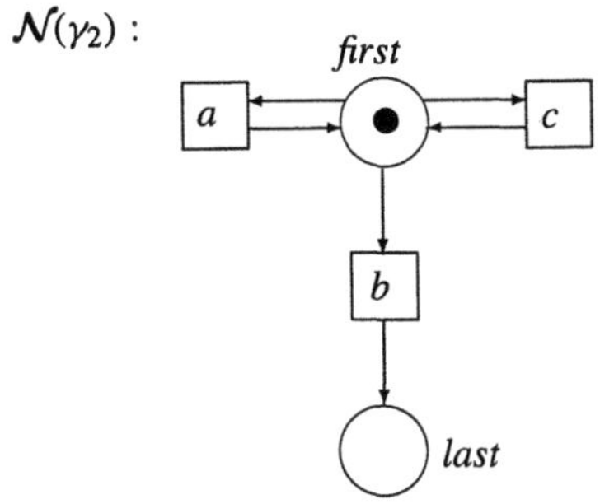

Abbildung 5.11. Die zu $\gamma_1 = a \,\Box\, (c|b)^\infty$ und $\gamma_2 = (\,(a|c)^\infty|b\,)^\infty$ gehörigen S-Systeme

Definition 5.3.3 WOHLGEFORMTHEIT

Ein sequentielles Kontrollprogramm γ über A heißt *wohlgeformt*, wenn es aus der folgenden abstrakten Syntax ableitbar ist, wobei δ eine syntaktische Hilfskategorie ist:

$$\begin{array}{lcl} \gamma & ::= & \delta \mid \gamma_1; \gamma_2 \mid (\delta_0 \mid b_1 \,\Box\, \ldots \,\Box\, b_m)^\infty \\ \delta & ::= & a \mid \delta_0; \gamma \mid \delta_1 \,\Box\, \delta_2, \end{array}$$

wobei $a, b_1, \ldots, b_m \in A$.

$\kappa = \gamma_1 \| \ldots \| \gamma_n$ heißt *wohlgeformt*, wenn alle γ_i $(1 \leq i \leq n)$ wohlgeformt sind. ∎5.3.3

Eine technische Konsequenz aus dieser Definition ist:

Lemma 5.3.4

Mit δ wie in Definition 5.3.3 *gilt: first(δ) hat keinen Eingangspfeil in $N(\delta)$, d.h. ${}^\bullet first(\delta) = \emptyset$ in $N(\delta)$.*

Beweis: Die Behauptung (kein Eingangspfeil) gilt für $\delta = a$ und pflanzt sich über $\delta = \delta_0; \gamma$ sowie über $\delta = \delta_1 \,\Box\, \delta_2$ vermöge der Konstruktion aus Definition 5.3.1 fort. ∎5.3.4

Die Stelle *last*(γ) hat nach Konstruktion niemals einen Ausgangspfeil; selbstverständlich kann sie mehr als einen Eingangspfeil haben, auch wenn γ wohlgeformt ist.

Wir untersuchen nunmehr die Konsistenz der Kontrollfolgen $cs(\kappa)$ und $ccs(\kappa)$ mit den Schaltfolgen $\mathcal{L}(\mathcal{N}(\kappa))$ bzw. $\mathcal{CL}(\mathcal{N}(\kappa))$. Unter der Voraussetzung, daß γ wohlgeformt ist, läßt sich zeigen, daß die Kontrollfolgen von κ und die Schaltfolgen von $\mathcal{N}(\kappa)$ in einer eindeutigen Beziehung zueinander stehen; die Wohlgeformtheitsvoraussetzung ist nur für die Richtung ($\supseteq$) (beider Teile) dieses Satzes von Bedeutung. Der Satz wird unter der Voraussetzung formuliert, daß $A(\kappa) = T(\mathcal{N}(\gamma))$ gilt.

Satz 5.3.5 KONSISTENZ VON KONTROLLFOLGEN UND SCHALTFOLGEN

Sei κ ein reguläres und wohlgeformtes top-level-Kontrollprogramm, $\mathcal{N}(\kappa)$ das zugehörige SND-System. Dann gilt: (i) $cs(\kappa) = \mathcal{L}(\mathcal{N}(\kappa))$.

(ii) $ccs(\kappa) = \mathcal{CL}(\mathcal{N}(\kappa))$.

Beweis: Durch Induktion über den Aufbau von κ. Wir zeigen nur die Fälle $\kappa = \gamma_1 \,\Box\, \gamma_2$, $\kappa = (\gamma_0|b)^\infty$ und $\kappa = \gamma_1 \| \gamma_2$ ($\gamma_0, \gamma_1, \gamma_2$ sequentiell).

• $\kappa = \gamma_1 \,\Box\, \gamma_2$. Dann sind wegen der Wohlgeformtheitsvoraussetzung für κ beide Programme γ_1 und γ_2 von der Form δ (Definition 5.3.3). Die Teile ($\subseteq$) der Satzaussage, d.h. $cs(\kappa) \subseteq \mathcal{L}(\mathcal{N}(\kappa))$ und $ccs(\kappa) \subseteq \mathcal{CL}(\mathcal{N}(\kappa))$, folgen direkt aus der Konstruktion von $\mathcal{N}(\gamma_1 \,\Box\, \gamma_2)$ und den entsprechenden Induktionshypothesen. Sei umgekehrt $\tau \in \mathcal{L}(\mathcal{N}(\kappa))$ eine Schaltfolge. Wir beweisen durch Widerspruch, daß $\tau \in A(\gamma_1)^\infty$ oder $\tau \in A(\gamma_2)^\infty$ gilt. Angenommen, es gibt Aktionen $a^1 \in A(\gamma_1), a^2 \in A(\gamma_2)$ mit:

$$\tau \;=\; \underbrace{a_1 \ldots a^1}_{\text{nur } A(\gamma_1)} \; \underbrace{a^2}_{A(\gamma_2} \; \ldots$$

Dann gilt ${}^\bullet a^2 = \{\mathit{first}(\gamma_2)\}$, also auch $a^{1\bullet} = \{\mathit{first}(\gamma_2)\} = \{\mathit{first}(\gamma_1)\}$ nach Konstruktion; $\mathit{first}(\gamma_1)$ hat einen Eingangspfeil in $N(\gamma_1)$, im Widerspruch zu Lemma 5.3.4. Demnach gibt es also keine solche Aktionen a^1 und a^2, und es gilt stattdessen:

$$(\tau \in \mathcal{L}(\mathcal{N}(\gamma_1))) \;\vee\; (\tau \in \mathcal{L}(\mathcal{N}(\gamma_2)))\;.$$

Die Satzbehauptung (i)($\supseteq$), d.h., $\tau \in cs(\gamma_1 \,\Box\, \gamma_2)$ folgt nun aus der Induktionshypothese. Genauso zeigt man $ccs(\kappa) \supseteq \mathcal{CL}(\mathcal{N}(\kappa))$.

• $\kappa = (\gamma_0|b)^\infty$. Wieder zeigt man leicht Teil ($\subseteq$) der beiden Satzaussagen aus den Induktionshypothesen, ohne die Wohlgeformtheit von κ zu benötigen. Umgekehrt sei $\tau \in \mathcal{L}(\mathcal{N}(\kappa))$. Dann ist τ von der folgenden Form (mit Zwischenmarkierungen):

$$\tau \;=\; a_1^1 \ldots a_{m_1}^1 M_1 a_2^1 \ldots a_{m_2}^2 M_2 \;\ldots\;,$$

wobei $\{\mathit{first}(\kappa)\}, M_1, M_2$, etc. die einzigen Markierungen sind, die auf $\mathit{first}(\kappa)$ eine Marke legen. Nach Konstruktion ist $\mathit{first}(\kappa)$ eine Kombination von drei Stellen: $\mathit{first}(b), \mathit{first}(\gamma_0)$ und $\mathit{last}(\gamma_0)$. Weil $\mathit{first}(\gamma_0)$ in $N(\gamma_0)$ nach Lemma 5.3.4 keinen Eingangspfeil hat, gilt:

$$a_{m_1}^{1\bullet} = a_{m_2}^{2\bullet} = \ldots = \{\mathit{last}(\gamma_0)\}.$$

Laut Induktionshypothese für Teil (ii) des Satzes liegen die Folgen $a_1^1 \ldots a_{m_1}^1$, $a_2^1 \ldots a_{m_2}^2$ usw. in $ccs(\kappa)$. Deswegen ist τ von der gewünschten Form und liegt in $cs(\kappa)$. Genauso zeigt man $ccs(\kappa) \supseteq \mathcal{CL}(\mathcal{N}(\kappa))$.

• $\kappa = \gamma_1 \| \gamma_2$. In diesem Fall folgt der Beweis aus einem Vergleich der Projektionsregel für Kontrollprogramme (Abschnitt 5.1.3) und der Projektionsregel für SND-Systeme (Übungsaufgabe 5.6.8), sowie den entsprechenden, hier nicht extra aufgeführten Regeln für vollständige Folgen. ∎5.3.5

Mit diesem Satz ist die Beziehung zwischen den sequentiellen Semantiken von top-level-Kontrollprogrammen und ihren zugeordneten SND-Systemen geklärt. In den vorherigen Abschnitten ist bereits die Beziehung zwischen sequentieller und paralleler bzw. kausaler Semantik, einzeln jeweils für Kontrollprogramme und für Netze, geklärt worden. Es bleibt zu klären, wie die parallele Semantik von Kontrollprogrammen (Halbwörter, Abschnitt 5.1.3) und die kausale Semantik von Netzen (Prozesse, Abschnitt 5.2.4) miteinander zusammenhängen. Wir bemerken zuerst, daß der Satz 5.2.13, der Bedingungen dafür angibt, daß ein paralleles Verhalten zu einer Schaltfolge oder Ausführung linearisiert werden kann, und daß deswegen sequentielle und parallele Semantik in bezug auf die Menge der erreichbaren Zustände gleichmächtig sind, auf SND-Systeme, die von Kontrollprogrammen herstammen, anwendbar ist. Denn für ein reguläres top-level-Kontrollprogramm κ ist $\mathcal{N}(\kappa)$, wie gesehen, ein SND-System, und der Satz 5.2.13 hat Gültigkeit.

Wir formulieren jetzt eine Erweiterung des Satzes 5.3.5:

Satz 5.3.6 KONSISTENZ VON VERHALTEN VON κ UND PROZESSEN VON $\mathcal{N}(\kappa)$

Sei κ ein reguläres und wohlgeformtes top-level-Kontrollprogramm.
Sei $(K, p) = (B, E, G, p)$ ein Prozeß von $\mathcal{N}(\kappa)$.
Dann ist das von (K, p) abgeleitete Halbwort $\vartheta = (E, \prec, \lambda)$ mit:

$$\prec \;=\; (G^+) \cap (E \times E)$$
$$\lambda \;=\; p|_E$$

ein Verhalten von κ, und zwar ein bezüglich der Relation $\blacktriangleright$ minimales. Umgekehrt kann jedes bezüglich $\blacktriangleright$ minimale Verhalten von κ aus einem Prozeß von $\mathcal{N}(\kappa)$ so abgeleitet werden.

Beweis: Sei $\kappa = \gamma_1 \| \ldots \| \gamma_n$ (alle γ_i sequentiell) und sei $(K, p) = (B, E, G, p)$ ein Prozeß von $\mathcal{N}(\kappa)$. Es ist leicht zu zeigen, daß (K, p) von n Linien l_i überdeckt ist, von denen jede ein Prozeß von $\mathcal{N}(\gamma_i)$ ist. Diese Linien sind wechselseitig disjunkt bezüglich der Bedingungen und der Kanten; sie schneiden sich höchstens in Ereignissen, wenn deren Transition mehreren der Komponenten $\mathcal{N}(\gamma_i)$ zugehört. Die Ereignismenge jeder Linie l_i ist auch eine li-Menge (nicht notwendigerweise eine Linie) in ϑ und isomorph zu $proj(\vartheta, A(\gamma_i))$. Aus Satz 5.3.5($\supseteq$) folgt, daß ϑ in der Tat ein Verhalten von κ ist. Zu zeigen ist die Minimalität von ϑ bezüglich der Relation $\blacktriangleright$.

Gilt $e \prec e'$ in ϑ, dann gibt es eine Kette $e_1, \ldots, e_m$ mit:

$$e = e_1 \prec\!\!\cdot \;\ldots \prec\!\!\cdot\; e_m = e' \quad (\prec\!\!\cdot \text{ in } \vartheta).$$

Es folgt, daß in (K, p) eine Kette $b_0, e_1, b_1, \ldots, b_{m-1}, e_m, b_m$ mit:

$$b_0 \in {}^\bullet e_1, \quad b_j \in e_j^\bullet \cap {}^\bullet e_{j+1} \text{ für } 1 \leq j < m \text{ und, } \quad b_m \in e_m^\bullet$$

existiert. Daraus folgt, daß für alle j, $1 \leq j < m$, die Transitionen $p(e_j)$ und $p(e_{j+1})$ in einer gemeinsamen S-Komponenten liegen, nämlich in der gleichen, in der auch $p(b_j)$ liegt (und diese ist eindeutig). Angenommen nun, $\vartheta' = (E, \prec', \lambda)$ wäre ein stärkeres Verhalten von κ, d.h. $\vartheta' \blacktriangleright \vartheta$, und es gälte $\neg(e \prec' e')$ in ϑ'. Dann gäbe es einen Index j mit $\neg(e_j \prec\!\!\cdot\, ' e_{j+1})$ $(1 \leq j < m)$. Da aber $p(e_j)$ und $p(e_{j+1})$ in einer gemeinsamen S-Komponenten liegen, ist $e_j \; co' \; e_{j+1}$ unmöglich, und es gilt $e_{j+1} \prec' e_j$, was allerdings im Widerspruch dazu steht, daß, nach Definition von $\blacktriangleright$, die $\prec'$-Relation von ϑ' in ϑ erhalten bleibt. Also war die Annahme falsch, und ϑ ist bereits ein maximal starkes (d.h. bezüglich $\blacktriangleright$ minimales) Verhalten von κ.

Sei umgekehrt $\vartheta = (E, \prec, \lambda)$ ein bezüglich $\blacktriangleright$ minimales Verhalten von κ. Wir betrachten zwei Ereignisse e und e', die in ϑ in der Relation $\prec\!\!\cdot$ stehen: $e \prec\!\!\cdot\; e'$ und deren Aktionen $a = \lambda(e)$ sowie $a' = \lambda(e')$. Angenommen, es gäbe keine Komponente γ_i mit $\{a, a'\} \subseteq A(\gamma_i)$. Dann betrachte man das Halbwort $\vartheta' = (E, \prec', \lambda)$ mit $\prec' = \prec \setminus \{(e, e')\}$, das die gleichen Projektionen wie ϑ hat und daher ein stärkeres Verhalten ist, im Widerspruch zu der Annahme, daß ϑ bereits stärkestmöglich ist. Also gibt es (mindestens) eine Komponente γ_i mit $\{a, a'\} \subseteq A(\gamma_i)$. Wir betrachten das Netz $N(\gamma_i)$, in dem a und a' Transitionen sind. Aus Satz 5.3.5($\subseteq$), angewendet auf die i'te Projektion von ϑ, und aus den Eigenschaften von Schaltfolgen in S-Netzen, folgt, daß $a^\bullet \cap {}^\bullet a' = \{s\}$ für eine Stelle s von $N(\gamma_i)$ ist. Folglich kann zwischen e und e' eine Bedingung b mit der Anschrift $p(b) = s$ eingeschoben werden (liegen a und a' in mehreren gemeinsamen Komponenten, werden mehrere Bedingungen eingeschoben). Auf diese Weise wird das Halbwort ϑ sukzessive mit Bedingungen angereichert, bis ein beschriftetes Kausalnetz resultiert. Die Ereignisse in Min(ϑ) werden mit Vorstellen nach Maßgabe der Anfangsmarkierung von $\mathcal{N}(\kappa)$ versehen, die Ereignisse in Max(ϑ) mit Nachstellen nach Maßgabe derjenigen S-Komponenten, in denen sich ihre Aktionen (d.h. Transitionen) befinden. Das Ergebnis dieser Konstruktion ist ein Prozeß von $\mathcal{N}(\kappa)$. ■5.3.6

Dieser und die vorangegangenen Sätze klären die Beziehungen zwischen sequentieller, paralleler und kausaler Semantik von regulären und wohlgeformten Kontrollprogrammen κ. Zusammenfassend gilt, daß die sequentielle Semantik von κ gleichwertig beschrieben ist durch die Angabe von:

- den Kontrollfolgen von κ (Definitionen 5.1.1 und 5.1.6);
- den ▶-maximalen (und damit auch linearen) Verhalten von κ (Definition 5.1.10);
- den Schaltfolgen von $\mathcal{N}(\kappa)$ (Definition 5.2.1).

Die kausale Semantik von κ ist gleichwertig beschrieben durch die Angabe von:

- den ▶-minimalen Verhalten von κ (Definition 5.1.10);
- den Prozessen von $\mathcal{N}(\kappa)$ und deren abgeleiteten Halbwörtern (Definition 5.2.12).

Die parallele Semantik von κ, definiert in Abschnitt 5.1.3, umfaßt ein Spektrum von Verhalten inklusive der beiden eben erwähnten sequentiellen und kausalen. Aus der kausalen kann die parallele Semantik durch Halbwort-Abschwächung gewonnen werden.

5.3.3 Wohlgeformtheit und Regularität

Die Semantik eines nicht-wohlgeformten Kontrollprogramms ist durch das ihm mittels Definition 5.3.1 zugeordnete Netz nicht konsistent erfaßt, denn, wie gesehen, kann dieses Netz mehr Verhalten als das Kontrollprogramm erzeugen. Man kann allerdings diese Definition so modifizieren, daß die Wohlgeformtheit sozusagen 'erzwungen' wird. Das kann durch die Abwicklung einer Schleife - deren Schachtelung ja der Grund der erwähnten Inkonsistenz ist - geschehen. Durch eine einmalige Abwicklung (siehe Übungsaufgabe 5.6.1) wird zum Beispiel das Programm $(a|b)^\infty$ wie im rechten Teil von Abbildung 5.12 übersetzt. Dadurch wird die Eigenschaft, daß keine *first*-Stelle einen Eingangspfeil hat, gewährleistet und die Gültigkeit (eines Analogons) von Satz 5.3.5 gesichert. Allerdings geht die Bijektion zwischen den Aktionsnamen eines Kontrollprogramms und den Transitionen des zugeordneten Netzes verloren, so daß ein Netz dann als transitionsbeschriftet aufgefaßt werden muß: im rechten Teil von Abbildung 5.12 tragen die vier Transitionen eine nicht-injektive Beschriftung in die Menge $\{a, b\}$ von Aktionen.

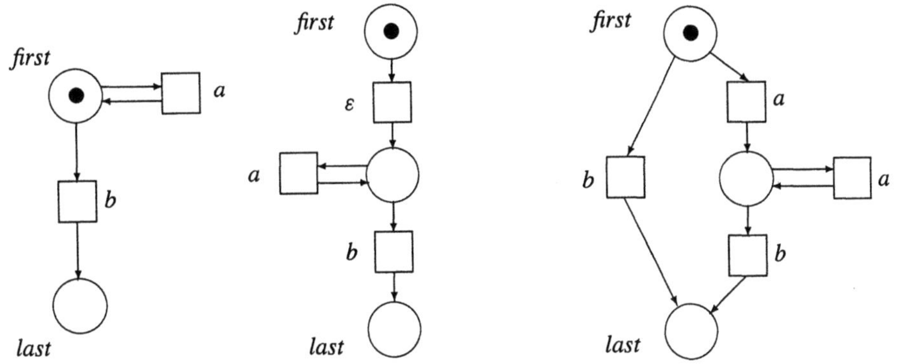

Abbildung 5.12. Die gegebene (links) und zwei alternative Netzsemantiken von $(a|b)^\infty$

Einen ähnlichen Effekt (keine Eingangspfeile in *first*-Stellen) könnte man durch die Verwendung von sogenannten *stillen* Transitionen erzielen, d.h. Transitionen, deren Beschriftung das leere Wort ε ist; siehe den mittleren Teil von Abbildung 5.12. Als Bildbereich für die Beschriftungsfunktion müßte in diesem Fall die Menge $A \uplus \{\varepsilon\}$ statt der Menge A verwendet werden. Auch in dieser Übersetzung geht allerdings die Bijektion zwischen Transitionen und Aktionen verloren. Weil diese Bijektion die Übersetzung besonders transparent macht, haben wir auf die angegebenen Verallgemeinerungen verzichtet.

Die mittlere Übersetzung aus Abbildung 5.12 hat übrigens noch eine weitere nachteilige Eigenschaft: ihr Deadlockverhalten in parallelen Umgebungen ist nicht konsistent mit der Kontrollfolgensemantik. Sie kommt deswegen nicht als Alternative zur gewählten Übersetzung in Betracht. Das Kontrollprogramm $\kappa = (a \,\Box\, (d; c)) \| (c \,\Box\, (a|b)^\infty)$ hat laut Definitionen 5.1.1 und 5.1.6 keine Deadlock-Kontrollfolge. Das Netz, das sich mit Hilfe der mittleren Übersetzung aus κ ergibt, hat jedoch eine Deadlock-Schaltfolge, nämlich die Folge $t_1 t_2$, wobei t_1 mit d und t_2 mit ε beschriftet sind. Anschaulich ist das die Folge, in der die linke Komponente von κ sich für d entscheidet, die rechte Komponente aber 'still' für einen Eintritt in die Schleife; dann wartet die linke Komponente auf eine Synchronisation über c, die rechte auf eine Synchronisation über a.

Für nicht-reguläre Kontrollprogramme kann ebenfalls eine Semantik mit Hilfe von A- oder $A \uplus \{\varepsilon\}$-transitionsbeschrifteten Netzen angegeben werden. Das nicht-reguläre Programm $(a; a)$ könnte zum Beispiel durch eine Folge zweier Transitionen, die beide mit a beschriftet sind, dargestellt werden. Allerdings geht auch dann (schon in diesem einfachen Beispiel) die Bijektion zwischen Transitionen und Aktionsnamen verloren, weswegen wir auf diese Erweiterung ebenfalls verzichten, zumal später die Regularität aller Übersetzungen gewährleistet sein wird.

5.4 Zur Benutzung von Kontrollprogrammen und Netzen

Bei der semantischen Beschreibung von parallelen Programmen mit Variablen werden wir den atomaren Aktionen $\langle\ldots\rangle$ eines Programms, die intern fast beliebig kompliziert sein dürfen, eindeutige Namen a und eine relationale Semantik $m(a)$ zuordnen. Danach können sie durch ihre Namen ersetzt und in ihrem Kontrollflußzusammenhang betrachtet werden. Im Beispiel aus Abschnitt 4.2.3 gibt es vier atomare Aktionen, und wir vergeben daher die Namen a_1, a_2, a_3 sowie d folgendermaßen:

$$\begin{array}{lll} c_1 & \equiv & \langle x := 0\rangle; \\ & & \textbf{if } \langle x \neq 0 \rightarrow x := 2\rangle \\ & & \Box\, \langle x = 0 \rightarrow x := 3\rangle \\ & & \textbf{fi} \\ \| & & \\ c_2 & \equiv & \langle x := 1\rangle \end{array} \qquad \begin{array}{l} a_1 \text{ benennt } \langle x := 0\rangle \\ a_2 \text{ benennt } \langle x \neq 0 \rightarrow x := 2\rangle \\ a_3 \text{ benennt } \langle x = 0 \rightarrow x := 3\rangle \\ \\ \\ d \text{ benennt } \langle x := 1\rangle. \end{array}$$

Diese Namen werden benutzt, um aus dem parallelen Programm $c = c_1\|c_2$ ein Kontrollprogramm $\kappa(c) = \gamma(c_1)\|\gamma(c_2)$ zu gewinnen. Im Beispiel:

$$\begin{array}{lll} \gamma(c_1) & = & a_1; (a_2 \Box a_3) \qquad \gamma(c_2) \; = \; d \\ \kappa(c_1\|c_2) & = & (a_1; (a_2 \Box a_3)) \,\|\, d. \end{array}$$

Die Mengen $cs(.)$ und $ccs(.)$ dieses Kontrollprogramms geben den zulässigen Kontrollfluß im Programm an. Zum Beispiel ist die Folge $a_1 d a_2 \in ccs((a_1; (a_2 \Box a_3))\|d)$ eine zulässige vollständige Kontrollfolge. Sie entspricht der in Abschnitt 4.2.3 beschriebenen Ausführung (A2), in der zunächst die erste Aktion a_1 von c_1, danach die einzige Aktion d von c_2 und dann eine weitere Aktion a_2 von c_1 ausgeführt werden.

Eine wichtige Rolle spielt die genaue Art der Namensgebung. Zum Beispiel dürfen in dem Programm $\langle x := x + 1\rangle \,\|\, \langle x := x + 1\rangle$ die beiden Aktionen keineswegs die gleichen Namen bekommen, obwohl sie semantisch gleich (was ihre Wirkung auf die Variable x betrifft) sind. Denn die Kontrollflußwirkungen der beiden Aktionen sind unterschiedlich. Wir vergeben also zwei verschiedene Namen:

$$\underbrace{\langle x := x + 1\rangle}_{a} \,\|\, \underbrace{\langle x := x + 1\rangle}_{b}$$

und führen dieses Programm in das Kontrollprogramm $a\|b$ über. Es ergibt sich:

$$cs(a\|b) = \{\varepsilon, a, b, ab, ba\} \text{ und } ccs(a\|b) = \{ab, ba\}$$

als die Kontrollflußwirkung des Programms. Die semantische Gleichheit von a und b wird nicht durch Namensgleichheit, sondern durch ihre relationale Semantik beschrieben:

$$m(a) = m(x := x + 1) = m(b).$$

Ähnliches gilt für 'gleich aussehende' Teile eines CSP-Programms, wie etwa in:

$$\textbf{if } \underbrace{\textbf{true}}_{a_1} \rightarrow c_2?x \;\Box\; \underbrace{\textbf{true}}_{a_2} \rightarrow c_2!4 \textbf{ fi}.$$

Hier muß das Betreten der ersten Alternative vom Betreten der zweiten Alternative unterschieden werden; wir werden die beiden Eingangsbedingungen **true** deswegen durch die Vergabe der beiden verschiedenen Namen a_1 und a_2 unterscheiden. Es müssen aber gleiche Namen vergeben werden, wenn Synchronisation beschrieben werden soll. Zum Beispiel wird das CSP-Programm:

$$\underbrace{c_2!4}_{c_1} \;\|\; \underbrace{c_1?x}_{c_2}$$

in $a \| a$ übersetzt, denn die im Programm ausgedrückte Kommunikation hat die gleiche Kontrollflußwirkung wie eine synchronisierende Aktion bzw. Transition. Der Name a steht dann für eine atomare Aktion der Form $\langle x := 4 \rangle$ mit der relationalen Semantik $m(a) = m(x := 4)$. Wir betrachten unter diesem Gesichtspunkt noch einmal die beiden Beispiele aus Abschnitt 4.2.4 (siehe Abbildung 5.13).

$$c_{dl1} \equiv \underbrace{\textbf{if } c_2?x \rightarrow \textbf{skip} \,\Box\, c_2!4 \rightarrow c_2?x \textbf{ fi}}_{c_1} \;\|\; \underbrace{c_1?y;\, c_1!3}_{c_2}$$

$$c_{dl2} \equiv \underbrace{\textbf{if true} \rightarrow c_2?x \,\Box\, c_2!4 \rightarrow c_2?x \textbf{ fi}}_{c_1'} \;\|\; \underbrace{c_1?y;\, c_1!3}_{c_2}$$

Abbildung 5.13. Zwei CSP-Programme c_{dl1} und c_{dl2}

In c_{dl1} gibt es keinen Deadlock, während in c_{dl2} nach Ausführung der ersten Alternative des **if**-Kommandos ein Deadlock auftritt. Wir benennen die Aktionen von c folgendermaßen:

$$\textbf{if } \underbrace{c_2?x}_{a_1} \rightarrow \underbrace{\textbf{skip}}_{a_2} \,\Box\, \underbrace{c_2!4}_{a_3} \rightarrow \underbrace{c_2?x}_{a_4} \textbf{ fi} \;\|\; \underbrace{c_1?y}_{a_3};\; \underbrace{c_1!3}_{(a_1 \,\Box\, a_4)}$$

Der zu $c_1!3$ gehörige Kontrollprogrammterm $(a_1 \,\Box\, a_4)$ beschreibt die beiden prinzipiellen Möglichkeiten der zweiten Komponente an dieser Stelle: entweder Kommunikation mit a_1, d.h. der *CSP*-Aktion $c_2?x$ in der ersten Alternative von c_1, oder Kommunikation mit a_4, d.h. der *CSP*-Aktion $c_2?x$ in der zweiten Alternative von c_1. Das zu c_{dl1} gehörige Kontrollprogramm ist:

$$\kappa(c_1 \| c_2) \quad = \quad ((a_1; a_2) \,\Box\, (a_3; a_4)) \;\|\; (a_3; (a_1 \,\Box\, a_4)),$$

mit $cs(\kappa(c_1 \| c_2)) = \{\varepsilon, a_3, a_3a_4\}$ und $ccs(\kappa(c_1 \| c_2)) = \{a_3a_4\}$. Dagegen wird c_{dl2} folgendermaßen übersetzt (die tatsächlichen Namen der Aktionen spielen für den Kontrollflußzusammenhang keine Rolle; wir verwenden hier zur besseren Unterscheidung die Namen b_i statt, wie oben, a_i):

$$\textbf{if } \underbrace{\textbf{true}}_{b_1} \rightarrow \underbrace{c_2?x}_{b_2} \,\Box\, \underbrace{c_2!4}_{b_3} \rightarrow \underbrace{c_2?x}_{b_4} \textbf{ fi} \;\|\; \underbrace{c_1?y}_{b_3};\; \underbrace{c_1!3}_{(b_2 \,\Box\, b_4)}$$

Das zu c_{dl2} gehörige Kontrollprogramm ist:

$$\kappa(c_1' \| c_2) \quad = \quad ((b_1; b_2) \,\Box\, (b_3; b_4)) \;\|\; (b_3; (b_2 \,\Box\, b_4))$$

mit $cs(\kappa(c_1'\|c_2)) = \{\varepsilon, b_1, b_3, b_3b_4\}$ und $ccs(\kappa(c_1'\|c_2)) = \{b_3b_4\}$. In der Tat ist die Folge $w = b_1$, die in $cs(\kappa(c_1'\|c_2))$ liegt, maximal in $cs(\kappa(c_1'\|c_2))$, aber kein Element von $ccs(\kappa(c_1'\|c_2))$. Diese Eigenschaft, maximal, aber nicht vollständig zu sein, charakterisiert Deadlock-Folgen (Definition 5.1.7). Es ist leicht zu sehen, daß die Menge $cs(\kappa(c_1\|c_2))$ keine solche Folge enthält. Die Abbildung 5.14 zeigt $\mathcal{N}(\kappa(c_1\|c_2))$ (links) und $\mathcal{N}(\kappa(c_1'\|c_2))$ (rechts). Der Deadlock ist im rechten Netz nachzuvollziehen: die Transition b_1 ist aktiviert und kann schalten. Die danach erreichte Markierung aktiviert keine weitere Transition, ist aber auch keine Markierung, in der alle *last*-Stellen mit Marken belegt sind. Also ist $w = b_1$ auch im Netz eine Deadlock-Folge.

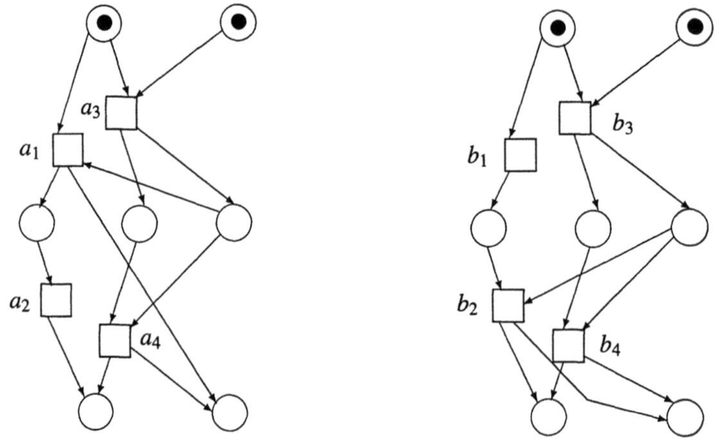

Abbildung 5.14. Die beiden SND-Systeme $\mathcal{N}(\kappa(c_1\|c_2))$ und $\mathcal{N}(\kappa(c_1'\|c_2))$

5.5 Literaturangaben

Die Sprache der Kontrollprogramme [44, 46] ist eine spezielle *Prozeßalgebra* (zu diesem Begriff vergleiche man z.B. [26, 139, 194]), die aus COSY [148, 173, 174, 175] (*engl.* concurrent systems) hervorging. In COSY kommen die Schleife und der $\|$-Operator nur auf der obersten bzw. zweitobersten syntaktischen Ebene vor. Dies bedingt für Kontrollprogramme eine gegenüber COSY leicht veränderte Theorie. Erstens ist es sinnvoll, die Menge $ccs(\gamma)$ zusätzlich zur Menge $cs(\gamma)$ zu definieren. Ferner wird die Wohlgeformtheit gefordert, um eine konsistente, und die Regularität, um eine transparente Übersetzung in Netze zu gewährleisten. In der Theorie formaler Sprachen [144] gibt es zwei diesen verwandte Bedingungen: die Greibach-Bedingung (Wohlgeformtheit) und Determinismus (Regularität). Sequentielle Kontrollprogramme können auch als verallgemeinerte reguläre Ausdrücke [144] aufgefaßt werden. Die Semantik 5.1.1, die auch unendliche Folgen zuläßt, beschreibt eine Variante ω-regulärer Sprachen [248].

Es gibt Gründe, die beiden Programme $a;\ (b \,\square\, c)$ und $(a;\ b) \,\square\, (a;\ c)$ zu unterscheiden. Die Theorie der *Bisimulationen* (über die es viel Literatur gibt, weswegen wir hier nur Milners Buch [194] als *pars pro toto* zitieren) leistet unter anderem diese Unterscheidung. Die Verwendung von Projektionen für die sequentielle Semantik paralleler Programme geht auf Shields [231] zurück. Zur in Satz 5.1.11 ausgedrückten Assoziativität vergleiche man auch [240].

Zur Petrinetztheorie gibt es viele Lehrbücher, zum Beispiel [32, 50, 58, 88, 89, 209, 221, 232, 239, 241]. Die Begriffe Parikh-Vektor, S-Invariante, T-Invariante und Falle (*engl.* trap) gehören zur Grundausstattung der Netztheorie (z.B. [51, 58, 176, 196, 232]). Die Begriffe S-System und SND-System fassen wir hier etwas anders als in [51], um die Stellendisjunktheit zwischen S-Komponenten zu wahren. SND-Systeme sind ein einfaches netztheoretische Analogon der Dijkstraschen kooperierenden sequentiellen Programme (siehe Abschnitt 1.4). Zu Prozessen und (unendlichen) Verhalten von Netzen vergleiche man [48, 125, 225, 240, 247, 249]. Devillers hat in [90] gezeigt, daß der S-Invariantenbegriff auf nicht-gradendliche Netze verallgemeinert werden kann. Die Idee der Zuordnung von Netzen zu Kontrollprogrammen geht auf COSY zurück [172]; dort zitiert Lauer als Initiator der Idee Randell. Wir haben die Zuordnung dahingehend abgewandelt, daß stille Transitionen (z.B. [149, 174, 209]) nicht mehr vorkommen.

Die Beweise der beiden Sätze 5.3.5 und 5.3.6 stehen ausführlicher (zum Teil mit Unterschieden) in [45]. Die durch sie ausgedrückte Konsistenz zwischen Halbwörtern und Prozessen läßt sich, mit einer sprachunabhängigen Definition von Halbwörtern, auch auf nicht-sichere Netze übertragen [157, 158, 251]. Der Leser, welcher sich für die Erweiterung auf nicht-reguläre Programme interessiert, sei auf das COSY-Buch von Janicki und Lauer [148] hingewiesen. Viele der dort angestellten Überlegungen sind auf Kontrollprogramme übertragbar. Der Kunstgriff, Schleifen mindestens einmal abzuwickeln, wird in der Theorie der Prozeßalgebren oft angewendet; der Leser vergleiche zum Beispiel [26, 124]. Petrinetzsemantiken für kontrollprogrammähnliche Prozeßalgebren, sind (unter vielen anderen) in [52, 84, 85, 86, 120, 122, 123, 201, 202, 244, 245, 258] beschrieben. In einigen dieser Arbeiten findet der Leser auch Semantiken für den geschachtelten $\|$-Operator (man vergleiche auch Übungsaufgabe 5.6.21). Übung 5.6.2 beruht auf einem Satz von Shields [231]. Zu Übungsaufgabe 5.6.15 vergleiche man [155]. Zum Beweis von Übungsaufgabe 5.6.19 vergleiche man [48, 50].

5.6 Übungsaufgaben

1. Man zeige $cs((a|b)^{\infty}) = cs(b \,\square\, (a;\, (a|b)^{\infty})))$ und $ccs((a|b)^{\infty}) = ccs(b \,\square\, (a;\, (a|b)^{\infty})))$.

2. Sei $\kappa = \gamma_1 \| \ldots \| \gamma_n$ ein nicht notwendig reguläres Kontrollprogramm über A, in dem jede sequentielle Komponente γ_i von der Form $(a_1^i; \ldots; a_{m_i}^i \mid)^{\infty}$ $(a_k^i \in A)$ ist. Man zeige: κ ist deadlockfrei genau dann, wenn es ein Wort $w \in A^*$ mit: $\forall i, 1 \leq i \leq n$: $proj(w, A(\gamma_i)) \in \{a_1^i \ldots a_{m_i}^i\}^* \backslash \{\varepsilon\}$ gibt. Man erweitere diesen Satz auf Kontrollprogramme wie oben, außer daß die sequentiellen Komponenten γ_i Terminierungsaktionen haben dürfen.

3. Man zeige ausführlich, daß $\vartheta' = proj(\vartheta, A')$ (Abschnitt 5.1.3) ein Halbwort ist.

4. Man zeige, daß die Projektionsdefinition 5.1.9 für lineare Halbwörter äquivalent mit der Definition aus Abschnitt 2.8 ist.

5. Sei κ ein Kontrollprogramm und $\vartheta = (E, \prec, \lambda)$ ein Verhalten von κ (Abschnitt 5.1.3). Man zeige, daß gilt: $|\mathrm{Min}(\vartheta)| \in \mathbb{N}$ und $\forall e \in E$: $|e^\bullet| \in \mathbb{N}$.

6. Sei $\vartheta = (E, \prec, \lambda)$ ein Verhalten von κ. Man zeige:
   (i) Jeder injektive Beobachter von $(E, \prec)$ definiert ein Element von $cs(\kappa)$.
   (ii) ϑ ist der Schnitt aller in (i) definierten Elemente von $cs(\kappa)$.

7. Man finde zu Satz 5.2.3($\Rightarrow$) ein Gegenbeispiel, wenn die Stellenmenge unendlich ist.

8. Man beweise die Projektionsregel für SND-Systeme: Ist $\mathcal{N} = (N, M^0)$ ein SND-System, dann ist σ genau dann eine Ausführung von $\mathcal{N}$, wenn alle Projektionen (im Sinne des Abschnitts 5.2.2) von $\mathcal{N}$ auf die S-Komponenten von $\mathcal{N}$ Ausführungen dieser S-Komponenten sind. Für die Zwecke von Satz 5.3.5 kann diese Regel auch etwas anders formuliert werden: Sei $\mathcal{N}$ ein SND-System mit Transitionenmenge T, bestehend aus n S-Systemen $\mathcal{N}_i$, jeweils mit Transitionenmengen T_i $(1 \leq i \leq n)$. Dann gilt:

$$\mathcal{L}(\mathcal{N}) = \{\, \tau \in T^{\infty} \mid \forall i, 1 \leq i \leq n\colon proj(\tau, T_i) \in \mathcal{L}(\mathcal{N}_i) \,\}.$$

9. Man finde ein SND-System, das zwei verschiedene S-System-Zerlegungen hat.

10. Man zeige, daß die Stellenmenge einer S-Komponenten eines SND-Systems eine $\{0, 1\}$-S-Invariante ist.

11. Man zeige: Die Grundmenge jeder $\{0, 1\}$-S-Invarianten ist auch eine Falle. Man finde ein Netz mit einer Falle, die Stellenmenge keiner S-Invarianten ist.

12. Man beweise die beiden Sätze 5.2.8 und 5.2.9 ausführlich.

13. Man finde ein stark zusammenhängendes Netz, das für keine Anfangsmarkierung lebendig ist. Dabei heißt eine Markierung M^0 des Netzes $N = (S, T, F)$ *lebendig*, wenn es für jede Transition $t \in T$ und für jede Folgemarkierung $M \in [M^0\rangle$ eine weitere Folgemarkierung $M' \in [M\rangle$ gibt, die t aktiviert.

14. Man finde ein Netz, das für eine Markierung M^0 lebendig ist, für eine Markierung $M^{0\prime} \geq M^0$ aber nicht.

15. Es sei $\mathcal{N} = (S, T, F, M^0)$ ein P/T-System. Eine Transition $t \in T$ heißt in $\mathcal{N}$ *warm*, wenn gilt: $\forall k \in \mathbb{N}\ \exists$ Schaltfolge τ: $\mathcal{P}_\tau(t) \geq k$. Eine Transition t heißt *heiß*, wenn es eine (unendliche) Schaltfolge τ von M^0 aus gibt, so daß $\mathcal{P}_\tau(t) \notin \mathbb{N}$. Man zeige: Ist $\mathcal{N}$ endlich und gibt es eine in $\mathcal{N}$ warme Transition, dann gibt es auch eine in $\mathcal{N}$ heiße Transition.

16. Man zeige, daß Satz 5.2.11 nicht mehr gilt, wenn M unbeschränkt ist.

17. Sei $K = (B, E, G)$ ein Kausalnetz. Seien $(D, \prec) = (B \cup E, G^+)$ und $(E, \prec) = (E, (G^+) \cap (E \times E))$ die beiden von K abgeleiteten Halbordnungen. Dann gilt:
    (i) $\mathrm{Min}(D, \prec)$ ist Schnitt $\Leftrightarrow$ $\mathrm{Min}(E, \prec)$ ist Schnitt.
    (ii) $\mathrm{Min}(D, \prec)$ ist Schnitt und $(D, \prec)$ ist $\mathrm{Min}(D, \prec)$-diskret $\Leftrightarrow$ $\mathrm{Min}(E, \prec)$ ist Schnitt und $(E, \prec)$ ist $\mathrm{Min}(E, \prec)$-diskret.
    (iii) $|\mathrm{Min}(D, \prec)| \in \mathbb{N}$ $\Rightarrow$ $|\mathrm{Min}(E, \prec)| \in \mathbb{N}$.
    (iv) $\forall x \in D$: $|x^\bullet| \in \mathbb{N}$ $\Rightarrow$ $\forall e \in E$: $|e^\bullet| \in \mathbb{N}$.

    Man zeige auch, daß die Implikationen (iii) und (iv) in der anderen Richtung nicht gelten.

18. Sei (K, p) Prozeß eines SND-Systems. Man zeige, daß K ein SND-Netz ist und daß gilt: $|\mathrm{Min}(K)| \in \mathbb{N}$ und $\forall x \in B \cup E$: $|x^\bullet| \in \mathbb{N}$.

19. Man zeige: Sind $\mathcal{N}$ ein SND-System und (K, p) ein Prozeß von $\mathcal{N}$, dann ist jeder Schnitt von K eine endliche Menge; für jeden Schnitt $c \subseteq B$ ist $p(c)$ eine erreichbare Markierung von $\mathcal{N}$.

20. Man gebe ein zusammenhängendes S-System an, das nicht Bild einer Übersetzung von einem Kontrollprogramm aus ist.

21. Man erweitere die Übersetzung von Kontrollprogrammen in Netze auf den Allgemeinfall - Regularität vorausgesetzt. (*Hinweis*: Man kommt mit nur einer *first*- bzw. einer *last*-Stelle pro Netz nicht mehr aus, sondern benötigt eventuell mehr solche Stellen.) Gibt es immer noch eine Bijektion zwischen Aktionsnamen von κ und Transitionen von $\mathcal{N}(\kappa)$?

22. Ist γ ein Kontrollprogramm mit nur einer Terminierungsaktion pro Schleife, ist γ wohlgeformt und hat *first*(γ) einen Eingangspfeil in $N(\gamma)$, dann hat *first*(γ) genau zwei Ausgangspfeile in $N(\gamma)$.

Kapitel 6. Operationale Semantik und Fairness

Durch Fairnessvorgaben sollen Ausführungen ausgeschlossen werden, in denen eine atomare Aktion anderen gegenüber benachteiligt wird. Im Rahmen einer operationalen Semantik kann der Fairnessbegriff bereits für sequentielle Programme mit atomaren Aktionen sinnvoll formalisiert werden. Wir definieren in diesem Kapitel daher zunächst die Syntax und dann die operationale Semantik einer sequentiellen Programmiernotation mit atomaren Aktionen, genannt *APROG*. Die Fairnessdefinitionen werden auf dieser Semantik aufgebaut. Die Sprache *APROG* ist eine Erweiterung der sequentiellen nichtdeterministischen Notation *USEQPROG* des Kapitels 3. Noch lassen wir jedoch keine parallelen Sprachkonstrukte zu. Die neue Sprache kann alternativ auch als eine Version der Sprache der sequentiellen Kontrollprogramme aufgefaßt werden, worin die Elemente von A konkretisiert sind, d.h. Zuweisungen und andere Anweisungen enthalten dürfen.

Dieses Kapitel ist folgendermaßen aufgebaut. Die *APROG*-Syntax wird in Abschnitt 6.1 festgelegt. Abschnitt 6.2 definiert die operationale Semantik von Programmen der neuen Sprache. Dieser Abschnitt ist von Wichtigkeit nicht nur für das jetzige, sondern auch für die beiden nachfolgenden Kapitel. In Abschnitt 6.3 werden verschiedene mögliche Fairnessbegriffe für die Programmklasse *APROG* motiviert und präzisiert. Zum Schluß dieses Kapitels wird eine Beziehung zwischen Fairnessforderungen und der Programmklasse mit unbeschränktem Nichtdeterminismus *USEQPROG* beschrieben.

6.1 Sequentielle Programme mit atomaren Aktionen

Um Fairness formal zu erfassen, muß, wie erwähnt, zunächst festgelegt werden, bezüglich welcher Programm-Einheit eine Ausführung unfair sein kann. Wir definieren eine Syntax (siehe Abbildung 6.1), wonach einzelne Alternativen einer **if**-Anweisung oder Teile davon, aber auch die gesamte **if**-Anweisung als Aktionseinheit spezifiziert werden können. Atomare Aktionen werden durch das Klammerpaar $\langle \ldots \rangle$ gekennzeichnet. Die Elemente der durch die *APROG*-Syntax generierten Sprache bezeichnen wir wieder mit c_1, c_2 etc., manchmal auch mit $\tilde{c}$ zur Unterscheidung von Programmen $c \in USEQPROG$ ohne Aktionsklammern. In c_{goon1} (Abbildung 6.2) werden der Schleifeneintritt $\langle goon \rangle$ sowie die beiden Alternativen des **if**-Kommandos jeweils als atomare Aktionseinheiten aufgefaßt. In c_{goon2} werden der Schleifeneintritt und der gesamte Schleifenkörper als atomare Aktionen

$$\begin{array}{lll} APROG & ::= & \langle AKTION\rangle \mid APROG_1; APROG_2 \mid \textbf{if}\, GC_1 \,\Box \ldots \Box\, GC_m\, \textbf{fi} \mid \textbf{do}\, GC\, \textbf{od} \\ AKTION & ::= & USEQPROG \\ GC & ::= & \langle\beta\rangle \rightarrow APROG \mid \langle\beta \rightarrow AKTION\rangle \mid \langle\beta \rightarrow AKTION\rangle; APROG \end{array}$$

Abbildung 6.1. Syntax von *APROG*

$$\begin{array}{lll} c_{goon1} & \equiv & \textbf{do}\ \underbrace{\langle goon\rangle}_{b} \rightarrow \textbf{if}\ \underbrace{\langle \textbf{true} \rightarrow x := x+1\rangle}_{a_1} \\ & & \qquad\qquad\qquad\ \Box\ \underbrace{\langle \textbf{true} \rightarrow goon := \textbf{false}\rangle}_{a_2} \\ & & \qquad\qquad\qquad\ \textbf{fi} \\ & & \textbf{od} \end{array}$$

$$\begin{array}{lll} c_{goon2} & \equiv & \textbf{do}\ \underbrace{\langle goon\rangle}_{d} \rightarrow \underbrace{\langle\ \textbf{if true} \rightarrow x := x+1 \quad \Box\ \textbf{true} \rightarrow goon := \textbf{false} \quad \textbf{fi}\ \rangle}_{a} \\ & & \textbf{od} \end{array}$$

Abbildung 6.2. Zwei *APROG*-Programme c_{goon1} und c_{goon2}

aufgefaßt. Im Hinblick auf die Diskussion in Abschnitt 4.2.1 ist Fairness formal so zu definieren, daß in c_{goon1}, aber nicht in c_{goon2}, unfaire Ausführungen existieren.

Beide Programme c_{goon1} und c_{goon2} fallen unter die Syntax von *APROG*. Bei c_{goon1} läßt sich die **if**-Anweisung direkt aus *APROG* ableiten, bei c_{goon2} aus der syntaktischen Variablen *AKTION*, die das Innere einer atomaren Aktion beschreibt. Die syntaktische Metavariable *GC* steht für *guarded command* und bezeichnet eine Anweisung mit vorgestellter Boolescher Eingangsbedingung. Die Spezifikation einer atomaren Aktion $\langle\beta \rightarrow AKTION\rangle$ soll bedeuten, daß der Test der Eingangsbedingung β und die Ausführung von *AKTION* atomar auszuführen sind, die Aktionsfolge $\langle\beta\rangle \rightarrow APROG$ hingegen, daß zuerst nur der Test β atomar und danach das Programm *APROG* ausgeführt werden sollen.

Die Syntax gibt nur den Kommandoteil, nicht auch den Deklarationsteil von *APROG* an. Was diesen betrifft, so halten wir uns an die Konventionen des Kapitels 3: Falls der Typ einer Variablen nicht ohnehin aus dem Kontext hervorgeht (wie oben Boolesch für *goon* und **integer** für x), dann muß das Programm zu Beginn eine Typdeklaration enthalten.

Die *APROG*-Syntax läßt keine Schachtelung der $\langle\ldots\rangle$-Klammerung zu. Daher können und werden wir zwischen *äußeren* und *inneren* Alternativ- und Schleifenkonstrukten unterscheiden. Erstere sind solche, die außerhalb, letztere solche, die innerhalb eines $\langle\ldots\rangle$-Klammerpaars vorkommen. Es wäre im Prinzip durchaus möglich, die Schachtelung von $\langle\ldots\rangle$-Klammern zuzulassen; dies wird jedoch erst später Gegenstand der Diskussion sein (Abschnitt 7.3.3).

Satz 6.1.1 SYNTAKTISCHE BEZIEHUNG ZWISCHEN *APROG* UND *USEQPROG*

(i) *Sei $\tilde{c} \in APROG$ und sei c aus $\tilde{c}$ gewonnen durch Weglassen aller Klammerpaare $\langle$ und $\rangle$. Dann gilt $c \in USEQPROG$.*

(ii) *Sei $c \in$ USEQPROG. Dann existiert ein APROG $\tilde{c}$ derart, daß c aus $\tilde{c}$ durch Weglassen der Klammerpaare $\langle$ und $\rangle$ gewonnen werden kann.*

Beweis: Ohne die Klammerpaare $\langle$ und $\rangle$ ist die *APROG*-Syntax eine redundante Version der Syntax von *USEQPROG*. ■6.1.1

Das Programm $\tilde{c}$ aus Satz 6.1.1(ii) ist nicht notwendigerweise eindeutig bestimmt, wie die Beispiele c_{goon1} und c_{goon2} zeigen.

6.2 Operationale Semantik

Für Programme in *APROG* definieren wir eine operationale Semantik, die sich von der Semantik für Programme in *USEQPROG* unterscheidet, mit ihr aber konsistent ist. Die Definition geschieht in zwei Schritten: der Beschreibung des Kontrollflusses (Abschnitt 6.2.1) und der Beschreibung des Datenflusses (Abschnitt 6.2.2) eines *APROG*-Programms c. Die beiden Teildefinitionen werden in Abschnitt 6.2.3 zusammengefügt. In Abschnitt 6.2.4 diskutieren wir dann die Konsistenz der neuen Definitionen mit den früheren, in Abschnitt 3.2 eingeführten Semantik für *USEQPROG*-Programme.

6.2.1 Beschreibung des Kontrollflusses

Der Kontrollfluß von $c \in$ *APROG* wird durch ein c zugeordnetes sequentielles Kontrollprogramm $\gamma(c)$ beschrieben. Bevor $\gamma(c)$ definiert werden kann, muß das Alphabet $A = A(c)$, die Menge der Namen von atomaren Aktionen von c, festgelegt werden. Bis auf eine Ausnahme bewirkt die Definition 6.2.1(i), die als nächstes folgen wird, einfach nur, daß jeder syntaktisch im Programm vorhandenen Aktion $\langle \ldots \rangle$ ein eigener, eindeutiger Name zugeordnet wird. Die Ausnahme betrifft Schleifen. Wenn zum Beispiel im Programm:

$$\mathbf{do}\ \langle x \neq 0 \rightarrow x := x - 1 \rangle\ \mathbf{od}$$

die Variable x anfänglich den Wert 0 hat, dann terminiert die Schleife. Diese Terminierung hat natürlich keine Auswirkung auf den Datenfluß, d.h., sie bewirkt keine Änderung von Variablenwerten, muß aber vom Kontrollfluß her als eine Verschiebung der Kontrolle vom Punkt vor der Schleife auf den Punkt direkt nach der Schleife angesehen werden. Das ist so, als ob in der Schleife eine implizite atomare Aktion der Gestalt:

$$\langle \neg(x \neq 0) \rangle$$

spezifiziert wäre, die nicht explizit sichtbar ist. Diese Aktion werden wir dadurch kenntlich machen, daß der Schleife das Kontrollprogramm:

$$(b \mid \overline{b})^{\infty}$$

zugeordnet wird, wobei b die explizit vorhandene Aktion $\langle x \neq 0 \rightarrow x := x - 1 \rangle$ und $\overline{b}$ die implizit vorhandene Aktion $\langle \neg(x \neq 0) \rangle$ benennen; $\overline{b}$ wird die *Terminierungsaktion* der Schleife genannt. Auf diese Weise wird jeder äußeren Schleife genau eine Terminierungsaktion zugeordnet. Innere Schleifen werden anders behandelt (nämlich genauso wie in Definition 3.2.2).

Definition 6.2.1 AKTIONSNAMEN $A(c)$ UND KONTROLLPROGRAMM $\gamma(c)$

Sei $c \in APROG$. Schritt (i) legt induktiv über die Syntax von $APROG$ eine Menge $A(c)$ von Namen atomarer Aktionen von c fest. Schritt (ii) definiert das c zugeordnete Kontrollprogramm $\gamma(c)$.

(i) $c = \langle AKTION \rangle$. $A(c)$ besteht aus einem frei gewählten Namen für $AKTION$.
$c = c_1; c_2$. $A(c)$ besteht aus der disjunkten Vereinigung[1] $A(c_1) \uplus A(c_2)$.
$c = \textbf{if } gc_1 \,\Box\, \ldots \,\Box\, gc_m \textbf{ fi}$. Wir setzen $A(c) = \biguplus_{j=1}^{m} A(gc_j)$.
$c = \textbf{do } gc \textbf{ od}$. Wir führen einen Namen $\overline{b}$ für die dieser Schleife zugeordnete Terminierungsaktion ein und setzen fest: $A(c) = \{\overline{b}\} \uplus A(gc)$.
$gc = \langle \beta \rangle \to c$. Wir vergeben einen Namen b für die atomare Aktion $\langle \beta \rangle$ und definieren dann $A(gc) = \{b\} \uplus A(c)$.
$gc = \langle \beta \to AKTION \rangle$. Wir definieren $A(gc) = \{b\}$ mit einem Namen b für die atomare Aktion $\langle \beta \to AKTION \rangle$.
$gc = \langle \beta \to AKTION \rangle; c$. Wir geben der atomaren Aktion $\langle \beta \to AKTION \rangle$ einen Namen b und definieren $A(gc) = \{b\} \uplus A(c)$.

(ii) Wir definieren ein c zugeordnetes Kontrollprogramm $\gamma(c)$ über dem Alphabet $A(c)$ durch die folgenden vier syntaktischen Umformungen.
   (1) Jede äußere Schleife der Form **do** gc **od** wird ersetzt durch $(gc \mid \overline{b})^\infty$, wobei $\overline{b}$ der Name der Terminierungsaktion ist, die der Schleife laut (i) zugeordnet ist.
   (2) Jedes äußere Alternativkommando der Form **if** $gc_1 \,\Box\, \ldots \,\Box\, gc_m$ **fi** wird durch $(gc_1 \,\Box\, \ldots \,\Box\, gc_m)$ ersetzt.
   (3) Jedes Konstrukt $\langle \beta \rangle \to c$ wird durch $\langle \beta \rangle; c$ ersetzt.
   (4) Jede atomare Aktion $\langle \ldots \rangle$ wird durch ihren Namen ersetzt. ■6.2.1

Lemma 6.2.2 CHARAKTERISIERUNG VON $\gamma(c)$ FÜR $c \in APROG$

$\gamma(c)$ ist ein bis auf Umbenennung atomarer Aktionen eindeutiges, reguläres und wohlgeformtes sequentielles Kontrollprogramm.

Beweis:

Sequentielles Kontrollprogramm: Direkt nach Konstruktion.

Bis auf Umbenennung eindeutig: Die Konstruktion erlaubt Freiheitsgrade nur bei der Namensgebung.

Regulär: Weil die atomaren Aktionen eindeutige Namen bekommen haben.

Wohlgeformt: Weil die *APROG*-Syntax äußere Schleifen direkt zu Beginn einer Alternative oder zu Beginn einer Schleife verbietet. ■6.2.2

Ein Beispiel wie das folgende *APROG*-Programm:

$$c \equiv \textbf{if } \underbrace{\langle \textbf{true} \to \textbf{skip} \rangle}_{a_1} \,\Box\, \underbrace{\langle \textbf{true} \to \textbf{do true} \to \textbf{skip od} \rangle}_{a_2} \textbf{ fi}$$

[1] Das soll heißen, daß Namen, die sowohl in $A(c_1)$ als auch in $A(c_2)$ vorkommen, durch Umbenennung eindeutig gemacht werden.

widerspricht der Wohlgeformtheit nicht, denn das zweite Klammerpaar wird als eine einzige atomare Aktion aufgefaßt, deren innere Schleife im zugehörigen Kontrollprogramm $\gamma(c) = (a_1 \square a_2)$ nicht mehr zu erkennen ist.

Als Beispiele betrachten wir die Programme c_{goon1} und - weniger ausführlich - c_{goon2} aus aus Abbildung 6.2. Zunächst bestimmen wir $A(c_{goon1})$:

$$
\begin{aligned}
A(c_{goon1}) &= (\ \overline{b} \text{ ist Name für die Terminierungsaktion der äußeren Schleife })\\
&\quad \{\overline{b}\} \uplus A(\langle goon\rangle \to \textbf{if}\ldots\textbf{fi})\\
&= (\ b \text{ Name für } \langle goon\rangle\ )\\
&\quad \{\overline{b}\} \uplus \{b\} \uplus A(\textbf{if}\ldots\textbf{fi})\\
&= \{\overline{b}, b\} \uplus A(\langle \textbf{true} \to x := x+1\rangle) \uplus A(\langle \textbf{true} \to goon := \textbf{false}\rangle)\\
&= (\ a_1, a_2 \text{ Namen für } \langle \textbf{true} \to x := x+1\rangle, \langle \textbf{true} \to goon := \textbf{false}\rangle\ )\\
&\quad \{\overline{b}, b, a_1, a_2\}
\end{aligned}
$$

Um danach $\gamma(c_{goon1})$ herzuleiten, betrachten wir die Schritte (1) bis (4) aus Definition 6.2.1(ii) nacheinander:

Nach Schritt (1): $(\langle goon\rangle \to \textbf{if}\ldots\textbf{fi} \mid \overline{b}\,)^\infty$
Nach Schritt (2): $(\langle goon\rangle \to (\langle\ldots\rangle \square \langle\ldots\rangle) \mid \overline{b}\,)^\infty$
Nach Schritt (3): $(\langle goon\rangle; (\langle\ldots\rangle \square \langle\ldots\rangle) \mid \overline{b}\,)^\infty$
Nach Schritt (4): $\gamma_1 = \gamma(c_{goon1}) = (b; (a_1 \square a_2) \mid \overline{b}\,)^\infty$

Für c_{goon2} leiten wir genauso her:

$$
\begin{aligned}
A(c_{goon2}) &= \{\overline{d}, d, a\}\\
\gamma_2 &= (d; a \mid \overline{d}\,)^\infty,
\end{aligned}
$$

wobei d und $\overline{d}$ die Schleifeneingangsbedingung bzw. die Schleifenterminierungsaktion von c_{goon2} bedeuten und der Name a für die gesamte innere Alternative von c_{goon2} steht, die ja syntaktisch als eine einzige atomare Aktion definiert ist.

6.2.2 Beschreibung des Datenflusses

Ziel dieses Abschnitts ist es, den Datenfluß einer atomaren Aktion $a \in A(c)$ durch eine Bedeutungsrelation:

$$m(a) \subseteq Z(c) \times (Z(c) \uplus \{\delta\})$$

zu beschreiben, wobei δ wieder, wie in Abschnitt 3.2, als Nichtterminierungssymbol verwendet wird. Ist a von der Form $\langle AKTION\rangle$, dann kann die Definition von $m(a)$ direkt aus den Definitionen 3.2.2 und 3.2.5 übernommen werden, denn *AKTION* ist definiert als ein *USEQPROG*. Ist a aber von der Form $\langle\beta\rangle$ oder $\langle\beta \to AKTION\rangle$ (wobei β eine Boolesche Eingangsbedingung ist), dann ergänzen wir diese Definitionen folgendermaßen:

Definition 6.2.3 RELATIONALE SEMANTIK VON BEDINGUNGEN UND *GC*

$(s', s) \in m(\langle\beta\rangle) \Leftrightarrow val(\beta, s') = \textbf{true} \wedge s' = s.$

$(s', s) \in m(\langle\beta \rightarrow AKTION\rangle) \Leftrightarrow val(\beta, s') = \textbf{true} \wedge (s', s) \in m(AKTION).$ ■6.2.3

Speziell gilt $m(\langle\textbf{true} \rightarrow c\rangle) = m(\langle c\rangle)$ und $m(\langle\beta \rightarrow \textbf{skip}\rangle) = m(\langle\beta\rangle)$. Da jede Schleifenterminierungsaktion von der Form $\langle\neg\beta\rangle$ ist, ist deren m-Relation durch 6.2.3 mitdefiniert. Zum Beispiel haben die beiden Programme c_{goon1} und c_{goon2} (Abbildung 6.2) die gleiche Zustandsmenge, nämlich:

$$Z = Z(c_{goon1}) = Z(c_{goon2}) = \underbrace{\{\textbf{false}, \textbf{true}\}}_{goon} \times \underbrace{\mathbb{Z}}_{x},$$

d.h. die Menge aller Paare[2] (g, v), wobei g (der Wert von *goon*) ein Element der Wertemenge {**false**, **true**} und v (der Wert von x) eine ganze Zahl ist. Mit den beiden Alphabeten $A(c_{goon1}) = \{b, \overline{b}, a_1, a_2\}$ und $A(c_{goon2}) = \{d, \overline{d}, a\}$ bekommt man folgende Zuordnungen:

$$\underbrace{\langle goon\rangle}_{b,d} \quad \underbrace{\langle\neg goon\rangle}_{\overline{b},\overline{d}} \quad \underbrace{\langle\textbf{true} \rightarrow x := x + 1\rangle}_{a_1} \quad \underbrace{\langle\textbf{true} \rightarrow goon := \textbf{false}\rangle}_{a_2}$$
$$\underbrace{\langle\textbf{if}\,\textbf{true} \rightarrow x := x + 1 \,\square\, \textbf{true} \rightarrow goon := \textbf{false}\,\textbf{fi}\rangle}_{a}.$$

Dann ergeben die Definitionen 3.2.2 und 6.2.3:

$$\begin{aligned}
m(b) &= m(d) = \{((\textbf{true}, v), (\textbf{true}, v)) \mid v \in \mathbb{Z}\}\\
m(\overline{b}) &= m(\overline{d}) = \{((\textbf{false}, v), (\textbf{false}, v)) \mid v \in \mathbb{Z}\}\\
m(a_1) &= \{((g, v), (g, v + 1)) \mid g \in \{\textbf{false}, \textbf{true}\}, v \in \mathbb{Z}\}\\
m(a_2) &= \{((g, v), (\textbf{false}, v)) \mid g \in \{\textbf{false}, \textbf{true}\}, v \in \mathbb{Z}\}\\
m(a) &= m(a_1) \cup m(a_2).
\end{aligned}$$

6.2.3 Ausführungsfolgen

Nun sind alle Vorbereitungen getroffen, um die operationale Semantik (das sequentielle Verhalten, das heißt die Menge aller Ausführungen) von Programmen $c \in APROG$ zu definieren. Wir benutzen wie bei Petrinetzen alternierende Folgen aus - abwechselnd - Zuständen und atomaren Aktionen, beginnend und, falls endlich, endend in einem Zustand. Für den Rest des Abschnitts 6.2.3 seien $c \in APROG$, $Z = Z(c)$ die Zustandsmenge, $A = A(c)$ die Menge der (Namen von) atomaren Aktionen von c, und $\gamma(c)$ sei das c zugeordnete Kontrollprogramm.

[2] Wir verwenden der Anschaulichkeit halber wieder die Tupelschreibweise für Zustände.

Definition 6.2.4 SEQUENTIELLE OPERATIONALE SEMANTIK VON *APROG*

Wir definieren folgende Mengen:

$\Sigma_*(c) \subseteq (ZA)^*(Z \uplus \{\delta\})$,	die Menge der endlichen Ausführungen von c.
$\Sigma_\omega(c) \subseteq (ZA)^\omega$,	die Menge der unendlichen Ausführungen von c.
$\Sigma(c) = \Sigma_*(c) \cup \Sigma_\omega(c)$,	die Menge der Ausführungen von c.
$\Sigma_{compl}(c)$,	die Menge der vollständigen Ausführungen von c.

Die Definitionen haben zwei Teile. Der erste Teil betrifft den Datenfluß und der zweite Teil den Kontrollfluß von c; deswegen bezeichnen wir die beiden Teile als *Datenbedingung* (D) bzw. als *Kontrollbedingung* (K).

$$\sigma = s_0 a_1 \ldots a_r s_r \in \Sigma_*(c) \quad \Leftrightarrow \quad \text{(D)} \ \forall j, 1 \le j \le r\colon (s_{j-1}, s_j) \in m(a_j)$$
$$\wedge \quad \text{(K)} \ a_1 \ldots a_r \in cs(\gamma(c)).$$

$$\sigma = s_0 a_1 s_1 a_2 \ldots \in \Sigma_\omega(c) \quad \Leftrightarrow \quad \text{(D)} \ \forall j, 1 \le j\colon (s_{j-1}, s_j) \in m(a_j)$$
$$\wedge \quad \text{(K)} \ a_1 a_2 \ldots \in cs(\gamma(c)).$$

$$\sigma = s_0 a_1 \ldots a_r s_r \in \Sigma_{compl}(c) \quad \Leftrightarrow \quad \text{(D)} \ \forall j, 1 \le j \le r\colon (s_{j-1}, s_j) \in m(a_j)$$
$$\wedge \quad \text{(K)} \ a_1 \ldots a_r \in ccs(\gamma(c)).$$

■6.2.4

Wegen $ccs(\gamma(c)) \subseteq cs(\gamma(c))$ gilt stets $\Sigma_{compl}(c) \subseteq \Sigma_*(c)$.

Die Datenbedingung (D) besagt, daß in einer zulässigen Ausführung jede atomare Aktion a den direkt vor ihr liegenden Zustand in den direkt nach ihr liegenden Zustand gemäß ihrer Relation $m(a)$ transformieren muß. Die Kontrollbedingung (K) besagt, daß eine Ausführung - nur was die Folge der Aktionen, nicht was die (Zwischen)zustände betrifft - mit den Kontrollfolgen des zugeordneten Kontrollprogramms verträglich sein muß. Man beachte, daß, wie auch schon für gültige Folgen in Definition 3.2.2, $r = 0$ als Spezialfall zugelassen ist; dann besteht σ nur aus einem einzigen Zustand, der sinnvollerweise als Anfangszustand (einer eventuellen Verlängerung von σ) interpretiert werden kann. Die Folge $a_1 \ldots a_r$ ist dann gleich der leeren Folge ε. Man beachte, daß $s_r = \delta$ vorkommen kann, daß aber $s_j \neq \delta$ für alle anderen s_j mit $j \neq r$ gilt.

Als Beispiele betrachten wir die beiden Programme c_{goon1} und c_{goon2} (Abbildung 6.2) mit ihren Kontrollprogrammen:

$$\gamma(c_{goon1}) = (b; (a_1 \,\square\, a_2) \mid \overline{b})^\infty$$
$$\gamma(c_{goon2}) = (d; a \mid \overline{d})^\infty$$

Wir betrachten einige Folgen, wobei stets (g, v) für den Zustand $(goon = g, x = v)$ steht.

$$\begin{aligned}
c_{goon1}: \quad & \sigma_1 = (\mathbf{true}, 0)\, b\, (\mathbf{true}, 0)\, a_1\, (\mathbf{true}, 1)\, b\, (\mathbf{true}, 1)\, a_1\, (\mathbf{true}, 2)\, b\, \ldots \\
& \sigma_2 = (\mathbf{true}, 0)\, b\, (\mathbf{true}, 0)\, a_1\, (\mathbf{true}, 1)\, b\, (\mathbf{true}, 1)\, a_2\, (\mathbf{false}, 1)\, \overline{b}\, (\mathbf{false}, 1) \\
& \sigma_3 = (\mathbf{true}, 5)\, b\, (\mathbf{true}, 5)\, a_1\, (\mathbf{true}, 6)\, b\, (\mathbf{true}, 6) \\
& \sigma_4 = (\mathbf{true}, 5)\, b\, (\mathbf{true}, 6) \\
& \sigma_5 = (\mathbf{true}, 5)\, a_1\, (\mathbf{true}, 6) \\
c_{goon2}: \quad & \sigma_6 = (\mathbf{true}, 0)\, d\, (\mathbf{true}, 0)\, a\, (\mathbf{true}, 1)\, d\, (\mathbf{true}, 1)\, a\, (\mathbf{true}, 2)\, d\, \ldots \\
& \sigma_7 = (\mathbf{true}, 0)\, d\, (\mathbf{true}, 0)\, a\, (\mathbf{true}, 1)\, d\, (\mathbf{true}, 1)\, a\, (\mathbf{false}, 1)\, \overline{d}\, (\mathbf{false}, 1)
\end{aligned}$$

Die unendliche Folge σ_1 liegt in $\Sigma_\omega(c_{goon1})$. Die endliche Folge σ_2 liegt in $\Sigma_{compl}(c_{goon1})$. Die Folge σ_3 liegt in $\Sigma_*(c_{goon1})$ und weder in $\Sigma_{compl}(c_{goon1})$ noch in $\Sigma_\omega(c_{goon1})$. Die Folge σ_4 ist keine zulässige Ausführung von c_{goon1}, denn die Aktion b ändert nicht den Wert von x von 5 auf 6; formal gesehen verletzt σ_4 die Datenflußeigenschaft (D) der Definition 6.2.4, nicht jedoch die Kontrollflußeigenschaft (K). Mit der Folge σ_5 ist es umgekehrt: die Aktion a_1 kann nicht als erste Aktion von $\gamma(c_{goon1})$ ausgeführt werden; d.h., σ_5 ist wegen Verletzung der Kontrollflußeigenschaft (K) keine Ausführung - (D) gilt jedoch für σ_5. Die unendliche Folge σ_6 liegt in $\Sigma_\omega(c_{goon2})$. Die Folge σ_7 liegt in $\Sigma_{compl}(c_{goon2})$.

Das Beispiel σ_7 zeigt, daß, anders als im entsprechenden Fall bei Petrinetzen (Definition 5.2.1 in Kapitel 5), sich die Zwischenzustände nicht aus dem Anfangszustand und den Aktionen einer Ausführungsfolge berechnen lassen, denn atomare Aktionen können internen Nichtdeterminismus enthalten. Ein anderes Beispiel dafür ist:

$$c' \equiv \underbrace{\langle\, \mathbf{if\ true} \rightarrow x := 0 \ \Box\ \mathbf{true} \rightarrow x := 1\ \mathbf{fi}\, \rangle}_{a}.$$

Sowohl $\sigma = (x = 0)\, a\, (x = 0)$ als auch $\sigma' = (x = 0)\, a\, (x = 1)$ sind zulässige Ausführungen von c'. Im Unterschied zur sequentiellen Semantik von Petrinetzen können die Zwischenzustände einer Ausführung nicht eindeutig aus dem Anfangszustand und den Aktionen der Folge bestimmt werden.

6.2.4 Konsistenzbetrachtung

Es sei $\tilde{c}$ ein *APROG*-Programm. Das *USEQPROG*-Programm c sei das gleiche Programm wie $\tilde{c}$, außer daß alle Klammern $\langle$ und $\rangle$ entfernt worden sind. Wir zeigen nun, daß die in Abschnitt 6.2.3 festgeschriebene operationale Semantik von $\tilde{c}$ konsistent mit der in Abschnitt 3.2 definierten relationalen Semantik $m(c)$ von c ist. Konsistenz bedeutet, daß es eine sinnvolle Beziehung zwischen den Ausführungen $\Sigma_*(\tilde{c})$, $\Sigma_\omega(\tilde{c})$, $\Sigma_{compl}(\tilde{c})$ und der Relation $m(c)$ gibt. Wir betrachten die Nichtterminierung von c in einem Anfangszustand s' etwas genauer. Formal wird dies durch $(s', \delta) \in m(c)$ ausgedrückt. Betrachten wir eine äußere Alternativanweisung von $\tilde{c}$:

$$\begin{aligned}
\tilde{c} &= \widetilde{IF} = \mathbf{if}\, \langle\, \beta \rightarrow c_0\, \rangle\, \mathbf{fi} \\
c &= IF = \mathbf{if}\ \beta \rightarrow c_0\ \mathbf{fi}.
\end{aligned}$$

Es sei s' ein Anfangszustand mit $val(\beta, s') = \textbf{false}$. Dann gilt laut der relationalen Semantik $m(IF)$: $(s', \delta) \in m(IF)$. Für $\widetilde{IF}$ existiert jedoch keine Ausführung außer $\sigma = s'$, die mit s' beginnt, denn σ ist nicht zu einer längeren Ausführung erweiterbar; insbesondere existiert keine Ausführung, die mit s' beginnt und mit δ endet. In Analogie zu Definition 5.1.7 bezeichnen wir eine solche Folge σ, die maximal, aber nicht vollständig ist, als eine *Deadlock-Folge*. Die Existenz einer maximalen, aber nicht vollständigen Ausführung in der operationalen Semantik von $\tilde{c}$ muß also mit dem Nichtterminierungssymbol δ der relationalen Semantik von c in Beziehung treten.

Definition 6.2.5 MAXIMALITÄT VON AUSFÜHRUNGEN

Seien $\tilde{c} \in APROG$ und $\sigma \in \Sigma(\tilde{c})$.

(i) Sei $a \in A(\tilde{c})$. Die Folge σ *aktiviert* a genau dann, wenn $\sigma = s_0 a_1 \ldots a_r s_r \in \Sigma_*(\tilde{c})$ gilt und es einen Zustand s in $Z(\tilde{c}) \uplus \{\delta\}$ gibt, so daß die Folge $s_0 a_1 \ldots a_r s_r a s$ in $\Sigma_*(\tilde{c})$ liegt.

(ii) Die Folge σ ist *maximal* (in $\Sigma(\tilde{c})$), wenn es keine Aktion $a \in A(\tilde{c})$ gibt, so daß a durch σ aktiviert ist.

(iii) Die Folge σ ist eine *Deadlockfolge* von $\tilde{c}$, wenn σ in $\Sigma_*(\tilde{c})$ liegt, in $\Sigma(\tilde{c})$ maximal ist und außerdem $\sigma \notin \Sigma_{compl}(\tilde{c})$ gilt. ■6.2.5

Man beachte, daß das Aktiviertsein eine Kontrollfluß- und eine Datenflußkomponente hat: die Aktion a muß so an das Ende von σ passen, daß die verlängerte Folge $\sigma a s$ beide Teile (D) und (K) der Definition 6.2.4 erfüllt. Eine Aktion der Form $\langle \textbf{abort} \rangle$ ist in diesem Sinne aktivierbar, denn sie produziert den abstrakten Endzustand δ. Es gibt jedoch keine Folge, die eine Aktion der Form $\langle \textbf{false} \rangle$ aktiviert.

Der Konsistenzsatz hat zwei Teile. Teil (i) betrifft die normale Terminierung von Programmen, Teil (ii) die Nichtterminierung. Der erste Teil beschreibt eine Beziehung zwischen der Semantik $m(c) \cap (Z(c) \times Z(c))$ ohne Symbol δ, die wir vorher auch $m_1(c)$ genannt haben, von c und den vollständigen Ausführungen $\Sigma_{compl}(\tilde{c})$ von $\tilde{c}$. Der zweite Teil des Satzes setzt das Symbol δ in Beziehung zu drei verschiedenen Arten von Ausführungen σ von $\tilde{c}$, die alle Nichtterminierung bedeuten. Eine dieser drei Arten wurde gerade am Beispiel erläutert: wenn σ maximal, aber unvollständig ist. Die anderen beiden Arten der Nichtterminierung sind schon von der operationalen Semantik der Schleife in Definition 3.2.2(vi) her bekannt.

Satz 6.2.6 KONSISTENZ VON *APROG*- UND *USEQPROG*-SEMANTIK

Sei $\tilde{c} \in APROG$ und sei c aus $\tilde{c}$ gewonnen durch Weglassen der Klammern $\langle$ und $\rangle$. Dann gilt für alle Anfangszustände $s' \in Z(c)$:

(i) *Für alle Endzustände $s \in Z(c)$ sind die beiden folgenden Aussagen äquivalent:*
   (1) $(s', s) \in m(c)$.
   (2) $\exists\, \sigma = s_0 a_1 \ldots a_r s_r \in \Sigma_{compl}(\tilde{c})$: $s' = s_0 \wedge s_r = s$.

(ii) *Die beiden folgenden Aussagen sind äquivalent:*
   (1) $(s', \delta) \in m(c)$.
   (2) (NT1) $\vee$ (NT2) $\vee$ (NT3), *wobei:*

(NT1) $\exists \sigma = s_0 a_1 \ldots a_r s_r \in \Sigma_*(\tilde{c})$: $s' = s_0 \wedge s_r = \delta$;
(NT2) $\exists \sigma = s_0 a_1 s_1 \ldots \in \Sigma_\omega(\tilde{c})$: $s' = s_0$;
(NT3) $\exists \sigma = s_0 a_1 \ldots a_r s_r \in \Sigma_*(\tilde{c})$: $s' = s_0 \wedge \sigma$ *ist Deadlockfolge von* $\tilde{c}$.

Beweis:

(Skizze) Durch Induktion über die Struktur von $\tilde{c}$; hier werden nur zwei Fälle behandelt.

• $\tilde{c} = \underbrace{\langle AKTION \rangle}_{a}$, $c = AKTION$.

(i) Für $s \in Z(c)$ gilt die Äquivalenz $(s', s) \in m(a) \Leftrightarrow s'as \in \Sigma_{compl}(\tilde{c})$ aufgrund der Definition von $\Sigma_{compl}(\tilde{c})$.

(ii) Um (1) $\Rightarrow$ (2) zu zeigen, nehmen wir $(s', \delta) \in m(c)$ an. Dann gilt wegen $\tilde{c} = a$ auch $s'a\delta \in \Sigma_{compl}(\tilde{c})$ nach der Definition von $\Sigma_{compl}(\tilde{c})$, und deswegen gilt Teil (NT1) von (2). Umgekehrt: Wenn (NT1) gilt, dann gilt auch $s'a\delta \in \Sigma_{compl}(\tilde{c})$ und dann auch (1). Der Fall (NT2) kann nicht eintreten, denn es gibt keine unendlichen Ausführungen von $\tilde{c}$. Der Fall (NT3) könnte nur dann eintreten, wenn s' eine maximale Ausführung von $\tilde{c}$ wäre; das könnte nur dann so sein, wenn *AKTION* mit einer Bedingung β beginnt, was aber nicht der Fall ist - ansonsten gilt Lemma 3.2.3, aus dem folgt, daß s' verlängert werden kann.

• $\widetilde{IF} = \textbf{if } \underbrace{\langle \beta \rightarrow c \rangle}_{b} \textbf{ fi}$, $IF = \textbf{if } \beta \rightarrow c \textbf{ fi}$.

(i) Für $s \in Z(c)$ gilt: $(s', s) \in m(IF)$ $\Leftrightarrow$ (Definition von $m(IF)$)
$val(\beta, s') = \textbf{true} \wedge (s', s) \in m(c)$
$\Leftrightarrow$ (Definition von $m(b)$)
$(s', s) \in m(b)$
$\Leftrightarrow$ (Definition von $\Sigma_{compl}(\widetilde{IF})$; $\gamma(\widetilde{IF}) = b$)
$s'bs \in \Sigma_{compl}(\widetilde{IF})$.

(ii) Um (1)$\Rightarrow$(2) zu zeigen, nehmen wir $(s', \delta) \in m(IF)$ an.

Dann gilt entweder $val(\beta, s') = \textbf{false}$, oder $val(\beta, s') = \textbf{true}$ und $(s', \delta) \in m(c)$. Im ersten Fall ist die Ausführung $\sigma = s'$ maximal, aber nicht vollständig in $\widetilde{IF}$; also gilt (2)(NT3). Im zweiten Fall liegt die Ausführung $s'b\delta$ in $\Sigma_{compl}(\widetilde{IF})$; also gilt (2)(NT1).

Um umgekehrt (2)$\Rightarrow$(1) zu zeigen, betrachten wir nacheinander die drei Fälle (NT1), (NT2) und (NT3). Im Fall (NT1) gilt $s'b\delta \in \Sigma_{compl}(\widetilde{IF})$; daraus folgt:

$$val(\beta, s') = \textbf{true} \wedge (s', s) \in m(IF)$$

und nach den Definitionen von $\Sigma_{compl}(\widetilde{IF})$ und $m(b)$ dann auch $(s', \delta) \in m(IF)$ wegen der Definition von $m(IF)$. Es existieren keine unendlichen Ausführungen. Also kann Fall (NT2) nicht eintreten.

Fall (NT3): $\sigma = s'$ ist maximal, aber nicht vollständig. D.h., für alle $s \in Z(c) \uplus \{\delta\}$ gilt $(s', s) \notin m(b)$. Also gilt entweder $val(\beta, s') = \textbf{false}$ oder $val(\beta, s') = \textbf{true}$ und $s'm(c) = \emptyset$; letzteres ist allerdings nach Lemma 3.2.3 unmöglich. Es bleibt $val(\beta, s') = \textbf{false}$ als einzige Möglichkeit bestehen, woraus $(s', \delta) \in m(IF)$ nach der Definition von $m(IF)$ folgt.

■6.2.6

Der Teil (ii) dieses Satzes verdeutlicht, daß sich die operationale Semantik $\Sigma(\tilde{c})$ von der relationalen Semantik $m(c)$ unter anderem dadurch unterscheidet, daß die möglichen Arten der Nichtterminierung eines Programms feiner unterschieden werden. Die drei Fälle:

(NT1) *Nichtterminierung aufgrund der Produktion eines δ-Symbols durch eine atomare Aktion.*
(NT2) *Nichtterminierung aufgrund einer unendliche Schleife.*
(NT3) *Nichtterminierung aufgrund eines Deadlocks.*

decken alle möglichen Nichtterminierungsarten ab. Die beiden Fälle (NT1) und (NT2) waren bereits bei der Definition von $m(DO)$ wichtig, der Fall (NT3) ist neu hinzugekommen. An dieser Stelle wird besonders augenfällig, weswegen in Abschnitt 4.2 das Symbol δ ein Rudiment des Kontrollflusses genannt wurde.

Mit einer kleinen formalen Änderung lassen sich die beiden Fälle (NT2) und (NT3) vereinheitlichen. Laut Definition 6.2.5(iii) ist eine Deadlockfolge endlich, maximal und unvollständig. Eine unendliche Folge ist ebenfalls unvollständig. Jede unendliche Folge ist außerdem maximal in $\Sigma(c)$, im Sinne des Abschnitts 2.8.2. Für endliche Folgen sind die Definition 6.2.5(iii) und die Definition von Maximalität in Abschnitt 2.8.2 äquivalent. Eine einheitliche Formulierung von (NT2) und (NT3) lautet also: *Nichtterminierung aufgrund einer maximalen unvollständigen Folge* (die im Fall (NT2) unendlich, im Fall (NT3) endlich ist).

6.3 Eine Hierarchie von Fairnessbegriffen

Ausgestattet mit der operationalen Semantik können wir uns nun an eine Formalisierung des Fairnessbegriffs begeben. Wir betrachten ein Programm $c \in APROG$. Fairness soll informell bedeuten, daß keine Aktion $a \in A(c)$ unendlich oft übergangen werden darf. Wir betrachten also unendliche Ausführungsfolgen $\sigma \in \Sigma_\omega(c)$ - endliche Ausführungen sind *per definitionem* fair. Man kann verschiedene Grade des Übergehens unterscheiden; dazu geben wir zunächst vier Beispiele in Abschnitt 6.3.1. In Abschnitt 6.3.2 folgen die Definitionen. In Abschnitt 6.3.3 wird die Beziehung zur unendlich nichtdeterministischen Zufallszuweisung $x :=?$ untersucht.

6.3.1 Vier Beispiele

Beispiel 1: $\mathbf{do}\ \underbrace{\langle goon\rangle}_{b} \rightarrow\ \mathbf{if}\ \underbrace{\langle \mathbf{true} \rightarrow x := x+1\rangle}_{a_1}$

$$\square\ \underbrace{\langle \mathbf{true} \rightarrow goon := \mathbf{false}\rangle}_{a_2}$$

$\mathbf{fi}$

$\mathbf{od}$

Wir betrachten die Folge $\sigma_1 = (\mathbf{true}, 0)\, b\, (\mathbf{true}, 0)\, a_1\, (\mathbf{true}, 1)\, b\, (\mathbf{true}, 1)\, a_1\ \ldots$

a_2 ist in σ_1 unendlich oft aktiviert (d.h. genauer: unendlich viele verschiedene endliche Anfangsstücke von σ_1 aktivieren a_2), kommt aber nur endlich oft (nämlich überhaupt nicht) vor.

Beispiel 2: **var** B, C, D: {**false**, **true**};

$$
\begin{array}{ll}
\textbf{do}\ \underbrace{\langle B \rangle}_{b} \rightarrow & \textbf{if}\ \ \underbrace{\langle \textbf{true} \rightarrow C := \neg C \rangle}_{a_1} \\
& \Box\ \ \underbrace{\langle \textbf{true} \rightarrow D := \neg D \rangle}_{a_2} \\
& \Box\ \ \underbrace{\langle \neg C \wedge \neg D \rightarrow B := \textbf{false} \rangle}_{a_3} \\
& \textbf{fi} \\
\textbf{od} &
\end{array}
$$

Mit den Abkürzungen 0 = **false**, 1 = **true** und $(i, j, k) = (B = i, C = j, D = k)$ betrachten wir die Folge:

$$
\begin{aligned}
\sigma_2 \;=\; & (1,1,1)\, b\, (1,1,1)\, a_1\, (1,0,1)\, b\, (1,0,1)\, a_1\, (1,1,1) \\
& b\, (1,1,1)\, a_2\, (1,1,0)\, b\, (1,1,0)\, a_2\, (1,1,1)\, b\, (1,1,1)\, a_1\, \ldots
\end{aligned}
$$

Hier ist a_3 nie - d.h. nach keinem Anfangsstück - tatsächlich aktiviert und kommt auch nicht vor; a_3 ist aber 'nur 2 Schritte vor dem Aktiviertsein', denn es gibt unendlich viele Anfangsstücke von σ_2, die nur um zwei Aktionsausführungen verlängert werden müßten, um a_3 zu aktivieren. Ein solches Anfangsstück ist beispielsweise:

$$\sigma = (1,1,1)\, b\, (1,1,1)\, a_1\, (1,0,1)\, b\, (1,0,1).$$

σ müßte folgendermaßen erweitert werden, um a_3 zu aktivieren:

$$\sigma' = (1,1,1)\, b\, (1,1,1)\, a_1\, (1,0,1)\, b\, (1,0,1)\, a_2\, (1,0,0)\, b\, (1,0,0).$$

Beispiel 3:

$$
\begin{array}{ll}
\textbf{do}\ \underbrace{\langle B \rangle}_{b} \rightarrow & \textbf{if}\ \underbrace{\langle \textbf{true} \rightarrow x := x + 2 \rangle}_{a_1} \\
& \Box\ \underbrace{\langle \textbf{true} \rightarrow x := x - 1 \rangle}_{a_2} \\
& \Box\ \underbrace{\langle x \leq 0 \rightarrow B := \textbf{false} \rangle}_{a_3} \\
& \textbf{fi} \\
\textbf{od} &
\end{array}
$$

Mit der Abkürzung $(1, j) = (B = \textbf{true}, x = j)$ betrachten wir die Folge:

$$\sigma_3 = (1,0)\, b\, (1,0)\, a_1\, (1,2)\, b\, (1,2)\, a_2\, (1,1)\, b\, (1,1)\, a_1\, (1,3)\, b\, (1,3)\, a_2\, (1,2)\, b\, \ldots$$

Hier kommt a_3 nicht vor, sein Aktiviertwerden ist aber unendlich oft möglich, d.h., jedes endliche Anfangsstück von σ_3 kann so verlängert werden, daß a_3 aktiviert wird. Je länger das Anfangsstück ist, desto länger muß aber auch die Verlängerung sein.

Beispiel 4: $\textbf{do}\ \underbrace{\langle B\rangle}_{b} \rightarrow\ \textbf{if}\ \underbrace{\langle \textbf{true} \rightarrow x := 1\rangle}_{a_1}$

$\qquad\qquad\qquad\qquad\ \ \square\ \underbrace{\langle x = 0 \rightarrow B := \textbf{false}\rangle}_{a_2}$

$\qquad\qquad\qquad\qquad\ \ \textbf{fi}$

$\qquad\ \ \textbf{od}$

Wir betrachten die Folge $\sigma_4 = (1,0)\,b\,(1,0)\,a_1\,(1,1)\,b\,(1,1)\,a_1\ \ldots$

In ihr ist ab dem Zustand $(1,1)$ a_2 nicht mehr aktivierbar und kommt auch nicht mehr vor.

6.3.2 Fairnessdefinitionen

Die Beispiele 1, 2 und 3 zeigen verschiedene Grade von Unfairness; Beispiel 1 zeigt hochgradige, Beispiel 2 weniger eklatante, Beispiel 3 nur sehr milde Unfairness. Das Beispiel 4 zeigt demgegenüber eine unendliche, aber definitiv faire Ausführung.

Definition 6.3.1 AKTIONSLÄNGE EINER AUSFÜHRUNG

Für $\sigma = s_0 a_1 \ldots a_r s_r$ definieren wir $|\sigma|_A = r$; wir nennen $|\sigma|_A$ die *Aktionslänge* von σ. ■6.3.1

Ein Spezialfall dieser Definition ist $\sigma = s_0$; dann (und nur dann) gilt $|\sigma|_A = 0$.

Zur Formulierung der Fairnesseigenschaft werden spezielle Quantoren benötigt. Die Notation $\exists^{\infty}_{i\in\mathbb{N}}$ steht kurz für *es existieren unendlich viele* $i \in \mathbb{N}$. Die Schreibweise $\forall^{\infty}_{i\in\mathbb{N}}$ steht kurz für *für alle bis auf endlich viele* $i \in \mathbb{N}$. Zum Beispiel ist von den beiden Aussagen:

$$\forall n \in \mathbb{N}\ \exists^{\infty}_{i\in\mathbb{N}}\ i \geq n \quad \text{und} \quad \neg\forall^{\infty}_{i\in\mathbb{N}}\ i \geq 5$$

die erste wahr, die zweite aber falsch. Es gilt $\neg\exists^{\infty}_{i\in\mathbb{N}}\ P \Leftrightarrow \forall^{\infty}_{i\in\mathbb{N}}\ \neg P$ in Analogie zu den de Morganschen Gesetzen.

Definition 6.3.2 FAIRNESS

Sei $c \in APROG$.

(i) Seien $\sigma = s_0 a_1 \ldots a_i s_i \in \Sigma_*(c)$ eine Ausführung und $k \in \mathbb{N}$ eine natürliche Zahl.
σ *k-aktiviert* eine Aktion $a \in A(c)$ genau dann, wenn eine Verlängerung
$\sigma' = s'_0 a'_1 \ldots a'_j s'_j$
existiert, für die gilt: $|\sigma'|_A \leq k$, $s_i = s'_0$ und $s_0 a_1 \ldots a_i s'_0 a'_1 \ldots a'_j s'_j$ aktiviert a[3].
σ *∞-aktiviert* $a \in A(c)$ genau dann, wenn eine Zahl $k \in \mathbb{N}$ existiert, so daß a durch σ k-aktiviert wird.

(ii) Für eine unendlich lange Folge $\sigma = s_0 a_1 s_1 a_2 \ldots \in \Sigma_\omega(c)$ sei $\sigma_i = s_0 a_1 \ldots a_i s_i$ das Anfangsstück der Aktionslänge i von σ; es sei $k \in \mathbb{N}$ eine natürliche Zahl.
σ ist *k-unfair* gegenüber einer Aktion $a \in A(c)$, wenn gilt:
$(\exists^{\infty}_{i\in\mathbb{N}}\ \sigma_i\ k\text{-aktiviert}\ a) \wedge (\forall^{\infty}_{i\in\mathbb{N}}\ a_i \neq a)$.
σ ist *∞-unfair* gegenüber $a \in A(c)$, wenn gilt:
$(\exists^{\infty}_{i\in\mathbb{N}}\ \sigma_i\ \infty\text{-aktiviert}\ a) \wedge (\forall^{\infty}_{i\in\mathbb{N}}\ a_i \neq a)$.

[3] '0-aktiviert' ist das gleiche wie 'aktiviert' (Definition 6.2.5(i)).

(iii) Eine Folge $\sigma \in \Sigma_\omega(c)$ ist:
k-fair $\Leftrightarrow$ für kein $a \in A(c)$ ist σ k-unfair gegenüber a.
∞-fair $\Leftrightarrow$ für kein $a \in A(c)$ ist σ ∞-unfair gegenüber a. ■6.3.2

Für die vier Beispiele des Abschnitts 6.3.1 gilt:

Beispiel 1: σ_1 ist weder 0-fair, noch 1-fair, noch k-fair für irgendein $k \in \mathbb{N}$, noch ∞-fair.
Beispiel 2: σ_2 ist 0-fair und 1-fair, aber weder k-fair für $k \geq 2$ noch ∞-fair.
Beispiel 3: σ_3 ist k-fair für jede Zahl $k \geq 0$, aber nicht ∞-fair.
Beispiel 4: σ_4 ist sowohl k-fair für jede Zahl $k \geq 0$ als auch ∞-fair.

Satz 6.3.3 FAIRNESS-HIERARCHIE

(i) *σ ist ∞-fair* $\Rightarrow$ $\forall k \in \mathbb{N}$: *σ ist k-fair.*
(ii) $\forall k \in \mathbb{N}$: $[(\sigma$ *ist* $(k+1)$*-fair*$) \Rightarrow (\sigma$ *ist k-fair*$)]$.

Beweis: Direkte Folge der Definitionen. ■6.3.3

Demnach bilden die in Definition 6.3.2 eingeführten Fairnessbegriffe eine Hierarchie, aber die Beispiele 1 bis 4 zeigen, daß die Begriffe dieser Hierarchie auseinanderfallen. Zwar gibt es kein *APROG*-Programm mit einer 0-fairen, nicht 1-fairen Ausführung. Dies liegt an unserer etwas restriktiven Syntax, welche fordert, daß jede Schleife nur eine einzige atomare Eingangsaktion hat; läßt man als unmittelbare Verallgemeinerung auch mehr als eine Alternative direkt im Schleifenkörper zu:

$$APROG \ ::= \ \ldots \ \mid \mathbf{do}\ GC_1 \,\square\, \ldots \,\square\, GC_m\ \mathbf{od} \mid \ \ldots ,$$

dann fallen alle hier eingeführten Fairness-Begriffe auseinander. Im folgenden beschränken wir uns auf 0-Fairness und sagen dazu einfach *Fairness*.

Als Schlußüberlegung fügen wir hinzu, daß, ließe man nichtdeterministische Boolesche Ausdrücke zu, die Definition 6.3.2 kritisch überprüft werden müßte. Die hypothetische Schleife:

$$\mathbf{do}\ \langle\,(\mathbf{true} \,\square\, \mathbf{false})\,\rangle \rightarrow \langle \mathbf{skip} \rangle\ \mathbf{od},$$

deren operationale Semantik leicht über eine Anpassung der Definitionen 6.2.3 und 6.2.4 zu definieren wäre, hätte eine Terminierungsaktion der Form $\langle\,(\mathbf{false} \,\square\, \mathbf{true})\,\rangle$. Diese Aktion wäre in jeder unendlichen Ausführung unendlich oft aktiviert. Die Schleife hätte daher keine unendlichen fairen Ausführungen. Ob dieser Effekt gewollt ist oder nicht, könnte Gegenstand einer Diskussion sein. Jedenfalls ist er in unserem Ansatz ausgeschlossen.

6.3.3 Fairness und unbeschränkter Nichtdeterminismus

In diesem Abschnitt wird gezeigt, daß der Fairnessbegriff eng mit der Zufallszuweisung x :=? zusammenhängt, die in Abschnitt 3.2 definiert wurde und die, wie in Kapitel 3 ausführlich diskutiert worden ist, unbeschränkten Nichtdeterminismus hervorruft. Für die folgende Diskussion ist es sinnvoll, die etwas verallgemeinerte Zuweisung:

$$x := EXPR{+}?$$

(mit der Bedeutung, daß x eine beliebige natürliche Zahl größer oder gleich *EXPR* zugewiesen werden soll) zu betrachten. Das ist nur eine syntaktische, aber keine wesentliche Verallgemeinerung; denn die Zuweisung $x :=?$ ist äquivalent zu $x := 0+?$, und umgekehrt ist die Zuweisung $x := EXPR+?$ äquivalent zu dem zusammengesetzten Programmstück $temp :=?;\ x := EXPR + temp$. Die relationale Semantik von $x := EXPR+?$ kann analog Definition 3.2.5 so festgelegt werden:

$$(s', s) \in m(V := EXPR+?) \Leftrightarrow \exists v \in \mathbb{Z}\colon (v \geq val(EXPR, s') \wedge s = s'[V \leftarrow v]).$$

Unter der Voraussetzung, daß nur faire Ausführungen zugelassen werden, kann die Zuweisung $x := EXPR+?$ durch das folgende Programm implementiert werden, das keine Zufallszuweisung enthält:

$$
\begin{array}{lll}
\multicolumn{3}{l}{\langle x := EXPR \rangle;\ \langle goon := \textbf{true} \rangle;} \\
\textbf{do}\ \langle goon \rangle \rightarrow & \textbf{if} & \langle \textbf{true} \rightarrow x := x + 1 \rangle \\
& \Box & \langle \textbf{true} \rightarrow goon := \textbf{false} \rangle \\
& \textbf{fi} & \\
\textbf{od} & &
\end{array}
$$

Denn zu jedem Anfangszustand s' und jedem Wert $v \in \mathbb{Z}$ mit $v \geq val(EXPR, s')$ gibt es eine faire Ausführung dieses Programms, die mit $x = v$ endet und *vice versa*. Außerdem bewirkt die Fairnessbedingung, daß das Programm stets terminiert.

Umgekehrt erhebt sich die Frage, ob die Zufallszuweisung ausreicht, um Fairness genau zu implementieren. Wir beschränken uns in der folgenden Diskussion dieser Frage der Einfachheit halber auf ein Programm $c \in APROG$, das als äußere **if**-Anweisungen nur Anweisungen der Form:

$$\textbf{if}\ \langle B_1 \rightarrow c_1 \rangle \Box \ldots \Box \langle B_m \rightarrow c_m \rangle\ \textbf{fi}$$

besitzt. Die Überlegungen können ohne weiteres auf den allgemeinen Fall erweitert werden. Die Frage lautet genauer: Kann jedes Programm c von dieser Form (ohne Zufallszuweisung) in ein Programm c' (möglicherweise mit Zufallszuweisung) überführt werden, so daß die fairen Ausführungen von c genau den Ausführungen von c' entsprechen? Wir werden zeigen, daß diese Frage zu bejahen ist. Dazu führen wir für jedes **if**-Kommando der obigen Form m neue Variablen z_j $(1 \leq j \leq m)$ ein. Die Variable z_j soll zählen, wie oft die Alternative $\langle B_j \rightarrow c_j \rangle$ $(1 \leq j \leq m)$ noch übergangen werden darf; anfänglich wird $z_j :=?$ gesetzt, d.h., z_j hat einen beliebigen nichtnegativen Wert. Dann transformieren wir das Programm c nach folgendem Muster in ein neues Programm c_z:

$$
\underbrace{
\begin{array}{ll}
\textbf{if} & \vdots \\
& \langle B_j \rightarrow c_j \rangle \\
& \vdots \\
\textbf{fi} &
\end{array}
}_{\text{in } c}
\quad \leadsto \quad
\underbrace{
\begin{array}{ll}
\textbf{if} & \vdots \\
& \langle B_j \wedge (\forall i, 1 \leq i \leq m\colon B_i \Rightarrow (z_j \leq z_i)) \\
& \quad \rightarrow\ z_j := z_j + 1+?;\ c_j \ \rangle \\
& \vdots \\
\textbf{fi} &
\end{array}
}_{\text{in } c_z}
$$

Diese Transformation liefert zu c ein neues Programm c_z mit Zählern z_j. Die Ausführungen von c_z entsprechen genau den fairen Ausführungen von c:

Satz 6.3.4 BEZIEHUNG ZWISCHEN FAIRNESS UND ZUFALLSZUWEISUNG

(i) *Jede unendliche faire Ausführung von c kann durch Einsetzen geeigneter Werte für die Zähler z_j zu einer unendlichen Ausführung von c_z erweitert werden.*
(ii) *Jede unendliche Ausführung von c_z geht durch Weglassen der Werte für z_j in eine faire Ausführung von c über.*

Vor dem Beweis führen wir diese Konstruktion an unserem Standardbeispiel durch (Abbildung 6.3). Falls zum Beispiel $z_1 = 0$ und $z_2 = 5$ anfänglich, dann darf die erste Alternative in c_z höchstens sechsmal ausgeführt werden, bevor die zweite Alternative an der Reihe ist.

$$
\begin{array}{llllll}
c = & \mathbf{do}\ \langle goon\rangle \rightarrow & \mathbf{if} & \langle\ \mathbf{true} \rightarrow & x := x + 1\ \rangle \\
 & & \square & \langle\ \mathbf{true} \rightarrow & goon := \mathbf{false}\ \rangle \\
 & & \mathbf{fi} & & \\
 & \mathbf{od} & & &
\end{array}
$$

$$
\begin{array}{llllll}
\leadsto\ c_z = & \langle\ z_1 :=?\ \rangle;\ \langle\ z_2 :=?\ \rangle; & & & \\
 & \mathbf{do}\ \langle goon\rangle \rightarrow & \mathbf{if} & \langle\ z_1 \leq z_2 \rightarrow & z_1 := z_1 + 1{+}?;\ x := x + 1\ \rangle \\
 & & \square & \langle\ z_2 \leq z_1 \rightarrow & z_2 := z_2 + 1{+}?;\ goon := \mathbf{false}\ \rangle \\
 & & \mathbf{fi} & & \\
 & \mathbf{od} & & &
\end{array}
$$

Abbildung 6.3. Konstruktion eines Programms mit Zufallszuweisung aus c_{goon1}

Beweis: (*des Satzes 6.3.4*)

- Beweis von **(i)**:

Sei $\sigma = s_0\, a_1\, s_1\, a_2 \ldots$ eine unendliche faire Ausführung von c. Wir betrachten ein äußeres Alternativkommando **if** ... **fi** von c und darin eine Alternative $a = \langle B_j \rightarrow c_j\rangle$. Es gilt, Werte von z_j derart zu bestimmen und dadurch jeden Zustand s_i, der in σ vorkommt, dergestalt zu erweitern, daß die erweiterte Sequenz eine Ausführung von c_z ist.

Zunächst bestimmen wir den Anfangswert von z_j im erweiterten Zustand s_0. Falls a in σ nicht vorkommt, dann existiert (wegen der Fairness von σ) eine kleinste Zahl $i \in \mathbb{N}$, so daß für alle $j \geq i$ gilt: $s_0 a_1 \ldots a_j s_j$ aktiviert a nicht.

Setze $z_j :=$ (dieses i) $+ 1$.

(Auf der linken Seite dieser Zuweisung steht der Wert von z_j im erweiterten Zustand s_0.) Falls a in σ vorkommt ($a = a_i$ für mindestens ein i), setze:

$z_j := \min \{\ i \in \mathbb{N} \mid a = a_i\ \}$.

Dadurch ist der Anfangswert von z_j festgelegt.

Nun bestimmen wir noch die Werte für z_j, wenn $a = \langle B_j \to c_j \rangle$ als ein a_k $(k \geq 1)$ in σ vorkommt (denn der Wert von z_j wird in c_z dann ja verändert):

$$\begin{array}{rcl} \sigma & = & s_0 a_1 \quad \ldots s_{k-1} a_k s_k a_{k+1} \ldots \\ & & \qquad\qquad\quad \uparrow \\ & & \qquad\qquad \langle B_j \to c_j \rangle \end{array}$$

Falls a im Rest $s_k a_{k+1} \ldots$ der Folge nicht vorkommt, dann existiert eine minimale Zahl $i \geq k$, so daß für alle $j \geq i$ gilt: $s_0 a_1 \ldots a_j s_j$ aktiviert a nicht (wieder wegen der Fairness von σ). Wir setzen:

$$z_j := z_j - k + (\text{dieses } i) + 1.$$

Auf der linken Seite dieser Zuweisung steht der neue Wert von z_j im erweiterten Zustand s_k, auf der rechten Seite steht der alte Wert im erweiterten Zustand s_{k-1}.

Falls aber a in $s_k a_{k+1} \ldots$ vorkommt als ein a_i $(i \geq k+1)$, dann setzen wir:

$$z_j := z_j - k + \min \{ \, i \geq k+1 \mid a = a_i \, \}.$$

Ansonsten verändern sich die Werte von z_j nicht.

Damit sind die Werte für alle Zähler z_j und für alle erweiterten Zustände festgelegt, und die Behauptung lautet, daß $\sigma_z = s_{0z} a_{1z} s_{1z} a_{2z} \ldots$ eine Ausführung von c_z ist, wobei die s_{iz} $(i \geq 0)$ die erweiterten Zustände sind (d.h., s_{iz} wird aus s_i dadurch gewonnen, daß die eben bestimmten Werte für die Zähler z_j hinzugefügt werden), und die a_{iz} $(i \geq 1)$ den a_i gemäß der angegebenen Transformation (von c in c_z) entsprechen. Es seien:

$$\begin{array}{l} \sigma = s_0 \, a_1 \quad \ldots \quad s_{k-1} \, a_k \, s_k \, \ldots \\ \qquad\qquad\qquad\qquad \uparrow \\ \qquad\qquad\qquad \langle B_j \to c_j \rangle \end{array}$$

$$\begin{array}{l} \text{und} \quad \sigma_z = s_{0z} \, a_{1z} \quad \ldots \quad s_{k-1,z} \, a_{kz} \, s_{kz} \\ \qquad\qquad\qquad\qquad\qquad \uparrow \\ \langle \, B_j \wedge (\forall i, 1 \leq i \leq m \colon B_i \Rightarrow (z_j \leq z_i)) \to \; z_j := z_j + 1 + ?; c_j \, \rangle \end{array}$$

Es ist zu zeigen, daß in $s_{k-1,z}$ gilt: $\forall i \colon B_i \Rightarrow (z_j \leq z_i)$. Selbstverständlich gilt das für $i = j$.

Um den Fall $i \neq j$ zu erledigen, macht man sich aus der Definition der Werte der z_j klar, daß z_j stets den Index (in σ_z) der nächstfolgenden Aktion $\langle B_j \to c_j \rangle$ angibt, falls eine solche existiert; oder, falls nicht, den nächsten Index, ab dem $\langle B_j \to c_j \rangle$ in σ nicht mehr aktiviert ist. Betrachten wir alle Indices $i \neq j$ mit $B_i(s_{k-1,z}) =$ **true** und darunter einen Index i_0 mit minimalem Zählerwert z_{i_0}. Wir nehmen $z_{i_0} < z_j$ an. Das bedeutet, daß die Aktion $\langle B_{i_0} \to c_{i_0} \rangle$ in $s_{k-1,z}$ aktiviert ist und daß sie daher nach dem Index k noch einmal vorkommt, was aber im Widerspruch zur Definition von z_{i_0} steht. Also kann $z_{i_0} < z_j$ nicht gelten, erst recht nicht $z_i < z_j$ für die Indices i mit $i_0 \leq i$; es gilt $z_j \leq z_i$ für alle Indices i mit $B_i(s_{k-1,z}) =$ **true**, und der Beweis von Teil **(i)** des Satzes ist erbracht.

• Beweis von **(ii)**:

Die Behauptung lautet, daß jede Ausführung von c_z nach Weglassen der Zählerwerte als faire Ausführung von c angesehen werden kann. Sei also $\sigma_z = s_{0z}\, a_{1z}\, s_{1z}\, a_{2z} \ldots$ eine Ausführung von c_z und $\sigma = s_0 a_1 s_1 \ldots$ die entsprechende Ausführung von c; wir beweisen durch Widerspruch, daß σ fair ist. Dazu nehmen wir an, daß $a_0 = \langle B_{i_0} \rightarrow c_{i_0}\rangle$ unendlich oft in σ aktiviert ist, aber nur endlich oft vorkommt. Wir betrachten das a_0 enthaltende äußere Alternativkommando:

$$\textbf{if}\,\langle B_1 \rightarrow c_1\rangle \,\Box\, \ldots \,\Box\, \langle B_m \rightarrow c_m\rangle\,\textbf{fi}$$

und unterteilen die Indexmenge $\{1,\ldots,m\}$ in zwei Mengen $\{1,\ldots,m\} = I_1 \uplus I_2$ mit:

$$\begin{array}{lcl} i \in I_1 & \Leftrightarrow & \text{die } \langle B_i \rightarrow c_i\rangle \text{ entsprechende Aktion kommt in } \sigma_z \text{ nur endlich oft vor} \\ I_2 & = & \{1,\ldots,m\}\backslash I_1. \end{array}$$

Es gilt $I_1 \neq \emptyset$ wegen $i_0 \in I_1$. Wir betrachten nun das letzte Vorkommen k (das heißt den maximalen Index k) von irgendeiner Aktion $a = \langle B_i \rightarrow c_i\rangle$ $(i \in I_1)$ in σ_z; falls keine solche Aktion a in σ_z vorkommt, setzen wir $k = 0$:

$$\sigma_z \;=\; s_{0z}a_{1z}\ldots s_{k-1,z}\;a_{kz}\,\underbrace{s_{kz}a_{k+1,z}\quad\ldots}$$

$$\uparrow$$

kein $\langle B_i \rightarrow c_i\rangle$ mehr mit $i \in I_1$

Weil aber $\langle B_{i_0} \rightarrow c_{i_0}\rangle$ in σ_z unendlich oft aktiviert ist, existieren unendlich viele Zustände s'_l, so daß σ_z von der Form ist:

$$\sigma_z = s_{0z}\ldots a_{k,z}s_{k,z}\ldots s'_1a'_1\ldots s'_2a'_2\ldots$$

und $\sigma'_l = s_{0z}\ldots s'_l$ aktiviert sowohl $\langle B_{i_0} \rightarrow c_{i_0}\rangle$ als auch $a'_l = \langle B_j \rightarrow c_j\rangle$ für ein $j \in I_2$. Da jede Aktion $\langle B_j \rightarrow c_j\rangle$ $(j \in I_2)$ in σ_z unendlich oft vorkommt und jedesmal die Zählvariable z_j um mindestens 1 erhöht wird, existiert ein gewisser Index l_0, so daß in s'_{l_0} gilt:

$$\forall j \in I_2\colon\; (B_{i_0}(s'_{l_0}) = \textbf{true} \wedge z_{i_0} < z_j).$$

Also kann a'_{l_0} keine Aktion $\langle B_j \rightarrow c_j\rangle$ mit $j \in I_2$ sein, Widerspruch. ∎6.3.4

Man beachte, daß im Beweis des zweiten Teils dieses Satzes die Tatsache ausgenutzt wurde, daß in c_z die Zählvariablen z_j echt (um mindestens 1) erhöht werden.

Der Satz 6.3.4 besagt, daß die Zuweisung $V := \mathit{EXPR}{+}?$ (also auch die Zuweisung $V :=?$) ein 'typisch faires' Sprachkonstrukt ist. Die in Kapitel 3 definierte Sprache *USEQPROG* kann gleichermaßen als eine Sprache mit unbeschränktem Nichtdeterminismus und als eine Sprache mit einem Fairnesskonstrukt betrachtet werden; die beiden Eigenschaften sind im Sinne von Satz 6.3.4 gleichwertig. Die *wp*-Funktion ist dann zwar nicht mehr stetig, aber die Definition des *wp* mittels Fixpunkt ist auch für die faire Sprache *USEQPROG* adäquat, wie in Kapitel 3 bewiesen wurde.

6.4 Literaturangaben

Die operationale Semantik aus Abschnitt 6.2 geht auf [41] zurück. Ein alternativer operationaler Ansatz mit Hilfe logischer Deduktionsregeln ist in [133, 215] beschrieben.

Die Fairnessdefinitionen des Abschnitts 6.3 sind aus [42], wo sie für Petrinetze definiert wurden. Ihre Komplexität wurde von Howell und Rosier [145] untersucht. Fairness im Rahmen des *wp*-Kalküls ist in [63] definiert. Das Lehrbuch von Francez [115] diskutiert den Begriff der 0-Fairness im Zusammenhang mit anderen Fairnessbegriffen, die wir hier nicht eingeführt haben. Eine häufig gemachte Unterscheidung ist *starke Fairness* (engl. *strong fairness*), was dem oben definierten 0-Fairnessbegriff entspricht, und *schwache Fairness* (engl. *weak fairness*) [177]. Dabei heißt eine Folge $\sigma = s_0 a_1 s_1 a_2 s_2 \ldots$ *w-unfair gegenüber einer Aktion a*, wenn ein Index k existiert, so daß jeder Präfix $s_0 a_1 \ldots a_l s_l$ mit $l \geq k$ die Aktion a aktiviert, a aber nur endlich oft in der Menge $\{a_{k+1}, a_{k+2}, \ldots\}$ vorkommt, und *schwach fair* (*weakly fair*), wenn sie keiner Aktion gegenüber w-unfair ist.

Die Konstruktion $c \rightsquigarrow c_z$ in Abschnitt 6.3.3 ist eine Abwandlung der von Park [207] und Apt / Olderog [17, 203] zuerst angegebenen Konstruktionen.

6.5 Übungsaufgaben

1. Man vervollständige den Beweis von Satz 6.2.6.
2. Man erweitere die Definition 6.2.4 der operationalen Semantik auf die verallgemeinerte Schleife **do** $GC_1 \,\square\, \ldots \,\square\, GC_m$ **od**.
3. Man betrachte das folgende Programm c:

$$
\begin{array}{llll}
\mathbf{var}\ x{:}\,\mathbb{Z}; & \mathbf{do}\ \langle even(x)\rangle\ \rightarrow & \mathbf{if} & \langle \mathbf{true} \rightarrow x := x+2\rangle \\
 & & \square & \langle \mathbf{true} \rightarrow x := x+1\rangle \\
 & & \mathbf{fi} & \\
 & \mathbf{od.} & &
\end{array}
$$

   Man gebe eine 0-faire und eine nicht-0-faire Ausführung von c an. Man zeige, daß eine 0-faire Ausführung von c auch ∞-fair ist.

4. Wieso ist $x := EXPR{+}?$ nicht äquivalent zu $(x :=?;\, x := EXPR + x)$?
5. Wieso gilt der Satz 6.3.4 nicht mehr, wenn in c_z die Zuweisung $z_j := z_j + 1{+}?$ durch die Zuweisung $z_j := z_j{+}?$ ersetzt wird (Gegenbeispiel)?
6. Falls Z eine endliche Zustandsmenge ist, dann gilt die Umkehrung von Satz 6.3.3(i).
7. Falls die Eingangsbedingungen $\beta_1, \beta_2, \ldots, \beta_m$ jeder Alternativanweisung folgende Eigenschaft haben: $\beta_1 = \beta_2 = \ldots = \beta_m = \mathbf{true}$, dann gilt: σ ist fair $\Rightarrow$ σ ist ∞-fair (also insbesondere auch die Umkehrung von Satz 6.3.3(ii)).
8. Kann mit einer geeigneten Zuordnung $c \rightsquigarrow c_z$ Satz 6.3.4 auf k-Fairness ($k \neq 0$) übertragen werden?
9. Kann mit einer geeigneten Zuordnung $c \rightsquigarrow c_z$ Satz 6.3.4 auf ∞-Fairness übertragen werden?

Kapitel 7. Programme mit globalem Speicher

Von diesem Kapitel an rücken parallele Programme mit interpretierten atomaren Aktionen in den Mittelpunkt unserer Betrachtungen. Gegenstand dieses Kapitels 7 sind parallele Programme, deren atomare Aktionen beliebig auf Variablen zugreifen können. Die Bezeichnung Globalspeicherprogramm rührt daher, daß ein Programm dieser Art in der Regel mehrere sequentielle Komponenten besitzt, die teils unabhängig voneinander sind, teils über einen gemeinsamen Speicherbereich verfügen. Auf diesem Bereich kann Kommunikation zwischen den Komponenten stattfinden. Zum Beispiel kann eine der Komponenten dort Daten ablegen, die von anderen gelesen werden. Neben dem gemeinsamen Speicherbereich kann für eine Komponente auch lokaler, privater Speicher bereitliegen. Programme mit einem anderen Kommunikationsmechanismus werden in Kapitel 8 betrachtet. In beiden Kapiteln gehen wir auf folgende Weise vor: zuerst wird eine Syntax motiviert und definiert, danach eine operationale Semantik, und schließlich ein Beweissystem, garniert jeweils mit Beispielen und größeren Fallstudien. Die Konsistenz und die Vollständigkeit des Beweissystems bezüglich der operationalen Semantik wird jeweils nachgewiesen und anhand von Beispielen erläutert.

Formal betrachtet sind Globalspeicherprogramme Parallelkompositionen von *APROG*-Programmen, die im letzten Kapitel untersucht wurden - wobei die *APROG*-Syntax ihrerseits eine Erweiterung der nichtdeterministischen Sprache *SEQPROG* durch atomare Aktionen ist. Gegenüber *APROG*-Programmen neu zu betrachten ist der Paralleloperator $\|$, durch den die erwähnte Einteilung eines Programms in Komponenten vorgenommen werden kann. Der Begriff der atomaren Aktion wird als wichtiger Grundbegriff beibehalten. Eine atomare Aktion ist auch im Kontext paralleler Programme durchaus so zu verstehen wie in Kapitel 4 motiviert und in Kapitel 6 definiert wurde: nämlich als Aktionseinheit. Es kommt allerdings, wie wir sehen werden, eine neue Facette hinzu, nämlich die Interpretation einer atomaren Aktion mit Eingangsbedingung im Alternativkontext **if**... **fi** als *Warte*-Anweisung.

Dieses Kapitel ist folgendermaßen aufgebaut. Abschnitt 7.1 beschreibt die Syntax der Programmiernotation *SDPROG* und gibt dazu einige Motivation. Abschnitt 7.2 definiert eine sequentielle operationale Semantik für solche Programme. In Abschnitt 7.3 werden einige Erläuterungen gegeben und kleine Beispiele sowie mögliche Vereinfachungen bzw. Erweiterungen diskutiert, zum Beispiel bezüglich des Sprachumfangs. Abschnitt 7.4 geht im Detail auf Petersons Algorithmus zum wechselseitigen Ausschluß zweier Programme ein. Abschnitt 7.5 stellt ein Beweissystem für *SDPROG*-Programme vor, welches das Hoare-System für sequentielle Programme verallgemeinert. In Abschnitt 7.6 werden einige Fallbeispiele zu verschiedenen Aspekten der Sprache *SDPROG* und ihres Beweissystems vorgestellt.

7.1 Syntax und Motivation

Das Problem des wechselseitigen Ausschlusses mit der folgenden informellen Spezifikation ist eins der ersten und wichtigsten Probleme, die im Rahmen der parallelen Programmierung untersucht wurden und immer noch werden.

> **Problemstellung**:
> Gegeben seien zwei koexistierende und auf überlappenden Speicherabschnitten arbeitende sequentielle Programme mit jeweils einem sogenannten kritischen Abschnitt (*engl.* critical section). Es gilt zu bewirken, daß die beiden kritischen Abschnitte sich in ihren Ausführungen gegenseitig zeitlich ausschließen:
>
> Programm 1 : ⋮ kritischer Abschnitt 1 ⋮   Programm 2 : ⋮ kritischer Abschnitt 2 ⋮

Die *SDPROG*-Programmiernotation, deren Syntax in Abbildung 7.1 dargestellt ist, erlaubt es unter anderem, Zugriffe auf gemeinsamen Speicher zweier sequentieller Programme auszudrücken, der in dieser Problemstellung vorausgesetzt wird. In der Mitte der sechziger Jahre gab Th. J. Dekker [87] eine Lösung des Problems unter der Annahme an, daß gewisse primitive Speicherzugriffe wie zum Beispiel die Zuweisung $x := 1$ oder der Test auf $x = 1$ bereits die Eigenschaft des gegenseitigen Ausschlusses besitzen. Diese primitiven Zugriffe können in der *SEQPROG*-Notation als atomare Aktionen ausgedrückt werden. Dekkers Algorithmus, formuliert in der *SDPROG*-Programmiernotation, findet sich in Übungsaufgabe 7.8.7 (Abbildung 7.37). In dieser Lösung wird das nötige Warten eines sequentiellen Programms vor seinem kritischen Abschnitt - wenn dieser wegen des anderen Programms gerade nicht betreten werden kann - durch eine Schleife simuliert. Allgemein kann das Programmstück:

do $x \neq 0 \rightarrow$ **skip od**,

das in einem sequentiellen Programm für Anfangszustände mit $x \neq 0$ eine Endlosschleife bedeuten würde, in einem parallelen Programm als Implementierung des Befehls *Warte bis* $x = 0$ angesehen werden. Denn wenn ein anderes Programm während dieses Wartens auch auf die Variable x zugreifen und ihr unter anderem den Wert 0 zuweisen kann, dann kann der Wartezustand beendet werden. Diese Art von Warten mit Hilfe einer Schleife wird oft als *busy wait* bezeichnet, denn die Implementierung der Schleife engagiert normalerweise einen Prozessor voll und ganz mit ihrer Ausführung, selbst wenn nichts anderes geschieht als Warten. Der Effekt des Wartens kann im Prinzip auch noch anders implementiert werden, beispielsweise durch eine Warteschlange [263].

Im *SDPROG*-Kontext ergibt es sich zwanglos, daß die **if**-Anweisung zur Implementierung des Warte-Effekts herangezogen werden kann. Wie wir gesehen haben, ist eine Anweisung:

(1) **if** $\langle \beta \rightarrow c \rangle$ (2) ... **fi**

so zu deuten, daß die Kontrolle an der Stelle (1) verbleibt, solange $\neg\beta$ gilt, aber von der Stelle (1) direkt an die Stelle (2) übergeht, sobald - wenn β gilt - die Aktion $\langle \beta \rightarrow c \rangle$ ausgeführt wird (ohne zu verlangen, daß diese Ausführung sofort im gleichen Moment geschieht, in dem β wahr wird). Zum Beispiel wird die Anweisung *Warte, bis* $x = 0$ *gilt* in der *SDPROG*-Notation entweder durch eine Warteschleife oder durch die Warte-Anweisung **if** $\langle x = 0 \rightarrow$ **skip** $\rangle$ **fi** ausgedrückt.

$$SDPROG \quad ::= \quad APROG \mid SDPROG_1 \parallel SDPROG_2$$

Abbildung 7.1. *SDPROG*-Syntax

Zur Lösung des Problems des wechselseitigen Ausschlusses hat E.W.Dijkstra in [94] die Betrachtung zweier spezieller Operationen vorgeschlagen, die er $P(s)$ und $V(s)$ genannt hat (wobei s eine ganzzahlige Variable ist). Für die Operation $P(s)$, eine spezielle Warteanweisung, hat er folgendes gefordert:

> Its function is to decrease the value of its argument by 1 as soon as the resulting value would be nonnegative. The completion of the P-operation - i.e., the decision that this is the appropriate moment to effectuate the decrease and the subsequent decrease itself - is to be regarded as an indivisible operation.

Das *as soon as* in dieser Beschreibung ist etwas irreführend. Es ist nicht gemeint, daß der *decrease by* 1 sofort nach der Feststellung, daß der resultierende Wert größer oder gleich 0 ist, zu erfolgen hat. Vielmehr ist gemeint, daß die Subtraktion von 1 nur unter dieser Voraussetzung stattfinden darf (aber dann, wenn überhaupt, als atomare Aktion direkt nach der Feststellung von $s > 0$).

Eine $P(s)$-Aktion kann durch das folgende *SDPROG*-Programmstück dargestellt werden:

$$P(s) \equiv \quad \mathbf{if}\ \langle s > 0 \rightarrow s := s - 1 \rangle\ \mathbf{fi}.$$

Dagegen ist das folgende syntaktisch auch korrekte *SDPROG*-Programmstück:

$$P_{falsch}(s) \equiv \quad \mathbf{if}\ \langle s > 0 \rangle \rightarrow \langle s := s - 1 \rangle\ \mathbf{fi}$$

intuitiv keine richtige Darstellung der $P(s)$-Operation, denn der Test auf $s > 0$ und die Zuweisung $s := s - 1$ gehören in $P_{falsch}(s)$ nicht zu einer einzigen atomaren Aktion. Die Ausführungen zweier $P_{falsch}(s)$-Operationen in zwei verschiedenen parallel ablaufenden Programmen können sich so überlappen, daß, ausgehend vom Anfangswert $s = 1$, ein Endwert von $s = -1$ resultiert, dann nämlich, wenn die beiden Operationen erst s zu $= 1$ feststellen und dann zweimal eine 1 von s abziehen. Die Operation $V(s)$ bewirkt eine atomare Erhöhung des Wertes von s um 1:

$$V(s) \equiv \quad \langle s := s + 1 \rangle.$$

Benutzt man auf einer Variablen s, deren anfänglicher Wert größer oder gleich 0 ist, nur die Operationen $V(s)$ und $P(s)$, dann bleibt der Wert von s stets größer oder gleich 0. Eine ganzzahlige Variable s mit nichtnegativem Anfangswert, die in ihrer Verwendung so eingeschränkt ist, heißt ein *Semaphor*.

Mit Hilfe der beiden Operationen $P(s)$ und $V(s)$ läßt sich das Problem des wechselseitigen Ausschlusses systematisch lösen. Hier und im folgenden verwenden wir die Abkürzung *kA* für *kritischer Abschnitt*:

var s: ℕ (**init** 1);

Programm 1:	⋮	‖	Programm 2:	⋮
	$P(s)$;			$P(s)$;
	kA_1;			kA_2;
	$V(s)$			$V(s)$
	⋮			⋮

Wird die Semaphor-Variable so verwendet, daß jede $P(s)$ eine nachfolgende $V(s)$-Operation besitzt, daß die $P(s)$-$V(s)$-Paare ungeschachtelt sind und daß anfänglich $s = 1$ gilt, dann steht fest, daß der Wert von s nicht nur nichtnegativ bleibt, sondern den Bereich $\{0, 1\}$ nicht verlassen kann. Das Semaphor s wird in einem solchen Fall *binär* genannt.

Syntaktisch verhalten sich *SDPROG*-Programme zu *APROG*-Programmen wie top-level-Kontrollprogramme zu sequentiellen Kontrollprogrammen. Fächert man die induktive Definition von *SDPROG* auf, wozu der Satz 5.1.8 zusammen mit den Konstruktionen des nachfolgenden Abschnitts 7.2 berechtigt, so erhält man als allgemeine Form eines parallelen *SDPROG*-Programms c:

$$c = c_1 \parallel \ldots \parallel c_n,$$

wobei jedes c_i $(1 \leq i \leq n)$ ein sequentielles *APROG*-Programm ist. Die Programme c_i heißen die *sequentiellen Komponenten* oder nur die *Komponenten* von c.

In bezug auf die Deklarationen der Variablen von c werden die Vereinbarungen der vorigen Kapitel beibehalten. Eine zusätzliche Bemerkung ist allerdings notwendig, weil die Verwendung von Variablen in c nicht eingeschränkt wird. Insbesondere darf die gleiche Variable x sowohl in c_i als auch in c_j vorkommen, selbst wenn $i \neq j$ gilt. (Wir haben bereits einige solcher Beispiele betrachtet.) Um Variablen, die in mehr als einer der sequentiellen Komponenten vorkommen, zu deklarieren, werden Deklarationen direkt zu Beginn von c:

$$DECL\ ;\ (\, c_1 \parallel \ldots \parallel c_n\,)$$

verwendet. *Per definitionem* ist dann der Gültigkeitsbereich von *DECL* das ganze Programm $c = c_1 \| \ldots \| c_n$. Kommt eine Variable nur in einer Komponente c_i vor, dann heißt sie *lokal* (für diese Komponente), andernfalls *global*. Manchmal ist es sinnvoll, die Lokalität einer Variablen schon durch ihre Deklaration deutlich zu machen. Deshalb lassen wir auch einen Deklarationsteil direkt am Anfang von c_i zu:

$$DECL\ ;\ (\, DECL_1; c_1 \parallel \ldots \parallel DECL_n; c_n\,)\ ,$$

mit der Konvention, daß in $DECL_i$ deklarierte Variablen lokal für c_i sein müssen, also in keiner Komponenten c_j mit $j \neq i$ vorkommen dürfen, während in $DECL$ deklarierte Variablen global sein können (aber nicht müssen). Mit $Var(c_i)$ bezeichnen wir die Menge der für c_i lokal deklarierten und in c_i vorkommenden globalen Variablen, mit $Var(c)$ die Menge der in c deklarierten Variablen. Die Wertemenge einer Variablen V wird wie vorher mit $Val(V)$ bezeichnet. Mit $Z(c)$ bezeichnen wir die Zustandsmenge von c. Wenn keine Mißverständnisse zu befürchten sind, kürzen wir manchmal $Z = Z(c)$ ab. Das Programm in Abbildung 7.2, das auch schon früher in Abschnitt 4.2.3 (Seite 128) betrachtet worden ist, dient uns im nächsten Abschnitt als Beispiel. Die Variable x ist für beide Komponenten c_1 und c_2 als ganzzahlige Variable deklariert und wird in beiden als solche verwendet. Es gelten $Var(c_1) = Var(c_2) = Var(c) = \{x\}$ und $Val(x) = \mathbb{Z}$ und $Z(c) = \underbrace{\mathbb{Z}}_{x}$.

$$\textbf{var}\ x{:}\mathbb{Z};\ \ (\underbrace{\langle x := 0\rangle;\ \textbf{if}\ \langle x \neq 0 \rightarrow x := 2\rangle \,\Box\, \langle x = 0 \rightarrow x := 3\rangle\ \textbf{fi}}_{c_1}\ \ \|\ \ \underbrace{\langle x := 1\rangle}_{c_2}\,)$$

Abbildung 7.2. Ein Beispiel $c_{sem} = c_1 \| c_2$ mit einer globalen Variablen x

7.2 Operationale Semantik

In diesem Abschnitt legen wir in enger Anlehnung an den Abschnitt 6.2 die operationale Semantik von *SDPROG*-Programmen fest. Die Definition kann im wesentlichen direkt übernommen werden, es müssen nur die sequentiellen durch die parallelen Kontrollprogramme ersetzt werden. Wir definieren zunächst die Menge $A(c)$ der atomaren Aktionen von $c = c_1 \| \ldots \| c_n$, dann das c zugeordnete Kontrollprogramm $\kappa(c)$ und zuletzt die Menge der Ausführungen von c. Um zuerst $A(c)$ zu definieren, ergänzen wir die Definition 6.2.1(i) folgendermaßen:

$$A(c) \quad = \quad A(c_1 \| \ldots \| c_n) \quad = \quad A(c_1) \uplus \ldots \uplus A(c_n).$$

Durch die disjunkte Vereinigung bekommen im Programmtext an verschiedenen Stellen vorkommende Aktionen verschiedene Namen. Eine Motivation dafür findet sich in Abschnitt 5.4. Für die vier atomaren Aktionen des Beispiels aus Abbildung 7.2 benötigt man vier verschiedene Aktionsnamen, z.B. $\{a_0, a_1, a_2, d\}$. Die Abbildung 7.3 zeigt das Resultat der Namensgebung und das sich daraus ergebende Kontrollprogramm, wobei die Deklaration von x entfernt worden ist. Unter Verwendung von $A(c)$ kann jedem Programm $c \in SDPROG$ ein Kontrollprogramm $\kappa(c)$ zugeordnet werden. Dazu wird die Definition 6.2.1(ii) einfach durch die folgende Festsetzung ergänzt: $\kappa(c_1 \| \ldots \| c_n) = \gamma(c_1) \| \ldots \| \gamma(c_n)$.

Lemma 7.2.1 CHARAKTERISIERUNG VON $\kappa(c)$ UND $\mathcal{N}(\kappa(c))$ FÜR $c \in SDPROG$

$\kappa(c)$ ist ein bis auf Umbenennung atomarer Aktionen eindeutiges, reguläres und wohlgeformtes top-level-Kontrollprogramm. Das SND-System $\mathcal{N}(\kappa(c))$ besteht aus einer Menge von paarweise disjunkten S-Systemen.

Beweis: Direkt aus Lemma 6.2.2 und der obigen Konstruktion. Die paarweise Disjunktheit der S-System-Komponenten von $\kappa(c)$ folgt aus der disjunkten Namensgebung. ■7.2.1

$$\underbrace{\overbrace{\langle x := 0\rangle}^{a_0};\ \textbf{if}\ \overbrace{\langle x \neq 0 \rightarrow x := 2\rangle}^{a_1} \,\Box\, \overbrace{\langle x = 0 \rightarrow x := 3\rangle}^{a_2}\ \textbf{fi}}_{c_1} \quad \| \quad \underbrace{\overbrace{\langle x := 1\rangle}^{d}}_{c_2}$$

$$\kappa(c_1 \| c_2) \quad = \quad (a_0; (a_1 \,\Box\, a_2)) \parallel d.$$

Abbildung 7.3. Das Beispiel c_{sem} aus Abbildung 7.2 mit Aktionsnamen und Kontrollprogramm

Mit der Zuordnung von $\kappa(c)$ zu c liegt der zulässige Kontrollfluß von c in Form der Kontrollfolgen von $\kappa(c)$ fest. Für die Abbildung 7.3 gilt zum Beispiel:

$$ccs(\kappa(c_1 \| c_2)) \quad = \quad \{a_0a_2d, a_0da_1, da_0a_2, a_0a_1d, a_0da_2, da_0a_1\}.$$

Diese Menge gibt die vollständigen Interleavings der atomaren Aktionen des Programms an, ohne Rücksicht auf die Datenwirkung dieser Aktionen. Wäre zum Beispiel a_0 die Aktion $\langle x := 2\rangle$ statt $\langle x := 0\rangle$, würde sich an der Menge $ccs(c_{sem})$ nichts ändern. Um die Datenwirkung zu beschreiben, übernehmen wir aus Abschnitt 6.2.2 (Seite 179) auch die Definition der Bedeutungsrelation:

$$m(a) \;\subseteq\; Z(c) \times (Z(c) \uplus \{\delta\})$$

für atomare Aktionen $a \in A(c)$. Diese Relation ist wohldefiniert, weil die atomaren Aktionen von *SDPROG* die gleiche Form wie die von *APROG* haben.

Definition 7.2.2 Sequentielle operationale Semantik von *SDPROG*

Mit Hilfe der Mengen $A = A(c)$ und $Z = Z(c)$, der Relationen $m(a)$ für $a \in A(c)$ und dem Kontrollprogramm $\kappa(c)$ definieren wir die Ausführungen von c:

$\Sigma_*(c) \subseteq (ZA)^*(Z \uplus \{\delta\})$,	die Menge der endlichen Ausführungen von c.
$\Sigma_\omega(c) \subseteq (ZA)^\omega$,	die Menge der unendlichen Ausführungen von c.
$\Sigma(c) = \Sigma_*(c) \cup \Sigma_\omega(c)$,	die Menge der Ausführungen von c.
$\Sigma_{compl}(c)$,	die Menge der vollständigen Ausführungen von c.

Dazu ist in der Definition 6.2.4 γ durch κ zu ersetzen, alles andere bleibt gleich. ■7.2.2

Wir betrachten unser Beispiel (Abbildung 7.3) mit den sechs Beispielfolgen:

$$\begin{aligned}
\sigma_1 &= (x = 1)\, a_0\, (x = 0)\, a_2\, (x = 3)\, d\, (x = 1)\\
\sigma_2 &= (x = 1)\, a_0\, (x = 0)\, d\, (x = 1)\, a_1\, (x = 2)\\
\sigma_3 &= (x = 1)\, d\, (x = 1)\, a_0\, (x = 0)\, a_2\, (x = 3)\\
\sigma_4 &= (x = 1)\, d\, (x = 1)\\
\sigma_5 &= (x = 1)\, a_0\, (x = 0)\, d\, (x = 1)\, a_2\, (x = 3)\\
\sigma_6 &= (x = 1)\, a_0\, (x = 0)\, a_2\, (x = 3)\, a_1\, (x = 2).
\end{aligned}$$

Die Folge σ_1, die der in Abschnitt 4.2.3 informell angegebenen Folge (A1) entspricht, ist eine gültige, vollständige Ausführung von $c_1 \| c_2$, denn sowohl die Kontrollbedingung (K) als auch die Datenbedingung (D) sind erfüllt: a_0a_2d liegt in $ccs((a_0; (a_1 \Box a_2))\|d)$; das Zustandspaar $(x = 1, x = 0)$ liegt in $m(a_0) = m(x := 0)$; das Paar $(x = 0, x = 3)$ liegt in $m(a_2)$; das Paar $(x = 3, x = 1)$ liegt in $m(d)$. Genauso entsprechen die beiden Folgen σ_2 und σ_3 den Ausführungen (A2) bzw. (A3) des Abschnitts 4.2.3.

Die Folge σ_4 erfüllt ebenfalls alle Bedingungen einer gültigen Ausführung. Die Projektion der in σ_4 enthaltenen Aktionsfolge d auf $\kappa(c_1)$ ist die leere Folge, die nicht in $ccs(\kappa(c_1))$ enthalten ist. Also σ_4 ist nicht vollständig. Die Folge σ_5 ist keine gültige Ausführung; zwar ist die Kontrollbedingung (K) (Definition 6.2.4) erfüllt, aber nicht die Datenbedingung 6.2.4(D), denn a_2 kann im Zustand $x = 1$ nicht ausgeführt werden. σ_6 ist auch keine Ausführung; die Datenbedingung (D) ist zwar erfüllt, die Kontrollbedingung (K) aber nicht, denn $a_0a_2a_1$ ist kein Element von $cs(\kappa(c_1))$.

Notation 7.2.3 ABKÜRZENDE SCHREIBWEISEN

Um Klammerschachtelungen wie zum Beispiel $M^0(\mathit{first}(\gamma(c_i)))$ (dies bezeichnet die Anfangsmarkierung der Anfangsstelle des Netzes des Kontrollprogramms von c_i) zu vermeiden, vereinbaren wir, daß alle notationellen Zwischenschritte so weit wie möglich weggelassen werden können, wenn dadurch keine Mißverständnisse entstehen. Zum Beispiel kürzen wir die Bezeichnung für das System $\mathcal{N}(\gamma(c_i))$ zu $\mathcal{N}(c_i)$ oder nur zu $\mathcal{N}_i$, die Bezeichnung für das Netz $N(\gamma(c_i))$ zu $N(c_i)$ oder nur zu N_i und die Bezeichnung für $N(\kappa(c))$ zu $N(c)$ oder sogar nur zu N ab. Die Anfangsstelle von $\mathcal{N}(c_i)$ heißt first_i, die Endstelle last_i. Ist $\sigma = s_0a_1s_1a_2s_2\ldots$ eine Ausführung von c, dann ist $\mathit{proj}_i(\sigma)$ eine Abkürzung für $\mathit{proj}(a_1a_2a_3\ldots, A(c_i))$ und cs_i eine Abkürzung für $cs(\gamma(c_i))$, usw. (immer mit $1 \leq i \leq n$). ■7.2.3

Die Ausführungen des *SDPROG*-Programms c stehen in folgendem Verhältnis zu den Ausführungen seines Kontrollflußnetzes $\mathcal{N}(c)$:

Lemma 7.2.4 BEZIEHUNG ZWISCHEN DEN AUSFÜHRUNGEN VON c UND $\mathcal{N}(c)$

Sei $\sigma = s_0a_1\ldots a_rs_r$ eine Ausführung von $c = c_1\|\ldots\|c_n$. Dann gibt es eine eindeutige zu σ gehörige Ausführung $\sigma' = M^0a_1\ldots a_rM_r$ im System:
$\mathcal{N}(c) = (N, M^0)$ *mit* $M^0 = \{\mathit{first}_1, \ldots, \mathit{first}_n\}$.
Für einen festen Index $i \in \{1, \ldots, n\}$ sei $b_1\ldots b_q = \mathit{proj}(a_1\ldots a_r, A(c_i))$ die Projektion von $a_1\ldots a_r$ auf die i'te Komponente von c. Dann gilt:
(i) $\{\mathit{first}(\gamma(c_i))\} = {}^\bullet b_1$.
(ii) $\forall j, 1 \leq j < q\colon |b_j^\bullet \cap {}^\bullet b_{j+1}| = 1$.
(iii) *Falls σ vollständig ist, dann gilt $b_q^\bullet = \{\mathit{last}_i\}$.*

Beweis: Laut Definition 6.2.4 und Definition 7.2.2 sind die n Projektionen von $a_1\ldots a_r$ auf $A(c_i)$ Ausführungen der sequentiellen Kontrollprogramme $\gamma(c_i)$. Laut Definition 5.1.6 der Kontrollprogrammsemantik ist demzufolge $a_1\ldots a_r$ eine Kontrollfolge von $\kappa(c)$. Da laut Lemma 7.2.1 $\kappa(c)$ regulär und wohlgeformt ist, ist $a_1\ldots a_r$ (mit der Identifizierung von Transitionen und Aktionen) auch eine Schaltfolge von $\mathcal{N}(\kappa(c))$. Die Eindeutigkeit von σ' ergibt sich aus der Eindeutigkeit der Zwischenmarkierungen bei Petrinetzen.

Sei $i \in \{1, \ldots, n\}$ fest gewählt. Wir betrachten die Projektionsfolge:

$$v = b_1 \ldots b_q = proj(a_1 \ldots a_r, A(c_i)).$$

Dann ist, wie eben erwähnt, die Folge v eine Ausführung von $\gamma(c_i)$ und danach auch eine Schaltfolge von $\mathcal{N}(c_i)$, die vollständig ist, wenn σ vollständig ist. Die Behauptungen (i)-(iii) des Lemmas folgen direkt aus der Semantik von S-Netzen, die zu sequentiellen Kontrollprogrammen gehören. ■7.2.4

7.3 Ergänzende Bemerkungen

In diesem Abschnitt erörtern wir einige von der Semantik abgeleitete Begriffe, mögliche Verallgemeinerungen bzw. Vereinfachungen, einige einfache Tatsachen, ein Beispiel, die Verwendung von Semaphoren und die Implementierung von atomaren Aktionen. Der Abschnitt 7.3.1 geht auf die Definition einer relationalen Semantik $m(c)$ für Programme $c \in SDPROG$ ein. Eine solche Definition wurde auch für *APROG*-Programme bisher noch nicht geleistet. Denn bis jetzt sind nur die Relationen $m(a)$ für atomare Aktionen und $m(c)$ für $c \in USEQPROG$ festgelegt worden. In Abschnitt 7.3.2 diskutieren wir den Begriff der Invarianz eines Prädikats im Kontext paralleler Programme. In Abschnitt 7.3.3 gehen wir auf die Schachtelungen von atomaren Aktionen und Paralleloperator ein. In Abschnitt 7.3.4 definieren wir die kausale Semantik von *SDPROG*-Programmen. Abschnitt 7.3.5 ist einer Überlegung gewidmet, ob und gegebenenfalls wie sich der Fairnessbegriff des Abschnitts 6.3.2 für parallele Programme formulieren läßt. In Abschnitt 7.3.6 kommen wir auf die Unterscheidung zwischen lokalen und globalen Variablen und auf die Verwendung von Semaphoren anhand eines Beispiels zu sprechen. Der Abschnitt 7.3.7 schließlich enthält Überlegungen zur Implementierung von atomaren Aktionen.

7.3.1 Relationale Semantik

Die Alternativanweisung **if** $\langle\beta_1 \rightarrow \ldots\rangle \; \square \; \ldots \; \square \; \langle\beta_m \rightarrow \ldots\rangle$ **fi** hat, wie schon erwähnt, im *SDPROG*-Kontext eine gegenüber *APROG*-Programmen allgemeinere Funktion. Soll eine solche Anweisung ausgeführt werden und die Eingangsbedingungen β_j sind alle falsch, dann bedeutet das im *APROG*-Kontext einen sicheren Deadlock. Innerhalb eines *SDPROG*-Programms bedeutet das aber nur, daß die sie enthaltende Komponente nicht sofort weiter ausgeführt werden kann. Nach einem oder mehreren Schritten anderer Komponenten können eine oder mehrere der Eingangsbedingungen wahr werden. Im Konsistenzsatz 6.2.6 wurde eine eindeutige Beziehung zwischen drei Arten der Nichtterminierung (NT1) (Produktion von δ), (NT2) (Endlosschleife), (NT3) (Deadlock) und Paaren (s', δ) in der relationalen Semantik des zugrundeliegenden sequentiellen Programms aufgezeigt. Die Aussage dieses Satzes kann nun benutzt werden, um jedem *SDPROG*-Programm - und damit auch jedem *APROG*-Programm - c eine Bedeutungsrelation:

$$m(c) \subseteq Z(c) \times (Z(c) \uplus \{\delta\})$$

zuzuordnen. Für $c \in SDPROG$ und $s', s \in Z(c)$ soll $(s', s) \in m(c)$ gelten, *per definitionem*, wenn es eine vollständige Ausführung σ von c gibt, deren erstes Element s' und deren letztes Element s ist. Für $s' \in Z(c)$ soll, *per definitionem*, $(s', \delta) \in m(c)$ gelten, wenn es eine Ausführung σ gibt, deren erstes Element s' ist, und für die außerdem (NT1) oder (NT2) oder (NT3) gilt:

(NT1) Das letzte Element von σ ist δ.
(NT2) σ ist unendlich lang.
(NT3) σ ist endlich und maximal, aber nicht vollständig.

Dabei wird der Begriff *maximal* aus Definition 6.2.5 übernommen. Zu der Definition von $m(c)$ betrachten wir drei Beispiele:

$$\begin{aligned} c &\equiv \underbrace{\langle\, \textbf{abort} \,\rangle}_{a} \parallel \underbrace{\langle\, x := 1 \,\rangle}_{d} \\ c' &\equiv \textbf{do } \underbrace{\langle\, x = 0 \to \textbf{skip} \,\rangle}_{a'} \textbf{ od} \parallel \underbrace{\langle\, x := 1 \,\rangle}_{d'} \\ c'' &\equiv \textbf{if } \underbrace{\langle\, x = 0 \to \textbf{skip} \,\rangle}_{a''} \textbf{ fi} \parallel \underbrace{\langle\, x := 1 \,\rangle}_{d''} \end{aligned}$$

Die Folge $\sigma \equiv (x = 0)\, a\, \delta$ ist eine Ausführung von c; also gilt $(x = 0, \delta) \in m(c)$ nach Teil (NT1) der Definition von $m(c)$. Die Folge $\sigma' \equiv (x = 0)\, a'\, (x = 0)\, a'\, (x = 0)\, a' \ldots$ ist eine unendliche Ausführung von c'; also gilt $(x = 0, \delta) \in m(c')$ nach Teil (NT2) der Definition von $m(c')$. Die Folge $\sigma'' \equiv (x = 0)\, d''\, (x = 1)$ ist maximal, aber nicht vollständig für c''; also gilt nach Teil (NT3) der Definition: $(x = 0, \delta) \in m(c'')$.

Das folgende Beispiel erläutert die unterschiedlichen Definitionen relationaler Semantik, die bisher gegeben wurden:

$$m(\langle\, \textbf{false} \to \textbf{skip} \,\rangle) \quad \text{und} \quad m(\textbf{if } \langle\, \textbf{false} \to \textbf{skip} \,\rangle \textbf{ fi}) \quad \text{und} \quad m(\langle\, \textbf{if false} \to \textbf{skip fi} \,\rangle).$$

Die erste Relation - festgelegt in Definition 6.2.3 - ist die leere Relation, die keinem Anfangszustand einen Endzustand zuordnet (auch nicht δ). Die zweite - gerade eben erst definiert - ist dagegen die konstante Relation ρ_δ, die jedem Anfangszustand den Endzustand δ zuordnet. Die dritte ist ebenfalls ρ_δ, aber diesmal definiert zu Beginn des Abschnitts 6.2.2. Daß diese Festlegung Sinn macht, mag der Leser aus einer intuitiven Betrachtung ersehen. Die erste Aktion $\langle\, \textbf{false} \to \textbf{skip} \,\rangle$ könnte einem Alternativ-Kontext:

$$\textbf{if} \ldots \square \langle\, \textbf{false} \to \textbf{skip} \,\rangle \square \ldots \textbf{fi}$$

entstammen und soll daher nicht *per se* ausführbar sein, damit die anderen Alternativen gegebenenfalls aktiviert bleiben. Im Programm **if** $\langle$ **false** $\to$ **skip** $\rangle$ **fi** bedeutet die Klammerung **if**...**fi** demgegenüber einen abgeschlossenen Alternativkontext, der *per se* ausführbar ist und den abstrakten Nichtterminierungszustand δ produziert. Die dritte Aktion $\langle$ **if false** $\to$ **skip fi** $\rangle$ bezeichnet schließlich eine atomare Aktion, die nicht mit einer Eingangsbedingung beginnt, sondern einen abgeschlossenen Alternativkontext enthält, als solche unbedingt ausführbar ist und dann natürlich auch δ produziert.

Ersetzt man in einem *SDPROG*-Programm c irgendeine atomare Aktion a durch eine andere atomare Aktion a' mit der gleichen Relation $m(a') = m(a)$, dann ergibt sich keine semantische Änderung. Denn das Kontrollprogramm $\kappa(c)$ bleibt gleich und auch alle Bedeutungsrelationen atomarer Aktionen bleiben gleich; und nur die Kontrollprogramme und die Relationen atomarer Aktionen gehen in die Definition der operationalen Semantik ein. In diesem Sinne ist die Gleichheit bezüglich $m(.)$ eine semantische Charakterisierung atomarer Aktionen.

7.3.2 Invarianten und stabile Prädikate

Ein Prädikat $P\colon Z(c) \to \{\mathbf{false}, \mathbf{true}\}$ heißt eine *lokale Invariante des Programms c*, wenn für alle atomaren Aktionen a von c die Hoare-Aussage $\{P\}\, a\, \{P\}$ (Invarianz) im Sinn des Abschnitts 3.3 gilt, d.h.: $\forall a \in A(c)\ \forall s', s \in Z(c)\colon (P(s') \wedge (s', s) \in m(a)) \Rightarrow P(s)$.

P heißt *globale Invariante von c*, wenn gilt: $\forall s_0 a_1 \dots a_r s_r \in \Sigma_*(c)\colon\ P(s_0) \Rightarrow P(s_r)$.

P heißt *stabil über c*, wenn gilt: $\forall s_0 a_1 \dots s_q a_{q+1} \dots a_r s_r \in \Sigma_*(c)\colon\ P(s_q) \Rightarrow P(s_r)$.

Ein Prädikat ist demzufolge lokal invariant, wenn keine atomare Aktion es ungültig macht, global invariant, wenn aus seiner anfänglichen Gültigkeit die Gültigkeit in jedem Folgezustand folgt, und stabil, wenn seine Gültigkeit, einmal eingetreten, bestehen bleibt. Beispiele stabiler Eigenschaften sind in Abschnitt 8.6.3 aufgeführt.

Satz 7.3.1 INVARIANTEN- UND STABILITÄTSSATZ

(i) *Lokale Invarianz impliziert Stabilität.*
(ii) *Stabilität impliziert globale Invarianz.*

Beweis:

(i): Sei $s_0 a_1 \dots a_q s_q a_{q+1} \dots a_r s_r \in \Sigma_*(c)$ und es gelte $P(s_q)$; zu zeigen ist $P(s_r)$ unter der Voraussetzung, daß P lokal invariant ist. Induktion von q nach r zeigt nacheinander $P(s_{q+1})$, $P(s_{q+2})$, usw. bis $P(s_r)$.

(ii): Daß Stabilität globale Invarianz impliziert, ist mit $q = 0$ aus den Definitionen abzulesen. ■7.3.1

Die Umkehrungen der Behauptungen von Satz 7.3.1 gelten nicht; siehe Übungsaufgabe 7.8.3. Die Nützlichkeit dieses Satzes besteht darin, daß die Menge atomarer Aktionen von c in der Regel viel kleiner als die Menge aller Ausführungen ist. Oft kann man die Stabilität oder die Invarianz eines Prädikats durch ein lokales Argument, das nur von den atomaren Aktionen abhängt, beweisen. Für die verschiedenen Anwendungen des Invarianzsatzes und auch für die möglichen Schwierigkeiten bei seiner Anwendung werden wir später einige Beispiele betrachten.

7.3.3 Schachtelung von atomaren Aktionen und Paralleloperator

Durch die Definitionen des Abschnitts 7.3.1 ist jedem *SDPROG*-Programm c eine Relation $m(c)$ zugeordnet, die sein Input- / Output-Verhalten beschreibt. Weil die Gleichheit bezüglich dieser Relation atomare Aktionen charakterisiert, kann nunmehr ohne weiteres die Schachtelung atomarer Aktionen ineinander erlaubt werden. Es sei zum Beispiel:

$$c \equiv \ \ldots \ \langle c' \rangle \ \ldots$$

ein Programm, das der *SDPROG*-Syntax genügt, außer daß innerhalb zweier Aktionsklammern ein anderes *SDPROG*-Programm c' vorkommt. Dann ist die Semantik von c wohldefiniert. Zu ihrer Bestimmung braucht nur durch isolierte Betrachtung von c' und seiner Ausführungen die Bedeutungsrelation $m(c')$ hergeleitet zu werden. Danach ist (ganz als ob c' durch eine atomare Aktion, die genau die Bedeutungsrelation von c' realisiert, ersetzt worden wäre) die Semantik von c in Form seiner Ausführungsfolgen wohldefiniert, ohne daß die operationale Semantik von c' noch eine weitere Rolle spielt.

Auch die Schachtelung des Paralleloperators innerhalb anderer Konstrukte, wie zum Beispiel in dem Programm:

$$c_{sch} \equiv \underbrace{\langle x := 0 \rangle}_{a};\ (\underbrace{\langle x := x+1 \rangle}_{d_1} \parallel \underbrace{\langle x := x+1 \rangle}_{d_2})$$

kann zugelassen werden, obgleich auch dies durch die *SDPROG*-Syntax nicht erfaßt wird. Durch die Übersetzung aus Abschnitt 7.2 wird einem solchen Programm dann ein nicht-top-level-Kontrollprogramm zugeordnet, im Beispiel oben das Kontrollprogramm $\kappa(c_{sch}) = a;\ (d_1 \| d_2)$. Das Kontrollflußnetz $\mathcal{N}(c)$ von c kann wie in Übungsaufgabe 5.6.21, also etwas allgemeiner als in Abschnitt 5.3.1, definiert werden.

7.3.4 Kausale Semantik

Die kausale und die parallele Semantik eines *SDPROG*-Programms c können durch die Prozesse eines zugeordneten Petrinetzes bzw. deren Abschwächungen (siehe die Bemerkungen kurz vor Abschnitt 5.3.3, Seite 166) definiert werden. Das System $\mathcal{N}(c)$ ist für diesen Zweck unzureichend, denn es beschreibt nur den Kontrollfluß, nicht den Datenfluß von c. Zwischen den atomaren Aktionen in zwei verschiedenen Komponenten von c können jedoch Datenabhängigkeiten bestehen, die die Kausalitätsbeziehungen beeinflussen. Betrachten wir zum Beispiel zwei Boolesche Variablen:

var x, y : {**false**, **true**} (**init false**);

und, jeweils mit dieser globalen Deklaration, die beiden Programme:

$$c_{links} \equiv \underbrace{\langle x := \neg x \rangle}_{c_1} \parallel \underbrace{\langle x := \neg x \rangle}_{c_2} \quad \text{und} \quad c_{rechts} \equiv \underbrace{\overbrace{\langle x := \neg x \rangle}^{a_1}}_{c_1'} \parallel \underbrace{\overbrace{\langle y := \neg y \rangle}^{a_2}}_{c_2'}.$$

Die beiden Kontrollsysteme $\mathcal{N}(c_{links})$ und $\mathcal{N}(c_{rechts})$ sind isomorph zueinander. Beide enthalten zwei voneinander unabhängige Transitionen. In c_{links} besteht jedoch eine Datenabhängigkeit zwischen den beiden Aktionen des Programms, ihre Ausführungen müssen deshalb linearisiert werden. In c_{rechts} sind die beiden Aktionen datenunabhängig und können deswegen echt parallel ausgeführt werden. Dieser Unterschied zwischen den beiden Programmen spiegelt sich in ihren Kontrollsystemen nicht wider.

Um die Datenabhängigkeiten durch ein Petrinetz zu erfassen, geben wir eine Konstruktion an, die das Kontrollflußsystem $\mathcal{N}(c)$ eines *SDPROG*-Programms c in ein System $\mathcal{N}_{alles}(c)$ vergrößert. Diese Konstruktion erläutern wir zuerst am Beispiel c_{rechts}, siehe Abbildung 7.4 rechts oben, wobei **false** durch **f** und **true** durch **t** abgekürzt werden. Für jede der beiden Variablen x und y werden zwei neue Stellen eingeführt, je eine für den Wert **false** und eine für den Wert **true**, also insgesamt vier neue Datenstellen. Diese werden anfänglich entsprechend den Anfangswerten von x und y markiert, d.h., auf den Stellen $x = \mathbf{f}$ und $y = \mathbf{f}$.

Die beiden Transitionen im Kontrollnetz $\mathcal{N}(c_{rechts})$ seien genau wie die beiden Aktionen a_1 bzw. a_2 genannt. Es gilt $|m(a_1)| = 2 = |m(a_2)|$, weil jede der beiden Aktionen nur zwei mögliche Zustandsübergänge beschreibt. Für $\mathcal{N}_{alles}(c_{rechts})$ werden, *per definitionem*, je zwei Kopien der Transitionen a_1 und a_2 hergestellt. Die beiden Kopien von a_1, die in Abbildung 7.4 mit a_1^1 bzw. a_1^2 bezeichnet sind, werden mit den Kontrollstellen von c_1' so verbunden wie a_1 in $\mathcal{N}(c_{rechts})$, und mit den neuen Datenstellen so, daß das zugehörige Element von $m(a_1)$ korrekt beschrieben wird. So stellen a_1^1 die Wertänderung der Variablen x von **f** auf **t** und a_1^2 die umgekehrte Wertänderung dar. Analog werden von a_2 zwei Kopien hergestellt und in das System $\mathcal{N}_{alles}(c_{rechts})$ eingebunden. Insgesamt ergeben sich vier Transitionen gegenüber nur zwei Transitionen im Kontrollnetz (siehe Abbildung 7.4 oben rechts). Das System $\mathcal{N}_{alles}(c_{links})$ wird entsprechend konstruiert. Es ist in Abbildung 7.4 links oben angegeben. Man beachte, daß die beiden Datenstellen, die zu y gehören, im linken Netz isoliert sind. Das liegt an der Tatsache, daß y in c_{links} zwar deklariert ist, im Programm aber nicht benutzt wird.

Diese Übersetzung läßt sich unschwer verallgemeinern. Wir nehmen der Einfachheit halber an, daß eine atomare Aktion stets terminiert und daß jede Variable mit einem Wert ihres Wertebereichs initialisiert ist. Es sei $c = c_1 \| \ldots \| c_n$ ein *SDPROG*-Programm mit $k = |Var(c)|$ Variablen $\{V_1, \ldots, V_k\}$. Das Kontrollflußsystem $\mathcal{N}(c)$ besteht, wie erwähnt, aus n wechselseitig disjunkten S-Systemen. Zu diesen n S-Systemen werden k S-Systeme $\mathcal{N}_j$ hinzugefügt ($1 \leq j \leq k$), eins für jede Variable V_j. Das zu V_j gehörige S-System hat für jeden Wert von V_j eine Stelle. Die Stelle, die dem Anfangswert von V_j entspricht, trägt anfänglich eine Marke. Sei a eine Transition in $\mathcal{N}(c)$. Für jedes Paar $(s', s) \in m(a)$ wird eine Kopie von a hergestellt, die mit den Datenstellen nach Maßgabe von $m(a)$ verbunden wird, so wie es oben anhand des Beispiels erläutert worden ist. Es ergibt sich ein eventuell unendlich großes SND-System $\mathcal{N}_{alles}(c)$ mit genau $n+k$ S-Komponenten, wobei n Komponenten den Kontrollfluß und k Komponenten den Datenfluß von c beschreiben. Diese Konstruktion kann so abgewandelt werden, daß nur einige, aber nicht alle Variablen im Netz explizit beschrieben werden, siehe Übung 7.8.4.

Im unteren Teil der Abbildung 7.4 sind zwei Prozesse im Sinn von Definition 5.2.12 der beiden Systeme $\mathcal{N}_{alles}(c_{links})$ und $\mathcal{N}_{alles}(c_{rechts})$ abgebildet. Der in $\mathcal{N}_{alles}$ repräsentierte Datenfluß führt links, jedoch nicht rechts, zu einer Linearisierung der Ereignisse, ganz der zu Beginn des Abschnitts erwähnten Intuition entsprechend. Die Prozesse von $\mathcal{N}_{alles}(c)$

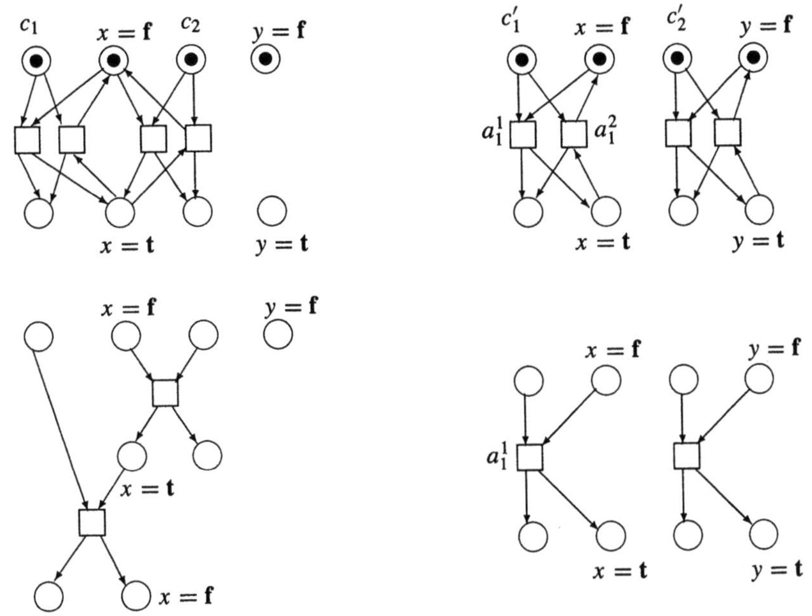

Abbildung 7.4. Zwei SND-Systeme (oben) und zwei ihrer Prozesse (unten)

bzw. die daraus abgeleiteten Halbwörter sind also geeignet als Beschreibung der kausalen Semantik von c. Weil $\mathcal{N}_{alles}(c)$ stets ein SND-System ist, kann der Satz 5.2.13 angewendet werden. Er besagt unter anderem, daß sich jeder im Programm c erreichbare Zustand als ein Schnitt in einem Prozeß von $\mathcal{N}_{alles}(c)$ wiederfindet und *vice versa*.

7.3.5 Fairness und Fortschritt

In diesem Abschnitt untersuchen wir die Bedeutung des in Kapitel 7 definierten Fairnessbegriffs im *SDPROG*-Kontext. Die kausale Semantik des letzten Abschnitts kommt dabei zur Geltung. Wir stellen zunächst fest, daß die Fairnessdefinitionen des Abschnitts 6.3.2 formal ohne Änderung auf *SDPROG*-Programme übertragen werden können. Wir betrachten als Beispiele die beiden folgenden *APROG*-Programme mit dem Anfangszustand $x = 0$:

$$c_{nichtmax} \equiv \underbrace{\langle x := 1 \rangle}_{a} \quad \text{und} \quad c_{unfair} \equiv \textbf{do}\ \underbrace{\langle x = 0 \rightarrow x := 1 \rangle}_{a'}\ \square\ \underbrace{\langle x = 0 \rightarrow \textbf{skip} \rangle}_{d'}\ \textbf{od}$$

und fragen nach der folgenden *liveness*-Eigenschaft:

Wird irgendwann einmal $x = 1$ gelten? (7.1)

Für $c_{nichtmax}$ ist diese Frage auf den ersten Blick eindeutig zu bejahen. Dabei wird allerdings stillschweigend eine Annahme gemacht, die explizit bisher nur in Abschnitt 4.1.4 in anderem Zusammenhang erwähnt worden ist: daß vor der Ausführung der Aktion $\langle x := 1 \rangle$

keine unendlich lange Pause eingelegt werden darf. Diese Annahme wird die *Fortschrittsannahme* (engl. *progress assumption* oder *finite delay property*) genannt. Wir formalisieren diese Annahme als Maximalität von Interleavings. Im Beispiel $c_{nichtmax}$ ist die Ausführung:

$$\sigma_{nichtmax} \equiv \quad (x = 0)$$

nicht $\Sigma(c_{nichtmax})$-maximal im Sinn von Definition 6.2.5 (Seite 183), denn sie kann folgendermaßen verlängert werden: $(x = 0)a(x = 1)$. Die Fortschrittsannahme kann formalisiert werden, indem gefordert wird, daß nicht-maximale Ausführungen irgendwann einmal verlängert werden müssen. Genauer gesagt, um eine *liveness*-Eigenschaft eines *APROG*-Programms c nachzuprüfen, betrachtet man alle $\Sigma(c)$-maximalen Ausführungen und prüft nach, ob die Eigenschaft in diesen erfüllt ist. Um zum Beispiel die Frage (7.1) für $c_{nichtmax}$ zu beantworten, untersucht man alle maximalen Folgen der operationalen Semantik von $c_{nichtmax}$, d.h. hier nur die Folge $(x = 0)a(x = 1)$, und stellt fest, daß der Zustand $x = 1$ vorkommt, bejaht also die Frage. Im Unterschied dazu ist für das Programm c_{unfair} die Frage (7.1) auf den ersten Blick zu verneinen. Denn in der unendlichen Ausführung:

$$\sigma_{unfair} \equiv \quad (x = 0)\, d'\, (x = 0)\, d'\, (x = 0)\, d' \; \ldots$$

kommt der Zustand $(x = 1)$ nicht vor. Die Folge σ_{unfair} ist $\Sigma(c_{unfair})$-maximal im formalen Sinn, weil sie unendlich lang ist; denn deswegen kann sie nicht um eine weitere Aktionsausführung verlängert werden[1]. Allerdings ist σ_{unfair} auch unfair, denn nicht nur unendlich viele, sondern sogar *jeder* endliche Präfix aktiviert die Aktion a'. Also ist für c_{unfair} die *liveness*-Eigenschaft *Wird irgendwann einmal* $x = 1$ *gelten?* generell mit *nein*, unter einer (schwachen) Fairnessannahme hingegen mit *ja* zu beantworten.

Im *APROG*-Kontext gibt es mithin einen intuitiv wohldefinierten Unterschied zwischen den beiden Eigenschaften einer Ausführung 'Fortschritt' (formalisiert durch die Maximalitätseigenschaft) und 'Fairness' (formalisiert in Abschnitt 6.3.2). Die beiden Eigenschaften sind fast voneinander unabhängig: die Folge σ_{unfair} erfüllt die Fortschrittseigenschaft, ist aber unfair; die Folge $\sigma_{nichtmax}$ ist fair, erfüllt aber, da sie nicht maximal ist, nicht die Fortschrittseigenschaft; jede vollständige Folge eines Programms erfüllt die Fortschrittseigenschaft und ist zudem noch fair; nur der vierte denkbare Fall kann nicht vorkommen, denn jede unfaire Folge ist unendlich und damit auch maximal, d.h., erfüllt die Fortschrittseigenschaft. Betrachten wir nun ein *SDPROG*-Beispiel:

$$c_{ff} \equiv \quad \underbrace{\langle x := 1 \rangle}_{a''} \; \| \; \textbf{do} \; \underbrace{\langle \textbf{true} \rightarrow \textbf{skip} \rangle}_{d''} \; \textbf{od}.$$

Wir werden im folgenden zeigen, daß die Beantwortung der Frage (7.1) für c_{ff} davon abhängt, ob die Interleaving- oder die kausale Semantik zugrundegelegt wird. Betrachten wir zunächst die Interleaving-Semantik von c_{ff} und daraus die Ausführung:

$$\sigma_{ff} \equiv \quad (x = 0)\, d''\, (x = 0)\, d''\, (x = 0)\, d'' \; \ldots$$

σ_{ff} ist $\Sigma(c_{ff})$-maximal und unfair gegenüber a''. Die Frage *Wird irgendwann einmal* $x = 1$ *gelten?* ist also in der Interleaving-Semantik zu verneinen und nur unter einer

[1]Versuchte man das doch, erhielte man eine nicht-diskrete Halbordnung wie in Abbildung 2.4.

Fairnessannahme zu bejahen, genau wie die entsprechende Frage für c_{unfair} und die Ausführung σ_{unfair}. Betrachten wir jetzt die kausale Semantik von c_{ff}. Die Abbildung 7.5 zeigt links einen Prozeß von c_{ff}, genauer: einen Prozeß des Systems $\mathcal{N}_{alles}(c_{ff})$. Dieser Prozeß enthält unendlich viele d''-Ereignisse, aber kein a''-Ereignis und deswegen auch keine Änderung des Wertes von x. Er entspricht σ_{ff} insofern, als σ_{ff} ihn linearisiert. Im Unterschied zur Folge σ_{ff}, die maximal innerhalb der Interleavings von c_{ff} ist, ist dieser Prozeß jedoch nicht maximal innerhalb der Menge der kausalen Ausführungen von c_{ff}. Denn er ist ein echter Präfix eines anderen Prozesses von $\mathcal{N}_{alles}(c_{ff})$, der in Abbildung 7.5 rechts dargestellt ist. Anschaulich gesprochen kann die Aktion a'' im linken Prozeß noch ungehindert von den d''-Ereignissen ausgeführt werden, im Prozeß rechts ist sie schon unabhängig von den d''-Ereignissen ausgeführt worden. Also ist innerhalb der kausalen Semantik die Frage *Wird irgendwann einmal $x = 1$ gelten?* für c_{ff} schon unter der Fortschrittsannahme zu bejahen, ohne daß Fairness noch zusätzlich gefordert werden muß.

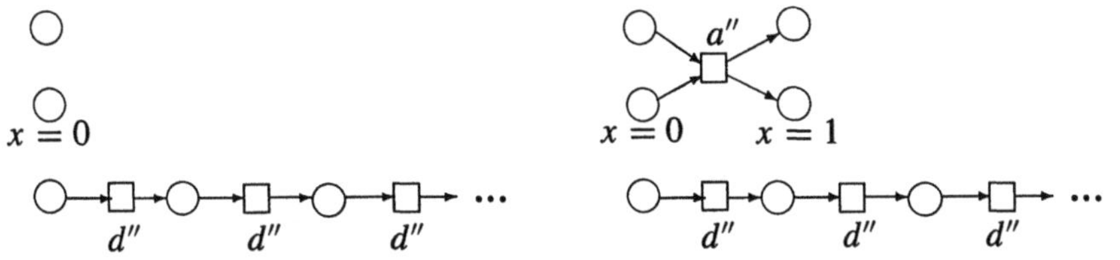

Abbildung 7.5. Ein nicht-maximaler (links) und ein maximaler (rechts) Prozeß von c_{ff}

Dieser Unterschied läßt sich gut verstehen, indem der Fortschritt als eine Maximalitätseigenschaft, die Fairness als eine Konfliktlösungseigenschaft, die Interleaving-Semantik als eine Einprozessorsemantik und die kausale Semantik als eine Mehrprozessorsemantik aufgefaßt werden. Wird c_{ff} von einem einzigen Prozessor ausgeführt, dann entsteht dadurch eine implizite Abhängigkeit zwischen den Aktionen a'' und d'', denn nach jedem Ausführungsschritt muß dieser Prozessor eine Entscheidung treffen, ob a'' oder d'' als nächste Aktion ausgeführt werden soll. Fällt diese Entscheidung immer zu Gunsten von d'', ergibt sich das Interleaving σ_{ff}. Deswegen ist es folgerichtig, daß σ_{ff} in der Interleaving-Semantik durch die Fairness- und nicht durch die Fortschrittseigenschaft ausgeschlossen wird. Wird c_{ff} aber durch zwei Prozessoren ausgeführt, einer für die erste, der andere für die zweite Komponente, dann entstehen keinerlei Konfliktsituationen, denn die Aktionen a'' und d'' sind, außer daß sie in zwei verschiedenen Komponenten vorkommen, auch noch datenunabhängig. Im nicht-maximalen Prozeß der Abbildung 7.5, in dem kein a''-Ereignis vorkommt, verhält sich der erste Prozessor genau so, wie es bereits anhand des Programms $c_{nichtmax}$ erörtert wurde: er macht vor der Aktion a'' eine lange Pause, ohne anderweitig beschäftigt zu sein. Deswegen ist es folgerichtig, diese Ausführung in der kausalen Semantik mit Hilfe der Fortschritts- und nicht der Fairnesseigenschaft auszuschließen.

Es ist leicht, sich von diesen verschiedenen Begriffen verwirren zu lassen. Besonders naheliegend ist die Verwechslung von Fortschritt mit *weak fairness* (Abschnitt 6.4), denn beide können informell als die Aussage *Eine immer aktivierte Aktion wird irgendwann einmal ausgeführt* (miß)verstanden werden. Der Begriff des Immer-Aktiviertseins ist jedoch nur unscharf definiert. In $\sigma_{nichtmax}$ ist a immer aktiviert und in σ_{unfair} ist a' immer aktiviert. Trotzdem gibt es die genannten Unterschiede: daß a in $\sigma_{nichtmax}$ nicht vorkommt, liegt an der mangelnden Maximalität von $\sigma_{nichtmax}$, daß a' in σ_{unfair} nicht vorkommt, liegt aber an der unfairen Lösung eines unendlich oft wiederkehrenden Konflikts.

Wie wir gesehen haben, ist σ_{ff} eine Linearisierung des linken Prozesses von Abbildung 7.5 (sogar die einzige). Wie wir auch gesehen haben, ist σ_{ff} im Interleaving-Sinn maximal, der entsprechende Prozeß jedoch nicht im Halbordnungssinn. Ist generell σ eine Linearisierung eines Prozesses π, dann darf aus der Maximalität von σ also keineswegs die Maximalität von π gefolgert werden. Ist allerdings π maximal, dann folgt direkt auch die Maximalität von σ. Die Fortschrittseigenschaft im Sinn der kausalen Semantik stellt also eine stärkere Forderung als die Fortschrittseigenschaft im Sinn der Interleaving-Semantik dar.

7.3.6 Lokale und globale Variablen, Leser- / Schreiber-Problem

In den beiden letzten Abschnitten hat die Datenunabhängigkeit zwischen Aktionen verschiedener Komponenten eine wichtige Rolle gespielt. Wir führen jetzt einen Namen dafür ein. Zwei atomare Aktionen a und a' eines *SDPROG*-Programms c heißen *statisch unabhängig*, wenn sie variablendisjunkt sind und in zwei verschiedenen Komponenten c_i bzw. c_j $(i \neq j)$ von c vorkommen. Ein Beispiel dafür sind die beiden Aktionen a'' und d'' des Programms c_{ff}.

Lemma 7.3.2 VERTAUSCHUNGSLEMMA

> *Seien a und a' statisch unabhängig in c. Wenn mit den Zuständen $s, t, s' \in Z(c)$ die Folge $\sigma = s_0 \ldots sata's'$ eine Ausführung von c ist, dann gibt es einen Zustand t', so daß auch $\sigma' = s_0 \ldots sa't'as'$ eine Ausführung von c ist.*

Beweis: Die Werte der Variablen von a' in den Zuständen s und t sind gleich und die Werte der Variablen von a in t und s' sind gleich, wie aus den Voraussetzungen folgt. Man kann den Zustand t' dann so definieren: die Werte von a-Variablen sind in t' wie in s, die Werte von a'-Variablen wie in s', alle anderen wie in s oder (was auf das gleiche herauskommt) wie in t oder s'. ■7.3.2

In Abschnitt 4.2.1 haben wir argumentiert, daß es für die Untersuchung von Fairnesseigenschaften sequentieller Programme wichtig ist, atomare Aktionen abzugrenzen. Interessiert man sich nicht für solche Eigenschaften, sondern zum Beispiel nur für die partielle Korrektheit eines *SDPROG*-Programms c, dann eröffnet das Vertauschungslemma die Möglichkeit, c durch Weglassen atomarer Aktionsklammern syntaktisch zu vereinfachen. Liegen zwei atomare Aktionen a_1 und a_2 in einer Komponente c_i von c in Folge hintereinander und enthalten beide Aktionen nur lokale Variablen von c_i, dann können diese beiden Aktionen als eine einzige größere atomare Aktion aufgefaßt werden. Denn wenn in einer Ausführung beide Aktionen weit auseinanderliegen, kann man sie durch sukzessives

Vertauschen nach dem Vertauschungslemma immer näher zusammenbringen, bis sie nebeneinanderliegen. Betrachten wir als Beispiel das Programm:

$$c_{xy} \equiv \underbrace{\overbrace{\langle x := x+1\rangle}^{a_1};\overbrace{\langle x := x+1\rangle}^{a_2}}_{c_1} \quad \| \quad \underbrace{\overbrace{\langle y := y+1\rangle}^{d_1};\overbrace{\langle y := y+1\rangle}^{d_2}}_{c_2},$$

wobei x bzw. y für c_1 bzw. c_2 lokal seien, und die drei folgenden Ausführungen, wobei ein Zustand $(x, y) = (k, l)$ durch (k, l) abgekürzt wird:

$$\begin{aligned}
\sigma_1 &\equiv (0,0)\, a_1\, (1,0)\, d_1\, (1,1)\, d_2\, (1,2)\, a_2\, (2,2)\\
\sigma_2 &\equiv (0,0)\, a_1\, (1,0)\, d_1\, (1,1)\, a_2\, (2,1)\, d_2\, (2,2)\\
\sigma_3 &\equiv (0,0)\, a_1\, (1,0)\, a_2\, (2,0)\, d_1\, (2,1)\, d_2\, (2,2).
\end{aligned}$$

In σ_1 liegen a_1 und a_2 weit auseinander. Durch Anwendung von Lemma 7.3.2 auf d_2 und a_2 gewinnt man σ_2 aus σ_1; durch nochmalige Anwendung von Lemma 7.3.2 auf d_1 und a_2 gewinnt man σ_3 aus σ_2. Die beiden Anwendungen des Lemmas sind erlaubt, denn wegen der Eigenschaft von a_2, nur lokale Variablen von c_1 zu enthalten, ist a_2 statisch unabhängig von jeder Aktion irgendeiner anderen Komponente, insbesondere von d_1 und von d_2. In der Ausführung σ_3 liegen a_1 und a_2 hintereinander und wirken daher wie eine größere atomare Aktion, die den Zustand $(0, 0)$ direkt in den Zustand $(2, 0)$ überführt. Weil dieses Zusammenbringen von a_1 und a_2 generell bewerkstelligt kann und das gleiche für d_1 und d_2 gilt, kann das Programm einfacher dargestellt werden:

$$c_{xy} = (x := x+1; x := x+1) \quad \| \quad (y := y+1; y := y+1).$$

Das Weglassen der Klammern einer atomaren Aktion ist in diesem Sinne wohlgemerkt nur erlaubt, wenn die Aktion keine Variable echt schützt. Dabei heißt eine Variable x in einer atomaren Aktion a *(echt) geschützt*, wenn parallel zu a eine andere Aktion a', in der x auch vorkommt, ausgeführt werden könnte. Wenn x zum Beispiel lokal für c_i ist und in a vorkommt, dann ist x nicht echt geschützt in a, denn jede andere Aktion a', in der x auch vorkommt, liegt auch in c_i und wird deswegen strikt vor oder nach a ausgeführt. Es gibt auch noch andere Sequentialisierungsmechanismen für zwei atomare Aktionen als das gemeinsame Enthaltensein in einer sequentiellen Komponente. Betrachten wir zum Beispiel eine Variable s vom Typ $\{0, 1\}$ mit dem Anfangswert 1 und die beiden Aktionen a_1 und a_2 in folgendem Programm:

$$\underbrace{\mathbf{if}\,\langle s = 1 \rightarrow s := 0\rangle\,\mathbf{fi};\ \overbrace{\langle x := x+1\rangle}^{a_1};\ \langle s := 1\rangle}_{c_1} \,\|\, \underbrace{\mathbf{if}\,\langle s = 1 \rightarrow s := 0\rangle\,\mathbf{fi};\ \overbrace{\langle x := x+1\rangle}^{a_2};\ \langle s := 1\rangle}_{c_2}.$$

a_1 und a_2 kommen zwar in zwei verschiedenen Komponenten vor, schützen die Variable x aber nicht echt, denn durch die Verwendung von s (im Prinzip als binäres Semaphor) werden alle Ausführungen von a_1 und a_2 sequentialisiert. In einem solchen Fall werden wir es uns manchmal erlauben, das Programm durch Weglassen der Klammern folgendermaßen zu vereinfachen:

$$\mathbf{if}\,\langle s = 1 \rightarrow s := 0\rangle\,\mathbf{fi};\ x := x+1;\ \langle s := 1\rangle \,\|\, \mathbf{if}\,\langle s = 1 \rightarrow s := 0\rangle\,\mathbf{fi};\ x := x+1;\ \langle s := 1\rangle.$$

Man sagt dann auch, daß (das binäre Semaphor) s die Variable x *schützt*.

Im Netz $\mathcal{N}_{alles}(c)$ werden, nebenbei bemerkt, die drei erwähnten Sequentialisierungsmechanismen für Variablenzugriffe vereinheitlicht: (a) Sequentialisierung der Zugriffe durch Lokalität, d.h., Enthaltensein in einer sequentiellen Komponente; (b) Sequentialisierung durch Schutz innerhalb von atomaren Aktionen; und (c) Sequentialisierung durch die Verwendung von binären Semaphoren. Denn in $\mathcal{N}_{alles}(c)$ werden alle drei Mechanismen durch S-Komponenten dargestellt: der erste (a) durch die S-Komponente, die der sequentiellen Programmkomponente entspricht, in der die Variable enthalten ist; der zweite (b) durch die S-Komponente, die der geschützten Variablen selbst entspricht; der dritte (c) durch die S-Komponente, die dem binären Semaphor entspricht.

var $rc : \mathbb{N} \cup \{-1\}$ (**init** 0);
R_i : **if** $\langle rc \geq 0 \rightarrow rc := rc + 1 \rangle$ **fi**; '*Lesen von D*'; $\langle rc := rc - 1 \rangle$.
W : **if** $\langle rc = 0 \rightarrow rc := -1 \rangle$ **fi**; '*Schreiben von D*'; $\langle rc := 0 \rangle$.

Abbildung 7.6. Eine erste Lösung des Leser-/Schreiber-Problems

Ein instruktives Beispiel für die Verwendung von binären Semaphoren zum Schutz von globalen Variablen ist das Leser- / Schreiber-Problem:

Problembeschreibung:
Zu implementieren ist ein Programm $R_1 \| \ldots \| R_n \| W$, das aus n Lesern R_i und einem Schreiber W besteht. Es existiere eine Datei D, die alle n Leser gleichzeitig lesen dürfen, die aber kein Leser gleichzeitig mit dem Schreiber benutzen darf. D.h., der Schreiber darf nur dann Zugriff auf D erhalten, wenn keiner der Leser gerade liest. Andererseits sollen die Leser sich nicht gegenseitig ausschließen.

Die Abbildung 7.6 zeigt eine Lösung mit einer Variablen *rc* (für *readcount*). Es werden durch $rc = -1$ der Schreibzugriff auf D, durch $rc > 0$ der Lesezugriff auf D und durch $rc = 0$ der Ruhezustand charakterisiert. Die Abbildung 7.7 zeigt eine Lösung, in der die Variable *rc* nur als global für die Leser, nicht auch für den Schreiber aufgefaßt wird. Zugriffe auf *rc* sind durch r und Zugriffe auf D durch w geschützt. Die Darstellung dieser Lösung mit Hilfe binärer Semaphore findet sich in Abbildung 7.8. Zur Netzdarstellung dieser Lösung vergleiche man die Übungsaufgabe 8.8.4.

var $rc : \mathbb{N}$ (**init** 0); $r, w : \{0, 1\}$ (**init** 1);
R_i : **if** $\langle r = 1 \rightarrow r := 0 \rangle$ **fi**; $\langle rc := rc + 1 \rangle$;
if $\langle rc = 1 \rangle \rightarrow$ **if** $\langle w = 1 \rightarrow w := 0 \rangle$ **fi** $\Box$ $\langle rc \neq 1 \rangle \rightarrow \langle$**skip**$\rangle$ **fi**; **if** $\langle r = 0 \rightarrow r := 1 \rangle$ **fi**;
'*Lesen von D*';
if $\langle r = 1 \rightarrow r := 0 \rangle$ **fi**; $\langle rc := rc - 1 \rangle$;
if $\langle rc = 0 \rangle \rightarrow$ **if** $\langle w = 0 \rightarrow w := 1 \rangle$ **fi** $\Box$ $\langle rc \neq 0 \rangle \rightarrow \langle$**skip**$\rangle$ **fi**; **if** $\langle r = 0 \rightarrow r := 1 \rangle$ **fi**.
W : **if** $\langle w = 1 \rightarrow w := 0 \rangle$ **fi**; '*Schreiben von D*'; **if** $\langle w = 0 \rightarrow w := 1 \rangle$ **fi**.

Abbildung 7.7. Eine zweite Lösung des Leser-/Schreiber-Problems in *SDPROG*-Syntax

$$\begin{array}{ll} \textbf{var}\ rc : \mathbb{N}\ (\textbf{init}\ 0);\ r, w : \{0,1\}\ (\textbf{init}\ 1); & \\ R_i : & P(r);\ rc := rc + 1;\ \textbf{if}\ rc = 1 \rightarrow P(w) \,\Box\, rc \neq 1 \rightarrow \textbf{skip fi};\ V(r); \\ & \text{'}\textit{Lesen von D}\text{'}; \\ & P(r);\ rc := rc - 1;\ \textbf{if}\ rc = 0 \rightarrow V(w) \,\Box\, rc \neq 0 \rightarrow \textbf{skip fi};\ V(r). \\ W : & P(w);\ \text{'}\textit{Schreiben von D}\text{'};\ V(w). \end{array}$$

Abbildung 7.8. Die zweite Lösung des Leser-/Schreiber-Problems mit binären Semaphoren

7.3.7 Implementierung atomarer Aktionen

In diesem Abschnitt wenden wir uns der Frage zu, wie atomare Aktionen durch Semaphore implementiert werden können. Da Semaphore selbst als atomare Aktionen definiert sind, entsteht die Frage, welches der miteinander verwandten Konzepte, atomare Aktionen, kritische Abschnitte oder Semaphore, das grundlegendste sei. Wir geben auf diese Frage keine eindeutige Antwort. In der Praxis stellen gegebene Hardwareplattformen in der Regel gewisse primitive atomare Aktionen zur Verfügung (eventuell Semaphore), die je nach Bedarf zur Implementierung größerer atomarer Aktionen oder kritischer Abschnitte verwendet werden können. Es ist deshalb wichtig, über Umrechnungen zwischen den verschiedenen Sprachmitteln zu verfügen. Dieser Abschnitt und Abschnitt 7.4 (in dem die Frage, wie atomare Aktionen anders als durch Semaphore implementiert werden können, beantwortet wird) stellen einige solcher Umrechnungen zusammen; für weitere wird auf die Übungsaufgaben und auf die Literatur verwiesen.

Eine naheliegende, aber auch sehr ineffiziente Methode zur Implementierung atomarer Aktionen durch Semaphore ist die Benutzung eines globalen binären Semaphors s mit dem Gedanken, jede Klammer $\langle\ldots$ durch $P(s)$ und jede Klammer $\ldots\rangle$ durch $V(s)$ zu ersetzen. Diese Übersetzung benötigt bei bedingten atomaren Aktionen der Form $\langle\beta\rangle$ oder $\langle\beta \rightarrow c_0\rangle$ etwas Vorsicht. Versucht man beispielsweise, das Programm:

$$c_{sema} \;\equiv\; \textbf{if}\ \langle x = 0 \rightarrow x := 5\rangle \,\Box\, \langle x \leq 0\rangle \rightarrow \langle x := 4\rangle\ \textbf{fi} \;\;\|\;\; \langle x := -1\rangle$$

in das Programm c'_{sema}:

$$P(s); \textbf{if}\, x = 0 \rightarrow x := 5; V(s) \,\Box\, x \leq 0 \rightarrow V(s); P(s); x := 4; V(s)\, \textbf{fi} \;\|\; P(s); x := -1; V(s)$$

zu übersetzen, dann führt man einen Deadlock ein, wo vorher keiner war. Mit $s = 1$ und $x = 1$ als Anfangszustand von c'_{sema} bleibt die erste Komponente nach der Ausführung von $P(s)$ stecken. Die Semantik des Ursprungsprogramms c_{sema} sieht keinen Deadlock vor, sondern daß die erste Komponente auf die zweite wartet. Dieser Warteeffekt muß offenbar als *busy wait* implementiert werden, wie z.B. in der Übersetzung von c_{sema}, die in Abbildung 7.9 dargestellt ist. Wird Fairness angenommen, implementiert das Programm c''_{sema} das Ursprungsprogramm c_{sema}.

Eine effizientere Methode besteht darin, die Datenabhängigkeiten von atomaren Aktionen zu analysieren und binäre Semaphore nur einzuführen, wenn sie zum Schutz von Daten notwendig sind. Dadurch wird nur so viel wie nötig sequentialisiert. Zum Beispiel schützt, wie erwähnt, eine atomare Aktion, die nur lokale Variablen enthält, keine dieser Variablen. Deswegen kann eine solche Aktion, wie wir auch gesehen haben, ganz

$busy := \mathbf{true}$; % $busy$ ist lokal für die folgende Schleife

$$
\begin{array}{llll}
\textbf{do}\ busy \rightarrow & P(s);\ \textbf{if} & \neg(x = 0 \lor x \leq 0) \rightarrow \textbf{skip} & \parallel\ P(s); \\
& \quad\ \square & x = 0 \rightarrow x := 5;\ busy := \textbf{false} & \quad x := -1; \\
& \quad\ \square & x \leq 0 \rightarrow V(s);\ P(s);\ x := 4;\ busy := \textbf{false} & \quad V(s) \\
& \quad\ \textbf{fi}; & & \\
& V(s) & & \\
\textbf{od}. & & &
\end{array}
$$

Abbildung 7.9. Übersetzung c''_{sema} von c_{sema}

$$
\begin{array}{ll}
\multicolumn{2}{l}{\textbf{var}\ rc : \mathbb{N}\ (\textbf{init}\ 0);\ \ r, w : \{0,1\}\ (\textbf{init}\ 1);} \\
R_i : & \langle_{rc}\ rc := rc + 1;\ \textbf{if}\ rc = 1 \rightarrow \langle_D \ldots\ \square\ rc \neq 1 \rightarrow \textbf{skip}\ \textbf{fi}\ \rangle_{rc}; \\
& \text{'}\mathit{Lesen\ von\ D}\text{'}; \\
& \langle_{rc}\ rc := rc - 1;\ \textbf{if}\ rc = 0 \rightarrow\ \ldots\rangle_D\ \square\ rc \neq 0 \rightarrow \textbf{skip}\ \textbf{fi}\ \rangle_{rc}. \\
W : & \langle_D\ \text{'}\mathit{Schreiben\ von\ D}\text{'}\ \rangle_D.
\end{array}
$$

Abbildung 7.10. Struktur der zweiten Lösung des Leser-/Schreiber-Problems

ohne P-V-Klammern implementiert werden. Wir verwenden informell die Schreibweise $\langle_{x_1,\ldots,x_m} \ldots \rangle_{x_1,\ldots,x_m}$, um anzudeuten, daß eine Aktion zum Schutz der Variablen $x_1, \ldots, x_m$ dient. Die Struktur der zweiten Lösung des Leser- / Schreiber-Problems (Abbildung 7.8) läßt sich in dieser Notation besonders gut zum Ausdruck bringen, siehe Abbildung 7.10.

Die Lösung besteht im Prinzip aus zwei Aktionen zum Schutz der Variablen rc, eine vor dem *Lesen*, die andere nach dem *Lesen*, und aus zwei Aktionen zum Schutz von D, eine im Leseprogramm R_i, die andere im Schreibprogramm W. Diese vier Aktionen, liegen sowohl quer zueinander als auch quer zu den beiden **if**-Anweisungen des Programms R_i. Um die durch solche Aktionen spezifizierte Struktur zu implementieren, kann jeder geschützten Variablen x ein binäres Semaphor s_x, initialisiert mit dem Wert 1, zugeordnet werden. Eine öffnende Klammer $\langle_{x_1,\ldots,x_m} \ldots$ wird durch die Folge $P(x_1); \ldots; P(x_m)$, eine schließende Klammer $\ldots\rangle_{x_1,\ldots,x_m}$ durch die Folge $V(x_1); \ldots; V(x_m)$ mit dem gleichen *Proviso* wie oben für bedingte Aktionen ersetzt. Die Reihenfolge ist nicht beliebig. Zum Beispiel entsteht bei der folgenden Übersetzung ein Deadlock:

$$
\begin{array}{ll}
& \langle_{x,y}\ \ x := 1;\ y := 1\ \ \rangle_{x,y} \qquad\qquad\qquad\qquad \parallel\ \langle_{x,y}\ \ x := 2;\ y := 2\ \ \rangle_{x,y} \\
\leadsto & P(s_x);\ P(s_y);\ x := 1;\ y := 1;\ V(s_y);\ V(s_x)\ \parallel\ P(s_y);\ P(s_x);\ x := 2;\ y := 2;\ V(s_y);\ V(s_x).
\end{array}
$$

Um solche Deadlocks zu vermeiden, wird am einfachsten eine feste Abzählung aller zu schützenden Variablen vorausgesetzt. Die P- und V-Sequenzen $P(x_1); \ldots; P(x_m)$ (Eintritt in die Aktion) bzw. $V(x_m); \ldots; V(x_1)$ (Austritt aus der Aktion) können dann ihre Variablen im Sinn dieser Abzählung aufführen, die V-Operationen symmetrisch in der umgekehrten Reihenfolge wie die P-Operationen. Auf diese Weise ist gewährleistet, daß keine Deadlockzyklen der erwähnten Art entstehen.

7.4 Algorithmen zum wechselseitigen Ausschluß

In Abschnitt 7.4.1 geben wir zuerst eine operationale Spezifikation des Problems und leiten dann - nach einigen Zwischenschritten - eine Lösung her, die von Peterson stammt [208]. In Abschnitt 7.4.2 benutzen wir die operationale Semantik zum Nachweis einiger Eigenschaften dieses Programms.

7.4.1 Herleitung von Petersons Algorithmus

> **Problembeschreibung**:
> Falls a^0 und b^0 die beiden Aktionen der Programme direkt vor ihren kritischen Abschnitten bezeichnen:
>
> $$\begin{array}{llcll} \text{Programm } c_1: & \vdots & \| & \text{Programm } c_2: & \vdots \\ & a^0; & & & b^0; \\ & kA_1; & & & kA_2; \\ & a^1 & & & b^1 \\ & \vdots & & & \vdots \end{array}$$
>
> dann darf für keine Ausführung σ gelten: $last(proj_1(\sigma)) = a^0 \wedge last(proj_2(\sigma)) = b^0$.

Wir kürzen ab:

$$\begin{aligned} after_1(\sigma) &\equiv (last(proj_1(\sigma)) = a^0) \\ after_2(\sigma) &\equiv (last(proj_2(\sigma)) = b^0). \end{aligned}$$

Die Spezifikation lautet mit diesen Abkürzungen folgendermaßen:

$$Q \equiv \quad \forall \sigma, \sigma \text{ Ausführung von } c_1 \| c_2 : \neg(after_1(\sigma) \wedge after_2(\sigma)).$$

Aufgrund der Form von Q liegt es nahe, zu versuchen, zwei Boolesche Variablen in_1 und in_2 zu verwenden, so daß in_1 im letzten Zustand von σ genau dann wahr ist, wenn $after_1(\sigma)$ gilt und in_2 im letzten Zustand von σ genau dann wahr ist, wenn $after_2(\sigma)$ gilt. Q ändert sich dann in eine Aussage über in_1 und in_2:

$$Q' \equiv \quad \forall \sigma = s_0 a_1 \ldots a_r s_r : \neg(in_1(s_r) \wedge in_2(s_r)).$$

Nach der Definition von in_1 muß (genau!) in a^0 die Variable in_1 zu **true** gesetzt werden; ebenso muß in b^0 die Variable in_2 zu **true** gesetzt werden. Dieses Setzen von in_1 darf aber wegen Q' nur unter der Voraussetzung $\neg in_2$ geschehen. Ein erster Ansatz für a^0 ist demgemäß:

$$\textbf{if } \langle \neg\, in_2 \rightarrow in_1 := \textbf{true} \rangle \textbf{ fi}.$$

Außerdem muß noch die Aktion $a^1 = \langle in_1 := \textbf{false} \rangle$ als Beendigung des kritischen Abschnitts hinzugefügt werden, und wir erhalten eine erste Lösung (Abbildung 7.11). Diese Lösung läßt sich dadurch vereinfachen, daß die Fälle $in_1 \wedge \neg in_2$ und $\neg in_1 \wedge in_2$ zu einem einzigen Fall zusammengefaßt werden; dies ist sinnvoll, weil beim Test auf $\neg in_2$ in a^0 auch $in_1 = \textbf{false}$ angenommen werden kann und umgekehrt in b^0. Es ergibt sich eine weitere

	$\vdots$	$\|$		$\vdots$	
a^0 :	**if** $\langle \neg in_2 \rightarrow in_1 :=$ **true**$\rangle$ **fi**;		b^0 :	**if** $\langle \neg in_1 \rightarrow in_2 :=$ **true**$\rangle$ **fi**;	
	kA_1;			kA_2;	
a^1 :	$\langle in_1 :=$ **false**$\rangle$		b^1 :	$\langle in_2 :=$ **false**$\rangle$	

Abbildung 7.11. Eine erste Lösung

	$\vdots$	$\|$		$\vdots$
a^0 :	**if** $\langle \neg in \rightarrow in :=$ **true**$\rangle$ **fi**;		b^0 :	**if** $\langle \neg in \rightarrow in :=$ **true**$\rangle$ **fi**;
	kA_1;			kA_2;
a^1 :	$\langle in :=$ **false**$\rangle$		b^1 :	$\langle in :=$ **false**$\rangle$

Abbildung 7.12. Eine Vereinfachung der ersten Lösung

Lösung, die mit einer einzigen Booleschen Variablen *in* auskommt (Abbildung 7.12). Diese zweite Lösung stellt sich als eine leichte Variation des in Abschnitt 7.1 vorgestellten Programms mit binären Semaphoren heraus.

Aktionen vom Typ a^0 oder b^0 oder $P(s)$ nennt man auch *Test-and-Set-Operationen*, weil das Testen und das Verändern einer Variablen zusammen in einer einzigen atomaren Aktion ausgeführt werden. Wo solche Operationen in einer Maschine nicht zur Verfügung stehen, entsteht die Frage, ob der wechselseitige Ausschluß auch ohne Test-and-Set-Operationen realisiert werden kann. Dieser Frage wenden wir uns nun zu und nehmen an, daß als atomare Aktionen nur der Test **if** $\langle \beta \rightarrow$ **skip**$\rangle$ **fi** und die unbedingte Zuweisung $\langle x := EXPR \rangle$ zur Verfügung stehen (unter der Voraussetzung, daß nur *eine* der beiden Möglichkeiten vorliegt, ist das Problem offensichtlich unlösbar).

Wir wollen versuchen, von der vorigen Lösung soviel wie möglich zu bewahren. Falls man als Eintrittsbedingung a^0 für den kritischen Abschnitt **if** $\langle \neg in_2 \rightarrow$ **skip**$\rangle$ **fi** ansetzt, dann ist die definierende Äquivalenz für in_1, nämlich:

$$in_1(s_r) \quad \Leftrightarrow \quad last(proj_1(s_0 \dots s_r)) = a^0,$$

nicht aufrechtzuerhalten. Wir untersuchen die Verwendbarkeit einer der beiden Implikationen. Die Implikation $in_1(s_r) \Rightarrow (last(proj_1(s_0 \dots s_r)) = a^0)$ bietet keine Information, wenn im Programm c_2 auf $\neg in_1$ geprüft wird. Es bleibt die andere Richtung:

$$(last(proj_1(s_0 \dots s_r)) = a^0) \quad \Rightarrow \quad in_1(s_r)$$

zu untersuchen. Gewiß ist es sinnvoll, diese Implikation zu fordern, da aus dem Test $\neg in_1$ in b^0 dann das gewünschte $last(proj_1(\sigma)) \neq a^0$ gefolgert werden kann. Die Implikation bedeutet, daß in_1 vor der Aktion a^0 zu **true** gesetzt werden muß. Wir erhalten so direkt eine weitere Lösung (Abbildung 7.13). Dieses Programm löst zwar das Problem des wechselseitigen Ausschlusses, hat aber einen schwerwiegenden Nachteil: die beiden Programme können vor a^0 und b^0 steckenbleiben.

Wir wollen nun weiter untersuchen, ob und - wenn ja - wie diese Deadlock-Situation verhindert werden kann. Offenbar ist es nötig, die Eingangsbedingungen $\neg in_2$ und $\neg in_1$

$$
\begin{array}{llcll}
 & \vdots & \| & & \vdots \\
 & \langle in_1 := \textbf{true}\rangle; & & & \langle in_2 := \textbf{true}\rangle; \\
a^0: & \textbf{if}\ \langle \neg in_2 \rightarrow \textbf{skip}\rangle\ \textbf{fi}; & & b^0: & \textbf{if}\ \langle \neg in_1 \rightarrow \textbf{skip}\rangle\ \textbf{fi}; \\
 & kA_1; & & & kA_2; \\
a^1: & \langle in_1 := \textbf{false}\rangle & & b^1: & \langle in_2 := \textbf{false}\rangle
\end{array}
$$

Abbildung 7.13. Eine Lösung mit Deadlock

von a^0 bzw. b^0 abzuschwächen. Betrachten wir daher zwei allgemeine Versionen der Aktionen a^0 und b^0:

$$a^0 : \textbf{if}\ \langle B_1 \rightarrow \textbf{skip}\rangle\ \textbf{fi} \quad \text{und} \quad b^0 : \textbf{if}\ \langle B_2 \rightarrow \textbf{skip}\rangle\ \textbf{fi}$$

und versuchen wir, die beiden Bedingungen B_1 und B_2 einzugrenzen. Die Aktion a^0 darf ausgeführt werden, wenn $\neg in_2$ gilt, denn dann ist das zweite Programm sicherlich nicht in seinem kritischen Abschnitt. Also:

$$\neg in_2 \Rightarrow B_1 \quad \text{und analog:} \quad \neg in_1 \Rightarrow B_2.$$

Eine naheliegende Form, die B_1 und B_2 haben können, um diesen beiden Beschränkungen zu genügen, ist:

$$B_1 = (\neg in_2 \vee C_1) \quad \text{und} \quad B_2 = (\neg in_1 \vee C_2) \tag{7.2}$$

mit zwei neuen Unbekannten C_1, C_2. Nun muß die Forderung der Deadlockfreiheit analysiert werden. Dazu kürzen wir ab:

$$
\begin{array}{rcl}
at_1(\sigma) & \equiv & last(proj_1(\sigma))\, a^0 \in cs_1 \\
\text{und} \quad at_2(\sigma) & \equiv & last(proj_2(\sigma))\, b^0 \in cs_2.
\end{array}
$$

Dann kann die Vermeidung von Deadlock so spezifiziert werden:

$$
\begin{array}{rcl}
at_1 \wedge at_2 & \Rightarrow & B_1 \vee B_2 \\
 & \Leftrightarrow & (\neg in_2 \vee C_1) \vee (\neg in_1 \vee C_2),
\end{array}
$$

wobei die zweite Zeile aus Gleichung (7.2) folgt. Weil die Implikationen $at_1 \Rightarrow in_1$ und $at_2 \Rightarrow in_2$ per Programm gelten, wird daraus:

$$at_1 \wedge at_2 \Rightarrow C_1 \vee C_2. \tag{7.3}$$

Andererseits dürfen C_1 und C_2 als Teile der Eingangsbedingungen von a^0 bzw. b^0 nicht so schwach sein, daß der wechselseitige Ausschluß nicht mehr garantiert ist. Es muß deswegen auch noch gelten:

$$
\begin{array}{rcl}
at_1 \wedge in_2 \wedge after_2 & \Rightarrow & \neg C_1 \\
at_2 \wedge in_1 \wedge after_1 & \Rightarrow & \neg C_2
\end{array} \tag{7.4}
$$

Wegen der speziellen Form von a^0 und b^0 (durch deren Ausführung die Werte von C_1 und C_2 nicht geändert werden), muß auch noch folgendes gelten:

$$at_1 \wedge at_2 \Rightarrow \neg(C_1 \wedge C_2). \tag{7.5}$$

Aus (7.3) und (7.5) folgt, daß unter der Voraussetzung $at_1 \wedge at_2$ die zwei Bedingungen C_1 und C_2 exklusiv gelten müssen. Falls $\neg at_1$ und $\neg at_2$, spielen die Werte von C_1 und C_2 offenbar keine Rolle, und falls $at_1 \wedge \neg at_2$, dann spielt der Wert von C_2 keine Rolle. Es liegt daher nahe, für C_1 und C_2 überhaupt nur die Wertepaare (**true**, **false**) und (**false**, **true**) zuzulassen. Dann sind die Forderungen (7.3) und (7.5) erfüllt. Um die Forderung (7.4) zu erfüllen, betrachten wir zunächst die erste Formel:

$$at_1 \wedge in_2 \wedge after_2 \quad \Rightarrow \quad \neg C_1. \tag{7.6}$$

C_1 muß demzufolge unter gewissen Bedingungen zu **false** gesetzt werden. Als einfachste Möglichkeit bietet sich an, C_1 dann **false** zu setzen, wenn einer der drei Faktoren auf der linken Seite von (7.6) wahr wird. Es wäre möglich, C_1 in der Aktion $\langle in_2 := \textbf{true}\rangle$ zu **false** zu setzen. Es erscheint aber aussichtslos, C_1 die ganze Zeit **false** zu halten, für die $in_2 = \textbf{true}$ ist; insbesondere könnte ja zwischendurch die Aktion $\langle in_1 := \textbf{true}\rangle$ ausgeführt werden und (symmetrischerweise) C_2 zu **false**, das heißt C_1 wieder zu **true** setzen. *A fortiori* kann C_1 nicht mit $after_2$ zu **false** gesetzt werden (dies ist schon deswegen unmöglich, weil b^0 das Ändern von C_1 nicht zuläßt). Es bleibt die Möglichkeit, C_1 mit at_1 zu **false** zu setzen. Und dies klappt, denn $in_2 \wedge after_2$ bedeutet ja, daß das zweite Programm sich in seinem kritischen Abschnitt befindet und dort keine Möglichkeit hat, C_1 zu verändern. Insgesamt ergibt sich aus diesen Überlegungen die Lösung in Abbildung 7.14, eine leichte Abwandlung von Petersons Algorithmus [208]. Die Herleitung, die wir gegeben haben, macht hoffentlich verständlich, warum die Reihenfolge der Aktionen $\langle in_1 := \textbf{true}\rangle$ und $\langle (C_1, C_2) := (\textbf{false}, \textbf{true})\rangle$ nicht vertauscht werden darf (Übungsaufgabe 7.8.5).

Programm c_1:	‖	Programm c_2:
$\vdots$		$\vdots$
$\langle in_1 := \textbf{true}\rangle;$		$\langle in_2 := \textbf{true}\rangle;$
$\langle (C_1, C_2) := (\textbf{false}, \textbf{true})\rangle;$		$\langle (C_1, C_2) := (\textbf{true}, \textbf{false})\rangle;$
$\textbf{if}\ \langle \neg in_2 \vee C_1 \rightarrow \textbf{skip}\rangle\ \textbf{fi};$		$\textbf{if}\ \langle \neg in_1 \vee C_2 \rightarrow \textbf{skip}\rangle\ \textbf{fi};$
$kA_1;$		$kA_2;$
$\langle in_1 := \textbf{false}\rangle$		$\langle in_2 := \textbf{false}\rangle$

Abbildung 7.14. Eine Lösung ohne *Test-and-Set*-Operationen

7.4.2 Ein operationaler Beweis von Petersons Algorithmus

Wir betrachten den im letzten Abschnitt hergeleiteten Algorithmus in einem zyklischen Kontext mit der Änderung, daß die beiden Variablen C_1 und C_2 durch eine einzige Variable *hold* (mit Werten in $\{1, 2\}$) ersetzt sind: $\pi = \pi_1 \| \pi_2$ in Abbildung 7.15.

Für dieses Programm wird behauptet, daß die beiden kritischen Abschnitte a_4 und d_4 sich gegenseitig ausschließen, daß es also keine Ausführung gibt, wonach die Kontrolle von

	var	in_1, in_2: {**false**, **true**} (**init false**); *hold*: {1, 2} ;	
π_1 :	**do**	$\langle$**true** $\rightarrow in_1 :=$ **true**$\rangle$;	a_1
		$\langle hold := 1\rangle$;	a_2
		if $\langle\neg in_2 \vee (hold \neq 1) \rightarrow$ **skip**$\rangle$ **fi**;	a_3
		kA_1;	a_4
		$\langle in_1 :=$ **false**$\rangle$	a_5
	od $\|$		
π_2 :	**do**	$\langle$**true** $\rightarrow in_2 :=$ **true**$\rangle$;	d_1
		$\langle hold := 2\rangle$;	d_2
		if $\langle\neg in_1 \vee (hold \neq 2) \rightarrow$ **skip**$\rangle$ **fi**;	d_3
		kA_2;	d_4
		$\langle in_2 :=$ **false**$\rangle$	d_5
	od		

Abbildung 7.15. Petersons Algorithmus

π_1 sich zwischen a_3 und a_5 und die Kontrolle von π_2 sich zwischen d_3 und d_5 befinden[2]. Weiter wird auch behauptet, daß in dem Programm kein Deadlock möglich ist. Schließlich wird behauptet, daß das Programm bedingt fair ist, in dem Sinne, daß 'wer möchte, auch in den kritischen Abschnitt kommt' - genauer: Steht die Kontrolle zwischen a_1 und a_3, dann kann π_2 nicht unendlich oft seinen kritischen Abschnitt betreten, ohne daß a_3 ausgeführt wird - und *vice versa* für π_2. Das Programm ist nicht im unbedingten Sinne fair, weil zum Beispiel π_1 zur gleichen Zeit, während π_2 beliebig oft seinen kritischen Abschnitt betritt, sich weigern kann, oder sogar durch π_2 daran gehindert wird, a_1 oder a_2 auszuführen; denn das Programm π_2 könnte jedesmal ausgerechnet dann, wenn π_1 gerade die Zuweisung a_1 ausführen möchte, die dazu in Konflikt stehende Aktion d_3 ausführen und dadurch die Ausführung von a_1 verhindern. Die genannten drei Behauptungen sollen nun mit Hilfe der in Abschnitt 7.2 definierten operationalen Semantik bewiesen werden.

Beweis des wechselseitigen Ausschlusses: Nehmen wir an, daß es eine Ausführung:

$$\sigma \;=\; s_0\, x_1 \,\ldots\, x_r\, s_r\, a_3\, s_0'\, \underbrace{y_1 \,\ldots\, y_q}_{\text{kein } a_5}\, s_q'\, d_3\, s,$$

mit $x_1, \ldots, x_r, y_1, \ldots, y_q \in \{a_1, \ldots, a_5, d_1, \ldots, d_5\}$, aber $a_5 \notin \{y_1, \ldots, y_q\}$ gibt. Nach einer solchen Sequenz hätte π_2 seinen kritischen Abschnitt schon betreten, während π_1 den seinen noch nicht verlassen hat. Wegen $a_5 \notin \{y_1, \ldots, y_q\}$ ist auch $a_1, a_2, a_3 \notin \{y_1, \ldots, y_q\}$ (sonst wäre die Kontrollflußeigenschaft (K) von Definition 6.2.4 für σ verletzt). Weil in_1 durch a_1 zu **true** gesetzt wird und wegen der Eingangsbedingung von a_3 gilt in s_r die Bedingung $in_1 \wedge (\neg in_2 \vee hold \neq 1)$. Weil in_1 nur durch a_5 zu **false** gesetzt werden kann und weil $a_5 \notin \{y_1, \ldots, y_q\}$, gilt $in_1 =$ **true** auch in $s_0', \ldots, s_q'$ und in s . Also gilt in s_q' (zusammen mit der Eingangsbedingung von d_3): $in_2 \wedge hold \neq 2$. Dies impliziert $d_2 \notin \{y_1, \ldots, y_q\}$ (da auch, wie anfangs gesehen, $a_2 \notin \{y_1, \ldots, y_q\}$). Wir können also

[2]Dabei wird angenommen, daß weder a_4 noch d_4 die Variablen in_1, in_2 und *hold* verändern; sonst ist die Behauptung falsch.

wieder zurück auf $hold \neq 2$ in s_r schließen. In s_r gilt also in_1 und $\neg in_2$. Andererseits ist wegen $d_2 \notin \{y_1, \ldots, y_q\}$ auch $d_1 \notin \{y_1, \ldots, y_q\}$, und daher wegen $in_2 = \mathbf{true}$ in s'_q auch $in_2 = \mathbf{true}$ in s_r, ein Widerspruch, denn es kann nicht sowohl in_2 als auch $\neg in_2$ in s_r gelten. Damit ist die Existenz einer solchen Folge σ *ad absurdum* geführt. Der Nachweis, daß keine Folge $s_0 x_1 \ldots x_r s_r d_3 s'_0 y_1 \ldots y_q s'_q a_3 s$ mit $d_5 \notin \{y_1, \ldots, y_q\}$ existiert, ist symmetrisch.

■ wechselseitiger Ausschluß

Beweis der Deadlockfreiheit: Dies folgt aus der Tatsache, daß entweder $hold \neq 1$ oder $hold \neq 2$ gilt; die beiden Komponenten können also nicht vor a_3 bzw. vor d_3 steckenbleiben.

■ Deadlockfreiheit

Beweis der bedingten Fairness-Eigenschaft: Wir nehmen an, daß es eine Ausführung:

$$\sigma \;=\; s_0 \ldots s_r\, a_2\, s'_0 \underbrace{\ldots}_{\text{kein } a_3} s'_q\, d_3\, s''_0 \underbrace{\ldots}_{\text{kein } a_3} s''_p\, d_3\, s$$

gibt und leiten einen Widerspruch her. In $s_r, s'_0 \ldots s'_q$ und in $s''_0 \ldots s''_p$ gilt $in_1 = \mathbf{true}$. Also gilt in s''_p: $hold \neq 2$. Andererseits kommt zwischen s''_0 und s''_p die Aktion d_2 vor, während a_2 dort nicht vorkommt. Also gilt in s''_p: $hold = 2$, ein Widerspruch. Genauso zeigt man, daß eine Folge der Form:

$$\sigma \;=\; s_0 \ldots s_r\, d_2\, s'_0 \underbrace{\ldots}_{\text{kein } d_3} s'_q\, a_3\, s''_0 \underbrace{\ldots}_{\text{kein } d_3} s''_p\, a_3\, s$$

nicht vorkommen kann.

■ Bedingte Fairness-Eigenschaft

7.5 Das Owicki / Griessche Beweissystem

7.5.1 Beispiele und Motivation

Mittels einer Verfeinerung der in Abschnitt 4.2.2 schon kurz diskutierten UND-Regel kann eine Beweisregel im Hoareschen Stil (Abschnitt 3.3) für den $\|$-Operator aufgestellt werden. Es sein zunächst daran erinnert, daß das Hoare-Tripel $\{P\}\ c\ \{Q\}$, wobei P, Q Prädikate sind, als eine wahre Aussage über c bezeichnet wird, wenn gilt:

$$\forall s', s \in Z(c)\colon\ (P(s') \wedge (s', s) \in m(c)) \;\Rightarrow\; Q(s).$$

In Abschnitt 4.2.2 wurde bereits festgestellt, daß eine UND-Regel nicht allgemein gelten kann. Es ist aber möglich, eine geeignet modifizierte Regel aufzustellen. Wir untersuchen dies anhand des Beispielprogramms:

$$c_{erh} \;\equiv\; \langle x := x + 1\rangle \;\|\; \langle x := x + 1\rangle$$

aus Abschnitt 4.2.2 und dem dort informell gegebenen Argument, das wir hier etwas abändern. Statt der Hilfsprädikate 'vor c_1' etc. führen wir *Hilfsvariablen* i und j ein. Diese Hilfsvariablen sollen anfänglich den Wert 0 haben und zusammen mit jeder Ausführung einer atomaren Aktion hochgeschaltet werden:

$$\underbrace{\langle x := x + 1;\ i := 1\rangle}_{c_1} \;\;\|\;\; \underbrace{\langle x := x + 1;\ j := 1\rangle}_{c_2}.$$

Dadurch wird es möglich, eine Ausführung von c_1 von einer Ausführung von c_2 zu unterscheiden; im ersten Fall hat i, im zweiten Fall j den Wert 1. Wir können nun den Beweis von $\{x = 5\}\langle x := x+1\rangle \| \langle x := x+1\rangle\{x = 7\}$ aus Abschnitt 4.2.2 etwas anders schreiben:

$$\begin{array}{lll}
P_1 = & \{i = 0 \wedge ((j = 0 \wedge x = 5) & \{j = 0 \wedge ((i = 0 \wedge x = 5) \\
& \vee\ (j = 1 \wedge x = 6))\} & \vee\ (i = 1 \wedge x = 6))\} \quad = P_2 \\
c_1 = & \langle x := x + 1; i := 1\rangle \quad \| & \langle x := x + 1;\ j := 1\rangle \quad = c_2 \\
Q_1 = & \{i = 1 \wedge ((j = 0 \wedge x = 6) & \{j = 1 \wedge ((i = 0 \wedge x = 6) \\
& \vee\ (j = 1 \wedge x = 7))\} & \vee\ (i = 1 \wedge x = 7))\} \quad = Q_2.
\end{array}$$

In der Tat impliziert $Q_1 \wedge Q_2 \ = \ \{i = 1 \wedge j = 1 \wedge x = 7\}$ das gewünschte Resultat $x = 7$ (aus $x = 5$ anfänglich).

Um das Prinzip zu verstehen, das die Folgerung $Q_1 \wedge Q_2$ gültig macht, beachte man zunächst, daß sowohl $\{P_1\}c_1\{Q_1\}$ als auch $\{P_2\}c_2\{Q_2\}$ wahre Hoare-Aussagen über c_1 beziehungsweise c_2 sind. Zweitens ist zu beachten, daß P_1 in folgendem Sinn invariant über c_2 ist:

$$\{P_1 \wedge P_2\}\ c_2\ \{P_1\}.$$

Das heißt, gilt P_1 vor der Ausführung von c_2, dann auch danach. Ebenso gelten die Hoare-Aussagen:

$$\{Q_1 \wedge P_2\}\ c_2\ \{Q_1\} \text{ und } \{P_2 \wedge P_1\}\ c_1\ \{P_2\} \text{ und } \{Q_2 \wedge P_1\}\ c_1\ \{Q_2\}.$$

Diese vier Invarianzbedingungen besagen insgesamt, daß die c_1 betreffende Aussage $\{P_1\}c_1\{Q_1\}$ durch Ausführungen von c_2 nicht entkräftet werden kann. Umgekehrt kann die c_2 betreffende Aussage $\{P_2\}c_2\{Q_2\}$ durch Ausführungen von c_1 nicht entkräftet werden. Dann muß man auch $Q_1 \wedge Q_2$ nach Terminierung von c_{erh} folgern dürfen, wenn anfänglich $P_1 \wedge P_2$ gegolten hat.

Im soeben gezeigten Beispiel fallen die atomaren Aktionen zufällig mit den sequentiellen Komponenten des Programms zusammen. Am folgenden Programm c_{og}, wo dies nicht der Fall ist, wird deutlich, daß ein Einzelbeweis für eine sequentielle Komponente im allgemeinen aus mehr als nur einem einzigen Hoare-Tripel bestehen muß.

$$c_{og} \equiv \quad c_1 \left\{ \begin{array}{l} \langle x := x + 1\rangle; \\ \langle x := x + 1\rangle \end{array} \right. \quad \| \quad \langle x := -x\rangle \Big\} c_2$$

Es soll die folgende wahre Hoare-Beziehung:

$$\underbrace{\{x = x'\}}_{P} \quad c_1 \| c_2 \quad \underbrace{\{(x = -x' - 2) \vee (x = -x') \vee (x = -x' + 2)\}}_{Q} \tag{7.7}$$

nachgewiesen werden. Das Teilprogramm c_1 besteht aus zwei in Serie geschalteten atomaren Aktionen $\langle x := x + 1\rangle$. Der Fall, daß die Kontrolle sich zwischen diesen beiden Aktionen befindet, muß berücksichtigt werden; es genügt durchaus nicht, nur zwei Bedingungen P_1, Q_1 mit $\{P_1\}\ c_1\ \{Q_1\}$ und zwei weitere mit $\{P_2\}\ c_2\ \{Q_2\}$ anzugeben. Zusätzlich benötigt man eine Zwischenbedingung R_1 nach dem folgenden Muster (wieder ist i die linke, j die rechte Hilfsvariable, beide anfänglich 0):

$$\begin{array}{lcl} \{P_1\} & & \{P_2\} \\ \langle x := x+1;\ i := 1\rangle & & \\ \{R_1\} & \| & \langle x := -x;\ j := 1\rangle \\ \langle x := x+1;\ i := 2\rangle & & \\ \{Q_1\} & & \{Q_2\} \end{array}$$

Die fünf Prädikate in Abbildung 7.16 leisten offenbar das gewünschte. Denn P_1, R_1, Q_1 bilden einen Einzelbeweis über c_1 - jedesmal, wenn die Kontrolle sich an einer einem Prädikat entsprechenden Stelle befindet, gilt dieses - und sind außerdem invariant über c_2. Umgekehrt bilden P_2, Q_2 einen Einzelbeweis über c_2 und sind außerdem invariant über c_1. Schließlich impliziert die Verknüpfung:

$$Q_1 \wedge Q_2 \;=\; (i = 2 \wedge j = 1 \wedge (x = -x' - 2 \vee x = -x' \vee x = -x' + 2))$$

das gewünschte Ergebnis Q (siehe (7.7)).

$$\begin{array}{ll}
P_1: & \{i = 0 \wedge (\underbrace{j = 0 \wedge x = x'}_{(1)} \vee \underbrace{j = 1 \wedge x = -x'}_{(2)})\} \\
R_1: & \{i = 1 \wedge (\underbrace{j = 0 \wedge x = x' + 1}_{(3)} \vee \underbrace{j = 1 \wedge x = -x' + 1}_{(4)} \vee \underbrace{j = 1 \wedge x = -x' - 1}_{(5)})\} \\
Q_1: & \{i = 2 \wedge (\underbrace{j = 0 \wedge x = x' + 2}_{(6)} \vee \underbrace{j = 1 \wedge x = -x' + 2}_{(7)} \vee \underbrace{j = 1 \wedge x = -x'}_{(8)} \\
 & \quad \vee \underbrace{j = 1 \wedge x = -x' - 2}_{(9)})\} \\
P_2: & \{j = 0 \wedge (\underbrace{i = 0 \wedge x = x'}_{(10)} \vee \underbrace{i = 1 \wedge x = x' + 1}_{(11)} \vee \underbrace{i = 2 \wedge x = x' + 2}_{(12)})\} \\
Q_2: & \{j = 1 \wedge (\underbrace{i = 0 \wedge x = -x'}_{(13)} \vee \underbrace{i = 1 \wedge x = -x' - 1}_{(14)} \vee \underbrace{i = 2 \wedge x = -x' - 2}_{(15)} \\
 & \quad \vee \underbrace{i = 1 \wedge x = -x' + 1}_{(16)} \vee \underbrace{i = 2 \wedge x = -x'}_{(17)} \vee \underbrace{i = 2 \wedge x = -x' + 2}_{(18)})\}
\end{array}$$

Abbildung 7.16. Zum Owicki / Gries-Beweis von $\{P\}$ $(\langle x := x+1\rangle;\ \langle x := x+1\rangle) \| \langle x := -x\rangle$ $\{Q\}$

Es ist aufschlußreich, die Herkunft der Terme (1) bis (18) in Abbildung 7.16 zu untersuchen. Der Term (1) in P_1 bezeichnet den Anfangszustand der zweiten Komponenten (und zusammen mit $i = 0$ den Anfangszustand des gesamten Programms). Die Notwendigkeit für den Term (2) folgt, formal gesehen, daraus, daß der Term (1) *per se* nicht invariant über c_2 ist. Anschaulich beschreibt Term (2) die Auswirkung einer möglichen parallelen Ausführung von c_2 auf den Term (1). Die Terme (3) und (4) ergeben sich durch sequentielles Schließen aus den Termen (1) und (2); die erste Aktion $\langle x := x+1\rangle$ von c_1 transformiert den Term (1) in den Term (3) und den Term (2) in den Term (4). Der Term (5) ergibt sich aufgrund der Invarianzbedingung aus Term (3). Die drei Terme (6), (7) und (8) ergeben sich aus den Termen (3), (4) und (5) sequentiell über die zweite Aktion von c_1, und Term (9) ergibt sich aus Term (6) parallel über c_2. Weiter ergeben sich:

(10)	als Anfangszustand
(11)	parallel aus (10)
(12)	parallel aus (11)
(13),(14),(15)	sequentiell aus (10),(11),(12)
(16)	parallel aus (13)
(17)	parallel aus (14)
(18)	parallel aus (16).

7.5.2 Sequentiell gültige Annotationen

In diesem Abschnitt formalisieren wir den Begriff des Einzelbeweises für eine sequentielle Komponente von c. Wir nehmen daher vorübergehend an, daß c ein sequentielles *APROG* sei. Vom vorigen Beispiel ausgehend erhebt sich die Frage, an welchen Stellen c mit (Zwischen-) Prädikaten versehen werden muß. Unsere Antwort lautet, daß mindestens vor und nach jeder atomaren Aktion ein Prädikat vorhanden sein muß, denn die atomaren Aktionen sind ja gerade die Einheiten bezüglich des Kontrollflusses von c.

Es genügt dazu, daß jeder relevante Kontrollpunkt p mit einem Prädikat versehen ist, denn dieses Prädikat kann dann als Nachbedingung jeder Aktion, die unmittelbar vor p liegt, und als Vorbedingung jeder Aktion, die unmittelbar nach p liegt, fungieren. Die Menge der relevanten Kontrollpunkte von c ist gegeben durch die Stellenmenge des Petrinetzes $N(\gamma(c))$. Der Kürze halber (siehe auch Notation 7.2.3) bezeichnen wir im folgenden dieses Netz mit $N(c)$, seine Stellenmenge mit $S(c)$, seine Anfangsstelle mit $\mathit{first}(c)$ und seine Endstelle mit $\mathit{last}(c)$. Die Elemente von $S(c)$ bezeichnen wir generell mit den Buchstaben $p, p_1, q, \ldots$ (für 'Punkt'). So vermeiden wir Verwechslungen mit Zuständen $s \in Z(c)$. Die Forderung, daß die einzuführenden Prädikate diese Menge abdecken sollen, führt zu folgender Definition:

Definition 7.5.1 ANNOTATION SEQUENTIELLER *SDPROG*-KOMPONENTEN

Eine *Annotation* $\mathcal{A}$ von $c \in \mathit{APROG}$ ist eine Funktion:

$$\mathcal{A}\colon\ S(c) \to (Z(c) \to \{\mathbf{false}, \mathbf{true}\}),$$

die jedem Kontrollpunkt von c ein Prädikat zuordnet. ■7.5.1

Im folgenden sei $\mathcal{A}$ eine Annotation von c. Wie wir gesehen haben (Lemmata 6.2.2 und 7.2.1), ist $\mathcal{N}(c)$ mit seiner Anfangsmarkierung $\{\mathit{first}(c)\}$ ein S-System. Demzufolge kann jede Aktion $a \in A(c)$ auch als Transition in $N(c)$ aufgefaßt werden, die genau eine Vorstelle $p_a \in S(c)$ und genau eine Nachstelle $q_a \in S(c)$ hat, d.h., ${}^\bullet a = \{p_a\}$ und $a^\bullet = \{q_a\}$ in $N(c)$. Die diesen Stellen durch $\mathcal{A}$ zugeordneten Prädikate nennen wir:

$$\mathit{pre}(a) = \mathcal{A}(p_a) \quad \text{und} \quad \mathit{post}(a) = \mathcal{A}(q_a).$$

Wir belegen auch das Eingangs- und das Ausgangsprädikat von c mit speziellen Namen:

$$\mathit{pre}(c) = \mathcal{A}(\mathit{first}(c)) \quad \text{und} \quad \mathit{post}(c) = \mathcal{A}(\mathit{last}(c)).$$

Definition 7.5.2 SEQUENTIELLE GÜLTIGKEIT

Die Annotation $\mathcal{A}$ heißt *über $c \in APROG$ sequentiell gültig*, wenn gilt:
$\forall a \in A(c)$: $\{pre(a)\}\ a\ \{post(a)\}$. ■7.5.2

Satz 7.5.3 KONSISTENZ VON SEQUENTIELL GÜLTIGEN ANNOTATIONEN

Sei $\mathcal{A}$ eine sequentiell gültige Annotation von $c \in APROG$. Sei $\sigma = s_0 a_1 \ldots a_r s_r$ eine Ausführung von c und sei $\sigma' = M^0 a_1 \ldots a_r M_r$ die σ laut Lemma 7.2.4 entsprechende Ausführung von $\mathcal{N}(c) = (N, first(c))$
Es gelte $(pre(c))(s_0)$. Außerdem sei $M_r = \{p\}$ mit $p \in S(c)$. Dann gilt $(\mathcal{A}(p))(s_r)$.

Beweis: Wird hier weggelassen, weil sich dieser Satz als Spezialfall des später (unabhängig von ihm) bewiesenen Satzes 7.5.8 herausstellen wird. ■7.5.3

Dieser Satz besagt in Worten: wenn eine Ausführung von c unter den gegebenen Voraussetzungen an einem Kontrollpunkt p angelangt ist, dann ist das diesem Kontrollpunkt zugeordnete Prädikat der Annotation gültig. Natürlich gilt dies insbesondere für den Endpunkt von c und führt daher zu folgendem Korollar:

Korollar 7.5.4

Sei $\mathcal{A}$ eine sequentiell gültige Annotation von $c \in APROG$.
Dann gilt $\{pre(c)\}\ c\ \{post(c)\}$. ■7.5.4

Der Terminus Annotation wurde deswegen gewählt, weil das, was wir hier als formales Objekt $\mathcal{A}$ auffassen, meist informell durch Anschreiben von Prädikaten an einen Programmtext definiert wird (*Annotieren eines Programms*, siehe auch Abschnitt 3.3.4). Zum Beispiel definiert das annotierte Programm:

$$c_{seq} \equiv \{P_1\}\ \underbrace{\langle x := x+1\rangle}_{a_1};\ \{R_1\}\ \underbrace{\langle x := x+1\rangle}_{a_2}\ \{Q_1\}$$

drei Kontrollpunkte, denen die drei Prädikate P_1, R_1 bzw. Q_1 zugeordnet sind (Abbildung 7.17, linker Teil). Das annotierte Programm:

$$c_{schll} \equiv \{\mathbf{inv}\ I\}\ \mathbf{do}\ \underbrace{\langle x \neq 0\rangle}_{b} \to \{R\}\ \underbrace{\langle x := x-1\rangle}_{a}\ \mathbf{od}\ \{I \wedge x = 0\}$$

definiert ebenfalls drei Kontrollpunkte und Zuordnungen wie in Abbildung 7.17 (rechter Teil). Man beachte die dort beschriebene Kontrollflußwirkung der Terminierungsaktion $\overline{b}$, die im Programm syntaktisch nicht vorkommt.

7.5.3 Parallel gültige Annotationen

Jetzt heben wir die Beschränkung $c \in APROG$ wieder auf und betrachten ein *SDPROG*-Programm:

$$c = c_1 \parallel \ldots \parallel c_n,$$

mit Komponenten $c_i \in APROG$ für $1 \leq i \leq n$. Jeder Kontrollpunkt von c soll mit einem geeigneten Prädikat versehen werden. Die Menge der relevanten Kontrollpunkte von c ist auch in diesem allgemeinen Fall beschrieben durch die Stellenmenge $S(c)$ von $N(c) = N(c_1 \parallel \ldots \parallel c_n)$, so daß sich an der Definition 7.5.1 formal nichts ändert:

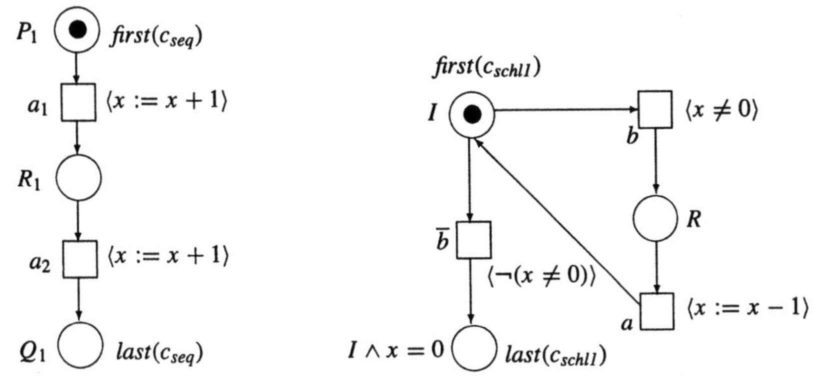

Abbildung 7.17. Annotationen zu c_{seq} (links) und zu c_{schl1} (rechts)

Definition 7.5.5 ANNOTATION VON *SDPROG*-PROGRAMMEN

Eine *Annotation* $\mathcal{A}$ von $c = c_1 \parallel \ldots \parallel c_n \in SDPROG$ ist eine Funktion:

$\mathcal{A}$: $S(c) \to (Z(c) \to \{\textbf{false}, \textbf{true}\})$. ■7.5.5

Sei $\mathcal{A}$ eine Annotation von c und sei i ein Index, $1 \leq i \leq n$. Die Einschränkung $\mathcal{A}_i = \mathcal{A}|_{S(c_i)}$ ist wegen der Eigenschaft von $S(c)$, disjunkte Vereinigung der Stellenmengen $S(c_i)$ zu sein, eine Annotation von c_i im Sinne von Definition 7.5.1. Die Bezeichnungen $pre(a)$, $post(a)$ (für $a \in A(c)$) sowie $pre(c_i)$ und $post(c_i)$ lassen sich unmittelbar übertragen. Die folgende Definition formalisiert das in Abschnitt 7.5.1 an zwei Beispielen erläuterte Grundprinzip des Owicki / Griesschen Beweissystems: die Invarianz von Einzelbeweisen gegenüber Ausführungen anderer Komponenten.

Definition 7.5.6 PARALLELE GÜLTIGKEIT

Mit den eben eingeführten Bezeichnungen nennen wir $\mathcal{A}$ *über* $c = c_1 \| \ldots \| c_n$ *parallel gültig*, wenn gilt:

$\forall i, 1 \leq i \leq n\ \forall a \in A(c) \setminus A(c_i)\ \forall p \in S(c_i)$: $\{\mathcal{A}(p) \wedge pre(a)\}\, a\, \{\mathcal{A}(p)\}$ ■7.5.6

In dieser Definition gehören die Prädikate $\mathcal{A}(p)$ zum Einzelbeweis von c_i, denn p ist ein Kontrollpunkt von c_i. Die Definition drückt die Invarianz dieser Prädikate gegenüber der Ausführung von anderen Komponenten aus, denn die Aktion a liegt nicht in c_i. Man beachte, daß formal gesehen die parallele Gültigkeit im Spezialfall $n = 1$ stets erfüllt ist, weil dann $A(c) \setminus A(c_i) = \emptyset$ gilt.

Definition 7.5.7 GÜLTIGKEIT EINER ANNOTATION

Eine Annotation $\mathcal{A}$ heißt *über* $c = c_1 \| \ldots \| c_n$ *gültig*, wenn gilt:

- Für alle i, $1 \leq i \leq n$: $\mathcal{A}_i = \mathcal{A}|_{S(c_i)}$ ist sequentiell gültig über c_i.
- $\mathcal{A}$ ist parallel gültig über c. ■7.5.7

7.5.4 Der Konsistenzsatz

Satz 7.5.8 KONSISTENZ DES OWICKI/GRIES-REGELSYSTEMS

Sei $\mathcal{A}$ eine gültige Annotation von $c = c_1 \| \ldots \| c_n \in SDPROG$. Sei $\sigma = s_0 a_1 \ldots a_r s_r$ eine Ausführung von c und sei $\sigma' = M^0 a_1 \ldots a_r M_r$ die laut Lemma 7.2.4 entsprechende Ausführung von $\mathcal{N}(c) = (N, M^0)$ mit $M^0 = \{first(c_1), \ldots, first(c_n)\}$.
Es gelte $(pre(c_1) \wedge \ldots \wedge pre(c_n))(s_0)$. Außerdem sei $M_r = \{p_1, \ldots, p_n\}$ mit $p_i \in S(c_i)$.
Dann gilt $(\mathcal{A}(p_1) \wedge \ldots \wedge \mathcal{A}(p_n))(s_r)$.

Beweis: Durch Induktion über r, die Aktionslänge von σ.

• Induktionsbasis $r = 0$: Dann gilt $M_r = M^0 = \{first_1, \ldots, first_n\}$.

$$\begin{array}{lll} (pre(c_1) \wedge \ldots \wedge pre(c_n))(s_0) & \Rightarrow & (\text{ denn } pre_i = \mathcal{A}(first_i) \text{ nach Definition von } pre_i \text{ }) \\ & & (\mathcal{A}(first_1) \wedge \ldots \wedge \mathcal{A}(first_n))(s_0) \\ & \Rightarrow & (\text{ wegen } M_r = M^0 \text{ gilt } p_i = first_i;\ s_0 = s_r \text{ }) \\ & & (\mathcal{A}(p_1) \wedge \ldots \wedge \mathcal{A}(p_n))(s_r). \end{array}$$

• Induktionsschritt $r \rightsquigarrow r + 1$: Wir betrachten eine Ausführungsfolge $\overline{\sigma}$ der Aktionslänge $r + 1$ von c und ihre vermöge Lemma 7.2.4 zugeordnete Ausführung $\overline{\sigma}'$ von $\mathcal{N}(c)$:

$$\begin{array}{lll} \overline{\sigma} & = & s_0\, a_1\, \ldots\, a_r\, s_r\, a_{r+1}\, s_{r+1} \\ \overline{\sigma}' & = & M^0 a_1 \ldots a_r M_r a_{r+1} M_{r+1}. \end{array}$$

Es sei j der wegen eindeutiger Namensgebung eindeutige Index mit $a_{r+1} \in A(c_j)$. Nach der Schaltregel in transitionsdisjunkten SND-Systemen unterscheiden sich M_r und M_{r+1} höchstens im Index j:

$$\begin{array}{lll} M_r & = & \{p_1, \ldots, p_{j-1}, p_j, p_{j+1}, \ldots, p_n\} \\ M_{r+1} & = & \{q_1, \ldots, q_{j-1}, q_j, q_{j+1}, \ldots, q_n\} \end{array}$$

mit $q_i = p_i$ für alle $i \neq j$. Wir betrachten nunmehr einen beliebigen Index $1 \leq i \leq n$ und unterscheiden zwei Fälle, $i \neq j$ und $i = j$:

$$\begin{array}{lll} i \neq j & \Rightarrow & (\text{ Induktionshypothese für } s_0 a_1 \ldots a_r s_r \text{ }) \\ & & \mathcal{A}(p_i)(s_r) \wedge \mathcal{A}(p_j)(s_r) \\ & \Rightarrow & (\text{ parallele Gültigkeit, } i \neq j,\ (s_r, s_{r+1}) \in m(a_{r+1}),\ q_i = p_i \text{ }) \\ & & \mathcal{A}(q_i)(s_{r+1}). \\ i = j & \Rightarrow & (\text{ Induktionshypothese für } s_0 a_1 \ldots a_r s_r \text{ }) \\ & & \mathcal{A}(p_i)(s_r) \\ & \Rightarrow & (\text{ wegen } i = j,\ {}^{\bullet}a_{r+1} = \{p_j\} \text{ }) \\ & & pre(a_{r+1})(s_r) \\ & \Rightarrow & (\text{ sequentielle Gültigkeit, } (s_r, s_{r+1}) \in m(a_{r+1}) \text{ }) \\ & & post(a_{r+1})(s_{r+1}) \\ & \Rightarrow & (\text{ wegen } i = j \text{ und } a_{r+1}^{\bullet} = \{p_i\} = \{q_i\} \text{ }) \\ & & \mathcal{A}(q_i)(s_{r+1}). \end{array}$$

Damit ist $\forall i,\ 1 \leq i \leq n$: $\mathcal{A}(q_i)(s_{r+1})$ nachgewiesen, was zu zeigen war. ■7.5.8

Korollar 7.5.9 MODIFIZIERTE UND-REGEL FÜR *SDPROG*

Sei $\mathcal{A}$ eine gültige Annotation von $c = c_1 \| \ldots \| c_n \in SDPROG$. Dann gilt:
$\{pre(c_1) \wedge \ldots \wedge pre(c_n)\} \quad c \quad \{post(c_1) \wedge \ldots \wedge post(c_n)\}$.

Beweis: Sei $\sigma = s_0 a_1 \ldots a_r s_r$ eine vollständige Ausführung von c mit:

$$(pre(c_1) \wedge \ldots \wedge pre(c_n))(s_0).$$

Nach Satz 7.5.8 gilt $(\mathcal{A}(p_1) \wedge \ldots \wedge \mathcal{A}(p_n))(s_r)$, wobei $M_r = \{p_1, \ldots, p_r\}$ die s_r entsprechende Markierung ist. Da σ vollständig ist, gilt:

$$\forall i, 1 \leq i \leq n\colon\ p_i = last(c_i), \quad \text{also} \quad \forall i, 1 \leq i \leq n\colon\ \mathcal{A}(p_i) = post(c_i),$$

was die Satzbehauptung impliziert. ■7.5.9

Der Satz 7.5.8 und sein Korollar 7.5.9 reduzieren sich im Falle $n = 1$ exakt auf den Satz 7.5.3 und sein Korollar 7.5.4. Denn dann ist die parallele Gültigkeit, wie wir gesehen haben, trivialerweise erfüllt. Und die Behauptungen der Sätze und Korollare entsprechen sich *mutatis mutandis*. Die Unterscheidung in Satz und Korollar wurde vorgenommen, weil das Korollar die anfangs angekündigte Modifikation der UND-Regel darstellt, der Satz aber allgemeinere UND-Schlußfolgerungen zu machen gestattet als das Korollar. Seien zum Beispiel $c = c_1 \| c_2$, $a \in A(c_1)$, $a' \in A(c_2)$ und $\sigma = s_0 a_1 \ldots a_r s_r$ eine Ausführung mit:

$$pre(c_1)(s_0) \wedge pre(c_2)(s_0),$$

derart, daß a und a' die in σ zuletzt ausgeführten Aktionen von c_1 bzw. c_2 sind. Dann darf laut Satz 7.5.8 in s_r auf $post(a) \wedge post(a')$ geschlossen werden (und natürlich auf jede dadurch implizierte Aussage).

7.5.5 Ein Owicki / Gries-Beweis von Petersons Algorithmus

Bevor wir uns der Frage der Vollständigkeit des Owicki / Griesschen Regelsystems zuwenden, überzeugen wir uns von seiner Nützlichkeit durch einen Beweis des Programms von Peterson. Wir verwenden die Hilfsvariablen i für π_1 und j für π_2 (anfangs $i = j = 0$) und betrachten die Annotation aus Abbildung 7.18.

Wir zeigen, daß die so definierte Annotation gültig ist. Ihre sequentielle Gültigkeit ist mit den Mittel des Kapitels 3 nachweisbar. Die Konsequenzregel kommt dabei ins Spiel, denn R_1^2 und R_2^2 sind, um die parallele Gültigkeit zu garantieren, nicht die stärkestmöglichen Nachbedingungen von $\underline{a}_2$ bzw. $\underline{d}_2$. Wegen der Symmetrie braucht man für die parallele Gültigkeit nur die Invarianz der Prädikate R_1^1-R_1^4 gegenüber Ausführungen in c_2 nachzuprüfen. Dies ist für R_1^1 und R_1^4 sofort klar. Es ist ebenso klar, daß R_1^2 und R_1^3 gegenüber Ausführungen von $\underline{d}_1$, $\underline{d}_4$ und $\underline{d}_5$ invariant bleiben (denn es gelten die Implikationen $pre(\underline{d}_1) \Rightarrow j = 0$ und $pre(\underline{d}_4) \Rightarrow j = 3$ und $pre(\underline{d}_5) \Rightarrow j = 3$, weil j in $\underline{d}_4$ nicht verändert wird). Es verbleiben laut Definition 7.5.6 vier Hoare-Aussagen zu beweisen:

$$\{R_1^2 \wedge R_2^1\} \ \underline{d}_2 \ \{R_1^2\}, \qquad \{R_1^3 \wedge R_2^1\} \ \underline{d}_2 \ \{R_1^3\},$$
$$\{R_1^2 \wedge R_2^2\} \ \underline{d}_3 \ \{R_1^2\}, \qquad \{R_1^3 \wedge R_2^2\} \ \underline{d}_3 \ \{R_1^3\}.$$

$$
\begin{array}{ll}
\underline{\pi}_1: & \{i = 0 \wedge \neg in_1\} \\
\underline{a}_1 & \textbf{do}\ \ \langle \textbf{true} \rightarrow in_1 := \textbf{true};\ i := 1\rangle; \\
R_1^1 & \{i = 1 \wedge in_1\} \\
\underline{a}_2 & \qquad \langle hold := 1;\ i := 2\rangle; \\
R_1^2 & \{i = 2 \wedge in_1 \wedge (hold = 1 \vee (hold = 2 \wedge j = 2))\} \\
\underline{a}_3 & \qquad \textbf{if}\ \langle \neg in_2 \vee hold \neq 1 \rightarrow i := 3\rangle\ \textbf{fi}; \\
R_1^3 & \{i = 3 \wedge in_1 \wedge (hold = 1 \vee (hold = 2 \wedge j = 2))\} \\
\underline{a}_4 & \qquad kA_1; \\
\underline{a}_5 & \qquad \langle in_1 := \textbf{false};\ i := 0\rangle \\
R_1^4 & \{i = 0 \wedge \neg in_1\} \\
 & \textbf{od}\ \ \| \\
\underline{\pi}_2: & \{j = 0 \wedge \neg in_2\} \\
\underline{d}_1 & \textbf{do}\ \ \langle \textbf{true} \rightarrow in_2 := \textbf{true};\ j := 1\rangle; \\
R_2^1 & \{j = 1 \wedge in_2\} \\
\underline{d}_2 & \qquad \langle hold := 2;\ j := 2\rangle; \\
R_2^2 & \{j = 2 \wedge in_2 \wedge (hold = 2 \vee (hold = 1 \wedge i = 2))\} \\
\underline{d}_3 & \qquad \textbf{if}\ \langle \neg in_1 \vee hold \neq 2 \rightarrow j := 3\rangle\ \textbf{fi}; \\
R_2^3 & \{j = 3 \wedge in_2 \wedge (hold = 2 \vee (hold = 1 \wedge i = 2))\} \\
\underline{d}_4 & \qquad kA_2; \\
\underline{d}_5 & \qquad \langle in_2 := \textbf{false};\ j := 0\rangle \\
R_2^4 & \{j = 0 \wedge \neg in_2\} \\
 & \textbf{od}
\end{array}
$$

Abbildung 7.18. Annotation für den Algorithmus von Peterson (Abbildung 7.15)

Wir prüfen die erste dieser Aussagen:

$$
\begin{array}{lcl}
R_1^2 \wedge R_2^1 & = & \{i = 2 \wedge j = 1 \wedge in_1 \wedge in_2 \wedge hold = 1\} \\
 & & \underline{d}_2:\ \langle hold := 2;\ \ j := 2\rangle \\
R_1^2 & = & \{i = 2 \wedge in_1 \wedge (hold = 1 \vee (hold = 2 \wedge j = 2))\}.
\end{array}
$$

In der Tat, die Ausführung von $\underline{d}_2$ macht den letzten Term von R_1^2 wahr. Der Nachweis von $\{R_1^3 \wedge R_2^1\}\ \underline{d}_2\ \{R_1^3\}$ ist analog, nur mit $i = 3$ statt mit $i = 2$. Wir prüfen dann die Aussage $\{R_1^2 \wedge R_2^2\}\ \underline{d}_3\ \{R_1^2\}$:

$$
\begin{array}{lcl}
R_1^2 \wedge R_2^2 & = & \{i = 2 \wedge j = 2 \wedge in_1 \wedge in_2 \wedge (hold = 1 \vee hold = 2)\} \\
 & & \underline{d}_3:\ \textbf{if}\ \langle \neg in_1 \vee hold \neq 2 \rightarrow j := j + 1\rangle\ \textbf{fi} \\
R_1^2 & = & \{i = 2 \wedge in_1 \wedge (hold = 1 \vee (hold = 2 \wedge j = 2))\}.
\end{array}
$$

Sie gilt deswegen, weil die Bedingung $\neg in_1 \vee hold \neq 2$, im Verein mit der Vorbedingung $R_1^2 \wedge R_2^2$, $hold = 1$ garantiert. Wieder verläuft der Beweis von $\{R_1^3 \wedge R_2^2\}\ \underline{d}_3\ \{R_1^3\}$ analog. Nun kann, um den wechselseitigen Ausschluß zu beweisen, die UND-Regel in der Form von Satz 7.5.8 angewendet werden. Wie man leicht nachrechnet, ist $R_1^3 \wedge R_2^3 = \textbf{false}$. Daraus folgt, daß es keine Ausführung geben kann, so daß c_1 und c_2 beide ihre kritischen Abschnitte betreten, denn in einem solchen Zustand gälte ja, laut Satz 7.5.8, $R_1^3 \wedge R_2^3$.

7.5.6 Systematische Einführung von Hilfsvariablen

In diesem Abschnitt soll die Frage erörtert werden, wie man zu einer Annotation, die das gewünschte leistet, gelangt. Daß im Prinzip immer, d.h., für jede wahre Hoare-Aussage, ein Owicki / Gries-Beweis gefunden werden kann, der diese Aussage nachweist, ist Gegenstand des später zu untersuchenden Vollständigkeitssatzes. Aus den bislang betrachteten Beispielen ist deutlich geworden, daß Vollständigkeit ohne Hilfsvariablen nicht erreichbar ist. Wir müssen also präzisieren, welche Art von Hilfsvariablen im allgemeinen nötig sind und wie das Hinzufügen und das Entfernen von Hilfsvariablen zu einem Programm formalisiert werden können, bevor wir in der Lage sind, den eigentlichen Vollständigkeitssatz zu formulieren und zu beweisen.

Hilfsvariablen, die als Zähler fungieren und die Aktionen in einer Hintereinanderausführung abzählen (zum Beispiel i und j in Abbildung 7.18), genügen im allgemeinen nicht, um die Wirkung von Alternativkonstrukten zu beschreiben. Für das Programm c_{dead} in Abbildung 7.19 soll zum Beispiel das Hoare-Tripel:

$$\{x = 0\}\ c_{dead}\ \{\mathbf{false}\}$$

bewiesen werden; es ist gültig, denn c_{dead} terminiert nicht: entweder die erste oder die zweite Komponente bleibt in ihrer zweiten Alternative stecken.

$$
\begin{array}{llcll}
\{P_1\} & & & \{P_2\} & \\
\mathbf{if} & \underbrace{\langle x = 0 \rightarrow x := 1\rangle}_{a_1} & & \mathbf{if} & \underbrace{\langle x = 0 \rightarrow x := 1\rangle}_{d_1} \\
\Box & \underbrace{\langle x = 1 \rightarrow \mathbf{skip}\rangle}_{a_2}\ \{R_1\}; & \| & \Box & \underbrace{\langle x = 1 \rightarrow \mathbf{skip}\rangle}_{d_2}\ \{R_2\}; \\
 & \mathbf{if}\ \underbrace{\langle \mathbf{false} \rightarrow \mathbf{skip}\rangle}_{a_3}\ \mathbf{fi} & & & \mathbf{if}\ \underbrace{\langle \mathbf{false} \rightarrow \mathbf{skip}\rangle}_{d_3}\ \mathbf{fi} \\
\mathbf{fi} & & & \mathbf{fi} & \\
\{Q_1\} & & & \{Q_2\} &
\end{array}
$$

Abbildung 7.19. Ein Programm c_{dead} mit Deadlock

Einfaches Hochzählen einer Zählervariablen i (bzw. j) reicht hier nicht aus. Denn um **false** herzuleiten, ist es wesentlich, zwischen der ersten Alternative a_1 (bzw. d_1) und der zweiten Alternative a_2 (bzw. d_2) zu unterscheiden. Die nötige Unterscheidung zwischen den Auswirkungen der beiden Alternativen könnte im Prinzip dadurch geschehen, daß i in der zweiten Alternative negativ wird, aber diese Idee läßt sich nur schwer verallgemeinern. Es ist sinnvoll und stimmig, als Hilfsvariablen die Kontrollpunkte des Programms, und das heißt, die Stellenmenge des Kontrollflußnetzes heranzuziehen.

Das Kontrollflußnetz des Programms c_{dead} ist in Abbildung 7.20 gezeigt. Für die linke Komponente des Programms definieren wir eine Hilfsvariable V_1, für die rechte Komponente eine Hilfsvariable V_2, jeweils mit Werten, die den Stellen der Netze entsprechen:

$$\mathbf{var}\ \ V_1 : \{p_1^0, p_1^1, p_1^2\}\ (\mathbf{init}\ p_1^0);\quad V_2 : \{p_2^0, p_2^1, p_2^2\}\ (\mathbf{init}\ p_2^0);$$

In die sechs atomaren Aktionen des Programms werden Zuweisungen an diese Hilfsvariablen so eingefügt, daß der aktuelle Wert von V_i immer auf den aktuellen Kontrollpunkt der i'ten Komponente verweist (siehe Abbildung 7.21). Der Beweis von $\{x = 0 = y\}\ c\ \{\mathbf{false}\}$ ist in Abbildung 7.22 dargestellt, mit den Prädikaten von Abbildung 7.21. Wir finden in der Tat: $\underline{Q_1} \wedge \underline{Q_2} \Rightarrow \mathbf{false}$.

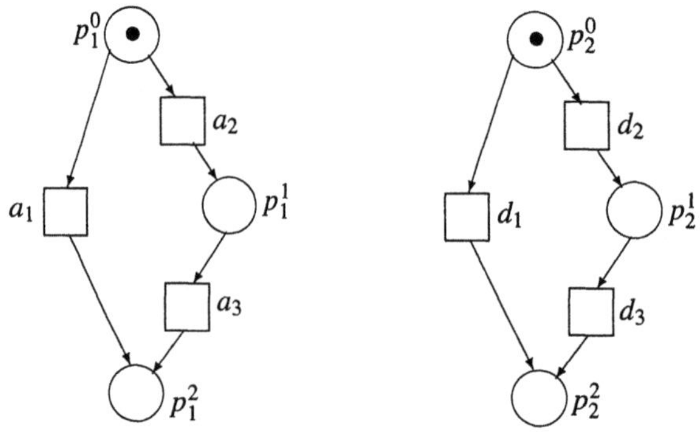

Abbildung 7.20. Markiertes Kontrollflußnetz für c_{dead}

$$
\begin{array}{ll}
\{\underline{P_1}\} & \\
\mathbf{if} & \underbrace{\langle x = 0 \rightarrow x := 1;\ V_1 := p_1^2\rangle}_{\underline{a_1}} \\
\square & \underbrace{\langle x = 1 \rightarrow V_1 := p_1^1\rangle}_{\underline{a_2}}\ \{\underline{R_1}\}; \\
 & \mathbf{if}\ \langle \mathbf{false} \rightarrow V_1 := p_1^2\rangle\ \mathbf{fi} \\
\mathbf{fi} & \\
\{\underline{Q_1}\} &
\end{array}
\quad \| \quad
\begin{array}{ll}
\{\underline{P_2}\} & \\
\mathbf{if} & \underbrace{\langle y = 0 \rightarrow x := 1;\ V_2 := p_2^2\rangle}_{\underline{d_1}} \\
\square & \underbrace{\langle x = 1 \rightarrow V_2 := p_2^1\rangle}_{\underline{d_2}}\ \{\underline{R_2}\}; \\
 & \mathbf{if}\ \langle \mathbf{false} \rightarrow V_2 := p_2^2\rangle\ \mathbf{fi} \\
\mathbf{fi} & \\
\{\underline{Q_2}\} &
\end{array}
$$

Abbildung 7.21. Hilfsvariablen und Annotation des Programms c_{dead}

Die an diesem Beispiel erklärten Konventionen zur Einführung und Verwendung von Hilfsvariablen definieren wir jetzt allgemein. Wie schon in diesem und im vorigen Beispiel wird im allgemeinen der Zusammenhang zwischen einem Programm c ohne Hilfsvariablen und der Version $\underline{c}$ desselben Programms mit Hilfsvariablen immer durch Unterstreichen bzw.

$$
\begin{array}{lcl}
\underline{P_1} & = & (V_1 = p_1^0 \wedge ((V_2 = p_2^0 \wedge x = 0)\ \vee\ (V_2 = p_2^2 \wedge x = 1))) \\
\underline{R_1} & = & \mathbf{true} \\
\underline{Q_1} & = & (V_1 = p_1^2 \wedge ((V_2 = p_2^0 \wedge x = 1)\ \vee\ (V_2 = p_2^1 \wedge x = 1))) \\
\underline{P_2} & = & (V_2 = p_2^0 \wedge ((V_1 = p_1^0 \wedge x = 0)\ \vee\ (V_1 = p_1^2 \wedge x = 1))) \\
\underline{R_2} & = & \mathbf{true} \\
\underline{Q_2} & = & (V_2 = p_2^2 \wedge ((V_1 = p_1^0 \wedge x = 1)\ \vee\ (V_1 = p_1^1 \wedge x = 1)))
\end{array}
$$

Abbildung 7.22. Zum Beweis der Nichtterminierung von c_{dead}

Weglassen der Unterstreichung dargestellt. Wir betrachten zuerst eine sequentielle Komponente $c \in APROG$ mit der Aktionsmenge $A = A(c)$ und der Stellenmenge $S = S(c)$. Wir werden ein Programm $\underline{c}$ definieren, das zusätzlich zu c noch eine Hilfsvariablendeklaration enthält und dessen atomare Aktionen sich aus denen von c durch Hinzufügen von geeigneten Zuweisungen ergeben. Diese Änderungen betreffen nur den Deklarationsteil und das Innere der atomaren Aktionen von c (und damit auch deren m-Relationen), aber das Kontrollprogramm und das Kontrollflußnetz von c und $\underline{c}$ bleiben die gleichen. Zu c wird also die folgende Deklaration einer Hilfsvariablen V_c, die nicht bereits in c vorkommt, hinzugefügt:

var V_c : $S(c)$ (**init** *first*(c)).

Jede atomare Aktion $a \in A(c)$ wird in eine Aktion $\underline{a}$ durch Hinzufügen der Zuweisung $V_c := q$ erweitert, wobei q die Nachstelle von a im Kontrollflußnetz ist, d.h., formal: $\{q\} = a^\bullet$ in $N(c)$. Mit Rücksicht auf die unterschiedliche syntaktische Struktur, die a haben kann (a kann von der Form $\langle c_0 \rangle$, von der Form $\langle \beta \rangle$ oder von der Form $\beta \rightarrow c_0$ sein), muß die Zuweisung $V_c := q$ geeignet eingepaßt werden. Ist a zum Beispiel eine Aktion der Form $\langle c_0 \rangle$, dann ist $\underline{a}$ von der Form $\langle c_0;\ V_c := q \rangle$ (oder, äquivalent, weil V_c in a nicht vorkommt, von der Form $\langle V_c := q;\ c_0 \rangle$). Ist a von der Form $\langle \beta \rangle$, dann ist $\underline{a}$ von der Form $\langle \beta \rightarrow V_c := q \rangle$. Ist a von der Form $\beta \rightarrow c_0$, dann ist $\underline{a}$ von der Form $\beta \rightarrow c_0;\ V_c := q$ (oder, äquivalent dazu, von der Form $\beta \rightarrow V_c := q;\ c_0$). Der Leser vergleiche zum Beispiel die Zuweisungen an V_1 und an V_2 in Abbildung 7.21, die sämtlich nach diesem Prinzip aufgebaut sind. Durch das Hinzufügen der Zuweisung $V_c := q$ ändert sich natürlich auch die m-Relation $m(a)$ in die Relation $m(\underline{a})$. Wenn a z.B. eine atomare Boolesche Bedingung $\langle x = 0 \rangle$ mit $m(a) = m(x = 0)$ ist, dann ist $\underline{a}$ die Aktion $\langle x = 0 \rightarrow V_c := q \rangle$ mit der Relation $m(\underline{a}) = m(x = 0 \rightarrow V_c := q)$.

Die Terminierungsaktion $\overline{b} = \langle \neg\beta \rangle$ einer Schleife **do** $\beta \rightarrow c_0$ **od** ist im Programm syntaktisch nicht sichtbar. Die ihr entsprechende Transition im Kontrollflußnetz hat jedoch wie jede andere Transition des Netzes eine eindeutige Nachstelle q. Das Hinzufügen der Zuweisung $V_c := q$ zu $\langle \overline{b} \rangle$ ergibt die Aktion $\underline{\overline{b}} = \langle \neg\beta \rightarrow V_c := q \rangle$ mit der Relation $m(\underline{\overline{b}}) = m(\neg b) \circ m(V_c := q)$. Diese Aktion ist im Programm $\underline{c}$ genauso unsichtbar wie $\overline{b}$ in c, hat aber eine wohldefinierte Kontrollflußwirkung (nämlich die gleiche wie $\overline{b}$) und eine wohldefinierte m-Semantik.

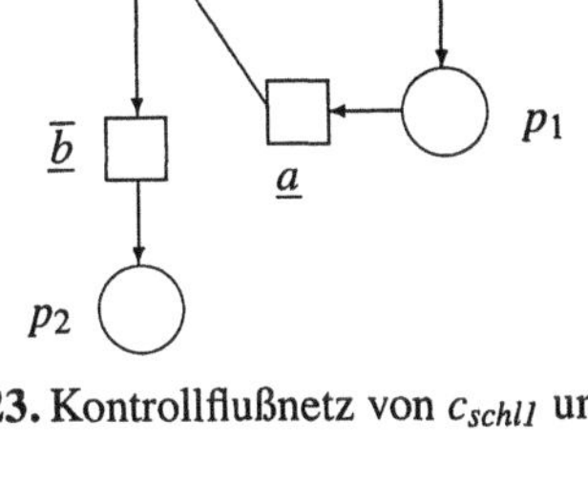

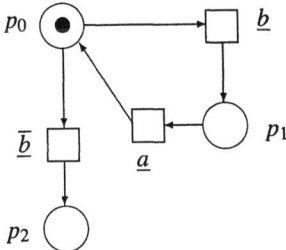

Abbildung 7.23. Kontrollflußnetz von c_{schl1} und $\underline{c}_{schl1}$

ZUr vorangegangenen Definition betrachten wir das folgende Beispiel:

$$c_{schl1} \equiv \textbf{do } \underbrace{\langle x \neq 0 \rangle}_{b} \rightarrow \underbrace{\langle x := x - 1 \rangle}_{a} \textbf{ od } \text{ mit Terminierungsaktion } \underbrace{\langle \neg(x \neq 0) \rangle}_{\overline{b}} .$$

Das Kontrollflußnetz von c_{schl1} in Abbildung 7.23 hat drei Kontrollstellen p_0 (Anfangsstelle), p_1 (zwischen b und a) und p_2 (Endstelle). $\underline{c}_{schl1}$ ist das folgende Programm:

$$\underline{c}_{schl1} \equiv \textbf{do } \underbrace{\langle x \neq 0 \rightarrow V_c := p_1 \rangle}_{\underline{b}}; \underbrace{\langle x := x - 1;\, V_c := p_0 \rangle}_{\underline{a}} \textbf{ od}$$

$$\text{mit Terminierungsaktion } \underbrace{\langle \neg(x \neq 0) \rightarrow V_c := p_2 \rangle}_{\underline{\overline{b}}}$$

$$\begin{array}{rrcl} \text{und} & m(\underline{b}) & = & m(x \neq 0 \rightarrow V_c := p_1) \\ & m(\underline{a}) & = & m(x := x - 1;\, V_c := p_0) \\ & m(\underline{\overline{b}}) & = & m(\neg(x \neq 0) \rightarrow V_c := p_2). \end{array}$$

Wir betrachten nunmehr ein paralleles *SDPROG*-Programm $c = c_1 \| \ldots \| c_n$ und erweitern die oben gegebene Definition. Das Programm $\underline{c}$ ist folgendermaßen definiert:

$$\underline{c} = \underline{c}_1 \ \| \ \ldots \ \| \ \underline{c}_n.$$

Weil $\gamma(c_i)$ und $\gamma(c\underline{c}_i)$ bis auf die Unterstreichungen der Namen atomarer Aktionen gleich sind, gilt das gleiche für $\kappa(c)$ und $\kappa(\underline{c})$.

Wir untersuchen zum Abschluß die Beziehungen zwischen den Zustandsmengen, den Prädikaten und den Ausführungen von $\kappa(c)$ bzw. $\kappa(\underline{c})$. Dazu bezeichnen wir die i Hilfsvariablen V_{c_i} $(1 \leq i \leq n)$ der Kürze halber mit V_i. Die Variablenmenge von $\underline{c}$ ist die Vereinigung der Variablen von c und der zusätzlichen Hilfsvariablen:

$$Var(\underline{c}) = Var(c) \cup \{V_1, \ldots, V_n\}.$$

Deswegen läßt sich die Zustandsmenge $\underline{Z}$ von $\underline{c}$ so schreiben:

$$\underline{Z} = Z(\underline{c}) = \underbrace{Z(c_1 \| \ldots \| c_n)}_{\text{Variablen von } c} \times \underbrace{S(c_1)}_{V_1} \times \ldots \times \underbrace{S(c_n)}_{V_n}.$$

Jeder Zustand $\underline{s} \in \underline{Z}$ ist daher von der Form $\underline{s} = (s, v_1, \ldots, v_n)$, wobei s ein Zustand von $c_1 \| \ldots \| c_n$ und v_i $(1 \leq i \leq n)$ ein Wert der Hilfsvariablen V_i aus c_i sind. Auch diesen Zusammenhang notieren wir durch Weglassen der Unterstreichung. Wenn also zum Beispiel $\underline{t} \in \underline{Z}$ ein Zustand von $\underline{c}$ ist, dann soll t die erste Komponente von $\underline{t}$, die einen Zustand von c darstellt, bedeuten. Die Korrespondenz zwischen Zuständen $\underline{s}$ von $\underline{c}$ und s von c läßt sich auf Zustandsmengen - und damit auf Prädikate - verallgemeinern. Jeder Menge $\underline{X} \subseteq \underline{Z}$ ist eindeutig eine Menge $X \subseteq Z(c)$ zugeordnet, definiert durch:

$$X = \{s \in Z(c) \mid \exists \underline{s} \in \underline{Z} : \underline{s} \in \underline{X}\}.$$

Man beachte, daß $|X| \leq |\underline{X}|$ gilt, aber nicht notwendigerweise $|X| = |\underline{X}|$, denn für $\underline{t}_1 \neq \underline{t}_2$ kann durchaus $t_1 = t_2$ gelten.

Zwischen den Ausführungen von c und den Ausführungen von $\underline{c}$ besteht ebenfalls ein eindeutiger Zusammenhang. Es geben nämlich die n Werte v_i der Variablen V_i eines

Gesamtzustands in $\underline{Z}$ stets die aktuellen Kontrollpunkte innerhalb der n Komponenten c_i wieder, denn v_i kann als die entsprechende Markierung von $N(c_i)$ aufgefaßt werden. Zum Beispiel bedeutet der Faktor $V_1 = p_1^2$ im Prädikat $\underline{Q_1}$ in Abbildung 7.22, daß die Ausführung der ersten Komponente genau an ihrem Ende angelangt ist, denn p_1^2 ist im Kontrollflußnetz (Abbildung 7.20) die Endstelle. Wir formulieren diesen Zusammenhang in dem folgenden Lemma.

Lemma 7.5.10 HILFSVARIABLENLEMMA

(i) *Es seien* $\underline{s}_0 = (s_0, \mathit{first}_1, \ldots, \mathit{first}_n) \in \underline{Z}$ *ein Anfangszustand und:*
$\underline{\sigma} = \underline{s}_0\, \underline{a}_1 \ldots \underline{a}_r\, \underline{s}_r$
eine Ausführung von $\underline{c}$. *Dann ist* $\sigma = s_0 a_1 \ldots a_r s_r$ *eine Ausführung von* c, *und es gilt* $\underline{s}_r = (s_r, v_1^r, \ldots, v_n^r)$, *wobei für alle* i, $1 \leq i \leq n$, *der Wert von* V_i *im Zustand* $\underline{s}_r$, *d.h.,* v_i^r, *die Markierung von* $N(c_i)$ *ist, die nach Ausführung der Transitionenfolge* $a_1 \ldots a_r$ *in* $\mathcal{N}(c_1 \| \ldots \| c_n)$ *erreicht wird.*

(ii) *Sei umgekehrt* $\sigma = s_0 a_1 \ldots a_r s_r$ *eine Ausführung von* c. *Seien die Zustände* $\underline{s}_j$ $(1 \leq j \leq r)$ *definiert durch* $\underline{s}_j = (s_j, v_1^j, \ldots, v_n^j)$, *wobei* v_i^j *die Markierung von* $N(c_i)$ *ist, die nach Ausführung der Transitionenfolge* $a_1 \ldots a_j$ *erreicht wird. Dann ist* $\underline{\sigma} = \underline{s}_0\, \underline{a}_1 \ldots \underline{a}_r\, \underline{s}_r$ *eine Ausführung von* $\underline{c}$.

(iii) σ *ist eine vollständige Ausführung von* c *genau dann, wenn* $\underline{\sigma}$ *eine vollständige Ausführung von* $\underline{c}$ *ist.*

Beweis:

(i) *Kontrollbedingung*:
Das Kontrollprogramm $\kappa(\underline{c})$ ist gleich dem Kontrollprogramm $\kappa(c)$ (bis auf Unterstreichen von atomaren Aktionsnamen). Also zieht $\underline{a}_1 \ldots \underline{a}_j \in cs(\kappa(\underline{c}))$ auch $a_1 \ldots a_r \in cs(\kappa(c))$ nach sich.
Datenbedingung:
Die Aktionen $\underline{a}_j$ unterscheiden sich von den Aktionen a_j nur durch Hinzufügen von Zuweisungen für die neuen Variablen V_i. Daraus folgt, daß $(\underline{s}_{j-1}, \underline{s}_j) \in m(\underline{a}_j)$ direkt auch $(s_{j-1}, s_j) \in m(a_j)$ nach sich zieht. (Die Form der Zuweisung für V_i spielt hier keine Rolle.)

(ii) *Kontrollbedingung*:
Das Kontrollprogramm $\kappa(c)$ ist gleich dem Kontrollprogramm $\kappa(\underline{c})$ (bis auf Unterstreichen von atomaren Aktionsnamen). Also gilt $\underline{a}_1 \ldots \underline{a}_j \in cs(\kappa(\underline{c}))$, sofern $a_1 \ldots a_r \in cs(\kappa(c))$ gilt.
Datenbedingung:
Die Aktionen $\underline{a}_j$ unterscheiden sich von den Aktionen a_j nur durch Hinzufügen von Zuweisungen für die neuen Variablen V_i. Es gelte für σ und für alle $1 \leq j \leq r$: $(s_{j-1}, s_j) \in m(a_j)$. Aus der speziellen Form der Zuweisung an V_i innerhalb der Aktion $\underline{a}_j$ (worin V_i die Nachstelle von $\underline{a}_j$ zugewiesen wird) folgt, daß mit der Definition der v_i^j und der $\underline{s}_j$ dann auch $(\underline{s}_{j-1}, \underline{s}_j) \in m(\underline{a}_j)$ gilt.

(iii) Diese Behauptung gilt deswegen, weil die Vollständigkeit einer Ausführung nur vom Kontrollprogramm abhängt und $\kappa(c)$ (bis auf Unterstreichen von Aktionsnamen) gleich $\kappa(\underline{c})$ ist. ■7.5.10

Wir formulieren nun einen Satz, der es gestattet, von partiellen Korrektheitsaussagen über $\underline{c}$ auf solche über c zu schließen.

Satz 7.5.11 HILFSVARIABLENREGEL

Seien $\underline{P}$, $\underline{Q}$: $Z(\underline{c}) \rightarrow$ {**false**, **true**} *und* P_0, Q_0: $Z(c) \rightarrow$ {**false**, **true**} *gegeben und es gelte:* (a) $\forall s' \in Z(c)$: $P_0(s') \Rightarrow \underline{P}((s', \mathit{first}_1, \ldots, \mathit{first}_n))$;
(b) $\{\underline{P}\}\,\underline{c}\,\{\underline{Q}\}$;
(c) $\forall \underline{s} \in Z(\underline{c})$: $\underline{Q}\,(\underline{s}) \Rightarrow Q_0(s)$.
Dann gilt $\{P_0\}\,c\,\{Q_0\}$.

Beweis: Seien $s', s \in Z(c)$ so, daß $P_0(s')$ und $(s', s) \in m(c)$; wir beweisen $Q_0(s)$.

Wegen Voraussetzung (a) gilt $\underline{P}((s', \mathit{first}_1, \ldots, \mathit{first}_n))$. Wegen $(s', s) \in m(c)$ existiert eine vollständige Ausführung $\sigma = s_0 a_1 \ldots a_r s_r$ von c mit $s' = s_0$ und $s_r = s$. Laut Lemma 7.5.10(ii) und (iii) ist dann $\underline{\sigma} = \underline{a}_0\, \underline{a}_1 \ldots \underline{a}_r\, \underline{s}_r$ eine vollständige Ausführung von $\underline{c}$ (mit $\underline{s}_j = (s_j, v_1^j, \ldots, v_n^j)$). Wegen Voraussetzung (b) gilt $\underline{Q}(\underline{s}_r)$. Wegen Voraussetzung (c) gilt dann auch $Q_0(s_r)$, also $Q_0(s)$ wegen $s_r = s$. ■7.5.11

Dieser Satz besagt, knapp ausgedrückt, daß man aus einer Aussage $\{\underline{P}\}\,\underline{c}\,\{\underline{Q}\}$ über $\underline{c}$ auf eine Aussage $\{P_0\}\,c\,\{Q_0\}$ über c schließen darf, sofern $P_0 \Rightarrow \underline{P}$ und $\underline{Q} \Rightarrow Q_0$ gelten. Die Hilfsvariablenregel ist, so gesehen, eine Variante der in Abschnitt 3.3 definierten Konsequenzregel.

7.5.7 Der Vollständigkeitssatz

Wir zeigen nun, daß mit den oben eingeführten Hilfsvariablen V_i jede wahre partielle Korrektheitsaussage:

$$\alpha_0 \quad \equiv \quad \{P_0\}\,c\,\{Q_0\}$$

betreffend $c = c_1 \| \ldots \| c_n$ durch die Angabe einer geeigneten gültigen Annotation von $\underline{c}_1 \| \ldots \| \underline{c}_n$ nachgewiesen werden kann. Dazu konstruieren wir eine gültige Annotation $\mathcal{A} = \mathcal{A}(\alpha_0)$, die von α_0 abhängt, über $\underline{c}$ derart, daß Satz 7.5.11 anwendbar ist, wobei $\underline{P}$ die Konjunktion der Vorbedingungen $\mathit{pre}(\underline{c}_i)$ und $\underline{Q}$ die Konjunktion der Nachbedingungen $\mathit{post}(\underline{c}_i)$ sind. Bei der Definition von $\mathcal{A}$ wenden wir genau die gleiche Idee an, die bei der Definition der Zwischenbedingungen beim Hoareschen Beweissystem im Beweis von Satz 3.3.4 eine Rolle gespielt hat. Diese Idee besteht einfach darin, alle geeigneten Zwischenzustände aufzuzählen.

Es seien $\underline{Z} = Z(\underline{c})$ und p eine beliebige Stelle in $N = N(c_1 \| \ldots \| c_n)$, also auch in $N(\underline{c})$. Wegen der SND-Eigenschaft von N gibt es einen eindeutigen Index i, so daß p eine Stelle von $N_i = N(c_i)$ ist. Wir definieren zu p die folgende Menge von Zuständen in $\underline{Z}$:

$$\rho(p) = \{\underline{t} \in \underline{Z} \mid \exists \text{ Ausführung } \underline{\sigma} = \underline{s}_0 \underline{a}_1 \ldots \underline{a}_r \underline{s}_r \text{ von } \underline{c}\text{: } P_0(s_0) \wedge \underline{s}_r = \underline{t} \wedge \underline{s}_r(V_i) = p\},$$

und davon das charakteristische Prädikat $\mathcal{A}(p) = \chi(\rho(p))$. Dieses Prädikat beschreibt alle 'von P_0 aus' erreichbaren Zustände $\underline{t}$, worin der Wert von V_i gleich p ist, d.h., die Kontrolle von $\underline{c}_i$ sich auf dem Punkt p befindet. Damit ist eine Annotation $\mathcal{A}$ von $\underline{c}$ festgelegt, und zu zeigen bleibt, daß sie alle gewünschten Eigenschaften erfüllt. Der Leser beachte, daß $\mathcal{A}$ in der Tat von α_0 abhängt; genauer gesagt, hängt $\mathcal{A}$ nur von der Eingangsbedingung P_0, nicht aber von der Ausgangsbedingung Q_0 ab. Der Grund dafür wird in Kürze klar werden.

Der folgende Satz und sein Korollar beziehen sich auf die von der soeben definierten Annotation $\mathcal{A}$ abgeleiteten Begriffe $pre(\underline{c}_i)$, $post(\underline{c}_i)$ für sequentielle Komponenten $\underline{c}_i$ von $\underline{c}$ und $pre(\underline{a})$, $post(\underline{a})$ für atomare Aktionen von $\underline{c}$, die nach den Definitionen 7.5.1 und 7.5.5 eingeführt wurden. Es bezeichne $\mathcal{A}_i$ die Einschränkung von $\mathcal{A}$ auf die i'te Komponente von $\underline{c}$.

Satz 7.5.12 EIGENSCHAFTEN VON $\mathcal{A}$

Mit den eben eingeführten Bezeichnungen gilt:

(A) $\forall s' \in Z(c)$: $P_0(s') \Rightarrow (pre(\underline{c}_1) \wedge \ldots \wedge pre(\underline{c}_n))(s', first_1, \ldots, first_n)$.

(B) *Für alle* $1 \leq i \leq n$ *gilt:* $\mathcal{A}_i$ *ist über* $\underline{c}_i$ *sequentiell gültig.*

(C) $\mathcal{A}$ *ist über* $\underline{c}$ *parallel gültig.*

(D) $\forall \underline{s} \in Z(\underline{c})$: $(post(\underline{c}_1) \wedge \ldots \wedge post(\underline{c}_n))(\underline{s}) \Rightarrow Q_0(s)$.

Korollar 7.5.13 VOLLSTÄNDIGKEIT DES OWICKI/GRIES-BEWEISSYSTEMS

Zu jeder wahren Aussage $\{P_0\}\, c\, \{Q_0\}$ *über c gibt es eine gültige Annotation* $\mathcal{A}$ *von* $\underline{c}$, *derart, daß* $\{\underline{P}\}\, \underline{c}\, \{\underline{Q}\}$ *(abgeleitet von* $\mathcal{A}$*) die Aussage* $\{P_0\}\, c\, \{Q_0\}$ *impliziert.*

Beweis: *(Des Korollars)*

$\mathcal{A}$ wird wie oben definiert. Aus der Gültigkeit von $\mathcal{A}$ (Satz 7.5.12(B,C)) folgt $\{\underline{P}\}\, \underline{c}\, \{\underline{Q}\}$ wegen Satz 7.5.8, und dann kann wegen Satz 7.5.12(A,D) der Satz 7.5.11 speziell mit $\underline{P} = (pre(\underline{c}_1) \wedge \ldots \wedge pre(\underline{c}_n))$ und $\underline{Q} = (post(\underline{c}_1) \wedge \ldots \wedge post(\underline{c}_n))$ angewendet werden. ■7.5.13

Beweis: *(Des Satzes)*

Teil (A): Es gelte $P_0(s')$. Mit $\underline{s}_0 = (s', first_1, \ldots, first_n)$ und $\underline{\sigma} = \underline{s}_0$ gilt für alle i nach der Definition von $pre(\underline{c}_i)$ auch $pre(\underline{c}_i)(\underline{s}_0)$.

Teil (B): Zu zeigen ist die Eigenschaft der Definition 7.5.2 (sequentielle Gültigkeit).

Es sei $i \in \{1, \ldots, n\}$ beliebig und für diesen Teil des Beweises fest gewählt. Es sei $\underline{a} \in A(\underline{c}_i)$. Zu zeigen ist $\{pre(\underline{a})\}\, \underline{a}\, \{post(\underline{a})\}$.

$\underline{s}' \in pre(\underline{a})$	$\Rightarrow$	(Definition von $\mathcal{A}$ und pre)
		$\exists\, \underline{\sigma} = \underline{s}_0\, \underline{a}_1 \ldots \underline{a}_r\, \underline{s}'$: $P_0(s_0) \wedge {}^\bullet\underline{a} = \{\underline{s}'(V_i)\}$
$(\underline{s}', \underline{t}) \in m(\underline{a})$	$\Rightarrow$	(wegen ${}^\bullet\underline{a} = \{\underline{s}'(V_i)\}$)
		$\underline{\sigma}' = \underline{s}_0\, \underline{a}_1 \ldots \underline{a}_r\, \underline{s}'\, \underline{a}\, \underline{t}$ ist Ausführung von $\underline{c}$
	$\Rightarrow$	(zusätzliche Zuweisung $V := q$ mit $\{q\} = a^\bullet$ in $\underline{a}$)
		$\underline{a}^\bullet = \{\underline{t}(V_i)\}$
	$\Rightarrow$	(Definitionen von $\mathcal{A}$ und $post$)
		$\underline{t} \in post(\underline{a})$.

Teil (C): Zu zeigen ist die Eigenschaft der Definition 7.5.6 (parallele Gültigkeit).

Es seien $i, j \in \{1, \ldots, n\}$ mit $j \neq i$, $\underline{a} \in A(\underline{c}_j)$ und $p \in S(\underline{c}_i)$ beliebig und für diesen Teil des Beweises fest gewählt. Zu zeigen ist $\{\mathcal{A}(p) \wedge pre(\underline{a})\}\ \underline{a}\ \{\mathcal{A}(p)\}$.

$$\begin{array}{lll}
\underline{s}' \in \mathcal{A}(p) & \Rightarrow & (\text{ Definition von } \mathcal{A}(p)\ ) \\
 & & \exists\, \underline{\sigma}_1 = \underline{s}_0\, \underline{a}_1 \ldots \underline{a}_r\, \underline{s}'\colon P_0(s_0) \wedge \underline{s}'(V_i) = p \\
\underline{s}' \in pre(\underline{a}) & \Rightarrow & (\text{ Definition von } pre(\underline{a})\ ) \\
 & & \exists\, \underline{\sigma}_2 = \underline{s}'_0\, \underline{d}_1 \ldots \underline{d}_q\, \underline{s}'\colon P_0(s_0) \wedge {}^\bullet\underline{a} = \{\underline{s}'(V_j)\} \\
(\underline{s}', \underline{t}) \in m(\underline{a}) & \Rightarrow & (\text{ wegen } {}^\bullet\underline{a} = \{\underline{s}'(V_j)\}\ ) \\
 & & \underline{s}'_0\, \underline{d}_1 \ldots \underline{d}_q\, \underline{s}'\, \underline{a}\, \underline{t} \text{ ist Ausführung von } \underline{c} \\
 & \Rightarrow & (\text{ denn wegen } \underline{s}'(V_i) = p \text{ und } \underline{a} \notin A(\underline{c}_i) \text{ ist } \underline{t}(V_i) = p\ ) \\
 & & \underline{t} \in \mathcal{A}(p).
\end{array}$$

Man beachte, daß $\underline{s}' \in pre(\underline{a})$ unabdingbar ist. Die stärkere Beziehung $\{\mathcal{A}(p)\}\ \underline{a}\ \{\mathcal{A}(p)\}$ gilt nicht.

Teil (D): Wir nehmen $(post(\underline{c}_1) \wedge \ldots \wedge post(\underline{c}_n))(\underline{s})$ an und beweisen $Q_0(s)$.

Nach der Definition von $post(\underline{c}_i)$ gibt es n Ausführungen:

$$\underline{\sigma}_i = \underline{s}_0^i\, \underline{a}_1^i \ \ldots\ \underline{a}_{r_i}^i\, \underline{s},$$

die alle auf den Endzustand $\underline{s}$ führen, mit $P_0(s_0^i)$; außerdem gilt $\underline{s}(V_i) = last_i$ wegen $post(\underline{c}_i)(\underline{s})$. Wegen Lemma 7.5.10(iii)($\Rightarrow$) und weil eine Ausführung vollständig genau dann ist, wenn alle Marken im Kontrollflußnetz auf den *last*-Stellen liegen, ist daher $\underline{\sigma}_i$ - für *jeden* Index i - eine vollständige Ausführung von $\underline{c}$. Wir betrachten davon eine beliebige, zum Beispiel die erste ($i = 1$), und die Folge, die sich aus $\underline{\sigma}_1$ durch Weglassen der Hilfsvariablenwerte ergibt:

$$\sigma_1 = s_0^1 a_1^1 \ldots a_{r_1}^1 s.$$

Dies ist wegen Lemma 7.5.10 (Teile (i) und (iii)($\Leftarrow$)) eine vollständige Ausführung von c mit $P_0(s_0^1)$. Wegen der ursprünglichen Voraussetzung $\{P_0\}\ c\ \{Q_0\}$ gilt $Q_0(s)$, was für Teil (D) der Satzbehauptung zu zeigen war. ∎7.5.12

Die Annahme, daß $\{P_0\}\ c\ \{Q_0\}$ eine wahre Aussage über c ist, wurde ausschließlich in Teil (D) des Beweises benutzt. Dies bezeugt, daß die aus P_0 konstruierte Annotation $\mathcal{A}$ die *stärkste* Annotation über $\underline{c}$ ist, die sich aus dem gegebenen Anfangsprädikat P_0 überhaupt folgern läßt. Aus diesem Grund gibt es in der Definition von $\mathcal{A}$ eine Abhängigkeit von P_0, aber keine von Q_0. Das sogenannte *Merging Lemma*, das in [12] und [205] eine große Rolle spielt, versteckt sich in Teil (D) dieses Beweises, wo aus der Existenz von n Ausführungen von $\underline{c}$, die alle auf den gleichen Endzustand $\underline{s}$ führen, geschlossen wird, daß jede einzelne dieser n Ausführungen vollständig ist. Dieser Schluß ist zulässig, weil im Zustand $\underline{s}$ alle Endstellen der Kontrollflußnetze der sequentiellen Komponenten c_i als Hilfsvariablenwerte auftreten.

Die Prädikate in $\mathcal{A}$ wurden durch Aufzählung der Zustände definiert; überhaupt haben wir die Isomorphie zwischen Zustandsmengen und Prädikaten hier zum wiederholten Male intensiv benutzt. Es gelten die gleichen Bemerkungen wie beim Vollständigkeitsbeweis für das Hoare-System (Abschnitt 3.3.6). Der vorangegangene Satz heißt deswegen genauer der Satz von der *relativen* oder *semantischen Vollständigkeit* des Owicki / Gries-Kalküls.

7.5.8 Schachtelung des Paralleloperators, Terminierungsbeweise

Zu Programmen c, in denen der Paralleloperator $\|$ geschachtelt vorkommt (siehe Abschnitt 7.3.3), haben wir zwar verallgemeinertes Kontrollprogramm $\kappa(c)$ und in der Übungsaufgabe 5.6.21 auch ein zugeordnetes Netz definiert. Die Owicki / Gries-Beweismethode ist für geschachtelte Programme aber auch ohne den Rückgriff auf diese Übungsaufgabe anwendbar. Das Rezept ist einfach; man suche im Programm nach maximalen syntaktischen Einheiten der Form:

$$(c_1 \parallel \ldots \parallel c_n),$$

wende die beschriebene Methode darauf an, und betrachte diese Einheiten danach als ersetzbar durch das hergeleitete Hoare-Tripel. Um zum Beispiel zu zeigen, daß gilt:

$$\{x = 0\}\ (\langle x := x + 1\rangle \| \langle x := x - 1\rangle);\ (\langle x := x + 1\rangle \| \langle x := 2\rangle)\ \{x = 2 \lor x = 3\}, \tag{7.8}$$

zeigt man zunächst, ganz wie zuvor, die beiden folgenden Aussagen:

$$\begin{array}{lllll} & \{x = 0\} & \langle x := x + 1\rangle \ \| \ \langle x := x - 1\rangle & \{x = 0\} \\ \text{und} & \{x = 0\} & \langle x := x + 1\rangle \ \| \ \langle x := 2\rangle & \{x = 2 \lor x = 3\}, \end{array}$$

und danach die gewünschte Beziehung (7.8) durch eine einmalige Anwendung der Sequenzregel (Definition 3.3.2(iv)).

Als Verallgemeinerung des Hoare-Beweissystems kann die Owicki / Gries-Methode zum Nachweis von partieller, aber nicht von totaler Korrektheit verwendet werden. Um die Terminierung eines parallelen Programms c zu beweisen, wendet man die gleichen Methoden wie bei sequentiellen Programmen an. Existiert eine geeignete wohlgegründete Halbordnung $(D, \prec)$ und eine Terminierungsfunktion:

$$\tau \colon Z(c) \to D,$$

so daß jede atomare Aktion terminiert und den Wert von τ echt (im Sinne von $\prec$) verringert, dann sind die Nichtterminierungsmöglichkeiten (NT1) und (NT2) (Abschnitt 7.3.1) ausgeschlossen. Das heißt, das Programm c terminiert entweder, oder es hat einen Deadlock (NT3). Deadlockfreiheitsbeweise sind demgegenüber stärker problemabhängig. Wir betrachten sie von Fall zu Fall an konkreten Beispielen.

7.6 Beispiele und Fallstudien

In diesem Abschnitt betrachten wir mehrere Beispiele. Das erste Beispiel zeigt, wie Nachrichtenaustausch mit *SDPROG*-Sprachmitteln implementiert werden kann. Das zweite Beispiel - ein Algorithmus zur Berechnung kürzester Wege - zeigt, wie Hilfsvariablen und operationale Semantik Hand in Hand benutzt werden können, um ein Korrektheitsargument zu gewinnen. Das dritte Beispiel ist ein paralleler Algorithmus zur Berechnung eines Eulerkreises in einem Graphen. Im vierten Beispiel betrachten wir zum letzten Mal Petersons Algorithmus; wir geben als Nutzanwendung der Petrinetzsemantik einen weiteren Korrektheitsbeweis. Als fünftes Beispiel wird ein paralleler Fixpunktalgorithmus betrachtet. Das sechste Beispiel schließlich geht auf eine Anwendung des Owicki / Gries-schen Beweissystems anhand einer größeren Fallstudie - eines parallelen Algorithmus zur Listenbereinigung - ein.

7.6.1 Ein Puffer-Programm

Problembeschreibung:
Gegeben seien zwei Programme; das erste (der *Produzent*) schickt Nachrichten an das zweite (den *Konsumenten*): *Produzent*||*Konsument*. Um Geschwindigkeitsunterschiede auszugleichen, soll ein Pufferbereich **var** *buf* : **array** $\{0, \ldots, n-1\}$ **of** *Nachricht* benutzt werden ($n \geq 1$), in dem der Produzent bis zu n Nachrichten ablegen kann, ohne daß der Konsument eine empfängt. Der Konsument soll diese Nachrichten in der richtigen Reihenfolge abrufen können. Zu schreiben sind zwei Programmstücke zum Senden einer Nachricht x (Teil des *Produzenten*) und zum Empfangen der nächsten Nachricht in einer Variablen y (Teil des *Konsumenten*).

Es liegt nahe, den Pufferbereich als Ring zu organisieren und mit zwei Indexvariablen:

var *head*, *tail* : $\{0, \ldots, n-1\}$ (**init** 0);

zu versehen. Jedesmal wenn eine Nachricht abgelegt wird, wird die Variable *head* modulo n erhöht, und jedesmal wenn eine Nachricht empfangen wird, wird die Variable *tail* modulo n erhöht. Der Fall $head = tail$ kann sowohl auftreten, wenn der Puffer leer, als auch wenn der Puffer voll ist. Man benötigt also noch mindestens ein weiteres Bit an Information. Dieses Bit kann entweder durch eine weitere Boolesche Variable oder aber dadurch gewonnen werden, daß die Anzahl der Nachrichten im Puffer durch eine Variable:

var *count* : $\{0, \ldots, n\}$ (**init** 0);

gezählt wird; im letzteren Fall kann man wegen $head = tail \oplus count$ auf einen der Indices verzichten[3]. Dies ergibt die in Abbildung 7.24 dargestellte Lösung.

Diese Lösung ist nicht so symmetrisch wie von der Aufgabenbeschreibung und vom ersten Lösungsansatz nahegelegt wurde. Betrachten wir also die Idee, das fehlende Bit durch eine Boolesche Variable (zum Beispiel *full* zur Kennzeichnung des Zustands 'Puffer ist voll'); aus Symmetriegründen fügen wir die Variable *empty* hinzu. Es ergibt sich die in Abbildung 7.25 gezeigte Lösung.

Beide Lösungen haben den gemeinsamen Nachteil, daß die atomaren Aktionen, die Puffer-Zugriffe schützen, selbst dann gemeinsame Variablen enthalten, wenn $head \neq tail$ gilt. In

[3] Wobei $\oplus$ Addition modulo n bedeuten soll.

Senden von x: **if** $\langle$ *count* $< n \rightarrow$ *buf*[*tail* $\oplus$ *count*] $:= x$;
count $:=$ *count* $+ 1 \rangle$
fi

Empfangen von y: **if** $\langle$ *count* $> 0 \rightarrow$ $y :=$ *buf*[*tail*]; *tail* $:=$ *tail* $\oplus 1$;
count $:=$ *count* $- 1 \rangle$
fi

Abbildung 7.24. Erste Lösung: Programmstücke zum Senden und Empfangen

var *empty* : {**false**, **true**} (**init true**); *full* : {**false**, **true**} (**init false**);

Senden von x: **if** $\langle \neg$ *full* $\rightarrow$ *buf*[*head*] $:= x$; *head* $:=$ *head* $\oplus 1$;
full $:=$ (*head* $=$ *tail*); *empty* $:=$ **false** $\rangle$
fi

Empfangen von y: **if** $\langle \neg$ *empty* $\rightarrow$ $y :=$ *buf*[*tail*]; *tail* $:=$ *tail* $\oplus 1$;
empty $:=$ (*tail* $=$ *head*); *full* $:=$ **false** $\rangle$
fi

Abbildung 7.25. Zweite Lösung

der ersten Lösung wird die Variable *count* in beiden Aktionen verwendet. In der zweiten Lösung greifen beide Aktionen sowohl auf *head* als auch auf *tail* zu. Laut Problemstellung hängt aber das Empfangen einer Nachricht aus einem Pufferelement nicht notwendigerweise ab vom Senden einer Nachricht in ein anderes Pufferelement ab. Eine effizientere Lösung entsteht dadurch, daß eine Sendeaktion immer nur den als nächsten zu benutzenden Pufferabschnitt auf Unbelegtheit prüft, nicht aber, ober der gesamte Puffer voll ist oder nicht. Man kann dazu ein Feld *empty* wie in der Lösung, die in Abbildung 7.26 gezeigt ist, benutzen.

var *empty* : **array** $\{0, \ldots, n-1\}$ **of** {**false**, **true**} (**init true**);

Senden von x: **if** $\langle$ *empty*[*head*] $\rightarrow$ *buf*[*head*] $:= x$;
empty[*head*] $:=$ **false**; *head* $:=$ *head* $\oplus 1 \rangle$
fi

Empfangen von y: **if** $\langle \neg$*empty*[*tail*] $\rightarrow$ $y :=$ *buf*[*tail*];
empty[*tail*] $:=$ **true**; *tail* $:=$ *tail* $\oplus 1 \rangle$
fi

Abbildung 7.26. Dritte Lösung

7.6.2 Ein paralleler Algorithmus zur Berechnung kürzester Wege

Problembeschreibung:
Gegeben sei ein endlicher Graph $G = (V, E)$, dessen Kanten mit positiven ganzen Zahlen gewichtet sind: $g\colon E \rightarrow (\mathbb{N} \setminus \{0\})$. Für einen Weg $w = v_0 e_1 \ldots e_m v_m$ vom Knoten v_0 zum Knoten v_m heißt $l(w) = \sum_{j=1}^{m} g(e_j)$ seine *Länge*. Mit $l_{min}(x, y)$ bezeichnen wir die minimale Länge eines Weges von x nach y. Wir definieren zwei

Matrizen W^0 und L:

$$W^0: \quad V \times V \to \mathbb{N} \cup \{\mathbb{N}\}, \quad W^0_{xy} = \begin{cases} g(x,y) & \text{falls } (x,y) \in E \\ \mathbb{N} & \text{sonst.} \end{cases}$$

$$L: \quad V \times V \to \mathbb{N} \cup \{\mathbb{N}\}, \quad L_{xy} = \begin{cases} l_{min}(x,y) & \text{falls } (x,y) \in E^\star \\ \mathbb{N} & \text{sonst.} \end{cases}$$

(Hier stehen W^0_{xy} für $W^0(x, y)$ und L_{xy} für $L(x, y)$.) Gegeben W^0, ist L zu berechnen.

Warshalls Algorithmus [255] transformiert eine Feldvariable W mit dem Anfangswert $W = W^0$ schrittweise in L. Dabei wird für alle Knoten $z \in V$ überprüft, ob über z ein kürzerer Weg von x nach y führt. Herzstück des Algorithmus sind bedingte Aktionen der folgenden Art:

$$(W_{xz} + W_{zy} < W_{xy}) \;\to\; W_{xy} := W_{xz} + W_{zy}.$$

Die Reihenfolge, in der diese insgesamt $|V|^3$ Aktionen ausgeführt werden, ist nicht beliebig. Wir werden zeigen, daß das folgende Programm korrekt ist:

$W := W^0$; **do** für alle $z \in V \to$
$\quad\quad \|_{x,y \in V}$ **if** $\langle (W_{xz} + W_{zy} < W_{xy}) \to W_{xy} := W_{xz} + W_{zy} \rangle$
$\quad\quad\quad\quad \Box$ $\langle (W_{xz} + W_{zy} \geq W_{xy}) \to$ **skip**$\rangle$
$\quad\quad\quad\quad$ **fi**
$\quad$ **od**

In diesem Programm steht $\|_{x,y \in V}$ **if**... **fi** für $|V|^2$ Exemplare der **if**-Anweisung, verbunden durch $|V|^2 - 1$ Paralleloperatoren. Für den Beweis führen wir für jedes Paar $(x, y) \in V \times V$ eine Menge $V_{xy} \subseteq V$ als Hilfsvariablen ein:

$W := W^0$; **do** für alle $(x, y) \in V \times V \to V_{xy} := \{x, y\}$ **od**; $\quad a^0$
do für alle $z \in V \to$
$\quad \|_{x,y \in V}$ **if** $\langle (W_{xz} + W_{zy} < W_{xy}) \to W_{xy} := W_{xz} + W_{zy};\ V_{xy} := V_{xy} \cup \{z\} \rangle$ $\quad a^1$
$\quad\quad\quad \Box$ $\langle (W_{xz} + W_{zy} \geq W_{xy}) \to V_{xy} := V_{xy} \cup \{z\} \rangle$ $\quad a^2$
$\quad\quad\quad$ **fi**
od

Das Programm terminiert, weil V eine endliche Menge ist. Nach der Terminierung gilt für alle $x, y \in V$: $V_{xy} = V$, da für alle Tripel (x, y, z) in $(V \times V \times V)$ entweder a^1 oder a^2 ausgeführt wird. Wir beweisen die folgende Invariante I für die Schleife:

$I \equiv$ W_{xy} ist die kleinste Länge eines Weges von x nach y,
wenn nur Knoten aus V_{xy} in Betracht gezogen werden.

Wenn dies als Invariante erkannt ist, dann ist der Beweis erbracht, denn bei Terminierung (alle $V_{xy} = V$) impliziert I die Beziehung $W = L$.

Beweis der anfänglichen Gültigkeit von I:

Nach Definition der Matrix W^0 und den Initialisierungen von W zu W^0 und V_{xy} zu $\{x, y\}$.

Beweis der Invarianz von I:

Eine allgemeine Ausführung des letzten Programms ist:

$$\sigma = s_0\, a_1\, s_1\, a_2\, \ldots\, a_{r-1}\, s_{r-1}\, a_r\, s_r\,,$$

wobei a_1 eine Ausführung der Initialisierungszeile a^0 ist und $a_2, \ldots, a_r$ Ausführungen von a^1 bzw. a^2 sind[4]. Unter der Annahme, daß I im Zustand s_{r-1} $(r \geq 2)$ gilt, beweisen wir, daß I auch im Zustand s_r gilt. Mit V'_{xy} bezeichnen wir die Werte der Hilfsvariablen im Zustand s_{r-1}, mit V_{xy} ihre Werte im Zustand s_r. Die gleiche Konvention benutzen wir für die anderen Variablen. Falls $z = x$ oder $z = y$, dann kann kein kürzerer Weg über z führen; also nehmen wir ohne Beschränkung der Allgemeinheit $x \neq z \neq y$ an.

Fall 1: $a_r = a^1$. Dann gilt $V_{xy} = V'_{xy} \cup \{z\}$ und außerdem:

$$W_{xy} = W_{xz} + W_{zy} = W'_{xz} + W'_{zy} < W'_{xy}.$$

Wir beweisen I durch Widerspruch. Es gelte $\neg I$ im Zustand s_r. Dann gibt es einen Weg w von x nach y, der nur Knoten aus V_{xy} benutzt und dessen Länge $l(w)$ kleiner als W_{xy} ist. Ohne Beschränkung der Allgemeinheit enthält w keinen Knoten mehr als einmal (an dieser Stelle geht die Positivität der Gewichtung von G ein). Falls z nicht in w vorkommt, dann widerspricht $l(w) < W_{xy} < W'_{xy}$ der Annahme, daß I in s_{r-1} gilt. Also kommt z in w vor. Dann kann w in zwei Teile geteilt werden, einen Weg von x nach z und einen zweiten Weg von z nach y, deren Längen l_{xz} bzw. l_{zy} sind. Wir behaupten, daß gilt:

$$(V_{xy} \backslash \{y\}) \subseteq V_{xz}.$$

Beweis: Sei $z' \in V_{xy} \backslash \{y\}, z' \neq x$. Dann gilt wegen der Kontrollbedingung (K):

$$\exists r' \colon 1 < r' < r - 1 \text{ und } a_{r'} \text{ ist } a^1 \text{ oder } a^2 \text{ für } (x, z, z').$$

Also gilt $z' \in V_{xz}$. *(Ende des Beweises von $(V_{xy} \backslash \{y\}) \subseteq V_{xz}$)*

Die Hypothese, daß I in s_{r-1} gilt, erlaubt deswegen den Schluß, daß $l_{xz} \geq W_{xz}$. Analog zeigt man $l_{zy} \geq W_{zy}$. Insgesamt:

$$l(w) = l_{xz} + l_{zy} \geq W_{xz} + W_{zy} > l(w),$$

ein Widerspruch. Also war die Annahme falsch; in s_r gilt I.

Fall 2: $a_r = a^2$. Der Beweis ist analog (Übungsaufgabe 7.8.13).

Der Beweis zeigt, daß die äußere Schleife nicht ohne weiteres parallelisert werden kann, weil dann die Beziehungen $l_{xz} \geq W_{xz}$ und $l_{zy} \geq W_{zy}$ nicht mehr gefolgert werden können.

[4]Wir benutzen hier implizit die Ausführungen des Abschnitts 7.3.6. Die erste Zeile a^0 des Programms ist sequentiell zu allen anderen Teilen. Deswegen kann a^0 *per se* als atomare Aktion angesehen werden.

7.6.3 Ein Algorithmus zur Berechnung eines Eulerkreises

Problembeschreibung:
$G = (V, E)$ sei ein endlicher, zusammenhängender, symmetrischer und irreflexiver Graph. Gesucht ist ein *Eulerkreis*, d.h. ein Kreis, der alle Kanten genau einmal enthält.

Wir verwenden in diesem Abschnitt die Bezeichnungen $IN(v)$ für die Menge der Eingangskanten $\{(v', v) \mid v' \in V\}$ von v und $OUT(v)$ für die Menge $\{(v, v') \mid v' \in V\}$. Wegen der Symmetrie des Graphen gilt $|IN(v)| = |OUT(v)|$ für jeden Knoten v. Dies ist die charakteristische Bedingung für die Existenz eines Eulerkreises in einem zusammenhängenden gerichteten Graphen [204], also existiert in G mindestens ein Eulerkreis. Ist $e = (v_1, v_2)$ eine Kante, dann bezeichnen wir der Kürze halber mit $-e$ die entgegengesetzte Kante (v_2, v_1). Der gesuchte Eulerkreis soll als eine Bijektion:

$suc\colon E \to E$ (für *engl.* successor)

ausgegeben werden. Zum Beispiel beschreibt die folgende Bijektion:

$$\begin{array}{lllll} suc(1) = 3 & suc(3) = -3 & suc(-3) = 5 & suc(5) = -4 & suc(-4) = 4 \\ suc(4) = 2 & suc(2) = -2 & suc(-2) = -5 & suc(-5) = -1 & suc(-1) = 1 \end{array}$$

einen der Eulerkreise des in Abbildung 7.27 dargestellten Graphen.

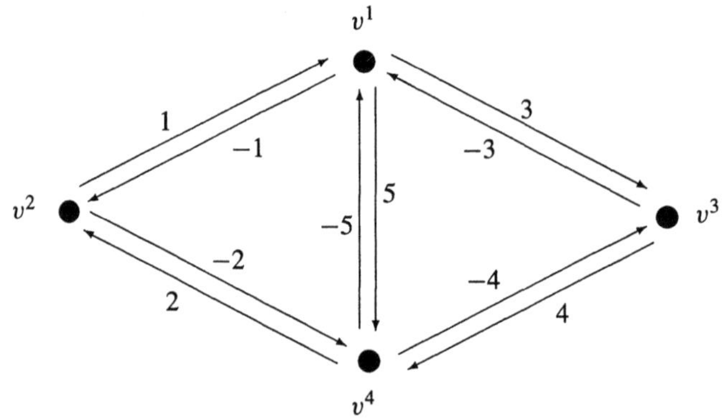

Abbildung 7.27. Ein symmetrischer Beispielgraph

Wir geben für die Lösung des Eulerkreisproblems einen sequentiellen und einen parallelen Algorithmus. Um die beiden Algorithmen anschaulich zu verstehen, kann man sich den Graphen als den Grundriß einer Bildergalerie mit Knoten als Kreuzungen und Kanten als Wände eines Weges von Kreuzung zu Kreuzung vorstellen. Das Eulerkreisproblem entspricht der Aufgabe, einen Besucher so in dieser Galerie herumzuführen, daß er jede Wand genau einmal betrachten kann. Die *suc*-Funktion entspricht den Wegweisern, die an den Kreuzungen hierzu aufgestellt werden müssen. Die folgende Vorschrift, die etwa von einem Wächter kurz vor Eintreffen des Besuchers befolgt werden könnte, definiert eine sequentielle Lösung:

> Man startet an einem beliebigen Knoten (dem Eingang der Galerie) und geht nacheinander alle ausgehenden Kanten von angetroffenen Knoten ab. Trifft man auf einen Knoten zum ersten Mal, wird die Eingangskante speziell markiert. Man geht nur Ausgangskanten ab, die vorher noch nicht betrachtet worden sind; aber die der Eingangskante gegenüberliegende Kante wird nur zuallerletzt begangen, wenn es keine anderen unbesuchten Ausgangskanten mehr gibt.

Durch diese Strategie könnte sich in Abbildung 7.27, wenn v^1 als Startknoten gewählt wird, zum Beispiel der Eulerkreis $3, 4, -5, 5, 2, 1, -1, -2, -4, -3$ ergeben. Wir parallelisieren diese Lösung durch die Zuordnung je einer sequentiellen Komponente zu jedem Knoten. Anschaulich kann man sich diese Parallelisierung so vorstellen, daß statt eines zentralen Wächters, der alle Knoten abgeht, für jede Kreuzung v ein Wächter (wir nennen ihn kurz den v-Wächter) verantwortlich ist. Nehmen wir weiter an, daß an jeder Wand $e \in E$ der Galerie ein Licht angebracht ist, charakterisiert durch eine Färbungsfunktion:

$$col\colon E \rightarrow \{B, W\}$$

der Kanten, wobei die Buchstaben B für Schwarz und W für Weiß stehen. Anfänglich seien alle Lichter dunkel: $col(e) = B$ für alle Kanten e. Der Wächter des Knotens v hat Lichtschalter für die Wände (v, v') (für alle Nachbarknoten v'), aber nicht für die Wände (v', v). Er verhält sich folgendermaßen. Solange alle an v angrenzenden Korridore dunkel sind, wartet er, bis von irgendeinem Nachbarknoten v_0 her die Wand (v_0, v) beleuchtet wird (ein Wächter am Eingang der Galerie muß den ganzen Prozeß starten). Der v-Wächter nimmt dann an, daß der Galeriebesucher über diese Wand, die im folgenden f genannt wird, den Knoten v erstmalig betreten wird. Er wird dann aktiv und sieht es als seine Aufgabe an, den Besucher alle Ausgangskanten von v entlang zu führen und zuletzt die Wand $-f$ entlang wieder wegzuschicken. Nehmen wir an, daß er während dieser Aktivität den durch die beiden Kanten (v, v'), (v', v) definierten Korridor untersucht. Ist dieser Korridor unbeleuchtet, d.h., hat der v'-Wächter das Licht an der Kante (v', v) noch nicht eingeschaltet: $col((v', v)) = B$, dann schaltet der v-Wächter das Licht an der Kante (v, v') ein, stellt einen Wegweiser in diesen Korridor hinein und verläßt sich darauf, daß der v'-Wächter den Besucher den gleichen Korridor wieder zurückschicken wird. Ist aber (v, v'), (v', v) bereits beleuchtet, d.h., gilt $col((v', v)) = W$, dann erwartet umgekehrt der v'-Wächter den Besucher entlang dieses Korridors zurück. Der v-Wächter stellt also einen Wegweiser auf, der besagt, daß der Besucher nach Betrachten der Wand (v', v) direkt an der entgegengesetzten Wand (v, v') entlang wieder zum v'-Knoten zurückkehren möge.

Dem zum Knoten v gehörigen Programm muß zur korrekten Durchführung seiner Aktivität bekannt sein, welche Kanten an v grenzen. Diese Information kann anfänglich mit Vorteil in der Funktion *suc* codiert werden, indem *suc* so als Bijektion initialisiert wird, daß für eine beliebige Eingangskante e von v die Kantenfolge:

$$e, -e, suc(-e), -suc(-e), suc(-suc(-e)), \ldots, -e$$

alle Ein- und Ausgangskanten von v durchläuft. Ein solcher Anfangszustand ist für die Abbildung 7.27 zum Beispiel durch die folgende Initialisierung von *suc* gegeben. Wir

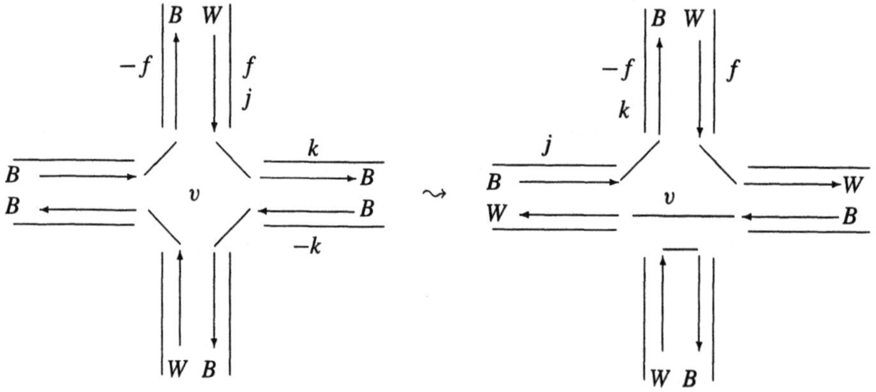

nach Initialisierung von c^v *nach Ausführung von c^v*

Abbildung 7.28. Eine mögliche Aktivität des v-Wächters

setzen diese Initialisierung für alle weiteren Beispielabläufe voraus:

$$\begin{array}{llll} \text{Für } v^1: & suc(1) = 3, & suc(-3) = 5, & suc(-5) = -1. \\ \text{Für } v^2: & suc(-1) = -2, & suc(2) = 1. & \\ \text{Für } v^3: & suc(3) = 4, & suc(-4) = -3. & \\ \text{Für } v^4: & suc(-2) = -5, & suc(5) = -4, & suc(4) = 2. \end{array} \tag{7.9}$$

In Abbildung 7.28 links ist eine solche Initialisierung für eine Galeriekreuzung v mit vier benachbarten Korridoren schematisch dargestellt. Die Pfeile bezeichnen die Wände (d.h. die Kanten des zugrundeliegenden Graphen), die schrägen Striche die Funktion *suc* in Pfeilrichtung (d.h. $suc(j) = k$ etc.).

Es sei v^0 ein beliebig gewählter, aber fester Knoten; v^0 spielt die Rolle des 'Eingangs der Galerie'. Im Beispiel wählen wir $v^0 = v^1$. Das Programm:

$$c^0 \;\|\; (\; \|_{v \in V \setminus \{v^0\}} \; c^v \;)$$

mit den in Abbildung 7.29 gezeigten Komponenten implementiert die eben anschaulich beschriebene Strategie. Die lokalen Variablen einer Komponente sind mit f, j und k bezeichnet. Die Variable f wird zu Beginn der Ausführung eines Knotenprogramms initialisiert und bleibt danach konstant. Wir benutzen die Schreibweise $f[v]$, um die f-Variable des Knotenprogramms c^v zu bezeichnen. Anschaulich bedeuten, wie erwähnt, $f[v]$ die erste Eingangskante des Knotens v und $-f[v]$ die letztlich zu wählende Ausgangskante von v. Die Programme für den Startknoten c^0 und für alle anderen Knoten c^v unterscheiden sich nur durch ihre Initialisierungteile. Die Schleife **do** $k \neq -f \rightarrow \ldots$ **od** im Knotenprogramm c^v führt die beiden Variablen j und k von $j = f$ zu Beginn bis $k = -f$ zum Schluß so um den Knoten v herum, daß stets $k = suc(j)$ gilt und j stets eine Eingangskante, k stets eine Ausgangskante von v bezeichnen. Die erste Alternative a_3^v-a_5^v entspricht anschaulich dem Aufstellen eines Wegweisers in die Ausgangskante $k = (v, v')$ von v unter der Voraussetzung, daß die andere Wand $-k = (v', v)$ dieses Korridors vom v'-Wächter noch nicht beleuchtet worden ist, d.h., die Farbe B trägt. Hat der v-Wächter die Aktion a_4^v für die Kante $k[v] = (v, v')$ ausgeführt, wird der v'-Wächter entweder dadurch initialisiert oder trifft später auf die Kante $k[v'] = (v', v)$; im letzten Fall führt der v'-Wächter die zweite Alternative a_6^v-a_7^v aus und erfüllt dadurch die Anforderung des v-Wächters, den Besucher die Kante (v', v) entlang wieder zurückzuschicken.

c^0	(Programm für den Eingangsknoten v^0) :
	var $f, j, k : E$;
a_1^0	Wähle $f \in IN(v)$ beliebig; $col(-f) := W$;
a_2^0	$j := f;\ k := suc(j)$;
a_3^0, a_4^0	**do** $k \neq -f \rightarrow$ **if** $\langle col(-k) = B \rightarrow col(k) := W \rangle$;
a_5^0	$j := -k;\ k := suc(j)$
a_6^0	$\square\ col(-k) = W \rightarrow$
a_7^0	$suc(j) := suc(-k);\ suc(-k) := k;\ k := suc(j)$
	fi
	od

c^v	(Programm für Knoten $v \neq v^0$) :
	var $f, j, k : E$;
a_0^v	**if** $\exists f \in IN(v): col(f) = W \rightarrow$
a_1^v	Wähle $f \in IN(v)$ mit $col(f) = W$ beliebig;
a_2^v	$j := f;\ k := suc(j)$;
a_3^v, a_4^v	**do** $k \neq -f \rightarrow$ **if** $\langle col(-k) = B \rightarrow col(k) := W \rangle$;
a_5^v	$j := -k;\ k := suc(j)$
a_6^v	$\square\ col(-k) = W \rightarrow$
a_7^v	$suc(j) := suc(-k);\ suc(-k) := k;\ k := suc(j)$
	fi
	od
	fi

Abbildung 7.29. Ein paralleler Eulerkreisalgorithmus

Die Abbildung 7.28 zeigt eine mögliche Ausführung des Programms c^v. Links ist ein Anfangszustand dargestellt, in dem die Nachbarwächter von v oben und unten bereits aktiv waren und ihre Korridore nach v beleuchtet haben, die beiden Nachbarn links und rechts aber nicht, und in dem der v-Wächter den oberen Korridor als Ein- / Ausgang für den Besucher markiert hat. Unter der Annahme, daß alle Nachbarn von v eine Pause einlegen, stellt die Abbildung 7.28 rechts den Endzustand nach Beendigung der c^v-Schleife dar. Der v-Wächter hat im Verlauf der Ausführung dieser Schleife zweimal (links und rechts) deren erste Alternative, einmal (beim unteren Korridor) die zweite Alternative ausgeführt. Die dadurch entstandene Veränderung der Funktion *suc* ist in der Abbildung durch die Änderung zweier schräger in zwei waagrechte Striche angezeigt.

In den beiden Programmen c^0 und c^v kommt jeweils nur eine einzige atomare Aktion mit Aktionsklammern vor, nämlich a_4^0 in c^0 und a_4^v in c^v. Das Weglassen aller anderen Aktionsklammern ist gerechtfertigt, weil die beiden lokalen Variablen j und $-k$ immer auf Eingangskanten von v^0 bzw. v zeigen, die Variable k dagegen immer auf eine

Ausgangskante. Das heißt, nur die Aktionen a_4^0 und a_4^v schützen eine Variable, hier die Variable *col*, echt im Sinne von Abschnitt 7.3.6.

Wir beweisen die Korrektheit dieses Algorithmus, die eben nur anschaulich skizziert wurde, und betrachten dazu einen beliebigen, aber festen Ablauf, auf den sich die folgenden Definitionen und Aussagen beziehen. Ein Knoten v heißt *aktiv*, wenn die Initialisierung von $f[v]$ schon stattgefunden hat. Es wird behauptet, daß die beiden folgenden Aussagen invariant sind:

$(\mathrm{EI})_1$ $\forall e \in E: col(e) = B \vee col(-e) = B$

$(\mathrm{EI})_2$ $\forall e = (v_1, v_2) \in E$: falls v_1 aktiv ist und $col(-e) = B$, dann $e \neq suc(-e)$.

$(\mathrm{EI})_1$ gilt nach der Initialisierung und bleibt gültig. Die einzigen Aktionen, die $(\mathrm{EI})_1$ überhaupt falsch machen könnten, sind a_4^0 und a_4^v, aber ihre Eingangsbedingungen verhindern es[5]. $(\mathrm{EI})_2$ gilt direkt nach der Initialisierung des Programms c^{v_1} (v_1 wie in $(\mathrm{EI})_2$), denn entweder hat v_1 nur die eine Ausgangskante e, aber dann gilt $-e = f[v_1]$ und damit $col(-e) \neq B$, oder v_1 hat noch andere Ausgangskanten, aber dann zeigt $suc(-e)$ aufgrund der speziellen Initialisierung von *suc* auf eine andere Ausgangskante von v_1 als e. Die Aktion a_7^v könnte die Gültigkeit von $(\mathrm{EI})_2$ zerstören, indem $e = suc(-e)$ hergestellt wird, aber die Eingangsbedingung a_6^v garantiert dann $col(-e) = W$, eine Beziehung, die bestehen bleibt, da keine weiße Kante wieder schwarz werden kann.

Wir betrachten einen aktiven Knoten v und nehmen zunächst an, daß vom Programm c^v noch keine Aktionen außer der Initialisierung von f ausgeführt worden sind. Sind e' eine Eingangskante und e eine Ausgangskante von v und erhält man e aus e' durch abwechselnde Anwendung der Nachfolgerfunktion *suc* und der Richtungsumkehrungsfunktion: $e = -(suc(-(\ldots suc(e')\ldots)))$, dann heißt die durchlaufene Kantenfolge der *Orbit* von e' nach e. Wir schreiben den Orbit von e' nach e als $\langle e', \ldots, e\rangle$. Insbesondere existiert aufgrund der Initialisierung der Funktion *suc* der Orbit $\langle f, \ldots, -f\rangle$ von $f = f[v]$ nach $-f$ und enthält anfänglich alle Ein- und Ausgangskanten von v. Betrachten wir zum Beispiel den Knoten v^1 in Abbildung 7.27 und nehmen an, daß $f[v^1]$ durch die Aktionen $a_0^{v^1}$-$a_1^{v^1}$ zu -3 initialisiert worden ist; dann ist die Kantenfolge:

$$\langle\, f = -3\ ,\ 5\ ,\ -5\ ,\ -1\ ,\ 1\ ,\ 3 = -f\,\rangle$$

der Orbit um v^1 (man vergleiche dazu die Initialisierung (7.9)). Nun untersuchen wir, wie sich der Orbit um v durch die Ausführung eines Knotenprogramms c^v ändern kann. Der Orbit von v hat die generelle invariante Form $\langle\, f, \ldots, j, k, \ldots, -f\,\rangle$. Insbesondere sind die Eingangskante j von v und die Ausgangskante k von v immer ein Teil des Orbits um v, von anfänglich $f = j$ bis $k = -f$ nach Terminierung von c^v. Für das Knotenprogramm v^0 behaupten wir die Gültigkeit der folgenden beiden Invarianten:

$(\mathrm{LI})_1^0$ $\forall e \in OUT(v^0): col(e) = W \Leftrightarrow (e = -f) \vee e \in \langle f, \ldots, -j\rangle$

$(\mathrm{LI})_2^0$ $\forall e \in OUT(v^0): col(e) = B \Leftrightarrow (e = suc(-e)) \vee (e \in \langle k, \ldots, -f\rangle \wedge e \neq -f)$

[5]Hier wird die Atomarität von a_4^0 und a_4^v ausgenutzt.

und für das Knotenprogramm $v \neq v^0$ die Gültigkeit der beiden folgenden Invarianten:

$$\begin{array}{ll} (\mathrm{LI})_1 & \forall e \in OUT(v): col(e) = W \;\Leftrightarrow\; e \in \langle f, \ldots, -j \rangle \\ (\mathrm{LI})_2 & \forall e \in OUT(v): col(e) = B \;\Leftrightarrow\; e \in \langle k, \ldots, -f \rangle \vee e = suc(-e). \end{array}$$

Diese Invarianten können lokal, d.h. durch isolierte Betrachtung der Programme in Abbildung 7.29, bewiesen werden. Sie sind aufgrund ihrer speziellen Form parallel gültig, denn der Orbit ist durch die *suc*-Funktion auf eingehenden Kanten definiert und die Invarianten hängen nur von der Färbung ausgehender Kanten ab. Die Gültigkeit der vier Invarianten wird also von den Programmen der Nachbarknoten (und erst recht der weiter entfernten Knoten) nicht berührt. Der Beweis ihrer Invarianz ist eine Übung im sequentiellen Schließen (Kapitel 3) und wird dem Leser überlassen.

Nach der Terminierung der Schleife in einem Knotenprogramm gilt $k = -f$. Unter dieser Voraussetzung und weil k und j in der Beziehung $k = suc(j)$ stehen, gehen die lokalen Invarianten (LI) folgendermaßen in Terminierungsaussagen (LT) über:

$$\begin{array}{ll} (\mathrm{LT})_1^0 & \forall e \in OUT(v^0): col(e) = W \;\Leftrightarrow\; e \in \langle f, \ldots, -f \rangle \\ (\mathrm{LT})_2^0 & \forall e \in OUT(v^0): col(e) = B \;\Leftrightarrow\; (e = suc(-e)) \\ (\mathrm{LT})_1 & \forall e \in OUT(v): col(e) = W \;\Leftrightarrow\; e \in \langle f, \ldots, -f \rangle \wedge e \neq -f \\ (\mathrm{LT})_2 & \forall e \in OUT(v): col(e) = B \;\Leftrightarrow\; e = -f \vee e = suc(-e). \end{array}$$

Zuletzt definieren wir zwei Prädikate, die die globale Wirkungsweise des Programms beschreiben. Ein Knoten v heißt *Aktivator* eines anderen Knoten v', wenn es eine Kante $e \in OUT(v)$ mit $e = f[v']$ gibt.

(GI)$_1$ Entweder alle Knoten sind aktiv, oder es gibt zwei Nachbarknoten, von denen der eine aktiv ist und der andere nicht.

(GI)$_2$ Die Menge der aktiven Knoten mit der Aktivierungsordnung bildet einen gerichteten Baum mit Wurzel v^0, den *Aktivierungsbaum*.

Die anfängliche Gültigkeit und die Invarianz dieser beiden Aussagen folgen daraus, daß der Graph (V, E) zusammenhängt und daß f eine lokale Konstante ist. Nach der Terminierung des Gesamtprogramms gehen (GI)$_1$ und (GI)$_2$ über in:

(GT)$_1$ Alle Knoten sind aktiv.

(GT)$_2$ Die Menge der Knoten mit der Aktivierungsordnung bildet einen gerichteten Spannbaum von G mit Wurzel v^0.

Denn angenommen, (GT)$_1$ gilt nach Terminierung nicht, dann gibt es wegen (GI)$_1$ zwei benachbarte Knoten v und v', so daß v aktiv ist, v' aber nicht. Weil v' nicht aktiv ist, muß $col((v', v)) = B$ gelten. Wegen (EI)$_2$ gilt $(v, v') \neq suc((v', v))$. Wegen (LT)$_2^0$ bzw. (LT)$_2$, angewendet auf v, gilt $col((v, v')) \neq B$. Daraus folgt, daß die Eingangsbedingung von Aktion $a_0^{v'}$ für v' erfüllt ist und v' nicht terminiert ist (und auch kein Deadlock existiert), ein Widerspruch. Also gilt (GT)$_1$ nach Terminierung. (GT)$_2$ folgt aus (GI)$_2$ und (GT)$_1$. Die beiden Kanteninvarianten (EI)$_1$ und (EI)$_2$ gehen nach Terminierung in die folgenden beiden Aussagen über:

$$\begin{array}{ll} (\mathrm{ET})_1 & \forall e \in E: col(e) = B \Leftrightarrow col(-e) = W. \\ (\mathrm{ET})_2 & \forall e = (v_1, v_2) \in E: col(-e) = B \Rightarrow e \neq suc(-e). \end{array}$$

Die zweite dieser Aussagen folgt direkt aus $(EI)_2$ und $(GT)_1$. Um $(ET)_1$ zu beweisen, nehmen wir an, daß nach Terminierung zwei Kanten $e = (v_1, v_2)$ und $-e = (v_2, v_1)$ mit $col(e) = B = col(-e)$ existieren. Nach $(GT)_1$ sind sowohl v_1 als auch v_2 aktiv. $(LT)_2^0$ bzw. $(LT)_2^v$, angewandt auf v_1 und auf v_2, ergeben $suc(e) = -e$ und $suc(-e) = e$, einen Widerspruch zu $(EI)_2$. Die Behauptung $(ET)_1$ folgt jetzt aus $(EI)_1$. Wir zeigen jetzt:

(T) $E \times E = (suc)^*$.

Dies ist eine äquivalente Formulierung der Tatsache, daß die Bijektion *suc* einen Eulerkreis beschreibt. Wir zeigen durch Induktion über den Aktivierungsspannbaum:

(TT) Für jeden Knoten v gibt es einen *suc*-Weg von $f[v]$ nach $-f[v]$, der durch alle W-Kanten führt, die von Nachfolgern von v im Sinne der Aktivierungsordnung ausgehen.

Die Eulerkreisbehauptung (T) folgt mit Hilfe von $(ET)_1$ aus (TT) durch Anwendung speziell auf die Wurzel des Aktivierungsbaums. Basis der Induktion: Sei v ein Blatt des Aktivierungsbaums. Dann ist keine von v ausgehende W-Kante $e = (v, v')$ gleich $f[v']$. Wegen $(EI)_1$ gilt $col(-e) = B$ und wegen $(LT)_2$ (auf v' angewendet) gilt $suc(e) = -e$. Also ist der Orbit von v eine *suc*-Folge von $f[v]$ nach $-f[v]$, die wegen $(LT)_1$ alle von v ausgehenden W-Kanten sowie deren entgegengesetzte Kanten enthält. Schritt der Induktion: Durch das gleiche Argument, außer daß bei ausgehenden W-Kanten (v, v'), die gleich $f[v']$ sind, die Induktionshypothese anwendbar ist.

Zum Schluß untersuchen wir in erster Näherung die durchschnittliche Effizienz des parallelen Algorithmus im Vergleich mit dem zuvor gegebenen sequentiellen. Es seien $|V| = N$ und $|E| = 2 \cdot M$, d.h., der Graph habe N Knoten und M Kantenpaare. Weil der Graph G zusammenhängt, gilt die Abschätzung $N - 1 \leq M \leq (N \cdot (N - 1)/2)$, d.h., M ist mindestens von der Größenordnung N und höchstens von der Größenordnung N^2. Weil im sequentiellen Algorithmus jede Kante genau einmal durchlaufen wird, ist die Laufzeit T_{seq} des sequentiellen Algorithmus proportional zu $2 \cdot M$, d.h., linear in M. Daraus folgt, daß die Laufzeit des sequentiellen Algorithmus bestenfalls linear, schlechtestenfalls quadratisch in der Anzahl der Knoten des Graphen ist.

Die Laufzeit des parallelen Algorithmus hängt von mehreren Parametern ab. Ein Knotenprogramm c^v ($v \neq v^0$) muß zunächst warten, bis der Aktivierungsbaum den Knoten v erreicht. Diese Wartezeit hängt von der durchschnittlichen mittleren Weglänge W im Graphen ab. Die Laufzeit der Schleife im Knotenprogramm c^v ist linear in der Anzahl der an den Knoten v grenzenden Kanten. Sie schwankt also mit der mittleren Zahl A von an einen Knoten grenzenden Kanten. Die Parameter W und A sind nicht unabhängig voneinander. In einem Extremfall, z.B. in einer Kette mit N Knoten und $2 \cdot (N - 1)$ Kanten, ist A konstant und W ist von der Größenordnung N. In einem anderen Extremfall, z.B. einem vollen Graphen mit N Knoten und $N \cdot (N - 1)$ Kanten, ist A von der Größenordnung N und W ist konstant klein, nämlich gleich 1. Generell ist das Produkt $W \cdot A$ ungefähr von der Größenordnung N, selbst wenn man statt der durchschnittlichen mittleren Weglänge die durchschnittliche maximale Weglänge betrachtet.

Die durchschnittliche Wartezeit eines Knotenprogramms v kann geschätzt werden als die Zeit, die vergeht, wenn jedes Knotenprogramm auf einem kürzesten Weg von v^0 nach v ungefähr eine halbe Umdrehung vollendet hat, ist also ungefähr proportional zu $W \cdot A$. Mit der obigen Überlegung ergibt sich, daß diese Wartezeit höchstens linear in N ist. Die durchschnittliche Laufzeit eines Knotenprogramms ist von der Größenordnung A, d.h., M/N. Die Gesamtlaufzeit eines durchschnittlichen Knotenprogramms ergibt sich also größenordnungsmäßig als $N + M/N$, und in dieser Summe dominiert der erste Summand. Weil die maximalen Entfernungen im Graphen wie N/A variieren, ist das auch eine Abschätzung der Gesamtlaufzeit T_{con} des parallelen Programms, d.h. zusammenfassend: die Parallelisierung transformiert einen kantenlinearen in einen knotenlinearen Algorithmus. Man kann das parallele Programm auch sequentiell simulieren, z.B. dadurch, daß die als nächste auszuführenden Knotenprogramme als Warteschlange organisiert werden. Die Ausführungen einer solchen sequentiellen Simulation entsprechen den Interleavings des parallelen Programms. Die ungefähre Laufzeit dieser sequentiellen Simulation ergibt sich daraus, daß jedes Knotenprogramm einmal ausgeführt wird, ist also von der Größenordnung $N \cdot A \approx M$. Die Kosten (das Produkt von Laufzeit und Anzahl der Prozessoren, siehe Abschnitt 4.1.4) sind für die sequentielle und für die parallele Lösung hier also gleich groß. Das bedeutet, daß die Parallelisierung gegenüber dem sequentiellen Algorithmus keine parallelitätsspezifischen Ineffizienzen, wie sie sich zum Beispiel aus großem Kommunikationsbedarf ergeben könnten, einführt, obgleich, wie die Übungsaufgabe 7.8.14(iii) zeigt, durch den parallelen Algorithmus mehr Eulerkreise als durch den sequentiellen Algorithmus erfaßt werden.

7.6.4 Ein Petrinetzbeweis von Petersons Algorithmus

Die Auffaltung eines *SDPROG*-Programms c in ein Netz $\mathcal{N}_{alles}(c)$, die in Abschnitt 7.3.4 beschrieben wurde, ist in Abbildung 7.30 für Petersons Algorithmus (Abbildung 7.15) mit dem Anfangswert $hold = 1$ und den Abkürzungen **f** für **false** und **t** für **true** gezeigt. Wir führen eine Petrinetzanalyse mit Hilfe der drei Sätze 5.2.8 (Konstanz der Markenzahl bei S-Invarianten), 5.2.9 (Nichtleerbarkeit von Fallen) und 5.2.11 (Reproduzierbarkeit von Markierungen) durch. Das Netz der Abbildung 7.30 ist ein SND-System mit fünf S-Komponenten, zwei für die beiden sequentiellen Komponenten π_1 und π_2 von Petersons Algorithmus und drei für die drei Variablen *hold*, in_1 und in_2. Diese S-Komponenten entsprechen den folgenden S-Invarianten:

$$
\begin{array}{lcll}
\mathcal{I}_1 & = & \{p_1, p_2, p_3, p_4\} & \text{(Stellenmenge der Programmkomponente } \pi_1) \\
\mathcal{I}_2 & = & \{q_1, q_2, q_3, q_4\} & \text{(Stellenmenge der Programmkomponente } \pi_2) \\
\mathcal{I}_3 & = & \{in_1 = \mathbf{f}, in_1 = \mathbf{t}\} & \text{(Stellenmenge der Variable } in_1) \\
\mathcal{I}_4 & = & \{hold = 1, hold = 2\} & \text{(Stellenmenge der Variable } hold) \\
\mathcal{I}_5 & = & \{in_2 = \mathbf{f}, in_2 = \mathbf{t}\} & \text{(Stellenmenge der Variable } in_2).
\end{array}
$$

Jede S-Invariante trägt in der Anfangsmarkierung:

$$M^0 = \{p_1, q_1, in_1 = \mathbf{f}, hold = 1, in_2 = \mathbf{f}\}$$

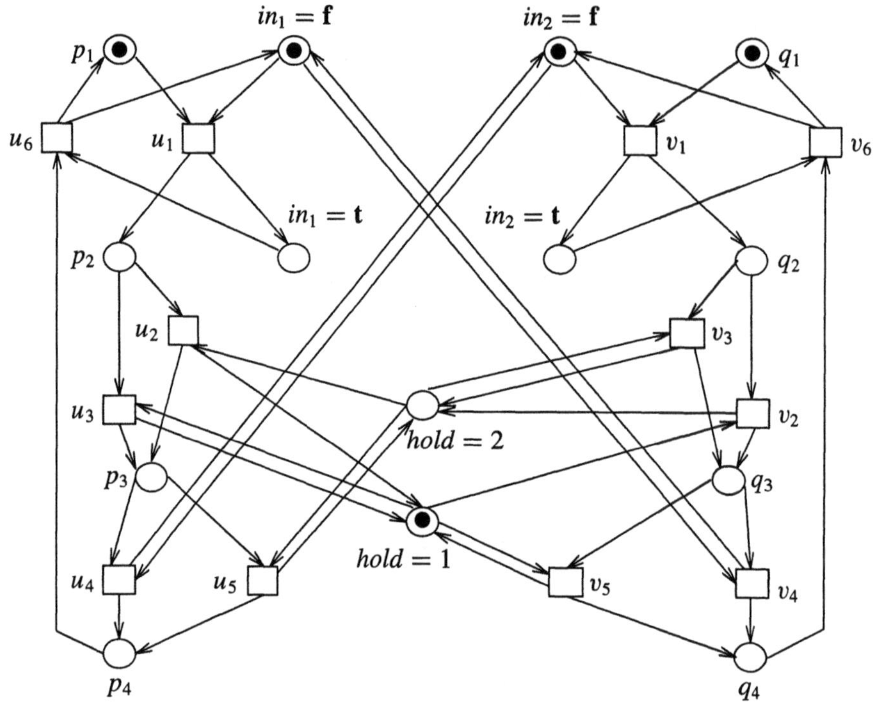

Abbildung 7.30. Eine vollständige Übersetzung von Petersons Algorithmus in ein Netz

dieses Netzes genau eine Marke, also laut Satz 5.2.8 auch in jeder Folgemarkierung. Daraus folgen Aussagen wie zum Beispiel: wenn p_4 eine Marke trägt, dann tragen weder p_1 noch p_2 noch p_3 eine Marke. Die S-Invarianten lassen sich auch in Prädikatform als Programminvarianten darstellen. Dazu werden die Stellennamen p_k bzw. q_l als Abkürzungen für die Prädikate 'die Kontrolle befindet sich an der Stelle p_k bzw. q_l', d.h., 'auf der Stelle p_k bzw. auf q_l befindet sich eine Marke', interpretiert und folgendermaßen mit Aussagen über Variablenzustände verknüpft:

$$\begin{aligned}
P_1 &\equiv (p_1 \bowtie p_2 \bowtie p_3 \bowtie p_4) \\
P_2 &\equiv (q_1 \bowtie q_2 \bowtie q_3 \bowtie q_4) \\
P_3 &\equiv (in_1 = \mathbf{f} \bowtie in_1 = \mathbf{t}) \\
P_4 &\equiv (hold = 1 \bowtie hold = 2) \\
P_5 &\equiv (in_2 = \mathbf{f} \bowtie in_2 = \mathbf{t}).
\end{aligned}$$

Dabei ist, *per definitionem*, eine Formel $F_1 \bowtie \ldots \bowtie F_m$ genau dann wahr, wenn genau eine Formel F_j $(1 \leq j \leq m)$ wahr ist. Das Netz besitzt noch weitere S-Invarianten, z.B. die folgenden:

$$\begin{aligned}
\mathcal{I}_6 &= \{in_1 = \mathbf{f}, p_2, p_3, p_4\} \\
\mathcal{I}_7 &= \{in_2 = \mathbf{f}, q_2, q_3, q_4\},
\end{aligned}$$

denen die folgenden beiden Programminvarianten entsprechen:

$$P_6 \equiv (in_1 = \mathbf{f} \bowtie p_2 \bowtie p_3 \bowtie p_4)$$
$$P_7 \equiv (in_2 = \mathbf{f} \bowtie q_2 \bowtie q_3 \bowtie q_4).$$

Die beiden Kontrollstellen p_4 und q_4 entsprechen den kritischen Abschnitten. Um die Eigenschaft des wechselseitigen Ausschlusses zu beweisen, muß gezeigt werden:

$$\forall M \in [M^0\rangle\colon\ M(p_4) = 0 \vee M(q_4) = 0.$$

Der Leser beachte, daß die S-Invarianten des Netzes zum Nachweis dieser Tatsache nicht ausreichen. Denn läßt man in Abbildung 7.30 die zwölf Nebenbedingungspfeile weg, dann wird die Eigenschaft des wechselseitigen Ausschlusses gestört, zum Beispiel durch die dann mögliche Schaltfolge $u_1 u_3 u_4 v_1 v_3 v_4$, aber die Menge der S-Invarianten ändert sich nicht. Die invarianten Zusammenhänge zwischen den beiden Programmkomponenten werden hier nicht durch S-Invarianten, sondern durch zwei Fallen $\mathcal{F}_1$ und $\mathcal{F}_2$ beschrieben:

$$\mathcal{F}_1 = \{in_1 = \mathbf{f}, p_2, hold = 1, q_3\}$$
$$\mathcal{F}_2 = \{in_2 = \mathbf{f}, q_2, hold = 2, p_3\}.$$

Jede Ausgangstransition von $\mathcal{F}_1$ ist auch eine Eingangstransition von $\mathcal{F}_1$. Das gleiche gilt für $\mathcal{F}_2$. Also sind $\mathcal{F}_1$ und $\mathcal{F}_2$ in der Tat Fallen (siehe Abschnitt 5.2.3). Beide Fallen tragen anfänglich eine Marke auf den Stellen $in_1 = \mathbf{f}$ bzw. $in_2 = \mathbf{f}$. Nach Satz 5.2.9 kann keine der beiden vollkommen von Marken geleert werden. Um die gewünschte Eigenschaft des wechselseitigen Ausschlusses zu beweisen, gehen wir durch Widerspruch vor. Wir nehmen an, daß die Markierung M von M^0 aus erreichbar ist und sowohl p_4 als auch q_4 markiert, und leiten einen Widerspruch her. Aus $M(p_4) = 1 = M(q_4)$ folgt aufgrund der S-Invarianten $\mathcal{I}_6$ und $\mathcal{I}_7$:

$$M(in_1 = \mathbf{f}) = M(p_3) = M(p_2) = 0$$
$$M(in_2 = \mathbf{f}) = M(q_3) = M(q_2) = 0.$$

Aus der S-Invariante $\mathcal{I}_4$ folgt, daß $M(hold = 1) = 0$ oder $M(hold = 2) = 0$ gilt. Im ersten Fall ist $\mathcal{F}_1$ bei M leer, im zweiten Fall $\mathcal{F}_2$; beide Male entsteht ein Widerspruch.

Dieses Beweisargument läßt sich auch sozusagen netzfrei im Invariantenkalkül des Abschnitts 7.3 ausdrücken. Die beiden Prädikate, die den Fallen $\mathcal{F}_1$ und $\mathcal{F}_2$ entsprechen, lauten folgendermaßen:

$$R_1 \equiv (in_1 = \mathbf{f} \vee p_2 \vee hold = 1 \vee q_3)$$
$$R_2 \equiv (in_2 = \mathbf{f} \vee q_2 \vee hold = 2 \vee p_3).$$

Beide Prädikate R_1 und R_2 sind anfänglich gültig. Sie können über die atomaren Aktionen des Algorithmus leicht als lokal invariant nachgewiesen werden, sind nach Satz 7.3.1(ii) also auch global invariant. Gilt aber $p_4 \wedge q_4$, dann gilt wegen R_1 und der Konjunktion der beiden Invarianten $P_6 \wedge P_7$: $hold = 1$, und wegen R_2 und $P_6 \wedge P_7$: $hold = 2$, ein Widerspruch.

Um die bedingte Fairness nachzuweisen, zeigen wir, daß es keine unendliche lange Ausführung gibt, bei der ab einem bestimmten Zeitpunkt eine Marke auf der Stelle p_2 ist und bleibt:

$$\sigma = M^0\, t_1\, M_1\, t_2\, M_2 \ldots \underbrace{M_{j-1}\, t_j\, M_j \quad \ldots}_{1 = M_{j-1}(p_2) = M_j(p_2) = \ldots}$$

Aus der angenommenen Existenz von σ kann ein Widerspruch hergeleitet werden. Es sei T^ω die Menge der Transitionen, die in σ unendlich oft vorkommen. Aus der Annahme, daß p_2 ab M_{j-1} stets eine Marke trägt, folgt $u_2 \notin T^\omega$ und $u_3 \notin T^\omega$. Aus Satz 5.2.11 folgt, daß es eine semipositive ganzzahlige T-Invariante $\mathcal{J}: T \to \mathbb{N}$ mit $T^\omega = \{t \in T \mid \mathcal{J}(t) > 0\}$ gibt. Die folgende Liste zählt acht semipositive T-Invarianten als Kandidaten für $\mathcal{J}$ auf. Da es sich um $\{0, 1\}$-T-Invarianten handelt, stellen wir sie durch ihre Grundmengen dar. Alle anderen semipositiven T-Invarianten ergeben sich aus diesen acht T-Invarianten durch Addition (siehe Übungsaufgabe 7.8.16).

$$\begin{aligned}
\mathcal{J}_1 &= \{u_1, u_3, u_4, u_6\}\\
\mathcal{J}_2 &= \{u_1, u_3, u_5, u_6\}\\
\mathcal{J}_3 &= \{u_1, u_2, u_4, u_6, v_1, v_2, v_4, v_6\}\\
\mathcal{J}_4 &= \{u_1, u_2, u_5, u_6, v_1, v_2, v_4, v_6\}\\
\mathcal{J}_5 &= \{u_1, u_2, u_4, u_6, v_1, v_2, v_5, v_6\}\\
\mathcal{J}_6 &= \{u_1, u_2, u_5, u_6, v_1, v_2, v_5, v_6\}\\
\mathcal{J}_7 &= \{v_1, v_3, v_4, v_6\}\\
\mathcal{J}_8 &= \{v_1, v_3, v_5, v_6\}.
\end{aligned}$$

Wir prüfen nun, welche dieser T-Invarianten dafür in Frage kommen, daß ihre Transitionen in der Folge σ ab dem Index j vorkommen. Die T-Invarianten $\mathcal{J}_1$ bis $\mathcal{J}_6$ sind direkt ausgeschlossen, weil sie die Transitionen u_2 bzw. u_3 enthalten, die als Ausgangstransitionen von p_2 ab dem Index j in σ nicht vorkommen. Die T-Invariante $\mathcal{J}_7$ ist ausgeschlossen, weil ab M_{j-1} laut $\mathcal{I}_6$ gilt: $\neg(in_1 = \mathbf{f})$; aber $in_1 = \mathbf{f}$ ist nötig, um $\mathcal{J}_7$ auszuführen. Es bleibt $\mathcal{J}_8$ übrig; aber um diese T-Invariante ausführen zu können, müßten die beiden Stellen $in_2 = \mathbf{f}$ und $in_2 = \mathbf{t}$ gleichzeitig markiert sein, was wegen $\mathcal{I}_5$ ausgeschlossen ist. Ein Widerspruch ist damit erreicht; die Existenz von σ ist *ad absurdum* geführt.

Dieser Beweis bringt einen deutlichen Unterschied zwischen dem Nachweis des wechselseitigen Ausschlusses (einer *safety*-Eigenschaft) und dem Nachweis der bedingten Fairness (einer *liveness*-Eigenschaft) ans Licht. Im ersten Fall liegt die Beweisschwierigkeit darin, unter den vielen Programminvarianten, die hier in der Form von S-Invarianten und Fallen vorliegen, eine geeignete Teilmenge zu finden. Im zweiten Fall liegt die Schwierigkeit im Unterschied dazu nicht nur darin, daß Invarianten eines ganz anderen Typs betrachtet werden müssen, nämlich die Menge der T-Invarianten des Netzes, sondern auch darin, daß diese Menge systematisch und vollständig zu durchsuchen ist; die Betrachtung einer echten Teilmenge genügt nicht.

Die Auffaltung eines *SDPROG*-Programms c in ein Netz $\mathcal{N}_{alles}(c)$, die hier benutzt wurde, stellt sich als das analoge Inverse der Zuordnung von Hilfsvariablen zu sequentiellen

Komponenten heraus. Wurden im Abschnitt 7.5.6 die Wertemengen der Hilfsvariablen und die Stellenmengen der entsprechenden S-Systeme gleichgesetzt, wurde hier für jede Programmvariable ein S-System konstruiert, das genau ihre Wertemenge als Stellenmenge hat. Im System $\mathcal{N}_{alles}(c)$ verschwindet der Unterschied zwischen den Variablen und dem Kontrollfluß der sequentiellen Komponenten von c. Kontrollfluß und Datenfluß sind in diesem Netz einheitlich als S-Komponenten beschrieben. So ist es nur folgerichtig, in praktischen Anwendungen Datenfluß und Kontrollfluß manchmal ineinander übergehen. Ein typisches Beispiel für die Verwendung einer Variablen zur Steuerung globalen Kontrollflusses ist durch die Variable *hold* in Petersons Algorithmus gegeben. Ein anderes Beispiel findet sich in Übung 7.8.20.

7.6.5 Ein partiell korrektes Fixpunkteinigungsprogramm

Problemstellung:
Es sei eine natürliche Zahl $N > 0$ fest vorgegeben. Wir betrachten die Menge $\mathbb{Z}^N$ der N-stelligen Vektoren mit $\mathbb{Z}$-wertigen Komponenten. Vektoren $y \in \mathbb{Z}^N$ werden in Komponentenschreibweise als $y = (y_0, \ldots, y_{N-1})$ dargestellt. Wir betrachten eine fest vorgegebene Funktion $f: \mathbb{Z}^N \to \mathbb{Z}^N$, die komponentenweise als $f = (f_0, \ldots, f_{N-1})$ (wobei $f_i: \mathbb{Z}^N \to \mathbb{Z}$ für $0 \leq i < N$) geschrieben werden kann. Durch N parallele Komponenten c_i, von denen jede für die Überprüfung der i'ten Gleichung $y_i = f_i(y)$ verantwortlich ist, soll schrittweise, durch eine Wiederholung der Zuweisung $y_i := f_i(y)$, ein Fixpunkt von f berechnet werden.

$$
\begin{array}{lll}
c'_i \; (0 \leq i < N): & \textbf{do} & \langle \exists j, 0 \leq j < N : h_j \rangle \;\to \\
& & \quad \textbf{if} \; \underbrace{\langle y_i = f_i(y) \to h_i := \textbf{false} \rangle}_{a_1} \\
& & \quad \Box \; \underbrace{\langle y_i \neq f_i(y) \to y_i := f_i(y);\; \|_{0 \leq j < N}(h_j := \textbf{true}) \rangle}_{a_2} \\
& & \quad \textbf{fi} \\
& \textbf{od} &
\end{array}
$$

Abbildung 7.31. Ein Programm mit großer atomarer Aktion a_2

Ein Boolesches Feld **var** h : **array** $\{0, \ldots, N-1\}$ **of** $\{$**false**, **true**$\}$ (**init true**) wird zu Terminierungszwecken eingeführt. Wir betrachten zuerst das Programm $c' = c'_0 \| \ldots \| c'_{N-1}$ in Abbildung 7.31. Ohne nähere Kenntnis der Funktion f und des Anfangswerts von y ist nicht beweisbar, daß dieses Programm überhaupt terminiert. Wir betrachten hier nur die partielle Korrektheit, d.h., die Aussage, daß das Programm mit einem Fixpunkt von f terminiert, falls es überhaupt terminiert. Diese Aussage kann folgendermaßen in eine Formel gebracht werden:

$$(\exists\, j: h_j) \;\vee\; (\forall\, i: y_i = f_i(y)). \tag{7.10}$$

Für (7.10) und für den Rest dieses Abschnitts seien i, j und k eingeschlossen in den Schranken $0 \leq i,\; j,\; k < N$. Es ist sehr leicht, die anfängliche Gültigkeit und die Invarianz von (7.10) mit Hilfe des Satzes 7.3.1(ii) zu beweisen. Man kann sogar eine stärkere Aussage beweisen, nämlich:

$$\forall i\colon (h_i \;\vee\; y_i = f_i(y)). \tag{7.11}$$

Wegen (7.11)⇒(7.10) impliziert die Invarianz von (7.11) auch die von (7.10).

Beweis der anfänglichen Gültigkeit und der Invarianz von (7.11) **über** c'**.**

Anfänglich gilt (7.11) wegen der Initialisierung $\forall i\colon h_i$.

Invarianz über a_1**:** Falls ein h_i zu **false** gesetzt wird, gilt wegen der Eingangsbedingung von a_1 die zugehörige Gleichung $y_i = f_i(y)$; die Bedingung (7.11) bleibt mithin invariant.

Invarianz über a_2**:** Die Zuweisung $y_i := f_i(y)$ kann eventuell sämtliche Gleichungen $y_j = f_j(y)$ falsch machen, auch die Gleichung $y_i = f_i(y)$, da f_i vom ganzen Vektor $(y_0, \ldots, y_{N-1})$ abhängt; da aber in a_2 auch alle h_j zu **true** gesetzt werden, gilt die Bedingung (7.11) nach wie vor.

$$\begin{array}{lll}
c_i\ (0 \le i < N): & \mathbf{do} & \langle \exists j\colon h_j\rangle \to \\
& & \mathbf{if}\ \underbrace{\langle y_i = f_i(y) \to h_i := \mathbf{false}\rangle}_{a_1} \\
& & \Box\ \underbrace{\langle y_i \ne f_i(y) \to y_i := f_i(y)\rangle}_{a_2};\ \|_j\ \underbrace{\langle h_j := \mathbf{true}\rangle}_{a_{2j}} \\
& & \mathbf{fi} \\
& \mathbf{od} &
\end{array}$$

Abbildung 7.32. Ein Programm mit kleineren atomaren Aktionen a_2 und a_{2j}

Wir untersuchen nun, was geschieht, wenn die Aktion a_2 in $N+1$ verschiedene Aktionen auseinandergezogen wird (Programm $c = c_0 \| \ldots \| c_{N-1}$ in Abbildung 7.32). Der Übergang von c_i' nach c_i bildet ein Beispiel für die im Kapitel 4 diskutierte gegenläufige Tendenz von Korrektheit und Effizienz. Denn das Programm c ist erheblich effizienter implementierbar als das Programm c', weil die Aktionen a_{2j} parallel abgearbeitet werden können. Die Korrektheit von c ist aber wesentlich schwerer nachzuweisen als die von c'. Jedenfalls ist (7.11) keine Invariante mehr über c, wie das folgende Szenario zeigt:

$$\begin{array}{llll}
N = 2 & f_0(0,0) = 0 & & f_1(0,0) = 1 \\
& f_0(0,1) = 1 & & f_1(0,1) = 0.
\end{array}$$

Nach Ausführung von a_1 für c_0 wird $h_0 = \mathbf{false}$. Danach kann a_2 für c_1 ausgeführt werden und setzt den Wert von y_1 auf $f_1(0,0) = 1$. Es gelten dann sowohl $h_0 = \mathbf{false}$ als auch:

$$0 = y_0 \ne f_0(y_0, y_1) \quad (= f_0(0,1) = 1),$$

also $\neg$(7.11). Es wird behauptet, daß im Gegensatz zu (7.11) das schwächere Prädikat (7.10) über c invariant ist. Versucht man die Invarianz von (7.10) über a_1 direkt zu beweisen, steht man vor der Schwierigkeit, folgendes zeigen zu müssen: wenn vor a_1 schon alle h_j mit $j \ne i$ **false** sind, dann wird durch a_1 auch noch h_i auf **false** gesetzt. Es müssen dann also *alle* Fixpunktgleichungen gelten. Aus der Eingangsbedingung $y_i = f_i(y)$ von a_1 folgt aber nur die Gleichung für das betreffende i, nicht die entsprechende Aussage für alle anderen Indices. Im folgenden beweisen wir die Invarianz von (7.10) über c auf zwei verschiedene Arten: erstens global durch eine direkte Anwendung der operationalen Semantik, zweitens lokal durch einen Beweis im Stil von Owicki / Gries.

Globaler Beweis der anfänglichen Gültigkeit und der Invarianz von (7.10) **über** c.

Nehmen wir an, es gäbe eine Ausführung $\sigma = s_0 a_1 \dots a_r s_r$ von c derart, daß in s_0 gilt: $\forall i: h_i$, und in s_r gilt: $\neg$(7.10), das heißt ausgeschrieben:

$$[(\forall j: \neg h_j) \wedge (\exists i: y_i \neq f_i(y))](s_r). \tag{7.12}$$

Aus dieser Annahme leiten wir einen Widerspruch her. Sei i_0 ein Zeuge für das zweite Konjunkt von (7.12), d.h., in s_r gilt:

$$\neg h_{i_0} \wedge (y_{i_0} \neq f_{i_0}(y)).$$

Weil $h_{i_0} =$ **true** im Anfangszustand s_0 gilt, existiert ein Index l, $1 \leq l \leq r$, so daß a_l die Aktion a_1 für die Komponente c_{i_0} ist, denn nur in a_1 für c_{i_0} kann h_{i_0} zu **false** gesetzt werden. Sei p_0 maximal in der Menge aller solcher Indices:

$$p_0 = \max\{1 \leq l \leq r \mid a_l \text{ ist } a_1 \text{ für } c_{i_0}\}.$$

Zwischen a_{p_0} und a_r ist also stets $h_{i_0} =$ **false**. Nach Definition von i_0 ist $y_{i_0} \neq f_{i_0}(y)$ in s_r, es gilt aber $y_{i_0} = f_{i_0}(y)$ in s_{p_0-1} wegen der Eingangsbedingung von a_{p_0}. Also muß die Gleichung $y_{i_0} = f_{i_0}(y)$ durch die Ausführung einer Aktion a_2 zwischen a_{p_0} und a_r zerstört worden sein. Das heißt, es existieren ein Index $i_1, 0 \leq i_1 < N$ sowie ein Index q_0, $p_0 < q_0 \leq r$, so daß a_{q_0} die Aktion a_2 der Komponente c_{i_1} ist. (Es könnte durchaus $i_1 = i_0$ gelten.) Wir betrachten jetzt den Zustand s_{q_0-1} direkt vor a_{q_0}:

$$\sigma = s_0 a_1 \dots s_{p_0-1} \underbrace{a_{p_0}}_{a_1 \text{ für } c_{i_0}} \dots \underbrace{s_{q_0-1}}_{\uparrow} \underbrace{a_{q_0}}_{a_2 \text{ für } c_{i_1}} \dots a_r s_r.$$

Wegen der Eingangsbedingung von a_{q_0} gilt $y_{i_1} \neq f_{i_1}(y)$ in s_{q_0-1}. Angenommen, es gälte $h_{i_1} =$ **true** in s_{q_0-1}. Wegen $h_{i_1} =$ **false** in s_r (was aus (7.12) folgt) müßte dann die Aktion a_1 der Komponente c_{i_1} zwischen a_{q_0} und a_r vorkommen. Wegen:

$$proj(a_1 \dots a_r, c_{i_1}) \in cs(\gamma(c_{i_1}))$$

müßte dann auch die Aktion $a_{2\,i_0}$ der Komponente c_{i_1}, d.h. $\langle h_{i_0} :=$ **true**$\rangle$, zwischen a_{q_0} und a_r vorkommen, im Widerspruch zur Maximalität von p_0. Also gelten in s_{q_0-1} sowohl $h_{i_1} =$ **false** als auch $y_{i_1} \neq f_{i_1}(y)$. Das Argument kann nun mit i_1 statt mit i_0 wiederholt werden und liefert eine absteigende Sequenz von Indices $\dots q_1 < q_0 < r$ in der Menge $\{1, \dots, r\}$, im Widerspruch zur endlichen Länge von σ.

Lokaler Beweis der anfänglichen Gültigkeit und der Invarianz von (7.10) **über** c.

Aus dem Vollständigkeitssatz leiten wir die Notwendigkeit der Einführung von Hilfsvariablen ab. Im vorliegenden Fall benötigt man Variablen, um die Kontrollpunkte zwischen

a_2 und a_{2j} (dort, wo die frühere Aktion a_2 auseinandergezogen wurde) zu unterscheiden und um auszudrücken, daß in a_{2j} alle Booleschen Variablen h_j zu **true** gesetzt werden. Mit Vorteil führt man N^2 Boolesche Variablen s_{ij} mit der Bedeutung:

$$s_{ij} = \textbf{false} \Leftrightarrow \text{die Kontrolle von } c_i \text{ befindet sich zwischen } a_2 \text{ und } \langle h_j := \textbf{true}\rangle$$

ein. Anfänglich sind alle s_{ij} gleich **true**. Die entsprechende Veränderung der Komponente c_i ist in Abbildung 7.33 angegeben.

$\underline{c}_i\ (0 \le i < N):$ **do** $\langle \exists j{:}\, h_j \rangle \rightarrow$

if $\underbrace{\langle\, y_i = f_i(y) \rightarrow h_i := \textbf{false}\rangle}_{\underline{a}_1}$

$\square$ $\underbrace{\langle y_i \neq f_i(y) \rightarrow y_i := f_i(y);\ s_{ij} := \textbf{false}\,\rangle}_{\underline{a}_2}$;

$\|_j \underbrace{\langle\, h_j := \textbf{true};\ s_{ij} := \textbf{true}\,\rangle}_{\underline{a}_{2j}}$

fi

od

Abbildung 7.33. Das Programm aus Abbildung 7.32 mit Hilfsvariablen

Es wurde bereits gezeigt, daß die Formel:

$$\forall i{:}\ (h_i \ \vee\ (y_i = f_i(y))) \qquad (7.13)$$

keine Invariante ist (obwohl anfänglich gültig). Wir untersuchen stattdessen die Formel:

$$\forall i{:}\,(h_i \ \vee\ (y_i = f_i(y)) \ \vee\ X_i), \qquad (7.14)$$

wobei X_i die Fehlerfälle bei (7.13) abdecken soll. Der Ausdruck $h_i \vee (y_i = f_i(y))$ kann dadurch falsch werden, daß 'eine Komponente c_k die Gleichung $y_i = f_i(y)$ zu **false** gesetzt hat, aber noch nicht h_i zu **true**'. Eine erste Approximation ist daher $X_i = (\exists k{:}\ \neg s_{ki})$:

$$\forall i{:}\ (h_i \ \vee\ (y_i = f_i(y)) \ \vee\ (\exists k{:}\ \neg s_{ki})) \qquad (7.15)$$

In der Tat ist (7.15) invariant. Die Invarianz über $\underline{a}_1$ folgt sofort, und die Invarianz über $\underline{a}_2$ folgt so, daß der dritte Term wegen der Zuweisung $\forall j{:}\, s_{ij} := \textbf{false}$ stets gilt (mit $k \sim i$, was bedeuten soll, daß der Index k in (7.15) die Rolle von i in $\forall j{:}\, s_{ij} := \textbf{false}$ spielt, und mit $i \sim j$). Die Invarianz über $\underline{a}_{2j}$ folgt, weil für jeden falsch gemachten dritten Term von (7.15) ein erster Term h_i von (7.15) wahr gemacht wird (wieder $i \sim j$). Leider aber ist (7.15) zu schwach, um (7.10) logisch zu implizieren. Wir versuchen daher, eine noch stärkere Invariante zu finden, z.B. die naheliegende:

$$\forall i{:}\ (h_i \ \vee\ (y_i = f_i(y)) \ \vee\ (\exists k{:}\ (h_k \wedge \neg s_{ki}))) \qquad (7.16)$$

Nun gilt in der Tat die Implikation (7.16)$\Rightarrow$(7.10). Außerdem ist (7.16) invariant über $\underline{a}_{2j}$ und über $\underline{a}_1$ (Beweis: Vor $\underline{a}_1$ gilt $\{\forall j{:}\, s_{ij}\}$, insbesondere gilt s_{ii}, und deswegen kann $h_i := \textbf{false}$ keinen dritten Term von (7.16) falsch machen). (7.16) ist aber leider nicht über $\underline{a}_2$ invariant. Die Vermutung, daß die gesuchte Invariante 'zwischen' (7.15) und (7.16) liegt, ist deswegen naheliegend. Wir führen neue Boolesche Unbekannte ein und setzen an:

$$\forall i\colon (h_i \ \vee\ (y_i = f_i(y)) \ \vee\ \exists k\colon (R_k \ \wedge\ \neg s_{ki})). \tag{7.17}$$

(7.17) geht für $R_k = h_k$ in (7.16) und für $R_k =$ **true** in (7.15) über. Gesucht sind Bedingungen für R_k derart, daß erstens (7.17) eine Invariante ist und zweitens (7.10) aus (7.17) folgt. Der Versuch, die Invarianz von (7.17) über die atomare Aktion $\underline{a}_2$ zu beweisen, zeigt, daß dies unter der zusätzlichen Annahme:

$$\forall i\colon (R_i \ \vee\ (y_i = f_i(y))) \tag{7.18}$$

möglich ist. Denn wenn (7.18) gilt, kann $R_i =$ **true** über $\underline{a}_2$ angenommen werden und $\underline{a}_2$ macht den letzten Term von (7.17) wahr (wieder mit $k \sim i$). Um aber (7.18) zu garantieren, kann man (7.17) verwenden und für die Variablen R_i folgende Bedingung aufstellen:

$$\forall i\colon [(h_i \ \vee\ \exists k\colon (R_k \ \wedge\ \neg s_{ki})) \ \Rightarrow\ R_i]. \tag{7.19}$$

Denn wenn (7.19) gilt, impliziert $y_i \neq f_i(y)$ wegen (7.17), wie für (7.18) erforderlich, R_i. Es erscheint daher sinnvoll, die Formel (7.19) als einen Teil der definierenden Bedingung für die Variablen R_i zu betrachten. Damit aber (7.17) auch noch (7.10) impliziert, ist es sinnvoll, die R_i minimal, das heißt so 'falsch' wie möglich zu definieren. Wir definieren folglich die R_i als die *minimale* Lösung von (7.19)[6] und zeigen zunächst, daß die Formel (7.17) anfänglich gilt und (lokal) invariant ist.

Anfänglich sind alle ersten Terme h_i von (7.17) gleich **true**.

Invarianz über $\underline{a}_1$ von $\underline{c}_i$: Vor der Ausführung von $\underline{a}_1$ gilt $\forall j\colon s_{ij}$; dies folgt aus der Definition der Variablen s_{ij}. Wir behaupten, daß als Folge von $h_i :=$ **false** in $\underline{a}_1$ es zwar möglich ist, daß auch R_i von **true** auf **false** wechselt, aber sonst kein R_j $(j \neq i)$ verändert wird. Denn der Index i kann wegen $\forall j\colon s_{ij}$ niemals als ein k in (7.19) vorkommen. Falls also ein R_j $(j \neq i)$ aufgrund von (7.19) zu **true** gesetzt ist *vor* der Ausführung von $\underline{a}_1$, so bedeutet das: $h_j =$ **true**, und da h_j in $\underline{a}_1$ nicht verändert wird, bleibt $R_j =$ **true** *nach* der Ausführung von $\underline{a}_1$. Andererseits wird durch $\underline{a}_1$ erst recht kein R_j von **false** auf **true** gesetzt, da höchstens die linke Seite von (7.19) 'falscher' wird. Da aber durch $h_i :=$ **false** höchstens R_i zu **false** gesetzt werden kann, bleibt (7.17) invariant, denn $h_i =$ **false** wird durch $y_i = f_i(y)$ (Eingangsbedingung von $\underline{a}_1$) aufgewogen, und R_i kann wegen $\forall j\colon s_{ij}$ nicht als ein R_k im dritten Term von (7.17) vorkommen.

Invarianz über $\underline{a}_2$ von $\underline{c}_i$: Vor der Ausführung von $\underline{a}_2$ gilt die Bedingung (7.18); wegen der Eingangsbedingung $y_i \neq f_i(y)$ von $\underline{a}_2$ gilt also $R_i =$ **true**. R_i bleibt auch **true** über der Ausführung von $\underline{a}_2$, da die Minimalität von R_i laut (7.19) entweder auf $h_i =$ **true** oder auf $\exists k\colon (R_k \ \wedge\ \neg s_{ki})$ (oder auf beides) zurückgeht und keine der beiden Bedingungen durch $\underline{a}_2$ verändert wird. Weil $R_i =$ **true** über $\underline{a}_2$ invariant ist und weil alle s_{ij} zu **false** gesetzt werden, werden laut (7.19) *alle* R_j $(j \neq i)$ zu **true** gesetzt (mit $k \sim i$). Also sind nach

[6] Der Leser zeige, daß es für jeden Wert der Variablen h_i und s_{ki} genau eine minimale Lösung von (7.19) gibt.

der Ausführung von $\underline{a}_2$ alle dritten Terme von (7.17) erfüllt. Deswegen ist (7.17) invariant über $\underline{a}_2$.

Invarianz über $\underline{a}_{2j}$: Unmittelbar.

Um den Beweis abzuschließen, bleibt nur noch zu zeigen, daß (7.17) mit der Definition der R_i als minimale Lösung von (7.19) die gewünschte Invariante (7.10) impliziert. Wir nehmen $\forall j\colon \neg h_j$ an. Dann ist die minimale Lösung von (7.19) gegeben durch $\forall j\colon \neg R_j$. Wegen (7.18) gilt $\forall i\colon y_i = f_i(y)$. Damit ist (7.10) bewiesen.

7.6.6 Ein paralleler Listenbereinigungsalgorithmus

In listenverarbeitenden Systemen wird die normale Verarbeitung von Daten des öfteren von Speicherbereinigungsschritten unterbrochen, damit unbenutzter Speicherplatz wieder verfügbar gemacht werden kann; der englische *terminus technicus* hierfür ist *garbage collection*. Es bietet sich die Idee an, ein Programm für zwei Prozessoren zu schreiben, dergestalt, daß die normale Arbeit vom ersten und (nebenläufig dazu) die Bereinigungsarbeit vom zweiten geleistet werden kann. Wenn es gelingt, die atomaren Aktionen der beiden Programme klein zu halten, so kann man hoffen, daß die normale Listenverarbeitung nicht für so lange Perioden unterbrochen werden muß, wie es in einem rein sequentiellen System nötig wäre.

Problembeschreibung:
Gegeben sei ein zusammenhängender Speicherbereich von Listenwörtern (*memory*) M der Größe $N \geq 2$, worin jedes Listenwort auf eine bestimmte Weise aufgeteilt ist[7]:

```
const  N :     ℕ;
type   Wort :  record  son1 :  {0, ..., N}
                       son2 :  {0, ..., N}
                       col :   {B, W}
               end record;
var    M :     array {0, ..., N} of Wort.
```

Jedes Speicherwort $M[i]$ hat zwei Felder für Verweise der Liste[8] und ein Bit für Zwecke des Bereinigungsalgorithmus, das im Vorgriff bereits eingeführt wird; der Name *col* steht für *colour*, der Wert B für *Black*, der Wert W für *White*. Außer diesen drei Feldern kann $M[i]$ aus weiteren Feldern (z.B. Inhaltsfeldern) bestehen, die für die eigentliche Listenverarbeitung von Bedeutung sind; für die Programmierung des Bereinigungsalgorithmus interessieren sie nicht. Wir nehmen an, daß M wie in Abbildung 7.34 initialisiert ist. $M[0]$, $M[1]$ und $M[2]$ übernehmen spezielle Funktionen:

- $M[0]$ ist das leere Listenelement *NIL*, so daß die Zuweisung des Index 0 gleichbedeutend ist mit dem Setzen eines Zeigers auf *NIL*. Anfänglich (und immer) verweist *NIL* auf sich selbst: $NIL.son_1 = NIL.son_2 = 0$.

---

[7] Die nachfolgende Deklaration benutzt die Syntax von `Modula-2` [261].

[8] Daß es zwei Zeiger sind, hat zufälligen Charakter; es soll nur zeigen, daß der Algorithmus nicht auf den Spezialfall eines einzigen Zeigers beschränkt zu sein braucht. Außerdem ist eine Verallgemeinerung auf drei oder mehr Zeiger leicht abzulesen.

- $M[1]$ ist der Kopf der freien Liste *FREE*. Anfänglich sind alle Listenelemente außer den zwei speziellen Elementen $M[0]$ und $M[2]$ in die Freiliste eingekettet.
- $M[2]$ ist der Kopf der benutzten Liste, *ROOT*. Durch Benutzung im Verlauf der Listenverarbeitung werden Elemente aus der Freiliste ausgekettet und in die Benutzerliste *ROOT* eingekettet.

Anfänglich (und stets) gelte $NIL.col = FREE.col = ROOT.col = B$, denn - wieder ein Vorgriff - der Wert B soll ein Indikator für Speicherwörter sein, die in Benutzung sind. Die anfängliche Färbung der anderen Wörter ist unwichtig. Ein Wort $M[i]$ heißt *sichtbar*, wenn es durch eine Zeigerkette von *FREE* oder von *ROOT* aus erreichbar ist. Andernfalls heißt es *Abfall*. Wir nehmen die Existenz eines Benutzerprogramms an, das diese Listenstruktur auf dem sichtbaren Teilspeicher beliebig verändern kann. Die Aufgabe ist es, ein dazu nebenläufiges Programm zu konstruieren, welches den Abfall, d.h., die weder in der *ROOT*-Liste noch in der *FREE*-Liste befindlichen Wörter aufspürt und in die *FREE*-Liste einbindet. Wir wollen das Benutzerprogramm den *MUTATOR* und das Bereinigungsprogramm den *COLLECTOR* nennen.

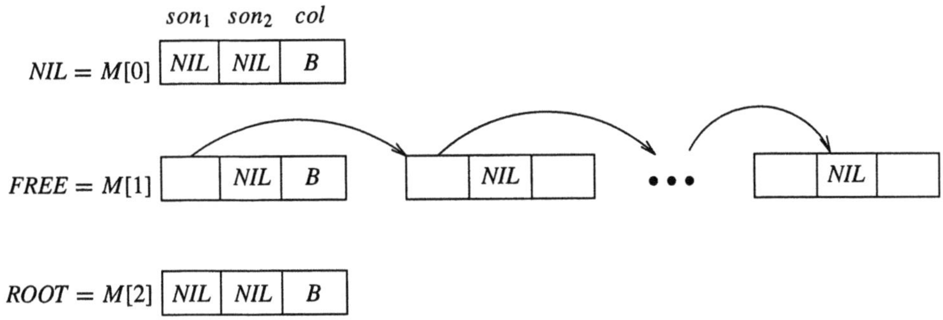

Abbildung 7.34. Initialisierung der Datenstruktur M

Nehmen wir zunächst als Idealfall an, daß der *COLLECTOR* - einmal an der Reihe - die Datenstruktur so lange, wie er es wünscht, monopolisieren kann, ohne Änderungsaktionen seitens des *MUTATOR*s fürchten zu müssen. Dann kann der *COLLECTOR* seine Aufgabe dadurch lösen, daß er zunächst alle Wörter mit $col = W$ markiert, dann alle von *FREE* oder *ROOT* aus erreichbaren Wörter durch $col = B$ markiert und danach alle Wörter der Farbe W in die Freiliste einkettet. Diese Strategie soll bei der nebenläufigen Lösung, soweit als möglich, beibehalten werden.

Doch überlegen wir uns zunächst die Aktionen des *MUTATOR*s. Das Umsetzen eines Zeigers von einem Wort $M[i]$ auf ein Wort $M[k]$ kann durch die Aktion:

$$M[i].son_l := k \quad (l \in \{1, 2\})$$

beschrieben werden. Dadurch können sichtbare Wörter unsichtbar (und vom *COLLECTOR* später einzusammeln) werden. Falls zum Beispiel gilt:

$$M[i_1].son_1 = i_2, \quad M[i_2].son_1 = k \quad (i_1 \neq i_2 \neq k)$$

und falls außer dem Zeiger in $M[i_1].son_1$ kein weiterer Zeiger auf $M[i_2]$ verweist, dann wird durch die Zuweisung $M[i_1].son_1 := k$ das Wort $M[i_2]$ zu Abfall. Es ist unschwer einzusehen, daß alle interessierenden Aktionen des *MUTATOR*s aus primitiven Zeiger-Umsetzungen der Art $M[i].son_l := k$ aufgebaut werden können, wobei die Indices i und k von *NIL*, *FREE* oder *ROOT* aus erreichbar sind. Wenn zum Beispiel k auf ein Element der Freiliste (nicht das letzte) zeigt und i auf ein benutztes Wort, so kann der Nachfolger von $M[k]$ durch die folgende Sequenz von Aktionen aus der Freiliste entkettet und als Nachfolger von $M[i]$ benutzt werden:

$$\begin{aligned}
M[i].son_1 &:= M[k].son_1;\\
M[k].son_1 &:= M[M[k].son_1].son_1;\\
M[M[i].son_1].son_1 &:= 0 \text{ (Verweis auf } \mathit{NIL}).
\end{aligned}$$

Wenn nun die Aktion $M[i].son_l := k$ als primitive Aktion des *MUTATOR*s vorausgesetzt wird, und der *COLLECTOR* nebenläufig zum *MUTATOR* die Wörter der Liste einzeln absuchen soll, dann zeigt ein einfaches Schema, daß auf diese Weise *a priori* keine geeignete Lösung möglich ist. Es seien nämlich Wörter mit den Indices x, y und z gegeben, zunächst mit Wort z als direktem Nachfolger des Wortes y. Das Verhalten des *MUTATOR*s sei so, daß immer abwechselnd z als Nachfolger von x definiert, aber gleichzeitig die Verbindung von y zu z gelöscht, dann z als Nachfolger von y definiert und die Verbindung von x nach z gelöscht wird, usw. Dann kann es sein, daß der *COLLECTOR* nie erkennen kann, daß das Wort z in Benutzung ist, weil gerade dann, wenn x von ihm untersucht wird, die Verbindung von x nach z nicht besteht, bzw. dann, wenn y von ihm untersucht wird, die Verbindung von y nach z nicht besteht.

Offenbar ist dieses Problem nicht auf der Ebene des *COLLECTOR*s lösbar, außer wenn, was aber unerwünscht ist, dessen atomare Aktionen sehr groß sind. Deshalb muß in Kauf genommen werden, daß der *MUTATOR* einen kleinen Beitrag zum Bereinigen leistet, zum Beispiel dadurch, daß nach jeder Aktion $M[i].son_l := k$ das Wort $M[k]$ als benutzt gekennzeichnet, also mit B markiert wird. Im obigen Beispiel wäre dann das Wort z als benutzt schon gekennzeichnet, ehe der *COLLECTOR* die Chance hat, z fälschlicherweise als Abfall anzusehen. Insgesamt ergibt sich der *MUTATOR* als eine beliebige Wiederholung der beiden folgenden atomaren Aktionen a_0 und a_1:

MUTATOR : **do** 'solange nötig' $\rightarrow$ $\{R\}$
a_0 $\langle M[i].son_l := k \rangle$;
a_1 $\langle M[k].col := B \rangle$
od

$$\begin{aligned}
R \equiv\ & (1 \le i \le N) \wedge (1 \le l \le 2) \wedge (k = 0 \vee 3 \le k \le N)\\
& \wedge \text{ (} M[i] \text{ und } M[k] \text{ sind sichtbar).}
\end{aligned}$$

Die Voraussetzung im vierten Konjunkt von R, daß der *MUTATOR* nur sichtbare Wörter manipuliert, ergibt sich als Folge der Annahme, daß Benutzerprogramme nur auf sichtbaren Teilspeicher zugreifen dürfen. Diese Voraussetzung kann vom *COLLECTOR* nicht falsch gemacht werden, da es dessen Aufgabe ist, Wörter in die Freiliste einzuketten und dadurch höchstens mehr, aber nicht weniger Wörter von *ROOT* oder *FREE* aus sichtbar gemacht werden.

Wenden wir uns nun dem *COLLECTOR* zu. Offenbar sollte er aus zwei unterschiedlichen Phasen bestehen:

(1) Der *Markierungsphase*, in der alle sichtbaren Wörter durch B markiert werden.
(2) Der *Sammelphase*, in der die nicht durch B markierten Wörter in die Freiliste eingekettet werden.

Idealerweise sollten zwischen den beiden Phasen alle sichtbaren Wörter mit B und aller Abfall mit W gekennzeichnet sein. Dieser Idealfall ist nicht realistisch, weil der *MUTATOR* zwischenzeitlich aktiv sein kann. Wenn zwischen den beiden Phasen Wörter existieren, die zwar mit B gekennzeichnet, aber nicht mehr sichtbar sind, so macht das offensichtlich nicht viel aus; solche Wörter werden nicht eingesammelt und können eventuell später als Abfall identifiziert werden. Problematisch ist der andere Fall, daß vor der Sammelphase einige mit W gekennzeichnete Wörter existieren, die sichtbar sind. Denn solche Wörter darf der *COLLECTOR* keinesfalls in die Freiliste einketten. In seiner Markierungsphase muß der *COLLECTOR* also absolut sicher stellen, daß alle sichtbaren Wörter mit B gekennzeichnet werden. Zum Glück ist die Bedingung:

$P \equiv$ alle sichtbaren Wörter sind mit B markiert

eine Invariante über die möglichen Aktionen des *MUTATOR*s (ohne daß P notwendigerweise immer gilt). Denn wenn der *MUTATOR* einen Zeiger von $M[i]$ auf $M[k]$ umsetzt, dann muß $M[k]$ laut R schon vor der Umsetzung sichtbar (und somit laut P mit B markiert) gewesen sein, desgleichen alle Nachfolger von k. Während also eine solche *MUTATOR*-Aktion neuen Abfall produzieren kann, so kann sie doch keine mit W markierten Wörter sichtbar machen.

Wie kann nun der *COLLECTOR* in seiner Markierungsphase sicherstellen, daß nach dieser Phase alle sichtbaren Wörter mit B markiert sind? Es gibt zwei Strategien, um die Listenstruktur abzusuchen: einmal der Struktur selbst mit all ihren Verzweigungen folgen, oder aber das Feld M wiederholt linear (vom Index 1 bis zum Index N) absuchen und die Nachfolger von B-Wörtern mit B markieren - bis sich nichts mehr ändert. Aufgrund paralleler *MUTATOR*-Aktionen ist sowieso potentiell jedes Listenwort - ob sichtbar oder nicht - vom *COLLECTOR* abzusuchen. Wir fassen daher von vornherein eine sequentielle Suche ins Auge. Um festzustellen, ob alle sichtbaren Wörter tatsächlich mit B markiert worden sind, kann der *COLLECTOR* die im neuen Durchlauf mit B markierten Wörter zählen und mit der Anzahl vom alten Durchlauf vergleichen; falls keine neuen hinzugekommen sind, kann die Markierungsphase als abgeschlossen betrachtet werden. Demnach ergibt sich die *COLLECTOR*-Schleife folgendermaßen:

```
COLLECTOR : do 'solange erwünscht' →
                MARKIERE;
                SAMMLE
            do
```

Die beiden Phasen sind in den Abbildungen 7.35 und 7.36 dargestellt. Die Aktion d_3 : $\langle$ Füge i in die freie Liste ein $\rangle$ in der Sammelphase kann etwa durch:

$$\langle\, M[i].son_1 := FREE.son_1;\ M[i].son_2 := 0;\ FREE.son_1 := i \,\rangle$$

implementiert werden.

MARKIERE:

```
var   mark: {false, true} (init true);
      bc, i: ℕ; oldbc: ℕ (init 0);
        % oldbc ist old − black − count; gezählt werden die B − Wörter
        % zwischen M[3] und M[N] - deswegen 0 als Initialisierung
I1 →    b1    do ⟨ mark ⟩ →
        b2      ⟨ i := 1 ⟩;
I2 →    b3      do ⟨ i ≤ N ⟩ →
        b4        if ⟨ M[i].col = B ⟩ →
        b5             ⟨ M[M[i].son1].col := B ⟩;
        b6             ⟨ M[M[i].son2].col := B ⟩
        b7        □ else → skip
        b8        fi; ⟨ i := i + 1 ⟩
                od;
P'' →
        b9      ⟨ bc := 0 ⟩;
        b10     ⟨ i := 3 ⟩;
        b11     do ⟨ i ≤ N ⟩ →
        b12       if ⟨ M[i].col = B ⟩ →
        b13            ⟨ bc := bc + 1 ⟩
        b14       □ else → skip
        b15       fi; ⟨ i := i + 1 ⟩
                od;
P' →
        b16     if ⟨ bc > oldbc ⟩ →
        b17            ⟨ oldbc := bc ⟩
        b18     □ ⟨ bc ≤ oldbc → mark := false ⟩
                fi
              od; % Ende von MARKIERE; P gilt.
```

Abbildung 7.35. Die Markierungsphase des *COLLECTOR*s

Der Beweis der Korrektheit des Programms beruht auf den beiden folgenden Korrektheitskriterien, das erste eine *safety*-, das zweite eine *liveness*-Eigenschaft:

KK1: Der *COLLECTOR* modifiziert die Datenstruktur der Liste nur in der Aktion d_3, und dort nur durch Einfügen eines unsichtbaren Wortes in die Freiliste.

KK2: Jedes Abfallwort wird irgendwann einmal in die Freiliste eingefügt (sofern der *COLLECTOR* nur lange genug läuft).

SAMMLE: % P gilt.

```
d0  ⟨i := 3⟩;
d1  do ⟨ i ≤ N ⟩ →
d2        if ⟨ M[i].col = W ⟩ →   % aus P folgt, daß M[i] Abfall ist
d3              ⟨ Füge i in die freie Liste ein ⟩
d4        ▯ ⟨ M[i].col ≠ W ⟩ →
d5              ⟨ M[i].col := W ⟩
d6        fi; ⟨ i := i + 1 ⟩
    od
```

Abbildung 7.36. Die Sammelphase des *COLLECTOR*s

Um *KK1* zu beweisen, genügt es, zu zeigen, daß zwischen MARKIERE und SAMMLE die folgende Formel gilt, die nur eine Umformulierung der vorher definierten Aussage ist:

$$P \equiv \quad \forall i: M[i].col = W \quad \Rightarrow \quad M[i] \text{ ist nicht sichtbar.}$$

Wie wir schon gesehen haben, ist P eine Invariante über den *MUTATOR*; wenn also bewiesen werden kann, daß die MARKIERE-Schleife P herstellt, dann folgt, daß der SAMMLE-Algorithmus in der Tat nur unsichtbare Wörter in die Freiliste aufnimmt.

Um P an der angegebenen Stelle (Ende von MARKIERE) beweisen zu können, muß die Wirkungsweise der MARKIERE-Schleife genauer analysiert und eine geeignete Invariante gefunden werden, die nicht nur eine Invariante der Schleife b_1-b_{18}, sondern auch den *MUTATOR*-Aktionen gegenüber invariant ist. Wenn ein W-Wort sichtbar ist, dann gibt es einen Weg von einem B-Wort (nämlich *FREE* oder *ROOT*) zu diesem W-Wort. Auf diesem Weg gibt es (mindestens) ein Paar von benachbarten Worten i und k, so daß $M[i].col = B$ und $M[k].col = W$ ist. Wir drücken dies durch das folgende Prädikat aus:

$$\begin{aligned} BW(i,k) \quad \equiv \quad & M[i] \text{ ist sichtbar} \quad \wedge \quad \exists\, l \in \{1,2\}: k = M[i].son_l \\ & \wedge \; M[i].col = B \;\wedge\; M[k].col = W. \end{aligned}$$

Des weiteren müssen die Variablen *bc* und *oldbc* in Beziehung gesetzt werden zur Anzahl b der zwischen $M[3]$ und $M[N]$ (*inklusive*) tatsächlich vorhandenen B-Wörter:

$$b \quad = \quad |\{i \mid 3 \le i \le N \wedge M[i].col = B\}|.$$

Die Zahl b ist zustandsabhängig und kann sich beispielsweise durch eine Ausführung der *MUTATOR*-Aktion a_1 ändern. Wir behaupten, daß folgendes die gesuchte Invariante der MARKIERE-Schleife ist:

$$\begin{aligned} I_1 \quad \equiv \quad & [mark = \mathbf{true} \;\wedge\; b \ge oldbc] \\ & \vee\; [(b = bc = oldbc) \;\wedge\; (\neg \exists\, i,k: BW(i,k))] \end{aligned}$$

Aus I_1 folgt P (mit der Schleifenausgangsbedingung $mark = \mathbf{false}$) sofort. Außerdem ist I_1 - mit dem gleichen Argument wie für P - invariant über die *MUTATOR*-Aktionen, denn $b \ge oldbc$ gilt stets (außer eventuell in der Sammelphase). Natürlich ist I_1 anfänglich, vor der `MARKIERE`-Schleife, gültig, denn dann gilt $mark = \textbf{true}$ und $oldbc = 0$. Um nachzuweisen, daß I_1 eine Invariante der Schleife b_1-b_{18} ist, zeigen wir, daß vor b_{16} gilt:

$$\begin{aligned} P' \equiv\ & [mark = \textbf{true} \wedge b \geq bc > oldbc] \\ \vee\ & [(b = bc = oldbc) \wedge \neg\exists i, k{:}\, BW(i, k)] \end{aligned}$$

Aus P' folgt die Invarianz von I_1, weil durch b_{17} der erste Term von I_1, durch b_{18} aber der zweite Term von I_1 hergestellt wird, und während `MARKIERE` immer $b \geq bc$ gilt.

Um andererseits P' zu beweisen, zeigen wir, daß vor b_9 gilt:

$$\begin{aligned} P'' \equiv\ & [mark = \textbf{true} \wedge b > oldbc] \\ \vee\ & [b = oldbc \wedge \neg\exists i, k{:}\, BW(i, k)] \end{aligned}$$

Aus P'' folgt P' durch sequentielles Argumentieren (über b_9-b_{15}) und den beiden Tatsachen, daß der *MUTATOR* die Anzahl der B-Wörter erhöhen, aber nicht verringern kann, und, falls $\neg\exists i, k{:}\, BW(i, k)$, dann der *MUTATOR* die Anzahl der B-Wörter nicht verändern kann.

Der komplizierteste Teil des Beweises ist das Auffinden einer Invarianten I_2 für die innere Schleife b_3-b_8, die P'' impliziert. Die Idee ist die folgende: entweder wird durch die Markierungen in b_3-b_8 die Anzahl der B-Wörter erhöht; dann gilt der erste Term von P''. Oder aber es besteht die Gefahr, daß der zweite Term von P'' nicht wahr wird. Dann muß es ein BW-Paar $BW(i', k')$ *vor* dem laufenden Index i der inneren Schleife geben (denn ein solches BW-Paar *nach* i würde durch die Schleife b_3-b_8 entdeckt werden und $M[k'].col$ würde zu B gesetzt werden). Die Invariante I_2 behauptet, daß, falls es ein BW-Paar *vor* i gibt, dann auch eines *nach* i; daraus folgt P'', weil das BW-Paar nach i durch die Schleife entdeckt wird (oder aber mindestens eins der beiden BW-Paare zur Erhöhung von b beiträgt) und dann $b > oldbc$ gilt, also der erste Term von P''.

$$\begin{aligned} I_2 \equiv\ & [mark = \textbf{true} \wedge b > oldbc] \\ \vee\ & [b = oldbc \wedge (\exists i', l', k'{:}\, (i' < i \vee i' = i \wedge l' < l) \\ & \qquad\qquad \wedge BW(i', k') \wedge k' = M[i'].son_{l'} \\ & \qquad\qquad \Rightarrow \exists \bar{i}, \bar{l}, \bar{k}{:}\, (\bar{i} > i \vee \bar{i} = i \wedge l \leq \bar{l}) \\ & \qquad\qquad \wedge BW(\bar{i}, \bar{k}) \wedge \bar{k} = M[\bar{i}].son_{\bar{l}}) \\ &], \end{aligned}$$

wobei l eine Hilfsvariable ist, die in b_2 und b_6 zu 1 und in b_5 zu 2 gesetzt wird[9]. I_2 ist natürlich anfänglich (vor dem erstmaligen Ausführen der Schleife b_1-b_8) gültig, weil $b \geq oldbc$ gilt und die Prämisse der Implikation in I_2 falsch ist. Falls im Verlauf der Schleifenausführung diese Prämisse einmal wahr geworden sein sollte, dann muß das BW-Paar mit den Indices i' und k' (vor i) vom *MUTATOR* eingerichtet worden sein, und zwar so, daß a_1 noch nicht ausgeführt worden ist. Weil aber $M[k']$ vor der a_0-Aktion des *MUTATOR*s sichtbar gewesen ist, muß es ein weiteres BW-Paar $\bar{i}, \bar{k}$ geben, das vom *COLLECTOR* zu diesem Zeitpunkt noch nicht entdeckt worden ist und das auch nicht vom *MUTATOR* eingerichtet worden sein kann, weil dieser sich sonst zwischen a_0 und

[9]Die Indexrechnung in I_2 wird nur deswegen so kompliziert, weil ein Wort zwei Verweise beherbergen kann; die Idee ist einfach: i' liegt **vor** i (*exklusive*) und $\bar{i}$ liegt **nach** i (*inklusive*).

a_1 für dieses andere *BW*-Paar befinden würde, und das daher nach i liegt. (Hier geht die Reihenfolge der beiden Aktionen a_0 und a_1 ein - siehe Übungsaufgabe 7.8.18.) P'' folgt aus I_2, weil unter der Bedingung $i = N + 1 \wedge l = 1$ keine Zahlen $\bar{i}$, $\bar{l}$, $\bar{k}$ wie gefordert existieren können; dies beendet den Nachweis von *KK1*.

Zum Nachweis der Terminierung der b_1-b_{18}-Schleife kann die Größe:

$$\tau \;=\; (N - oldbc + mark - 3)$$

betrachtet werden (für diesen Zweck werden 0 mit **false** und 1 mit **true** identifiziert). Sie erfüllt alle Eigenschaften einer Terminierungsfunktion. Dann folgt *KK2*, weil in den `SAMMLE`-Aktionen d_2-d_5 alle Wörter entweder sichtbar gemacht oder mit *W* markiert werden. Die nicht sichtbar gemachten, mit *W* markierten Wörter sind Abfall, deren Status als Abfall vom *MUTATOR* nicht verändert werden kann und die demzufolge in der nächsten `MARKIERE`-Phase nicht mit *B* markiert werden und in der darauffolgenden Sammelphase in die Freiliste eingekettet werden. Daß das Programm keinen Deadlock hat, folgt daraus, daß alle seine Alternativkommandos die Eigenschaft haben, daß eine ihrer Alternativen immer betretbar ist; das Programm ist frei von echten Warteanweisungen.

7.7 Literaturangaben

Das Problem des kritischen Abschnitts geht auf [92] zurück. Das Lehrbuch von Raynal [220] beschreibt nicht nur Lösungen im Globalspeichermodell, sondern auch nachrichtenorientierte Lösungen. Zum Semaphorbegriff ist [94] die erste Referenz. Der Name *Semaphor* erinnert an Flaggen, die auf Bahnhöfen benutzt werden, um beim Rangieren von Zügen Zusammenstöße zu vermeiden. Die Buchstaben *P* und *V* stehen für die niederländischen Bezeichnungen für 'Warten' bzw. 'freie Fahrt'. Allgemeine **wait**-Anweisungen wurden zum Beispiel von Brinch Hansen in [61] vorgeschlagen. [9] gibt eine Übersicht über solche und andere *SDPROG*-ähnliche Sprachkonstrukte. Die Warteanweisung wird oft mit **await** bezeichnet (z.B. in [206]), aber die Verbindung zur sequentiellen Alternativanweisung wird nicht allzu häufig gesucht.

Zur Übersetzung von *SDPROG*-Programmen in Kontrollprogramme und Petrinetze siehe z.B. [41, 43, 45]. Die operationale Semantik paralleler Programme kann auch deduktiv (z.B. [215]) und denotational (z.B. [30]) angegeben werden. Die meisten Formalisierungsvorschläge sind, wie auch unsere, von der Idee beeinflußt, die Variablen und die atomaren Aktionen eines Programms als fundamentale Diskretisierungseinheiten von Raum bzw. Zeit zu betrachten. Diese Idee stimmt mit der aus der Netztheorie stammenden Unterscheidung zwischen Stellen und Transitionen überein. Die Arbeit [169] gibt unter anderen über die Schwierigkeiten Auskunft, die entstehen, wenn Aktionsatomarität nicht vorausgesetzt wird.

Zu den Begriffen der Stabilität und Invarianz von Prädikaten vergleiche man auch [20] und [159, 237]. Die kausale Semantik von *SDPROG*-Programmen ist zum Beispiel in [45, 49] untersucht worden. Die hier angegebene Netzsemantik, die in der Regel große Netze erzeugt, ist eine kausale Basissemantik, die mittels uniformer Darstellung durch S-Komponenten prinzipielle Umrechnungen von Kontrollflüssen in Datenflüsse erlaubt. In praktischen Fällen wird man häufig statt elementarer Netze eine der Klassen höherer Netze [32, 118, 151, 223] zur Anwendung bringen. Die Unterscheidung zwischen Fairness und Fortschritt wurden in Arbeiten von Kwiatkowska,

Mazurkiewicz et al. und Reisig [163, 192, 222] diskutiert. Zum Begriff der Unabhängigkeit atomarer Aktionen vergleiche man auch [37, 53, 117]. Das Problem der Leser und Schreiber und seine Lösung wurden in [77] angegeben.

Die Owicki / Gries-Methode wurde in [205, 206] publiziert; siehe auch [98]. Was hier parallele Gültigkeit heißt, wurde dort *interference freeness* genannt. Die Methode hat unter anderem Eingang in die Lehrbücher von Apt / Olderog [18] und Francez [116] gefunden; letzteres enthält auch Konsistenz- und Vollständigkeitsbeweise. Der Owicki / Gries-Beweis von Petersons Algorithmus (Abschnitt 7.5.5) stammt von Dijkstra [102]. In diesem Buch betrachten wir weder für *SDPROG*-noch für *CSP*-Programme eine wp-Semantik; hierzu vergleiche man [60, 112, 169].

Zum Puffer-Programm (Abschnitt 7.6.1) siehe z.B. [263]. Die Parallelisierungsmöglichkeit des Warshall-Algorithmus wurde oft gesehen (z.B. [41, 235, 236]). Der parallele Eulerkreisalgorithmus ist mit Modifikationen aus [39] entnommen, der sequentielle Algorithmus und die Bildergalerie-Interpretation stammen aus [204]. Der Petrinetzbeweis von Petersons Algorithmus findet sich teilweise in [52]. Die Idee, die Fallen eines Netzes zum Beweis von Programminvarianten zu nutzen, stammt aus [40], die Idee, (bedingte) Fairness durch T-Invarianten nachzuweisen, aus einem Papier von Bruns und Esparza [70], wo analoge Beweise für Dekkers und Dijkstras Algorithmen zu finden sind. Das Programm aus Abschnitt 7.6.5 und der lokale Beweis mit Hilfe von Invarianten stammen von Dijkstra [100]. Trotz der von Dijkstra gewählten Verkleidung als Fixpunktproblem handelt es sich bei der Eigenschaft (7.10) um eine Terminierungsübereinkunft der beteiligten Komponenten. Dazu ist nur die Gültigkeit bzw. die Ungültigkeit der i Gleichungen $y_i = f_i(y)$ relevant, was auch unter Verwendung eines entsprechenden Booleschen Feldes implementiert werden kann (vgl. auch [40, 99]). Die Heuristik für Dijkstras lokalen Beweis stammt aus [38], der global-operationale Beweis aus [41]. Das Programm wurde auch von Gribomont [129] im Zusammenhang mit Programmentwicklung diskutiert. Der parallele Listenbereinigungsalgorithmus des Abschnitts 7.6.6 stammt von Ben-Ari [33] und geht auf einen früheren, etwas komplizierteren Algorithmus zurück [106]. Laut [33] ist er in einem existierenden Prozessor implementiert worden [218]. Der Algorithmus wurde von Jonker [153] verallgemeinert und genauer analysiert.

Die Lösung, die für Aufgabe 7.8.6(b) in Anhang A.2 angegeben ist, stammt aus [208]. Ihre Optimierung mittels eines Binärbaums im Aufgabenteil (c) wurde von Schirnick und dem Autor nach einer Idee aus [74] ausgearbeitet. Die Lösung der Aufgabe 7.8.6(a) ergab sich aus einer Verallgemeinerung der in Abschnitt 7.4.1 beschriebenen Herleitungsschritte. Die Übung 7.8.8 stammt von [195]; man vergleiche auch [220]. Zur Übung 7.8.18 siehe [213]. Übung 7.8.20 wurde mit Modifikationen dem Buch von Barringer [31] entnommen. Ein Beweis ist auch in [45] enthalten. Zu Übung 7.8.21 vergleiche man auch [18].

Die Lehrbücher [8, 34, 74, 264] enthalten Beschreibungen grundlegender Konzepte für die parallele Programmierung. Reale Maschinen, die über viele hundert Allzweckprozessoren mit globalem Speicher verfügen, sind zum Beispiel in [72, 114, 134] diskutiert.

7.8 Übungsaufgaben

1. Man zeige:
$$\begin{aligned} m(\textbf{skip}) &= m(\langle \textbf{true} \rangle) \\ &= m(\textbf{if } \langle \textbf{true} \rightarrow \textbf{skip} \rangle \textbf{ fi}) \\ &= m(\langle \textbf{if true} \rightarrow \textbf{skip fi} \rangle) \\ &= m(\textbf{if true} \rightarrow \textbf{skip fi}) \end{aligned}$$

und gebe jedesmal an, wo die Definition von $m(\ldots)$ steht. Gelten die Gleichungen auch für **abort** und **false** statt **skip** und **true**?

2. Seien c ein *SDPROG*-Programm und $x \subseteq Z(c)$ eine Endzustandsmenge. Man definiere die Menge $wp(c, X) \subseteq Z(c)$ unter Benutzung der operationalen (nicht der relationalen) Semantik.

3. Man finde Gegenbeispiele zu den Umkehrungen der Aussagen (i), (ii) von Satz 7.3.1.

4. Man gebe für 2 Leser und einen Schreiber ein Petrinetz im Sinne von Abschnitt 7.3.4 für die Abbildung 7.8 an, worin die Variablen r und w (aber nicht die Variable rc) als S-Komponenten enthalten sind.

5. Der Algorithmus von Peterson (Abbildung 7.15) verliert die kritische Abschnitts-Eigenschaft, wenn in π_1 die beiden ersten Aktionen vertauscht werden. Man gebe ein Szenario.

6. (a) Man verallgemeinere Petersons Algorithmus auf 3 Programme.
   (b) Man verallgemeinere Petersons Algorithmus auf n Programme ($n \geq 2$).
   Hinweis: Man kann den Eintritt in den kritischen Abschnitt stufenweise mit $n-1$ Stufen programmieren; in der ersten Stufe wird einer der $n-1$ anderen Programme ausgeschlossen, in der zweiten Stufe einer der verbleibenden $n-2$ Programme usw.
   (c) Man optimiere die Lösung unter (b) durch Ausnutzung eines binären Baumes. Dazu soll n als Zweierpotenz angenommen werden: $n = 2^k$.

7. Man beweise Dekkers Algorithmus $c = c_1 \| c_2$ für den wechselseitigen Ausschluß (siehe Bild 7.37; der Anfangswert von *hold* ist 2; die Komponente c_2 ergibt sich durch Vertauschen von 1 und 2).

$$
\begin{array}{lll}
c_1: & \mathbf{do} & \langle \mathbf{true} \rangle \rightarrow \langle in_1 := \mathbf{true} \rangle; \\
& & \mathbf{do}\ \langle in_2 \rangle \rightarrow \quad \mathbf{if}\ \langle hold = 2 \rangle \rightarrow \langle \mathbf{skip} \rangle\ \mathbf{fi}; \\
& & \qquad\qquad\quad \langle in_1 := \mathbf{false} \rangle; \\
& & \qquad\qquad\quad \mathbf{if}\ \langle hold = 1 \rangle \rightarrow \langle \mathbf{skip} \rangle\ \mathbf{fi}; \\
& & \qquad\qquad\quad \langle in_1 := \mathbf{true} \rangle \\
& & \mathbf{od}; \\
& & kA_1; \\
& & \langle hold := 2 \rangle; \\
& & \langle in_1 := \mathbf{false} \rangle \\
& \mathbf{od} &
\end{array}
$$

Abbildung 7.37. Dekkers Algorithmus $c_{dekker} = c_1 \| c_2$

8. Man beweise den Algorithmus von Morris für den wechselseitigen Ausschluß (Abbildung 7.38). Der Algorithmus benutzt die folgende Deklaration:

   $\mathbf{var}\ a, b : \{0, 1\}\ (\mathbf{init}\ 1);\ \ m : \{0, 1\}\ (\mathbf{init}\ 0);\ \ na, nm : \mathbb{N}\ (\mathbf{init}\ 0).$

   Man verdeutliche die Struktur des Algorithmus anhand von atomaren Aktionen wie in Abschnitt 7.3.7 (anstatt daß m zu 0 initialisiert wird, kann angenommen werden, daß das ganze Programm von einer $P(m)$-$V(m)$-Klammer umschlossen ist und anfänglich $m = 1$ gilt).

$$
\begin{array}{ll}
c_i: & P(b);\ na := na + 1;\ V(b); \\
 & P(a);\ nm := nm + 1; \\
 & \quad P(b);\ na := na - 1; \\
 & \quad \textbf{if}\ na = 0 \rightarrow V(b);\ V(m) \,\Box\, na \neq 0 \rightarrow V(b);\ V(a)\ \textbf{fi}; \\
 & P(m);\ nm := nm - 1; \\
 & kA; \\
 & \textbf{if}\ nm = 0 \rightarrow V(a) \,\Box\, nm \neq 0 \rightarrow V(m)\ \textbf{fi}
\end{array}
$$

Abbildung 7.38. Morris' Algorithmus $c_{morris} = c_1 \| \ldots \| c_n$

9. Man beweise unter Verwendung des Owicki / Gries-Beweissystems die folgende Aussage: $\{x > 0 \wedge y > 0\}\ c\ \{x = 0 \wedge y > 0\}$, mit:

$$
\begin{array}{lllll}
c \equiv & \textbf{var}\ x, y\colon \mathbb{Z}; & & & \\
 & \textbf{if} & \langle\, y > 5 \rightarrow y := -y \,\rangle & \| \ \textbf{if} & \langle\, y = 0 \,\rangle \rightarrow \langle\, x := 0 \,\rangle \\
 & \Box & \langle\, x > 0 \,\rangle \rightarrow \langle\, x := 0 \,\rangle & \quad \Box & \langle\, y \geq 0 \rightarrow y := y + 5 \,\rangle \\
 & \textbf{fi} & & \quad \textbf{fi} &
\end{array}
$$

10. In der Abbildung 7.17 seien s_1, s_2, s_3 die Stellen des linkes Netzes ($s_1 = \mathit{first}(c_1)$, s_2 die mit R_1 beschriftete Stelle, $s_3 = \mathit{last}(c_1)$). Seien s_1', s_2', s_3' die Stellen des rechten Netzes ($s_1' = \mathit{first}(c_{schl1})$, s_2' die mit R beschriftete Stelle, $s_3' = \mathit{last}(c_{schl1})$). Man zeige, daß folgende Annotation $\mathcal{A}$ sequentiell und parallel gültig ist:

$$
\begin{array}{lcl}
\mathcal{A}(s_1) & = & \{x = 0\} \\
\mathcal{A}(s_2) & = & \{x = 0 \vee x = 1\} \\
\mathcal{A}(s_3) & = & \{x = 0 \vee x = 1 \vee x = 2\} \\
\mathcal{A}(s_1') & = & \{x = 0 \vee x = 1 \vee x = 2\} \\
\mathcal{A}(s_2') & = & \{x = 1 \vee x = 2\} \\
\mathcal{A}(s_3') & = & \{x = 0 \vee x = 1 \vee x = 2\}.
\end{array}
$$

Man wandle $\mathcal{A}$ so ab, so daß das Resultat sequentiell, aber nicht parallel (bzw. parallel, aber nicht sequentiell) gültig ist.

11. Kann das erste Puffer-Programm (Abschnitt 7.6.1) in kleinere atomare Aktionen aufgespalten werden?

12. Man implementiere alle drei Programmstücke des Abschnitts 7.6.1 mit Hilfe von binären Semaphoren gemäß Abschnitt 7.3.7.

13. Man zeige ausführlich den Fall 2 im Beweis der Invarianz von I in Abschnitt 7.6.2.

14. (i) Mit der Initialisierung der *suc*-Funktion wie in (7.9) gebe man ein Szenario des Programms aus Abbildung 7.29, das den zu Beginn von Abschnitt 7.6.3 angegebenen Eulerkreis produziert.

(ii) Wieso wird das Eulerkreisprogramm aus Abbildung 7.29 falsch, wenn das Knotenprogramm für v^0 genau wie das für v aufgebaut wird und anfänglich alle Kanten B gefärbt werden, bis auf eine, die W gefärbt wird? Man gebe sowohl ein Gegenszenario, als auch in der Beweisskizze dasjenige Argument an, das dann nicht mehr gilt.

(iii) Man gebe für die Abbildung 7.27 einen Eulerkreis an, der vom parallelen, aber nicht vom sequentiellen Algorithmus produziert werden kann.

(iv) Man gebe für die Abbildung 7.27 einen Eulerkreis an, der vom parallelen Algorithmus nicht produziert werden kann.

(v) In einem der Knotenprogramme c^v sei die atomare Aktion a_4^v in zwei kleinere aufgebrochen; man zeige, daß der sich ergebende Algorithmus inkorrekt ist.

15. Man löse das Eulerkreisproblem durch ein schleifenfreies paralleles Programm, dessen Komponenten nicht den Knoten, sondern den Kanten (oder den Kantenpaaren) des Graphen zugeordnet sind.

16. Man zeige, daß alle ganzzahligen semipositiven T-Invarianten der Abbildung 7.30 sich additiv aus $\mathcal{J}_1, \ldots, \mathcal{J}_8$ ergeben.

17. (i) Man zeige, daß die Variablen r_i in folgendem Programm äquivalent zu den in Abschnitt 7.6.5 definierten Prädikaten R_i sind (r_i = **true** zu Beginn).

$$
\begin{array}{lll}
c_i \equiv & \textbf{do}\ \langle \exists\, j{:}\, h_j = \textbf{true}\rangle \ \rightarrow & \\
& \quad \textbf{if}\ \langle y_i = f_i(y) \rightarrow h_i := \textbf{false};\ r_i := \exists\, k{:}\, r_k \wedge \neg s_{ki}\ \rangle & \\
& \quad \Box\, \langle\, y_i \neq f_i(y) \rightarrow y_i := f_i(y);\ \forall j{:}\ (s_{ij} := \textbf{false};\ r_j := \textbf{true})\,\rangle; & \\
& \qquad \forall j{:}\ \langle\, h_j := \textbf{true};\ s_{ij} := \textbf{true}\,\rangle & \\
& \quad \textbf{fi} & \\
& \textbf{od}. &
\end{array}
$$

(ii) Die folgende Annotation soll als gültig nachgewiesen werden:

$$
\begin{array}{ll}
c_i \equiv & \textbf{do}\ \ \langle \exists\, j{:}\, h_j = \textbf{true}\rangle \ \rightarrow\ \ \{\forall j{:}\, s_{ij} = \textbf{true}\} \\
& \quad \textbf{if}\ \langle y_i = f_i(y) \rightarrow h_i := \textbf{false}\rangle \\
& \quad \Box\, \langle\, y_i \neq f_i(y) \rightarrow y_i := f_i(y);\ \forall j{:}\, s_{ij} := \textbf{false}\,\rangle; \\
& \qquad \{R_i \wedge \forall j{:}\, \neg s_{ij}\}\ \forall j{:}\ (\{R_i \wedge \neg s_{ij}\}\langle h_j := \textbf{true};\ s_{ij} := \textbf{true}\rangle) \\
& \quad \textbf{fi} \\
& \textbf{od}.
\end{array}
$$

18. Man zeige, daß der Garbage-Collector-Algorithmus falsch wird, wenn im *MUTATOR* die beiden Aktionen a_0 und a_1 in ihrer Reihenfolge vertauscht werden.

19. Kann die Aktion b_{18} in Abbildung 7.35 in zwei kleinere Aktionen auseinandergezogen werden?

20. Das Programm in Abbildung 7.39 ist eine schwach gekoppelte *SDPROG*-Version eines Beispiels aus Kapitel 8. Gegeben seien zwei endliche, disjunkte, nichtleere Mengen von ganzen Zahlen, L_0 und H_0; L steht für *low* und H steht für *high*. Für eine Menge X ist 2^X_{fin}, *per definitionem*, die Menge aller endlichen Teilmengen von X. Anfänglich gilt $L = L_0$ und $H = H_0$. Man zeige: das Programm c_{minmax} verändert L und H so, daß bei Terminierung der Komponente α_1 folgendes gilt:

(M1) $L \cup H = L_0 \cup H_0$,
(M2) $|L| = |L_0|$ und $|H| = |H_0|$,
(M3) $\max(L) < \min(H)$.

$$
\begin{array}{lll}
 & \textbf{var } L\text{: } 2^{\mathbb{Z}}_{fin} \text{ } (\textbf{init } L_0);\ H\text{: } 2^{\mathbb{Z}}_{fin} \text{ } (\textbf{init } H_0);\ x, y, Px, Py\text{: } \mathbb{Z} \text{ } (\textbf{init } Px = 0 = Py); & \\
c_1 : & \langle y := \min(H) - 1 \rangle; & a_0 \\
 & \textbf{do } \langle \max(L) > y \rangle \rightarrow & b_1, \overline{b}_1 \\
 & \quad \langle x := \max(L) \rangle; & a_1 \\
 & \quad \langle Px := Px + 1 \rangle; & a_2 \\
 & \quad \langle L := L \backslash \{x\} \rangle; & a_3 \\
 & \quad \textbf{if } \langle Py > 0 \rightarrow Py := Py - 1 \rangle \textbf{ fi}; & a_4 \\
 & \quad \langle L := L \cup \{y\} \rangle; & a_5 \\
 & \textbf{od} & \\
 & & \\
c_2 : & \textbf{do true} \rightarrow & b_2, \overline{b}_2 \\
 & \quad \textbf{if } \langle Px > 0 \rightarrow Px := Px - 1 \rangle \textbf{ fi}; & a_6 \\
 & \quad \langle H := H \cup \{x\} \rangle; & a_7 \\
 & \quad \langle y := \min(H) \rangle; & a_8 \\
 & \quad \langle Py := Py + 1 \rangle; & a_9 \\
 & \quad \langle H := H \backslash \{y\} \rangle; & a_{10} \\
 & \textbf{od} &
\end{array}
$$

Abbildung 7.39. Das Programm c_{minmax}

21. Sei $h\colon \mathbb{Z} \rightarrow \{\textbf{false}, \textbf{true}\}$ eine Funktion. Man schreibe ein terminierendes *SDPROG*-Programm $c = c_1 \| c_2$, wobei c_1 mit Hilfe einer Variablen i für nichtnegative Argumente prüft, ob $h(i)$ gilt, und c_2 mit Hilfe einer Variablen j für negative Argumente prüft, ob $h(j)$ gilt, d.h. für das Programm soll $\{\textbf{true}\}\ c_1 \| c_2\ \{h(i) \vee h(j)\}$ wahr sein. Das Programm soll genau dann terminieren, wenn $\exists k \in \mathbb{Z}\colon h(k)$ gilt.

22. Man schreibe ein *SDPROG*-Programm mit zwei parallelen Teilprogrammen zum Sortieren eines Feldes A ganzer Zahlen der Länge $2 \cdot N$, $N \in \mathbb{N}$:

    $\textbf{var } A : \textbf{array } \{0, \ldots, 2 \cdot N - 1\} \textbf{ of } \mathbb{Z}.$

    Die Parallelität soll ausgenutzt werden, um die Laufzeit zu optimieren.

23. Man schreibe einen *SDPROG*-Algorithmus, der das Maximum eines Feldes $A[0..N]$ bestimmt, wobei $N = 2^k - 1$ ($k \in \mathbb{N}$) gilt. Es stehen N Prozessoren zur Verfügung. Der Algorithmus soll eine ungefähre Laufzeit der Ordnung $O(\log(N))$ haben.

24. Man schreibe einen Algorithmus, mit dem für m Felder mit je $N + 1$ Elementen (N wie in Aufgabe 23) jeweils das Maximum bestimmt wird. Kann man ein Verfahren finden, das eine ungefähre Laufzeit der Ordnung $O(\log(N) + m)$ hat?

Kapitel 8. Kommunizierende Programme

Haben zwei Rechner oder zwei Prozessoren, die miteinander kommunizieren sollen, keinen gemeinsamen Speicher zur Verfügung, dann muß die Kommunikation zwischen ihnen auf andere Weise bewerkstelligt werden. Eine Alternative zur Benutzung von globalem Speicher ist der Austausch von Nachrichten über spezielle Verbindungen oder *Kanäle* zwischen den Rechnern. In [138] hat C.A.R. Hoare vorgeschlagen, Dijkstras *guarded-command*-Notation mit Ein- und Ausgabeanweisungen zu erweitern, um stark gekoppelten Informationsaustausch an explizit definierten Schnittstellen zwischen den Komponenten eines parallelen Programms ausdrücken zu können. Die in diesem Kapitel betrachtete *CSP*-Notation orientiert sich an Hoares Vorschlag.

Die *CSP*-Notation verwirklicht konsequent die Idee, daß die Variablen eines parallelen Programms lokal deklariert werden müssen und daß Kommunikation zwischen den sequentiellen Programmkomponenten ausschließlich an den dafür vorgesehenen Schnittstellen möglich ist. In *CSP* realisiert eine solche Schnittstelle eine Zuweisung $x := e$, die insofern auf zwei verschiedene Komponenten verteilt ist, als die linke Seite x zu einer Komponente, die Variablen der rechten Seite e aber zu einer anderen Programmkomponente gehören müssen. Wegen dieser Lokalitätseigenschaft sind die atomaren Aktionen der Sprache *CSP* implizit definierbar, ohne daß die Aktionsklammern $\langle \ldots \rangle$ benutzt zu werden brauchen. Wir werden die Syntax von *CSP* daher nicht als eine Erweiterung der *SDPROG*- oder der *APROG*-Syntax, sondern als eine Erweiterung der *USEQPROG*-Syntax mit dem Paralleloperator $\|$ und den erwähnten Ein- / Ausgabe-Anweisungen festlegen.

Dieses Kapitel hat den folgenden Aufbau. In Abschnitt 8.1 legen wir die Syntax der Notation *CSP* fest und motivieren sie anhand einiger kleiner Beispiele. In Abschnitt 8.2 definieren wir die sequentielle operationale Semantik von *CSP* durch eine Übersetzung, die jedem *CSP*-Programm ein Kontrollprogramm zuordnet. In Abschnitt 8.3 werden mögliche Vereinfachungen bzw. Erweiterungen knapp diskutiert. Ein Beispiel zur Benutzung der operationalen Semantik wird in Abschnitt 8.4 gegeben. In Abschnitt 8.5 erörtern wir ein dem Owicki- / Griesschen analoges Beweissystem für *CSP*-Programme. Die Nachweise der Konsistenz und der Vollständigkeit dieses Beweissystems bezüglich der operationalen Semantik finden sich ebenfalls in Abschnitt 8.5. Der Abschnitt 8.6 präsentiert zum Schluß drei Beispiele zur Illustration sowohl der *CSP*-Notation als auch ihres Beweissystems.

8.1 Syntax und Beispiele

Ein *CSP*-Programm besteht aus *n sequentiellen Komponenten* $c_1 \| \ldots \| c_n$, die neben den *USEQPROG*-Anweisungen zwei weitere Anweisungstypen enthalten können: *EINGABE-Anweisungen* $c_j?x$ und *AUSGABE-Anweisungen* $c_i!e$. Die Syntax ist in Abbildung 8.1 dargestellt und wird im folgenden erklärt. Sie dupliziert die *USEQPROG*-Syntax, außer daß die beiden Kommandos *EINGABE* und *AUSGABE* entweder als neue Anweisungen oder als (Teile einer) Eingangsbedingung eines *guarded command* vorkommen dürfen.

Wir schicken eine Bemerkung zur Terminologie voraus: die beiden neuen Anweisungstypen haben wenig mit dem Input- / Outputverhalten $m(c)$ eines sequentiellen Programms c, das in Abschnitt 3.2.1 betrachtet worden ist, gemeinsam. Sie bedeuten vielmehr, wie wir noch erläutern werden, die Synchronisation und gleichzeitige Kommunikation zwischen zwei parallelen Programmen. Zur Unterscheidung haben wir deswegen zwei verschiedene Wortpaare gewählt: Input / Output für das relationale Verhalten eines Programms bzw. einer atomaren Aktion und Eingabe / Ausgabe für die *CSP*-spezifischen Kommandos.

$$
\begin{array}{lll}
\mathit{CSP} & ::= & c_1 :: \mathit{DECL}_1;\ \mathit{CMD}_1 \ \| \ \ldots \ \| \ c_n :: \mathit{DECL}_n;\ \mathit{CMD}_n \\
\mathit{CMD} & ::= & \mathbf{skip} \mid \mathbf{abort} \mid V := \mathit{EXPR} \mid A[\mathit{EXPR}_1] := \mathit{EXPR}_2 \mid V :=? \mid \\
 & & \mathit{EINGABE} \mid \mathit{AUSGABE} \mid \mathit{CMD}_1;\ \mathit{CMD}_2 \mid \\
 & & \mathbf{if}\ \mathit{GC}_1 \ \square \ \ldots \ \square \ \mathit{GC}_m\ \mathbf{fi} \mid \mathbf{do}\ \mathit{GC}_0\ \mathbf{od} \\
\mathit{GC} & ::= & \beta \to \mathit{CMD} \mid \beta;\ \mathit{EINGABE} \to \mathit{CMD} \mid \mathit{EINGABE} \to \mathit{CMD} \mid \\
 & & \beta;\ \mathit{AUSGABE} \to \mathit{CMD} \mid \mathit{AUSGABE} \to \mathit{CMD} \\
\mathit{EINGABE} & ::= & c_j?V \\
\mathit{AUSGABE} & ::= & c_j!\mathit{EXPR}
\end{array}
$$

Kontextbedingungen:

(a) c_i ist ein eindeutiger Name für die i'te Komponente.

(b) Falls c_i ein c_j adressierendes Ein- oder Ausgabekommando enthält, dann gilt $i \neq j$, und c_j enthält mindestens ein c_i adressierendes korrespondierendes Aus- bzw. Eingabekommando.

(c) Es dürfen keine globalen Variablen vorkommen, d.h.: sind $Var(c_i)$ die in der i'ten Komponenten deklarierten Variablen, gilt $i \neq j \Rightarrow Var(c_i) \cap Var(c_j) = \emptyset$.

(d) In V, *EXPR* bzw. β dürfen nur lokale Variablen vorkommen.

Abbildung 8.1. Syntax von *CSP*

Die *CSP*-Semantik schreibt vor, daß zwei Kommandos $c_j?x$ und $c_i!e$, wobei $c_j?x$ in der Komponente c_i vorkommt und $c_i!e$ in der Komponente c_j vorkommt ($j \neq i$), nur zusammen als eine einzige atomare Aktion mit der Wirkung einer Zuweisung $\langle x := e \rangle$ ausgeführt werden dürfen. Auf diese Weise wird der Effekt einer verteilten Zuweisung verwirklicht: x muß eine lokale Variable von c_i sein und e darf nur lokale Variablen von c_j enthalten. Die Ausführung von $c_j?x \| c_i!e$ bewirkt einen einen Informationsfluß von c_j nach c_i. Wir betrachten zunächst ein einfaches Beispiel:

$$
\begin{array}{llcll}
c_1 :: & \mathbf{var}\ x : \mathbb{Z}; & \| & c_2 :: & \mathbf{var}\ y, z : \mathbb{Z}; \\
& c_2!x;\ c_2?x & & & c_1?z;\ \ \mathbf{if}\ \ z \leq y \rightarrow\ c_1!z \\
& & & & \qquad\qquad \Box\ z > y \rightarrow\ c_1!y;\ \ y := z \\
& & & & \qquad\qquad \mathbf{fi}
\end{array}
$$

Bei einer Ausführung dieses Programms fließt Information zuerst durch eine verteilte Zuweisung $\langle z := x\rangle$ von c_1 nach c_2 und dann, je nachdem welche Alternative ausgeführt wird, durch $\langle x := z\rangle$ oder $\langle x := y\rangle$ von c_2 zurück nach c_1. Insgesamt wird bewirkt, daß die Werte von x und y ausgetauscht werden, falls anfänglich $x > y$ gilt, und daß die Werte von x und y unverändert bleiben, falls anfänglich $x \leq y$ gilt.

Bis auf die Stellen der Kommunikation sind zwei verschiedene Komponenten c_i und c_j, *per definitionem*, voneinander unabhängig. Es gibt keine gemeinsamen Variablen und keinen globalen, sondern nur die n lokalen Deklarationsteile. Weil Ein- und Ausgabeanweisungen in einer Komponente jeweils eine davon verschiedene Komponente adressieren, ist es nötig, eine Benennungskonvention einzuführen. *CSP* benutzt für diesen Zweck den doppelten Doppelpunkt, der den Namen einer Komponente von der Komponente trennt. Wir verwenden wieder die Bezeichnungen c, c', c_i etc. für *CSP*-Programme. Ein Ein- / Ausgabe-Kommando heißt c_j *adressierend*, wenn es von der Form $c_j?V$ oder $c_j!EXPR$ ist. Ein Eingabekommando $c_j?V$ von c_i und ein Ausgabekommando $c_i!EXPR$ von c_j heißen *korrespondierend*. Die Syntaxkontextbedingung (b) schreibt für korrespondierende Kommandos $i \neq j$ vor, d.h., eine Komponente darf nicht durch eine verteilte Zuweisung mit sich selbst kommunizieren.

Im Rest dieses Abschnitts erklären wir informell die Bedeutung von Ein- bzw. eine Ausgabeanweisungen, die als Eingangsbedingungen in einer alternativen Anweisung bzw. in einer Schleife vorkommen (siehe auch die Beispiele c_{dl1} und c_{dl2} in Abschnitt 4.2.4, Seite 129). Der Unterschied zwischen den beiden Programmstücken:

$$
\begin{array}{rl}
IF_1 \equiv & \mathbf{if\ true} \rightarrow c_j?x\ \ldots \Box \ldots\ \mathbf{fi} \\
\text{und}\quad IF_2 \equiv & \mathbf{if}\ x \geq 0;\ c_j?x \rightarrow \mathbf{skip}\ \ldots \Box\ \ldots\ \mathbf{fi},
\end{array}
$$

die beide laut Syntax in einer Komponente c_i mit $i \neq j$ enthalten sein müssen, besteht darin, daß die erste Alternative in IF_1 lokal ohne Rücksicht auf andere Alternativen oder auf Kommunikationspartner ausgeführt werden kann und daß danach keine der (eventuell mehreren) anderen Alternativen mehr zur Verfügung stehen. Dagegen stehen in IF_2 die anderen Alternativen noch weiter zur Verfügung, solange die Kommunikation mittels $c_j?x$ noch nicht stattgefunden hat. Anschaulich kann man sich vorstellen, daß der Pfeil $\rightarrow$ in beiden Kommandos IF_1 und IF_2 einen Kontrollpunkt darstellt, das Semikolon ; im Kommando IF_2 aber nicht. Wenn die erste Alternative von IF_1 betreten wird, dann ohne Änderung der Variablenwerte; die Kontrolle steht dann auf dem Pfeil $\rightarrow$ vor der Anweisung $c_j?x$ und andere Alternativen können danach nicht mehr eingegangen werden. Die erste Alternative von IF_2 kann nur betreten werden, wenn sowohl $x \geq 0$ gilt als auch c_j bereit ist, ein mit $c_j?x$ korrespondierendes Ausgabekommando $c_i!e$ auszuführen. Wenn sie betreten wird, dann, *per definitionem*, mit einer sofortigen Änderung der Kontrolle vom Punkt vor der IF_2-Anweisung auf den Kontrollpunkt $\rightarrow$ vor der Anweisung **skip** und mit gleichzeitiger Ausführung des Tests von $x \geq 0$ und der Kommunikation mit c_j. Solange diese zusammengesetzte Aktion nicht ausgeführt wird, stehen andere Alternativen noch zur Verfügung.

Eine Schleife mit kommunizierender Eingangsbedingung:

$$DO_0 \equiv \quad \mathbf{do}\; x \geq 0; c_j?x \;\rightarrow\; \mathbf{skip}\; \ldots\; \mathbf{od}$$

muß ebenfalls in einer Komponente c_i mit $i \neq j$ enthalten sein. Der Schleifeneintritt besteht aus dem gleichzeitigen Test von $x \geq 0$ und der Kommunikation mit c_j. Danach geht die Kontrolle auf den Pfeil $\rightarrow$ vor dem **skip**-Kommando über. Wenn zu Begin der Ausführung von DO_0 $x < 0$ gilt, dann kann DO_0, *per definitionem*, terminieren. Für diese Terminierung spielt der Teil $c_j?x$ der Eingangsbedingung von DO_0, in dem c_j adressiert wird, keine Rolle. Wir betrachten den anderen Fall, daß $x \geq 0$ gilt. In Hoares ursprünglicher *CSP*-Definition wurde die Konvention eingeführt, daß DO_0 dann auch terminieren kann, sofern der Kommunikationspartner c_j terminiert ist. Diese Konvention wird aus naheliegenden Gründen *induzierte Terminierung* genannt. Um zu illustrieren, wie wir diese Konvention formalisieren werden, betrachten wir als Beispiel das folgende Programm:

$$c_{schl2} \equiv \quad c_1 :: \mathbf{do}\; x \geq 0; c_2?x \;\rightarrow\; \mathbf{skip\;od} \;\|\; c_2 :: (c_1!5;\; c_1!3).$$

Die Schleife in c_1 terminiert ohne Rücksicht auf c_2, wenn $x < 0$ gilt. Die Komponente c_2 enthält zwei Ausgabeanweisungen, die beide, wenn in c_1 die Bedingung $x \geq 0$ gilt, mit der Eingangsbedingung der Schleife in c_1 kommunizieren können. Wenn c_2 nach zweimaliger Kommunikation terminiert ist, dann kann die Schleife in c_1 auch durch induzierte Terminierung beendet werden, obwohl immer noch $x \geq 0$ gilt. Um die Kommunikations- und Terminierungsmöglichkeiten insgesamt darzustellen, verwenden wir zwei Aktionsnamen a_1 und a_2 für die Beschreibung der beiden Kommunikationen und ersetzen den Teil $x \geq 0; c_2?x$ der c_1-Schleife durch $(a_1 \,\Box\, a_2)$. Dadurch wird ausgedrückt, daß der Schleifeneintritt $x \geq 0; c_2?x$ als atomare Aktion entweder in Kommunikation mit $c_1!5$ - dafür steht a_1 - oder in Kommunikation mit $c_1!3$ - dafür steht a_2 - ausgeführt wird. Der Schleife werden außerdem noch zwei Terminierungsaktionen $\overline{b}$ und $\tilde{b}$ zugeordnet. Die erste Terminierungsaktion $\overline{b}$ beschreibt die Terminierung der Schleife, wenn die Eingangsbedingung $x \geq 0$ falsch ist. Die zweite Terminierungsaktion $\tilde{b}$ beschreibt die induzierte Terminierung der Schleife im Fall, daß c_j terminiert ist. Insgesamt übersetzen wir $c_1 \| c_2$ in das folgende Kontrollprogramm:

$$(\,(a_1 \,\Box\, a_2); a \mid \overline{b} \,\Box\, \tilde{b}\,)^{\infty} \quad \| \quad (a_1; a_2).$$

Die Semantik-Relationen aller Aktionen sind:

$$\begin{aligned}
m(a_1) &= m(x \geq 0 \rightarrow x := 5) && \text{(erste Kommunikation)}\\
m(a_2) &= m(x \geq 0 \rightarrow x := 3) && \text{(zweite Kommunikation)}\\
m(a) &= m(\mathbf{skip}) && \text{(Schleifenkörper)}\\
m(\overline{b}) &= m(\neg x \geq 0) && \text{(normale Terminierung)}\\
m(\tilde{b}) &= m(\mathbf{true}) && \text{(für die induzierte Terminierung).}
\end{aligned}$$

Die rechten Seiten der Gleichungen für die m-Relationen sind durch die Festlegungen des Abschnitts 6.2.2 (Seite 179) bereits wohldefiniert. Die Relation $m(\tilde{b})$ beschreibt *per se* noch nicht die induzierte Terminierung. Später formulieren wir für $m(\tilde{b})$ eine zusätzliche Bedingung, die das leistet.

Wir betrachten ein weiteres Beispiel, das die Terminierungskonventionen illustriert. In diesem Beispiel wurde eine Eintrittsbedingung gewählt, die eine Ausgabeaktion statt einer Eingabeaktion enthält, um zu zeigen, daß Ein- und Ausgabeanweisungen sich in bezug auf induzierte Terminierung symmetrisch verhalten:

$$\begin{array}{llll} c_1 :: & \textbf{var } B_1, D_1\text{: }\{\textbf{false}, \textbf{true}\}; & \| \; c_2 :: & \textbf{var } B_2, D_2\text{: }\{\textbf{false}, \textbf{true}\}; \\ & \textbf{do } (B_1 \wedge D_1);\, c_2!\textbf{false} \rightarrow \textbf{skip od} & & \textbf{do } B_2 \rightarrow \textbf{if } D_2;\, c_1?D_2 \rightarrow B_2 := D_2 \textbf{ fi od}. \end{array}$$

Dieses Programm terminiert, falls anfänglich $\neg B_1 \wedge \neg B_2$ gilt. Dann können die Schleifen gar nicht erst betreten werden. Das Programm terminiert auch, wenn anfangs $B_1 \wedge \neg B_2$ gilt; dann terminiert nämlich zunächst c_2 und danach - durch induzierte Terminierung - c_1. Falls man induzierte Terminierung außer acht läßt, dann entsteht im Falle $B_1 \wedge \neg B_2$ ein Deadlock. Im Falle $\neg B_1 \wedge B_2$ terminiert das Programm jedoch nicht, sondern die Kontrolle in c_2 bleibt vor dem **if**-Kommando stecken. Falls schließlich $B_1 \wedge B_2$ anfänglich gilt, und falls auch $\neg D_1$ gilt, dann terminiert das Programm nicht; falls $D_1 \wedge \neg D_2$, ebensowenig. Falls $D_1 \wedge D_2$, dann tritt Kommunikation ein, D_2 und B_2 werden zu **false** gesetzt und das Programm terminiert, c_2 normal und c_1 durch induzierte Terminierung.

Wir werden in den folgenden Abschnitten jeweils zwei Semantiken und zwei Beweissysteme für *CSP* angeben, einmal mit und einmal ohne die Beschreibung induzierter Terminierung. Alle Definitionen und Sätze werden zuerst unter der Annahme formuliert, daß induzierte Terminierung beschrieben werden soll. Danach gehen wir dann auf Vereinfachungen ein, die durch ein Fallenlassen dieser Annahme bewirkt werden.

8.2 Operationale Semantik

Wir gehen wie in den Abschnitten 6.2 (Seite 177) und 7.2 (Seite 199) vor. Um die semantischen Besonderheiten von *CSP* beschreiben zu können, weichen wir in zweifacher Hinsicht von der *SDPROG*-Semantik ab. Erstens gestaltet sich die Namensgebung von atomaren Aktionen, d.h. die Definition der Menge $A(c)$, etwas anders, damit Kommunikationsaktionen korrekt beschrieben werden. Zweitens wird die Datenbedingung (D) etwas erweitert, damit induzierte Terminierung korrekt beschrieben wird.

Sei $c = c_1 \| \ldots \| c_n$ ein *CSP*-Programm mit sequentiellen Komponenten c_i $(1 \le i \le n)$. Mit $\mathit{Var}(c_i)$ bezeichnen wir die Menge der in c_i deklarierten lokalen Variablen und mit $\mathit{Var}(c)$ die Menge der in c insgesamt deklarierten Variablen. Die Wertemenge einer Variablen V wird wie immer mit $\mathit{Val}(V)$ bezeichnet. Mit $Z(c)$ bezeichnen wir die Zustandsmenge von c. Wenn keine Mißverständnisse zu befürchten sind, kürzen wir manchmal $Z = Z(c)$ ab. Wir modifizieren die Definitionen 6.2.1(i), um die Menge $A(c)$ zu definieren (Abschnitt 8.2.1), und 6.2.1(ii), um das Kontrollprogramm $\kappa(c)$ zu definieren (Abschnitt 8.2.2).

8.2.1 Namen atomarer Aktionen

Bei der Definition der Menge $A(c)$ der atomaren Aktionen eines *CSP*-Programms c sind folgende Gesichtspunkte zu beachten:

- Die atomaren Aktionen von c sind syntaktisch nicht abgegrenzt, müssen also über den Programmtext bestimmt werden.
- Ein Kommando $c_2?x$ in c_1 wird nicht notwendigerweise durch einen einzigen Aktionsnamen ersetzt, sondern, unter der Voraussetzung, daß c_2 genau L Kommandos der Form $c_1!e$ enthält, durch einen Alternativterm $(a_1 \square \ldots \square a_L)$ (siehe die Beispiele in den Abschnitten 4.2.4 und 8.1, in denen jeweils $L = 2$ gilt).
- In einer Eingangsbedingung der Form **if** β; $c_1!5 \rightarrow \ldots$ **fi** muß die gesamte Bedingung β; $c_1!5$ (nicht nur β oder $c_1!5$ einzeln) als atomar aufgefaßt werden.

Die letzte Definition kann vereinheitlicht werden, wenn die Konvention eingeführt wird, daß der Boolesche Teil einer kommunizierenden Eingangsbedingung stets vorhanden ist. Das Konstrukt **if** $c_1!5 \rightarrow \ldots$ **fi** ist äquivalent mit dem Konstrukt **if true**; $c_1!5 \rightarrow \ldots$ **fi**. Wir nehmen deshalb für das folgende an, daß *EINGABE*- und *AUSGABE*-Kommandos als Teil einer Eingangsbedingung vor dem Pfeil $\rightarrow$ nur im Kontext β; *EINGABE* bzw. β; *AUSGABE* vorkommen. Wir fassen die Definitionen von $A(c)$, $\kappa(c)$ und $m(a)$ für $a \in A(c)$ in drei Schritten **(A)** (lokale Aktionen außer Terminierungsaktionen), **(B)** (Kommunikationsaktionen) und **(C)** (Terminierungsaktionen) zusammen.

(A): Wir betrachten eine sequentielle Komponente c_i von c mit $1 \leq i \leq n$. Unter *lokalen* Aktionen von c_i verstehen wir **abort** oder **skip**, die Zuweisungen $V := EXPR$ oder $A[EXPR_1] := EXPR_2$ und $V :=?$ und die Eingangsbedingungen β ohne Ein- oder Ausgabeteil im Kontext **if** $\beta \rightarrow \ldots$ oder **do** $\beta \rightarrow \ldots$ Lokale Aktionen bekommen frei gewählte, aber global eindeutige (das heißt, insgesamt nur einmal vorkommende) Namen in $A(c_i)$. In $\gamma(c_i)$ wird jede lokale Aktion durch ihren Namen ersetzt. Da lokale Aktionen entweder *USEQPROG*-Anweisungen oder Boolesche Bedingungen sind, sind ihre m-Relationen durch die Definitionen in den Abschnitten 3.2 und 6.2.2 mitbestimmt.

(B): Wir betrachten zwei sequentielle Komponenten c_i und c_j von c mit $1 \leq i \neq j \leq n$. Es sei angenommen, daß das Eingabekommando $c_j?x$ in c_i K-mal vorkommt, $K \geq 1$; dann kommt das Ausgabekommando $c_i!e$ L-mal in c_j vor, $L \geq 1$ (siehe Kontextbedingung (b)). Wir führen $K \cdot L$ neue Namen a_{kl} ein, $1 \leq k \leq K$ und $1 \leq l \leq L$. Der Name a_{kl} beschreibt die mögliche Kommunikation zwischen dem k'ten Eingabekommando in c_i und dem l'ten Ausgabekommando in c_j. Für das k'te Vorkommen des Eingabekommandos $c_j?x$ in c_i unterscheiden wir die beiden folgenden Fälle:

(B1) $c_j?x$ kommt als normales Kommando *CMD* vor.
(B2) $c_j?x$ kommt im Kontext **if** β; $c_j?x \rightarrow \ldots$ **fi** oder **do** β; $c_j?x \rightarrow \ldots$ **od** vor.

Im Fall (B1) ersetzen wir $c_j?x$ in $\gamma(c_i)$ durch den Term $(a_{k1} \square \ldots \square a_{kL})$. Im Fall (B2) ersetzen wir den ganzen Ausdruck β; $c_j?x$ durch den Term $(a_{k1} \square \ldots \square a_{kL})$. Für das l'te Ausgabekommando $c_i!e$ in c_j wird entsprechend verfahren, das heißt, die Ersetzung des Kommandos oder der gesamten Eingangsbedingung erfolgt durch $(a_{1l} \square \ldots \square a_{Kl})$. Die so eingeführten neuen Aktionsnamen a_{kl} entsprechen den jeweiligen Zuweisungen mitsamt eventuell vorangehenden Booleschen Teilen. Dies verdeutlicht die folgende Tabelle, die die Semantiken $m(a_{kl})$ festlegt.

a_{kl} benennt das korrespondierende Paar:		$m(a_{kl})$ $=$
$c_j?x$	$\Vert\ c_i!e$	$m(x := e)$
$\beta;\ c_j?x$	$\Vert\ c_i!e$	$m(\beta \to x := e)$
$c_j?x$	$\Vert\ \beta';\ c_i!e$	$m(\beta' \to x := e)$
$\beta;\ c_j?x$	$\Vert\ \beta';\ c_i!e$	$m((\beta \wedge \beta') \to x := e)$

Die m-Relation in der letzten Spalte ist durch die Definitionen in Abschnitt 6.2.2 (Seite 179) wohlbestimmt.

(C): Wir betrachten eine Schleife in der Komponente c_i $(1 \leq i \leq n)$ und unterscheiden zwei Fälle.

(C1) Sei **do** $\beta \to \ldots$ **od** eine Schleife ohne Adressierung einer anderen Komponente. Wir führen für sie eine Terminierungsaktion $\overline{b}$ mit der Bedeutungsrelation $m(\overline{b}) = m(\neg\beta)$ ein.

(C2) Sei **do** $\beta;\ c_j?x \to \ldots$ **od** oder **do** $\beta;\ c_j!e \to \ldots$ **od** eine Schleife, die in ihrem Eingangsteil eine andere Komponente c_j $(j \neq i)$ adressiert. Wir führen für sie zwei Terminierungsaktionen $\overline{b}$ und $\tilde{b}$ mit den Bedeutungsrelationen $m(\overline{b}) = m(\neg\beta)$ und $m(\tilde{b}) = m(\textbf{true})$ ein.

Wird induzierte Terminierung nicht beschrieben, dann geht (C2) in (C1) über, indem die Aktion $\tilde{b}$ wegfällt. In einer Schleife **do** $c_j?x \to \ldots$ **od** ohne Booleschem Teil, die c_j adressiert, gilt implizit $\beta = \textbf{true}$. Deswegen darf vereinfachend die Terminierungsaktion $\overline{b}$ weggelassen werden, denn sie kann ohnehin nie ausgeführt werden, weil ihre m-Relation leer ist: $m(\overline{b}) = m(\neg\textbf{true}) = \emptyset$.

8.2.2 Kontrollprogramm und Ausführungen

Nachdem die Menge $A(c)$ festliegt, läßt sich einem Programm $c = c_1 \Vert \ldots \Vert c_n \in CSP$ ein Kontrollprogramm $\kappa(c) = \gamma(c_1)\Vert \ldots \Vert\gamma(c_n)$ analog Definition 6.2.1(ii) zuordnen. Dazu wendet man die eben beschriebene Konstruktion (A)-(C) an und ersetze danach $\to$ durch ; , **if** ... **fi** durch (...) und **do** ... **od** durch $(\ldots \mid \overline{b})^\infty$ im Fall (C1) bzw. durch $(\ldots \mid \overline{b} \,\square\, \tilde{b})^\infty$ im Fall (C2). Wir geben dazu zwei Beispiele. Zuerst betrachten wir das Programm $c_1 \Vert c_2$ in Abbildung 8.2 oben. Diesem Programm wird mit der im mittleren Teil der Abbildung angegebenen Benennungskonvention das in Abbildung 8.2 unten gezeigte Kontrollprogramm $\gamma_1 \Vert \gamma_2$ zugeordnet. Die Abbildung 8.3 zeigt das zugehörige SND-System.

Als zweites Beispiel betrachten wir erneut das Programm c_{schl2}:

$$c_{schl2}:\ c_1 :: \textbf{do}\ x \geq 0;\ c_2?x \to \textbf{skip od}\ \Vert\ c_2 :: (c_1!5;\ c_1!3).$$

In Schritt (A) bekommt die lokale Aktion **skip** der Komponente c_1 einen Namen, z.B. a. Im zweiten Schritt werden für die korrespondierenden Kommunikationen $x \geq 0;\ c_2?x \Vert c_1!5$

$$
\begin{array}{llllll}
c_1 :: & \textbf{if} & x > 0; c_2?x & \rightarrow & x := x - 1 & \\
& \square & c_2!1 & \rightarrow & c_2?x;\ x := x + 1 & \\
& \square & \textbf{true} & \rightarrow & x := 2 & \\
& \textbf{fi} & & & &
\end{array}
\quad \|\quad
\begin{array}{lllll}
c_2 :: & \textbf{if} & y > 0; c_1!2 & \rightarrow & y := y - 1 \\
& \square & c_1?y & \rightarrow & c_1!y \\
& \textbf{fi} & & &
\end{array}
$$

a_{11} benennt $x > 0; c_2?x \parallel y > 0; c_1!2$		b_1 benennt $x := x - 1$	
a_{12} benennt $x > 0; c_2?x \parallel c_1!y$		b_2 benennt $x := x + 1$	
a_{21} benennt $c_2?x \parallel y > 0; c_1!2$		b_3 benennt **true**	
a_{22} benennt $c_2?x \parallel c_1!y$		b_4 benennt $x := 2$	
a benennt $c_2!1 \parallel c_1?y$		d benennt $y := y - 1$	

Dann ergeben sich:

$$
\gamma_1 = \begin{array}{l}
[((a_{11} \square a_{12}); b_1) \\
\square\ (a; (a_{21} \square a_{22}); b_2) \\
\square\ (b_3; b_4) \\
]
\end{array}
\quad \|\quad
\gamma_2 = \begin{array}{l}
[((a_{11} \square a_{21}); d) \\
\square\ (a; (a_{12} \square a_{22})) \\
]
\end{array}
$$

Abbildung 8.2. Ein Beispiel für die Schritte (A) und (B) der Namensgebung

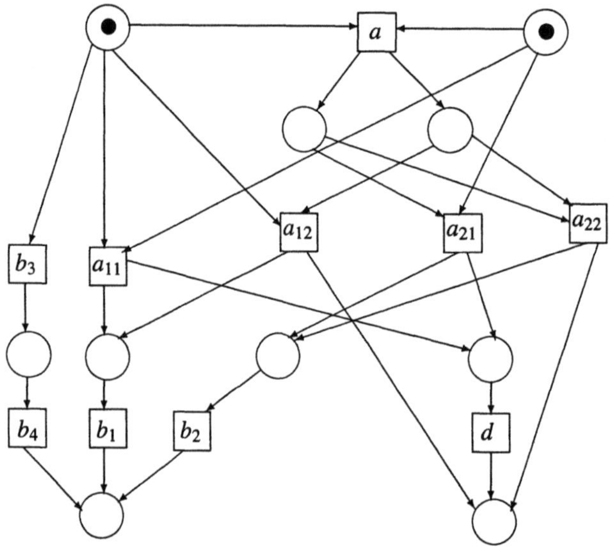

Abbildung 8.3. Kontrollflußnetz von $\gamma_1 \| \gamma_2$ aus Abbildung 8.2

und $x \geq 0; c_2?x \| c_1!3$ festgestellt: $K = 1$ und $L = 2$. Dafür werden in Schritt (B) zwei Aktionen a_{11} und a_{12} eingeführt, oder, um einen Index zu vermeiden, $a_1 = a_{11}$ und $a_2 = a_{12}$. In Schritt (C) werden für die Schleife in c_1 zwei Terminierungsaktionen $\overline{b}$ und $\tilde{b}$ festgelegt. Das Kontrollprogramm ergibt sich insgesamt folgendermaßen:

$$\kappa(c_{schl2}) = \quad ((a_1 \square a_2); a \mid \overline{b} \square \tilde{b})^{\infty} \ \| \ (a_1;\ a_2),$$

wie es in Abschnitt 8.1 bereits angegeben wurde. Die m-Relationen der Aktionen wurden dort ebenfalls angegeben und werden hier nicht wiederholt. Das Kontrollnetz $\mathcal{N}(\kappa(c_{schl2}))$ ist weiter unten in Abbildung 8.5 dargestellt.

Lemma 8.2.1 CHARAKTERISIERUNG VON $\kappa(c)$ UND $\mathcal{N}(\kappa(c))$ FÜR $c \in CSP$

$\kappa(c)$ ist ein bis auf Umbenennung atomarer Aktionen eindeutiges, reguläres und wohlgeformtes Kontrollprogramm. $\mathcal{N}(\kappa(c))$ ist ein SND-System.

Beweis: Direkt aus Lemma 6.2.2 und der obigen Konstruktion. ■8.2.1

Man beachte, daß das markierte Kontrollflußnetz $\mathcal{N}(\kappa(c))$ zwar auch ein SND-System ist, dessen S-Systeme aber im Unterschied zur entsprechenden Aussage für *SDPROG*-Programme nicht notwendigerweise transitionsdisjunkt sind. Eine Transition, die einer lokalen Aktion von c_i entspricht, hat genau eine Vorstelle und genau eine Nachstelle in der i'ten S-Komponente. Eine Kommunikationstransition, d.h. eine Transition, die einer Kommunikation (z.B. $c_j?x \| c_i!5$) entspricht, hat genau zwei Vorstellen und zwei Nachstellen, jeweils eine in der i'ten und eine in der j'ten S-Komponente von $\mathcal{N}(\kappa(c))$.

Definition 8.2.2 SEQUENTIELLE OPERATIONALE SEMANTIK VON *CSP*

Es sei $\sigma = s_0 a_1 s_1 a_2 \ldots a_r s_r$ eine Folge in $(Z(c)A(c))^\star(Z(c) \uplus \{\delta\})$, wobei $c = c_1 \| \ldots \| c_n$ ein *CSP*-Programm ist.

σ erfüllt, *per definitionem*, die Kontrollbedingung, wenn die Bedingung (K) aus Definition 6.2.4 (Seite 181) mit $\kappa(c)$ statt $\gamma(c)$ gilt, d.h.: $a_1 \ldots a_r \in cs(\kappa(c))$.

σ erfüllt, *per definitionem*, die *erweiterte Datenbedingung für CSP*, wenn für alle Indices $1 \leq j \leq r$ in σ gilt:

(D1) Falls a_j nicht $\tilde{b}$ für eine Schleife ist: $(s_{j-1}, s_j) \in m(a_j)$.

(D2) Falls $a_j = \tilde{b}$ für eine Schleife **do** β; $c_k?x \rightarrow \ldots$ **od** bzw. **do** β; $c_k!e \rightarrow \ldots$ **od** ist: $(s_{j-1}, s_j) \in m(a_j) \wedge (\, proj(a_1 \ldots a_{j-1}, A(\gamma(c_k))) \in ccs(\gamma(c_k))\,)$.

Die Folge σ liegt, *per definitionem*, in der Menge $\Sigma_*(c)$ der endlichen Ausführungen von c, wenn sie sowohl die Kontrollbedingung (K) als auch die erweiterte Datenbedingung (D1)-(D2) erfüllt. Die Mengen $\Sigma_\omega(c)$ der unendlichen und $\Sigma_{compl}(c)$ der vollständigen Ausführungen werden analog definiert, und $\Sigma(c) = \Sigma_*(c) \cup \Sigma_\omega(c)$. ■8.2.2

Der Teil (D1) der Datenbedingung für *CSP* ist äquivalent zur Datenbedingung (D) aus Definition 6.2.4 für alle Aktionen a außer Aktionen der Form $\tilde{b}$ zur Beschreibung induzierter Terminierung. Für Aktionen der Form $\tilde{b}$ gilt Teil (D2) der erweiterten Datenbedingung. Das erste Konjunkt $(s_{j-1}, s_j) \in m(a_j)$ in (D2) besagt das gleiche wie (D) für $\tilde{b}$. Dieses Konjunkt scheint auf den ersten Blick redundant zu sein, weil die m-Relation von $\tilde{b}$ vorher als $m(\textbf{true})$ definiert worden ist. Das wird sich jedoch später ändern, wenn jede Aktion von $A(c)$ durch eine Zuweisung an eine Hilfsvariable erweitert wird. Auch in einer Aktion der Form $\tilde{b}$ wird eine solche Zuweisung eingefügt, und dann ist $(s_{j-1}, s_j) \in m(a_j)$ nicht notwendigerweise gleich **true**. Das zweite Konjunkt $proj(a_1 \ldots a_{j-1}, A(\gamma(c_k))) \in ccs(\gamma(c_k))$ beschreibt anschaulich, daß zur Ausführung von $a_j = \tilde{b}$ die in der Schleife adressierte Komponente c_k terminiert sein muß. An dieser Stelle geht die induzierte Terminierung der Schleife in die Semantik ein.

Zur Illustration wenden wir die Definition auf das Beispiel in den Abbildungen 8.2 und 8.3 an. Mit der Abkürzung (v, v') für den Zustand $(x, y) = (v, v')$ betrachten wir die vier Folgen:

$$\begin{aligned}
\sigma_1 &= (3,3)\, a_{11}\, (2,3)\, d\, (2,2)\, b_1\, (1,2) \\
\sigma_2 &= (3,3)\, a\, (3,1)\, a_{22}\, (1,1)\, b_2\, (2,1) \\
\sigma_3 &= (3,3)\, a_{21}\, (2,3) \\
\sigma_4 &= (3,3)\, a\, (3,3).
\end{aligned}$$

σ_1 und σ_2 sind gültige und sogar vollständige Ausführungen des Programms. σ_3 erfüllt die Datenbedingung, aber nicht die Kontrollbedingung, σ_4 umgekehrt. Der Leser beachte, daß keine gültige Ausführung a_{12} oder a_{21} enthalten kann, denn die Ausführung dieser Aktionen ist vom Kontrollfluß her verhindert. Das steht im Gegensatz zu *SDPROG*-Programmen. Wenn in einem *SDPROG*-Programm eine Aktion nie ausgeführt werden kann, dann liegt das immer am Datenfluß, nicht am Kontrollfluß.

Zur Erläuterung der Bedingung (D2) betrachten wir ein früheres Beispiel noch einmal:

Programm c_{schl2}:	$c_1 :: \textbf{do}\ x \geq 0;\ c_2?x \rightarrow \textbf{skip od} \quad \| \quad c_2 :: (c_1!5;\ c_1!3)$
Kontrollprogramm:	$((a_1 \square a_2);\ a \mid \overline{b} \square \tilde{b})^\infty \ \| \ (a_1;\ a_2)$
Relationen:	$m(a_1) = m(x \geq 0 \rightarrow x := 5)$
	$m(a_2) = m(x \geq 0 \rightarrow x := 3)$
	$m(a) = m(\textbf{skip})$
	$m(\overline{b}) = m(x < 0)$
	$m(\tilde{b}) = m(\textbf{true})$.

Laut Definition 8.2.2 ist $(x=0)\, a_1\, (x=5)\, a\, (x=5)\, a_2\, (x=3)\, a\, (x=3)\, \tilde{b}\, (x=3)$ eine gültige Ausführung von c_{schl2}, denn neben allen anderen Bedingungen ist für die Aktion $\tilde{b}$ auch die Datenbedingung (D2) erfüllt:

$$\begin{aligned}
&(x=3, x=3) \in m(\tilde{b}) \quad \text{(1. Konjunkt von (D2))} \\
\text{und}\quad &proj(a_1 a a_2 a, A(c_2)) = proj(a_1 a a_2 a, \{a_1, a_2\}) \\
&= a_1 a_2 \in ccs(\gamma(c_2)) \qquad \text{(2. Konjunkt von (D2))}.
\end{aligned}$$

In *CSP* ohne induzierte Terminierung ist diese Folge nicht mehr gültig, da $\tilde{b}$ undefiniert ist. Dann ist die Folge $\sigma_{dead} \equiv (x=0)\, a_1\, (x=5)\, a\, (x=5)\, a_2\, (x=3)\, a\, (x=3)$ eine Deadlock-Ausführung des Programms; die Terminierungsaktion $\overline{b}$ kann nach σ_{dead} nicht ausgeführt werden, da $x = 3 > 0$ gilt. Es gilt das folgende Analogon von Lemma 7.2.4:

Lemma 8.2.3 BEZIEHUNG ZWISCHEN DEN AUSFÜHRUNGEN VON c UND $\mathcal{N}(c)$

Sei $\sigma = s_0 a_1 \ldots a_r s_r$ eine Ausführung eines CSP-Programms $c = c_1 \| \ldots \| c_n$. Dann gibt es eine eindeutige zu σ gehörige Ausführung $\sigma' = M^0 a_1 \ldots a_r M_r$ im System:
$\mathcal{N}(c) = (N, M^0)$ mit $M^0 = \{first_1, \ldots, first_n\}$).
Für einen festen Index $i \in \{1, \ldots, n\}$ sei $b_1 \ldots b_q = proj(a_1 \ldots a_r, A(c_i))$ die Projektion von $a_1 \ldots a_r$ auf die i'te Komponente von c. Dann gilt:

(i) $\{first(\gamma(c_i))\} = {}^\bullet b_1$.
(ii) $\forall j, 1 \leq j < q\colon |b_j^\bullet \cap {}^\bullet b_{j+1}| = 1$.
(iii) *Falls* σ *vollständig ist, dann gilt* $b_q^\bullet = \{last_i\}$.

Beweis: Genau wie Lemma 7.2.4. ■8.2.3

Die Bedingung (D2) unterlegt der Datenbedingung durch die Erwähnung der Menge $ccs(.)$ eine Kontrollflußeigenschaft und beeinträchtigt die bislang gemachte Trennung von Kontrollfluß und Datenfluß. Es gibt alternative Beschreibungsmöglichkeiten für die induzierte Terminierung, die jedoch Erweiterungen an einer anderen Stelle der Theorie voraussetzen. Auf eine solche Alternative kommen wir in Abschnitt 8.4 anhand eines Beispiels zu sprechen. Falls induzierte Terminierung nicht beschrieben werden soll, dann fällt (D2) aus der Definition 8.2.2 heraus und die erweiterte Datenbedingung (D1) geht in die normale Datenbedingung (D) (Definition 6.2.4) über. Mit anderen Worten, ohne induzierte Terminierung sind die Definitionen 6.2.4 und 8.2.2 gleichwertig.

8.3 Ergänzende Bemerkungen

In diesem Abschnitt erörtern wir die relationale Semantik von *CSP* und deren Konsistenz mit *USEQPROG* (Abschnitt 8.3.1), die kausale und parallele Semantik von *CSP*-Programmen (Abschnitt 8.3.2), Erweiterungen auf explizite atomare Aktionen (Abschnitt 8.3.3), sowie die allgemeine Schleife und andere Verallgemeinerungen (Abschnitt 8.3.4).

8.3.1 Relationale Semantik und Konsistenz

Für *CSP*-Programme können analog den Sätzen 6.1.1 (Seite 176) und 6.2.6 (Seite 183) zwei einfache Konsistenzsätze formuliert werden.

Satz 8.3.1 SYNTAKTISCHE BEZIEHUNG ZWISCHEN *CSP* UND *USEQPROG*

Sei c ein CSP-Programm ohne $\|$*-Operator und ohne Ein- und Ausgabekommandos. Dann ist c ein USEQPROG-Programm. Sei umgekehrt c ein USEQPROG-Programm. Dann ist c ein CSP-Programm.*

Beweis: Durch Vergleich der *USEQPROG*-Syntax und der *CSP*-Syntax. ■8.3.1

Jedem Programm $c \in CSP$ kann eine relationale Semantik $m(c)$ analog der entsprechenden Definition für *SDPROG*-Programme in Abschnitt 7.3.1 zugeordnet werden.

Satz 8.3.2 KONSISTENZ VON *CSP*- UND *USEQPROG*-SEMANTIK

Sei $c \in CSP$ *ohne* $\|$*-Operator und ohne Ein- und Ausgabekommandos.*
Dann gilt: $\underbrace{m(c)}_{\textit{Eben definiert}} = \underbrace{m(c)}_{\textit{Definition in Abschnitt } 3.2}$

Beweis: Durch Induktion über die Struktur von c, analog Satz 6.2.6. ■8.3.2

Die Invarianz und Stabilität von Prädikaten läßt sich für *CSP* auf die gleiche Weise wie für *SDPROG* definieren (Abschnitt 7.3.2). Wir verzichten hier auf eine Wiederholung dieser Definitionen.

8.3.2 Kausale Semantik

Die kausale und damit durch Abschwächen auch die parallele Semantik ist für *CSP*-Programme c leichter als für *SDPROG*-Programme definierbar. Es gibt keine gemeinsamen Variablen und deswegen auch keine Datenabhängigkeiten zwischen atomaren Aktionen verschiedener sequentieller Komponenten von c. Aus diesem Grund stellen die Prozesse des Kontrollflußsystems $\mathcal{N}(\kappa(c))$, beschriftet mit den Aktionen und den lokalen Zuständen der sequentiellen Komponenten von c, die möglichen kausalen Ausführungen von c dar.

Als Beispiel betrachten wir das Programm aus Abbildung 8.2:

$$\begin{array}{llllllllll} c_1 :: & \textbf{if} & x > 0; c_2?x & \rightarrow & x := x - 1 & \| & c_2 :: \textbf{if} & y > 0; c_1!2 & \rightarrow & y := y - 1 \\ & \Box & c_2!1 & \rightarrow & c_2?x; x := x + 1 & & \quad\;\;\Box & c_1?y & \rightarrow & c_1!y \\ & \Box & \textbf{true} & \rightarrow & x := 2 & & \quad\;\;\textbf{fi} & & & \\ & \textbf{fi} & & & & & & & & \end{array}$$

und zwei seiner Ausführungen:

$$\begin{array}{lll} \sigma_1 & \equiv & (3,3)\, a_{11}\, (2,3)\, d\, (2,2)\, b_1\, (1,2) \\ \sigma_2 & \equiv & (3,3)\, c\, (3,1)\, a_{22}\, (1,1)\, b_2\, (2,1). \end{array}$$

Zur Verdeutlichung schreiben wir diese Folgen anders, indem die Aktionsnamen durch die Aktionen, für die sie stehen, ersetzt werden:

$$\begin{array}{ll} \sigma_1: & (3,3)\,\langle x > 0; c_2?x \| y > 0; c_1!2\rangle\,(2,3)\,\langle y := y - 1\rangle\,(2,2)\,\langle x := x - 1\rangle\,(1,2) \\ \sigma_2: & (3,3)\,\langle c_2!1 \| c_1?y\rangle\,(3,1)\,\langle c_2?x \| c_1!y\rangle\,(1,1)\,\langle x := x + 1\rangle\,(2,1). \end{array}$$

Die Abbildung 8.4 zeigt zwei Prozesse von $\mathcal{N}(\kappa(c_1 \| c_2))$, in denen die Kommunikationsaktionen gemäß **(B)** (Seite 276) aufgeschlüsselt sind. Die Folge σ_1 ist eine Linearisierung des linken Prozesses, die Folge σ_2 eine Linearisierung des rechten Prozesses. Der linke Prozeß zeigt die Parallelausführung der Aktionen b_1 und d, die in σ_1 in der Reihenfolge db_1 linearisiert sind. Es gilt ein Analogon von Satz 5.2.13 (Seite 158), der zeigt, daß die kausale Semantik im Vergleich mit der sequentiellen Semantik genau die gleiche Menge von Folgezuständen generiert.

8.3.3 Erweiterte Kommunikationsaktionen

CSP kennt zwei Arten von atomaren Aktionen: lokale Aktionen und Synchronisationen, die sich über zwei Programme erstrecken. Intern ist jede Synchronisation eine Zuweisung $x := e$ oder eine Zuweisung mit vorgestellter Eingangsbedingung $\beta \rightarrow x := e$. Nur die m-Relation und der Name einer Synchronisation gehen in die Semantik ein. Deswegen

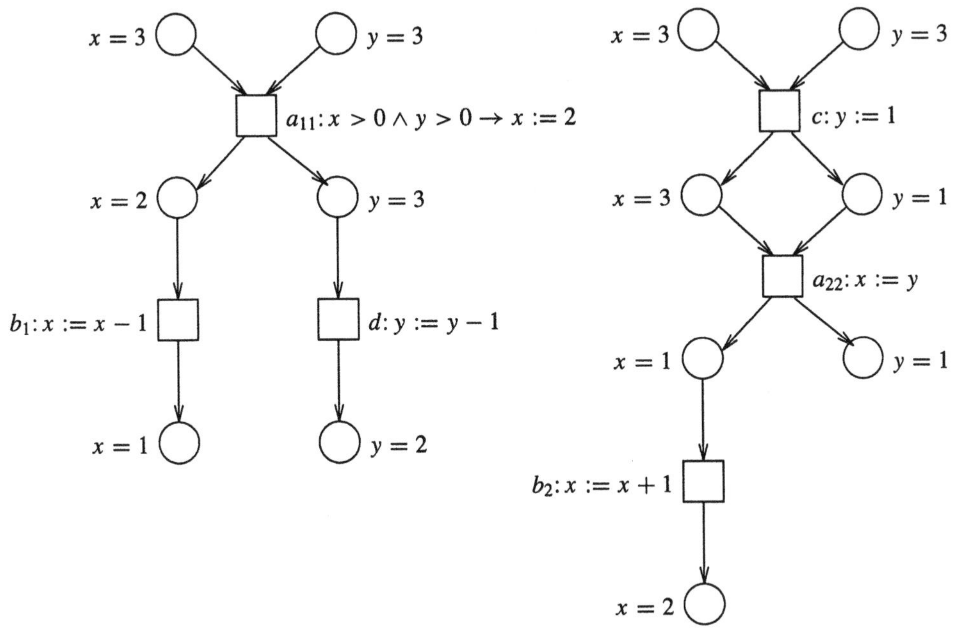

Abbildung 8.4. Zwei Prozesse des Programms aus Abbildung 8.2

gibt es außer syntaktischen keine Hindernisse, innerhalb einer Synchronisation beliebige Programme (nicht nur Zuweisungen) zuzulassen, wenn deren m-Relation wohldefiniert ist. Eine solche Erweiterung von *CSP* liegt beispielsweise der Programmiersprache ADA [1, 183, 197] zugrunde. In ADA kann eine atomare Kommunikation aus der Ausführung einer beliebigen Prozedur, dem *rendezvous*, nicht nur einer einzigen Zuweisung, bestehen (siehe auch Übungsaufgabe 8.8.1).

Später benötigen wir eine Verallgemeinerung, die ein Stück weit in die eben angedeutete Richtung geht. Zu einem korrespondierenden Ein- / Ausgabe-Paar, z.B.:

$$\underbrace{c_2?x}_{in\ c_1} \parallel \underbrace{c_1!5}_{in\ c_2},$$

das im Kontrollprogramm z.B. den Namen a trägt, wollen wir zwei Hilfsvariablenzuweisungen hinzufügen, die den Kontrollfluß in jeder der beiden beteiligten Komponenten beschreiben, V_1 für c_1 und V_2 für c_2. Wenn q_1 und q_2 die beiden Kontrollpunkte in $N(c_1)$ und $N(c_2)$ nach der Kommunikationsaktion sind:

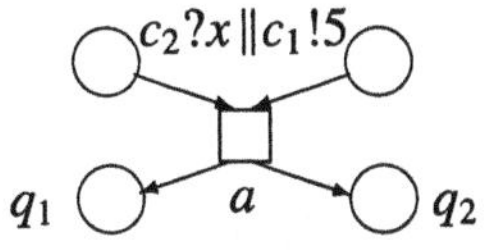

dann sollen die beiden Zuweisungen $V_1 := q_1$ und $V_2 := q_2$ in die Kommunikationsaktion a eingefügt werden. Denn eine Ausführung von a ändert die Kontrolle sowohl in c_1 (was durch die Zuweisung an V_1 beschrieben wird) als auch in c_2 (was durch die Zuweisung an

V_2 beschrieben wird). Die resultierende Kommunikationsanweisung wird wie vorher durch Unterstreichen hervorgehoben und heißt $\underline{a}$. Im Kontrollprogramm und im Kontrollflußnetz hat sie die gleichen Auswirkungen bzw. Verbindungen wie a. Ihre m-Relation beschreibt aber neben der Zuweisung $x := 5$, die von a stammt, auch noch die beiden Zuweisungen $V_1 := q_1$ und $V_2 := q_2$, d.h.: $m(\underline{a}) = m(x := 5;\ V_1 := q_1;\ V_2 := q_2)$. Um der Tatsache einen syntaktischen Ausdruck zu verleihen, daß diese zusätzlichen Zuweisungen in der Kommunikation mit eingebunden sind, verwenden wir erneut die Klammern $\langle \ldots \rangle$, wie z.B. in:

$$\underbrace{\langle c_2?x;\ V_1 := q_1\rangle}_{in\ \underline{c}_1} \quad \| \quad \underbrace{\langle c_1!5;\ V_2 := q_2\rangle}_{in\ \underline{c}_2} \qquad \}\ \underline{a}\,.$$

Auch die beiden Terminierungsaktionen einer Schleife werden im Vollständigkeitssatz mit Zuweisungen an Hilfsvariablen versehen. Dadurch wird, wie erwähnt, das erste Konjunkt in der erweiterten Datenbedingung (D2) relevant. Wir illustrieren die Einbindung von Hilfsvariablenzuweisungen anhand eines bereits vorher betrachteten Beispiels:

$$c_{schl2}:\quad c_1 :: \textbf{do}\ x \geq 0; c_2?x \rightarrow \textbf{skip od} \ \ \| \ \ c_2 :: (c_1!5; c_1!3).$$

Die Abbildung 8.5 zeigt das Kontrollflußnetz für dieses Beispielprogramm. Das erweiterte Kontrollprogramm ergibt sich aus dem Kontrollprogramm von c_{schl2} durch Unterstreichen der Aktionsnamen:

$$\kappa(\underline{c}_{schl2}):\quad ((\underline{a}_1 \,\Box\, \underline{a}_2); \underline{a} \mid \underline{\bar{b}} \,\Box\, \underline{\tilde{b}})^{\infty} \ \ \| \ \ (\underline{a}_1;\ \underline{a}_2).$$

Das zugeordnete Netz in Abbildung 8.5 zeigt, daß c_1 und damit auch $\underline{c}_1$ die Kontrollstellen p_0 (vor der Schleife), p_1 (auf dem Pfeil $\rightarrow$) und p_2 (nach der Schleife) haben und daß c_2 und damit auch $\underline{c}_2$ die Kontrollstellen q_0 (vor der ersten Kommunikation), q_1 (zwischen den beiden Kommunikationen) und q_2 (nach der zweiten Kommunikation) haben. Es werden also zwei Hilfsvariablen V_1 und V_2 mit den Deklarationen:

$$\textbf{var}\ V_1 \colon \{p_0, p_1, p_2\}\ (\textbf{init}\ p_0); \qquad \text{und} \qquad \textbf{var}\ V_2 \colon \{q_0, q_1, q_2\}\ (\textbf{init}\ q_0);$$

für c_1 bzw. für c_2 benötigt, denen mit jeder atomaren Aktion die jeweilige Nachstelle dieser Aktion als neuer Wert zugewiesen wird. Das führt zu der folgenden Definition:

$$\begin{array}{lcll}
m(\underline{a}_1) & = & m(x \geq 0 \rightarrow x := 5;\ V_1 := p_1;\ V_2 := q_1) & \\
m(\underline{a}_2) & = & m(x \geq 0 \rightarrow x := 3;\ V_1 := p_1;\ V_2 := q_2) & \\
m(\underline{a}) & = & m(\textbf{skip};\ V_1 := p_0) & \\
m(\underline{\bar{b}}) & = & m(x < 0 \rightarrow V_1 := p_2) & (= m(x < 0) \circ m(V_1 := p_2)) \\
m(\underline{\tilde{b}}) & = & m(\textbf{true} \rightarrow V_1 := p_2) & (= m(V_1 := p_2)).
\end{array}$$

Anhand von Abbildung 8.5 sind die neuen Zuweisungen an die Variablen V_1 gut zu verfolgen. Zu Beispiel werden in $m(\underline{a}_1)$ die beiden Zuweisungen ; $V_1 := p_1$ und $V_2 := q_1$ aufgenommen, weil p_1 und q_1 die beiden Nachstellen der Transition a_1 in Abbildung 8.5 sind. Man beachte, daß $m(\underline{\tilde{b}})$ ungleich $m(\textbf{true}$ ist.

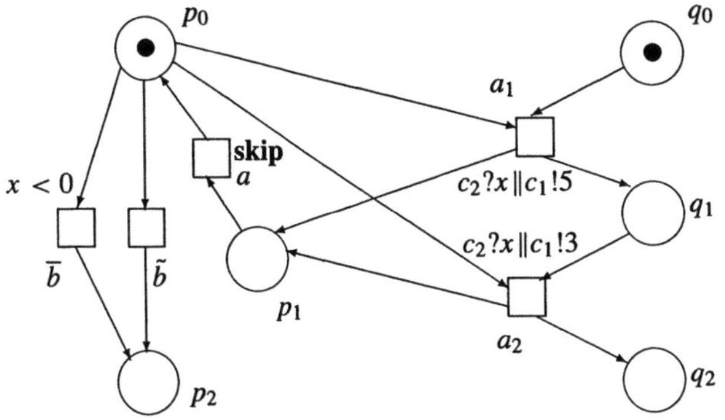

Abbildung 8.5. Das Kontrollflußnetz für das Programm c_{schl2}

8.3.4 Andere Erweiterungen

Die Kommunikation in *CSP* ist *synchron*, das heißt, Ein- und Ausgabe finden zum gleichen Zeitpunkt, genauer gesagt in der gleichen atomaren Aktion statt. Praktische Bedeutung hat auch die *asynchrone* Kommunikation, bei der die Eingabe zeitlich versetzt nach der Ausgabe stattfinden kann. Oft wird asynchrone Kommunikation durch Puffer realisiert, wie z.B. im *SDPROG*-Rahmen in Abschnitt 7.6.1 dargestellt. In *CSP* kann asynchrone Kommunikation durch die Modellierung von Puffern als spezielle Prozesse simuliert werden. In Abschnitt 8.6.1 betrachten wir ein Beispiel mit der Puffergröße 1.

In *CSP* ist Kommunikation syntaktisch auf zwei Partner beschränkt. Wenn synchrone Kommunikation zwischen drei oder mehr Partnern erwünscht ist, dann kann dies in *CSP* höchstens stufenweise durch eine Kaskade von paarweisen Kommunikationen simuliert werden. Semantisch aber kann bereits mit den bis jetzt eingeführten Mitteln die synchrone Kommunikation zwischen $k > 2$ Partnern beschrieben werden. Gegeben eine syntaktische Möglichkeit, eine solche Kommunikation darzustellen, kann dazu ein gemeinsamer Aktionsname, der dann im Alphabet von k Kontrollprogrammkomponenten vorkommt, verwendet werden.

Es ist wie zuvor schon im *SEQPROG*-Kontext (Abschnitt 7.3.3) möglich, die Schachtelung von *CSP*-Programmen innerhalb anderer Programme zuzulassen. Dann ist das entsprechende Kontrollprogramm kein top-level-Programm mehr. Um die Schachtelung syntaktisch zu realisieren, muß eine Konvention eingeführt werden, die den Gültigkeitsbereich eines Komponentennamens vor dem doppelten Doppelpunkt :: begrenzt. Da wir im folgenden keine geschachtelten Beispiele betrachten werden, verzichten wir hier darauf, eine solche Regel anzugeben.

Wir betrachten zum Schluß eine Verallgemeinerung der *CSP*-Semantik auf Schleifenkonstrukte, die mehr als eine Alternative enthalten können, anhand des folgenden Beispiels ($i \notin \{k, l\}$):

$$c_i :: \quad \ldots\ \mathbf{do}\ \beta_1; c_k?x \rightarrow \ldots \ \square\ \beta_2 \rightarrow \ldots \ \square\ \beta_3; c_l!5 \rightarrow \ldots\ \mathbf{od}\ \ldots$$

Diese Schleife kann, *per definitionem*, terminieren, wenn sowohl β_1 als auch β_2 als auch β_3 falsch sind oder wenn sowohl c_k als auch c_l terminiert sind und außerdem β_2 falsch ist. Hierfür benötigt man zwei Terminierungsaktionen $\overline{b}$ und $\tilde{b}$ mit der folgenden m-Semantik:

$$\begin{aligned} m(\overline{b}) &= m(\neg\beta_1 \wedge \neg\beta_2 \wedge \neg\beta_3) \\ m(\tilde{b}) &= m(\neg\beta_2). \end{aligned}$$

Die erweitere Datenbedingung (D2) in Definition 8.2.2 auf Seite 8.2.2 muß folgendermaßen:

$$\begin{aligned} \forall j \geq 1\colon \text{falls } a_j = \tilde{b}, \text{dann} \quad & (s_{j-1}, s_j) \in m(a_j) \\ & \wedge\, proj(a_1 \ldots a_{j-1}, A(c_k)) \in ccs(\gamma(c_k)) \\ & \wedge\, proj(a_1 \ldots a_{j-1}, A(c_l)) \in ccs(\gamma(c_l)) \end{aligned}$$

verallgemeinert werden und sorgt dann für die korrekte Beschreibung der induzierten Terminierung dieser Schleife. Es bleibt dem Leser überlassen, diese Erweiterung allgemein zu formulieren.

8.4 Ein Mengenpartitionsprogramm

Problembeschreibung:
Gegeben seien zwei endliche, nichtleere Mengen von ganzen Zahlen L_0, $H_0 \subseteq \mathbb{Z}$. Es gelte $L_0 \cap H_0 = \emptyset$. Gesucht ist ein *CSP*-Programm $c = c_1 \| c_2$, das L_0 und H_0 in zwei Mengen L und H (anfänglich $L = L_0$ und $H = H_0$) umwandelt, so daß gilt:
(M1) $L \cup H = L_0 \cup H_0$,
(M2) $|L| = |L_0|$ und $|H| = |H_0|$,
(M3) $\max(L) < \min(H)$.

In der Lösung (Abbildung 8.6) ist c_1 für die Mengen L_0 bzw. L zuständig, und c_2 ist für die Mengen H_0 bzw. H zuständig. Das Programm bewirkt, daß zunächst die Zahl $\max(L)$ nach c_2 gesendet wird, um festzustellen, ob $\max(L) < \min(H)$ bereits anfänglich gilt. Danach werden solange die Zahlen $\max(L)$ und $\min(H)$ hin- und hergeschickt, bis die gewünschte Bedingung (ausdrückbar durch $\max(L) \leq x$) erfüllt ist. Die Terminierung von c_2 wird induziert durch die von c_1.

Das dem Programm zugeordnete Kontrollprogramm ist:

$$a_0; (b; e_1; a_1; e_2; a_2 \,|\, \overline{b})^\infty \;\;\|\;\; (e_1; d_1; e_2; d_2 \,|\, \tilde{b})^\infty \;.$$

Die Schleife von c_2 hat nur eine Terminierungsaktion $\tilde{b}$, denn ihr Boolescher Teil ist **true** und die Aktion $\overline{b}$ ist nicht ausführbar; siehe die Bemerkung nach (C2) in Abschnitt 8.2. Das Kontrollflußnetz ist in Abbildung 8.7 dargestellt.

Unter Anwendung der operationalen Semantik beweisen wir nunmehr die Korrektheit dieses Programms:

(K) *Partielle Korrektheit.* Nach Terminierung des Programms gelten die oben definierten Beziehungen (M1), (M2) und (M3).

	$c_1 ::$ **var** $x : \mathbb{Z};\ L : 2^{\mathbb{Z}}_{fin}$ (**init** L_0); ‖	$c_2 ::$ **var** $y : \mathbb{Z};\ H : 2^{\mathbb{Z}}_{fin}$ (**init** H_0);	
a_0	$x := \max(L) - 1;$		
$b, \overline{b}$	**do** $\max(L) > x \rightarrow$	**do**	
e_1	$c_2!\max(L);$	$c_1?y \rightarrow$	$e_1, \tilde{b}$
a_1	$L := L \setminus \{\max(L)\};$	$H := H \cup \{y\};$	d_1
e_2	$c_2?x;$	$c_1!\min(H);$	e_2
a_2	$L := L \cup \{x\}$	$H := H \setminus \{\min(H)\}$	d_2
	od	**od**	

Abbildung 8.6. Ein Mengenpartitionsprogramm

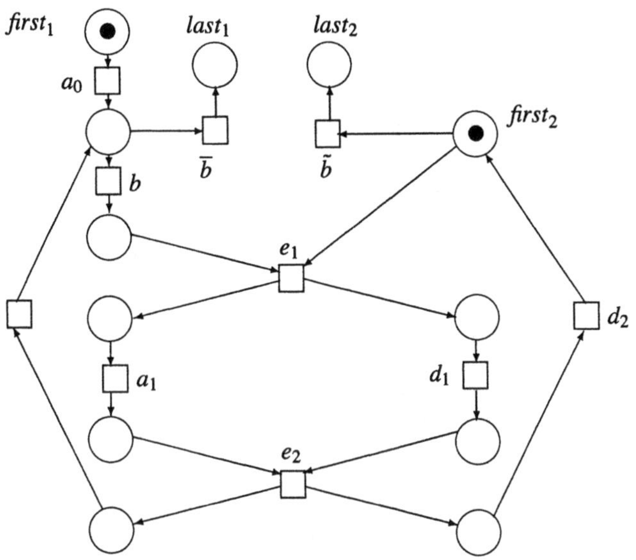

Abbildung 8.7. Das Kontrollflußnetz des Mengenpartitionsprogramms

(T) *Terminierung*. Das Programm terminiert.

Wir zeigen zunächst die Deadlockfreiheit mit Hilfe eines allgemeinen Arguments, das eine hinreichende Bedingung dafür angibt, daß das Deadlock-Verhalten eines *CSP*-Programms c durch das Deadlock-Verhalten des Kontrollprogramms $\kappa(c)$ mitbestimmt ist.

Satz 8.4.1 DEADLOCKFREIHEITSSATZ

Sei c ein folgendermaßen eingeschränktes CSP-Programm:

(1) *Jede Alternative* **if** $g_1 \rightarrow \ldots \square \ldots \square\ g_m \rightarrow \ldots$ **fi** *hat zwei Eigenschaften: erstens gilt für alle* g_j *mit Ein- / Ausgabeteil der Form* $\beta;\ c_j?x$ *oder* $\beta;\ c_j!e$*, daß* $\beta =$ **true** *ist, und zweitens gilt* $(\beta^1 \vee \ldots \vee \beta^k) =$ **true**, *wenn* $\{\beta^1, \ldots, \beta^k\}$ *die Menge der* g_j *ohne Ein- / Ausgabeteil bezeichnet.*

(2) *Wenn die Komponente* c_i *eine Schleife enthält, deren Eingangsbedingung eine andere Komponente* c_j *adressiert, dann ist diese Schleife das letzte Kommando*

in c_i, d.h., ihre Terminierungsaktionen führen auf die Stelle $last_i$. (Daraus folgt insbesondere, daß jede Komponente höchstens eine solche Schleife enthalten kann.)

(3) *Es gibt keine zyklischen Abhängigkeiten bei induzierter Terminierung, d.h. keine Folge $c^0, \ldots, c^{k-1}$ von Komponenten, so daß c^j in einer Schleifeneingangsbedingung von $c^{j \oplus 1}$ adressiert wird ($0 \leq j < k$, wobei $\oplus$ Addition modulo k bedeutet).*

Dann gilt: ist $\kappa(c)$ deadlockfrei, dann ist auch c deadlockfrei.

Beweis: Sei $\sigma = s_0 a_1 \ldots a_r s_r$ eine unvollständige Ausführung von c. Dann ist $a_1 \ldots a_r$ eine unvollständige Kontrollfolge von $\kappa(c)$. Wegen der Deadlockfreiheit von $\kappa(c)$ gibt es eine Aktion $a \in A(c)$ derart, daß $a_1 \ldots a_r a$ eine Ausführung von $\kappa(c)$ ist. Es ist zu zeigen, daß auch σ um mindestens eine Aktionsausführung verlängert werden kann.

Falls a eine Kommunikationsaktion ist, dann hat a wegen der ersten Eigenschaft in der Voraussetzung (1) des Satzes keine Eingangsbedingungen ungleich **true**, ist also in jedem Zustand ausführbar. Also existiert ein Zustand $s \in Z(c)$, so daß $s_0 a_1 \ldots a_r s_r a s$ eine Ausführung von c ist. Wenn a eine lokale Eingangsbedingung β_j eines Alternativkommandos **if** ... **fi** in c_i bezeichnet, für die $s_r(\beta_j) =$ **true** gilt, dann kann σ um a verlängert werden. Gilt $s_r(\beta_j) =$ **false**, dann kann σ nicht um a verlängert werden. Es gibt aber wegen der zweiten Eigenschaft in der Voraussetzung (1) des Satzes eine andere lokale Eingangsbedingung β_k des gleichen Alternativkommandos, für die $s_r(\beta_k) =$ **true** gilt. Sei a' der Name von β_k. In $\gamma(c_i)$ stehen a und a' miteinander im Konflikt innerhalb einer sie umschließenden Alternativanweisung. Also ist a' genau dann in $\kappa(c)$ aktiviert, wenn a dort aktiviert ist. Zusammen mit $s_r(\beta_k) =$ **true** folgt daraus, daß $s_0 a_1 \ldots a_r s_r a' s_r$ eine Ausführung von c ist, die σ verlängert. Analog ist der Satz zu beweisen, wenn a eine Schleifeneingangsbedingung b oder eine Schleifenterminierungsaktion $\overline{b}$ ist.

Wenn a eine Schleifenterminierungsaktion $\tilde{b}$ ist, dann gibt es zwei Fälle. Entweder ist das in a adressierte Programm c_j nach σ terminiert. Dann ist a nicht nur im Kontrollprogramm, sondern auch im Programm ausführbar. Oder c_j ist nicht terminiert. Dann nutzen wir die Voraussetzungen (2) und (3) des Satzes. Wir nehmen an, daß i der Index derjenigen Komponente ist, in der a vorkommt ($i \neq j$). Nach Voraussetzung (3) kann man ohne Beschränkung der Allgemeinheit annehmen, daß im Kontrollprogramm keine Aktion a' aktiviert ist, die $\tilde{b}$ für eine Schleife ist, die c_i adressiert. Nach Voraussetzung (2) führt die Transition a auf die Stelle $last_i$. Wir betrachten die Menge der Komponenten ohne c_i. Wenn deren Kontrollprogramm sich in einem Deadlock befindet, dann auch das Gesamtsystem mit c_i nach der Ausführung von a, im Widerspruch zur Deadlockfreiheit von $\kappa(c)$. Also gibt es eine Aktion a' im Kontrollprogramm ohne die i'te Komponente, die ausgeführt werden kann. Das Beweisargument kann jetzt mit dem Rest der Komponenten (ohne die i'te) wiederholt werden. Die Reduktion führt zum Ziel, denn wenn das Restsystem nur noch aus einer einzigen Komponenten besteht, kann die dort aktivierte Aktion wegen Voraussetzung (3) nicht eine Aktion der Form $\tilde{b}$ sein. ∎8.4.1

Das Programm in Abbildung 8.6 erfüllt alle drei Voraussetzungen dieses Satzes. Wie unschwer zu sehen ist (zum Beispiel mit Hilfe der Aussage von Übungsaufgabe 5.6.2), hat sein Kontrollprogramm keinen Deadlock. Aus Satz 8.4.1 folgt, daß das Programm deadlockfrei ist. Seine Ausführungen bestehen aus einer Folge verschränkter Ausführungen der beiden Schleifenkörper, eventuell gefolgt von einer einmaligen Ausführung von $\overline{b}$ und danach von $\tilde{b}$. Zum Nachweis von (M1)-(M3) betrachten wir eine Ausführung $\sigma = s_0 a_1 \ldots a_r s_r$ und definieren:

$$\begin{array}{lcl} \mathit{proj}_i & = & \mathit{proj}(a_1 \ldots a_r, A(c_i)) \quad (\text{für } i = 1, 2) \\ \mathit{outofloop}_1 & \Leftrightarrow & \mathit{proj}_1 = \varepsilon \vee \mathit{last}(\mathit{proj}_1) \in \{a_0, a_2, \overline{b}\} \\ \mathit{outofloop}_2 & \Leftrightarrow & \mathit{proj}_2 = \varepsilon \vee \mathit{last}(\mathit{proj}_2) \in \{d_2, \tilde{b}\} \\ \mathit{after}\ e_2 & \Leftrightarrow & \mathit{last}(\mathit{proj}_1) = \mathit{last}(\mathit{proj}_2) = e_2. \end{array}$$

Lemma A: $\mathit{outofloop}_1 \wedge \mathit{outofloop}_2 \quad \Rightarrow$
$$(L \cap H = \emptyset) \wedge (L \cup H = L_0 \cup H_0) \wedge (|L| = |L_0|) \wedge (|H| = |H_0|).$$

Beweis: Induktiv über r, die Aktionslänge von σ.

Basis: Falls $\sigma = s_0$ oder $\sigma = s_0 a_0 s_1$, dann gilt die Behauptung wegen den Voraussetzungen über L_0 und H_0 und wegen $L = L_0$, $H = H_0$.

Schritt: Sei σ eine verschränkte Iteration der beiden Schleifen, d.h., σ ist von der Form $\sigma = s_0 \ldots s_q b s_{q+1} e_1 \ldots a_r s_r$ mit:

$$\begin{array}{lcll} \mathit{proj}_1(b e_1 \ldots a_r) & = & b e_1 a_1 e_2 a_2 & (1.\ \text{Schleifenkörper}) \\ \mathit{proj}_2(b e_1 \ldots a_r) & = & e_1 d_1 e_2 d_2 & (2.\ \text{Schleifenkörper}). \end{array}$$

Annahme: in s_q gelten $L \cap H = \emptyset$ und $L \cup H = L_0 \cup H_0$ und $|L| = |L_0|$ und $|H| = |H_0|$. Dann gilt in s_{q+1}: $L \cap H = \emptyset$ und $L \cup H = L_0 \cup H_0$, also in s_{q+2} (nach e_1): $y = \max(L) \wedge y \notin H$, also in s_{q+4} (vor e_2): $L \cap H = \emptyset$ und $L \cup H = L_0 \cup H_0$ und $|L| = |L_0| - 1$ und $|H| = |H_0| + 1$, also in s_{q+5} (nach e_2): $x = \min(H)$ und $x \notin L$, also in $s_r = s_{q+7}$: die Behauptung. ■**A**

Aus Lemma **A** folgen die Korrektheitsbedingungen (M1) und (M2), denn die Konjunktion $\mathit{outofloop}_1 \wedge \mathit{outofloop}_2$ gilt insbesondere, wenn s_r ein Endzustand ist.

Lemma B: $(\mathit{outofloop}_1 \wedge \mathit{last}(\mathit{proj}_2) = d_2) \Rightarrow (x < \min(H))$.

Beweis: Es gilt $\mathit{after}\ e_2 \Rightarrow (x = \min(H))$ wegen $m(e_2) = m(x := \min(H))$. Also gilt $(\mathit{outofloop}_1 \wedge \mathit{last}(\mathit{proj}_2) = d_2) \Rightarrow (x < \min(H))$, weil x nicht verändert wird, aber H den neuen Wert $H \backslash \{\min(H)\}$ zugewiesen bekommt. ■**B**

Nun folgt auch Teil (M3) der Korrektheitsbehauptung. Denn sei s_r ein Endzustand, dann gilt jedenfalls nicht $\mathit{proj}_1 = a_0 \overline{b}$, weil die verschränkte Schleife wegen der speziellen Form von a_0 mindestens einmal betreten wird. Also ist $\mathit{proj}_1 = \ldots e_2 a_2 \overline{b}$ und $\mathit{proj}_2 = \ldots e_2 d_2 \tilde{b}$, und da $\tilde{b}$ den Zustand nicht verändert, gilt in s_r:

$$\underbrace{\max(L) \leq}_{m(\overline{b})} \; x \; \underbrace{< \min(H)}_{\text{Lemma } \mathbf{B}}.$$

■(K)

Um schließlich die Terminierung des Programms zu beweisen, benutzen wir die Tatsache, daß die Menge $M = \{z \in L \mid \exists z' \in H : z' < z\}$ anfänglich, wie aus den Voraussetzungen folgt, endlich ist. Mit jedem Schleifendurchlauf wird die Varianzfunktion $\tau = |M|$ kleiner. Wegen $|M| \geq 0$ folgt, daß keine unendlichen Ausführungen existieren. Daß kein Deadlock existiert, wurde vorher gezeigt. ■(T)

Anhand von Abbildung 8.7 (Seite 287) kommen wir auf eine alternative Beschreibungsmöglichkeit für die induzierte Terminierung zu sprechen. Es werde in das dort dargestellte Netz die folgende Nebenbedingung eingefügt: ein Pfeil von der Transition $\tilde{b}$ zu der Stelle $last_1$ und ein entgegengesetzter Pfeil von $last_1$ nach $\tilde{b}$. Diese Nebenbedingung bewirkt, daß die Transition $\tilde{b}$ nur schalten kann, wenn eine Marke auf $last_1$ liegt, d.h., wenn die erste Programmkomponente terminiert ist. Sie stellt demzufolge die Semantik der induzierten Terminierung auf Petrinetzebene dar. Man kann eine solche Übersetzung als Alternative zu der von uns gewählten erweiterten Datenbedingung (D1) und (D2) von Definition 8.2.2 allgemein definieren. Beschreibt man die induzierte Terminierung auf solche Weise durch Nebenbedingungen im Kontrollflußnetz, dann kann die Bedingung (D2) weggelassen werden und die Definition 8.2.2 geht in die Definition 6.2.4 über.

Das Netz aus Abbildung 8.7 ist auch mit der eben definierten zusätzlichen Nebenbedingung ein SND-System, kann aber dann nicht über die Semantik von Kontrollprogrammen gewonnen werden. Um das Netz *inklusive* Nebenbedingung erzeugen zu können, muß statt der in Kapitel 5 betrachteten Kontrollprogrammschleife eine etwas allgemeinere Form der Schleife betrachtet werden. Wir gehen auf diese Verallgemeinerung jedoch hier nicht weiter ein.

8.5 Ein Beweissystem

8.5.1 Lokale, Kommunikations- und Terminierungsaktionen

Wir definieren die Gültigkeit von Annotationen paralleler *CSP*-Programme in weitgehender Analogie zum Abschnitt 7.5. Die Motivationen für die Einführung von Hilfsvariablen und für die Beweise der Konsistenz- und Vollständigkeitssätze sind gleich. Wir werden allerdings zwei zusätzliche Klauseln zur Definition der Gültigkeit hinzufügen. Die erste Klausel betrifft Kommunikationsaktionen, die wie lokale Aktionen behandelt werden, außer daß die Lokalität sich über zwei Komponenten erstreckt. Die zweite Klausel betrifft induzierte Terminierung. Für das folgende sei ein *CSP*-Programm $c = c_1 \parallel \ldots \parallel c_n$ $(n \geq 1)$ fest vorgegeben. Wir wenden Notation 7.2.3 sinngemäß an und kürzen ab: $Z = Z(c)$, $A = A(c)$, $A_i = A(c_i)$, $\kappa_i = \kappa(c_i)$, $N_i = N(\gamma(c_i))$, $\mathcal{N}_i = \mathcal{N}(\gamma(c_i))$, $S(c_i)$ oder S_i die Stellenmenge von N_i, $N = N(\kappa(c))$, $\mathcal{N} = \mathcal{N}(\kappa(c))$, $S(c)$ oder S die Stellenmenge von $N(c)$.

Zwecks Übertragung des Begriffs einer Annotation halten wir an der Idee fest, daß jeder Kontrollpunkt - und das bedeutet: jede Stelle im SND-System des Kontrollprogramms - mit einem Prädikat versehen wird. Eine Kommunikationsaktion $a = c_j?x \parallel c_i!e$ hat zwei Kontroll-Vorstellen und zwei Kontroll-Nachstellen im zugehörigen Kontrollflußnetz. Die Vorbedingung zur Ausführung von a wird demnach eine Konjunktion aus zwei Vorbedingungen sein, je eine für die beiden Vorstellen von a. Diese beiden Prädikate werden wir durch Indices unterscheiden: $pre_i(a)$ für die zu c_i gehörige Stelle und $pre_j(a)$ für die zu c_j gehörige Stelle. Analog verfahren wir mit der Nachbedingung von a, die eine Konjunktion zweier Nachbedingungen $post_i(a)$ und $post_j(a)$ ist:

$$\left.\begin{array}{llcll} c_i :: & \{pre_i(a)\} & \| & c_j :: & \{pre_j(a)\} \\ & c_j?x & & & c_i!e \\ & \{post_i(a)\} & & & \{post_j(a)\} \end{array}\right\} a \text{.}$$

Wir werden nicht fordern, daß in $pre_i(a)$ und $post_i(a)$ nur lokale Variablen von c_i vorkommen, andernfalls ist Vollständigkeit nicht zu erreichen. Für lokale Aktionen a, die nur in $A_i = A(c_i)$, aber in keinem anderen Alphabet A_j enthalten sind, kommt eine Zuordnung $pre(a)$ und $post(a)$ wie bei *SDPROG*-Programmen in Betracht. Der Einheitlichkeit wegen werden wir aber auch hier Indices benutzen, schreiben also $pre_i(a)$ und $post_i(a)$, selbst wenn a nur in A_i vorkommt. Bei Schleifen der Form **do** $\beta \rightarrow \ldots$ **od** ohne Adressierung einer anderen Komponente werden sowohl der Schleifeneintritt als auch die Terminierungsaktion $\overline{b}$ wie lokale Aktionen behandelt; eine Aktion der Form $\tilde{b}$ gibt es in diesem Fall nicht. Eine Terminierungsaktion der Form $\tilde{b}$, die zu einer Schleife:

$$\mathbf{do}\,\beta; c_j?V \rightarrow \ldots \mathbf{od} \quad \text{oder} \quad \mathbf{do}\,\beta; c_j!EXPR \rightarrow \ldots \mathbf{od}$$

in c_i gehört, die in ihrer Eingangsbedingung die Komponente c_j adressiert, wird weder wie eine Kommunikationsaktion noch wie eine lokale Aktion, sondern auf gesonderte Weise behandelt. Die tatsächliche Ausführung einer Schleifeneingangsbedingung (also der Schleifeneintritt, nicht die Terminierung), die c_j adressiert, wird im übrigen wie eine Kommunikationsaktion behandelt. Im ganzen definieren wir eine Dreiteilung der zu c_i gehörigen Aktionsmenge A_i folgendermaßen:

$$\begin{array}{lcl} A_i & = & A_i^1 \cup A_i^2 \cup A_i^3 \quad \text{mit:} \\ A_i^1 & = & \{a \in A_i \mid (\neg\exists j \neq i : a \in A_j) \wedge (\neg\exists \text{ Schleife in } c_i : a = \tilde{b} \text{ für diese Schleife}\} \\ A_i^2 & = & \{a \in A_i \mid \exists j \neq i : a \in A_j\} \\ A_i^3 & = & \{a \in A_i \mid \exists \text{ Schleife in } c_i : a = \tilde{b} \text{ für diese Schleife}\}. \end{array}$$

A_i^1 ist die Menge der lokalen Aktionen ohne die Schleifenterminierungsaktionen $\tilde{b}$ (aber mit den Terminierungsaktionen $\overline{b}$) von c_i. A_i^2 ist die Menge der Kommunikationsaktionen von c_i (die auch in $A(c_j)$ vorkommen). A_i^3 ist die Menge der Terminierungsaktionen $\tilde{b}$ von c_i. Die drei Mengen sind wechselseitig disjunkt. Wird induzierte Terminierung nicht beschrieben, dann gibt es keine Aktionen der Form $\tilde{b}$ und A_i^3 ist leer. Für $a \in A(c)$ bezeichnen wir mit $in(a)$ die Menge der Indices von Komponenten, die a enthalten:

$$in(a) \quad = \quad \{\, k \in \{1, \ldots, n\} \mid a \in A_k \,\}.$$

Es gilt $|in(a)| = 1$ für $a \in A_i^1 \cup A_i^3$ und $|in(a)| = 2$ für $a \in A_i^2$. Wir definieren nun den Begriff der gültigen Annotation für *CSP*-Programme, in Abschnitt 8.5.2 für sequentielle Komponenten und in Abschnitt 8.5.3 für ein paralleles Programm.

8.5.2 Sequentiell gültige Annotationen

Wir betrachten eine sequentielle Komponente c_i von $c = c_1 \| \ldots \| c_n$.

Definition 8.5.1 ANNOTATION SEQUENTIELLER *CSP*-KOMPONENTEN

Eine *Annotation* $\mathcal{A}$ von c_i ist eine Funktion:

$$\mathcal{A}\colon\ S(c_i) \to (Z(c) \to \{\mathbf{false}, \mathbf{true}\}),$$

die jedem Kontrollpunkt von c_i ein Prädikat zuordnet. ■8.5.1

Jede Aktion a in A_i ist auch eine Transition in $\mathcal{N}_i$, und weil letzteres ein S-System ist, hat a in $\mathcal{N}_i$ genau eine Vorstelle $p_a \in S_i$ und genau eine Nachstelle $q_a \in S_i$. Die diesen Stellen durch $\mathcal{A}$ zugeordneten Prädikate nennen wir:

$$pre_i(a) = \mathcal{A}(p_a) \text{ bzw. } post_i(a) = \mathcal{A}(q_a).$$

Wir belegen auch das Eingangs- und das Ausgangsprädikat der Komponente c_i mit speziellen Namen:

$$pre(c_i) = \mathcal{A}(first(\gamma_i)) \text{ bzw. } post(c_i) = \mathcal{A}(last(\gamma_i)).$$

Wir wenden uns sodann dem Begriff der sequentiellen Gültigkeit einer Annotation zu. Die Bedingung $\{pre(a)\}a\{post(a)\}$ von Definition 7.5.2 kann nicht unmittelbar für alle $a \in A_i$ übernommen werden, weil sie die induzierte Terminierung für Aktionen $\tilde{b} \in A_i^3$ nicht beinhaltet. Andererseits ist es für Kommunikationsaktionen $a \in A_i^2$ zunächst unnötig, diese Bedingung zu fordern, da Kommunikation nur im Verbund stattfinden kann; auf die sequentielle Gültigkeit haben Kommunikationen keinen Einfluß. Wir übernehmen die Definition also nur für lokale Aktionen, zu denen (wie erwähnt) auch die Terminierungsaktionen $\overline{b}$ zählen.

Definition 8.5.2 SEQUENTIELLE GÜLTIGKEIT

Die Annotation $\mathcal{A}$ heißt *über* c_i *sequentiell gültig*, wenn gilt:

(SG) $\forall a \in A_i^1\colon\ \{pre_i(a)\}\ a\ \{post_i(a)\}$. ■8.5.2

Satz 8.5.3 KONSISTENZ VON SEQUENTIELL GÜLTIGEN ANNOTATIONEN

Sei $\mathcal{A}$ eine sequentiell gültige Annotation von c_i. Sei $\sigma = s_0 a_1 \ldots a_r s_r$ eine Ausführung von c_i derart, daß Aktionen aus $A_i^2 \cup A_i^3$ in σ nicht vorkommen, und sei:

$$\sigma' = M_0 a_1 \ldots a_r M_r$$

die laut Lemma 8.2.3 zu σ gehörige Ausführung von $\mathcal{N}_i(c) = (N_i, \{first(c_i)\})$. Es gelte $pre_i(c)(s_0)$. Außerdem sei $M_r = \{p\}$ mit $p \in S_i(c)$. Dann gilt $\mathcal{A}(p)(s_r)$.

Beweis: Spezialfall von Satz 8.5.7. ■8.5.3

Korollar 8.5.4

Sei $\mathcal{A}$ eine sequentiell gültige Annotation von c_i ohne Ein- / Ausgabekommandos. Dann gilt $\{pre_i(c)\}\ c\ \{post_i(c)\}$. ■8.5.4

8.5.3 Parallel gültige Annotationen

Wir betrachten jetzt ein *CSP*-Programm $c = c_1 \| \ldots \| c_n$. Die Menge der relevanten Kontrollpunkte von c ist gegeben durch die Stellenmenge $S(c)$ des Netzes $N = N(\kappa(c))$. Wir kürzen ab: $A^1 = \bigcup_{i=1}^n A_i^1$, $A^2 = \bigcup_{i=1}^n A_i^2$ und $A^3 = \bigcup_{i=1}^n A_i^3$.

Definition 8.5.5 ANNOTATION VON *CSP*-PROGRAMMEN

Eine *Annotation* $\mathcal{A}$ von $c = c_1 \| \ldots \| c_n$ ist eine Funktion:

$\mathcal{A}$: $S(c) \to (Z(c) \to \{\mathbf{false}, \mathbf{true}\})$. ∎8.5.5

Definition 8.5.6 PARALLELE GÜLTIGKEIT

Mit den eben eingeführten Bezeichnungen nennen wir $\mathcal{A}$ *über* $c = c_1 \| \ldots \| c_n$ *parallel gültig*, wenn gilt:

(PG1) (Invarianz gegenüber Aktionen anderer Komponenten)
$\forall i, 1 \leq i \leq n\ \forall a \notin A_i\ \forall p \in S_i$: $\{\mathcal{A}(p) \wedge \forall k \in in(a){:}\,pre_k(a)\}\ a\ \{\mathcal{A}(p)\}$.

(PG2) (Lokales Wohlverhalten von Kommunikationsaktionen)
$\forall a \in A^2$: $\{\forall k \in in(a){:}\,pre_k(a)\}\ a\ \{\forall k \in in(a){:}\,post_k(a)\}$.

(PG3) (Induzierte Terminierung)
$\forall i, 1 \leq i \leq n\ \forall \tilde{b} \in A_i^3$: $\{pre_i(\tilde{b}) \wedge post(c_j)\}\ \tilde{b}\ \{post_i(\tilde{b})\}$;
dabei ist angenommen, daß $\tilde{b}$ die Komponente c_j adressiert. ∎8.5.6

Für jeden Index i mit $1 \leq i \leq n$ ist die Einschränkung $\mathcal{A}_i = \mathcal{A}|_{S_i}$ eine Annotation von c_i. Eine Annotation $\mathcal{A}$ heißt *gültig*, wenn alle $\mathcal{A}_i$ sequentiell gültig sind und $\mathcal{A}$ parallel gültig ist.

Die Bedingung (PG1) der parallelen Gültigkeit fordert die Invarianz der Prädikate von c_i gegenüber der Parallelausführung von Aktionen, die nicht in c_i, d.h. nicht in A_i enthalten sind. Solche Aktionen können entweder lokale Aktionen anderer Komponenten als c_i oder Kommunikationen zwischen zwei anderen Komponenten c_k und c_l $(k \neq i \neq l)$ sein. Beide Möglichkeiten sind durch (PG1) abgedeckt. Die Bedingung (PG2) besagt, daß Kommunikationen auf die logische Konjunktion ihrer jeweiligen Vor- und Nachbedingungen gemäß ihrer Semantik $m(a)$ wirken. Diese Bedingung ist das Gegenstück der Bedingung (SG) sequentieller Gültigkeit für Kommunikationen statt für lokale Aktionen. Die Bedingung (PG3) schließlich besagt, daß eine Schleife, die aufgrund induzierter Terminierung endet (in Prädikaten ausgedrückt durch $post(c_j)$), ihr Nachprädikat $post_i(\tilde{b})$ wahr machen muß. Man beachte, daß (PG2) und (PG3) die Aktionsmengen A^2 und A^3 betreffen und dadurch gerade die Lücken schließen, die in der Definition sequentieller Gültigkeit offen gelassen wurden. Die Tatsache, daß atomare Aktionen über zwei Komponenten verteilt sein können, hat bewirkt, daß auch die entsprechenden Beweisregeln in (SG) und (PG2) auseinandergezogen wurden. Ohne induzierte Terminierung entfällt die Bedingung (PG3) ersatzlos.

8.5.4 Eine Anwendung des Beweissystems

Bevor wir die Konsistenz des Beweissystems als den ersten Hauptsatz beweisen, illustrieren wir das System anhand des folgenden Beispiels $c_{cspbsp} = c_1 \| c_2$:

$$
\begin{array}{llll}
c_1 :: & \mathbf{if}\ c_2?x \to & \mathbf{skip} & \quad\| \quad c_2 :: \ \mathbf{if}\ c_1!2 \to \ \mathbf{skip} \\
 & \Box\ c_2!1 \to & c_2?x;\ x := x+1 & \qquad\qquad\quad \Box\ c_1?y \to \ c_1!y \\
 & \mathbf{fi} & & \qquad\qquad\quad \mathbf{fi}
\end{array}
$$

Es soll $\{\mathbf{true}\}\ c_1 \| c_2\ \{x = 2\}$ gezeigt werden. Der Einfachheit halber verwenden wir in diesem Beispiel ganzzahlige statt stellenwertiger Hilfsvariablen. Eine geeignete Annotation ist mit den syntaktischen Konventionen des Abschnitts 8.3.3 in Abbildung 8.8 gezeigt.

$$
\begin{array}{rl}
P_1 = & \{i = 0 \wedge j = 0\} \\
\underline{c}_1 :: & \mathbf{if}\ \langle c_2?x;\ i := 1\rangle \rightarrow \\
& \quad \{i = 1 \wedge x = 2\} \\
& \ \mathbf{skip}\ \{i = 1 \wedge x = 2\} \\
& \Box\ \langle c_2!1;\ i := 2\rangle \rightarrow \\
& \quad \{i = 2 \wedge j = 2 \wedge y = 1\} \\
& \ \langle c_2?x;\ i := 3\rangle; \\
& \quad \{i = 3 \wedge j = 3 \\
& \quad\ \ \wedge x = y\ \wedge\ y = 1\} \\
& \ \langle x := x + 1;\ i := 4\rangle \\
& \quad \{i = 4 \wedge j = 3 \\
& \quad\ \ \wedge x = y + 1 \wedge y = 1\} \\
& \ \mathbf{fi} \\
Q_1 = & \{(i = 1 \wedge x = 2) \vee (i = 4 \wedge j = 3 \\
& \ \wedge x = 2 \wedge y = 1)))\}
\end{array}
\quad \|\quad
\begin{array}{rl}
P_2 = & \{i = 0 \wedge j = 0\} \\
\underline{c}_2 :: & \mathbf{if}\ \langle c_1!2;\ j := 1\rangle \rightarrow \\
& \quad \{j = 1 \wedge x = 2\} \\
& \ \mathbf{skip}\ \{j = 1 \wedge x = 2\} \\
& \Box\ \langle c_1?y;\ j := 2\rangle \rightarrow \\
& \quad \{j = 2 \wedge i = 2 \wedge y = 1\} \\
& \ \langle c_1!y;\ j := 3\rangle \\
& \quad \{j = 3 \wedge ((i = 3 \wedge x = y \\
& \quad\ \ \wedge y = 1) \vee (i = 4 \\
& \quad\ \ \wedge x = y + 1 \wedge y = 1))\} \\
& \mathbf{fi} \\
& \\
Q_2 = & \{(j = 1 \wedge x = 2) \vee (j = 3 \\
& \ \wedge((i = 3 \wedge\ x = y \wedge y = 1) \\
& \ \vee(i = 4 \wedge x = y + 1 \wedge y = 1)\}
\end{array}
$$

Abbildung 8.8. Eine Annotation von c_{cspbsp}

Wir überprüfen die Gültigkeit dieser Annotation anhand der vier Bedingungen (SG), (PG1), (PG2) und (PG3).

(SG): Die lokalen Aktionen des Programms sind zweimal **skip** und $\langle x := x + 1; i := 4\rangle$. Es gilt zum Beispiel $\{i = 1 \wedge x = 2\}\,\mathbf{skip}\,\{i = 1 \wedge x = 2\}$ usw.

(PG1): Zu überprüfen ist nur die Invarianz der Annotation von c_2 über die lokale c_1-Aktion $\langle x := x + 1; i := 4\rangle$, denn die Invarianz aller Prädikate über **skip** bedarf keiner weiteren Überlegung. Die Vorbedingung dieser Zuweisung impliziert $j = 3$, und die beiden relevanten c_2-Prädikate (Q_2 und das darüberstehende Prädikat) sind ersichtlich invariant gegenüber der Zuweisung $\langle x := x + 1; i := 4\rangle$.

(PG2): Wir geben $\gamma(\underline{c}_1)$ und $\gamma(\underline{c}_2)$ an:

$$
\begin{array}{rl}
\gamma(\underline{c}_1) = & [((\underline{a}_{11} \,\Box\, \underline{a}_{12}); \underline{d}) \\
& \Box\ (\underline{y}_1; (\underline{a}_{21} \,\Box\, \underline{a}_{22}); \underline{x}_1) \\
&]
\end{array}
\quad \|\quad
\begin{array}{rl}
\gamma(\underline{c}_2) = & [((\underline{a}_{11} \,\Box\, \underline{a}_{21}); \underline{d}') \\
& \Box\ (\underline{y}_1; (\underline{a}_{12} \,\Box\, \underline{a}_{22})) \\
&]
\end{array}
$$

$$
\begin{array}{lll}
\text{mit: } m(\underline{d}) & = & m(\underline{d}') \ = \ m(\mathbf{skip}) \\
m(\underline{y}_1) & = & m(y := 1; i := 2; j := 2) \\
m(\underline{x}_1) & = & m(x := x + 1; i := 4) \\
m(\underline{a}_{11}) & = & m(x := 2; i := 1; j := 1) \\
m(\underline{a}_{21}) & = & m(x := 2; i := 3; j := 1) \\
m(\underline{a}_{12}) & = & m(x := y; i := 1; j := 3) \\
m(\underline{a}_{22}) & = & m(x := y; i := 3; j := 3)\ .
\end{array}
$$

Es gibt fünf korrespondierende Ein- / Ausgabepaare, $\underline{y}_1, \underline{a}_{11}, \underline{a}_{12}, \underline{a}_{21}$ und $\underline{a}_{22}$. Wir prüfen die Bedingung (PG2) für die ersten drei dieser fünf Kommunikationsaktionen:

$$(\underline{y}_1): \quad \{pre_1(\underline{y}_1) \wedge pre_2(\underline{y}_1)\} = \{((i = 0 \wedge j = 0) \wedge (i = 0 \wedge j = 0))\} = \{(i = 0 \wedge j = 0)\}$$
$$m(\underline{y}_1) = m(y := 1; i := 2; j := 2)$$
$$\{post_1(\underline{y}_1) \wedge post_2(\underline{y}_1)\} = \{(i = 2 \wedge j = 2 \wedge y = 1)\}.$$

$$(\underline{a}_{11}): \quad \{pre_1(\underline{a}_{11}) \wedge pre_2(\underline{a}_{11})\} = \{(i = 0 \wedge j = 0)\}$$
$$m(\underline{a}_{11}) = m(x := 2; i := 1; j := 1)$$
$$\{post_1(\underline{a}_{11}) \wedge post_2(\underline{a}_{11})\} = \{(i = 1 \wedge j = 1 \wedge x = 2)\}.$$

$$(\underline{a}_{12}): \quad \{pre_1(\underline{a}_{12}) \wedge pre_2(\underline{a}_{12})\} = \{((i = 0 \wedge j = 0) \wedge (j = 2 \wedge i = 2 \wedge y = 1))\} = \{\mathbf{false}\}$$
$$m(\underline{a}_{12}) = m(x := y; i := 1; j := 3)$$
$$\{post_1(\underline{a}_{12}) \wedge post_2(\underline{a}_{12})\} = \ \ldots$$

Alle aufgeführten Hoare-Tripel sind wahr. Beim zuletzt genannten ist das Ausrechnen von $post_1(\underline{a}_{12}) \wedge post_2(\underline{a}_{12})$ unnötig, weil $\{\mathbf{false}\}a\{Q\}$ immer gilt. Der Leser beachte, daß hier durch die Hilfsvariablen die Unausführbarkeit der Kommunikation $\underline{a}_{12}$ beschrieben wird. Die Invarianznachweise für $\underline{a}_{21}$ und $\underline{a}_{22}$ sind analog. Der Nachweis von (PG3) entfällt, da im Programm keine Schleifen vorhanden sind. Damit ist die Überprüfung der Gültigkeit der Annotation in Abbildung 8.8 beendet. Der nachfolgende Konsistenzsatz berechtigt dazu, aus dieser Annotation die Hoare-Beziehung:

$$\{i = 0 \wedge j = 0\} \ c_{cspbsp} \ \{Q_1 \wedge Q_2\}$$

zu folgern. $Q_1 \wedge Q_2$ impliziert $x = 2$, die gewünschte Nachbedingung.

8.5.5 Der Konsistenzsatz

Satz 8.5.7 KONSISTENZ DES *CSP*-BEWEISSYSTEMS

Sei $\mathcal{A}$ eine gültige Annotation von $c = c_1 \| \ldots \| c_n \in CSP$. Sei $\sigma = s_0 a_1 \ldots a_r s_r$ eine Ausführung von c und sei $\sigma' = M^0 a_1 \ldots a_r M_r$ die laut Lemma 8.2.3 entsprechende Ausführung in $\mathcal{N}(c) = (N, M^0)$ mit $M^0 = \{first(c_1), \ldots, first(c_n)\}$.
Es gelte $(pre(c_1) \wedge \ldots \wedge pre(c_n))(s_0)$. Außerdem sei $M_r = \{p_1, \ldots, p_n\}$ mit $p_i \in S(c_i)$. Dann gilt $(\mathcal{A}(p_1) \wedge \ldots \wedge \mathcal{A}(p_n))(s_r)$.

Korollar 8.5.8 MODIFIZIERTE UND-REGEL FÜR *CSP*

Sei $\mathcal{A}$ eine gültige Annotation von $c = c_1 \| \ldots \| c_n \in CSP$. Dann gilt:
$\{pre(c_1) \wedge \ldots \wedge pre(c_n)\} \quad c \quad \{post(c_1) \wedge \ldots \wedge post(c_n)\}$.

Beweis: Aus Satz 8.5.7 in der gleichen Weise, wie Korollar 7.5.9 aus Satz 7.5.8 bewiesen wurde. ■8.5.8

Beweis: (*Von Satz* 8.5.7) Durch Induktion über r, die Aktionslänge von σ.

Induktionsbasis $r = 0$: Wie die Induktionsbasis im Beweis von Satz 7.5.8.

Induktionsschritt $r \rightsquigarrow r + 1$: Wir betrachten eine Ausführung $\overline{\sigma}$ der Aktionslänge $r + 1$ von c und die ihr gemäß Lemma 8.2.3 zugeordnete Ausführung $\overline{\sigma}'$ von $\mathcal{N}(c)$:

$$\begin{aligned} \overline{\sigma} &= s_0\, a_1 \ldots a_r\, s_r\, a_{r+1}\, s_{r+1} \\ \overline{\sigma}' &= M^0 a_1 \ldots a_r M_r a_{r+1} M_{r+1}. \end{aligned}$$

Nach der Schaltregel in SND-Systemen unterscheiden sich M_r und M_{r+1} höchstens in den Indices $in(a_{r+1})$, d.h., es gilt $M_r = \{p_1, \ldots, p_n\}$ und $M_{r+1} = \{q_1, \ldots, q_n\}$ mit:

$$\begin{array}{ll} q_j = p_j & \text{für alle } j \notin in(a_{r+1}) \\ p_j \in {}^\bullet a_{r+1} \wedge q_j \in a_{r+1}^\bullet & \text{für alle } j \in in(a_{r+1}). \end{array}$$

Wir betrachten nun einen beliebigen Index $1 \le i \le n$ und untersuchen die beiden Fälle $i \notin in(a_{r+1})$ bzw. $i \in in(a_{r+1})$.

$$\begin{array}{lll} i \notin in(a_{r+1}) & \Rightarrow & (\text{ Induktionshypothese für } s_0 a_1 \ldots a_r s_r\ ) \\ & & \mathcal{A}(p_i)(s_r) \wedge \forall j \in in(a_{r+1})\colon \mathcal{A}(p_j)(s_r) \\ & \Rightarrow & (\ (\text{PG1}), i \notin in(a_{r+1}), (s_r, s_{r+1}) \in m(a_{r+1}), q_i = p_i\ ) \\ & & \mathcal{A}(q_i)(s_{r+1}). \end{array}$$

Andernfalls gilt $i \in in(a_{r+1})$ und wir unterscheiden drei Fälle:

(1) $a_{r+1} \in A_i^1$ (d.h., a_{r+1} ist eine lokale Aktion).
(2) $a_{r+1} \in A_i^2$ (d.h., a_{r+1} ist eine Kommunikationsaktion).
(3) $a_{r+1} = \tilde{b} \in A_i^3$ und $proj(a_1 \ldots a_r, A_j) \in ccs(\gamma(c_j))$ für eine Schleife:
do β; $c_j \ldots \rightarrow \ldots$ **od**
(d.h., a_{r+1} ist eine Terminierungsaktion für eine Schleife, die in ihrer Eingangsbedingung c_j adressiert).

Man beachte, daß, weil $\overline{\sigma}$ eine Ausführung ist, laut Datenbedingung (D1),(D2) von Definition 8.2.2 einer der beiden Fälle (1) oder (3) gelten muß, wenn a_{r+1} eine Schleifenterminierungsaktion ist.

$$\begin{array}{lll} \text{Fall (1)} & \Rightarrow & (\text{ Induktionshypothese und (SG), genau wie in 7.5.8 der Fall } i = j\ ) \\ & & \mathcal{A}(q_i)(s_{r+1}). \end{array}$$

$$\begin{array}{lll} \text{Fall (2)} & \Rightarrow & (\text{ Induktionshypothese; sei } j \neq i \text{ Index mit } in(a_{r+1}) = \{i, j\}\ ) \\ & & \mathcal{A}(p_i)(s_r) \wedge \mathcal{A}(p_j)(s_r) \\ & \Rightarrow & (\text{ wegen } {}^\bullet a_{r+1} = \{p_i, p_j\}\ ) \\ & & pre_i(a_{r+1})(s_r) \wedge pre_j(a_{r+1})(s_r) \\ & \Rightarrow & (\text{ wegen } (s_r, s_{r+1}) \in m(a_{r+1}); \text{ wende (PG2) an })\\ & & post_i(a_{r+1})(s_{r+1}) \wedge post_j(a_{r+1})(s_{r+1}) \\ & \Rightarrow & (\text{ wegen } a_{r+1}^\bullet = \{q_i, q_j\}\ ) \\ & & \mathcal{A}(q_i)(s_{r+1}) \wedge \mathcal{A}(q_j)(s_{r+1}). \end{array}$$

Fall (3) $\Rightarrow$ (Induktionshypothese für $s_0 a_1 \ldots a_r s_r$)
$\mathcal{A}(p_i)(s_r)$
$\Rightarrow$ (wegen ${}^\bullet a_{r+1} = \{p_i\}$)
$pre_i(a_{r+1})(s_r)$
$\Rightarrow$ (es gilt $proj(a_1 \ldots a_r, A_j) \in ccs(\gamma(c_j))$;
Induktionshypothese für $s_0 a_1 \ldots a_r s_r$ und Definition von $post(c_j)$)
$pre_i(a_{r+1})(s_r) \wedge post(c_j)$
$\Rightarrow$ (wende (PG3) an; $(s_r, s_{r+1}) \in m(\tilde{b})$)
$post_i(a_{r+1})(s_{r+1})$
$\Rightarrow$ (wegen $a_{r+1}^\bullet = \{q_i\}$)
$\mathcal{A}(q_i)(s_{r+1})$.

Damit ist $\forall i, 1 \leq i \leq n$: $\mathcal{A}(q_i)(s_{r+1})$ nachgewiesen, und das war zu beweisen. ■8.5.7

Die allgemeinen Bemerkungen nach Korollar 7.5.9 gelten sinngemäß auch für *CSP*-Programme.

8.5.6 Der Vollständigkeitssatz

Hilfsvariablen werden wie in Abschnitt 7.5.6 systematisch eingeführt, außer daß, wie erwähnt, die Kommunikationsaktionen doppelt mit Hilfsvariablenzuweisungen versehen werden. Wie zuvor werden jedem Programm $c = c_1 \| \ldots \| c_n$ genau n Hilfsvariablen V_i mit den folgenden Deklarationen:

var $V_i : S(c_i)$ (**init** *first*$_i$);

zugeordnet. Für eine Aktion $a \in A(c)$ und einen Index $k \in in(a)$ bedeute q_a^k die eindeutige Nachstelle von a in der S-Komponente N_k: $a^\bullet = \{q_a^k \mid k \in in(a)\}$ in $N(c)$. Wir ändern jede Aktion $a \in A(c)$ in eine Aktion $\underline{a}$ durch Hinzufügen von Zuweisungen für die Hilfsvariablen nach folgendem Muster (mit syntaktischen Variationen je nach Form von a):

$$a \quad \rightsquigarrow \quad \underbrace{\langle a;\ \forall k \in in(a): V_k := q_a^k \rangle}_{\underline{a}},$$

inklusive den entsprechenden Änderungen bei den Schleifenterminierungsaktionen. Sei $\underline{c}$ das neue Programm. Die neue Zustandsmenge ist dann:

$$\underline{Z} = Z(\underline{c}) = \underbrace{Z(c_1 \| \ldots \| c_n)}_{\text{Variablen von } c} \times \underbrace{S_1}_{V_1} \times \ldots \times \underbrace{S_n}_{V_n}.$$

Zwischen den Ausführungen von c bzw. $\underline{c}$ besteht der durch Lemma 7.5.10 (Seite 233) gegebene eindeutige Zusammenhang. Das Lemma gilt unmittelbar und wird hier nicht wiederholt. Die Hilfsvariablenregel (Satz 7.5.11) läßt sich ebenfalls übertragen:

Satz 8.5.9 HILFSVARIABLENREGEL

Seien $\underline{P}$, $\underline{Q}: Z(\underline{c}) \to \{\textbf{false}, \textbf{true}\}$ *und* P_0, $Q_0: Z(c) \to \{\textbf{false}, \textbf{true}\}$ *gegeben und es gelte:*
(a) $\forall s' \in Z(c): P_0(s') \Rightarrow \underline{P}((s', \mathit{first}_1, \ldots, \mathit{first}_n))$;
(b) $\{\underline{P}\}\, \underline{c}\, \{\underline{Q}\}$;
(c) $\forall \underline{s} \in Z(\underline{c}): \underline{Q}\,(\underline{s}) \Rightarrow Q_0(s)$.

Dann gilt $\{P_0\}\, c\, \{Q_0\}$.

Beweis: Wie der Beweis von Satz 7.5.11. ∎8.5.9

Sei nun $\alpha_0 \equiv \{P_0\}\, c\, \{Q_0\}$ eine beliebige partielle Korrektheitsaussage über c. Wir konstruieren eine gültige Annotation $\mathcal{A}$ über $\underline{c}$, die von α_0 abhängt, so daß sich Satz 8.5.9 anwenden läßt, das heißt, so daß $\{P_0\}\, c\, \{Q_0\}$ herleitbar ist. Es sei p eine beliebige Stelle in $N = N(c_1 \| \ldots \| c_n)$, also auch eine Stelle in $N(\underline{c})$. Dann gibt es wegen der SND-Eigenschaft von N einen eindeutigen Index i, so daß p eine Stelle von $N_i = N(c_i)$ ist. Wir definieren $\rho(p)$ wie folgt und $\mathcal{A}(p)$ als das charakteristische Prädikat von $\rho(p)$:

$$\rho(p) = \{\underline{t} \in \underline{Z} \mid \exists \underline{\sigma} = \underline{s}_0 \underline{a}_1 \ldots \underline{a}_r \underline{s}_r \in \Sigma_*(\underline{c}): P_0(s_0) \wedge \underline{s}_r = \underline{t} \wedge \underline{s}_r(V_i) = p\}.$$

Satz 8.5.10 EIGENSCHAFTEN VON $\mathcal{A}$

Mit den eben eingeführten Bezeichnungen gilt:
(A) $\forall s' \in Z(c): P_0(s') \Rightarrow (\mathit{pre}(\underline{c}_1) \wedge \ldots \wedge \mathit{pre}(\underline{c}_n))(s', \mathit{first}_1, \ldots, \mathit{first}_n)$.
(B) *Für alle* $1 \le i \le n$: $\mathcal{A}_i$ *ist über* $\underline{c}_i$ *sequentiell gültig.*
(C) $\mathcal{A}$ *ist über* $\underline{c}$ *parallel gültig.*
(D) $\forall \underline{s} \in Z(\underline{c}): (\mathit{post}(\underline{c}_1) \wedge \ldots \wedge \mathit{post}(\underline{c}_n))(\underline{s}) \Rightarrow Q_0(s)$.

Korollar 8.5.11 VOLLSTÄNDIGKEIT DES *CSP*-BEWEISSYSTEMS

Zu jeder wahren Aussage $\{P_0\}\, c\, \{Q_0\}$ *über c gibt es eine gültige Annotation* $\mathcal{A}$ *von* $\underline{c}$, *derart, daß* $\{\underline{P}\}\, \underline{c}\, \{\underline{Q}\}$ *(abgeleitet von* $\mathcal{A}$*) die Aussage* $\{P_0\}\, c\, \{Q_0\}$ *impliziert.*

Beweis: Analog Korollar 7.5.13. ∎8.5.11

Beweis: *(Des Satzes)*

Teil (A): Wie der entsprechende Teil im Beweis von Satz 7.5.12.

Teil (B): Zu zeigen sind die Eigenschaften der Definition 8.5.2 (sequentielle Gültigkeit). Es sei $i \in \{1, \ldots, n\}$ beliebig und für Teil (B) des Beweises fest gewählt. Es sei $\underline{a} \in \underline{A}_i^1$. Zu zeigen ist $\{\mathit{pre}_i(\underline{a})\}\ \underline{a}\ \{\mathit{post}_i(\underline{a})\}$. Dieser Beweisteil kann direkt aus dem Beweis von Satz 7.5.12 übernommen werden (man schreibe $\mathit{pre}_i(\underline{a})$ statt $\mathit{pre}(\underline{a})$ usw.).

Teil (C): Zu zeigen sind die Eigenschaften der Definition 8.5.6 (parallele Gültigkeit).

(PG1): Es sei $1 \le i \le n$, $p \in \underline{S}_i$ und $\underline{a} \in (\underline{A}^1 \cup \underline{A}^2) \setminus \underline{A}_i$. Zu zeigen ist:

$$\{\mathcal{A}(p) \wedge \forall k \in \mathit{in}(\underline{a}): \mathit{pre}_k(\underline{a})\}\ \underline{a}\ \{\mathcal{A}(p)\}.$$

Der Beweis hiervon ist - *mutatis mutandis* - analog Teil (C) des Beweises von Satz 7.5.12.

(PG2): Sei $\underline{a} \in \underline{A}^2$ und $\mathit{in}(\underline{a}) = \{i, j\}$. Zu zeigen ist:

$$\{\mathit{pre}_i(\underline{a}) \wedge \mathit{pre}_j(\underline{a})\}\ \underline{a}\ \{\mathit{post}_i(\underline{a}) \wedge \mathit{post}_j(\underline{a})\}$$

Der Beweis hiervon ist - *mutatis mutandis* - analog Teil (B) dieses Beweises.

(PG3): Sei $\underline{a} = \tilde{b} \in \underline{A}_i^3$ für eine Schleife **do** β; $\underline{c}_j \ldots \rightarrow \ldots$ **od**, die $\underline{c}_j$ adressiert $(j \neq i)$. Zu zeigen ist $\{pre_i(\underline{a}) \wedge post(\underline{c}_j)\}\ \underline{a}\ \{post_i(\underline{a})\}$.

$$\underline{s}' \in pre_i(\underline{a}) \quad \Rightarrow \quad (\text{ Definition von } \mathcal{A} \text{ und } pre\ )$$
$$\exists \underline{\sigma} = \underline{s}_0\, \underline{a}_1 \ldots \underline{a}_r\, \underline{s}'\colon P_0(s_0) \wedge {}^\bullet\underline{a} = \{\underline{s}'(V_i)\}$$
$$\underline{s}' \in post(\underline{c}_j) \quad \Rightarrow \quad (\text{ Definition von } \mathcal{A} \text{ und } post\ )$$
$$\exists \underline{\sigma}' = \underline{s}_0'\underline{a}_1' \ldots \underline{a}_q'\underline{s}'\colon P_0(s_0') \;\wedge\; proj(\underline{a}_1' \ldots \underline{a}_q', \underline{A}_j) \in ccs(\gamma(\underline{c}_j)).$$

Es gelte $(\underline{s}', \underline{t}) \in m(\underline{a})$. Wegen der zuletzt hergeleiteten Implikation (und weil $\underline{a} \notin A(\underline{c}_j)$) gilt für den Wert der Hilfsvariablen V_j sowohl in $\underline{s}'$ als auch in $\underline{t}$:

$$\underline{s}'(V_j) = \underline{t}(V_j) = last(\gamma(\underline{c}_j)).$$

Die Folge $\underline{\sigma}$ endet ebenso wie $\underline{\sigma}'$ mit dem Zustand $\underline{s}'$. Demzufolge gilt auch:

$$proj(\underline{a}_1 \ldots \underline{a}_q, \underline{A}_j) \in ccs(\gamma(\underline{c}_j)).$$

Nach der Definition einer gültigen Ausführung ist deswegen die Folge $\underline{s}_0\, \underline{a}_1 \ldots \underline{a}_r\, \underline{s}'\, \underline{a}\, \underline{t}$ wieder eine Ausführung von $\underline{c}$. Nach Definition von $post_i$ folgt $\underline{t} \in post_i(\underline{a})$.

Teil (D): Analog Teil (D) des Beweises von Satz 7.5.12. ■8.5.10

In Teil (C)(PG3) dieses Beweises wurde ein Argument benutzt - der Vergleich von Hilfsvariablenwerten nach verschiedenen Ausführungen, die zum gleichen Zustand führen -, das im Beweis von Satz 7.5.12 erst in Teil (D) auftaucht. In Teil (C)(PG2) kommt dagegen ein Argument vor, das vorher nur in Teil (B) des Beweises zu finden war. Diese beiden Argumentverschiebungen entsprechen der induzierten Terminierung beziehungsweise den Kommunikationsaktionen und machen im Vollständigkeitsbeweis den Unterschied zwischen *SDPROG* und *CSP* aus. Wenn induzierte Terminierung nicht betrachtet wird, entfällt Teil (PG3) des Beweises. Die beiden Sätze 8.5.10 und 7.5.12 sind dann noch ähnlicher.

8.5.7 Bemerkungen zu den Vollständigkeitssätzen

Die erste Bemerkung dieses Abschnitts ist sinngemäß auch für *SDPROG*-Programme gültig. Wir zeigen, daß man im Prinzip mit einer speziellen Form für die Prädikate einer Annotation auskommen kann, in der jedes zu einem Kontrollpunkt p gehörige Prädikat von der folgenden Form ist:

$$GI \;\wedge\; LZ(p).$$

Das Prädikat GI heißt *global* und ist eine feste Invariante, die nicht von p abhängt. Das Prädikat $LZ(p)$ heißt *lokal* und kann von Kontrollpunkt zu Kontrollpunkt verschieden sein. In ihm kommen nur lokale Variablen der Komponente, die p enthält, vor.

Eine noch weitergehende Spezialisierung liegt darin, daß auch alle lokalen Zusicherungen konstant **true** sind, der Teil $LZ(p)$ also ganz verschwindet. Sogar das ist keine wesentliche Einschränkung, denn man kann jede beliebige gültige Annotation $\mathcal{A}$ auf die folgende kanonische Art und Weise in eine konstante globale Invariante $GI(\mathcal{A})$ umformen: steht an der Kontrollstelle p in der Komponente c_i das Prädikat $\mathcal{A}(p)$, dann wird hierfür die Implikation $((V_i = p) \Rightarrow \mathcal{A}(p))$ gebildet. Die globale Invariante $GI(\mathcal{A})$ ist definiert als die Konjunktion dieser Implikationen über alle Kontrollpunkte p. Ersichtlich erfüllt die Annotation $\mathcal{A}'$, die jedem Kontrollpunkt p das Prädikat $GI(\mathcal{A})$ zuordnet, den gleichen Zweck wie $\mathcal{A}$.

Um die Vollständigkeitsaussage für induzierte Terminierung zu illustrieren, betrachten wir das folgende Hoare-Tripel:

$$\{\ \textbf{true}\ \}\ c_1 :: \textbf{do}\ c_2?x \rightarrow c_2!0\ \textbf{od}\ \parallel\ c_2 :: \textbf{do}\ c_1?y \rightarrow c_1!0\ \textbf{od}\ \ \{\ \textbf{false}\ \}\,.$$

Dieses Tripel ist wahr, denn die beiden Programme blockieren sich gegenseitig im Anfangszustand. Die nicht im Programm vorhandenen Terminierungsaktionen können zum Beweis des Tripels benutzt werden. Dazu betrachten wir das Kontrollprogramm des Programms, wobei a_1 und a_2 für die Kommunikationen $c_2?x \| c_1!0$ bzw. $c_2!0 \| c_1?y$ stehen:

$$c_1 :: \underbrace{\textbf{do}\ c_2?x \rightarrow c_2!0\ \textbf{od}}_{((a_1;\, a_2)|\tilde{b}_1)^\infty}\ \parallel\ c_2 :: \underbrace{\textbf{do}\ c_1?y \rightarrow c_1!0\ \textbf{od}}_{((a_2;\, a_1)|\tilde{b}_2)^\infty}.$$

Die Abbildung 8.9 zeigt das zugehörige SND-System. Die im Netz gezeigte Annotation ist gültig (die Prüfung dieser Behauptung wird dem Leser überlassen) und beide Nachbedingungen sind **false**, also auch deren Konjunktion.

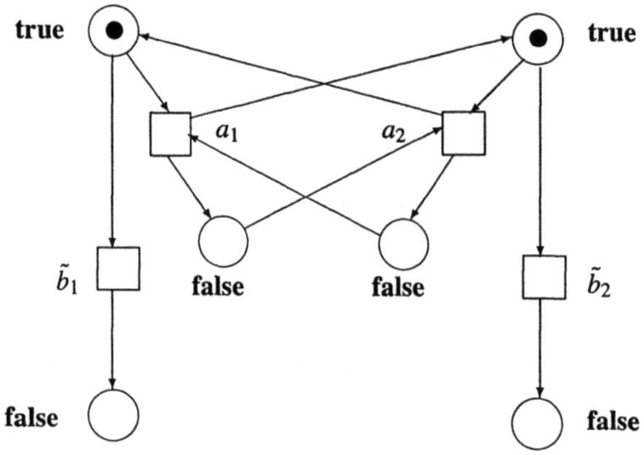

Abbildung 8.9. Das Kontrollflußnetz des Beispielprogramms $c_1 \| c_2$

8.6 Beispiele und Fallstudien

Das Koordinationsprogramm in Abschnitt 8.6.1 illustriert den Begriff der gültigen Annotation und die kausale Semantik von *CSP*-Programmen. Das Beispiel in Abschnitt 8.6.2 verdeutlicht die Benutzung von Invarianten. In Abschnitt 8.6.3 wird eine einfache Methode zur verteilten Berechnung globaler Zustände vorgestellt.

8.6.1 Ein Koordinationsprogramm

Problemstellung:
Es sei angenommen, daß $n \geq 1$ Programme $c_0, \ldots, c_{n-1}$ ringförmig angeordnet sind und daß jedes Programm c_i eine eindeutige Zahl id_i als Identifikation besitzt, die nicht mit der Numerierung in der Reihenfolge des Rings übereinstimmen muß. Die Abbildung 8.10 zeigt eine mögliche Konfiguration mit zwei Programmen c_0 und c_1 und zwei dazwischen liegenden Nachrichtenpuffern P_0 und P_1. Aufgabe der Koordination soll es ein, sicherzustellen, daß ein einziges Programm, zum Beispiel das mit der größten Identifikations-Nummer, und nur dieses, eine bestimmte Aktion unternimmt.

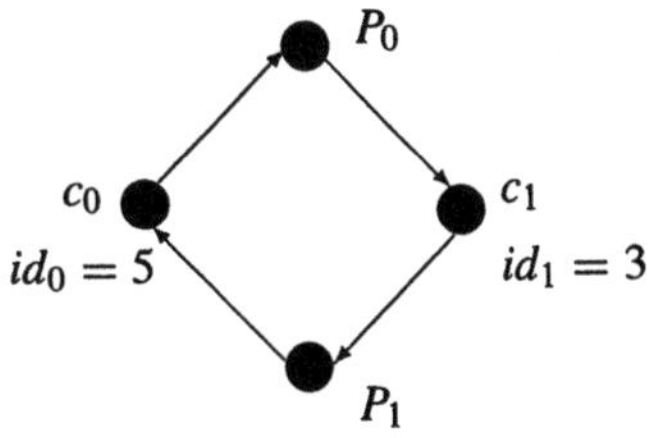

Abbildung 8.10. Eine zyklische Konfiguration mit zwei Programmen und zwei Puffern

Koordination dieser Art ist zum Beispiel nötig, wenn ein verteiltes System rekonfiguriert wird und ein einzelner Knoten die Rolle eines Initiators und Koordinators spielen muß. Um zu verhindern, daß sich verschiedene Programme dabei stören, kann der folgende Algorithmus benutzt werden. Um die größte Identifikation auf dem Ring herauszufinden, muß diese Identifikation mit jeder anderen verglichen werden. Dazu kann jedes Programm seine eigene Identifikation um den Ring herum auf die Reise schicken, die Weitergabe einer anderen Nummer aber verweigern, wenn diese kleiner ist als die eigene. Wenn unter diesen Umständen ein Programm seine eigene Nummer zurückbekommt, muß es das Programm mit der größten Identifikation sein. Dieser Algorithmus kann als *CSP*-Programm $P_0 \| \ldots \| P_{n-1} \| c_0 \| \ldots \| c_{n-1}$ codiert werden:

$$
\begin{array}{llll}
P_i \ (0 \leq i < n) & :: & \textbf{do } c_i?z_i \rightarrow c_{i\oplus 1}!z_i \textbf{ od} & \\
c_i \ (0 \leq i < n) & :: & P_i!id_i; \ \textbf{do } P_{i\ominus 1}?x_i \rightarrow & \textbf{if } x_i < id_i \rightarrow \textbf{skip} \\
 & & & \square \ x_i > id_i \rightarrow P_i!x_i \\
 & & & \square \ x_i = id_i \rightarrow \textbf{success} \\
 & & & \textbf{fi} \\
 & & \textbf{od} &
\end{array}
$$

Dabei realisieren P_i den i'ten Puffer und c_i das i'te Programm mit der Identifikationsnummer id_i. Die Variablen z_i und x_i sind lokal für P_i bzw. c_i. Die Operationen $\oplus$ und $\ominus$ bedeuten Addition bzw. Subtraktion *modulo n*. Die Ausführung von **success** soll bedeuten, daß c_i festgestellt hat, daß es das gesuchte Programm ist, d.h., daß gilt:

$$id_i = MAX, \quad \text{mit } MAX = \max\{ id_k \mid 0 \leq k < n \}.$$

Obgleich die Korrektheit dieses Programms recht offensichtlich ist, wollen wir es zur Illustration gültiger Annotationen benutzen. Dazu betrachten wir die Verhältnisse im Kreisverkehr etwas genauer und definieren ein Prädikat:

$$ordered(x, y, z),$$

wobei x, y und z Knoten auf dem Kreis sind, um auszudrücken, daß im Ringsinn (ohne Überholen, außer daß eventuell $x = z$ gelten kann) gilt:

x echt vor y und y vor oder gleich z.

Für das Beispiel von Abbildung 8.10 gelten:

$$\begin{array}{ll} & ordered(c_0, P_0, c_1) \text{ und } ordered(c_0, P_1, c_0) \\ \text{auch} & ordered(c_0, c_0, c_0) \ \text{(einmal um den Kreis herum)} \\ \text{aber} & \neg\, ordered(c_0, c_1, P_0) \text{ und } \neg\, ordered(c_0, c_0, P_1). \end{array}$$

Die folgenden beiden Funktionen liefern zu einer Identifikationsnummer ein Programm:

$$\begin{array}{rcl} orig(id) & = & \text{Das Programm } c_i \text{ mit } id_i = id \\ nexthigh(id) & = & \text{Das im Ringsinn nächste Programm } c_j \text{ mit } id_j \geq id. \end{array}$$

Wegen der Eindeutigkeit der Identifikationen ist die Funktion *orig* wohldefiniert. Die Funktion *nexthigh* ist wohldefiniert, weil der Ring ohne Überholen eine lineare Ordnung von Programmindices (nicht von *id*-Werten) definiert. Im Beispiel gilt:

$$\begin{array}{lclclcl} orig(5) & = & c_0, & orig(3) & = & c_1, \\ nexthigh(5) & = & c_0, & nexthigh(3) & = & c_0. \end{array}$$

Es ist leicht zu sehen, daß $id = MAX \;\Leftrightarrow\; orig(id) = nexthigh(id)$ gilt. Die Abbildung 8.11 zeigt eine gültige Annotation (Übungsaufgabe 8.8.7), welche die partielle Korrektheit des Algorithmus zeigt, denn aus $\{R \wedge c_i = orig(x_i)\}$ (vor **success**) folgt:

$$ordered(orig(x_i), orig(x_i), nexthigh(x_i)),$$

und daraus $orig(x_i) = nexthigh(x_i)$, also auch $MAX = id_i$.

Um die Terminierung des Programms zu beweisen, kann die aus der Annotation in Abbildung 8.11 hervorgehende Tatsache benutzt werden, daß die Nummer id_i sich stets zwischen dem Programm c_i (*exklusive*) und dem Programm $nexthigh(id_i)$ (*inklusive*) befindet. Dann lassen sich Zahlen $t(i)$ als die Anzahl der Programme und Puffer zwischen der laufenden Position der Zahl id_i und dem Programm $nexthigh(id_i)$ (*inklusive*) definieren. Es gilt stets $t(i) \geq 0$, und die Summe $\tau = \sum_{i=1}^{m} t(i) \geq 0$ verringert sich bei jedem Schleifendurchlauf eines Programms. Die hier interessierende Deadlockfreiheitseigenschaft läßt sich folgendermaßen ausdrücken[1]:

Jede maximale Ausführung enthält ein **success**-*Ereignis.* (8.1)

[1]Wobei es hier keinen Unterschied macht, ob maximal im Interleaving- oder im Halbordnungssinn gemeint ist, siehe Abschnitt 7.3.5.

$$
\begin{array}{llll}
P_i :: & \textbf{do} & c_i?z_i \rightarrow & \{ordered(orig(z_i), P_i, nexthigh(z_i))\} \\
 & & & c_{i\oplus 1}!z_i \quad \{ordered(orig(z_i), P_i, nexthigh(z_i))\} \\
 & \textbf{od} & & \\
 & & & \\
c_i :: & P_i!id_i; & & \{ordered(c_i, P_i, nexthigh(id_i))\} \\
 & \textbf{do} & P_{i\ominus 1}?x_i \rightarrow & \underbrace{\{ordered(orig(x_i), c_i, nexthigh(x_i))\}}_{R} \\
 & & \textbf{if } x_i < id_i \rightarrow & \{R \wedge c_i = nexthigh(x_i)\} \\
 & & & \textbf{skip} \\
 & & \;\Box\; x_i > id_i \rightarrow & \{R \wedge c_i \neq nexthigh(x_i)\} \\
 & & & P_i!x_i \\
 & & \;\Box\; x_i = id_i \rightarrow & \{R \wedge c_i = orig(x_i)\} \\
 & & & \textbf{success} \\
 & & \textbf{fi} & \\
 & \textbf{od} & &
\end{array}
$$

Abbildung 8.11. Annotation des Ring-Algorithmus

Daß diese Eigenschaft wahr ist, läßt sich mit Mitteln nachweisen, die analog zu den in Abschnitt 8.4 benutzten (insbesondere Satz 8.4.1) sind. Wir zeigen dies jedoch nicht allgemein, sondern nur anhand einer der maximalen Ausführungen des Programms, das zum Beispiel in Abbildung 8.10, d.h. einem Ring der Größe $n = 2$ mit dem Anfangszustand $id_0 = 5 > id_1 = 3$, gehört. Die Abbildung 8.12 zeigt einen Prozeß dieses Programms. Er ist die einzige maximale Ausführung. Man beachte, daß dieses Kausalnetz von vier Linien überdeckt ist, von denen jede eine sequentielle Ausführung eines der vier Programme des Systems ist. Auch die Spur des Wertes $MAX = 5$ bildet eine Linie. In Bild 8.12 beginnt sie links oben beim Programm c_0, verläuft dann durch P_0 bis ganz nach rechts zum Programm c_1 und P_1, und zurück bis links unten bei der **success**-Aktion von c_0. Die Spur des Wertes MAX in einer maximalen Ausführung hat auch im allgemeinen, nicht nur in einem Ring der Größe 2, diese Eigenschaft. So kann die Deadlockfreiheit operational gezeigt werden.

8.6.2 Berechnung des größten gemeinsamen Teilers

Problembeschreibung:
Gegeben seien n ($n \geq 2$) ringförmig angeordnete Programme $c_0 \| \ldots \| c_{n-1}$. Jedes ist verantwortlich für eine der positiven natürlichen Zahlen $x_0^0, \ldots, x_{n-1}^0$. Es ist der größte gemeinsame Teiler von $x_0^0, \ldots, x_{n-1}^0$ zu berechnen.

In der in Abbildung 8.13 gezeigten Lösung werden die Zahlen x_i solange weitergereicht und nach dem Euklidschen Algorithmus modifiziert, bis sie nicht mehr kleiner werden. Jedes Programm hat außer x_i die lokalen Variablen $ready_i$, um Sendebereitschaft anzuzeigen, und y_i, um die Nachbarzahl aufzunehmen. Weil die innere **if**-Anweisung den ggT invariant läßt, gilt stets:

$$ggT(x_0, \ldots, x_{n-1}) = ggT(x_0^0, \ldots, x_{n-1}^0). \tag{8.2}$$

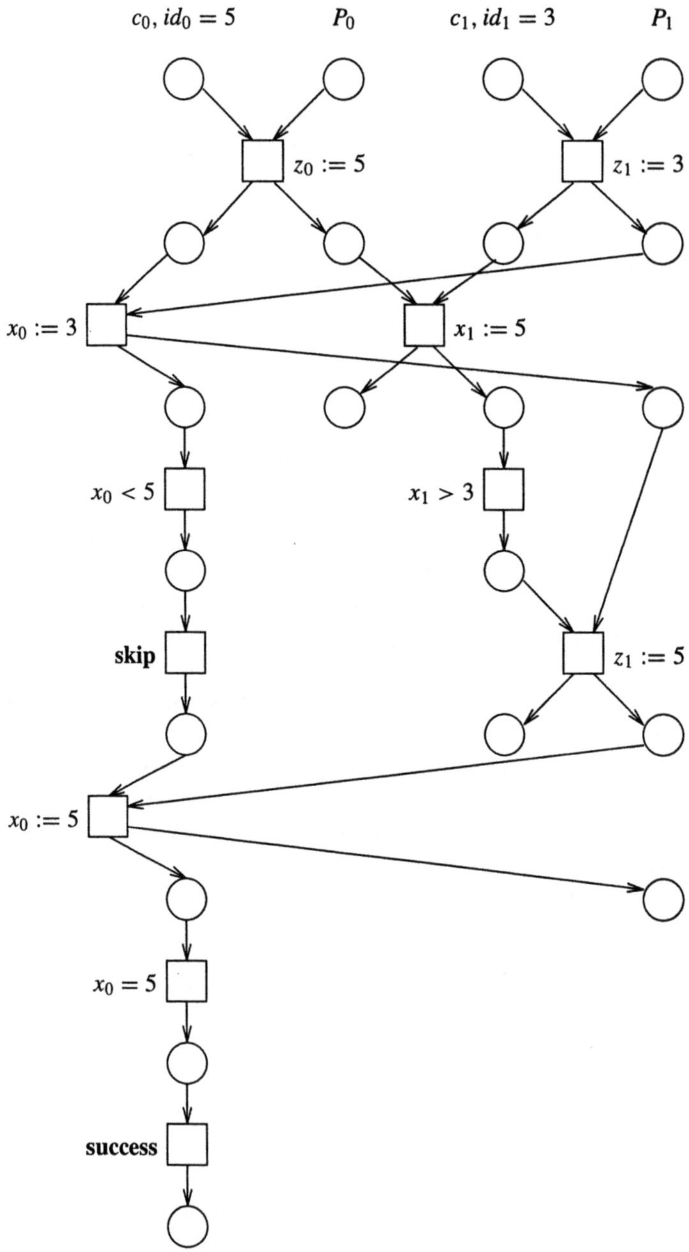

Abbildung 8.12. Eine Ausführung des Ring-Algorithmus

$$
\begin{array}{lll}
c_i\ (0 \le i < n) :: & \textbf{var}\ x_i : \mathbb{N}\ (\textbf{init}\ x_i^0),\ y_i : \mathbb{N};\ ready_i : \{\textbf{false}, \textbf{true}\}\ (\textbf{init true}); & \\
& \textbf{do}\ ready_i;\ c_{i\oplus 1}!x_i \rightarrow & ready_i := \textbf{false} \\
& \Box \qquad c_{i\ominus 1}?y_i \rightarrow & \textbf{if}\ (y_i \ge x_i) \rightarrow \textbf{skip} \\
& & \Box\ (y_i < x_i) \rightarrow \\
& & \quad \textbf{if}\ (y_i | x_i) \rightarrow x_i := y_i \\
& & \quad \Box\ \neg(y_i | x_i) \rightarrow x_i := x_i\ mod\ y_i \\
& & \quad \textbf{fi};\ ready_i := \textbf{true} \\
& & \textbf{fi} \\
& \textbf{od} &
\end{array}
$$

Abbildung 8.13. Ein Algorithmus zur Berechnung des größten gemeinsamen Teilers

Das legt nahe, daß (8.2) Teil einer Invarianten sein könnte. Es genügt dann, zu zeigen, daß am Schluß, wenn alle Booleschen Variablen $ready_i$ gleich **false** sind, folgendes gilt:

$$x_0 = x_1 = \ldots = x_{n-1}. \tag{8.3}$$

Dann gibt nämlich jede Zahl x_i den ggT der Zahlen $x_0^0, \ldots, x_{n-1}^0$ an. Es liegt nahe, die Ringstruktur auszunutzen, um (8.3) in der Form $x_0 \le x_1 \le \ldots \le x_{n-1} \le x_0$ zu beweisen. Unser Ziel ist es also, zu beweisen, daß folgendes gilt ($\oplus$ ist Addition *modulo n*):

$$\left(\forall_{i=0}^{n-1}\ \neg ready_i \right) \Rightarrow \left(\forall_{i=0}^{n-1}\ (x_i \le x_{i\oplus 1}) \right). \tag{8.4}$$

Dazu zeigen wir zuerst, daß außerhalb der Schleife in c_i gilt:

$$\forall i\colon\ (\neg\ ready_i) \Rightarrow (x_i = y_{i\oplus 1}). \tag{8.5}$$

Das ist in der Tat der Fall, denn:

- Wenn $ready_i$ zu **false** gesetzt wird (in der ersten Zeile von c_i), dann wird $y_{i\oplus 1}$ zu x_i gesetzt (nach der Semantik der Kommunikation).
- Wenn x_i (und damit die Gleichheit $x_i = y_{i\oplus 1}$) verändert wird (in den Zeilen 4 oder 5 von c_i), dann wird $ready_i$ zu **true** gesetzt.
- $y_{i\oplus 1}$ kann höchstens durch die Kommunikation mit c_i verändert werden.

Weiterhin könnte die Formel:

$$\forall i\colon\ (\neg\ ready_i) \Rightarrow (x_i \le y_i) \tag{8.6}$$

eine Schleifeninvariante für jedes Programm c_i sein (sofern die Variablen y_i zu einem entsprechenden Wert, zum Beispiel zu x_i^0, initialisiert werden). Dies ist nicht selbstverständlich, weil in der ersten Zeile $ready_i$ zu **false** gesetzt werden könnte, ohne daß $(x_i \le y_i)$ zu gelten braucht. Die Veränderung von x_i ist allerdings so vonstatten gegangen, daß $x_i \le y_i$ garantiert wurde. Wir finden daher eine andere Invariante, die sogar stärker ist und die ebenfalls anfänglich gilt, wenn x_i^0 als Anfangswert von y_i angenommen wird:

$$\forall i\colon\ (x_i \le y_i). \tag{8.7}$$

Die Gültigkeit von (8.7) kann durch die erste Zeile von c_i nicht zerstört werden. Die Eingabeanweisung in der zweiten Zeile könnte (8.7) falsch machen; die nachfolgende

if-Anweisung stellt die Gültigkeit von (8.7) jedoch wieder her. (8.7) impliziert (8.6), und zusammen mit (8.5) impliziert (8.6) die Beziehung (8.4) und damit die partielle Korrektheit des Algorithmus.

Dieser Beweis läßt vermuten, daß die innerste **if**-Anweisung des Programms nicht nur den *ggT* invariant lassen, sondern auch die Relation $x_i \leq y_i$ herstellen muß. In der Tat wird zum Beispiel das Programm:

$$
\begin{array}{lll}
c_i :: & \textbf{do}\ ready_i;\ c_{i\oplus 1}!x_i \rightarrow & ready_i := \textbf{false} \\
\square & \qquad c_{i\ominus 1}?y_i \rightarrow & \textbf{if}\ (y_i \geq x_i) \rightarrow \textbf{skip} \\
 & & \square\ (y_i < x_i) \rightarrow x_i := x_i - y_i;\ ready_i := \textbf{true} \\
 & & \textbf{fi} \\
 & \textbf{od} &
\end{array}
$$

inkorrekt (Übung 8.8.11), obwohl die Zuweisung $x_i := x_i - y_i$ den *ggT* der Zahlen invariant läßt. Andererseits lassen sich die obigen Argumente weiterverwenden, falls (8.6) eine Invariante über die erste Alternative wird. Dadurch finden wir die folgende korrekte zweite Version des Programms:

$$
\begin{array}{lll}
c_i :: & \textbf{do}\ ready_i;\ c_{i\oplus 1}!x_i \rightarrow & ready_i := (x_i \leq y_i) \\
\square & \qquad c_{i\ominus 1}?y_i \rightarrow & \textbf{if}\ (y_i \geq x_i) \rightarrow \textbf{skip} \\
 & & \square\ (y_i < x_i) \rightarrow x_i := x_i - y_i;\ ready_i := \textbf{true} \\
 & & \textbf{fi} \\
 & \textbf{od}. &
\end{array}
$$

8.6.3 Ein verteilter Terminierungsalgorithmus

Zum Abschluß dieses Kapitels wird ohne Korrektheitsnachweis ein *CSP*-Algorithmus vorgestellt, der globale Zustände zu berechnen gestattet. In einem verteilten System kennt jedes Programm direkt nur seinen eigenen lokalen Zustand, nicht die Zustände der anderen Programme. Globale Zustände lassen sich dann, wie erwähnt, als abgeleitete Begriffe definieren, zum Beispiel als Schnitte in einem Kausalnetz. Es kann vorkommen, daß ein Programm in einem verteilten System eine gewisse Eigenschaft eines globalen Zustands überprüfen möchte. Da solche Eigenschaften sich ohne das Zutun des neugierigen Programms ändern können, ist die Frage im allgemeinen offenbar recht sinnlos. Es kann sich aber auch um eine stabile Eigenschaft handeln (das heißt, einmal eingetreten bleibt sie bestehen; siehe Abschnitt 7.3.2). Beispiele stabiler Eigenschaften sind die Aussagen:

- *Das System befindet sich im Deadlock.*
- *Es gibt eine Komponente, die terminiert ist.*

Wenn ein Programm auf irgendeine Weise einen globalen Zustand mitgeteilt bekommt, dann kann es diesen Zustand auf die gewünschte Aussage hin überprüfen. Falls sie gilt, folgt aus der Stabilität, daß sie auch weiterhin gilt (insbesondere wenn das Programm die Überprüfung abgeschlossen hat). Wir geben einen Algorithmus an, der es in einem verteilten *CSP*-System $c_1 \| \ldots \| c_n$ mit n sequentiellen Komponenten: jedem Interessenten c_i gestattet, einen der möglichen globalen Zustände mitgeteilt zu bekommen. Wir nehmen dabei die Eigenschaft des starken Kommunikationszusammenhangs an: der Graph, dessen Knoten die Komponenten c_i und dessen Kanten die Paare (c_i, c_j) sind, so daß c_i ein c_j adressierendes Ausgabekommando enthält, wird als stark zusammenhängend angenommen.

Wenn c_i einen globalen Zustand wissen möchte, kann sich c_i zunächst seinen eigenen Zustand merken und dann eine Benachrichtigung an alle seine Kommunikationspartner mit der Aufforderung schicken, das gleiche zu tun. Die solcherart aufgefundenen lokalen Zustände können an ein Administratorprogramm A geschickt werden, das sie sammelt und an c_i (oder besser, an alle $c_1, \ldots, c_n$, da ja mehrere c_i nebenläufig die Zustandsberechnung initiieren können) weitergibt. Wir programmieren also ein neues System:

$$c'_1 \parallel \ldots \parallel c'_n \parallel A,$$

worin sich die c'_i von den c_i darin unterscheiden, daß administrative Information und zusätzliche Programmteile zur Berechnung eines globalen Zustands hinzugefügt sind.

Für c_i ist zur Initiierung der Berechnung eines globalen Zustands folgendes Vorgehen zweckmäßig. Nachdem der eigene Zustand berechnet ist, dürfen zwar weitere lokale Veränderungen vorgenommen werden. Keinesfalls aber darf Information an einen Kommunikationspartner gesandt werden, bevor dieser nicht von dem Wunsch, einen globalen Zustand zu berechnen, informiert ist. Mit anderen Worten, das initiierende Programm muß durch eine spezielle Nachricht allen seinen Kommunikationspartnern (denen es Ausgaben liefert) kundtun, daß diese ebenfalls eine Kopie ihres lokalen Zustands anlegen mögen. Normale Information darf erst nach dem Senden dieser speziellen Nachricht wieder fließen.

Um dieses Verhalten zu beschreiben, führen wir für jede Komponente c_i (der Index i sei im folgenden fest) eine binäre Variable *mode* ein:

var *mode*: {*normal*, *check*} (**init** *normal*) ;

$mode = normal$ soll normale Verarbeitung bedeuten, $mode = check$ soll bedeuten, daß c_i einen globalen Zustand berechnen möchte. Zur Vereinfachung der Konstruktion von c'_i aus c_i nehmen wir zusätzlich an, daß c_i von der folgenden Form ist:

$$c_i :: \text{ Initialisierung}_i \text{ ; } \mathbf{do}\ g_1 \rightarrow x_1 \ \Box\ g_2 \rightarrow x_2 \ \ldots\ \Box\ g_m \rightarrow x_m \ \mathbf{od},$$

wobei alle Kommunikationen in den Eingangsbedingungen g_j der **do**-Schleife vorkommen und die x_j lokale Kommandos sind. Wir benutzen hier die erweiterte Form der Schleife, deren Semantik in Abschnitt 8.3.4 erläutert wurde. Unter Verwendung der Variablen *mode* konstruieren wir c'_i aus c_i durch Hinzufügen der folgenden Alternativen **(1)**, **(2)** und **(3)** zur äußeren Schleife von c_i:

(1): $\ldots\ \Box\ mode = normal \rightarrow mode := check;\ SAMPLE$

Dabei ist $SAMPLE \equiv$ record *my_state*; *A*!*my_state* ein Programmteil, der den lokalen Zustand von c'_i feststellt und an den Administratorprozeß A schickt. Die Alternative **(1)** wird ausgeführt, wenn das Programm eine Berechnung initiieren möchte.

(2): Sei c_j $(j \neq i)$ eine Komponente, die in einer Eingangsbedingung g_k von c_i in der Form $c_j?\ldots$ vorkommt (also ein Eingabepartner von c_i). Dann:

$$\begin{array}{llll} \ldots \,\square\, c'_j?alert \rightarrow & \textbf{if} & mode = check & \rightarrow \textbf{skip} \\ & \square & mode = normal & \rightarrow mode := check;\ SAMPLE \\ & \textbf{fi} & & \end{array}$$

Diese Alternative wird von c'_i ausgeführt, wenn c'_j durch Senden der speziellen Nachricht *alert* seinen Ausgabepartner c'_i davon informiert, daß ein globaler Zustand berechnet werden soll. Falls c'_i nicht schon in den Zustand *mode* = *check* übergegangen ist, so muß dies spätestens jetzt geschehen.

(3): Jeder Ausgabepartner von c_i muß von der Tatsache des Berechnungswunsches informiert werden. Dazu seien $c^1, \ldots, c^q$ alle in $g_1, \ldots, g_m$ in der Form $c^k!\ldots$ vorkommenden Ausgabepartner von c_i. Ein Feld:

var *sent*: **array** $\{1, \ldots, q\}$ **of** {**false**, **true**} (**init false**);

wird benutzt, um anzugeben, ob die Programme $c^1, \ldots, c^q$ bereits informiert wurden:

$$\ldots \,\square\, (mode = check \wedge \neg\, sent[k];\ c'_k!alert) \rightarrow sent[k] := \textbf{true}$$

Die Aktionen von c'_i dürfen nur unter der Voraussetzung ausgeführt werden, daß entweder *mode* = *normal* oder ein Ausgabepartner bereits informiert wurde. Ein Kommando der Art $\ldots \,\square\, g_j \rightarrow x_j$ $(1 \leq j \leq m)$, in dem in g_j die Aktion $c_k!\ldots$ vorkommt, ändert sich also in $\ldots \,\square\, (mode = normal \vee sent[k]);\ g_j \rightarrow x_j$. ■(1)-(3)

Die Abbildung 8.14 faßt die Veränderungen zusammen, die das Programm c'_i gegenüber dem ursprünglichen Programm c_i auszeichnen. Das administrative Programm A sammelt die an es geschickten lokalen Zustände, siehe Abbildung 8.15. Sobald *done* = **true** gilt, ist ein globaler Zustand hergestellt. A kann dann diese Information an alle Programme weitergeben. Diesen Teil des Programms schlüsseln wir hier nicht weiter auf.

c'_i :: Initialisierung$'_i$; % auch von *mode* und *sent*

$\quad$ **do** $mode = normal \rightarrow mode := check;\ SAMPLE$

$\quad\ \underbrace{\square}_{(*)}\ c'_l?alert \rightarrow$ % Berechnungswunsch von c'_l initiiert

$\quad\quad$ **if** $mode = check \rightarrow$ **skip**

$\quad\quad\ \square\ mode = normal \rightarrow mode := check;\ SAMPLE$

$\quad\quad$ **fi**

$\quad\ \underbrace{\square}_{(**)}\ (mode = check \wedge \neg sent[k]);\ c'_k!alert \rightarrow sent[k] :=$ **true**

$\quad\quad$ % c_i initiiert Berechnungswunsch

$\quad\ \square\ (mode = normal \vee sent[k]);\ \underbrace{g_j}_{c^k!\text{ kommt in } g_j \text{ vor}} \rightarrow x_j$

$\quad\ \square\ \underbrace{g_j}_{\text{kein } c^k!\text{ kommt in } g_j \text{ vor}} \rightarrow x_j$

$\quad$ **od**

(∗) für alle l, für die $c_l?$ in einem g_k vorkommt.

(∗∗) für alle $k \in \{1, \ldots, q\}$, d.h., so daß $c^k! \ldots$ in $g_1, \ldots, g_m$ vorkommt.

Abbildung 8.14. Veränderungen an c_i zur Berechnung eines globalen Zustands

A :: **var** *state* : **array** $\{1, \ldots, n\}$ **of** *information*;

$\quad\quad$ *received* : **array** $\{1, \ldots, n\}$ **of** {**false**, **true**} (**init false**) ;

$\quad\quad$ *done* : {**false**, **true**} (**init false**) ;

$\quad$ **do** $\neg done \rightarrow$ **if** $\square_{i=1}^{n}\ c'_i?state[i] \rightarrow received[i] :=$ **true**

$\quad\quad\quad\ \square\ (\forall i\colon received[i]) \rightarrow done :=$ **true**

$\quad\quad\quad$ **fi**

$\quad$ **od**

Abbildung 8.15. Der Administratorprozeß A

8.7 Literaturangaben

Die *CSP*-Idee geht auf eine Reihe von frühen Arbeiten von Hoare zurück [136, 137], in denen er versucht, die Disjunktheitsbedingungen mehr und mehr zu lockern und dabei die UND-Regel doch in modifizierter Form beizubehalten. Zum Beispiel wird in [137] die Hierarchie:

disjunkt $\leadsto$ konkurrierend (competing) $\leadsto$ koordinierend $\leadsto$ kommunizierend

untersucht. Das Buch [139] beschreibt eine Theorie von *CSP*-Ausführungen, die auch unter dem Namen *TCSP* (Theoretical *CSP*) bekannt ist [201]. Die Grundkonzepte von *CSP* sind in der Transputer-Programmiersprache `occam` [189] verwirklicht worden. Transputer sind spezielle Prozessoren, die eine entsprechende Computerarchitektur realisieren. Zur operationalen, axiomatischen und denotationalen Semantik von *CSP* (und *SDPROG*) vergleiche man auch [64, 65, 66, 216, 238]. Eine Übersicht über *CSP*-artige Sprachkonstrukte findet sich in [67].

Mehrwegekommunikation ist unter anderen von Back / Kurki-Suoni [22] und von Yuh-Jzer Joung / Smolka [154] untersucht worden. Eine Übersetzung von *CSP* in Petrinetze ist in einer Arbeit von De Cindio *et al.* [79] angegeben; Goltz und Reisig [126] übersetzen *CSP* in höhere Petrinetze [118, 151]. Zur kausalen Semantik von *CSP* vergleiche man auch [49, 59].

Zwei etwa gleichzeitig veröffentlichte Arbeiten beschreiben Beweissysteme (jeweils Abwandlungen des Owicki / Gries-Systems) für *CSP*: der Artikel von Apt, Francez und de Roever [16] und die Arbeit von Levin und Gries [178]. Diese Arbeiten unterscheiden sich in der Art und Weise, wie Hilfsvariablen verwendet werden. In [178] dürfen alle Hilfsvariablen in jedem Prädikat einer Annotation frei vorkommen, während in [16] nur Annotationen der Art $GI \wedge LZ(p)$ zugelassen sind. Der Abschnitt 8.5.7 zeigt, wie beide Verwendungsmöglichkeiten ineinander umgerechnet werden können. Zu globalen Invarianten vergleiche man auch das Buch von Manna und Pnueli [187].

Sowohl [178] als auch [13] verzichten auf die Betrachtung der induzierten Terminierung (was, wie gesehen, den Formalismus vereinfacht). In [13] wird behauptet, daß das Beweissystem von [16] für induzierte Terminierung nicht vollständig ist, da Aussagen der in Abschnitt 8.5.7 betrachteten Art nicht hergeleitet werden können. Zur induzierten Terminierung vergleiche man auch [15].

Das Mengenpartitionsprogramm stammt aus [101]. Der Ring-Koordinationsalgorithmus wurde in [75] beschrieben und analysiert. Wegen der praktischen Bedeutung von nicht-synchroner Kommunikation beruhen viele andere Programmiernotationen darauf, z.B. die Sprache SR (engl. *shared resources*) [8]. Der erste *ggT*-Algorithmus ist in [16] zu finden. Zum Algorithmus aus Abschnitt 8.6.3 vergleiche man [57, 73, 188]. Er läßt sich so verändern, daß die Berechnung globaler Zustände wiederholt werden kann, und auch so, daß die Berechnung symmetrisch geschieht, das heißt, ein ausgezeichnetes Programm *A* nicht benötigt wird [57]. [14] zeigt, daß im Prinzip jedes *CSP*-Programm in die in Abschnitt 8.6.3 angegebene spezielle Form gebracht werden kann.

8.8 Übungsaufgaben

1. Man gebe eine Syntax und eine Semantik für eine *CSP*-ähnliche Sprache, die den Aufruf von beliebigen Prozeduren als synchrone Kommunikationen erlaubt.

2. Man drücke das Hinzufügen von Hilfsvariablenzuweisungen zu Kommunikationsaktionen (Abschnitt 8.3.3) in der aus Übung 8.8.1 stammenden Syntax aus.

3. Man gebe Beispiele, die zeigen, daß die drei Voraussetzungen (1)-(3) des Satzes 8.4.1 notwendig und voneinander unabhängig sind.

4. Man wandle die in Abbildung 8.8 gezeigte Annotation des Programms c_{cspbsp} nach der Methode des Abschnitts 8.5.7 in eine gültige Annotation um, die jedem Kontrollpunkt eine globale Invariante *GI* zuordnet und die das gleiche leistet.

5. Es seien $N = 2^k$ ($k \in \mathbb{N}$) Prozessoren - numeriert von 0 bis $N-1$ - gegeben. Jedem dieser Prozessoren ist eine Zahl a_i ($0 \leq i \leq N-1$) zugeordnet. Die Aufgabe besteht darin, für den Prozessor i ein Programm c_i zu schreiben, das die Summe $a_0 + a_1 + \ldots + a_i$ (genannt die i'te Präfixsumme) berechnet und der Zahl a_i zuweist.
   (a) Man schreibe ein *CSP*-Programm zur Berechnung der Präfixsumme, wenn die N Prozessoren ringförmig angeordnet sind. Man gebe die Laufzeit und die Kosten (siehe Kapitel 4) des Algorithmus an.
   (b) Man entwerfe ein anderes *CSP*-Programm, das eine größenordnungsmäßig geringere Laufzeit als das in Aufgabenteil (a) aufweist. Es dürfen auch mehr als N Prozessoren verwendet werden; dann stehen jedoch nur in N dieser Prozessoren die Zahlen a_i. Man schätze Laufzeit und Kosten ab.

6. Gegeben seien drei *CSP*-Programme, ohne daß geteilter Speicher zur Verfügung steht. Jedes Programm kann wiederholt in einen kritischen Abschnitt eintreten, in dem ein Betriebsmittel exklusiv genutzt werden soll. Man entwerfe einen Algorithmus, der den wechselseitigen Ausschluß für die Programme realisiert.

7. Man zeige, daß die in Abbildung 8.11 gezeigte Annotation gültig ist. Man zeige, daß das Programm deadlockfrei im Sinn von Eigenschaft (8.1) von Abschnitt 8.6.1 ist.

8. Man betrachte zu Abschnitt 8.6.1 einen Ring mit 3 Programmen, 3 Puffern und eine beliebige Anfangskonfiguration für id_i ($1 \leq i \leq 3$). Man finde ein simulierendes Kausalnetz und verfolge die Spur jedes Wertes id_i; sind alle diese Spuren Linien im Kausalnetz?

9. Man verallgemeinere den Ring-Algorithmus auf allgemeine (streng zusammenhängende) Netzwerke.

10. Man simuliere das *ggT*-Programm in Abbildung 8.13 'per Hand' [71] für $n = 3$ und die Werte $x_0^0 = 20, x_1^0 = 6$ und $x_2^0 = 8$. Man versuche das gleiche für $n = 4$ und den zusätzlichen Wert $x_3^0 = 30$.

11. Man zeige durch die Angabe eines Szenarios, daß das zweite *ggT*-Programm (Abschnitt 8.6.2) inkorrekt ist.

Anhang A. Beweise und Lösungen

A.1 Beweise der Sätze von Kapitel 2 und Kapitel 4

Lemma A.1.1

Die Existenz eines Schnittes, bezüglich dessen $(D, \prec)$ *diskret ist, impliziert die Eigenschaft:*

$$\forall x, y \in D\ \exists n \in \mathbb{N}\ \forall \text{ Linien } l\text{: } |l \cap [x, y]| \leq n. \qquad \text{(A.1)}$$

Beweis: Sei c ein Schnitt, bezüglich dessen $(D, \prec)$ diskret ist. Dann sind die beiden Zahlen

$$\begin{aligned} n_x &= \max\{\ |l \cap [x, c]|\ \mid\ l \text{ ist Linie }\} \\ n_y &= \max\{\ |l \cap [c, y]|\ \mid\ l \text{ ist Linie }\} \end{aligned}$$

wohldefiniert. Wir setzen $n = n_x + n_y$. Dann gilt die Abschätzung:

$$\begin{aligned} |l \cap [x, y]| &\leq \quad (\text{ die linke Menge ist in der rechten enthalten }) \\ &\quad\ |l \cap ([x, c] \cup [c, y])| \\ &\leq \quad (\text{ Distributivität von } \cap \text{ über } \cup\text{; Kardinalitätsrechnung }) \\ &\quad\ |l \cap [x, c]| + |l \cap [c, y]| \\ &\leq \quad (\text{ beide Mengen sind endlich; Definition der Zahlen } n_x \text{ und } n_y\ ) \\ &\quad\ n_x + n_y \\ &= \quad n. \end{aligned}$$

■A.1.1

Lemma A.1.2

Es gelte die Eigenschaft (A.1). *Für zwei Elemente* $x, y \in D$ *mit* $x \prec y$ *gilt dann:*

$$[x, y] \;=\; \{x\} \cup \Big(\bigcup_{v \in x^\bullet, w \in {}^\bullet y} [v, w] \Big) \cup \{y\}.$$

Beweis:

($\supseteq$): Elementar (ohne Benutzung von (A.1)).

($\subseteq$): Wir betrachten ein Element $z \in [x, y]$ und beweisen, daß z in der rechten Seite der Gleichung liegt. Falls $z = x$ oder $z = y$, dann ist die Behauptung trivialerweise erfüllt. Also brauchen wir ab jetzt nur den Fall $z \notin \{x, y\}$ zu betrachten; d.h., es gilt $x \prec z \prec y$.

Wir nehmen $\neg\exists v \in x^\bullet\colon v \preceq z$ an und leiten einen Widerspruch her. Wegen der eben gemachten Annahme gilt insbesondere $z \notin x^\bullet$, und daher (und wegen $x \prec z$) gibt es ein Element z_1 mit $x \prec z_1 \prec z$. Wieder wegen der gleichen Annahme gilt $z_1 \notin x^\bullet$, und deswegen gibt es ein Element z_2 mit $x \prec z_2 \prec z_1$. Auf diese Weise fortfahrend, kann man eine unendliche li-Menge konstruieren, die ganz innerhalb des Intervalls $[x, z]$ liegt, und damit - mit einer Linie l, die diese li-Menge umfaßt - ergibt sich ein Widerspruch zur Eigenschaft (A.1). Auf analoge Weise bringt man die Annahme $\neg\exists w \in {}^\bullet y\colon z \preceq w$ zu einem Widerspruch mit (A.1). Zusammen folgt daraus:

$$\exists v \in x^\bullet\colon v \preceq z \ \wedge \ \exists w \in {}^\bullet y\colon z \preceq w,$$

und damit ist das Element z in der Menge $\bigcup_{v\in x^\bullet, w\in {}^\bullet y}[v, w]$ enthalten. ■A.1.2

Lemma A.1.3

Gilt (A.1) *und ist* $(D, \prec)$ *umgebungsendlich, dann ist* $(D, \prec)$ *intervallendlich, d.h., für alle Elemente* x, y *in* D *gilt:* $|[x, y]| \in \mathbb{N}$.

Beweis: *(Durch Widerspruch)* Es seien $x, y \in D$ derart, daß $[x, y]$ keine endliche Menge ist; dann muß auch $x \prec y$ gelten. Im Beweis konstruieren wir eine unendliche li-Menge, die ganz innerhalb von $[x, y]$ liegt. Wir setzen $x_0 = x$ und $y_0 = y$. Aufgrund von Lemma A.1.2 gilt die Beziehung:

$$[x_0, y_0] \ = \ \{x_0\} \cup (\bigcup_{v\in x_0^\bullet, w\in {}^\bullet y_0} [v, w]) \cup \{y_0\}.$$

Da $[x_0, y_0]$ eine unendliche Menge ist, die beiden Mengen $x_0^\bullet$ und ${}^\bullet y_0$ aber wegen der Voraussetzung der Umgebungsendlichkeit endliche Mengen sind, finden wir zwei Elemente $v \in x_0^\bullet$ und $w \in {}^\bullet y_0$ derart, daß $[v, w]$ wieder eine unendliche Menge ist.
Wir setzen $x_1 = v$ und $y_1 = w$. Es gilt nun wieder die analoge Beziehung des Lemmas A.1.2 für das Intervall $[x_1, y_1]$, und die Konstruktion kann unendlich fortgesetzt werden. Dergestalt läßt sich eine unendliche li-Menge $\{x_0, x_1, x_2, \ldots, y_2, y_1, y_0\}$ konstruieren, die ganz innerhalb von $[x, y]$ liegt - ein Widerspruch zu (A.1). ■A.1.3

Lemma A.1.4

Ist D *abzählbar und* $(D, \prec)$ *intervallendlich, dann hat* $(D, \prec)$ *einen injektiven Beobachter.*

Beweis: *(Skizze)* Wegen der Abzählbarkeit kann D als Vereinigung unendlich vieler endlicher konvexer Teilmengen von D ausgedrückt werden. Ein injektiver Beobachter läßt sich leicht induktiv über diese Teilmengen konstruieren. ■A.1.4

Beweis von Satz 2.3.7**:** Direkte Konsequenz der vorangegangenen Lemmata A.1.1, A.1.2, A.1.3 und A.1.4. ■2.3.7

Beweis von Satz 2.3.9**:** Für Totalordnungen ist jedes Intervall $[A_1, A_2]$ eine konvexe li-Menge. Außerdem vereinfacht sich die Definition von c-Diskretheit folgendermaßen, weil $c = \{y\}$ stets eine Einermenge ist: $\forall x \in D\colon |[y, x]| \in \mathbb{N} \wedge |[x, y]| \in \mathbb{N}$. Ist $\mathrm{Min}(D)$ zudem ein Schnitt $\mathrm{Min}(D) = \{y\}$, vereinfacht sich diese Definition weiter zu $\forall x \in D\colon [y, x] \in \mathbb{N}$.

(i)⇒(ii) Sei $\mathrm{Min}(D) = \{y\}$. Wir definieren $f\colon D \to \mathbb{N}$ durch

$$f(x) = |[y, x]| - 1$$

für alle $x \in D$. f ist wohldefiniert, denn wegen $\{y\}$-Diskretheit sind alle Intervalle $[y, x]$ endliche Mengen[1]. Die folgende Äquivalenzkette zeigt, daß f ein Beobachter (von oben nach unten) und injektiv (von unten nach oben) ist:

$$\begin{aligned} x_1 \prec x_2 \quad &\Leftrightarrow \quad (\text{ wegen } y \preceq x_1 \prec x_2 \text{ bzw. } [y, x_1] \subset [y, x_2]\ ) \\ &\qquad |[y, x_1]| < |[y, x_2]| \\ &\Leftrightarrow \quad (\text{ Definition von } f\ ) \\ &\qquad f(x_1) < f(x_2). \end{aligned}$$

[1]Die Subtraktion von 1 in der Definition von f hat den einzigen Sinn, dem Element x_0 den Wert 0 zuzuordnen; für den Beweis ist sie sonst ohne Bedeutung.

Es bleibt zu zeigen, daß $cod(f)$ konvex ist. Dazu seien n_1, n_2 zwei natürliche Zahlen mit $n_1 \leq n_2$ und $f(x_1) = n_1$. $f(x_2) = n_2$. Für eine beliebige Zahl n mit $n_1 \leq n \leq n_2$ ist zu zeigen: $\exists x \in D$: $f(x) = n$. Dies zeigen wir durch Induktion über $|[n_1, n_2]|$.
Basis: $|[n_1, n_2]| = 0$, d.h.. $n_1 = n_2$. Dann gilt auch $n_1 = n = n_2$ und $f(x_1) = n = f(x_2)$.
Schritt: $|[n_1, n_2]| > 0$. Falls $n_1 = n$ oder $n = n_2$, dann $f(x_1) = n$ bzw. $n = f(x_2)$. Also nehmen wir jetzt an: $n_1 < n < n_2$, woraus $n_1 + 1 \leq n_2 - 1$ folgt. Deshalb gilt auch $\neg(x_1 \prec\!\cdot\; x_2)$ und es gibt ein Element x mit $x_1 \prec x \prec x_2$ sowie $f(x_1) < f(x) < f(x_2)$. Für n gilt entweder $f(x_1) \leq n \leq f(x)$ oder $f(x) \leq n \leq f(x_2)$; in beiden Fällen ist die Induktionshypothese anwendbar.

(ii)⇒(i) Sei f der injektive Beobachter von $(D, \prec)$ nach $(\mathbb{N}, <)$ und sei $n = \min(cod(f))$; n ist wohldefiniert, weil jede Teilmenge von $\mathbb{N}$ ein Minimum hat. Sei y das eindeutige Element von D mit $f(y) = n$. Dann gilt $\mathrm{Min}(D) = \{y\}$. Sei $x \in D$ beliebig. Dann gibt es zwischen y und x genau so viele D-Elemente, wie es $cod(f)$-Zahlen zwischen $f(y)$ und $f(x)$ gibt. ■2.3.9

Beweis von Lemma 2.3.11**:** $\mathrm{Min}(D)$ ist ohnehin immer eine co-Menge, so daß nur noch die Maximalitätseigenschaft nachgewiesen werden muß. Wir zeigen $\forall x \in D\, \exists y \in \mathrm{Min}(D)$: $y \preceq x$. Setze dazu $x_0 = x$ und:

$$x_{i+1} \begin{cases} = x_i & \text{falls } x_i \in \mathrm{Min}(D) \\ \prec x_i & \text{falls } x_i \notin \mathrm{Min}(D). \end{cases}$$

Dann gilt $x_0 \succeq x_1 \succeq x_2 \succeq \ldots$ und wegen der Wohlgegründetheit ist $y = \mathrm{Min}\{x_0, x_1, x_2, \ldots\}$ als Minimum einer endlichen Menge wohldefiniert. Es gilt $y \in \mathrm{Min}(D)$ und $y \preceq x$. ■2.3.11

Beweis von Satz 2.3.12**:** Wir betrachten eine li-Menge $l_0 = \{x_0, x_1, x_2, \ldots\}$ mit $x_0 \succeq x_1 \succeq x_2 \succeq \ldots$ in $(D, \prec)$. Es sei f der nach Satz 2.3.9 existierende injektive Beobachter von D nach $\mathbb{N}$.

$$\begin{aligned} x_0 \succeq x_1 \succeq x_2 \succeq \ldots \quad &\Rightarrow \quad (\, f \text{ ist Beobachter}\,) \\ & \quad f(x_0) \geq f(x_1) \geq f(x_2) \geq \ldots \\ &\Rightarrow \quad (\,(\mathbb{N}, <) \text{ ist wohlgegründet}\,) \\ & \quad |\{f(x_0), f(x_1), f(x_2), \ldots\}| \in \mathbb{N} \\ &\Rightarrow \quad (\, f \text{ ist injektiv}\,) \\ & \quad |\{x_0, x_1, x_2, \ldots\}| \in \mathbb{N}. \end{aligned}$$
■2.3.12

Beweis von Satz 2.4.5**:**
$$\begin{aligned} x \preceq y \quad &\Rightarrow \quad (\text{Lemma 2.4.2}) \\ & \quad y = \sqcup\{x, y\} \\ &\Rightarrow \quad (\text{Stetigkeit, Kette } x \preceq y \preceq y \preceq \ldots) \\ & \quad f(y) = f(\sqcup\{x, y\}) = \sqcup\{f(x), f(y)\} \\ &\Rightarrow \quad (\text{Lemma 2.4.2}) \\ & \quad f(x) \preceq f(y). \end{aligned}$$
■2.4.5

Beweis von Satz 2.4.3**:** Wir beweisen nur Teil (i) des Satzes. Zuerst die Richtung (⇒):

$$\begin{aligned} f \text{ monoton} \quad &\Rightarrow \quad (\text{stets gilt } x \sqcap y \preceq x \text{ und } x \sqcap y \preceq y) \\ & \quad f(x \sqcap y) \preceq f(x) \text{ und } f(x \sqcap y) \preceq f(y) \\ &\Rightarrow \quad (\text{Definition von } \sqcap) \\ & \quad f(x \sqcap y) \preceq f(x) \sqcap f(y). \end{aligned}$$

Dann die Richtung (⇐):

$$\begin{array}{rll} x \preceq y & \Rightarrow & (\text{ Lemma 2.4.2 }) \\ & & x = x \sqcap y \\ & \Rightarrow & (\text{ Anwendung von } f\ ) \\ & & f(x) = f(x \sqcap y) \\ & \Rightarrow & (\text{ Voraussetzung } f(x \sqcap y) \preceq f(x) \sqcap f(y) \text{ und Transitivität von } \preceq) \\ & & f(x) \preceq f(x) \sqcap f(y) \\ & \Rightarrow & (\text{ Eigenschaft von } \sqcap\ ) \\ & & f(x) \preceq f(y). \end{array}$$

■2.4.3

Beweis von Satz 2.4.4**:** Wir beweisen nur den ersten Teil der Behauptung:

$$\begin{array}{rll} x_1 \sqcap y_1 & = & (\ x_1 \preceq x_2 \text{ und } y_1 \preceq y_2, \text{ also } x_1 = x_1 \sqcap x_2 \text{ und } y_1 = y_1 \sqcap y_2 \text{ nach Lemma 2.4.2 }) \\ & & (x_1 \sqcap x_2) \sqcap (y_1 \sqcap y_2) \\ & = & (\text{ Assoziativität von } \sqcap\ ) \\ & & (x_1 \sqcap y_1) \sqcap (x_2 \sqcap y_2) \\ & \preceq & (\text{ Eigenschaft von } \sqcap\ ) \\ & & x_2 \sqcap y_2. \end{array}$$

■2.4.4

Beweis von Satz 2.4.6**:** (Nur für μf)

Wir beweisen $f(\mu f) \preceq \mu f$ und $\mu f \preceq f(\mu f)$; die Behauptung $\mu f = f(\mu f)$ folgt dann aus der Antisymmetrie von $\preceq$.

- Beweis von $f(\mu f) \preceq \mu f$:

Wir zeigen zuerst: $\forall x \in D$: $f(x) \preceq x \Rightarrow f(\mu f) \preceq x$.

$$\begin{array}{rll} f(x) \preceq x & \Rightarrow & (\ \mu f \text{ ist untere Schranke von } \{x \mid f(x) \preceq x\}\ ) \\ & & f(x) \preceq x \wedge \mu f \preceq x \\ & \Rightarrow & (\text{ Monotonie von } f\ ) \\ & & f(x) \preceq x \wedge f(\mu f) \preceq f(x) \\ & \Rightarrow & (\text{ Transitivität von } \preceq) \\ & & f(\mu f) \preceq x. \end{array}$$

Nun folgt die Behauptung, weil μf die *größte* untere Schranke der Menge $\{x \in D \mid f(x) \preceq x\}$ ist.

- Beweis von $\mu f \preceq f(\mu f)$:

Dies folgt - weil μf untere Schranke der Menge $\{x \in D \mid f(x) \preceq x\}$ ist - sofern gezeigt werden kann, daß $f(\mu f)$ ein Element von $\{x \mid f(x) \preceq x\}$ ist. Zu zeigen ist also $f(f(\mu f)) \preceq f(\mu f)$, was aus $f(\mu f) \preceq \mu f$ und der Monotonie der Funktion f folgt. ■2.4.6

Beweis von Satz 2.4.7**:** Die Tatsache, daß μf und νf kleinster bzw. größter Fixpunkt sind, folgt bereits aus Satz 2.4.6. Sei nun $A \subseteq D$ eine nichtleere Menge von Fixpunkten. Das Element $\sqcap A$ existiert, da $(D, \prec)$ vollständig ist; allerdings muß $\sqcap A$ nicht auch selbst Fixpunkt sein; die Abbildung A.1 zeigt ein Gegenbeispiel.

Daher definieren wir $M = \{x \in D \mid x \preceq \sqcap A \wedge x \preceq f(x)\}$ sowie $y = \sqcup M$ und behaupten, daß dieses Element die nach Satz 2.4.7 definierten Bedingungen **(i)** bis **(iii)** erfüllt.

(i) Zu zeigen ist $y = f(y)$. Wir beweisen $y \preceq f(y)$ und $f(y) \preceq y$ separat.
- Beweis von $y \preceq f(y)$:

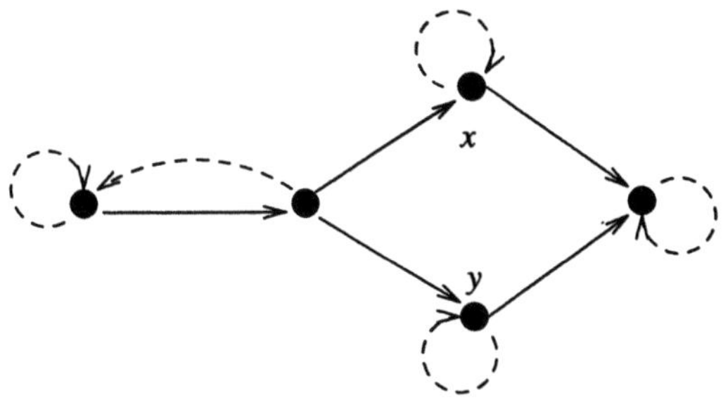

Abbildung A.1. Ein Beispiel, in dem $\sqcap\{x, y\}$ kein Fixpunkt ist (f gestrichelt)

Wir zeigen zuerst, daß $f(y)$ obere Schranke von M ist:

$x \in M \;\Rightarrow$ (Definition von M)
$(x \preceq \sqcap A) \wedge (x \preceq f(x))$
$\Rightarrow$ (y ist obere Schranke von M)
$(x \preceq \sqcap A) \wedge (x \preceq f(x)) \wedge (x \preceq y)$
$\Rightarrow$ (Monotonie von f)
$(x \preceq \sqcap A) \wedge (x \preceq f(x)) \wedge (f(x) \preceq f(y))$
$\Rightarrow$ (Transitivität von $\preceq$)
$x \preceq f(y)$.

Jetzt folgt $y \preceq f(y)$ daraus, daß y die kleinste obere Schranke von M ist.

• Beweis von $f(y) \preceq y$:
Dazu beweisen wir, daß $f(y) \in M$ gilt, denn dann folgt $f(y) \preceq y$, weil y obere Schranke der Menge ist. Zu zeigen sind - nach Definition von M - also zwei Aussagen: $f(y) \preceq \sqcap A$ und $f(y) \preceq f(f(y))$. Die zweite dieser Aussagen folgt sofort aus $y \preceq f(y)$ (eben gezeigt) und der Monotonie von f. Wir zeigen $f(y) \preceq \sqcap A$. Es gilt $y \preceq \sqcap A$, weil $\sqcap A$ obere Schranke von M und y die kleinste dieser oberen Schranken ist.

$y \preceq \sqcap A \;\Rightarrow$ ($\sqcap A$ ist untere Schranke von A)
$\forall a \in A$: $(y \preceq \sqcap A \preceq a)$
$\Rightarrow$ (Monotonie von f)
$\forall a \in A$: $(f(y) \preceq f(\sqcap A) \preceq f(a))$
$\Rightarrow$ (A ist Menge von Fixpunkten)
$\forall a \in A$: $f(y) \preceq a$
$\Rightarrow$ ($\sqcap A$ ist größte untere Schranke von A)
$f(y) \preceq \sqcap A$. ■(i)

(ii) Die Behauptung $\forall a \in A$: $y \preceq a$ folgt aus $y \preceq \sqcap A$, was in (i) mitbewiesen wurde. ■(ii)

(iii) Es gelte $y' = f(y')$ und $y' \preceq a$ für alle $a \in A$. Dann gilt $y' \in M$ nach Definition von M, und dann auch $y' \preceq y$, weil y obere Schranke der Menge M ist. ■(iii)

Analog gilt für das Element $z = \sqcap\{x \in D \mid x \succeq \sqcup A \wedge f(x) \preceq x\}$:

(i) z ist Fixpunkt von f;
(ii) $\forall a \in A$: $z \succeq a$;
(iii) falls z' Fixpunkt von f ist und $z' \succeq a$ für alle $a \in A$ gilt, dann gilt auch $z \preceq z'$. ■2.4.7

Beweis von Satz 2.4.8: Zunächst zeigen wir durch Induktion über $i \geq 0$, daß gilt: $f^i(\bot) \preceq f^{i+1}(\bot)$.

$i = 0$: Nach den Definitionen von f^0 und von $\bot$ gilt $f^0(\bot) = \bot \preceq f(\bot) = f^1(\bot)$.

$i \rightsquigarrow i+1$: $f^{i-1}(\bot) \preceq f^i(\bot) \Rightarrow$ (Monotonie von f)
$f(f^{i-1}(\bot)) \preceq f(f^i(\bot))$
$\Rightarrow$ (Definition der Iteration von Funktionen)
$f^i(\bot) \preceq f^{i+1}(\bot)$.

Zu zeigen ist $\mu f = \underbrace{\sqcup\{f^i(\bot) \mid i = 0, 1, 2, \ldots\}}_{a}$; wir beweisen $a \preceq \mu f$ und $\mu f \preceq a$ separat.

• Beweis von $a \preceq \mu f$: Wir beweisen zunächst $\forall x \in \{x \mid f(x) \preceq x\}$: $a \preceq x$. Es gelte $x \in \{x \mid f(x) \preceq x\}$, also $f(x) \preceq x$; wir zeigen $\forall i \geq 0$: $f^i(\bot) \preceq x$ durch Induktion über i:

$i = 0$: Nach der Definition von $\bot$ gilt $\bot = f^0(\bot) \preceq x$.

$i \rightsquigarrow i+1$: $f^i(\bot) \preceq x \Rightarrow$ (Monotonie von f)
$f^{i+1}(\bot) \preceq f(x)$
$\Rightarrow$ (wegen $f(x) \preceq x$ und der Transitivität von $\preceq$)
$f^{i+1}(\bot) \preceq x$.

Also gilt $a \preceq x$, weil a die kleinste obere Schranke der Menge $\{f^i(\bot) \mid i \in \mathbb{N}\}$ ist; und daher auch $a \preceq \mu f$, weil μf die größte untere Schranke von $\{x \mid f(x) \preceq x\}$ ist.

• Beweis von $\mu f \preceq a$:

Dazu genügt es, $a \in \{x \mid f(x) \preceq x\}$ zu beweisen, das heißt $f(a) \preceq a$, weil μf untere Schranke dieser Menge ist. Wir zeigen darüber hinaus sogar, daß a ein Fixpunkt ist:

$$
\begin{aligned}
f(a) &= \text{(Definition von } a \text{)}\\
&\quad f(\sqcup_{i=0}^{\infty}\{f^i(\bot)\})\\
&= \text{(Stetigkeit von } f \text{ und } f^0(\bot) \preceq f^1(\bot) \preceq \ldots \text{)}\\
&\quad \sqcup_{i=0}^{\infty}\{f(f^i(\bot))\}\\
&= \text{(Umschreiben)}\\
&\quad \sqcup_{i=1}^{\infty}\{f^i(\bot)\}\\
&= \text{(wegen } f^0(\bot) \preceq f^1(\bot) \text{)}\\
&\quad \sqcup_{i=0}^{\infty}\{f^i(\bot)\}\\
&= \text{(Definition von } a \text{)}\\
&\quad a.
\end{aligned}
$$

■2.4.8

Beweis von Satz 2.4.10: (*Skizze*) Der Beweis besteht aus den folgenden Schritten:

(1) Durch transfinite Induktion[2] beweist man für zwei Ordinalzahlen β_1 und β_2:
$\beta_1 < \beta_2 \Rightarrow f^{\beta_1}(\bot) \preceq f^{\beta_2}(\bot)$.

(2) Aus (1) und aus $(\beta_1 < \beta_2) \Rightarrow (\beta_1 + 1 \leq \beta_2)$ (eine Beziehung, die auch für Ordinalzahlen gültig ist) gewinnt man $(\beta_1 < \beta_2 \wedge f^{\beta_1}(\bot) = f^{\beta_2}(\bot)) \Rightarrow f^{\beta_1}(\bot)$ ist Fixpunkt von f.

(3) Wieder durch transfinite Induktion beweist man $\forall \beta$: $f^{\beta}(\bot) \preceq \mu f$.

Die nächsten Beweisschritte steuern auf einen Widerspruch zu. Das Gegenteil der Behauptung, also $\neg\, \exists \alpha$: $\mu f = f^{\alpha}(\bot)$, sei angenommen. Dann kann eine schärfere Aussage als (1) gefolgert werden:

[2]Das heißt, daß statt zwei Beweisschritten (Induktionsbasis und Induktionsschritt) drei Beweisschritte nötig sind: Basis wie bei normaler Induktion ($\alpha = 0$) und eine Fallunterscheidung beim Induktionsschritt ($\alpha = \beta + 1$ bzw. α ist echte Limeszahl).

(4) $\beta_1 < \beta_2 \Rightarrow f^{\beta_1}(\bot) \prec f^{\beta_2}(\bot)$. Denn wenn auf der rechten Seite die Gleichheit gelten würde, wäre für das entsprechende β_1 laut (2) ein Fixpunkt gefunden, der laut (3) unterhalb von μf liegt und laut Annahme ungleich μf wäre, im Widerspruch zur Definition von μf.

(5) Wegen (4) bildet die Menge $\{f^{\beta}(\bot) \mid \beta \text{ Ordinalzahl}\}$ eine echt aufsteigende Kette in $(D, \prec)$, die echt unterhalb von μf liegt. Dies ist unmöglich, weil D eine Menge, die Klasse der Ordinalzahlen aber keine Menge ist [132]. ■2.4.10

Beweis von Satz 2.6.2**:** Durch Induktion über die Struktur von E'.

- $E' = v$:
$$\begin{aligned} LS &= val(v[y \leftarrow E], s') \\ &= (\text{ Eigenschaften der syntaktischen Ersetzung, Abbildung 2.9 }) \\ &\quad val(v, s') \\ &= (\text{ Definition der Funktion } val\ ) \\ &\quad v \\ RS &= val(v, s'[y \leftarrow val(E, s')]) \\ &= (\text{ Definition der Funktion } val\ ) \\ &\quad v. \end{aligned}$$
- $E' = x$:
Erster Fall: $y = x$.
$$\begin{aligned} LS &= val(x[y \leftarrow E], s') \\ &= (\text{ wegen } y = x\text{; Eigenschaft der syntaktischen Ersetzung }) \\ &\quad val(E, s') \\ RS &= val(x, s'[y \leftarrow val(E, s')]) \\ &= (\text{ wegen } y = x\ ) \\ &\quad val(x, s'[x \leftarrow val(E, s')]) \\ &= (\text{ Definition von } s'[x \leftarrow val(E, s')] \text{ und } val\ ) \\ &\quad val(E, s'). \end{aligned}$$
Zweiter Fall: $y \neq x$.
$$\begin{aligned} LS &= val(x[y \leftarrow E], s') \\ &= (\text{ wegen } y \neq x\text{; Eigenschaft der syntaktischen Ersetzung }) \\ &\quad val(x, s') \\ RS &= val(x, s'[y \leftarrow val(E, s')]) \\ &= (\text{ wegen } y \neq x \text{ und Definition von } s'[y \leftarrow val(E, s')]\ ) \\ &\quad val(x, s'). \end{aligned}$$
In beiden Fällen gilt $LS = RS$.
- $E' = E_1 + E_2$:
$$\begin{aligned} LS &= val((E_1 + E_2)[y \leftarrow E], s') \\ &= (\text{ Eigenschaft der syntaktischen Substitution }) \\ &\quad val((E_1[y \leftarrow E] + E_2[y \leftarrow E]), s') \\ &= (\text{ Definition von } val\ ) \\ &\quad val(E_1[y \leftarrow E], s') + val(E_2[y \leftarrow E], s') \\ RS &= val(E_1 + E_2, s'[y \leftarrow val(E, s')]) \\ &= (\text{ Definition von } val\ ) \\ &\quad val(E_1, s'[y \leftarrow val(E, s')]) + val(E_1, s'[y \leftarrow val(E, s')]) \\ &= (\text{ Induktionshypothese für } E_1 \text{ und } E_2\ ) \\ &\quad val(E_1[y \leftarrow E], s') + val(E_2[y \leftarrow E], s'). \end{aligned}$$
- $E' = -E_0$: Analog. ■2.6.2

Beweis von Satz 2.6.3**:** Durch Induktion über die Struktur von Q.

- $Q =$ **true**: Analog dem Fall $E' = v$ von Satz 2.6.2.

- $Q = Q_1 \wedge Q_2$ bzw. $Q = \neg Q_0$: Analog.
- $Q = \exists x\, Q_0$:
  Erster Fall: $y = x$.

$$\begin{array}{lcl}
LS & = & val((\exists x\, Q_0)[y \leftarrow E], s') \\
 & = & (\text{ wegen } x = y \text{ und Eigenschaften der Ersetzung }) \\
 & & val(\exists x\, Q_0, s') \\
RS & = & val(\exists x\, Q_0, s'[y \leftarrow val(E, s')]) \\
 & = & (\text{ wegen } x = y\ ) \\
 & & val(\exists x\, Q_0, s'[x \leftarrow val(E, s')]) \\
 & = & (\ x \text{ kommt in } \exists x\, Q_0 \text{ nicht frei vor }) \\
 & & val(\exists x\, Q_0, s').
\end{array}$$

Zweiter Fall: $y \neq x$. In diesem Beweisteil benötigen wir die Voraussetzung, daß x nicht in E frei vorkommt.

$$\begin{array}{lcl}
LS & = & val((\exists x\, Q_0)[y \leftarrow E], s') \\
 & = & (\ x \neq y;\ x \text{ nicht frei in } E; \text{ Eigenschaften der Ersetzung }) \\
 & & val(\exists x (Q_0[y \leftarrow E]), s') \\
 & = & (\text{ Definition von } val\ ) \\
 & & \begin{cases} \textbf{true} & \text{falls } \exists v \in \mathbb{Z}\text{: } val((Q_0[y \leftarrow E])[x \leftarrow v], s') = \textbf{true} \\ \textbf{false} & \text{sonst} \end{cases} \\
RS & = & val(\exists x\, Q_0, s'[y \leftarrow val(E, s')]) \\
 & = & (\text{ Definition von } val\ ) \\
 & & \begin{cases} \textbf{true} & \text{falls } \exists v \in \mathbb{Z}\text{:} \\ & \quad val(Q_0[x \leftarrow v], s'[y \leftarrow val(E, s')]) = \textbf{true} \\ \textbf{false} & \text{sonst} \end{cases} \\
 & = & (\text{ Induktionshypothese für } Q_0[x \leftarrow v]\ ) \\
 & & \begin{cases} \textbf{true} & \text{falls } \exists v \in \mathbb{Z}\text{: } val((Q_0[x \leftarrow v])[y \leftarrow E], s') = \textbf{true} \\ \textbf{false} & \text{sonst} \end{cases} \\
 & = & (\ x \text{ nicht frei in } E;\ y \text{ nicht frei in } v;\ x \neq y\ ) \\
 & & \begin{cases} \textbf{true} & \text{falls } \exists v \in \mathbb{Z}\text{: } val((Q_0[y \leftarrow E])[x \leftarrow v], s') = \textbf{true} \\ \textbf{false} & \text{sonst} \end{cases}
\end{array}$$

- $Q = E_1 \leq E_2$:

$$\begin{array}{lcl}
LS & = & val((E_1 \leq E_2)[y \leftarrow E], s') \\
 & = & (\text{ Eigenschaft der syntaktischen Ersetzung }) \\
 & & val((E_1[y \leftarrow E] \leq E_2[y \leftarrow E]), s') \\
 & = & (\text{ Definition von } val\ ) \\
 & & \begin{cases} \textbf{true} & \text{falls } val(E_1[y \leftarrow E], s') \leq val(E_2[y \leftarrow E], s') \\ \textbf{false} & \text{sonst} \end{cases} \\
RS & = & val(E_1 \leq E_2, s'[y \leftarrow val(E, s')]) \\
 & = & (\text{ Definition von } val\ ) \\
 & & \begin{cases} \textbf{true} & \text{falls } val(E_1, s'[y \leftarrow val(E, s')]) \leq val(E_1, s'[y \leftarrow val(E, s')]) \\ \textbf{false} & \text{sonst} \end{cases} \\
 & = & (\text{ Satz 2.6.2 }) \\
 & & \begin{cases} \textbf{true} & \text{falls } val(E_1[y \leftarrow E], s') \leq val(E_2[y \leftarrow E], s') \\ \textbf{false} & \text{sonst.} \end{cases}
\end{array}$$

■2.6.3

Beweis von Satz 2.6.4:

(A)⇒(B): Sei $s \in Z$ beliebig. $\exists v \in \mathbb{N}: s = s'[y \leftarrow v]$ $\Rightarrow$ (Zeuge v; speziell $i = v$ in (A))
$s = s'[y \leftarrow v] \wedge (Q[y \leftarrow v])(s')$
$\Rightarrow$ (Satz 2.6.3(⇒))
$s = s'[y \leftarrow v] \wedge Q(s'[y \leftarrow v])$
$\Rightarrow$ (Logik)
$Q(s)$.

Da s ein beliebiger Zustand war, folgt die Behauptung.

(B)⇒(A): $i \in \mathbb{N}$ beliebig $\Rightarrow$ (wegen (B) mit $v = i$ und $s = s'[y \leftarrow i]$)
$Q(s'[y \leftarrow i])$
$\Rightarrow$ (Satz 2.6.3(⇐))
$(Q[y \leftarrow i])(s')$.

Da i eine beliebige natürliche Zahl war, folgt die Behauptung. ■2.6.4

Beweis von Lemma 2.7.4: Sei (V, E) ein gradendlicher Baum mit Wurzel y und $|V| \notin \mathbb{N}$. Ein unendlicher Weg kann induktiv definiert werden. Der erste Knoten x_0 des Weges wird festgelegt als der Wurzelknoten y. Wegen $|V| = |x_0 E^\star| \notin \mathbb{N}$ (Voraussetzung, Zusammenhang und Baumeigenschaft) und $|x_0 E| \in \mathbb{N}$ (Gradendlichkeit) gibt es einen unmittelbaren Nachfolger x_1 von x_0, dessen Nachfolgermenge $x_1 E^\star$ unendlich groß ist: $|x_1 E^\star| \notin \mathbb{N}$. Sei x_{i-1} $(1 \leq i)$ ein beliebiger Knoten des Weges. Nach Konstruktion von x_{i-1} und wegen $|x_{i-1} E| \in \mathbb{N}$ (Gradendlichkeit) gibt es einen unmittelbaren Nachfolger x_i von x_{i-1} mit $|x_i E^\star| \notin \mathbb{N}$; wir setzen $e_i = (x_{i-1}, x_i)$. Diese Konstruktion bricht ersichtlicherweise nicht ab und liefert daher einen unendlichen Weg. (Dieser Beweis ist verwandt mit dem Beweis von Lemma A.1.3.) ■2.7.4

Beweis von Lemma 2.8.2: Falls $v \lesssim w$ und $v' \in PR(v)$, dann ist v' per Transitivität von $\lesssim$ auch ein Präfix von w; falls umgekehrt v kein Präfix von w ist, dann ist v selbst ein Element von $PR(v)$, welches nicht in $PR(w)$ liegt. ■2.8.2

Beweis von Lemma 2.8.3: Zu zeigen ist $\underbrace{PR(proj(w, A'))}_{LS} = \underbrace{\{proj(v, A') \mid v \in PR(w)\}}_{RS}$.

- Beweis von $LS \subseteq RS$: $w' \in LS$ $\Rightarrow$ (Definition von PR)
$w' \in A^\star \wedge w' \lesssim proj(w, A')$
$\Rightarrow$ (Definition von $proj$)
$w' = a'_1 \ldots a'_m,\ a'_j \in A'$,

mit $w = w_0 a'_1 w_1 \ldots w_{m-1} a'_m w_m$ und $w_0, \ldots, w_{m-1} \in (A \setminus A')^\star$ und $w_m \in (A \setminus A')^\infty$. Definiere $v = w_0 a'_1 w_1 \ldots w_{m-1} a'_m$; dann $w' = proj(v, A')$ und $v \in PR(w)$. Also $w' \in RS$.

• Beweis von $LS \supseteq RS$:

$$
\begin{aligned}
w' \in RS \;&\Rightarrow\; w' = proj(v, A'),\; v \in PR(w)\\
&\Rightarrow\; (\text{ Definition von } PR \text{ und } proj\,)\\
&\;\; v = w_0 a_1' w_1 \dots w_{m-1} a_m' w_m \wedge w' = a_1' \dots a_m' \text{ mit } a_j' \in A',\; w_k \in (A \setminus A')^\star\\
&\Rightarrow\; (\text{ wegen } v \lesssim w\,)\\
&\;\; w = w_0 a_1' \dots a_m' w_m \tilde{w} \text{ mit } \tilde{w} \in A^\infty\\
&\Rightarrow\; (\text{ Definition von } proj \text{ und Präfix }) \\
&\;\; w' \lesssim proj(w, A')\\
&\Rightarrow\; (\; w' \text{ ist eine endliche Folge }) \\
&\;\; w' \in PR(proj(w, A')).
\end{aligned}
$$

■2.8.3

Beweis von Lemma 2.8.4**:** Für endliche Folgen kann dieses Lemma durch Induktion über die Länge von w erledigt werden. Eine unendliche Folge w läßt sich zwar als $w = aw'$ mit $a \in A$ darstellen; aber w' ist wieder unendlich und deshalb ungeeignet als Induktionsbasis. Um den unendlichen Fall auf den endlichen zurückzuführen, benutzen wir die Lemmata 2.8.2 und 2.8.3.

(i) Es gelte $v \lesssim w$.

$$
\begin{aligned}
PR(proj(v, A')) &= (\text{ wegen Lemma 2.8.3 })\\
&\;\; \{ proj(x, A') \mid x \in PR(v) \}\\
&\subseteq (\text{ wegen } v \lesssim w \text{ und Lemma 2.8.2 })\\
&\;\; \{ proj(x, A') \mid x \in PR(w) \}\\
&= (\text{ wegen Lemma 2.8.3 })\\
&\;\; PR(proj(w, A'))
\end{aligned}
$$

Also gilt wegen Lemma 2.8.2: $proj(v, A') \lesssim proj(w, A')$, was zu zeigen war.

(ii) Wir zeigen die Behauptung zunächst per Induktion für den Fall, daß die Folge w endliche Länge hat.

$w = \varepsilon$: Dann sind alle vorkommenden Projektionen gleich der leeren Folge, und die Behauptung gilt trivialerweise.

$w = w'a$: (mit $a \in A$).

Wir betrachten drei Fälle: $a \in A_0, a \in A_1 \setminus A_0$ und $a \in A \setminus A_1$.

1.Fall: $a \in A_0$.

$$
\begin{aligned}
proj(w, A_0) &= proj(w'a, A_0)\\
&= proj(w', A_0).a && (\, a \in A_0\,)\\
&= proj(proj(w', A_1), A_0).a && (\text{ Ind.-Vor. })\\
&= proj(proj(w', A_1).a, A_0) && (\, a \in A_0\,)\\
&= proj(proj(w'a, A_1), A_0) && (\, a \in A_1\,)\\
&= proj(proj(w, A_1), A_0)
\end{aligned}
$$

2.Fall: $a \in A_1 \setminus A_0$.

$$
\begin{aligned}
proj(w, A_0) &= proj(w'a, A_0)\\
&= proj(w', A_0) && (\, a \notin A_0\,)\\
&= proj(proj(w', A_1), A_0) && (\text{ Ind.-Vor. })\\
&= proj(proj(w', A_1).a, A_0) && (\, a \notin A_0\,)\\
&= proj(proj(w'a, A_1), A_0) && (\, a \in A_1\,)\\
&= proj(proj(w, A_1), A_0)
\end{aligned}
$$

3.Fall: $a \in A \setminus A_1$.

$$
\begin{aligned}
proj(w, A_0) &= proj(w'a, A_0)\\
&= proj(w', A_0) && (\, a \notin A_0\,)\\
&= proj(proj(w', A_1), A_0) && (\text{ Ind.-Vor. })\\
&= proj(proj(w'a, A_1), A_0) && (\, a \notin A_1\,)\\
&= proj(proj(w, A_1), A_0).
\end{aligned}
$$

Als nächstes beweisen wir die Behauptung für den allgemeinen Fall, wenn w eine unendliche Folge sein kann.

$$\begin{array}{rcl} PR(proj(w, A_0)) & = & (\text{ wegen Lemma 2.8.3 }) \\ & & \{proj(x, A_0) \mid x \in PR(w)\} \\ PR(proj(proj(w, A_1), A_0)) & = & \{proj(y, A_0) \mid y \in PR(proj(w, A_1))\} \\ & = & \{proj(y, A_0) \mid y \in \{proj(z, A_1) \mid z \in PR(w)\}\} \\ & = & \{proj(proj(z, A_1), A_0) \mid z \in PR(w)\} \\ & = & (\text{ endlicher Fall, } |z| \in \mathbb{N}\text{ }) \\ & & \{proj(z, A_0) \mid z \in PR(w)\}. \end{array}$$

Die beiden Mengen sind gleich. Wegen der eindeutigen Beziehung zwischen einer Folge und der Menge ihrer endlichen Präfixe gilt dann $proj(w, A_0) = proj(proj(w, A_1), A_0)$, was zu beweisen war. ■2.8.4

Beweis von Satz 4.1.3**:** Wenn ϑ_1 und ϑ_2 isomorph sind, dann gelten trivialerweise sowohl $\vartheta_1 \blacktriangleright \vartheta_2$ als auch $\vartheta_2 \blacktriangleright \vartheta_1$. Die andere Richtung der Satzbehauptung ist interessant. Es gelte $\vartheta_1 \blacktriangleright \vartheta_2$ und $\vartheta_2 \blacktriangleright \vartheta_1$. Dann gibt es zwei beschriftungserhaltende Bijektionen:

$$\beta_1 : E_1 \to E_2 \quad \text{mit} \quad \prec_1 \subseteq \beta_1 \circ \prec_2 \circ \beta_1^{-1} \tag{V1}$$

$$\beta_2 : E_2 \to E_1 \quad \text{mit} \quad \prec_2 \subseteq \beta_2 \circ \prec_1 \circ \beta_2^{-1}. \tag{V2}$$

Wir werden nachweisen, daß β_1 sogar eine Isomorphie ist, daß also die Umkehrung von (V1) auch gilt; wir schreiben sie in einer etwas anderen Form:

$$\forall e_1, e_2 \in E_1 : \beta_1(e_1) \prec_2 \beta_1(e_2) \Rightarrow e_1 \prec_1 e_2. \tag{A.2}$$

Eine entsprechende Aussage gilt auch für β_2, ohne daß $\beta_2 = \beta_1^{-1}$ zu gelten braucht. Wir teilen den Beweis in zwei Teile, Teil 1: E_1 und damit auch E_2 sind endliche Mengen, Teil 2: E_1 und E_2 sind abzählbar unendlich (abzählbar wegen der generellen Eigenschaft von Ereignishalbordnungen, siehe Definition 4.1.1).

Teil 1: Um (A.2) unter der Voraussetzung $|E_1| \in \mathbb{N} \wedge |E_2| \in \mathbb{N}$ zu zeigen, betrachte man den endlichen Graphen mit Knotenmenge $E_1 \cup E_2$ und Kantenmenge $\beta_1 \cup \beta_2$. Die Voraussetzungen, daß β_1 und β_2 Bijektionen sind, ziehen als graphentheoretische Eigenschaft nach sich, daß jeder Knoten dieses (nebenbei bipartiten) Graphen genau eine Eingangskante und genau eine Ausgangskante hat. Daraus folgt, daß jeder Knoten auf genau einem Kreis der Länge mindestens 2 liegt. Man kann für zwei beliebige Elemente $e_1 \in E_1$ und $e_2 \in E_1$ also schreiben:

$$\begin{array}{rrcl} & e_1 & = & \beta_2(\beta_1(\ldots(\beta_1(e_1))\ldots)) \\ \text{und} & e_2 & = & \beta_2(\beta_1(\ldots(\beta_1(e_2))\ldots)). \end{array}$$

Für diese beiden Gleichungen kann man ohne Beschränkung der Allgemeinheit sogar annehmen, daß die beiden rechten Seiten gleich lang sind, daß in beiden also gleich viele β_1 (und damit auch gleich viele β_2) vorkommen; um das zu sehen, bilde man das kleinste gemeinsame Vielfache der Anzahlen von β_1 jeweils in der ersten und der zweiten Gleichung und verlängere die Kreise entsprechend, falls nötig. Jetzt folgt die Satzaussage direkt. Denn aus $\beta_1(e_1) \prec_2 \beta_1(e_2)$ folgert man:

$$\begin{array}{rcll} \beta_2(\beta_1(e_1)) & \prec_1 & \beta_2(\beta_1(e_2)) & \text{wegen (V2)} \\ \beta_1(\beta_2(\beta_1(e_1))) & \prec_2 & \beta_1(\beta_2(\beta_1(e_2))) & \text{wegen (V1),} \end{array}$$

usf., bis man zuletzt $e_1 \prec_1 e_2$ erhält, was zu zeigen war. Für die Abbildung 4.6 läßt sich dieses Argument nicht durchführen, weil die beiden β_1-β_2-'Kreise' dort unendlich groß sind.

Teil 2: Den Nachweis von (A.2) unter der Voraussetzung $|E_1| \notin \mathbb{N} \wedge |E_2| \notin \mathbb{N}$ spalten wir in mehrere aufeinanderfolgende Schritte. Wieder betrachten wir den bipartiten Graphen G mit Knotenmenge $E_1 \cup E_2$ und Kantenmenge $\beta_1 \cup \beta_2$, der diesmal unendlich groß ist. Die Bijektionseigenschaften von β_1 und β_2 bewirken, daß jeder Knoten von G genau eine Eingangskante und genau eine Ausgangskante hat. G zerfällt also in Äquivalenzklassen der Relation:

$$(\beta_1 \cup \beta_2 \cup \beta_1^{-1} \cup \beta_2^{-1})^\star,$$

von denen - siehe Übungsaufgabe 2.10.24 - die endlichen, als Graphen betrachtet, Kreise, die unendlichen, als Graphen betrachtet, beidseitig unendliche Wege sind. In Abbildung 4.6 zerfällt dieser Graph G zum Beispiel in genau zwei beidseitig unendliche Wege. Wenn gezeigt werden kann, daß der letzte Fall nicht eintreten kann, d.h., daß alle von der Relation $\beta_1 \cup \beta_2$ generierten Äquivalenzklassen endliche Kreise bilden, dann kann das gleiche Argument wie im endlichen Fall (Teil 1) herangezogen werden, um die gewünschte Aussage (A.2) zu beweisen. Deshalb konzentriert sich der Beweis auf den Nachweis, daß keine dieser Äquivalenzklassen unendlich ist.

Im ersten Schritt des Beweises zeigen wir die Endlichkeit dieser Äquivalenzklassen nur für Ereignisse $e_0 \in \text{Min}(\vartheta_1)$. Im zweiten Schritt zeigen wir dann, daß β_1 eine Bijektion von $\text{Min}(\vartheta_1)$ auf $\text{Min}(\vartheta_2)$ ist. Beide Eigenschaften sind in der Abbildung 4.6 nicht erfüllt. Zu ihrem Nachweis werden deswegen die im Satz genannten Voraussetzungen benutzt werden (müssen). Es folgt im dritten Schritt, daß man von ϑ_1 und von ϑ_2 die Menge der minimalen Elemente wegnehmen kann, so daß die übrigbleibenden (immer noch unendlichen) Halbwörter wieder wechselseitig schwächer sind. Auf diese Weise kann das Argument fortgesetzt werden. Schließlich zeigen wir im vierten Schritt des Beweises, daß durch sukzessives Entfernen von minimalen Elementen jedes Element irgendwann einmal in einem der Minima enthalten ist; für diesen Teil des Beweises sind die Eigenschaften der $\text{Min}(\vartheta_1)$- bzw. der $\text{Min}(\vartheta_2)$-Diskretheit maßgebend. Es folgt dann sofort, wie gewünscht, daß kein Ereignis in einer unendlich großen von $\beta_1 \cup \beta_2$ generierten Äquivalenzklasse enthalten ist.

Für den Beweis kürzen wir ab: $M_1 = \text{Min}(\vartheta_1)$ und $M_2 = \text{Min}(\vartheta_2)$.

1. Schritt (*durch Widerspruch*):

Sei $e_0 \in M_1$ ein minimales Ereignis in ϑ_1. Wenn die von $\beta_1 \cup \beta_2$ generierte Äquivalenzklasse von e_0 unendlich groß ist, dann bedeutet das, daß in G ein beidseitig unendlicher Weg der Form

$$\ldots \xrightarrow{\beta_1} e_{-3} \xrightarrow{\beta_2} e_{-2} \xrightarrow{\beta_1} e_{-1} \xrightarrow{\beta_2} e_0 \xrightarrow{\beta_1} e_1 \xrightarrow{\beta_2} e_2 \ldots$$

existiert, wobei gilt: $e_i \in E_1$ und $e_{i+1} = \beta_1(e_i)$ falls i gerade ist, $e_i \in E_2$ und $e_{i+1} = \beta_2(e_i)$ falls i ungerade ist. Alle e_i sind unterschiedlich, sonst wären β_1 oder β_2 oder beide keine Bijektionen.

Wir betrachten die Menge $\{\ldots, e_{-4}, e_{-2}, e_0\}$ von Ereignissen in E_1 und untersuchen die möglichen $\prec_1$-Beziehungen in dieser Menge; i sei im folgenden ein negativer, ganzzahliger, gerader Index, und j sei ein positiver, ganzzahliger, gerader Index. Natürlich kann nicht $e_i \prec_1 e_0$ gelten, denn e_0 ist minimal bezüglich $\prec_1$. Gilt weder $e_i \prec_1 e_0$ noch $e_i \succ_1 e_0$, also $e_i \, co_1 \, e_0$, dann ist auch $e_i \in M_1$. Denn andernfalls gäbe es ein $d_i \in E_1$, $d_i \neq e_0$, mit $d_i \prec_1 e_i$, wegen (V1) dann auch $d_{i+1} = \beta_1(d_i) \prec_2 e_{i+1}$, wegen (V2) auch $d_{i+2} = \beta_2(d_{i+1}) \prec_1 e_{i+2}$, und so fort bis $d_0 \prec_1 e_0$, wieder ein Widerspruch zur Minimalität von e_0. Nunmehr bringen wir die Endlichkeit der Menge

M_1 ins Spiel, aus der folgt, daß nicht alle Ereignisse $e_i \in \{\ldots, e_{-4}, e_{-2}, e_0\}$ in der Relation co_1 zu e_0 stehen können. Es gibt also eine positive ganze gerade Zahl j mit $e_0 \prec_1 e_{-j}$. Daraus folgt mit (V1): $e_1 \prec_2 e_{-j+1}$, und daraus mit (V2): $e_2 \prec_1 e_{-j+2}$, und so fort bis $e_j \prec_1 e_0$, ein abermaliger Widerspruch zur Minimalität von e_0.

Insgesamt zeigt diese Argumentation, die in allen Fällen zum Widerspruch führt, daß die Annahme falsch war, daß also die von $\beta_1 \cup \beta_2$ generierte Äquivalenzklasse von e_0 einen endlichen Kreis bildet.

2. Schritt:

Hier zeigen wir, daß die Relation $\rho_1 = \beta_1 \cap (M_1 \times M_2)$ auf $M_1 \times M_2$ eine Bijektion ist. Die Linkseindeutigkeit und die Rechtseindeutigkeit erbt ρ_1 direkt von β_1.

ρ_1 ist rechtstotal (surjektiv) auf $M_1 \times M_2$: Sei $e' \in M_2$. Wir definieren $e = \beta_1^{-1}(e')$. Gälte $e \notin M_1$, dann gäbe es $d \in E_1$ mit $d \prec_1 e$ und wegen (V1) $\beta_1(d) \prec_2 e'$, ein Widerspruch zur Minimalität von e' in ϑ_2. Also gilt $e \in M_1$ und $(e, e') \in \rho_1$, d.h, ρ_1 ist in der Tat surjektiv.

ρ_1 ist linkstotal auf $M_1 \times M_2$: Sei $e \in M_1$. Wir zeigen durch Widerspruch, daß $e' = \beta_1(e)$ in M_2 liegt. Andernfalls, wenn $e \notin M_2$, gibt es ein $d' \in M_2$ mit $d' \prec_2 e'$ (hier benutzen wir die Eigenschaft, daß M_2 in ϑ_2 ein Schnitt ist). Mit $d = \beta_1^{-1}(d')$ gilt dann auch $d \in M_1$ (andernfalls $b \prec_1 d$ und mit (V1): $\beta_1(b) \prec_2 d'$, ein Widerspruch zur Minimalität von d'). Nach dem vorangegangenen ist die Äquivalenzklasse von d genauso endlich wie die von e. Also lassen sich d und e so schreiben:

$$\begin{aligned} d &= \beta_2(\beta_1(\ldots(\beta_2(d'))\ldots)) \\ \text{und} \quad e &= \beta_2(\beta_1(\ldots(\beta_2(e'))\ldots)). \end{aligned}$$

Wie in Teil 1 des Beweises folgt deswegen aus $d' \prec_2 e'$ auch $d \prec_1 e$, ein Widerspruch zur Minimalität von e. Also war die Annahme $e' \notin M_2$ falsch, und es gilt stattdessen $e' \in M_2$, was zu zeigen war.

3.Schritt:

Bis jetzt ist nachgewiesen, daß β_1 die Menge M_1 der minimalen Elemente von ϑ_1 bijektiv auf die Menge M_2 der minimalen Elemente von ϑ_2 abbildet. Daraus folgt, daß die von $\beta_1 \cup \beta_2$ generierten Äquivalenzklassen entweder ganz in den beiden Minima oder ganz außerhalb liegen. Deswegen kann man die beiden Minima entfernen und auf den Rest der Halbwörter das gleiche Argument anwenden. Genauer: mit

$$\begin{aligned} E_1' &= E_1 \backslash M_1 & E_2' &= E_2 \backslash M_2 \\ \prec_1' &= \prec_1 \cap (E_1' \times E_1') & \prec_2' &= \prec_2 \cap (E_2' \times E_2') \\ \lambda_1' &= \lambda_1 \cap E_1' & \lambda_2' &= \lambda_2 \cap E_2' \\ \beta_1' &= \beta_1 \backslash \rho_1 & \beta_2' &= \beta_2 \backslash \rho_2. \end{aligned}$$

ist β_1' wieder eine Bijektion vom Halbwort $\vartheta_1' = (E_1', \prec_1', \lambda_1')$ auf das Halbwort $\vartheta_2' = (E_2', \prec_2', \lambda_2')$, und β_2' ist eine Bijektion von ϑ_2' auf ϑ_1', die zeigen, daß sowohl $\vartheta_1' \blacktriangleright \vartheta_2'$ als auch $\vartheta_2' \blacktriangleright \vartheta_1'$ gilt. Wir weisen nach, daß die Minima von ϑ_1' und von ϑ_2' wieder endliche Mengen sind. Hierzu ist die Voraussetzung, daß alle Ereignisse nur endlich viele unmittelbare Nachfolger haben, nötig. In der Lösung von Aufgabe 2.10.8 wurde gezeigt, daß gilt:

$$\mathrm{Min}(E_1', \prec_1') \subseteq \bigcup \{e^\bullet \mid e \in \mathrm{Min}(E, \prec)\}.$$

Da die rechte Menge laut Satzvoraussetzung endlich ist, ist es auch die linke Menge. Die andere Satzvoraussetzung, daß alle Ereignisse nur endlich viele unmittelbare Nachfolger haben, ändert sich nicht durch das Wegnehmen der Minima.

Es folgt nun durch Wiederholen des Arguments, daß auch die Ereignisse, die in den Minima von ϑ_1' und ϑ_2' liegen, in endlichen von $\beta_1' \cup \beta_2'$ generierten Äquivalenzklassen (und damit auch in endlichen von $\beta_1 \cup \beta_2$ generierten Äquivalenzklassen) liegen.

4. Schritt:

Wir definieren $(E_1^0, \prec_1^0, \lambda_1^0) = (E_1, \prec_1, \lambda_1)$ und für $i \in \mathbb{N}$:

$$E_1^{i+1} = E_1^i \setminus \mathrm{Min}(E_1^i, \prec_1^i) \text{ und } \prec_1^{i+1} = \prec_1^i \cap (E_1^{i+1} \times E_1^{i+1}) \text{ und } \lambda_1^{i+1} = \lambda_1^i \cap E_1^{i+1}.$$

Sei $e \in E_1$ beliebig. Dann gibt es eine Zahl i mit $e \in \mathrm{Min}(E_1^i, \prec_1^i)$. Denn weil $\mathrm{Min}(E_1, \prec_1)$ ein Schnitt ist, und wegen der $\mathrm{Min}(E_1, \prec_1)$-Diskretheit von ϑ_1 gibt es einen maximal langen Weg $e_0 \lessdot_1 \ldots \lessdot_1 e_n = e$. Dann liegt e in $\mathrm{Min}(E_1^n, \prec_1^n)$. Gleiches gilt für ϑ_2. Wiederholte Anwendung des vorangegangenen Arguments zeigt, daß die $(\beta_1 \cup \beta_2 \cup \beta_1^{-1} \cup \beta_2^{-1})^*$-Äquivalenzklasse von e endlich ist. Das beendet den Beweis. ■4.1.3

A.2 Lösungen ausgewählter Aufgaben

Lösung von Aufgabe 2.10.5.

Es gibt $2^{(n \cdot n)}$ Relationen, $n!$ Totalordnungen, $2^{(n \cdot (n-1))}$ reflexive Relationen und $2^{n \cdot (n+1)/2}$ symmetrische Relationen.

Lösung von Aufgabe 2.10.7.

Durch Widerspruch. Es sei f eine surjektive Funktion von X nach 2^X. Man betrachte die Menge

$$Y = \{x \in X \mid x \notin f(x)\}.$$

Weil f surjektiv ist, gibt es ein Urbild x_0 dieser Menge: $Y = f(x_0)$. Dafür kann man herleiten: $x_0 \in Y$ genau dann, wenn $x_0 \notin Y$, ein Widerspruch; diese ist eine der einfachsten Anwendungen des bekannten *Diagonalisierungsarguments* [56].

Lösung von Aufgabe 2.10.8.

Lösung des Aufgabenteils (ii):

$$\begin{aligned}
x \in \mathrm{Min}(D', \prec') \;&\Rightarrow\; (\text{ wegen } \mathrm{Min}(D', \prec') \subseteq D' \,) \\
&\;\; x \in \mathrm{Min}(D', \prec') \wedge x \in D' \\
&\Rightarrow\; (\text{ wegen } D' = D \setminus \mathrm{Min}(D, \prec) \,) \\
&\;\; x \in \mathrm{Min}(D', \prec') \wedge x \in D \wedge x \notin \mathrm{Min}(D, \prec) \\
&\Rightarrow\; (\text{ Definition von } \mathrm{Min}(D, \prec) \,) \\
&\;\; x \in \mathrm{Min}(D', \prec') \wedge x \in D \wedge \exists y \in \mathrm{Min}(D, \prec) \colon y \prec x \\
&\Rightarrow\; (\text{ falls } y \prec z \prec x, \text{ dann } z \in D' \,) \\
&\;\; \exists y \in \mathrm{Min}(D, \prec) \colon y \lessdot x \\
&\Rightarrow\; (\text{ Umschreiben }) \\
&\;\; x \in \bigcup \{y^\bullet \mid y \in \mathrm{Min}(D, \prec)\}.
\end{aligned}$$

Ein Gegenbeispiel gegen die andere Richtung der Aussage sind die nichtpositiven ganzen Zahlen $\{\ldots, -2, -1, 0\}$ mit der $<$-Relation, dazu ein neues Element e mit dem Zusatz $e < 0$ (aber $e \, co \, x$ mit allen $x < 0$).

Lösung von Aufgabe 2.10.10.

(*Skizze*) Man definiere c als einen bezüglich der Relation $\sqsubseteq$ (Aufgabe 2.10.9) minimalen Schnitt, der c_0 enthält.

Lösung von Aufgabe 2.10.11.

(i) Um ($\Rightarrow$) zu beweisen, zeigt man zuerst - wie in den Lemmata A.1.1 bis A.1.3 -, daß $(D, \prec)$ intervallendlich ist. Sei nun x ein beliebiges Element von D.

$$
\begin{aligned}
|\{y \in D \mid y \preceq x\}| \quad &= \quad (\text{ Min}(D) \text{ ist Schnitt })\\
&\quad\;\; |\textstyle\bigcup_{y \in \mathrm{Min}(D)} [y, x]|\\
&\in \quad (\text{ Min}(D) \text{ ist endlich}, (D, \prec) \text{ ist intervallendlich })\\
&\quad\;\; \mathbb{N}.
\end{aligned}
$$

Um ($\Leftarrow$) zu zeigen, sei $x \in D$ beliebig und sei $l \subseteq D$ eine Linie.

$$
\begin{aligned}
|\, l \cap [\mathrm{Min}(D), x]| \quad &\leq \quad (\text{ die linke Menge ist in der rechten enthalten })\\
&\quad\;\; |\{y \in D \mid y \preceq x\}|\\
&\in \quad (\text{ Vorgängerendlichkeit })\\
&\quad\;\; \mathbb{N}.
\end{aligned}
$$

(ii) Die Halbordnung $(D, \prec)$ mit

$$D = \{-\mathbb{N}\} \cup \mathbb{N} \cup \{+\mathbb{N}\} \text{ und } \prec = \{(-\mathbb{N}, n), (n, +\mathbb{N}) \mid n \in \mathbb{N}\}$$

ist nicht vorgängerendlich, aber $\mathrm{Min}(D)$-diskret, und $\mathrm{Min}(D)$ ist endlich.

Die Halbordnung $(D, \prec)$ mit $D = \mathbb{N} \cup \{+\mathbb{N}\}$ und $\prec = \{(n, +\mathbb{N}) \mid n \in \mathbb{N}\}$ ist nicht vorgängerendlich, aber $\mathrm{Min}(D)$-diskret und intervallendlich.

Ist $(D, \prec)$ nicht wohlgegründet, gibt es eine unendliche absteigende Kette; also ist $(D, \prec)$ auch nicht vorgängerendlich. Umgekehrt ist die Halbordnung in Abbildung 2.5(i) wohlgegründet, aber nicht vorgängerendlich.

Lösung von Aufgabe 2.10.12.

Gegeben sei eine nichtleere Menge $B \subseteq D$. Definiere $A = \{x \in D \mid \forall y \in B \colon y \preceq x\}$. A ist nichtleer, weil das laut Voraussetzung existierende Element $\sqcup D$ zu A gehört. Nach Voraussetzung ist dann das Element $\sqcap A$ (die größte untere Schranke von A) definiert. Dieses Element ist auch die kleinste obere Schranke von B; der einfache Nachweis hierfür wird weggelassen. Ohne die Voraussetzung, daß $\sqcup D$ existiert, ist $(\mathbb{N}, <)$ ein Gegenbeispiel zur Satzaussage: jede nichtleere Teilmenge A hat eine größte untere Schranke, aber nur die endlichen, nicht die unendlichen Teilmengen B haben eine obere Schranke.

Lösung von Aufgabe 2.10.16.

Wir gehen schrittweise vor.

(i) Seien $A_1, A_2 \subseteq X$. Dann gilt: $A_1 \subseteq A_2 \Leftrightarrow (X \setminus A_2) \subseteq (X \setminus A_1)$.

(ii) Sei $f: X \to Y$ eine beliebige Funktion. Die Erweiterung von f auf 2^X ist definiert als $f: 2^X \to 2^Y$ mit $f(A) = \bigcup\{f(x) \mid x \in A\}$. Dann gilt: f ist monoton auf $(2^X, \subseteq)$.

(iii) Seien $f: X \to Y$ und $g: Y \to X$ zwei injektive Funktionen. Wir betrachten die Funktion $h: 2^X \to 2^X$ mit $h(A) = X \backslash g(Y \backslash f(A))$. Wegen (i) und (ii) ist diese Funktion wohldefiniert und monoton bezüglich $\subseteq$.

(iv) Seien $f: X \to Y$ und $g: Y \to X$ zwei injektive Funktionen. Aus Satz 2.4.6 folgt, daß die in (iii) angegebene Funktion h einen Fixpunkt $F \in 2^X$ besitzt. Dann ist durch

$$i(x) = \begin{cases} f(x) & \text{falls } x \in F \\ g^{-1}(x) & \text{sonst.} \end{cases}$$

eine Bijektion $i: X \to Y$ definiert (der Nachweis dieser Behauptung bleibt dem Leser überlassen).

Lösung von Aufgabe 2.10.18.

(i): Sei $(D, \prec)$ ein vollständiger Verband; $f: D \to D$ heißt *co-stetig*, wenn gilt:

$$\forall x_0, x_1, x_2, \ldots \in D: (x_0 \succeq x_1 \succeq \ldots) \Rightarrow (\, f(\sqcap\{x_i \mid i \geq 0\}) = \sqcap\{f(x_i) \mid i \geq 0\}\,).$$

Aus der co-Stetigkeit folgt die Monotonie.

Sei f co-stetig. Dann ergibt sich der größte Fixpunkt νf durch Herunter-Iterieren von $\top$:

$$\sqcup\{x \in D \mid f(x) \succeq x\} = \nu f = \underbrace{\sqcap\{f^i(\top) \mid i = 0, 1, 2, \ldots\}}_{b}.$$

Der Beweis ergibt sich durch Dualisierung aus dem Beweis von Satz 2.4.8. Die Abbildung 2.7 zeigt eine co-stetige Funktion, die nicht stetig ist. Durch Dualisierung bekommt man eine stetige Funktion, die nicht co-stetig ist.

(ii): Nein, denn $\forall x, y: x \succeq y \Rightarrow f(x) \succeq f(y)$ ist das gleiche wie $\forall x, y: x \preceq y \Rightarrow f(x) \preceq f(y)$; aber der Begriff *antimonoton* macht Sinn: $\forall x, y: x \preceq y \Rightarrow f(x) \succeq f(y)$.

$$\begin{aligned}
x \sqcup (y \sqcap z) &= \text{(wegen } (x \sqcap y) \preceq x \text{ und } (x \sqcap z) \preceq x\text{; Assoziativität von } \sqcup) \\
&\quad (x \sqcup (x \sqcap y) \sqcup (x \sqcap z)) \sqcup (y \sqcap z) \\
&= (x = x \sqcap x\text{, Assoziativität von } \sqcup) \\
&\quad ((x \sqcap x) \sqcup (x \sqcap y)) \sqcup ((x \sqcap z) \sqcup (y \sqcap z)) \\
&= \text{(Erstes Distributivgesetz, Kommutativität von } \sqcap) \\
&\quad ((x \sqcap (x \sqcup y)) \sqcup ((z \sqcap x) \sqcup (z \sqcap y)) \\
&= \text{(Erstes Distributivgesetz, Kommutativität von } \sqcap) \\
&\quad ((x \sqcup y) \sqcap x) \sqcup ((x \sqcup y) \sqcap z) \\
&= \text{(Erstes Distributivgesetz)} \\
&\quad (x \sqcup y) \sqcap (x \sqcup z).
\end{aligned}$$

Abbildung A.2. Lösung von Aufgabe 2.10.21(i).

Lösung von Aufgabe 2.10.25.

Die Transitivität von E^+ gilt aufgrund der Definition dieser Relation. Wir zeigen die Irreflexivität. Angenommen, es gäbe einen Kreis:

$$x_0 e_1 x_1 e_2 x_2 \ldots e_m x_m \quad (0 \neq m \wedge x_m = x_0).$$

Der Wurzelknoten y kann wegen der Eigenschaft $Ey = \emptyset$ nicht auf dem Kreis enthalten sein. Wegen des Zusammenhangs gibt es Knoten $y_0, \ldots, y_k$ und Kanten $d_1, \ldots, d_k$ derart, daß y_0 (aber sonst kein y_j) ein Knoten des Kreises ist, $y_k = y$ gilt, kein d_j auf dem Kreis liegt, und d_j eine Kante entweder von y_{j-1} nach y_j oder umgekehrt von y_j nach y_{j-1} ist. Aus der Tatsache, daß y_0 auf dem Kreis liegt, und weil $|Ey_0| = 1$ gilt, folgert man $d_1 = (y_0, y_1)$. So fortfahrend, folgert man $d_j = (y_{j-1}, y_j)$ für alle j. Das zieht $Ey_k \neq \emptyset$ nach sich und widerspricht der Wurzeleigenschaft von y. Die Wohlgegründetheit folgert man mit genau dem gleichen Argument, außer daß nicht ein Kreis, sondern eine unendliche absteigende Kette $x_0, x_1, x_2, \ldots$ mit dazwischenliegenden Kanten $e_1 = (x_1, x_0), e_2 = (x_2, x_1)$, etc. betrachtet wird. Es ist klar, daß $\text{Min}(V) = \{y\}$ gilt.

Lösung von Aufgabe 2.10.27.

$$\begin{aligned}
\exists w' \in L\colon w \lesssim w', w \neq w' \quad &\Leftrightarrow \quad (\text{Definition von } \lesssim;\ w \neq w';\ w \text{ ist endlich})\\
& \quad \exists w' \in L\ \exists a \in A\colon wa \lesssim w'\\
&\Leftrightarrow \quad (\text{Logik})\\
& \quad \exists a \in A\ \exists w' \in L\colon wa \lesssim w'\\
&\Leftrightarrow \quad (L \text{ präfixabgeschlossen})\\
& \quad \exists a \in A\colon wa \in L.
\end{aligned}$$

Lösung von Aufgabe 3.7.5.

Definition von $\tilde{m}_1$; wir geben nur die Fälle, in denen sich $\tilde{m}_1$ von m unterscheidet:

Es seien x_1 und x_2 Komplemente von $x \in D$.

$$\begin{aligned}
x_1 &= \quad (\text{wegen } \perp \preceq x_1)\\
& \quad x_1 \sqcup \perp\\
&= \quad (\text{Komplementeigenschaft von } x_2)\\
& \quad x_1 \sqcup (x \sqcap x_2)\\
&= \quad (\text{Distributivgesetz nach (i)})\\
& \quad (x_1 \sqcup x) \sqcap (x_1 \sqcup x_2)\\
&= \quad (\text{Komplementeigenschaft von } x_1, \text{Kommutativität von } \sqcup)\\
& \quad \top \sqcap (x_2 \sqcup x_1)\\
&= \quad (\text{Komplementeigenschaft von } x_2))\\
& \quad (x_2 \sqcup x) \sqcap (x_2 \sqcup x_1)\\
&= \quad ((\text{Distributivgesetz nach (i)})\\
& \quad x_2 \sqcup (x \sqcap x_1)\\
&= \quad (\text{Komplementeigenschaft von } x_1, \perp \preceq x_2)\\
& \quad x_2.
\end{aligned}$$

Abbildung A.3. Lösung von Aufgabe 2.10.21(ii).

- $s'\tilde{m}_1(\mathbf{abort}) = \emptyset$.
- $(s', s) \in \tilde{m}_1(c_1; c_2) \Leftrightarrow (s', s) \in (\tilde{m}_1(c_1) \circ \tilde{m}_1(c_2))$.
- $(s', s) \in \tilde{m}_1(\mathbf{if}\ \beta_1 \to CMD_1 \ \square\ \ldots\ \square\ \beta_m \to CMD_m\ \mathbf{fi})$

  $\Leftrightarrow\ (\exists j\colon \beta_j(s') \wedge (s', s) \in \tilde{m}_1(c_j))$.
- Es sei $DO = \mathbf{do}\ \beta \to c_0\ \mathbf{od}$. Eine Folge $s_0, \ldots, s_r$ ist gültig, wenn gilt:
  $\forall j, 0 \le j < r\colon \beta(s_j) \wedge (s_j, s_{j+1}) \in \tilde{m}_1(c_0)$.
  $(s', s) \in \tilde{m}_1(DO)$ genau dann, wenn eine gültige Folge $s_0, \ldots, s_r$ mit $s' = s_0, s_r = s$ und $\overline{\beta}(s_r)$ existiert.

Definition von $\tilde{m}_2$; wir geben nur die Fälle, in denen sich $\tilde{m}_2$ von m unterscheidet:

- $s'\tilde{m}_2(\mathbf{abort}) = \emptyset$.
- $(s', s) \in \tilde{m}_2(c_1; c_2) \ \Leftrightarrow\ ((s', s) \in \tilde{m}_2(c_1) \circ \tilde{m}_2(c_2))$
  $\wedge\ (\forall t \in Z\colon (s', t) \in \tilde{m}_2(c_1) \Rightarrow t\tilde{m}_2(c_2) \neq \emptyset)$
- $(s', s) \in \tilde{m}_2(\mathbf{if}\ \beta_1 \to c_1 \ \square\ \ldots\ \square\ \beta_m \to c_m\ \mathbf{fi}) \Leftrightarrow (\exists j\colon \beta_j(s') \wedge (s', s) \in \tilde{m}_2(c_j))$
  $\wedge\ (\forall j\colon \beta_j(s') \Rightarrow s'\tilde{m}_2(c_j) \neq \emptyset)$.
- Es sei $DO = \mathbf{do}\ \beta \to c_0\ \mathbf{od}$. Eine endliche Folge $s_0, \ldots, s_r$ ist gültig, wenn gilt:
  $\forall j, 0 \le j < r\colon \beta(s_j) \wedge (s_j, s_{j+1}) \in \tilde{m}_2(c_0)$,
  und entsprechend für unendliche Folgen.
  $(s', s) \in \tilde{m}_2(DO)$ genau dann, wenn alle folgenden drei Bedingungen gelten:
  ($\exists$ gültige Folge $s_0, \ldots, s_r\colon s' = s_0 s_r = s,\ \overline{\beta}(s_r)$)
  $\wedge$ ($\forall$ gültige Folgen $s_0, \ldots, s_r\colon (s' = s_0 \wedge \beta(s_r)) \Rightarrow s_r\tilde{m}_2(c_0) \neq \emptyset$)
  $\wedge$ ($\neg\,\exists$ unendliche gültige Folge $s_0, s_1, \ldots\colon s' = s_0$).

Die Beweise von $\tilde{m}_1 = m_1$ und $\tilde{m}_2 = m_2$ werden hier nicht gegeben.

Lösung von Aufgabe 3.7.8.

Es sei $DO = \mathbf{do}\ \beta_1 \to c_1 \ \square\ \ldots\ \square\ \beta_m \to c_m\ \mathbf{od}$.

- Relationale Semantik: Eine Folge $s_0 \ldots s_r$ heißt gültig über DO, wenn gilt:
  $\forall j, 0 \le j < r\ \exists i, 1 \le i \le m\colon (val(\beta_i, s_j) = \mathbf{true}) \wedge ((s_j, s_{j+1}) \in m(c_i))$.
  Der Rest der Definition 3.2.2 bleibt gleich.
- Axiomatische Semantik: $\dfrac{\forall i, 1 \le i \le m\colon \{P \wedge \beta_i\}\, c_i\, \{P\}}{\vdash_H\ \{P\}\ DO\ \{(\forall i, 1 \le i \le m\colon \neg\beta_i) \wedge P\}}$
- wp-Semantik:
  Für ein Endprädikat Q definiere die Funktion
  $f_Q(R) = ((\forall i, 1 \le i \le m\colon \overline{\beta_i}) \wedge Q) \vee \exists i, 1 \le i \le m\colon ((\beta_i) \wedge wp(c_i, R))$.
  Setze $wp(DO, Q) = \mu f_Q$.

Lösung von Aufgabe 3.7.12.

Eine naive Anwendung der Hoareschen Zuweisungsregel würde mit der Zuweisung $y := x + 1$ und dem Endprädikat $Q = \neg(\exists x (x = y))$ die folgende inkorrekte Ableitung erlauben (man beachte, daß Q logisch äquivalent mit **false** ist):

$\vdash_H \{\neg(\exists x(x = y))[y \leftarrow x + 1]\}\ y := x + 1\ \{Q\}$	(Zuweisungsaxiom)
$\vdash_H \{\neg(\exists x(x = (x + 1)))\}\ y := x + 1\ \{Q\}$	(Umschreiben ohne Beachten der Ersetzungsbedingung)
$\vdash_H \{\mathbf{true}\}\ y := x + 1\ \{\mathbf{false}\}$	(Logische Umformung).

Die Hoare-Aussage in der letzten Zeile ist natürlich nicht wahr, und es wäre deswegen unerwünscht, eine solche Ableitung zuzulassen. Stattdessen ist die folgende Ableitung korrekt und unter Beachtung der Ersetzungsbedingung im Regelsystem auch erlaubt:

$\vdash_H \{\neg(\exists x(x = y))[y \leftarrow x + 1]\}\ y := x + 1\ \{Q\}$	(Zuweisungsaxiom)
$\vdash_H \{\neg(\exists z(z = y))[y \leftarrow x + 1]\}\ y := x + 1\ \{Q\}$	(Umbenennen der gebundenen Variablen x)
$\vdash_H \{\neg(\exists z(z = (x + 1)))\}\ y := x + 1\ \{Q\}$	(Umschreiben mit Beachten der Ersetzungsbedingung)
$\vdash_H \{\mathbf{false}\}\ y := x + 1\ \{\mathbf{false}\}$	(Logische Umformung).

Lösung von Aufgabe 3.7.13.

$[P]\ c\ [Q]$ ist in der Tat äquivalent mit $P \Rightarrow wp(c, Q)$.

Beweisregeln für $[P]\ c\ [Q]$. Wir benutzen $\vdash$ als Ableitungszeichen und geben nur die Regeln, die sich von den Regeln der Definition 3.3.2 unterscheiden.

(ii) $\vdash\ [\,\mathbf{false}\,]\ \mathbf{abort}\ [\,P\,]$

(v) Regel für das Alternativkonstrukt:

$$\frac{[\,P \wedge \beta_j\,]\, c_j\, [\,Q\,] \text{ für alle } j \in \{1, \ldots, m\}}{\vdash\ [\,P \wedge \exists j{:}\, \beta_j\,]\ \mathbf{if}\ \beta_1 \rightarrow c_1 \,\square\, \ldots \,\square\, \beta_m \rightarrow c_m\ \mathbf{fi}\ [\,Q\,]}$$

(vi) Schleifenregel:

$$\frac{\exists(D, \prec),\ \text{wohlgegründet},\ \exists\tau{:}\,\Gamma(P) \rightarrow D{:}\ [\,P \wedge \beta \wedge d = \tau\,]\ c_0\ [\,P \wedge d \succ \tau\,]}{\vdash\ [\,P\,]\ \mathbf{do}\ \beta \rightarrow c_0\ \mathbf{od}\ [\,\overline{\beta} \wedge P\,]}$$

Diese Regeln sind konsistent und vollständig bezüglich der in der Aufgabenstellung angegebenen semantischen Definition von $[P]\ c\ [Q]$ (ohne Beweis).

Lösung von Aufgabe 3.7.16.

(a) $wp(A[A[1]] := 0, A[A[1]] = 0) \quad = \quad (A[0] = 0) \vee (A[1] \neq 1).$

(b) $wp(A[A[1]] := 0, A[A[0]] = 0) \quad = \quad (A[1] = 0) \vee (A[1] = A[0]) \vee (A[A[0]] = 0).$

Begründung für die erste dieser Gleichungen: Definiere $A' = A\{A[1] \leftarrow 0\}$. Laut Definition der wp-Funktion ist dann $P = wp(A[A[1]] := 0, A[A[1]] = 0) = (A'[A'[1]] = 0)$. Aufgrund der Definition von A' gilt allgemein:

$$A'[i] = \begin{cases} 0 & \text{falls } A[1] = i \\ A[i] & \text{falls } A[1] \neq i. \end{cases}$$

Um P auszuwerten, betrachten wir die beiden Fälle $A[1] = 1$ und $A[1] \neq 1$ getrennt. Im Fall $A[1] = 1$ gilt:

$$\begin{aligned} P \;&=\; \text{(Auswertung von } A'[1] \text{ in diesem Fall)} \\ &\;\; (0 = A'[0]) \\ &=\; \text{(Auswertung von } A'[0] \text{ in diesem Fall)} \\ &\;\; (0 = A[0]). \end{aligned}$$

$$\begin{array}{lll}\text{Im Fall } A[1] \neq 1 \text{ gilt: } P & = & (\text{Auswertung von } A'[1] \text{ in diesem Fall}) \\ & & (0 = A'[A[1]]) \\ & = & (\text{Auswertung von } A'[A[1]] \text{ in diesem Fall}) \\ & & (0 = 0).\end{array}$$

Insgesamt ist P also $(A[1] = 1 \wedge A[0] = 0) \vee (A[1] \neq 1 \wedge 0 = 0)$, was zu $(A[0] = 0) \vee (A[1] \neq 1)$ vereinfacht werden kann.

Lösung von Aufgabe 3.7.19.

Wir betrachten eine absteigende Kette $X_0 \supseteq X_1 \supseteq X_2 \supseteq \dots$ $(X_i \subseteq Z)$ im Verband der Teilmengen von Z. Es sei $X = \bigcap_{i \in \mathbb{N}} X_i$. Zu zeigen ist $\bigcap_{i \in \mathbb{N}} f(X_i) \subseteq f(X)$, denn die andere Richtung folgt bekanntlich direkt aus der Monotonie. Um die Voraussetzung der Stetigkeit einsetzen zu können, ist es nötig, eine geeignete aufsteigende Kette $Y_0 \subseteq Y_1 \subseteq \dots$ zu finden. Wir definieren: $Y_j = X \cup \overline{X}_j$. Dann gilt $Y_{j-1} \subseteq Y_j$ für $1 \leq j$ und außerdem:

$$\begin{array}{lll}\bigcup_{j \in \mathbb{N}} Y_j & = & (\text{ Definition von } Y_j \text{ }) \\ & & \bigcup_{j \in \mathbb{N}} (X \cup \overline{X}_j) \\ & = & (\text{ Mengenlehre }) \\ & & X \cup \bigcup_{j \in \mathbb{N}} \overline{X}_j \\ & = & (\text{ de Morgans Gesetz }) \\ & & X \cup \overline{\bigcap_{j \in \mathbb{N}} X_j} \\ & = & (\text{ Definition von } X\text{; Mengenlehre }) \\ & & X \cup \overline{X} \;=\; Z.\end{array}$$

Die Abbildung A.4 zeigt den Nachweis von $\bigcap_{i \in \mathbb{N}} f(X_i) \subseteq f(X)$.

$$\begin{array}{lll}\bigcap_{i \in \mathbb{N}} f(X_i) & = & (\text{ wegen } X_i \subseteq Z = \bigcup_{j \in \mathbb{N}} Y_j \text{ }) \\ & & \bigcap_{i \in \mathbb{N}} (f(X_i \cap (\bigcup_{j \in \mathbb{N}} Y_j))) \\ & \subseteq & (\text{ } f \text{ monoton; Satz 2.4.3 }) \\ & & \bigcap_{i \in \mathbb{N}} (f(X_i) \cap f(\bigcup_{j \in \mathbb{N}} Y_j)) \\ & = & (\text{ Mengenlehre }) \\ & & (\bigcap_{i \in \mathbb{N}} f(X_i)) \cap f(\bigcup_{j \in \mathbb{N}} Y_j) \\ & = & (\text{ Stetigkeit von } f, Y_0 \subseteq Y_1 \subseteq \dots \text{ }) \\ & & (\bigcap_{i \in \mathbb{N}} f(X_i)) \cap (\bigcup_{j \in \mathbb{N}} f(Y_j)) \\ & = & (\text{ Allgemeines Distributivgesetz }) \\ & & \bigcup_{j \in \mathbb{N}} ((\bigcap_{i \in \mathbb{N}} f(X_i)) \cap f(Y_j)) \\ & \subseteq & (\text{ weil } (\bigcap_{i \in \mathbb{N}} f(X_i)) \subseteq f(X_j) \text{ für alle } j \text{ }) \\ & & \bigcup_{j \in \mathbb{N}} (f(X_j) \cap f(Y_j)) \\ & = & (\text{ Multiplikativität }) \\ & & \bigcup_{j \in \mathbb{N}} f(X_j \cap Y_j) \\ & = & (\text{ wegen } X_j \cap Y_j = X_j \cap (X \cup \overline{X}_j) = X \text{ }) \\ & & \bigcup_{j \in \mathbb{N}} f(X) \;=\; f(X).\end{array}$$

Abbildung A.4. Zum Beweis der Co-Stetigkeit

Lösung von Aufgabe 3.7.20.

(i) Ja.

(ii) Die unendliche Multplikativität folgt genau wie die entsprechende Eigenschaft des wp (Satz 3.4.8). Die Co-Stetigkeit ist eine schwächere Eigenschaft. Die Co-Striktheit folgt direkt aus der Formel für $\widetilde{wlp}$.

(iii) Wir geben nur diejenigen Formeln an, in denen sich wp und wlp unterscheiden:

- $wlp(\textbf{abort}, Q) = \textbf{true}$.
- $wlp(\textbf{if}\ \beta_1 \to c_1 \,\Box\, \ldots \,\Box\, \beta_m \to c_m\ \textbf{fi}, Q) \;=\; (\forall j\colon \beta_j \Rightarrow wlp(c_j, Q))$.
- $wlp(\textbf{do}\ \beta \to c_0\ \textbf{od}, Q) \;=\; (\forall i \in \{1, 2, \ldots\}\colon Q_i)$

mit $Q_1 \;=\; (\overline{\beta} \Rightarrow Q)$
$Q_{i+1} \;=\; (\beta \Rightarrow wlp(c_0, Q_i))$.

Der Nachweis, daß $wlp(c) = \widetilde{wlp}(c)$ gilt, wird hier weggelassen.

Die Schleifensemantik für die Funktion wlp kann auch - wie die der Funktion wp - in eine Fixpunktform gebracht werden; hier macht dies jedoch aufgrund der Co-Stetigkeit der wlp-Funktion (auch für Programme aus der Klasse *USEQPROG*) weniger Sinn. Wir geben die Semantik trotzdem, weil sie eine Anwendung größter statt kleinster Fixpunkte darstellt. Für ein Endprädikat Q definieren wir die monotone Funktion:

$$g_Q : \begin{cases} \text{Prädikate über } Z & \to \quad \text{Prädikate über } Z \\ \qquad\qquad P & \mapsto \quad (\overline{\beta} \Rightarrow Q) \wedge (\beta \Rightarrow wlp(c_0, P)). \end{cases}$$

g_Q erbt die Co-Stetigkeit von wlp. Dann gilt mit $Q'_0 = \textbf{true}$ und $Q'_{i+1} = g_Q(Q'_i)$:

$$\begin{aligned} Q'_1 &= g_Q(Q'_0) = (\overline{\beta} \Rightarrow Q) \\ Q'_2 &= g_Q(Q'_1) = Q'_1 \wedge (\beta \Rightarrow wlp(c_0, Q'_1)) \\ Q'_3 &= g_Q(Q'_2) = Q'_1 \wedge (\beta \Rightarrow wlp(c_0, Q'_2)) \\ &\vdots \\ Q'_{i+1} &= g_Q(Q'_i) = Q'_1 \wedge (\beta \Rightarrow wlp(c_0, Q'_i)), \end{aligned}$$

und daher: $\nu g_Q = (\forall i \in \mathbb{N}\colon Q'_i) = (\forall i \in \{1, 2, \ldots\}\colon Q_i)$.

Die Gleichung $\nu g_Q = (\forall i \in \mathbb{N}\colon Q'_i)$ kommt vom Analogon von Satz 2.4.8 für co-stetige Funktionen. Die Gleichung $(\forall i \in \mathbb{N}\colon Q'_i) = (\forall i \in \{1, 2, \ldots\}\colon Q_i)$ gilt, weil die Prädikate Q_i und Q'_i sich nur um den Faktor Q'_1 unterscheiden.

(iv) Ja: $s'm_1(c) \;=\; \bigcap\{X \subseteq Z(c) \mid s' \in wlp(c, X)\}$.

Lösung von Aufgabe 3.7.22.

Nach Korollar 3.4.13 ist $wp(c_0)$ stetig. Der kleinste Fixpunkt von f_X berechnet sich deswegen nach Satz 2.4.8 durch Iteration von $\perp$. Im Verband der Teilmengen von Z spielt die leere Menge $\emptyset$ die Rolle von $\perp$. Wir definieren deshalb $X_i = f_X^i(\emptyset)$ und weisen die drei Gleichungen der Behauptung nach (Abbildung A.5).

Lösung von Aufgabe 5.6.7.

Das System $(\{s_0, s_1, \ldots\}, \{t_1, t_2, \ldots\}, \{(s_{j-1}, t_j), (t_j, s_j) \mid j \geq 1\}, \{s_0\})$ ist 1-beschränkt, aber es gilt $|[\{s_0\}\rangle| \notin \mathbb{N}$.

$$
\begin{aligned}
wp(DO, X) &= \text{(Definition des } wp \text{)} \\
&\quad \mu f_X \\
&= \text{(} wp(DO) \text{ stetig, Satz 2.4.8)} \\
&\quad \bigcup_{i \in \mathbb{N}} f_X^i(\emptyset) \\
&= \text{(Definition der } X_i \text{)} \\
&\quad \bigcup_{i \in \mathbb{N}} X_i. \\
X_0 &= \text{(Definition von } X_0 \text{)} \\
&\quad f_X^0(\emptyset) \\
&= \text{(} f_X^0 = id_{2^Z} \text{)} \\
&\quad \emptyset. \\
X_{i+1} &= \text{(Definition von } X_{i+1} \text{)} \\
&\quad f_X^{i+1}(\emptyset) \\
&= \text{(Definition von } f_X \text{ und wegen } f_X^{i+1}(\emptyset) = f_X(f_X^i(\emptyset)) \text{)} \\
&\quad (\overline{\beta} \cap X) \cup (\beta \cap wp(c_0, f_X^i(\emptyset))) \\
&= \text{(Definition von } X_i \text{)} \\
&\quad (\overline{\beta} \cap X) \cup (\beta \cap wp(c_0, X_i)).
\end{aligned}
$$

Abbildung A.5. Zu Aufgabe 3.7.22

Lösung von Aufgabe 5.6.11.

In dem Netz $(\{s_1, s_2, s_3\}, \{t_1, t_2, t_3\}, \{(s_1, t_1), (s_2, t_2), (s_3, t_3), (t_1, s_2), (t_1, s_3), (t_2, s_1), (t_3, s_1)\})$ ist $\{s_1, s_2, s_3\}$ eine Falle, aber nicht von S-Invarianten überdeckt.

Lösung von Aufgabe 5.6.13.

Man vertausche Stellen und Transitionen in der Lösung von Aufgabe 5.6.11.

Lösung von Aufgabe 5.6.14.

Betrachte das Netz:

$$
\begin{aligned}
&(\{s, s', s'', s_1, s_2, s_3, s_4\}, \{t_1, t_2, t_3, t_4\}, \{(s_1, t_1), (t_1, s_2), (s_2, t_2), (t_2, s_1), (t_1, s), (t_2, s), \\
&\quad (s', t_1), (s'', t_2), (s_3, t_3), (t_3, s_4), (s_4, t_4), (t_4, s_3), (s, t_3), (s, t_4), (t_3, s'), (t_4, s'')\})
\end{aligned}
$$

und die Markierungen $M^0 = \{s, s_1, s_3\}$ (lebendig) bzw. $M^{0'} = \{s, s_1, s_3, s_4\}$ (nicht lebendig).

Lösung von Aufgabe 5.6.15.

Für $\mathcal{N}$ kann ein Baum der erreichbaren Markierungen analog wie für ein Programm (siehe Sätze 3.2.4 und 3.4.4) definiert werden. Existiert eine warme Transition, dann folgt daraus, daß dieser Baum unendlich groß ist. Aus der Endlichkeit der Menge T folgt, daß der Baum gradendlich ist. Nach dem Lemma von König gibt es daher mindestens einen unendlichen Weg. Auf diesem Weg muß mindestens eine Transition unendlich oft vorkommen; diese Transition ist heiß. (Im allgemeinen muß nicht jede warme Transition auch heiß sein.)

Lösung von Aufgabe 5.6.16.

Ein Gegenbeispiel ist das Netz aus Aufgabe 5.6.11 mit der Anfangsmarkierung $\{s_1\}$.

Lösung von Aufgabe 5.6.19.

Aus $\mathrm{Min}(K)$-Diskretheit, Endlichkeit von $\mathrm{Min}(K)$ und Gradendlichkeit folgt, daß für einen endlichen Schnitt c das Intervall $[\mathrm{Min}(K), c]$ endlich ist. Die darin liegenden Ereignisse können also zu einer endlichen Schaltfolge linearisiert werden. Nach Schalten dieser Folge wird aus der Anfangsmarkierung $p(\mathrm{Min}(K))$ die Markierung $p(c)$ erreicht.

Man kann zeigen, daß unter den gegebenen Voraussetzungen jede endliche *co*-Menge sich zu einem endlichen Schnitt erweitern läßt (Übungsaufgabe 2.10.10). Daraus folgt, daß für keine zwei Bedingungen $b_1 \neq b_2$ von K, die in der Relation *co* zueinander stehen, gelten kann, daß $p(b_1)$ und $p(b_2)$ in der gleichen S-Komponenten von $\mathcal{N}(\kappa)$ liegen. Denn für jeden endlichen Schnitt c mit $\{b_1, b_2\} \subseteq c$ wäre $p(c)$ eine erreichbare nicht-reguläre Markierung, im Widerspruch zu Satz 5.2.6. Also haben alle Schnitte höchstens (sogar genau) so viele Elemente wie $\mathcal{N}$ S-Komponenten hat.

Lösung von Aufgabe 5.6.21.

Die Verallgemeinerung besteht darin, daß Netze mit $k \geq 1$ *first*- und $l \geq 1$ *last*-Stellen zugelassen werden. Beispielsweise hat, wie aus der Konstruktion folgt, die wir gleich angeben, das Netz $N((a\|b);\ (c\|d\|e))$ genau 2 *first*-Stellen, 3 *last*-Stellen und 6 Zwischenstellen. κ sei ein reguläres Kontrollprogramm. Wir definieren induktiv ein unmarkiertes Netz $N(\kappa)$:

- $\kappa = a$ $(a \in A)$. Wie in Definition 5.3.1.
- $\kappa = \kappa_1; \kappa_2$. Man erhält $N(\kappa)$ aus $N(\kappa_1)$ und $N(\kappa_2)$, indem alle *last*-Stellen von $N(\kappa_1)$ mit allen *first*-Stellen von $N(\kappa_2)$ paarweise identifiziert und die $(l_1 \cdot k_2)$ neuen Stellen mit Kanten wie die alten versehen werden. Die *first*-Stellen von $N(\kappa)$ sind die k_1 *first*-Stellen von $N(\kappa_1)$, die *last*-Stellen von $N(\kappa)$ sind die l_2 *last*-Stellen von $N(\kappa_2)$.
- $\kappa = \kappa_1 \square \kappa_2$. Man erhält $N(\kappa)$ aus $N(\kappa_1)$ und $N(\kappa_2)$, indem alle *first*-Stellen von $N(\kappa_1)$ mit allen *first*-Stellen von $N(\kappa_2)$ und alle *last*-Stellen von $N(\kappa_1)$ mit allen *last*-Stellen von $N(\kappa_2)$ jeweils paarweise identifiziert werden. Die *first*-Stellen von $N(\kappa)$ sind die $(k_1 \cdot k_2)$ neuen *first*-Stellen, die *last*-Stellen von $N(\kappa)$ sind die $(l_1 \cdot l_2)$ neuen *last*-Stellen.
- $\kappa = \kappa_1\|\kappa_2$. Man erhält $N(\kappa)$ wie in Definition 5.3.2. Die *first*-Stellen von $N(\kappa)$ sind die $(k_1 + k_2)$ *first*-Stellen von $N(\kappa_1)$ und $N(\kappa_2)$, die *last*-Stellen von $N(\kappa)$ sind die $(l_1 + l_2)$ *last*-Stellen von $N(\kappa_1)$ und $N(\kappa_2)$.
- $\kappa = (\kappa_0 \mid b_1 \square \ldots \square b_m)^\infty$. Man erhält $N(\kappa)$ aus $N(\kappa_0)$ und $N(b_1 \square \ldots \square b_m)$, indem man die k_0 *first*-Stellen von $N(\kappa_0)$ mit den l_0 *last*-Stellen von $N(\kappa_0)$ und diese $(k_0 \cdot l_0)$ Stellen mit der Stelle $first(b_1 \square \ldots \square b_m)$ identifiziert. Diese neuen Stellen sind die *first*-Stellen von $N(\kappa)$, und die *last*-Stelle von $N(b_1 \square \ldots \square b_m)$ ist auch die *last*-Stelle von $N(\kappa)$.

Das zu κ gehörige S/T-System $\mathcal{N}(\kappa)$ ist definiert als $\mathcal{N}(\kappa) = (N(\kappa), M^0)$, wobei M^0, *per definitionem*, alle *first*-Stellen von $N(\kappa)$ und keine anderen Stellen markiert. Die eineindeutige Beziehung zwischen Aktionen und Transitionen besteht weiter. Das System $\mathcal{N}(\kappa)$ ist im allgemeinen nicht sicher. $\mathcal{N}(((a\|c)|b)^\infty)$ hat zum Beispiel zwei Stellen, auf die jeweils 2 Marken gelangen können. Trotzdem hat das System $\mathcal{N}(\kappa)$ auch im Allgemeinfall einige interessante Eigenschaften, darunter Überdeckungseigenschaften, die bewirken, daß es stets 2-beschränkt ist [90].

Lösung von Aufgabe 6.5.2.

Seien **do** $GC_1 \,\Box\, \ldots \,\Box\, GC_m$ **od** eine Schleife und β_j die Eingangsbedingung von GC_j $(1 \leq j \leq m)$. Für diese Schleife wird eine Terminierungsaktion $\overline{b}$ mit der Semantik:

$$m(\overline{b}) \;=\; m(\neg\,\beta_1 \;\wedge\; \ldots \;\wedge\; \neg\,\beta_m)$$

eingeführt. Diese Definition ist auch für *SDPROG*-Programme gültig.

Lösung von Aufgabe 6.5.6.

Es seien $z = |Z|$ die Anzahl der Zustände und $\alpha = |A|$ die Anzahl der atomaren Aktionen von c. Sei σ eine Folge, die eine Aktion $a \in A$ unendlich oft ∞-aktiviert; zu zeigen ist, daß a unendlich oft in σ vorkommt. Es gibt unendlich viele Anfangsstücke σ_i $(0 \leq i)$ von σ, die zu einer Folge $\sigma_i\tau_i$ verlängert werden können, die a aktiviert. Aus kombinatorischen Gründen folgt, daß τ_i einen Präfix τ_i' der Aktionslänge höchstens $z \cdot \alpha$ hat, so daß $\sigma_i\tau_i'$ bereits a aktiviert. Weil laut Voraussetzung (speziell mit $k = z \cdot \alpha$) die Folge σ $(z \cdot \alpha)$-fair ist, kommt a in σ unendlich oft vor, was zu zeigen war.

Lösung von Aufgabe 6.5.7.

Man kann zunächst rein netztheoretisch folgendermaßen argumentieren. Sei in einem S-System σ eine unendliche Schaltfolge, die auf eine Stelle s unendlich oft eine Marke legt, und sei t eine Transition, so daß im Netz ein gerichteter Weg von s nach t führt. Falls σ 0-fair ist, dann kommt t unendlich oft in σ vor. (Beweis: Induktion über die Länge des kürzesten Weges von s nach t. *Basis*: t ist Ausgangstransition von s; dann folgt die Behauptung direkt aus der 0-Fairness (und der S-Netz-Eigenschaft). *Schritt*: Es gibt eine Transition t' mit $t'^{\bullet} \cap {}^{\bullet}t \neq \emptyset$, für die die Induktionshypothese anwendbar ist; dann gilt wegen 0-Fairness die Behauptung auch für t.)

Jetzt folgt die Behauptung wegen der speziellen Form der Eingangsbedingungen von atomaren Aktionen von c.

Lösung von Aufgabe 7.8.1.

$m(\textbf{skip})$:	Definition 3.2.2.
$m(\langle\textbf{true}\rangle)$:	Definition 6.2.3.
$m(\textbf{if}\ \langle\textbf{true} \rightarrow \textbf{skip}\rangle\ \textbf{fi})$:	Abschnitt 7.3.1.
$m(\langle\textbf{if true} \rightarrow \textbf{skip fi}\rangle)$:	Abschnitt 6.2.2.
$m(\textbf{if true} \rightarrow \textbf{skip fi})$:	Definition 3.2.2.

Lösung von Aufgabe 7.8.2.

$$\begin{array}{lcll} wp(c, X) & = & \{s' \in Z(c) \mid & \forall \sigma = s_0 a_1 \ldots a_r s_r \in \Sigma_{compl}(c)\colon s_0 = s' \Rightarrow s_r \in X \\ & & \wedge & \neg\exists \sigma = s_0 a_1 \ldots a_r s_r \in \Sigma_{\star}(c)\colon s_0 = s' \wedge s_r = \delta \\ & & \wedge & \neg\exists \sigma = s_0 a_1 s_1 a_2 \ldots \in \Sigma_{\omega}(c)\colon s_0 = s' \\ & & \wedge & \neg\exists \sigma = s_0 a_1 \ldots a_r s_r \in (\Sigma_{\star}(c) \setminus \Sigma_{compl}(c))\colon \sigma \text{ ist maximal} \\ & & \} & \end{array}$$

Lösung von Aufgabe 7.8.3.

Man betrachte mit der Deklaration **var** $x : \{0, 1, 2\}$ das folgende Programm:

$$a_1 : \quad \langle\ \mathbf{if}\, x = 1 \rightarrow \mathbf{skip}\ \Box\ x = 2 \rightarrow x := 0\ \mathbf{fi}\ \rangle\ ;$$
$$a_2 : \quad \langle\ \mathbf{if}\, x = 0 \rightarrow x := 2\ \Box\ x = 1 \rightarrow \mathbf{skip}\ \mathbf{fi}\ \rangle$$

und das Prädikat $P = (0 \leq x \leq 1)$. P ist global invariant, aber nicht stabil. Das Programm wird durch Hinzufügen einer weiteren Alternative ... $\Box\ x = 2 \rightarrow x := 1$ zur Aktion a_2 verändert. Dann ist $P' = (x \neq 1)$ stabil, aber nicht lokal invariant.

Lösung von Aufgabe 7.8.4.

Siehe Abbildung A.6. Diese Abbildung stellt zwei azyklische Leser (links und rechts senkrecht) und einen azyklischen Schreiber (unten waagrecht) dar. Sollen die Leser bzw. der Schreiber in Zyklen eingebettet werden, müssen ihre Anfangs- und Endstellen entsprechend identifiziert werden.

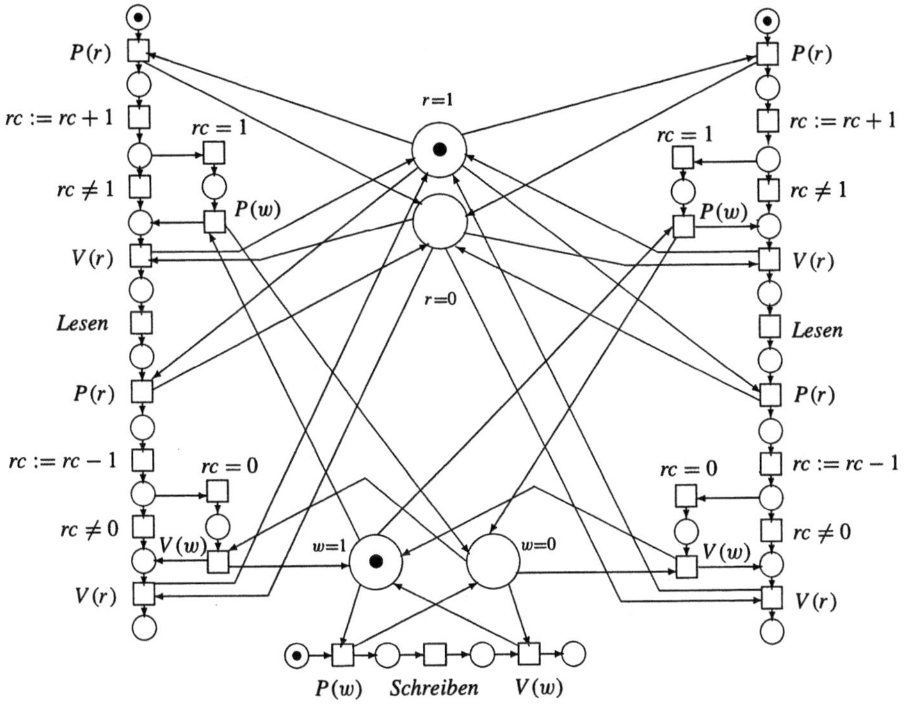

Abbildung A.6. Ein Netz zum Leser- / Schreiber-Problem mit S-Komponenten für r und w

Lösung von Aufgabe 7.8.5.

Ein Szenario ist $a_2\, d_1\, d_2\, d_3\, a_1\, a_3$, wonach beide Programme ihre kritischen Abschnitte betreten haben. Das Szenario ist erlaubt, weil a_2 und a_1 vertauscht wurden.

Lösung von Aufgabe 7.8.6.

(a): Eine mögliche Lösung ist in Abbildung A.7 dargestellt. Eine andere Lösung ergibt sich durch Spezialisierung aus dem Aufgabenteil (b). *Kommentar zur Lösung*: (C_1, C_2, C_3) ist immer entweder $(1, 0, 0)$ oder $(0, 1, 0)$ oder $(0, 0, 1)$. Die Programme c_2 und c_3 ergeben sich aus c_1 durch zyklische Verschiebung der Indices und der jeweiligen Werte für (C_1, C_2, C_3).

(b): Siehe Abbildung A.8. Diese Lösung, die aus [208] stammt, benutzt die folgenden globalen Variablen: **var** in : **array** $\{1, \ldots, n\}$ **of** $\{0, \ldots, n-1\}$;
$turn$: **array** $\{1, \ldots, n-1\}$ **of** $\{1, \ldots, n\}$;
Kommentar: Falls $n = 2$, dann entspricht $turn[1] = 2$ der Belegung $hold = 1$ (*hold* wie im Text, siehe Abbildung 7.15) und $turn[1] = 1$ der Belegung $hold = 2$.

(c): Siehe Abbildung A.9. Diese Lösung benutzt ein kaskadierendes System, um die Laufzeit des Eintrittsprotokolls zu minimieren; n ist eine Zweierpotenz $n = 2^k$ ($k \in \mathbb{N}$). Die n Programme werden $c_0, c_1, \ldots, c_{n-1}$ durchnumeriert. Es werden zwei globale Feldvariablen mit den Deklarationen: **var** in : **array** $\{0, \ldots, 2 \cdot n - 2\}$ **of** {**false**, **true**} (**init false**);
$hold$: **array** $\{0, \ldots, n-2\}$ **of** $\{0, 1\}$;
benutzt. Die Programme werden als Blätter eines Binärbaums angeordnet, dessen andere Knoten den weiteren Werten von *in* und *hold* entsprechen; für $k = 3$ und $n = 8$ ist die Anordnung in Abbildung A.10 gezeigt. Der Baum verhält sich ähnlich wie ein *Heap* [230]. Ist x ein Knoten, der nicht Blatt ist, dann berechnen sich die Indices seiner beiden Nachfolgeknoten als $x_1 = 2 \cdot (x - n)$ und $x_2 = 2 \cdot (x - n) + 1$. Ist umgekehrt x_i ein Knoten, der nicht Wurzel ist, dann berechnet sich sein Vorgängerknoten nach der Regel $x = n + (x_i \,\mathbf{div}\, 2)$.

Der in Abbildung A.9 gezeigte Algorithmus für c_i ($0 \le i \le n-1$) benutzt eine Reihe von lokalen Variablen: **var** $index, lookindex, setindex : \{0, \ldots, 2 \cdot n - 2\}$;
$j : \{1, \ldots, k+1\}$; $exp : \{0, \ldots, n\}$; $teilbaum : \{0, 1\}$;
Das Eintrittsprotokoll für kA_i bewegt sich im Baum auf dem Weg vom Blatt i bis zur Wurzel $2 \cdot n - 2$, das Austrittsprotokoll in umgekehrter Richtung. Die Variable *teilbaum* gibt jeweils an, in welchem gerade betrachteten Teilbaum i liegt (0 für links, 1 für rechts). Das Protokoll hat eine Laufzeit proportional zu $\log(n)$.

Lösung von Aufgabe 7.8.11.

Nein, sonst wird das Programm falsch. Z.B. geht:

Senden von x: **if** $\langle count \le N - 1 \rightarrow buf[tail \oplus count] := x \rangle$; $\langle count := count + 1 \rangle$ **fi**

nicht, sonst könnte ein Programm x senden, obwohl der Puffer eigentlich schon voll ist.

Lösung von Aufgabe 7.8.14(i).

Ein Szenario mit Anfangsknoten $v^0 = v^1$:

(a) c^0 wird ausgeführt. Wähle $f[v^1] = -5$, setze $col(5) := W$. Die Schleife von v^1 wird ganz ausgeführt. Danach gilt $col(5) = col(-1) = col(3) = W$, die anderen Kanten sind dunkel und *suc* ist unverändert.

(b) c^{v^2} wird ausgeführt. Wähle zuerst $f[v^2] = 5$. Dann wird die Schleife von c^{v^2} ganz ausgeführt. Danach gilt neuerdings $col(2) = col(-4) = W$, alles andere bleibt unverändert.

$$
\begin{array}{lllll}
c_1: & \langle in_1 := \mathbf{true}\rangle; & & & \\
 & \langle\, \mathbf{if} & in_2 = in_3 = \mathbf{false} & \to & \mathbf{skip} \\
 & \;\square & in_2 = \mathbf{true} \wedge in_3 = \mathbf{false} & \to & (C_1, C_2, C_3) := (0,1,0) \\
 & \;\square & in_2 = \mathbf{false} \wedge in_3 = \mathbf{true} & \to & (C_1, C_2, C_3) := (0,0,1) \\
 & \;\square & in_2 = in_3 = \mathbf{true} & \to & \mathbf{skip} \\
 & \mathbf{fi}\,\rangle; & & & \\
 & \mathbf{if} & \langle\, \neg(in_2 \vee in_3) \vee C_1 & \to & \mathbf{skip}\,\rangle \quad \mathbf{fi}; \\
 & kA_1; & & & \\
 & \langle in_1 := \mathbf{false}\rangle; & & & \\
 & \langle\, \mathbf{if} & in_2 = in_3 = \mathbf{false} & \to & \mathbf{skip} \\
 & \;\square & in_2 = \mathbf{true} & \to & (C_1, C_2, C_3) := (0,1,0) \\
 & \;\square & in_3 = \mathbf{true} & \to & (C_1, C_2, C_3) := (0,0,1) \\
 & \mathbf{fi}\,\rangle; & & &
\end{array}
$$

Abbildung A.7. Lösung mit 3 Programmen: das erste Programm c_1

$$
\begin{array}{lll}
c_i: & & \vdots \\
 & j := 1; & \%\ j \text{ ist lokale Variable von } c_i \\
 & \mathbf{do} & j \neq n-1 \;\to \\
 & & \langle\, in[i] := j\,\rangle;\ \langle\, turn[j] := i\,\rangle; \\
 & & \mathbf{if}\,\langle\, (\forall k \neq i\colon in[k] < j) \vee (turn[j] \neq i) \to \mathbf{skip}\,\rangle\,\mathbf{fi}; \\
 & & j := j+1 \\
 & \mathbf{od}; & \\
 & kA_i; & \\
 & in[i] := 0 &
\end{array}
$$

Abbildung A.8. Lösung mit n Programmen - gezeigt ist das i'te Programm c_i $(1 \le i \le n)$

(c) c^{v^3} wird ausgeführt. Wähle zuerst $f[v^3] = 2$ (oder -1, das macht keinen Unterschied). Nach vollständiger Ausführung der Schleife bleibt die Färbung der Kanten unverändert, aber die Funktion *suc* ändert sich am Knoten v^3.

(d) c^{v^4} wird ausgeführt. Wähle zuerst $f[v^4] = -4$ (oder 3, das macht keinen Unterschied). Nach vollständiger Ausführung der Schleife bleibt die Färbung der Kanten unverändert, aber die Funktion *suc* ändert sich am Knoten v^4.

Lösung von Aufgabe 7.8.18.

Die Figur A.11 zeigt einen erreichbaren Zustand. Es wird angenommen, daß sowohl *MUTATOR* als auch *COLLECTOR* ihre Zyklen gerade beginnen.

(a) Der *MUTATOR* führt die Aktion $\langle M[5].col := B\rangle$ aus.

(b) Der *COLLECTOR* führt einen gesamten Zyklus aus. Danach sind die M-Element von Index 3 bis Index 6 alle mit W markiert; da alle von *ROOT* aus erreichbar sind, hat sich an den Verweisen nichts geändert.

(c) Der *COLLECTOR* führt einmal die Iteration von b_3 bis b_8 vollständig aus. Danach sind alle Elemente außer dem mit Index 5 mit B markiert. Danach führt der *COLLECTOR* den Zählzyklus b_9-b_{15} aus, und es ergibt sich $bc = 3$.

```
cᵢ :  index := i;  j := 1;
      do j ≤ k →   teilbaum := index mod 2;
                   if teilbaum = 0 → lookindex := index + 1
                   ▯ teilbaum = 1 → lookindex := index − 1
                   fi;
                   index := n + (index div 2);  j := j + 1;
                   setindex := n − index;
                   ⟨ in[index] := true ⟩;
                   ⟨ hold[setindex] := teilbaum ⟩;
                   if ⟨ ¬in[lookindex] ∨ hold[setindex] ≠ teilbaum → skip ⟩ fi
      od;          % index = 2 · n − 2 und j = k + 1
      kAᵢ;
      exp := n;
      do j > 1 →   exp := exp div 2;  teilbaum := (i div exp) mod 2;
                   j := j − 1;  index := 2 · (index − n) + teilbaum;
                   ⟨ in[index] := false ⟩
      od           % index = i und j = 1
```

Abbildung A.9. Lösung mit n Programmen: Binärstruktur; das i'te Programm ($0 \leq i \leq n-1$)

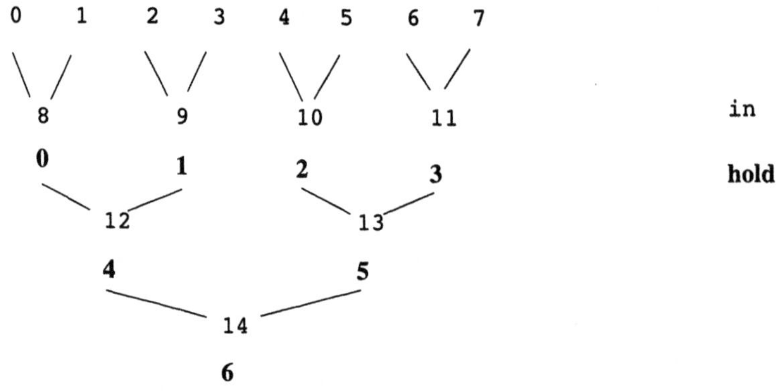

Abbildung A.10. Lösung mit n Programmen: der Binärbaum für $k = 3$ und $n = 8$

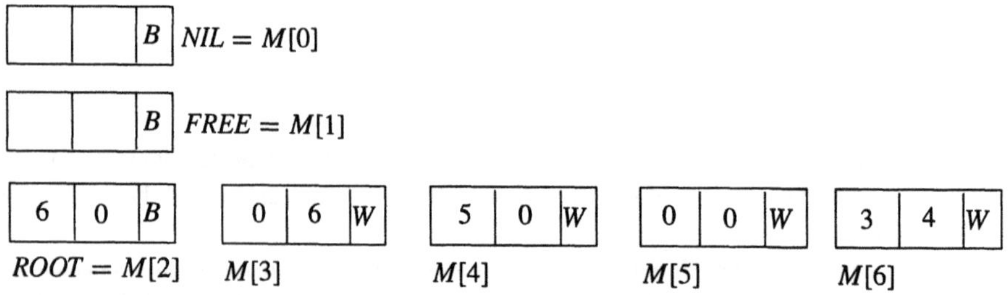

Abbildung A.11. Ein erreichbarer Zustand mit 7 Wörtern $M[0]$-$M[6]$

(d) Aufgrund der Abfrage in b_{16}-b_{18} wird *oldbc* zu 3 gesetzt und die mit b_1 beginnende Schleife wiederholt.
(e) Der *COLLECTOR* führt die Schleife b_3-b_8 teilweise aus, nämlich bis der Fall $i = 3$ ganz abgearbeitet ist und als nächstes der Fall $i = 4$ an die Reihe kommt.
(f) Jetzt führt der *MUTATOR* folgende Sequenz von Aktionen aus:
$\langle M[3].son_2 := 5\rangle$; $\langle M[6].col := B\rangle$; $\langle M[4].son_1 := 6\rangle$.
Danach zeigt nicht mehr der Zeiger von $M[i]$, sondern der Zeiger von $M[3]$ - des Elements, das gerade vom *COLLECTOR* abgearbeitet wurde - auf $M[5]$.
(g) Der *COLLECTOR* beendet den Zyklus b_3-b_8, zählt die B-Wörter und findet $bc = oldbc = 3$. Damit ist die `MARKIERE`-Phase beendet, und in der `SAMMLE`-Phase wird fälschlicherweise das mit W markierte, aber von *ROOT* aus erreichbare Wort $M[5]$ in die Freiliste eingekettet.

Lösung von Aufgabe 7.8.21.

Eine mögliche Lösung ist in Abbildung A.12 dargestellt. Die partielle Korrektheit:

$$\{\mathbf{true}\}\ c_1 \| c_2\ \{h(i) \vee h(j)\}$$

ist leicht zu zeigen, die Deadlock-Freiheit ebenso. Der Nachweis, daß das Programm, falls anfänglich $\exists k \in \mathbb{Z}$: $h(k)$ gilt, auf jeden Fall terminiert, ist eine gute Übung in den Methoden des Abschnitts 3.4.6. Um eine geeignete wohlgegründete Halbordnung zu konstruieren, kann es günstig sein, die beiden Fälle $k \geq 0$ und $k < 0$ für den Zeugen k zu unterscheiden.

```
     var i : ℤ (init 0);  j : ℤ (init − 1);  turn₁, turn₂ : ℕ (init 0);
        found : {false, true} (init false);
c₁ : do ⟨¬found⟩ →    ⟨turn₂ := 1+?⟩;  if ⟨turn₁ = 0 → skip⟩ fi;
                       if ⟨¬h(i)⟩ → ⟨turn₁ := turn₁ − 1⟩
                        □ ⟨h(i)⟩ → ⟨found := true⟩
                       fi;  i := i + 1
     od;  ⟨turn₂ := 1⟩
c₂ : do ⟨¬found⟩ →    ⟨turn₁ := 1+?⟩;  if ⟨turn₂ = 0 → skip⟩ fi;
                       if ⟨¬h(j)⟩ → ⟨turn₂ := turn₂ − 1⟩
                        □ ⟨h(j)⟩ → ⟨found := true⟩
                       fi;  j := j + 1
     od;  ⟨turn₁ := 1⟩
```

Abbildung A.12. Ein Programm zum Auffinden von $h(k)$

Lösung von Aufgabe 7.8.22.

Lösung: $c = c_1 \| c_2$ in Abbildung A.13. Zunächst sortiert jedes Programm c_i eine Hälfte des Feldes, dann (nach einer Synchronisation) mischt das Programm c_1 die beiden Teilfelder. Die Lösung ist offensichtlich auf Felder der Länge $4 \cdot N$ (mit vier Programmen), $8 \cdot N$ etc. verallgemeinerbar. Ihre Laufzeit kann grob folgendermaßen abgeschätzt werden: $O(\frac{N}{2} \cdot \log(\frac{N}{2}))$ für den ersten Teil, also $O(\frac{N}{2} \cdot (\log(N) - 1))$, und $O(N)$ für die zweite Phase; die Gesamtkosten berechnen sich (berücksichtigt man, daß in der zweiten Phase nur ein Prozessor arbeitet) folgendermaßen:

$$2 \cdot O(\frac{N}{2} \cdot (\log(N) - 1)) \ + \ O(N) \ = \ O(N \cdot \log(N)),$$

das sind genau die gleichen Kosten wie im sequentiellen Fall.

$$
\begin{array}{ll}
\multicolumn{2}{l}{\textbf{var } B : \{0,\ldots,2\cdot N-1\} \textbf{ of } \mathbb{Z};\ \mathit{sort} : \{\textbf{false}, \textbf{true}\}\ (\textbf{init false});} \\
c_1: & \textbf{var } i : \{0,\ldots,N\};\ j : \{N,\ldots,2\cdot N\}; \\
& \text{Sortiere } A[0..N-1];\ \%\ \forall i, 1 \le i \le N-1\text{: } A[i-1] \le A[i] \\
& \textbf{if } \langle \mathit{sort} \to \textbf{skip} \rangle \textbf{ fi}; \\
& i := 0;\ j := N; \\
& \textbf{do } i+j < 2\cdot N \to\ \textbf{if } A[i] \le A[j] \to Z[i+j-N] := A[i];\ i := i+1 \\
& \qquad\qquad\qquad\quad\ \square\ A[i] \ge A[j] \to Z[i+j-N] := A[j];\ j := j+1 \\
& \qquad\qquad\qquad\quad\ \textbf{fi} \\
& \textbf{od}\ \%\ \text{Ergebnis steht in } Z \\
c_2: & \text{Sortiere } A[N..2\cdot N-1];\ \%\ \forall j, N+1 \le i \le 2\cdot N-1\text{: } A[i-1] \le A[i] \\
& \langle \mathit{sort} := \textbf{true} \rangle
\end{array}
$$

Abbildung A.13. Sortieren und nachfolgendes Mischen

Lösung von Aufgabe 8.8.1.

Die Abbildung A.14 zeigt eine mögliche Syntax (der Einfachheit halber mit nur einer Zuweisungsart). Intuitiv soll das Kommando $\textbf{meet}(c_k, r)$ in einer Komponente c_l bedeuten, daß c_l mit c_k kommuniziert und bei der Kommunikation das unter r deklarierte Programm *USEQPROG* ausführt. Die Formalisierung der Semantik ist analog zu Abschnitt 8.2 und wird hier nicht gegeben.

$$
\begin{array}{lll}
\mathit{CSP'} & ::= & (c_1 :: \mathit{DECL}_1;\ \mathit{CMD}_1 \parallel \ldots \parallel c_n :: \mathit{DECL}_n;\ \mathit{CMD}_n)\ \mathit{RDECL} \\
\mathit{CMD} & ::= & \textbf{skip} \mid \textbf{abort} \mid V := \mathit{EXPR} \mid \mathit{RENDEZVOUS} \mid \mathit{CMD}_1; \mathit{CMD}_2 \mid \\
& & \textbf{if } \mathit{GC}_1 \square \ldots \square \mathit{GC}_m \textbf{ fi} \mid \textbf{do } \mathit{GC}_0 \textbf{ od} \\
\mathit{GC} & ::= & \beta \to \mathit{CMD} \mid \beta; \mathit{RENDEZVOUS} \to \mathit{CMD} \\
\mathit{RENDEZVOUS} & := & \textbf{meet}(c_k, \mathit{RNAME}) \\
\mathit{RDECL} & := & \textbf{rendezvous } \mathit{RNAME}(c_i, c_j) : \mathit{USEQPROG} \mid \mathit{RDECL}_1; \mathit{RDECL}_2.
\end{array}
$$

Über *CSP* hinausgehende Kontextbedingungen:

(a) In einer *RDECL*-Deklaration dürfen in *USEQPROG* nur Variablen aus c_i und c_j verwendet werden.

(b) Wenn das Kommando $\textbf{meet}(c_k, r)$ in der Komponente c_l vorkommt, dann muß $l \neq k$ gelten und r muß mit $\{i, j\} = \{k, l\}$ deklariert sein.

(c) Kommen $\textbf{meet}(c_k, r_1)$ in c_l und $\textbf{meet}(c_l, r_2)$ in c_k vor, dann gilt $r_1 = r_2$.

Abbildung A.14. Syntax einer ADA-ähnlichen Erweiterung von *CSP*

Lösung von Aufgabe 8.8.2.

$$
\begin{array}{l}
(c_1 :: \textbf{var } x : \mathbb{Z};\ V_1 : \{\ldots, q_1, \ldots\};\ \textbf{meet}(c_2, R) \parallel c_2 :: \textbf{var } V_2 : \{\ldots, q_2, \ldots\};\ \textbf{meet}(c_1, R)) \\
\textbf{rendezvous } R(c_1, c_2) : (x := 5;\ V_1 := q_1;\ V_2 := q_2).
\end{array}
$$

Lösung von Aufgabe 8.8.3.

Wir geben Beispiele nur für die Voraussetzungen (2) und (3). Das Programm:

$$c_1 :: c_2!5 \quad \| \quad c_2 :: \textbf{do}\ c_1!3 \rightarrow \textbf{skip od};\ c_1?y$$

verletzt nur die Voraussetzung (2) des Satzes. Es ist nicht deadlockfrei, aber sein Kontrollprogramm (mit induzierter Terminierung) ist deadlockfrei. Das Programm:

$$c_1 :: \textbf{do}\ c_2?x \rightarrow c_2!0\ \textbf{od} \quad \| \quad c_2 :: \textbf{do}\ c_1?y \rightarrow c_1!0\ \textbf{od}$$

(siehe Abschnitt 8.5.7) verletzt nur die Voraussetzung (3). Es ist nicht deadlockfrei, aber sein Kontrollprogramm (mit induzierter Terminierung) ist deadlockfrei.

Lösung von Aufgabe 8.8.5.

Aufgabenteil (a):

$$\begin{aligned} c_0 ::&\ \ c_1!a_0 \\ c_i\ (0 < i < N-1) ::&\ \ \textbf{var}\ z_i : \mathbb{Z};\ c_{i-1}?z_i;\ a_i := z_i + a_i;\ c_{i+1}!a_i \\ c_{N-1} ::&\ \ \textbf{var}\ z : \mathbb{Z};\ c_{N-2}?z;\ a_{N-1} := z + a_{N-1} \end{aligned}$$

Die Laufzeit für jedes einzelne Programm ist konstant, da die Programme aber aufeinander warten, ist die Gesamtlaufzeit proportional zu N. Die Kosten sind deswegen proportional zu N^2.

Aufgabenteil (b):

Die N Programme c_k $(0 \le k \le N-1)$ und $N-1$ zusätzliche Programme c_i $(N \le i \le 2 \cdot N - 2)$ werden baumförmig wie in Aufgabe 7.8.6(c) angeordnet: die Programme $c_0, \ldots, c_{N-1}$ bilden die Blätter, das Programm $c_{2 \cdot N-2}$ die Wurzel, alle übrigen Programme die inneren Knoten. Der Übergang zwischen einem Knoten j und (falls vorhanden) seinen beiden Nachfolgern j_1 (links) und j_2 (rechts) ist gegeben durch:

$$\begin{aligned} j_1 &= 2 \cdot (j - N) &&= lv(j) && \text{(für linken Vorgänger)} \\ j_2 &= 2 \cdot (j - N) + 1 &&= rv(j) && \text{(für rechten Vorgänger)} \\ j &= N + (j_i\ \textbf{div}\ 2) &&= nf(j_i) && \text{(für Nachfolger; } i \in \{1, 2\}). \end{aligned}$$

Die Abbildung A.15 zeigt einen Algorithmus. In einer ersten symmetrischen Phase werden Teilsummen von den Blättern zur Wurzel propagiert. In einer zweiten asymmetrischen Phase wird die jeweils richtige Teilsumme in umgekehrter Richtung zu den Blättern propagiert. Die Laufzeit ist proportional zu $\log(N)$ für jede der beiden Phasen, die Kosten größenordnungsmäßig also proportional zu $N \cdot \log(N)$, anders als im Aufgabenteil (a).

Lösung von Aufgabe 8.8.11.

Ein Szenario: zwei Programme c_1, c_2 und $x_1^0 = 20, x_2^0 = 6$.

(a) c_1 schickt 20 an c_2, $ready_1$ wird **false** und y_2 wird 20.
(b) Wegen $y_2 = 20 \ge x_2 = 6$ führt c_2 **skip** aus.
(c) c_2 schickt dann 6 an c_1, $ready_2$ wird **false** und y_1 wird 6.
(d) Wegen $y_1 = 6 < x_1 = 20$ wird x_1 gleich $20 - 6 = 14$ und $ready_1$ wird **true**.
(e) Dann schickt c_1 14 an c_2, $ready_1$ wird **false** und y_2 wird 14.
(f) Weil immer noch $y_2 = 14 \ge x_2 = 6$, führt c_2 **skip** aus.
(g) Weiter geschieht nichts; also **stop** mit $x_2 = 6$ und $x_1 = 14$.

Blätter:	$c_k \ (0 \leq k \leq N-1) ::$	**var** $z_k : \mathbb{Z}$;
		$c_{nf(k)}!a_k;\ c_{nf(k)}?z_k;\ a_k := z_k + a_k$
Innere:	$c_i \ (N \leq i \leq 2 \cdot N - 3) ::$	**var** $x_i, y_i, z_i : \mathbb{Z}$;
		$c_{lv(i)}?x_i;\ c_{rv(i)}?y_i;\ c_{nf(i)}!(x_i + y_i);$
		$c_{nf(i)}?z_i;\ c_{lv(i)}!z_i; c_{rv(i)}!(x_i + z_i)$
Wurzel:	$c_{2 \cdot N-2} ::$	**var** $x, y : \mathbb{Z}$;
		$c_{lv(2 \cdot N-2)}?x;\ c_{rv(2 \cdot N-2)}?y;$
		$c_{lv(2 \cdot N-2)}!0;\ c_{rv(2 \cdot N-2)}!x.$

Abbildung A.15. Berechnung der Präfixsumme in einem Binärbaum

A.3 Literaturangaben

Lemma A.1.4 und sein Beweis findet sich auch in [50, 256, 257]. Ein etwas anderer Beweis von Satz 2.3.7 findet sich in [45] (Satz 2.2.4). Die Lösung von Aufgabe 8.8.5(b) zeigt ein in der Praxis der Parallelprogrammierung häufig verwendetes Prinzip [2].

Bibliographie

[1] ADA *Programming Language*. ANSI/MIL-STD-1815A, Reference Manual, Springer-Verlag (1983).

[2] SELIM G. AKL: *The Design and Analysis of Parallel Algorithms*. Prentice-Hall (1989).

[3] SUAD ALAGIĆ UND MICHAEL A. ARBIB: *The Design of Well-structured and Correct Programs*. Springer-Verlag, Texts and Monographs in Computer Science (1977).

[4] KLAUS ALBER UND WERNER STRUCKMANN: *Einführung in die Semantik von Programmiersprachen*. Band 59, Bibliographisches Institut & F.A. Brockhaus AG, Zürich (1988).

[5] BOWEN ALPERN UND FRED B. SCHNEIDER: Defining Liveness. Information Processing Letters Vol. 21/4, 181-185 (1985).

[6] BOWEN ALPERN UND FRED B. SCHNEIDER: Recognising Safety and Liveness. Distributed Computing Vol. 2, 117-126 (1987).

[7] AMERICAN MATHEMATICAL SOCIETY (HRSG.): AMS-TEX Version 2.1. User's Guide (1991).

[8] GREGORY ANDREWS: *Concurrent Programming. Principles and Practice*. The Benjamin / Cummings Publishing Company Inc., Redwood City, California (1991).

[9] GREGORY ANDREWS UND FRED B. SCHNEIDER: Concepts and Notation for Concurrent Programming. Computing Surveys Vol. 15/1, 3-43 (1983).

[10] HANS-JÜRGEN APPELRATH UND JOCHEN LUDEWIG: *Skriptum Informatik - eine konventionelle Einführung*. Verlag B.G.Teubner (1991/1992).

[11] KRZYSZTOF R. APT: Ten Years of Hoare's Logic: a Survey - part I. ACM Transactions on Programming Languages and Systems Vol. 3, 431-483 (1981).
KRZYSZTOF R. APT: Ten years of Hoare's Logic: a Survey - part II: Nondeterminism. Theoretical Computer Science Vol. 28, 83-109 (1984).

[12] KRZYSZTOF R. APT: Recursive Assertions and Parallel Programs. Acta Informatica Vol. 15, 219-232 (1981).

[13] KRZYSZTOF R. APT: Formal Justifications of a Proof System for Communicating Sequential Processes. Journal of the ACM Vol. 30/1, 197-216 (1983).

[14] KRZYSZTOF R. APT, LUC BOUGÉ UND PHILIPPE CLERMONT: Two Normal Form Theorems for CSP Programs. Information Processing Letters Vol. 26, 165-171 (1987).

[15] KRZYSZTOF R. APT UND NISSIM FRANCEZ: Modelling the Distributed Termination Convention of CSP. ACM Transactions on Programming Languages and Systems Vol. 6/3, 370-379 (1984).

[16] KRZYSZTOF R. APT, NISSIM FRANCEZ UND WILLEM PAUL DE ROEVER: A Proof System for Communicating Sequential Processes. ACM Transactions on Programming Languages and Systems Vol. 2/3, 359-385 (1980).

[17] KRZYSZTOF R. APT UND ERNST-RÜDIGER OLDEROG: Proof Rules and Transformations Dealing with Fairness. Science of Computer Programming Vol. 3, 65-100 (1983).

[18] KRZYSZTOF R. APT UND ERNST-RÜDIGER OLDEROG: *Verification of Sequential and Concurrent Programs*. Texts and Monographs in Computer Science, Springer-Verlag (1991).

[19] KRZYSZTOF R. APT UND GORDON D. PLOTKIN: Countable Nondeterminism and Random Assignment. Journal of the ACM Vol. 33/4, 724-767 (1986).

[20] EDWARD A. ASHCROFT: Proving Assertions about Parallel Programs. Jounal of Computer and System Sciences Vol.10, 110-135 (1975).

[21] RALPH J.R. BACK: Exception Handling with Multi-exit Statements. TR IW-125, Mathematisch Centrum, Amsterdam (1979).

[22] RALPH J.R. BACK UND REINO KURKI-SUONIO: Distributed Co-Operation with Action Systems. ACM Transactions on Programming Languages and Systems Vol. 10/4, 513-554 (1988).

[23] RALPH J.R. BACK: Duality in Specifications: a Lattice Theoretic Approach. Acta Informatica Vol. 27/7, 583-625 (1990).

[24] RALPH J.R. BACK UND JOAKIM VON WRIGHT: Refinement Calculus, part 1: Sequential Programs. REX Workshop for *Refinement of Distributed Systems*, J.W.de Bakker, W.P.de Roever, G.Rozenberg (Hrsg.), Springer-Verlag, Lecture Notes in Computer Science Vol. 430, 42-66 (1985).

[25] ROLAND C. BACKHOUSE: *Program Construction and Verification*. Prentice Hall (1986).

[26] JOS C.M. BAETEN UND W. P. WEIJLAND: *Process Algebra*. Cambridge Tracts in Theoretical Computer Science 18 (1990).

[27] JACO W. DE BAKKER: Recursive Programs as Predicate Transformers. Proceedings der IFIP-TC2-Working Conference *Formal Description of Programming Languages*, Erich J. Neuhold (Hrsg.), North Holland, 165-181 (1978).

[28] JACO W. DE BAKKER: *Mathematical Theory of Program Correctness*. Prentice Hall (1980).

[29] Jaco W. de Bakker und Lambert G.L.T. Meertens: On the Completeness of the Inductive Assertion Method. Jounal of Computer and System Sciences Vol.11/3, 323-357 (1975).

[30] Jaco W. de Bakker und Jeffrey Zucker: Processes and the Denotational Semantics of Concurrency. Information and Control Vol. 54/1-2, 70-120 (1982).

[31] Howard Barringer: *A Survey of Verification Techniques for Parallel Programs*. Springer-Verlag, Lecture Notes in Computer Science Vol. 191 (1985).

[32] Bernd Baumgarten: *Petrinetze. Grundlagen und Anwendungen*. Bibliographisches Institut & F.A. Brockhaus AG, Mannheim (1990).

[33] Mordechai Ben-Ari: Algorithms for On-the-fly Garbage Collection. ACM Transactions on Programming Languages and Systems Vol. 6/3, 333-344 (1984).

[34] Mordechai Ben-Ari: *Principles of Concurrent and Distributed Programming*. Prentice Hall (1990).

[35] H.K. Berg, W.E. Boebert, W.R. Franta und T.G. Moher: *Formal Methods of Program Verification and Specification*. Prentice Hall (1982).

[36] Eberhard Bergmann und Helga Noll: *Mathematische Logik mit Informatik-Anwendung*. Springer-Verlag, Heidelberger Taschenbücher Nr. 187 (1977).

[37] Arthur Jay Bernstein: Analysis of Programs for Parallel Processing. IEEE Transactions on Electronic Computers EC-15, 757-762 (1966).

[38] Eike Best: A Note on the Proof of a Concurrent Program. Information Processing Letters Vol. 9/3, 103-104 (1979).

[39] Eike Best: Proof of a Concurrent Program Finding Euler Cycles. Proceedings of *Mathematical Foundations of Computer Science'80*, P.Dembiński (Hrsg.), Springer-Verlag, Lecture Notes in Computer Science Vol. 88, 142-153 (1980).

[40] Eike Best: Representing a Program Invariant as a Linear Invariant in a Petri Net. Bulletin of the European Association of Theoretical Computer Science Vol. 17, 2-11 (1982).

[41] Eike Best: Relational Semantics of Concurrent Programs (with some Applications). Proceedings der IFIP-TC2-Working Conference *Formal Description of Programming Languages II*, D.Bjørner (Hrsg.), North Holland Publishing Company, 431-452 (1982).

[42] Eike Best: Fairness and Conspiracies. Information Processing Letters Vol. 18/4, 215-220 (1984).

[43] Eike Best: Concurrent Behaviour: Sequences, Processes and Axioms. Springer-Verlag, Lecture Notes in Computer Science Vol. 197: *Seminar on Concurrency* (1984), S.D.Brookes, A.W.Roscoe, G.Winskel (Hrsg.), 221-245 (1985).

[44] EIKE BEST: COSY: its Relation to Nets and to CSP. *Petri Nets: Applications and Relationships to Other Models of Concurrency*, Advances in Petri Nets 1986, Teil II, W.Brauer, W.Reisig, G.Rozenberg (Hrsg.), Springer-Verlag, Lecture Notes in Computer Science Vol. 255, 416-440 (1987).

[45] EIKE BEST: *Kausale Semantik nichtsequentieller Programme*. Verlag R.Oldenbourg, GMD-Bericht Nr. 174 (1988).

[46] EIKE BEST: Weighted Basic Petri Nets. Proc. *Concurrency-88*, F.H. Vogt (Hrsg.), Springer-Verlag, Lecture Notes in Computer Science Vol. 335, 257-276 (1988).

[47] EIKE BEST UND FLAVIU CRISTIAN: Systematic Detection of Exception Occurrences. Science of Computer Programming Vol. 1, 115-144 (1981).

[48] EIKE BEST UND RAYMOND DEVILLERS: Sequential and Concurrent Behaviour in Petri Net Theory. Theoretical Computer Science Vol. 55/1, 87-136 (1988).

[49] EIKE BEST, CÉSAR FERNÁNDEZ UND HELMUT PLÜNNECKE: *Concurrent Systems and Processes*. Final Report of the Foundational Part of the Project BEGRUND, Studie Nr. 104, Gesellschaft für Mathematik und Datenverarbeitung (1985).

[50] EIKE BEST UND CÉSAR FERNÁNDEZ: *Nonsequential Processes. A Petri Net View*. Springer-Verlag, EATCS Monographs on Theoretical Computer Science Vol. 13 (1988).

[51] EIKE BEST UND CÉSAR FERNÁNDEZ: Notations and Terminology on Petri Net Theory. Newsletter of the GI (Gesellschaft für Informatik) Special Interest Group on Petri Nets Nr. 23, 21-46 (April 1986).

[52] EIKE BEST, RAYMOND DEVILLERS UND JON HALL: The Petri Box Calculus: a New Causal Algebra with Multilabel Communication. Advances in Petri Nets 1992, G.Rozenberg (Hrsg.), Springer-Verlag, Lecture Notes in Computer Science Vol. 609, 21-69 (1992).

[53] EIKE BEST UND CHRISTIAN LENGAUER: Semantic Independence. Science of Computer Programming Vol. 13, 23-50 (1989/90).

[54] LUC BOASSON UND MAURICE NIVAT: Adherences of Languages. Journal of Computer Science and Systems Vol. 20, 285-309 (1980).

[55] HENDRIK J. BOOM: A Weaker Precondition for Loops. ACM Transactions on Programming Languages and Systems, Vol. 4, 668-677 (1982).

[56] GEORGE S. BOOLOS UND RICHARD C. JEFFREY: *Computability and Logic*. Third edition, Cambridge University Press (1989).

[57] LUC BOUGÉ: Repeated Synchronous Snapshots and their Implementation in CSP. Proceedings 12th ICALP, W. Brauer (Hrsg.), Springer Verlag, Lecture Notes in Computer Science Vol. 194, 63-70 (1981).

[58] G.W. BRAMS (NOM COLLECTIF DE CH.ANDRÉ, G.BERTHELOT, C.GIRAULT, G. MEMMI, G.ROUCAIROL, J.SIFAKIS, R.VALETTE, G.VIDAL-NAQUET): *Résaux de Petri: Theorie et Pratique* (zwei Bände). Editions Masson (1985).

[59] WILFRIED BRAUER UND DIRK TAUBNER: Petri Nets and CSP. Proc. Fourth Hungarian Computer Science Conference, M.Arató, I.Kátai, L.Varga (Hrsg.), Budapest, 129-143 (1986).

[60] FRANCK VAN BREUGEL: Relating State Transformation Semantics and Predicate Transformer Semantics for Parallel Programs. Technical Report CS-R9339, Centrum voor Wiskunde en Informatica (1993).

[61] PER BRINCH HANSEN: *Operating Systems Principles*. Prentice Hall (1973).

[62] *Der Neue* BROCKHAUS (1984).

[63] MANFRED BROY: Are Fairness Assumptions Fair? Proc. 2nd International Conference on Distributed Computing Systems, Paris, IEEE, 116-125 (1981).

[64] MANFRED BROY: *A Theory for Nondeterminism, Parallelism, Communication and Concurrency*. Habilitation, Technische Universität München (1982), revidierte Version in Theoretical Computer Science Vol. 45, 1-61 (1986).

[65] MANFRED BROY: Denotational Semantics of Communicating Sequential Programs. Information Processing Letters Vol. 23, 253-259 (1986).

[66] MANFRED BROY: Operational and Denotational Semantics with Explicit Concurrency. Fundamenta Informaticae Vol. 16/3-4, 201-230 (1992).

[67] MANFRED BROY UND FRIEDRICH L. BAUER: A Systemantic Approach to Language Constructs for Concurrent Programs. Science of Computer Programming Vol. 4, 103-139 (1984).

[68] MANFRED BROY UND MARTIN WIRSING: On the Algebraic Specification of Nondeterministic Programming Languages. Proc. CAAP'81, Springer Verlag, Lecture Notes in Computer Science Vol. 112, 162-179 (1981).

[69] MANFRED BROY UND CHRISTIAN LENGAUER: On Denotational Versus Predicative Semantics. Journal of Computer and System Sciences, Vol. 42/1, 1-29 (1991).

[70] GLENN BRUNS UND JAVIER ESPARZA: Trapping Mutual Exclusion in the Box Calculus. Technical Report, Laboratory of Foundations of Computing Science, University of Edinburgh (1994). Erscheint in Theoretical Computer Science (1995).

[71] ROD BURSTALL: Program Proving as Hand Simulation with a Little Induction. Proc. IFIP Congress 1974, Stockholm. North Holland Publishing Company, 308-312 (1974).

[72] ROBERT CALKIN, ROLF HEMPEL, HANS-CHRISTIAN HOPPE UND PETER WYPIOR: Portable Programming with the PARMACS Message-passing Library. Erscheint in der Zeitschrift Parallel Computing (1994).

[73] K. MANI CHANDY UND LESLIE LAMPORT: Distributed Snapshots: Determining Global States of Distributed Systems. ACM Transactions on Computer Systems Vol. 3/1, 63-75 (1985).

[74] K. MANI CHANDY UND JAYJAWED MISRA: *Parallel Program Design - a Foundation.* Addison-Wesley Publishing Company (1988).

[75] ERNEST CHANG UND ROSEMARY ROBERTS: An Improved Algorithm for Decentralised Extrema-finding in Circular Distributed Systems. Communications of the ACM Vol. 22/5, 281-283 (1979).

[76] BRUNO COURCELLE: Fundamental Properties of Infinite Trees. Theoretical Computer Science Vol. 25, 95-169 (1983).

[77] PIERRE J. COURTOIS, F. HEYMANS UND DAVID L. PARNAS: Concurrent Control with 'Readers' and 'Writers'. Communications of the ACM Vol. 14/10, 667-668 (1971).

[78] FLAVIU CRISTIAN: Exception Handling. In: *Dependable Computing Systems*, T.Anderson (Hrsg.), Blackwell Scientific Publications Ltd., Oxford, U.K. (1989).

[79] FIORELLA DE CINDIO, GIORGIO DE MICHELIS, LUCIA POMELLO UND CARLA SIMONE: A Petri Net Model for CSP. Proceedings Convencion de Informatica Latina CIL'81, Barcelona (1981).

[80] OLE-JOHAN DAHL: *Verifiable Programming*. Prentice Hall (1992).

[81] OLE-JOHAN DAHL, EDSGER W. DIJKSTRA UND C.A.R. (TONY) HOARE: *Structured Programming*. Academic Press (1972).

[82] DANTE (Deutsche Anwender von TEX). Erreichbar über ftp.dante.de.

[83] B. A. DAVEY UND H. A. PRIESTLEY: *Introduction to Lattices and Order*. Cambridge Mathematical Textbook (1990).

[84] PIERPAOLO DEGANO, ROCCO DE NICOLA UND UGO MONTANARI: A Distributed Operational Semantics for CCS Based on C/E Systems. Acta Informatica 26 (1988).

[85] PIERPAOLO DEGANO, ROCCO DE NICOLA UND UGO MONTANARI: Partial Order Derivations for CCS. In: Proc. FCT, Springer Verlag, Lecture Notes in Computer Science Vol. 199, 520-533 (1985).

[86] PIERPAOLO DEGANO, ROBERTO GORRIERI UND SERGIO MARCHETTI: An Exercise in Concurrency: A CSP Process as a Condition/Event System. Proceedings of the Eighth European Workshop on Application and Theory of Petri Nets, Zaragoza, Spain, 31-50 (1987).

[87] TH. J. DEKKER: Zitiert nach [94].

[88] JÖRG DESEL: *Struktur und Analyse von Free-Choice-Petrinetzen*. Deutscher Universitätsverlag, Wiesbaden (1992).

[89] JÖRG DESEL UND JAVIER ESPARZA: *Free Choice Petri Nets*. Cambridge University Press, Tracts in Theoretical Computer Science (1994).

[90] RAYMOND DEVILLERS: S-invariant Analysis of Petri Boxes. Technical Report LIT-273, Laboratoire d'Informatique Théorique, Université Libre de Bruxelles (1993). Erscheint in Acta Informatica (1994).

[91] VOLKER DIEKERT UND GRZEGORZ ROZENBERG (HRSG.): *Book on Traces*. (Erscheint wahrscheinlich 1994).

[92] EDSGER W. DIJKSTRA: Solution of a Problem in Concurrent Programming Control. Communications of the ACM Vol. 8/9 (1965).

[93] EDSGER W. DIJKSTRA: Goto Statement Considered Harmful. Communications of the ACM Vol. 11, 147-148 (1968).

[94] EDSGER W. DIJKSTRA: Cooperating Sequential Processes. In: F.Genuys (Hrsg.), *Programming Languages*, 43-112, Academic Press (1968).

[95] EDSGER W. DIJKSTRA: The Humble Programmer. Vortrag anläßlich der Verleihung des Turing-Preises der ACM. Communications of the ACM Vol. 15 (1972).

[96] EDSGER W. DIJKSTRA: Guarded Commands, Nondeterminacy and Formal Derivation of Programs. Communications of the ACM Vol. 1/8, 453-457 (1972).

[97] EDSGER W. DIJKSTRA: *A Discipline of Programming*. Prentice Hall (1976).

[98] EDSGER W. DIJKSTRA: A Personal Summary of the Owicki / Gries Theory. EWD-554, in: [103], 188-199.

[99] EDSGER W. DIJKSTRA: On Making Solutions More and More Fine-grained. EWD-622 (1977), in: [103], 292-307.

[100] EDSGER W. DIJKSTRA: Finding the Correctness Proof of a Concurrent Program. Proc. Koninklijke Nederlandse Akademie van Wetenschappen, Vol. 81/2, 207-215 (Juni 1978).

[101] EDSGER W. DIJKSTRA: A Correctness Proof for Communicating Processes: a Small Exercise. EWD-607 (1979), in: [103], 259-263.

[102] EDSGER W. DIJKSTRA: Assertional Proof of a Program by Peterson. Memorandum EWD-779 (1981).

[103] EDSGER W. DIJKSTRA: *Selected Writings on Computing: a Personal Perspective*. Springer-Verlag (1982).

[104] EDSGER W. DIJKSTRA: The Derivation of a Proof by J.C.S.P. Woude. In: [105], 201-207.

[105] EDSGER W. DIJKSTRA (HRSG.): *Formal Development of Programs and Proofs*. Addison-Wesley Publishing Company (1990).

[106] EDSGER W. DIJKSTRA, LESLIE LAMPORT, ALAIN J. MARTIN, CAREL S. SCHOLTEN UND E.F.M. STEFFENS: On-the-Fly Garbage Collection: an Exercise in Cooperation. Communications of the ACM Vol. 21/11, 966-975 (1978).

[107] EDSGER W. DIJKSTRA UND CAREL S. SCHOLTEN: *Predicate Calculus and Program Semantics*. Springer-Verlag (1990).

[108] WILLIBALD DÖRFLER: *Mathematik für Informatiker*. Band 1: Finite Methoden und Algebra. Verlag Carl Hanser (1977).

[109] WILLIBALD DÖRFLER UND JÖRG MÜHLBACHER: *Graphentheorie für Informatiker*. Sammlung Göschen, Band 6016, Walter de Gruyter (1973).

[110] DUDEN *Die deutsche Rechtschreibung. Maßgebend in allen Zweifelsfällen*. Dudenverlag, Mannheim / Leipzig / Wien / Zürich (1991).

[111] HARTMUT EHRIG UND BERND MAHR: *Fundamentals of Algebraic Specification 1*. Springer-Verlag, EATCS Monographs on Theoretical Computer Science (1980).

[112] TZILLA ELRAD UND NISSIM FRANCEZ: A Weakest Precondition Semantics for Communicating Processes. Theoretical Computer Science Vol. 29, 231-250 (1984).

[113] ROBERT FLOYD: Assigning Meanings to Programs. Proceedings of a Symposium in Applied Mathematics, American Mathematical Society Vol. 19, *Mathematical Aspects of Computer Science* (Hrsg. J.T. Schwartz), 19-31 (1967).

[114] GEOFFREY C. FOX, MARK A. JOHNSON, GREGORY A. LYZENGA, STEVE W. OTTO, JOHN K. SALMON UND DAVID W. WALKER: *Solving Problems on Concurrent Processors - Volume I: General Techniques and Regular Problems*. Prentice Hall (1988).

[115] NISSIM FRANCEZ: *Fairness*. Springer-Verlag (1986).

[116] NISSIM FRANCEZ: *Program Verification*. Addison-Wesley Publishing Company (1992).

[117] MARTIN FRÄNZLE, BERNHARD VON STENGEL UND ARNE WITTMÜSS: A Generalized Notion of Semantic Independence. Information Processing Letters (erscheint 1994).

[118] HARTMANN J. GENRICH: Predicate Transition Nets. In: *Petri Nets: Central Models and Their Properties*, Advances in Petri Nets 1986, Teil I, W.Brauer, W.Reisig, G.Rozenberg (Hrsg.), Springer-Verlag, Lecture Notes in Computer Science Vol. 254, 207-247 (1987).

[119] HARTMANN J. GENRICH, KURT LAUTENBACH UND P.S.THIAGARAJAN: Elements of General Net Theory. Springer-Verlag, Lecture Notes in Computer Science Vol. 84: *Net Theory and Applications*, Proceedings of the Advanced Course on General Net Theory of Processes and Systems, W. Brauer (Hrsg.), 21-163 (1980).

[120] ROB J. VAN GLABBEEK UND FRITS W. VAANDRAGER: Petri Net Models for Algebraic Concurrency. Proceedings of *PARLE'87*, J.W.de Bakker, A.J.Nijman, P.C.Treleaven (Hrsg.), Springer-Verlag, Lecture Notes in Computer Science Vol. 259, 224-242 (1987).

[121] HERMAN HEINE GOLDSTINE UND JOHN VON NEUMANN: Planning and Coding Problems for an Electronic Computer. In *Collected Works of John von Neumann*, A.H. Traub (Hrsg.), 80-235, Pergamon Press (1963).

[122] URSULA GOLTZ: *Über die Darstellung von CCS-Programmen durch Petrinetze*. Verlag R.Oldenbourg, GMD-Bericht Nr. 172 (1988).

[123] URSULA GOLTZ: On Representing CCS Programs by Finite Petri Nets. Proc. MFCS'88, Springer-Verlag, Lecture Notes in Computer Science Vol. 324, 339-350 (1988).

[124] URSULA GOLTZ UND ALAN MYCROFT: On the Relationship of CCS and Petri Nets. Proc. ICALP'84, Springer-Verlag, Lecture Notes in Computer Science Vol. 172, 196-208 (1984).

[125] URSULA GOLTZ UND WOLFGANG REISIG: The Non-sequential Behaviour of Petri Nets. Information and Control Vol. 57/2-3, 125-147 (1983).

[126] URSULA GOLTZ UND WOLFGANG REISIG: CSP Programs as Nets with Individual Tokens. Springer-Verlag, Lecture Notes in Computer Science Vol. 188, 169-196 (1985).

[127] G.A. GORELICK: *A Complete Axiomatic System for Proving Assertions about Recursive and Non-recursive Programs*. Dissertation, Technical Report 75, Department of Computer Science, University of Toronto (1975).

[128] JÜRGEN GRABOWSKI: On Partial Languages. Fundamenta Informaticae Vol. IV/2, 427-498 (1981).

[129] PASCAL GRIBOMONT: Stepwise Refinement and Concurrency - a Small Exercise. In: *Mathematics of Program Construction*, J.L.A. van de Snepscheut (Hrsg.), Springer Verlag, Lecture Notes in Computer Science Vol. 375 (1989).

[130] DAVID GRIES: *Science of Computer Programming*. Springer-Verlag (1981).

[131] DAVID GRIES UND FRED B. SCHNEIDER: *A Logical Approach to Discrete Math*. Springer-Verlag, Texts and Monographs in Computer Science (1993).

[132] PAUL R. HALMOS: *Naive Set Theory*. Springer-Verlag, Undergraduate Texts in Mathematics (1960 und 1974).

[133] MATTHEW HENNESSY UND GORDON D. PLOTKIN: Full Abstraction for a Simple Programming Language. Proc. 8th MFCS, Lecture Notes in Computer Science Vol. 74, Springer Verlag, 108-120 (1979).

[134] W. DANIEL HILLIS: *The Connection Machine*. MIT Press, Cambridge, MA (1985).

[135] C.A.R. (TONY) HOARE: An Axiomatic Basis for Computer Programming. Communications of the ACM Vol. 12, 576-580 (1969).

[136] C.A.R. (TONY) HOARE: Towards a Theory of Parallel Programming. In: C.A.R.Hoare and R.Perrot (Hrsg.), *Operating System Techniques*, 61-71 (1972).

[137] C.A.R. (TONY) HOARE: Parallel Programming: an Axiomatic Approach. Computer Languages Vol. 1, 151-160 (1975).

[138] C.A.R. (TONY) HOARE: Communicating Sequential Processes. Communications of the ACM Vol. 21/8, 666-677 (1978).

[139] C.A.R. (TONY) HOARE: *Communicating Sequential Processes*. Prentice Hall (1985).

[140] C.A.R. (TONY) HOARE UND PETER E. LAUER: Consistent and Complementary Formal Theories of the Semantics of Programming Languages. Acta Informatica Vol. 3, 135-153 (1974).

[141] DIETER HOFBAUER UND RALF-DETLEF KUTSCHE: *Grundlagen des maschinellen Beweisens*. Verlag Vieweg, Braunschweig / Wiesbaden (1989).

[142] ANATOL W. HOLT: *Final Report for the Project 'Development of the Theoretical Foundations for Description and Analysis of Discrete Information Systems'. Vol. I (Semantics), Vol. II (Mathematics)*. Wakefield, Massachussetts, Computer Associates Inc. (1974).

[143] JOZEF HOOMAN UND WILLEM PAUL DE ROEVER: The Quest Goes On: a Survey of Proof Systems for Partial Correctness of CSP. Springer-Verlag Lecture Notes in Computer Science Vol. 224: Current Trends in Concurrency, J.W.de Bakker, W.P.de Roever, G.Rozenberg (Hrsg.), 343-395 (1986).

[144] JOHN E. HOPCROFT UND JEFFREY D. ULLMAN: *Introduction to Automata Theory, Languages and Computation*. Addison-Wesley Publishing Company (1979).

[145] RODNEY HOWELL UND LOUIS E. ROSIER: Problems Concerning Fairness and Temporal Logic for Conflict-free Petri Nets. Theoretical Computer Science Vol. 64/3, 305-329 (1989).

[146] RYSZARD JANICKI UND MACIEJ KOUTNY: Structure of Concurrency. Theoretical Computer Science Vol. 112, 5-52 (1993).

[147] RYSZARD JANICKI UND MACIEJ KOUTNY: Representations of Discrete Interval Orders and Semi-orders. Erscheint in Journal of Information Processing and Cybernetics (1994).

[148] RYSZARD JANICKI UND PETER E. LAUER: *Specification and Analysis of Concurrent Systems - the COSY Approach*. Springer-Verlag, EATCS Monographs on Theoretical Computer Science (1992).

[149] MATTHIAS JANTZEN UND RÜDIGER VALK: Formal Properties of Place/Transition-Nets. Springer-Verlag Lecture Notes in Computer Science Vol. 84: *Net Theory and Applications*, Proc. of the Advanced Course on General Net Theory of Processes and Systems, W.Brauer (Hrsg.), 165-212 (1980).

[150] THOMAS JECH: *The Axiom of Choice*. North Holland Publishing Company, Amsterdam (1973).

[151] KURT JENSEN: *Coloured Petri Nets. Basic Concepts, Analysis Methods, Practical Use, Vol. I.* EATCS Monographs on Theoretical Computer Science, Springer Verlag (1992).

[152] CLIFF B. JONES: The Search for Tractable Ways of Reasoning about Programs. Department of Computer Science, University of Manchester, Technical Report UMCS-92-4-4 (1992).

[153] JAN E. JONKER: On-the-fly Garbage Collection for Several Mutators. Distributed Computing Vol. 5, 187-199 (1992).

[154] YUH-JZER JOUNG UND SCOTT A. SMOLKA: Efficient, Dynamically Structured Multiparty Interaction. Proc. of 28th Annual Allerton Conference on Communication, Control, and Computing (1990).

[155] ROBERT M. KELLER: Vector Replacement Systems: a Formalism for Modelling Asynchronous Systems. Technical Report 117, Computer Science Laboratory, Princeton University (1972, revidiert 1974).

[156] BRIAN W. KERNIGHAN UND DENNIS M. RITCHIE: *The C Programming Language* (second edition), Prentice-Hall Software Series (1988).

[157] ASTRID KIEHN: Infinitary Partial Petri Net Languages and their Relationship to other Petri Net Semantics. Advances in Petri Nets 1988, G.Rozenberg (Hrsg.), Springer-Verlag, Lecture Notes in Computer Science Vol. 340, 227-248 (1988).

[158] ASTRID KIEHN: On the Interrelation Between Synchronized and Non-synchronized Behaviour of Petri Nets. Elektronische Informationsverarbeitung und Kybernetik Vol. 24/1-2, 3-18 (1988).

[159] EKKART KINDLER: Invariants, Composition, and Substitutions. Erscheint in Acta Informatica (1994).

[160] DÉNES KÖNIG: Über eine Schlußweise aus dem Endlichen ins Unendliche. Acta Litt. ac. sci. Szeged 3, 121-130 (1927). Bibliographie in: *Theorie der endlichen und unendlichen Graphen*. Teubner, Leipzig (1936, Nachdruck 1986).

[161] S. RAO KOSARAJU: Limitations of Dijkstra's Semaphore Primitives and Petri Nets. ACM SIGOPS Operating Systems Review Vol. 7/4, 122-126 (Oktober 1973).

[162] DONALD KNUTH: *The TEXbook*. Addison-Wesley Publishing Company (1984).

[163] MARTA Z. KWIATKOWSKA: *Fairness for Noninterleaving Concurrency*. Dissertation, University of Leicester (1989).

[164] LESLIE LAMPORT: Proving the Correctness of Multiprocess Programs. IEEE Transactions on Sofware Engineering, Vol. SE-3/2, 125-143 (1977).

[165] LESLIE LAMPORT: The 'Hoare Logic' of Concurrent Programs. Acta Informatica Vol. 14, 21-37 (1980).

[166] LESLIE LAMPORT: What Good is Temporal Logic? Information Processing 83, R.E.A.-Mason (Hrsg.), North Holland Publishing Company, IFIP, 657-667 (1983).

[167] LESLIE LAMPORT: On Interprocess Communication. Part I: Basic Formalism, Part II: Algorithms. Distributed Computing Vol. 1, 77-101 (1986).

[168] LESLIE LAMPORT: LATEX. *A Document Preparation System*. Addison-Wesley Publishing Company (1984).

[169] LESLIE LAMPORT: *win* and *sin*. Predicate Transformers for Concurrency. ACM Transactions on Programming Languages and Systems, Vol. 12/3, 396-428 (1990).

[170] LESLIE LAMPORT UND FRED B. SCHNEIDER: Beitrag zu *Distributed Systems*, Springer Verlag, Lecture Notes in Computer Science Vol. 190 (1979).

[171] PETER E. LAUER: *Consistent Formal Theories of the Semantics of Programming Languages*. Dissertation, Technischer Bericht TR25.121, IBM Laboratory Wien (1971).

[172] PETER E. LAUER: Path Expressions as Petri Nets, or Petri Nets with Fewer Tears. Technical Report MRM/70, Computing Laboratory, University of Newcastle upon Tyne (1974).

[173] PETER E. LAUER UND ROY H. CAMPBELL: Formal Semantics for a Class of High-level Primitives for Coordinating Concurrent Processes. Acta Informatica Vol. 5, 247-332 (1975).

[174] PETER E. LAUER, MICHAEL W. SHIELDS UND EIKE BEST: Formal Theory of the Basic COSY Notation. Technical Report 143, Computing Laboratory, University of Newcastle upon Tyne (1978).

[175] PETER E. LAUER, PIERO R. TORRIGIANI UND MICHAEL W. SHIELDS: COSY - a System Specification Language Based on Paths and Processes. Acta Informatica Vol. 12, 109-158 (1979).

[176] KURT LAUTENBACH: Linear Algebraic Techniques for Place/Transition Nets. In: *Petri Nets: Central Models and Their Properties*, Advances in Petri Nets 1986, Teil I, W.Brauer, W.Reisig, G.Rozenberg (Hrsg.), Springer Verlag, Lecture Notes in Computer Science Vol. 254, 142-167 (1987).

[177] D. LEHMANN, AMIR PNUELI UND J. STAVI: Impartiality, Justice and Fairness: the Ethics of Concurrent Termination. Proc. 8th ICALP, S.Even, O.Kariv (Hrsg.), Springer-Verlag, Lecture Notes in Computer Science Vol. 115, 264-277 (1981).

[178] GARY LEVIN UND DAVID GRIES: A Proof Technique for Communicating Sequential Systems. Acta Informatica Vol. 15, 281-302 (1981).

[179] JACQUES LOECKX UND KURT SIEBER: *The Foundations of Program Verification*. Second edition, Wiley-Teubner Series in Computer Science (1987).

[180] DAVID B. LOMET: Process Structuring, Synchronisation and Recovery using Atomic Actions. ACM Sigplan Notices Vol. 12/3, 128-137 (1977).

[181] PETER LUCAS, PETER E. LAUER UND HELMUT STIGLEITNER: Method and Notation for the Formal Definition of Programming Languages. IBM Laboratory Wien, TR-25.087 (1968).

[182] MILA E. MAJSTER-CEDERBAUM: A Simple Relationship between Relational and Predicate Transformer Semantics for Nondeterministic Programs. Information Processing Letters Vol. 11/4-5, 190-192 (1980).

[183] DINO MANDRIOLI, ROBERTO ZICARI, CARLO GHEZZI UND FRANCESCO TISATO: Modeling the ADA Task System by Petri Nets. Computer Languages Vol. 10/1, 43-61 (1985).

[184] ERNEST G. MANES: *Predicate Transformer Semantics*. Cambridge Tracts in Theoretical Computer Science 33 (1992).

[185] ZOHAR MANNA: *Mathematical Theory of Computation*. McGraw-Hill Computer Science Series (1974).

[186] ZOHAR MANNA UND AMIR PNUELI: Verification of Concurrent Programs: the Temporal Framework. In *The Correctness Problem in Computer Science*, R.S. Boyer und J.S. Moore (Hrsg.), Academic Press, 141-154 (1981).

[187] ZOHAR MANNA UND AMIR PNUELI: *The Temporal Logic of Reactive and Concurrent Systems*. Springer-Verlag (1992).

[188] FRIEDEMANN MATTERN: Algorithms for Distributed Termination Detection. Distributed Computing Vol. 2, 161-175 (1987).

[189] DAVID MAY: `occam`. SIGPLAN Notices Vol. 18/4, 69-79 (April 1983).

[190] ANTONI MAZURKIEWICZ: Concurrent Program Schemes and Their Interpretation. University of Århus, Computer Science Department, DAIMI PB-78 (Juli 1977).

[191] ANTONI MAZURKIEWICZ: Trace Theory. In: *Petri Nets: Applications and Relationships to Other Models of Concurrency*, Advances in Petri Nets 1986, Part II, W.Brauer, W.Reisig, G.Rozenberg (Hrsg.), Springer Verlag, Lecture Notes in Computer Science Vol. 255, 279-324 (1987).

[192] ANTONI MAZURKIEWICZ, EDWARD OCHMAŃSKI UND WOJCIECH PENCZEK: Concurrent Systems and Inevitability. Theoretical Computer Science Vol. 64, 281-304 (1989).

[193] JOHN MCCARTHY: A Basis for a Mathematical Theory of Computation. Computer Programming and Formal Systems, P.Brafford, D.Hirschberg (Hrsg.), North Holland Publishing Company, 33-70 (1963).

[194] A.J.R.G. (ROBIN) MILNER: *Communication and Concurrency*. Prentice Hall (1989).

[195] JIM H. MORRIS: A Starvation-free Solution to the Mutual Exclusion Problem, Information Processing Letters Vol. 8/2, 76-80 (1979).

[196] TADAO MURATA: Petri Nets: Properties, Analysis and Algorithms. Proc. of IEEE Vol. 77/4, 541-580 (1989).

[197] TADAO MURATA, BORIS SHENKER UND SOL M. SHATZ: Detection of ADA Static Deadlocks Using Petri Net Invariants. IEEE Transactions on Software Engineering, Vol. 15/3, 314-326 (1989).

[198] Nachfrage im *Internet* (Oktober 1993).

[199] PETER NAUR (HRSG.): *Revised Report on the Algorithmic Language* `Algol-60`. Numerische Mathematik Vol. 4, 420-453 (1962).

[200] MOGENS NIELSEN, GORDON D. PLOTKIN UND GLYNN WINSKEL: Petri Nets, Event Structures and Domains. Lecture Notes in Computer Science Vol. 70: *Semantics of Concurrent Computation*, G.Kahn (Hrsg.), Springer-Verlag, 266-284 (1979).

[201] ERNST-RÜDIGER OLDEROG: Operational Petri Net Semantics for CCSP. Lecture Notes in Computer Science Vol. 266: Advances in Petri Nets 1987, G.Rozenberg (Hrsg.), Springer-Verlag, 196-223 (1987).

[202] ERNST-RÜDIGER OLDEROG: *Nets, Terms and Formulas*. Cambridge Tracts in Theoretical Computer Science 23 (1991).

[203] ERNST-RÜDIGER OLDEROG UND KRZYSZTOF R. APT: Fairness in Parallel Programs: the Transformational Approach. ACM Transactions on Programming Languages and Systems, Vol. 10/3, 420-455 (1988).

[204] OYSTEIN ORE: *Theory of Graphs*. American Mathematical Society Colloquium Publications Vol. 38, Rhode Island (1962).

[205] SUSAN S. OWICKI: *Axiomatic Proof Techniques for Parallel Programs*. Ph.D. Thesis, Dep. of Computer Science, Cornell University (Juli 1975).

[206] SUSAN S. OWICKI UND DAVID GRIES: An Axiomatic Proof Technique for Parallel Programs. Acta Informatica Vol. 6, 319-340 (1976).

[207] DAVID PARK: On the Semantics of Fair Parallelism. In: *Proceedings of the Winter School on Abstract Software Specification*, D. Bjørner (Hrsg.), Lecture Notes in Computer Science Vol. 86, Springer Verlag, 504-526 (1980).

[208] GARY L. PETERSON: Myths about the Mutual Exclusion Problem. Information Processing Letters Vol. 12/3, 115-116 (1981).

[209] JAMES L. PETERSON: *Petri Net Theory and the Modelling of Systems*. Prentice Hall (1981).

[210] CARL ADAM PETRI: *Kommunikation mit Automaten*. Bonn: Institut für Instrumentelle Mathematik, Schriften des IIM Nr. 2 (1962). Auch: New York: Griffiss Air Force Base, Technical Report RADC-TR-65-377 Vol. 1, Suppl. 1 (Englische Übersetzung) (1966).

[211] CARL ADAM PETRI: Nichtsequentielle Prozesse. Universität Erlangen-Nürnberg, Arbeitsberichte des IMMD Vol. 9/8, 57-82 (1976). Auch: Gesellschaft für Mathematik und Datenverarbeitung Bonn, ISF-Bericht ISF-76-6, 3., revidierte und ergänzte Auflage (1977).

[212] CARL ADAM PETRI: State-transition Structures in Physics and in Computation. International Journal of Theoretical Physics, Vol. 21/12, 979-992 (1982).

[213] C. PIXLEY: An Incremental Garbage Collection Algorithm for Multi-mutator Systems. Distributed Computing Vol. 3, 41-50 (1988).

[214] GORDON D. PLOTKIN: Dijkstra's Predicate Transformers and Smyth's Powerdomains. In: *Proceedings of the Winter School on Abstract Software Specification*, D. Bjørner (Hrsg.), Lecture Notes in Computer Science Vol. 86, Springer Verlag, 527-553 (1980).

[215] GORDON D. PLOTKIN: *A Structural Approach to Operational Semantics*. DAIMI Technical Report FN-19, Computer Science Department, University of Århus (1981).

[216] GORDON D. PLOTKIN: An Operational Semantics for CSP. Formal Description of Programming Concepts II, D.Bjørner (Hrsg.), North Holland Publishing Company, 199-225 (1982).

[217] HELMUT PLÜNNECKE UND WOLFGANG REISIG: Bibliography of Petri Nets 1990. Lecture Notes in Computer Science Vol. 524: Advances in Petri Nets 1991, G.Rozenberg (Hrsg.), Springer-Verlag, 317-572 (1991).

[218] FRED J. POLLACK, GEORGE W. COX, DAN W. HAMMERSTEIN, KEVIN C. KAHN, KONRAD K. LAI UND JUSTIN R. RATTNER: Supporting ADA Memory Management in the iAPX-432, in: Proc. of the *Symposium on Architectural Support for Programming Languages and Operating Systems*, SIGPLAN Notices (ACM) Vol. 17/4, 117-131 (1982).

[219] VAUGHAN R. PRATT: The Pomset Model of Parallel Processes: Unifying the Temporal and the Spatial. Lecture Notes in Computer Science Vol. 197: *Seminar on Concurrency* (1984), S.D.Brookes, A.W.Roscoe, G.Winskel (Hrsg.), Springer-Verlag, 180-196 (1985).

[220] MICHEL RAYNAL: *Algorithms for Mutual Exclusion*. North Oxford Academic Publishers (1986).

[221] WOLFGANG REISIG: *Petri Nets. An Introduction*. EATCS Monographs on Theoretical Computer Science Vol. 3, Springer-Verlag (1985).

[222] WOLFGANG REISIG: *Das Verhalten verteilter Systeme*. Verlag R.Oldenbourg, GMD-Bericht Nr. 170, (1987).

[223] WOLFGANG REISIG: Petri Nets and Algebraic Specifications. Theoretical Computer Science Vol. 80, 1-34 (1991).

[224] WILLEM PAUL DE ROEVER: The Quest for Compositionality: a Survey of Assertion-based Proof Systems for Concurrent Programs: Part I: Concurrency Based on Shared Variables. In *Formal Models in Programming*, E.J.Neuhold und G.Chroust (Hrsg.), North-Holland (1985).

[225] GRZEGORZ ROZENBERG UND P.S. THIAGARAJAN: Petri Nets: Basic Notions, Structure, Behaviour. Springer-Verlag Lecture Notes in Computer Science Vol. 224: Current Trends in Concurrency, J.W.de Bakker, W.P.de Roever, G.Rozenberg (Hrsg.), 585-668 (1986).

[226] DANA SCOTT: *Lectures on a Mathematical Theory of Computation*. Technical Monograph PRG-19, Oxford University Computing Laboratory (1981).

[227] DAVID SCHMIDT: *Denotational Semantics: a Methodolgy for Language Development*. Allyn and Bacon, Boston (1986).

[228] JÜRGEN SCHMIDT: *Mengenlehre (Einführung in die axiomatische Mengenlehre)*. Bibliographisches Institut, Mannheim (1966).

[229] UWE SCHÖNING: *Logik für Informatiker*. Band 56, Bibliographisches Institut & F.A. Brockhaus AG, Zürich (1989).

[230] ROBERT SEDGEWICK: *Algorithms*. Zweite Auflage, Addison-Wesley Publishing Company (1988).

[231] MICHAEL W. SHIELDS: Adequate Path Expressions. Springer-Verlag Lecture Notes in Computer Science Vol. 70, 249-265 (1979).

[232] MANUEL SILVA SUAREZ: *Las Redes de Petri en la Automatica y la Informatica*. Editorial AC, Madrid (1985).

[233] EINAR SMITH: Zwei Bemerkungen über die Linearisierung von abzählbaren Halbordnungen. GMD-ISF Memorandum BEGRUND-40 (1985).

[234] EINAR SMITH: *Zur Bedeutung der Concurrency-Theorie für den Aufbau hochverteilter Systeme*. Verlag R.Oldenbourg, GMD-Bericht Nr. 180 (1989).

[235] JAN L.A. VAN DER SNEPSCHEUT: A Derivation of a Distributed Implementation of Warshall's Algorithm. Science of Computer Programming Vol. 7, 55-60 (1986).

[236] JAN L.A. VAN DER SNEPSCHEUT: Distribution and Inversion of Warshall's Algorithm. In: [105], 183-194.

[237] JAN L.A. VAN DER SNEPSCHEUT: *What Computing is All About*. Texts and Monographs in Computer Science, Springer-Verlag (1993).

[238] NELIM SOUNDARARAJAN: Axiomatic Semantics of Communicating Sequential Processes. ACM Transactions on Programming Languages and Systems, Vol. 6/4, 647-662 (1984).

[239] PETER H. STARKE: *Petri-Netze*. VEB Verlag Deutsche Wissenschaften, Berlin (1980).

[240] PETER H. STARKE: Processes in Petri Nets. Elektronische Informationsverarbeitung und Kybernetik Vol. 17/8-9, 389-416 (1981).

[241] PETER H. STARKE: *Analyse von Petrinetz-Modellen*. Verlag Teubner (1990).

[242] JOSEPH E. STOY: *Denotational Semantics: the Scott-Strachey Approach to Programming Language Theory*. The MIT Press, Cambridge, MA and London, England (1977).

[243] ALFRED TARSKI: A Lattice-theoretic Fixpoint Theorem and its Applications. Pacific. J. Math. Vol. 5, 285-309 (1955).

[244] DIRK TAUBNER: Theoretical CSP and Formal Languages. Technische Universität München, Institut für Informatik, Technischer Bericht TUM-I8706 (Juni 1987).

[245] DIRK TAUBNER: *Finite Representation of CCS and TCSP Programs by Automata and Petri Nets*. Springer-Verlag, Lecture Notes in Computer Science Vol. 369 (1989).

[246] ANDREW S. TANENBAUM: *Structured Computer Organization* (zweite Auflage). Prentice-Hall (1984).

[247] P.S. THIAGARAJAN: Elementary Net Systems. In: *Petri Nets: Central Models and Their Properties*, Advances in Petri Nets 1986, Part I, W.Brauer, W.Reisig, G.Rozenberg (Hrsg.), Springer-Verlag, Lecture Notes in Computer Science Vol. 254, 26-59 (1987).

[248] WOLFGANG THOMAS: Automata on Infinite Objects. In: *Handbook of Theoretical Computer Science* (Hrsg. Jan van Leeuwen) Vol. B (Formal Models and Semantics), North Holland Publishing Company, 133-192 (1990).

[249] RÜDIGER VALK: Infinite Behaviour of Petri Nets. Theoretical Computer Science Vol. 25, 311-341 (1983).

[250] WALTER VOGLER: Modular Construction and Partial Order Semantics of Petri Nets. Springer-Verlag, Lecture Notes in Computer Science Vol. 625 (1992).

[251] WALTER VOGLER: Partial Words versus Processes: a Short Comparison. Advances in Petri Nets 1992, G.Rozenberg (Hrsg.), Springer-Verlag, Lecture Notes in Computer Science Vol. 609, 292-303 (1992).

[252] WALTER VOGLER: Fairness and Partial Order Semantics. Universität Augsburg, Institut für Mathematik, Report Nr. 299 (1994).

[253] MITCHELL WAND: A Characterisation of Weakest Preconditions. Journal of Computer Sciences and Systems Vol. 15, 209-212 (1977).

[254] ARNE WANG: An Axiomatic Basis for Proving the Total Correctness of Goto Programs. BIT Vol. 16, 88-102 (1976).

[255] S. WARSHALL: A Theorem on Boolean Matrices. Journal of the ACM Vol. 9/1, 11-12 (1961).

[256] GLYNN WINSKEL: *Events in Computation*. Ph.D. Thesis, University of Edinburgh (1980).

[257] GLYNN WINSKEL: An Exercise on Processes with Infinite Pasts. Springer-Verlag Informatik-Fachberichte 52: *Application and Theory of Petri Nets*, C.Girault und W.Reisig (Hrsg.), 88-95 (1982).

[258] GLYNN WINSKEL: A New Definition of Morphism on Petri Nets. Proc. STACS'84, M.Fontet, K.Mehlhorn (Hrsg.), Lecture Notes in Computer Science Vol. 166, Springer Verlag, 140-150 (1984).

[259] GLYNN WINSKEL: *The Formal Semantics of Programming Languages*. The MIT Press (1993).

[260] NIKLAUS WIRTH: The Programming Language `Pascal`. Acta Informatica Vol. 1, 35-64 (1971).

[261] NIKLAUS WIRTH: *Programming in* `Modula-2`. Springer Verlag (1981).

[262] HANS ZIMA: *Compilerbau (zwei Bände)*. Wissenschaftsverlag, Bibliographisches Institut, Zürich (1982 und 1983).

[263] HANS ZIMA: *Betriebssysteme. Parallele Prozesse*. Wissenschaftsverlag, Bibliographisches Institut, Zürich (1976).

[264] DIETER ZÖBEL UND HORST HOGENKAMP: *Konzepte der parallelen Programmierung*. Verlag Teubner (1992).

Index der Definitionen

MIX
Papier aus verantwortungsvollen Quellen
Paper from responsible sources
FSC® C105338

If you have any concerns about our products,
you can contact us on
ProductSafety@springernature.com

In case Publisher is established outside the EU,
the EU authorized representative is:
Springer Nature Customer Service Center GmbH
Europaplatz 3, 69115 Heidelberg, Germany

Printed by Libri Plureos GmbH
in Hamburg, Germany